Mathematik heute 10

Realschule Niedersachsen

Herausgegeben von
Heinz Griesel, Helmut Postel, Rudolf vom Hofe

Schroedel

Mathematik heute 10

Realschule Niedersachsen

Herausgegeben und bearbeitet von

Professor Dr. Heinz Griesel
Professor Helmut Postel
Professor Dr. Rudolf vom Hofe

Arno Bierwirth, Heiko Cassens, Bernhard Humpert, Dirk Kehrig, Wolfgang Krippner, Professor Dr. Matthias Ludwig, Manfred Popken

Zum Schülerband erscheint:
Lösungen
Best.-Nr. 83646

ISBN 978-3-507-**83660**-0

Druck A^1 / Jahr 08

Alle Drucke der Serie A sind im Unterricht parallel verwendbar.

Titel- und Innenlayout: Janssen Kahlert, Design & Kommunikation GmbH, Hannover
Illustrationen: Dietmar Griese; Zeichnungen: Günter Schlierf, Peter Langner.
Satz: Konrad Triltsch, Print und digitale Medien GmbH, 97199 Ochsenfurt
Druck und Bindung: westermann druck GmbH, Braunschweig

Inhaltsverzeichnis

ZUM METHODISCHEN AUFBAU DER LERNEINHEITEN

Einstieg bietet einen prozessorientierten Zugang zum Thema.

Aufgabe mit vollständigem Lösungsbeispiel. Diese Aufgaben können alternativ oder ergänzend als Einstiegsaufgaben dienen. Die Lösungsbeispiele eignen sich sowohl zum eigenständigen Nacharbeiten als auch zum Erarbeiten von Lernstrategien.

Zum Festigen und Weiterarbeiten Hier werden die neuen Inhalte durch benachbarte Aufgaben, Anschlussaufgaben und Zielumkehraufgaben gefestigt und erweitert. Sie sind für die Behandlung im Unterricht konzipiert und legen die Basis für eine nachhaltige Entwicklung inhaltlicher und prozessorientierter Kompetenzen.

Information Wichtige Begriffe, Verfahren und mathematische Gesetzmäßigkeiten werden hier übersichtlich hervorgehoben und an charakteristischen Beispielen erläutert.

Übungen In jeder Lerneinheit findet sich reichhaltiges Übungsmaterial. Dabei werden neben grundlegenden Verfahren auch Aktivitäten des Vergleichens, Argumentierens und Begründens gefördert, sowie das Lernen aus Fehlern.
Aufgaben mit Lernkontrollen sind an geeigneten Stellen eingefügt.
Grundsätzlich lassen sich fast alle Übungsaufgaben auch im Team bearbeiten. In einigen besonderen Fällen wird zusätzlich Anregung zur Teamarbeit gegeben.
Die Fülle an Aufgaben ermöglicht dabei unterschiedliche Wege und innere Differenzierung.

Vermischte und komplexe Übungen Hier werden die erworbenenen Qualifikationen in vermischter Form angewandt und mit den bereits gelernten Inhalten vernetzt.

Bist du fit? Auf diesen Seiten am Ende eines Kapitels können Lernende eigenständig überprüfen, inwieweit sie die neu erworbenen Grundqualifikationen beherrschen. Die Lösungen hierzu sind im Anhang des Buches abgedruckt.

Im Blickpunkt / Projekt Hier geht es um komplexere Sachzusammenhänge, die durch mathematisches Denken und Modellieren erschlossen werden. Die Themen gehen dabei häufig über die Mathematik hinaus, sodass Fächer übergreifende Zusammenhänge erschlossen werden. Es ergeben sich Möglichkeiten zum Arbeiten in Projekten und zum Einsatz neuer Medien.

Bist du Topfit? Auf diesen Seiten am Ende des Buches können Lernende eigenständig überprüfen, inwieweit sie die in den Jahrgangsstufen 5 bis 10 erworbenen Qualifikationen beherrschen. Die Aufgaben orientieren sich an den Kompetenzen und Inhalten des Kerncurriculums.

Piktogramme weisen auf besondere Anforderungen bzw. Aufgabentypen hin:

Teamarbeit

Suche nach Fehlern

Tabellenkalkulation

Internet

Dynamische Geometriesysteme

Zur Differenzierung

Der Aufbau und insbesondere das Übungsmaterial sind dem Schwierigkeitsgrad nach gestuft.
Zusätzlich hierzu sind anspruchsvollere Aufgaben mit roten Aufgabenziffern versehen.
Fakultative Themen und Zusatzstoffe sind durch das Zeichen △ gekennzeichnet.

Maßeinheiten

Längen

10 mm = 1 cm
10 cm = 1 dm
10 dm = 1 m
1 000 m = 1 km

Flächeninhalte

100 mm^2 = 1 cm^2	100 m^2 = 1 a
100 cm^2 = 1 dm^2	100 a = 1 ha
100 dm^2 = 1 m^2	100 ha = 1 km^2

Die Umwandlungszahl ist 100

Volumina

1 000 mm^3 = 1 cm^3	1 cm^3 = 1 ml	1 000 ml = 1 *l*
1 000 cm^3 = 1 dm^3	1 dm^3 = 1 *l*	100 cl = 1 *l*
1 000 dm^3 = 1 m^3		100 *l* = 1 hl

Die Umwandlungszahl ist 1 000

Zeitspannen

60 s = 1 min
60 min = 1 h
24 h = 1 d

Gewichte

1 000 mg = 1 g
1 000 g = 1 kg
1 000 kg = 1 t

Die Umwandlungszahl ist 1 000

Mathematische Symbole

Zahlen

$a = b$	a gleich b	$\|a\|$	Betrag von a
$a \neq b$	a ungleich b	p %	p Prozent
$a < b$	a kleiner b	$\sqrt{a}$	Quadratwurzel aus a ($a \geq 0$)
$a > b$	a größer b	$\sqrt[3]{a}$	Kubikwurzel aus a ($a \geq 0$)
$a \approx b$	a ungefähr gleich (rund) b	$\sqrt[n]{a}$	n-te Wurzel aus a ($a \geq 0$)
$a + b$	Summe aus a und b; a plus b	$\mathbb{N}$	Menge aller natürlichen Zahlen
$a - b$	Differenz aus a und b; a minus b	$\mathbb{Q}$	Menge aller rationalen Zahlen
$a \cdot b$	Produkt aus a und b; a mal b	$\mathbb{R}$	Menge der reellen Zahlen
$a : b$	Quotient aus a und b; a durch b	$\sin \alpha$	Sinus α
a^n	Potenz aus Grundzahl (Basis) a und Hochzahl (Exponent) n; a hoch n	$\cos \alpha$	Kosinus α
		$\tan \alpha$	Tangens α

Geometrie

$\overline{AB}$	Verbindungsstrecke der Punkte A und B; Strecke mit den Endpunkten A und B	ABCD	Viereck mit den Eckpunkten A, B, C und D
AB	Verbindungsgerade durch die Punkte A und B; Gerade durch A und B	$P(x\|y)$	Punkt P mit den Koordinaten x und y, wobei x die erste Koordinate, y die zweite Koordinate ist
$g \parallel h$	Gerade g ist parallel zu Gerade h		
$g \nparallel h$	Gerade g ist nicht parallel zu Gerade h	$F \cong G$	Figur F ist kongruent zu Figur G
$g \perp h$	Gerade g ist senkrecht zu Gerade h	$F \sim G$	Figur ist ähnlich zu Figur G
ABC	Dreieck mit den Eckpunkten A, B und C	h_a [h_b; h_c]	Höhe zur Seite a [Seite b; Seite c]

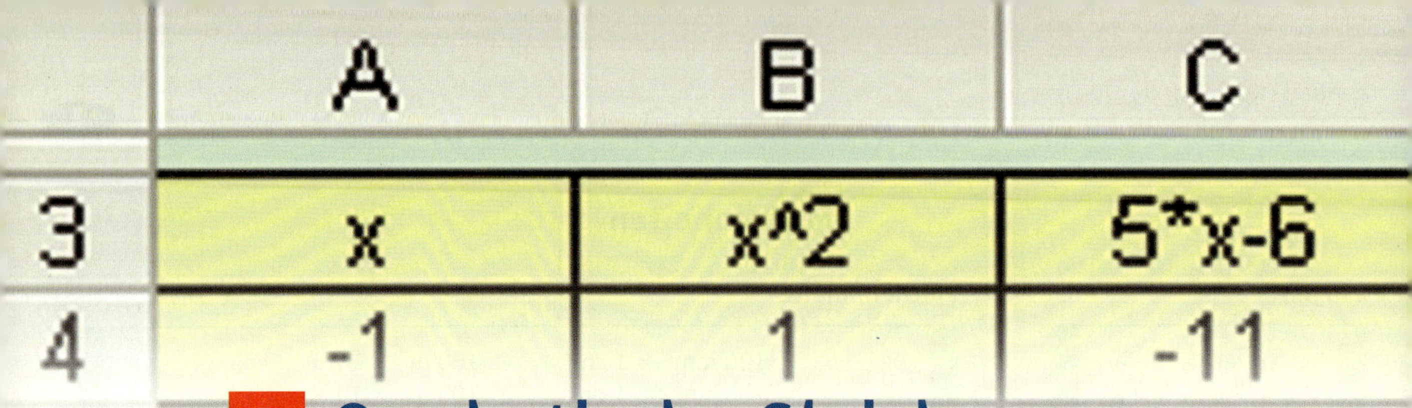

1 Quadratische Gleichungen

Schöne Bilder wirken noch ansprechender, wenn man sie mit einem passenden Rahmen versieht. Der Gesamteindruck verbessert sich oft noch mehr, wenn das Bild mit einem Passepartout umgeben ist.

Ein Künstler empfiehlt ein 15 cm × 20 cm großes Aquarell mit einem Passepartout gleich großer Fläche zu umgeben.
Wir gehen davon aus, dass das Passepartout an jeder Seite die gleiche Breite haben soll und bezeichnen diese mit x cm.
Dann muss gelten $(15 + 2 \cdot x) \cdot (20 + 2 \cdot x) = 15 \cdot 20 \cdot 2$

- → Erläutere diese Gleichung.
- → Vereinfache sie so weit wie möglich.
- → Du erhältst eine Gleichung, in der neben Vielfachen der Variable auch das Quadrat der Variable vorkommt.
- → Löse die Gleichung durch Probieren.
  Es reicht, wenn du einen Näherungswert bestimmst.

In diesem Kapitel lernst du ...

... wie man durch Umformen die Lösungsmenge von Gleichungen bestimmt, in denen neben Vielfachen einer Variable auch deren Quadrat vorkommt.

QUADRATISCHE GLEICHUNGEN – GRAFISCHES LÖSUNGSVERFAHREN

Lösen einer quadratischen Gleichung durch planmäßiges Probieren

Einstieg

In der Halle eines großen Einkaufszentrums befindet sich eine Springbrunnenanlage. Aus einer Düse an der Wasseroberfläche tritt ein Wasserstrahl aus und trifft nach einer gewissen Entfernung wieder auf die Wasseroberfläche. In jeder Entfernung s von der Düse hat der Wasserstrahl eine bestimmte Höhe h; sie kann näherungsweise durch die Formel $h = 5\,s^2 - 15\,s$ beschrieben werden.

➜ In welcher Entfernung von der Düse trifft der Wasserstrahl wieder auf die Wasseroberfläche?

Aufgabe

1. Tom stellt ein Zahlenrätsel (siehe Bild). Versuche, das Rätsel durch systematisches Probieren zu lösen.

Lösung

(1) *Aufstellen einer Gleichung*

Für die gesuchten Zahlen führen wir die Variable x ein.

Das Quadrat einer solchen Zahl: x^2

Das 9fache einer solchen Zahl, vermindert um 14: $9 \cdot x - 14$

Gleichung: $x^2 = 9x - 14$

Einschränkung: x soll eine natürliche Zahl sein.

(2) *Bestimmen der Lösungsmenge*

Es handelt sich hier um eine *quadratische Gleichung*, die wir mithilfe unserer bisher bekannten rechnerischen Verfahren nicht lösen können.

Wir stellen zunächst eine Tabelle für x^2 und $9x - 14$ auf. Dann suchen wir Einsetzungen für x, für die Werte von x^2 und $9x - 14$ übereinstimmen.

x	0	1	2	3	4	5	6	7	8	9
x^2	0	1	4	9	16	25	36	49	64	81
$9x - 14$	−14	−5	4	13	22	31	40	49	58	67

Die Zahlen 2 und 7 erfüllen die quadratische Gleichung.

Zahlen größer als 9 kommen als Lösung nicht in Frage, da der Wert von x^2 stärker wächst als der Wert von $9x - 14$.

Auch Zahlen kleiner als 0 können als Lösungen nicht auftreten, da dann stets x^2 positiv ist, während $9x - 14$ negativ ist.

(3) *Ergebnis:* Tom denkt an die Zahlen 2 und 7.

Information

absolut ⟨lat.⟩ völlig; ganz und gar uneingeschränkt

Gleichungen, die man auf die Form $ax^2 + bx + c = 0 \quad (a \neq 0)$ bringen kann, heißen **quadratische Gleichungen**.

Man nennt ax^2 das *quadratische Glied*, bx das *lineare Glied* und c das *absolute Glied* der Gleichung.

lineares Glied

$$3x^2 + 21x + 30 = 0$$

quadratisches Glied

absolutes Glied

Quadratische Gleichungen *ohne* ein lineares Glied nennt man **reinquadratische Gleichungen**.

Beispiele für reinquadratische Gleichungen:
$2x^2 - 3 = 0$; $x^2 + 2 = 8$; $5x^2 = 20$; $x^2 = 9$

Quadratische Gleichungen *mit* einem linearen Glied heißen **gemischtquadratisch**.
Beispiele für gemischtquadratische Gleichungen:
$3x^2 + 21x + 30 = 0$; $x^2 - 5x = 0$; $x^2 = 9x - 14$; $(x - 2)^2 = 5$

Zum Festigen und Weiterarbeiten

ganze Zahlen: ...; −3; −2; −1; 0; 1; 2; 3; ...

2. Suche mithilfe einer Tabelle ganze Zahlen,

a) deren Quadrat genauso groß ist wie das 10fache der Zahl, vermindert um 9;

b) deren Quadrat genauso groß ist wie das 6fache der Zahl, vermindert um 9;

c) deren Quadrat genauso groß ist wie 3, vermindert um das Doppelte der Zahl;

d) bei denen die Zahl vermehrt um 6 genauso groß ist wie das Quadrat der Zahl;

e) bei denen das (− 3)fache der Zahl vermindert um 2 genauso groß ist wie das Quadrat der Zahl.

Stelle zunächst eine Gleichung auf.

3. Bestimme mithilfe einer Tabelle ganze Zahlen, die die Gleichung erfüllen. Forme die Gleichung wie im Beispiel zunächst geeignet um.

$$\begin{aligned} 3x^2 + 21x + 30 &= 0 \quad |:3 \\ x^2 + 7x + 10 &= 0 \\ x^2 &= -7x - 10 \end{aligned}$$

a) $x^2 - 2x - 15 = 0$ **c)** $0{,}5x^2 + x = 0$

b) $2x^2 + 16x + 32 = 0$ **d)** $\frac{1}{2}y^2 - \frac{1}{2}y - 3 = 0$

TAB

4. *Planmäßiges Probieren mithilfe einer Tabellenkalkulation*

a) Die quadratische Gleichung $x^2 = 5x - 6$ kannst du auch mithilfe einer Tabellenkalkulation lösen.
Lies aus der Tabelle die Lösung der Gleichung ab.
Beachte: Für x^2 schreibt man x^2.

	A	B	C
1	Quadratische Gleichungen		
2			
3	x	x^2	5*x-6
4	-1	1	-11
5	0	0	-6
6	1	1	-1
7	2	4	4
8	3	9	9
9	4	16	14

b) Löse die quadratische Gleichung mithilfe eines Tabellenblatts. Erstelle zum Lösen der Gleichung geeignete Wertetabellen.

(1) $x^2 = 5x - 4$ (2) $x^2 = x + 6$ (3) $x^2 = 4{,}5x - 4{,}5$

Übungen

5. Entscheide, ob eine quadratische Gleichung vorliegt.
Wenn ja, gib an, ob sie reinquadratisch oder gemischtquadratisch ist.

(1) $x^2 = 7x$
(2) $y^2 = 9$
(3) $x^2 - x + 5x^3 = 4$
(4) $z - 3 = 4z^2$
(5) $9x - 7 = 2x$
(6) $4 = y^2$
(7) $z - z^2 = 5$
(8) $8 - x^2 + 3x = 2$
(9) $0{,}3^2 = 16y$
(10) $(3z + 2)^2 = 49$
(11) $3 - 2x = 5x^2$
(12) $5x^2 - 4x = 7$

6. Bei welchen ganzen Zahlen ist
a) das Quadrat der Zahl um 15 größer als das Doppelte der Zahl;
b) das Quadrat der Zahl um 24 größer als das Doppelte der Zahl;
c) das Quadrat der Zahl genauso groß wie (– 3), vermindert um das 4fache der Zahl;
d) das Doppelte der Zahl um 3 kleiner als das Quadrat der Zahl;
e) die Hälfte des Quadrats der Zahl um 4 kleiner als das Dreifache der Zahl;
f) ein Drittel des Quadrats der Zahl genauso groß wie 6 vermindert um die Zahl;
g) das Quadrat gleich der Differenz aus 16 und dem 1,8fachen der Zahl?
Stelle zunächst eine Gleichung auf; suche dann die Zahlen mithilfe einer Tabelle.

TAB

7. Bestimme mithilfe einer Tabelle die Lösungsmenge der Gleichung. Dabei soll x für eine ganze Zahl stehen.
Du kannst auch ein Tabellenkalkulationsprogramm benutzen.
Forme die Gleichung zunächst geeignet um.

a) $x^2 + 6x + 8 = 0$
b) $x^2 + x = 6$
c) $x^2 + 6x + 9 = 0$
d) $-4x^2 + 8x + 12 = 0$
e) $0{,}1x^2 + x + 2{,}5 = 0$
f) $\frac{1}{2}z^2 + 6 = 4z$

8. Ein Rechteck und ein Quadrat haben denselben Flächeninhalt. Bei dem Rechteck ist eine Seite 3 cm länger als die des Quadrates und die andere 2 cm kürzer als die des Quadrates. Zeichne beide.

Grafisches Lösen quadratischer Gleichungen

Einstieg

TAB

Das Finden von Lösungen einer quadratischen Gleichung durch Probieren mit Tabellenkalkulation ist nicht so einfach, wenn die quadratische Gleichung keine ganzzahlige Lösung hat.
Bestimme mithilfe einer Tabellenkalkulation die Lösung der Gleichung:
$x^2 = 1{,}1x + 0{,}6$
Erstelle hierzu eine Wertetabelle für

- die Quadratfunktion $y = x^2$
- die lineare Funktion $y = 1{,}1x + 0{,}6$.

→ Markiere die Tabelle und erstelle ein Punktdiagramm. Wähle den Untertyp *Punkte mit interpolierten Linien*.
→ Welche Bedeutung haben die Schnittpunkte der beiden Graphen?
→ Beschreibe, wie man das Tabellenblatt verändern muss, um die Lösung der quadratischen Gleichung mithilfe der Wertetabelle zu überprüfen.

x	x²	1,1x+0,6
-2,00	4,00	-1,60
-1,50	2,25	-1,05
-1,00	1,00	-0,50
-0,50	0,25	0,05
0,00	0,00	0,60
0,50	0,25	1,15
1,00	1,00	1,70
…	…	…

Information

Das Finden von Lösungen einer quadratischen Gleichung durch planmäßiges Probieren mithilfe einer Tabelle wie in Aufgabe 1 auf Seite 7 ist nicht immer möglich.
Dies zeigt das Beispiel $x^2 - 1{,}9x - 1{,}5 = 0$ bzw. umgeformt $x^2 = 1{,}9x + 1{,}5$.
Diese quadratische Gleichung hat nämlich keine ganzzahlige Lösung.

Wir wollen daher ein weiteres Lösungsverfahren, das zeichnerische Lösen, entwickeln.

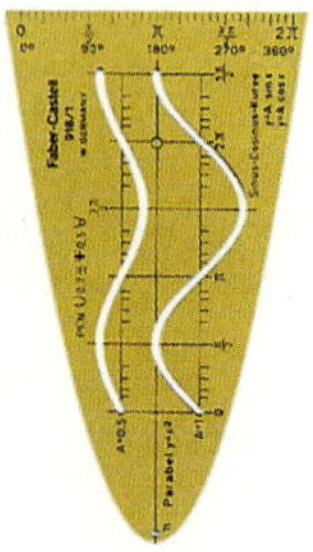

Die Tabelle rechts können wir auch als Wertetabelle von zwei Funktionen auffassen, und zwar:

- der *Quadratfunktion* mit der Gleichung $y = x^2$; ihr Graph ist die *Normalparabel* (als Schablone erhältlich) und
- der *linearen Funktion* mit der Gleichung $y = 1{,}9x + 1{,}5$;
  ihr Graph ist eine *Gerade* mit der Steigung 1,9 und dem y-Achsenabschnitt 1,5.

Parabel als Graph — Gerade als Graph

x	x^2	1,9x + 1,5
−1	1	−0,4
0	0	1,5
1	1	3,4
2	4	5,3

Aufgabe

1. Bestimme grafisch, d. h. mithilfe der Normalparabel und einer Geraden, die Lösungsmenge der quadratischen Gleichung:
$x^2 - 1{,}9x - 1{,}5 = 0$ bzw. umgeformt $x^2 = 1{,}9x + 1{,}5$

Verwende für die Normalparabel eine Schablone.

Lösung

Wir suchen Zahlen für x, für welche die Werte von x^2 und von $1{,}9x + 1{,}5$ übereinstimmen.

Dazu zeichnen wir die Graphen der Funktionen mit

$y = x^2$ (*Normalparabel*) und

$y = 1{,}9x + 1{,}5$ (*Gerade* mit der Steigung 1,9 und dem Achsenabschnitt 1,5).

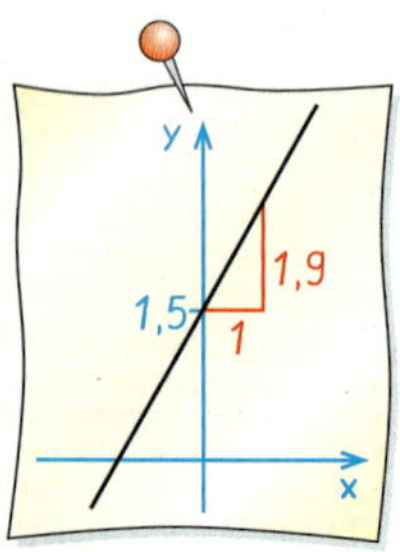

An den Stellen gemeinsamer Punkte von Parabel und Gerade stimmen die Werte von x^2 und von $1{,}9x + 1{,}5$ überein.

Aus dem Bild lesen wir ab:
Die beiden gemeinsamen Punkte P_1 und P_2 (Schnittpunkte) liegen an den Stellen −0,6 und 2,5.

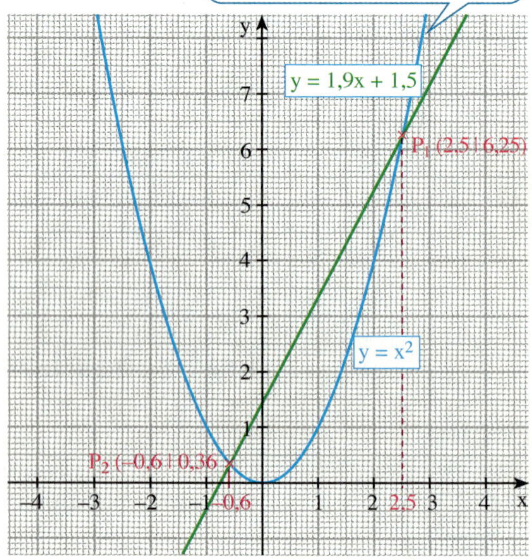

Probe:

$(-0{,}6)^2 = 1{,}9 \cdot (-0{,}6) + 1{,}5$ (w?)	
LS: $(-0{,}6)^2 = 0{,}36$	RS: $1{,}9 \cdot (-0{,}6) + 1{,}5 = -1{,}14 + 1{,}5 = 0{,}36$

Probe:

$2{,}5^2 = 1{,}9 \cdot 2{,}5 + 1{,}5$ (w?)	
LS: $2{,}5^2 = 6{,}25$	RS: $1{,}9 \cdot 2{,}5 + 1{,}5 = 4{,}75 + 1{,}5 = 6{,}25$

Ergebnis: Lösungsmenge $L = \{-0{,}6;\ 2{,}5\}$

Zum Festigen und Weiterarbeiten

2. Bestimme mithilfe einer Zeichnung die Lösungsmenge. Überprüfe dein Ergebnis.

a) $x^2 = 1{,}5x + 1$ **b)** $x^2 = 6x - 5$ **c)** $x^2 = -2x - 3$ **d)** $x^2 = 6{,}25$

3. Bestimme mithilfe einer Zeichnung die Lösungsmenge. Beschreibe dein Vorgehen. Forme die Gleichung zunächst geeignet um.

a) $x^2 - x - 2 = 0$ **b)** $x^2 - 3x + 2 = 0$ **c)** $2x^2 - x - 3 = 0$ **d)** $x - \frac{1}{2}x^2 = 0$

TAB

4. Erstelle zum Lösen der quadratischen Gleichung mit einem Kalkulationsprogramm eine geeignete Wertetabelle. Lass dir anschließend von dem Programm ein Punktdiagramm mit interpolierten Linien zeichnen. Lies die Lösung der quadratischen Gleichung ab und überprüfe mithilfe der Tabelle.

(1) $x^2 = 2x + 1{,}25$ (2) $x^2 = x + 3{,}75$ (3) $x^2 = 1{,}8x + 1{,}44$

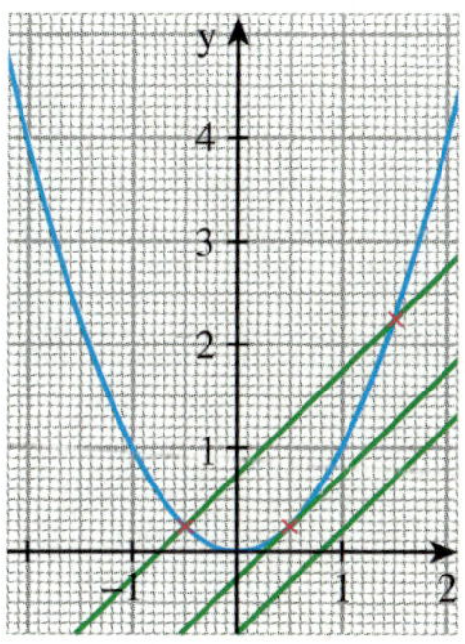

5. *Anzahl der Lösungen einer quadratischen Gleichung*

a) Lies jeweils anhand des Bildes links die Lösungsmenge ab.

(1) $x^2 - x - \frac{3}{4} = 0$, $x^2 = x + \frac{3}{4}$ (2) $x^2 - x + \frac{1}{4} = 0$, $x^2 = x - \frac{1}{4}$ (3) $x^2 - x + \frac{3}{4} = 0$, $x^2 = x - \frac{3}{4}$

Begründe anhand des Bildes:

Anzahl der Lösungen einer quadratischen Gleichung

Eine quadratische Gleichung hat entweder *zwei* Lösungen oder *eine* Lösung oder *keine* Lösung.

(1) $x^2 - x - \frac{3}{4} = 0$, $x^2 = x + \frac{3}{4}$ (2) $x^2 - x + \frac{1}{4} = 0$, $x^2 = x - \frac{1}{4}$ (3) $x^2 - x + \frac{3}{4} = 0$, $x^2 = x - \frac{3}{4}$

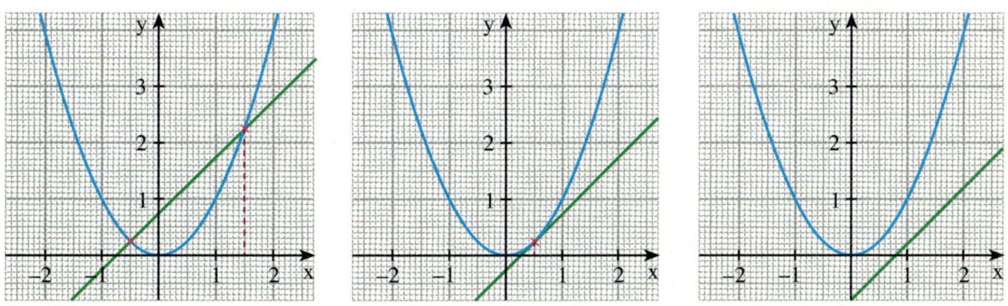

b) Bestimme die Lösungsmenge der vier Gleichungen mithilfe einer gemeinsamen Zeichnung wie in Teilaufgabe a).

(1) $x^2 = 3x$ (2) $x^2 = 3x - 2{,}25$ (3) $x^2 = 3x - 4{,}5$ (4) $x^2 = 3x - 1{,}25$

6. Setze – soweit möglich – für □ eine Zahl so ein, dass die Gleichung

(1) zwei Lösungen, (2) genau eine Lösung, (3) keine Lösung

besitzt. Zeichne hierzu jeweils die Normalparabel und eine geeignete Gerade.

a) $x^2 = \square$ **b)** $x^2 = \square \cdot x$ **c)** $x^2 = \square \cdot x - 2{,}25$ **d)** $x^2 = -4x + \square$

7. *Grafisches Lösen einer reinquadratischen Gleichung*

Gib anhand des Graphen von $y = x^2$ Lösungen der Gleichung an.

a) $x^2 = 4{,}4$ **b)** $x^2 = 2{,}3$ **c)** $x^2 = 0$ **d)** $x^2 = -1$

Wie lautet hier die Gleichung der Geraden? Um was für eine Gerade handelt es sich?

Information

Ablaufplan für das grafische Lösen einer quadratischen Gleichung

Beispiel: $x^2 + \frac{1}{2}x - 3 = 0$

(1) Löse die Gleichung nach x^2 auf:
$x^2 = -\frac{1}{2}x + 3$

(2) Zeichne (mit einer Schablone) die Parabel zu $y = x^2$ und die Gerade zu $y = -\frac{1}{2}x + 3$.

(3) Suche die gemeinsamen Punkte (Schnittpunkte; Berührungspunkte) von Parabel und Gerade. Lies die 1. Koordinate der gemeinsamen Punkte ab, im Beispiel -2 und $1{,}5$.

(4) Führe die Probe anhand der gegebenen quadratischen Gleichung durch.

(5) Notiere die Lösungsmenge:
$L = \{-2;\ 1{,}5\}$

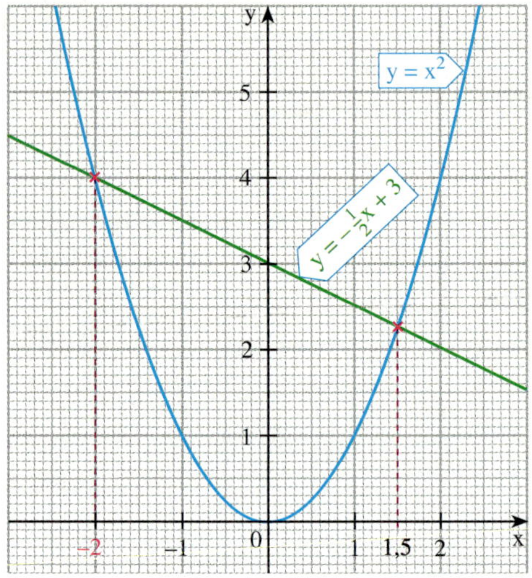

Übungen

8. Bestimme mithilfe von Graphen die Lösungsmenge. Forme gegebenenfalls um. Überprüfe dein Ergebnis.

a) $x^2 = -2x$
b) $x^2 = 2{,}25$
c) $-x^2 = \frac{1}{2}x$
d) $x^2 + 1{,}5x - 1 = 0$
e) $x^2 + 1{,}5x + 3 = 0$
f) $2x + 3 - x^2 = 0$
g) $2x^2 = 1{,}8x - 1$
h) $10x^2 = 9x + 36$
i) $-4x^2 = 2x - 12$
j) $4x^2 + 20x + 25 = 0$
k) $0{,}2x^2 + x + 1{,}4 = 0$
l) $3x + 6 - 3x^2 = 0$

9. Gib eine Gleichung an, deren Lösungsmenge man aus dem Bild ablesen kann.
Notiere die quadratische Gleichung in der Form $x^2 + px + q = 0$.

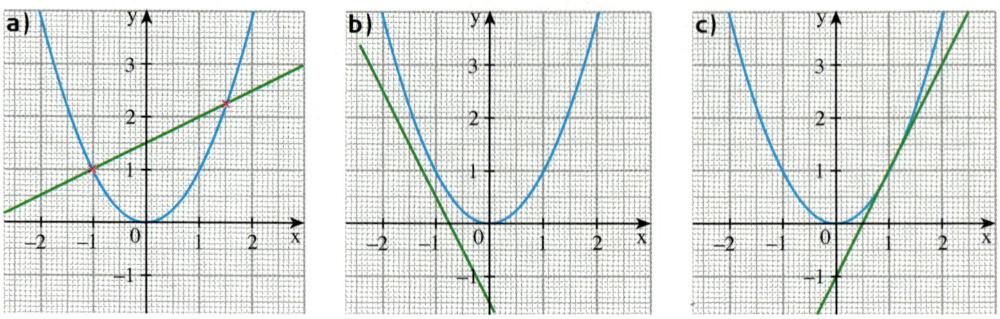

10. Bestimme mithilfe eines Graphen die Anzahl der Lösungen.

a) $x^2 - 2 = 0$
b) $x^2 + 1 = 0$
c) $x^2 = 0$
d) $x^2 + 2x = 0$
e) $2x - x^2 = 0$
f) $x^2 - 2x + 1 = 0$
g) $x^2 - 2x + 3 = 0$
h) $2x + 8 - x^2 = 0$

11. Bestimme anhand des Graphen von $y = x^2$ Lösungen der Gleichung. Forme gegebenenfalls die Gleichung geeignet um.

a) $x^2 = 2$
b) $x^2 = 5$
c) $x^2 = 5{,}3$
d) $x^2 = -5{,}3$
e) $x^2 - 7 = 0$
f) $x^2 + 6 = 0$
g) $2x^2 = 6$
h) $\frac{1}{2}x^2 = \frac{3}{4}$

RECHNERISCHES LÖSEN EINER QUADRATISCHEN GLEICHUNG

Das grafische Lösungsverfahren liefert nicht immer die genaue Lösung und ist für viele Gleichungen nur bedingt geeignet; Lösungen wie 157; 2,345 oder $\sqrt{2}$ kann man nicht ablesen. Wir wollen deshalb schrittweise ein rechnerisches Lösungsverfahren entwickeln.
Wir beginnen mit zwei Sonderfällen quadratischer Gleichungen:

(1) $ax^2 + c = 0$, d. h. eine reinquadratische Gleichung;

(2) $(x - d)^2 = r$, d. h. eine Gleichung, die man mithilfe binomischer Formeln erhält.

Auf diese Sonderfälle kann schrittweise *jede* quadratische Gleichung $ax^2 + bx + c = 0$ zurückgeführt werden.

Lösen einer reinquadratischen Gleichung

Einstieg

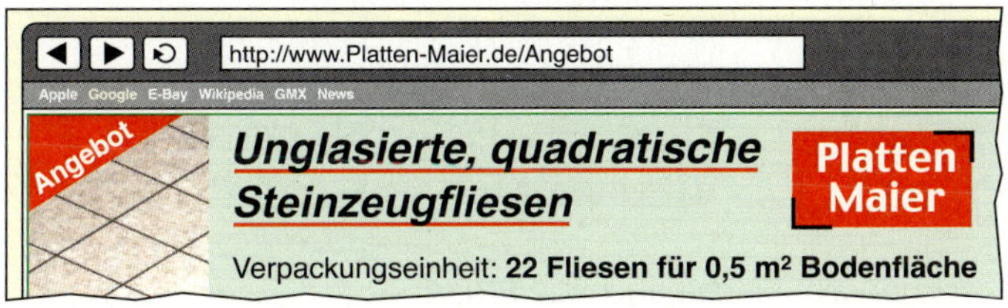

Im Internet werden quadratische Steinfliesen zum Verkauf angeboten.

→ Welche Abmessungen haben die Fliesen?

Aufgabe

1. Wir beginnen mit dem Typ $ax^2 + c = 0$, also einer *reinquadratischen* Gleichung.
Bestimme die Lösungsmenge der Gleichung:

a) $9x^2 - 16 = 0$ **b)** $2x^2 + 20 = 34$ **c)** $\frac{2}{3}x^2 + 6 = 0$

Lösung

a)
$9x^2 - 16 = 0 \quad | +16$
$9x^2 = 16 \quad | :9$
$x^2 = \frac{16}{9}$
$x = \frac{4}{3}$ *oder* $x = -\frac{4}{3}$
$L = \left\{-\frac{4}{3}; \frac{4}{3}\right\}$

b)
$2x^2 + 20 = 34 \quad | -20$
$2x^2 = 14 \quad | :2$
$x^2 = 7$
$x = \sqrt{7}$ *oder* $x = -\sqrt{7}$
$L = \left\{-\sqrt{7}; \sqrt{7}\right\}$

c)
$\frac{2}{3}x^2 + 6 = 0 \quad | -6$
$\frac{2}{3}x^2 = -6 \quad | :\frac{2}{3}$
$x^2 = -9$
Das Quadrat einer Zahl kann nicht negativ sein, also:
$L = \{\ \}$

Zum Festigen und Weiterarbeiten

Die Variable muss nicht immer x sein.

2. Gib die Lösungsmenge an. Führe auch die Probe durch.

a) $x^2 = 25$
b) $x^2 = -4$
c) $x^2 = 0$
d) $0{,}16 = y^2$
e) $-4z^2 = 9$
f) $\frac{1}{3}x^2 = 27$
g) $x^2 + 1 = 6$
h) $4(z^2 - 9) = 28$
i) $\frac{3}{4}(z^2 - 4) = 0$
j) $0 = 9x^2 - \frac{1}{4}$
k) $0 = 9\left(x^2 - \frac{1}{4}\right)$
l) $8x^2 = 6x^2$
m) $2y^2 - \frac{15}{2} = \frac{1}{4}$
n) $2y^2 - \frac{15}{2} = \frac{1}{2}y^2$
o) $2y^2 - \frac{15}{2}y^2 = -\frac{2}{11}$
p) $5{,}5z^2 - \frac{9}{4} = 1{,}5z^2$

Information

Lösungsmenge bei einer reinquadratischen Gleichung

Eine reinquadratische Gleichung kann man auf die Form $\mathbf{x^2 = r}$ bringen.
Für sie gilt:

- Ist $r > 0$, dann hat sie *genau zwei* Lösungen, nämlich $\sqrt{r}$ und $-\sqrt{r}$.
- Ist $r = 0$, dann hat sie *genau eine* Lösung, nämlich 0.
- Ist $r < 0$, dann hat sie *keine* Lösung.

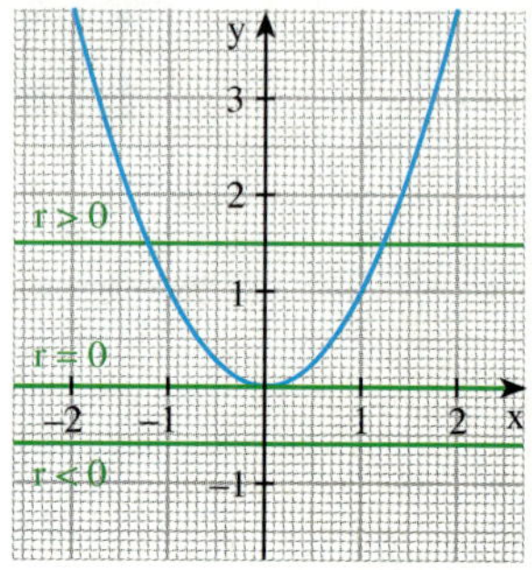

Beachte: Beim Lösen der Gleichung $x^2 = 36$ sucht man alle Zahlen, welche die Gleichung erfüllen. Man erhält: $L = \{-6; 6\}$.
Dagegen bezeichnet $\sqrt{36}$ eine Zahl. Beim Berechnen dieser Wurzel sucht man einen anderen (einfachen) Namen für diese Zahl. Es gilt: $\sqrt{36} = 6$.
Man muss also das Bestimmen der Lösungsmenge der Gleichung $x^2 = r$ und das Berechnen von $\sqrt{r}$ unterscheiden.

Übungen

3. Gib die Lösungsmenge an.

a) $x^2 = \frac{49}{16}$ **b)** $x^2 = 0{,}36$ **c)** $x^2 = 3$ **d)** $x^2 = 1{,}44$ **e)** $\frac{1}{2}x^2 = \frac{25}{8}$ **f)** $0{,}3\,z^2 = 0{,}012$ **g)** $\frac{1}{4}x^2 = 25$ **h)** $\frac{1}{4}y^2 = 0$

4. Löse rechnerisch. Mache auch die Probe.

a) $x^2 - 0{,}09 = 0$ **b)** $x^2 + 0{,}49 = 0$ **c)** $4x^2 - 9 = 0$ **d)** $4y^2 + 1 = 0$ **e)** $0{,}24x^2 - 6 = 0$ **f)** $\frac{2}{3}x^2 - \frac{10}{3} = 0$ **g)** $\frac{4}{5}x^2 - 2 = 0$ **h)** $\sqrt{5}\,z^2 - \sqrt{80} = 0$

5. Kontrolliere die Rechnungen. Berichtige, wenn nötig.

(1) $x^2 + 9 = 0$
$x^2 = -9$
$x = -3$

(2) $4x^2 = 0$
$x^2 = \frac{1}{4}$
$x = \frac{1}{2}$ oder $x = -\frac{1}{2}$

(3) $3x^2 = 75$
$x^2 = 25$
$x = 5$

6. Bestimme die Lösungsmenge.

a) $11x^2 = 36 + 2x^2$ **b)** $5x^2 = 343 - 2x^2$ **c)** $9x^2 - 4 = 5x^2 - 4$ **d)** $7x^2 + 2 = 1 + 5x^2$ **e)** $13y^2 - 8 = 9y^2 + 1$ **f)** $16z^2 - 20 = 5 - 20z^2$

7. **a)** $x(x - 20) = 2(72 - 10x)$
b) $9x(x + 1) - 7(x - 11) = 86 + 2x$
c) $3x(x + 7) + 5x(x - 2) = 11x + 60{,}5$
d) $14x(x - 4) = 5(9 - 22x) + 9x(x + 6)$
e) $(x + 4)^2 + (x - 4)^2 = 34$
f) $(z + 5)(z - 8) = -3(z + 8)$
g) $(5x + 7)^2 - (7x + 5)^2 = -72$
h) $\frac{1}{3}(x^2 + 5) - \frac{1}{5}(x^2 - 1) = 4$

8. **a)** $(x - 3)^2 = 25 - 6x$ **b)** $(x + 1)^2 = 2x + 37$ **c)** $(2y + 5)^2 = 146 + 20y$

9. **a)** $(2x + 3)(2x - 3) = 16$
b) $(y + 2)(y - 2) = 46 - 71y^2$
c) $(3x - 5)(3x + 5) = -153x^2 + 73$
d) $(3 - 2x)(3 + 2x) = -3x^2 - 8x - 11$

10. Notiere zu der Lösungsmenge eine passende reinquadratische Gleichung.

a) $\{7; -7\}$ **b)** $\{0\}$ **c)** $\left\{\frac{3}{2}; -\frac{3}{3}\right\}$ **d)** $\{0{,}4; -0{,}4\}$ **e)** $\left\{\sqrt{8}; -\sqrt{8}\right\}$ **f)** $\{\ \}$

11. Bestimme die gesuchten Zahlen.

a) Multipliziert man eine Zahl mit sich selbst und addiert zum Produkt 16, so erhält man die Zahl 41.

b) Multipliziert man das Quadrat einer Zahl mit 4, so erhält man dasselbe Ergebnis, wie wenn man 75 zum Quadrat der Zahl addiert.

c) Multipliziert man die Hälfte einer Zahl mit dem vierten Teil derselben, so erhält man die Zahl 50.

12. Die Oberfläche eines Würfels beträgt 3 456 cm^2. Wie lang ist eine Kante?

13. Drei gleich große quadratische Büroräume sowie der 18,25 m^2 große Flur sollen mit neuem Teppichboden ausgelegt werden. Dazu werden insgesamt 55 m^2 benötigt.
Wie lang ist die Seitenlänge eines Büroraumes?

14. Ein quadratisches Blumenbeet in einem Park wird auf einer Seite um 7 m verkürzt und auf der benachbarten Seite um 7 m verlängert. Das neue, rechteckige Blumenbeet ist 435 m^2 groß.
Welche Seitenlänge hatte das ursprüngliche Blumenbeet? Überprüfe dein Ergebnis.

15. In der Fahrschule lernt man, die Länge des Bremsweges eines Fahrzeugs nach folgender Faustformel abzuschätzen:

$$\text{Länge des Bremsweges (in m)} = \left(\frac{\text{Geschwindigkeit in } \left(\frac{\text{km}}{\text{h}}\right)}{10}\right)^2$$

Der Fahrer eines Pkw, der mit einer Geschwindigkeit von $130\,\frac{\text{km}}{\text{h}}$ fährt, macht plötzlich eine Vollbremsung.
Wie lang ist der Bremsweg?

Lösen einer gemischtquadratischen Gleichung der Form $(x - d)^2 = r$

Einstieg

Herr Kuhweide besitzt ein 500 m^2 großes quadratisches Grundstück. Die Gemeinde, der das umliegende Land gehört, bietet ihm an, die Seiten des Grundstücks um jeweils 10 m zu vergrößern. Sie verlangt für 1 m^2 75 €. Hinzu kommt noch die Mehrwertsteuer.

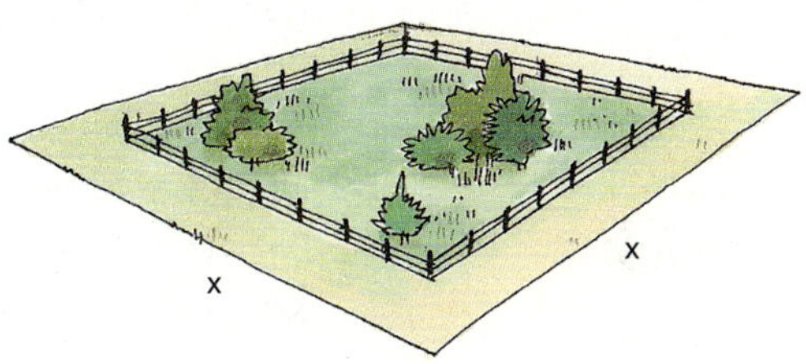

Aufgabe

1. Bestimme die Lösungsmenge der quadratischen Gleichung:

a) $(x - 2)^2 = 9$ **b)** $x^2 + 6x + 9 = 25$

Lösung

a) Wir lösen die Gleichung entsprechend zur Aufgabe 1 auf Seite 13. Dabei denken wir uns nur (x − 2) anstelle von x:

$(x-2)^2 = 9$
$x - 2 = \sqrt{9}$ *oder* $x - 2 = -\sqrt{9}$
$x - 2 = 3$ *oder* $x - 2 = -3$
$x = 5$ *oder* $x = -1$
$L = \{-1; 5\}$

b) Auf den linken Term wenden wir zunächst die 1. binomische Formel an:

$x^2 + 6x + 9 = 25$
$(x+3)^2 = 25$
$x + 3 = \sqrt{25}$ *oder* $x + 3 = -\sqrt{25}$
$x + 3 = 5$ *oder* $x + 3 = -5$
$x = 2$ *oder* $x = -8$
$L = \{-8; 2\}$

Strategie
Zurückführen auf einen bekannten Fall: reinquadratische Gleichung

Wiederholung

Binomische Formeln

(1) $(a+b)^2 = a^2 + 2ab + b^2$ (2) $(a-b)^2 = a^2 - 2ab + b^2$

Beispiele: $(x+5)^2 = x^2 + 10x + 25$ $(y-8)^2 = y^2 - 16y + 64$

Zum Festigen und Weiterarbeiten

2. Bestimme durch Rechnen die Lösungsmenge. Überprüfe dein Ergebnis.
a) $(x+5)^2 = 49$ **b)** $(x-4)^2 = 0$ **c)** $(x-1)^2 = 3$ **d)** $(y+7)^2 = -4$

3. *Anwenden einer binomischen Formel (Wiederholung)*

a) Schreibe als Summe; wende dazu eine binomische Formel an.
(1) $(x+4)^2$ (2) $(x-7)^2$ (3) $\left(x+\frac{5}{2}\right)^2$ (4) $\left(z-\frac{7}{4}\right)^2$ (5) $(y-0{,}8)^2$

b) Schreibe mithilfe der 1. oder 2. binomischen Formel als Quadrat eines Terms.
(1) $x^2 + 12x + 36$ (2) $x^2 - 5x + 6{,}25$ (3) $y^2 - 7y + 12{,}25$ (4) $z^2 - \frac{4}{5}z + \frac{4}{25}$

c) Ergänze so, dass man eine binomische Formel anwenden kann.
(1) $x^2 + \square + 49$ (2) $y^2 - \square + 1{,}44$ (3) $x^2 + 6x + \square$ (4) $z^2 - \frac{3}{2}z + \square$

4. Bestimme die Lösungsmenge. Führe auch die Probe durch.
a) $x^2 - 12x + 36 = 25$ **b)** $x^2 + 9x + \frac{81}{4} = \frac{9}{4}$ **c)** $y^2 - 6y + 9 = 11$

Übungen

5. Bestimme die Lösungsmenge. Führe – soweit möglich – die Probe durch.
a) $(x+2)^2 = 25$ **d)** $(x-4)^2 = 1$ **g)** $(x-5)^2 = -49$ **j)** $(z-2)^2 = \frac{16}{25}$
b) $(x-3)^2 = 16$ **e)** $(x+2)^2 = 0$ **h)** $(x-0{,}6)^2 = 2{,}25$ **k)** $(y+3)^2 = 2$
c) $(x+7)^2 = 36$ **f)** $(x-5)^2 = 4$ **i)** $(x+1{,}2)^2 = 0{,}81$ **l)** $(y-2)^2 = 12$

6. a) Schreibe jeweils als Summe.
(1) $(x-2)^2$; $(x+0{,}6)^2$; $\left(z-\frac{7}{2}\right)^2$ (2) $(x+9)^2$; $(x-1{,}2)^2$; $\left(y-\frac{8}{5}\right)^2$

b) Schreibe mithilfe der 1. und 2. binomischen Formel als Quadrat eines Terms.
(1) $x^2 + 12x + 36$ (3) $x^2 - 7x + \frac{49}{4}$ (5) $x^2 - \frac{3}{2}x + \frac{9}{16}$ (7) $x^2 - 0{,}2x + 0{,}01$
(2) $x^2 - 18x + 81$ (4) $x^2 + 5x + 6{,}25$ (6) $x^2 - \frac{4}{5}x + \frac{4}{25}$ (8) $x^2 + \frac{7}{5}x + \frac{49}{100}$

c) Ergänze so, dass man eine binomische Formel anwenden kann.
(1) $x^2 + \square + \frac{16}{25}$ (2) $z^2 - \square + 1{,}69$ (3) $y^2 + 3y + \square$ (4) $x^2 - \frac{4}{3}x + \square$

7. Bestimme durch Rechnen die Lösungsmenge. Führe auch die Probe durch.

a) $x^2 - 6x + 9 = 36$
b) $x^2 + 8x + 16 = 49$
c) $x^2 - 8x + 16 = 0$
d) $x^2 - 1{,}8x + 0{,}81 = 0{,}25$
e) $x^2 + 5x + \frac{25}{4} = \frac{81}{4}$
f) $x^2 - x + 0{,}25 = 1{,}44$
g) $z^2 + 16z + 64 = 7$
h) $y^2 - 3y + 2{,}25 = 5$
i) $y^2 - 5y + 6{,}25 = 8$

8. *Zahlenrätsel*

Bestimme die gesuchten Zahlen. Wie viele Lösungen hat das Zahlenrätsel? Kontrolliere.

a) Wenn man eine Zahl um 5 vergrößert und das Ergebnis quadriert, so erhält man 36.
b) Wenn man eine Zahl um 2 verkleinert und das Ergebnis quadriert, so erhält man 16.
c) Wenn man eine Zahl um $\frac{1}{2}$ vergrößert und das Ergebnis quadriert, so erhält man 0.

Lösen einer quadratischen Gleichung mithilfe der quadratischen Ergänzung

Einstieg

Das rechts abgebildete Grundstück ist 567 m^2 groß.
Berechne seine Maße.
Ihr könnt dazu eine quadratische Gleichung aufstellen.
Es gibt mehrere Möglichkeiten
Welche davon ist am günstigsten?
Berichtet über eure Ergebnisse.

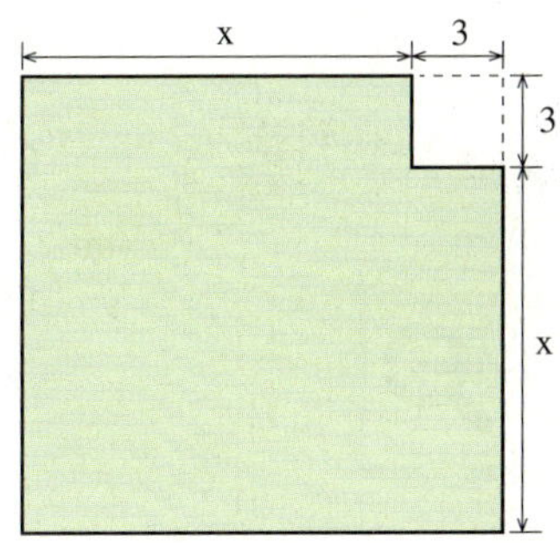

Aufgabe

1. Bestimme die Lösungsmenge der quadratischen Gleichung:

a) $x^2 + 6x = -5$
b) $x^2 - 3x - 1 = 0$

Lösung

Wir versuchen die linke Seite der Gleichung mithilfe einer binomischen Formel in einen quadratischen Term zu verwandeln. Dazu müssen wir den Term links geeignet ergänzen. Wir addieren auf beiden Seiten das Quadrat des halben Faktors von x (*quadratische Ergänzung*; abgekürzt: qu. E.).
Dann können wir wie in Aufgabe 1 auf Seite 223/224 weiterrechnen.

(qu. E.) *bedeutet quadratische Ergänzung*

Strategie
Zurückführen auf einen bekannten Fall: $(x-d)^2 = r$

a)
$x^2 + 6x = -5 \quad | + \left(\frac{6}{2}\right)^2$ (qu. E.)
$x^2 + 6x + 9 = -5 + 9$
$x^2 + 6x + 9 = 4 \quad |$ T
$(x+3)^2 = 4$
$x + 3 = 2$ *oder* $x + 3 = -2$
$x = -1$ *oder* $x = -5$
$L = \{-5;\ -1\}$

b)
$x^2 - 3x - 1 = 0 \quad | + 1$
$x^2 - 3x = 1 \quad | + \left(\frac{3}{2}\right)^2$ (qu. E.)
$x^2 - 3x + \left(\frac{3}{2}\right)^2 = 1 + \left(\frac{3}{2}\right)^2 \quad |$ T
$\left(x - \frac{3}{2}\right)^2 = \frac{13}{4}$
$x - \frac{3}{2} = \sqrt{\frac{13}{4}}$ *oder* $x - \frac{3}{2} = -\sqrt{\frac{13}{4}}$
$x = \frac{3}{2} + \frac{1}{2}\sqrt{13}$ *oder* $x = \frac{3}{2} - \frac{1}{2}\sqrt{13}$
$L = \left\{\frac{3}{2} + \frac{1}{2}\sqrt{13};\ \frac{3}{2} - \frac{1}{2}\sqrt{13}\right\}$

Zum Festigen und Weiterarbeiten

2. Ergänze auf beiden Seiten der Gleichung so, dass du die linke Seite als Quadrat schreiben kannst. Bestimme dann die Lösungsmenge. Mache auch die Probe.

a) $x^2 - 4x + \square = 32 + \square$ **b)** $x^2 + 10x + \square = 24 + \square$ **c)** $x^2 - 3x + \square = 6{,}75 + \square$

3. Ergänze beide Seiten der Gleichung so, dass die linke Seite als Quadrat geschrieben werden kann. Bestimme dann die Lösungsmenge. Mache auch die Probe.

a) $x^2 - 10x = 24$ **c)** $x^2 - 7x + 6 = 0$ **e)** $8 - 6z + z^2 = 0$ **g)** $6 + x^2 - 5x = 0$

b) $x^2 + 2x - 8 = 0$ **d)** $8y + y^2 = 9$ **f)** $x^2 - 4x + 1 = 0$ **h)** $y^2 - 4 - 3y = 0$

4. *Gemischtquadratische Gleichungen ohne absolutes Glied*

a) Beschreibe die beiden Lösungswege; vergleiche und bewerte sie.
Welches Wissen über Produkte nutzt man bei der Lösung (2) aus?

(1)
$x^2 - 8x = 0$
$x^2 - 8x + 16 = 16$
$(x-4)^2 = 16$
$x - 4 = 4$ oder $x - 4 = -4$
$x = 8$ oder $x = 0$
$L_1 = \{8; 0\}$

(2)
$x^2 - 8x = 0$
$x \cdot (x - 8) = 0$
$x = 0$ oder $x - 8 = 0$
$x = 0$ oder $x = 8$
$L_2 = \{0; 8\}$

b) Bestimme möglichst einfach die Lösungsmenge. Klammere dazu die Variable aus.
(1) $x^2 + 3x = 0$ (2) $x^2 - 0{,}9x = 0$ (3) $5x^2 - 4x = 0$ (4) $-2z^2 + 7z = 0$

c) Tim hat die Gleichung $x^2 - 8x = 0$ wie rechts notiert gelöst. Die Lösungsmenge ist aber falsch.
Wo steckt der Fehler?
Erkläre.

$x^2 - 8x = 0$
$x^2 = 8x \quad | :x$
$x = 8$
$L = \{8\}$

5. *Lösen einer quadratischen Gleichung der Form $ax^2 + bx + c = 0$*
Bestimme mithilfe der quadratischen Ergänzung die Lösungsmenge.
Beachte: Vor dem quadratischen Ergänzen muss man die Gleichung auf die Form $x^2 + px + q = 0$ (*Normalform*) bringen.

Strategie
Zurückführen auf einen bekannten Fall

a) Erkläre das Beispiel rechts.
Rechne weiter und bestimme die Lösungsmenge. Kontrolliere.

$$2x^2 + 6x - 20 = 0$$
$$x^2 + 3x - 10 = 0$$
$$x^2 + 3x + \left(\tfrac{3}{2}\right)^2 = 10 + \left(\tfrac{3}{2}\right)^2$$

b) Bestimme die Lösungsmenge.
(1) $3x^2 + 24x + 21 = 0$
(2) $2x^2 + 2x - 12 = 0$
(3) $\frac{1}{4}x^2 + 3x - 7 = 0$
(4) $0{,}1y^2 + y + 2{,}4 = 0$
(5) $\frac{1}{3}z^2 - 5z + 18 = 0$
(6) $9y^2 - 24y + 7 = 0$

c) Löse entsprechend.
(1) $3x^2 + x + 7 = 4x + 2x^2 + 5$
(2) $5z^2 + 7z = 4z^2 - 18z - 156$
(3) $3x(x+2) - 5x(x-3) = 52$
(4) $(2y-5)^2 + (3y-8)^2 = 2$

Übungen

6. Ergänze auf beiden Seiten der Gleichung so, dass du die linke Seite als Quadrat schreiben kannst. Bestimme dann die Lösungsmenge. Mache die Probe.

a) $x^2 + 4x + \square = 21 + \square$ **c)** $x^2 + 14x + \square = 15 + \square$ **e)** $x^2 + 3x + \square = 33{,}75 + \square$

b) $x^2 - 8x + \square = 33 + \square$ **d)** $x^2 - 12x + \square = 13 + \square$ **f)** $y^2 - 5y + \square = 42{,}75 + \square$

7. Bestimme jeweils die Lösungsmenge. Führe die Probe durch.

a) $x^2 - 8 = 0$
$z^2 - 8z = 0$

b) $y^2 + 6y - 7 = 0$
$x^2 + 8x - 9 = 0$

c) $z^2 - 4z - 5 = 0$
$x^2 - 5x + 4 = 0$

d) $x^2 - 4x + 5 = 0$
$x^2 + 4x - 5 = 0$

e) $x^2 + 8 = 0$
$x^2 + 8x = 0$

f) $x^2 - 4x + 3 = 0$
$x^2 - 3x - 4 = 0$

g) $x^2 + 5x + 4 = 0$
$x^2 + 4x + 5 = 0$

h) $x^2 - 8x - 20 = 0$
$y^2 + 6y - 16 = 0$

i) $x^2 + 16x + 15 = 0$
$x^2 + 15x - 16 = 0$

j) $x^2 + 0{,}6x - 0{,}4 = 0$
$x^2 - 1{,}6x - 0{,}8 = 0$

k) $z^2 + 0{,}8z + 0{,}16 = 0$
$x^2 + 0{,}6x + 0{,}08 = 0$

l) $x^2 - \frac{2}{5}x - \frac{3}{5} = 0$
$x^2 - \frac{3}{5}x - \frac{2}{5} = 0$

8. Kontrolliere Julias Hausaufgaben.

a) $x^2 - 3x = 16 \quad |+9$
$x^2 - 3x + 9 = 25$
$(x-3)^2 = 5$
$x - 3 = 5$ oder $x - 3 = -5$
$x = 8$ oder $x = -2$
$L = \{8; -2\}$

b) $4z^2 - 12z + 8 = 0 \quad |+1$
$4z^2 - 12z + 9 = 1$
$(2z-3)^2 = 1$
$2z - 3 = 1$ oder $2z - 3 = -1$
$2z = 4$ oder $2z = 2$
$z = 2$ oder $z = 1$
$L = \{1; -2\}$

c) $4x^2 - 8x = 0 \quad |+8x$
$4x^2 = 8x \quad |:4x$
$x = 2$
$L = \{2\}$

9. Bestimme – ohne quadratisches Ergänzen – jeweils die Lösungsmenge. Überprüfe dein Ergebnis.

a) $x^2 - 4x = 0$
$x^2 - 4 = 0$

b) $3y^2 - 12 = 0$
$-5x^2 + \frac{1}{5} = 0$

c) $y^2 + 6y + 9 = 0$
$y^2 + 9 = 0$

d) $4x^2 - 9 = 0$
$4x^2 + 9x = 0$

e) $4z^2 - 1 = 0$
$4z^2 - z = 0$

f) $50x^2 - 18 = 0$
$50 - 18x^2 = 0$

g) $x^2 - 0{,}09 = 0$
$x^2 + 0{,}9x = 0$

h) $9z^2 - 4 = 60$
$4z - 9z^2 = 0$

i) $-\frac{1}{2}x^2 + 8x = 0$
$-\frac{1}{2}x^2 + 8 = 0$

j) $-\frac{1}{8}y^2 + \frac{1}{2} = 0$
$\frac{1}{8}(y^2 - 1) = \frac{1}{2}$

k) $2{,}5x^2 = 10x$
$3x = -\frac{3}{5}x^2$

l) $-4z^2 = -14z$
$\frac{1}{8}y^2 = 1{,}3y$

10. Bestimme die Lösungsmenge. Mache die Probe.

a) $x^2 + 20x + 36 = 0$

b) $x^2 + 20x + 100 = 0$

c) $x^2 + 20x + 125 = 0$

d) $x^2 + 20x - 125 = 0$

e) $x^2 - 7x + 6 = 0$

f) $x^2 - 11x + 31 = 0$

g) $x^2 - 11x - 5{,}75 = 0$

h) $x^2 + 12x + 33 = 0$

i) $x^2 + 21x + 20 = 0$

j) $x^2 - 3x + 0{,}25 = 0$

k) $x^2 + 8x = 20$

l) $2x^2 + 16x + 32 = 0$

11. **a)** $\frac{1}{2}x^2 - 7x + 12 = 0$

b) $5x^2 - 20x + 15 = 0$

c) $0{,}2z^2 + 3z - 20 = 0$

d) $2x^2 - 28x + 80 = 0$

e) $0{,}1y^2 + 1{,}5y - 3{,}4 = 0$

f) $5x^2 - 8x + 3 = 0$

g) $\frac{1}{2}x^2 + 4x + 10 = 0$

h) $140z + 98 + 50z^2 = 0$

i) $36 + 15y^2 - 51y = 0$

12. Für den Benzinverbrauch B (in *l* pro 100 km) in Abhängigkeit von der im 5. Gang gefahrenen Geschwindigkeit v (in $\frac{km}{h}$) gilt: $B = 0{,}001\,v^2 - 0{,}1\,v + 6{,}3$

a) Bei welcher Geschwindigkeit beträgt der Benzinverbrauch 7 *l* pro 100 km?

b) Wie stark muss man die Geschwindigkeit vermindern, damit der Benzinverbrauch um 1 *l* pro 100 km gesenkt wird?

Lösungsformel - Diskriminante

Aufgabe

1. a) Bestimme die Lösungsmenge der quadratischen Gleichung $x^2 + px + q = 0$ mithilfe der quadratischen Ergänzung und leite so eine Lösungsformel her.
Vom grafischen Lösen einer quadratischen Gleichung wissen wir, dass eine solche Gleichung genau zwei Lösungen oder genau eine Lösung oder keine Lösung besitzen kann.
Unter welcher Bedingung für p und q ist dies der Fall?

b) Bestimme mithilfe der in Teilaufgabe a) entwickelten Lösungsformel die Lösungsmenge der quadratischen Gleichung $2x^2 - 6x - 20 = 0$.

c) Wie viele Lösungen hat die Gleichung $3x^2 - 18x + 20{,}25 = 0$?
Beantworte die Frage anhand der Lösungsformel, ohne die Lösungsmenge selbst zu bestimmen.

Lösung

a)

$$\begin{aligned} x^2 + px + q &= 0 && \mid -q \\ x^2 + px &= -q && \mid +\left(\tfrac{p}{2}\right)^2 \text{ (qu. E.)} \\ x^2 + px + \left(\tfrac{p}{2}\right)^2 &= -q + \left(\tfrac{p}{2}\right)^2 && \mid \text{T (1. bin. Formel)} \\ \left(x + \tfrac{p}{2}\right)^2 &= \left(\tfrac{p}{2}\right)^2 - q \end{aligned}$$

Die Anzahl der Lösungen der quadratischen Gleichung hängt von dem Term $\left(\frac{p}{2}\right)^2 - q$ ab. Dieser Term heißt *Diskriminante* D.
Wir müssen eine *Fallunterscheidung* für die Diskriminante D durchführen:

1. Fall: **D > 0**

$x + \frac{p}{2} = \sqrt{\left(\frac{p}{2}\right)^2 - q}$ *oder* $x + \frac{p}{2} = -\sqrt{\left(\frac{p}{2}\right)^2 - q}$

$x = -\frac{p}{2} + \sqrt{\left(\frac{p}{2}\right)^2 - q}$ *oder* $x = -\frac{p}{2} - \sqrt{\left(\frac{p}{2}\right)^2 - q}$

$L = \left\{-\frac{p}{2} + \sqrt{\left(\frac{p}{2}\right)^2 - q};\ -\frac{p}{2} - \sqrt{\left(\frac{p}{2}\right)^2 - q}\right\}$

2. Fall: **D = 0**

$\left(x + \frac{p}{2}\right)^2 = 0$

$x + \frac{p}{2} = 0$

$x = -\frac{p}{2}$

$L = \left\{-\frac{p}{2}\right\}$

3. Fall: **D < 0**

Das Quadrat einer Zahl ist stets nicht-negativ. Also:
$L = \{\ \}$

Lösungsformel für quadratische Gleichungen

Gegeben ist eine quadratische Gleichung in der Form: $x^2 + px + q = 0$.
Diese Form nennt man *Normalform* der quadratischen Gleichung.

Die **Diskriminante** D (der Normalform) lautet: $D = \left(\frac{p}{2}\right)^2 - q$.
Für die Lösungsmenge der Gleichung gilt dann:

- Wenn die Diskriminante D *positiv* ist, dann gibt es *genau zwei* Lösungen x_1 und x_2, nämlich:
  $x_1 = -\frac{p}{2} + \sqrt{\left(\frac{p}{2}\right)^2 - q}$ und $x_2 = -\frac{p}{2} - \sqrt{\left(\frac{p}{2}\right)^2 - q}$
- Wenn die Diskriminante D *null* ist, dann gibt es *genau eine* Lösung, nämlich $-\frac{p}{2}$.
- Wenn die Diskriminante D *negativ* ist, dann gibt es *keine* Lösung.

Anmerkung: In Formelsammlungen findet man die Lösungen x_1 und x_2 einer quadratischen Gleichung häufig auch wie folgt angegeben:

$x_{1,2} = -\frac{p}{2} \pm \sqrt{\left(\frac{p}{2}\right)^2 - q}$

b) Bevor wir die Formel anwenden können, müssen wir die gegebene Gleichung auf die Normalform bringen.

$2x^2 - 6x - 20 = 0 \quad |:2$

Normalform: $x^2 - 3x - 10 = 0$ ($q = -10$; $p = -3$)

$x_1 = -\frac{-3}{2} + \sqrt{\left(\frac{-3}{2}\right)^2 - (-10)}$; $x_2 = -\frac{-3}{2} - \sqrt{\left(\frac{-3}{2}\right)^2 - (-10)}$

$x_1 = \frac{3}{2} + \sqrt{\frac{9}{4} + \frac{40}{4}}$; $x_2 = \frac{3}{2} - \sqrt{\frac{9}{4} + \frac{40}{4}}$

$x_1 = \frac{3}{2} + \sqrt{\frac{49}{4}}$; $x_2 = \frac{3}{2} - \sqrt{\frac{49}{4}}$

$x_1 = \frac{3}{2} + \frac{7}{2} = 5$; $x_2 = \frac{3}{2} - \frac{7}{2} = -2$

$L = \{-2;\ 5\}$

c) Die Anzahl der Lösungen hängt von der Diskriminante D ab. Bevor wir die Diskriminante D berechnen können, müssen wir die gegebene Gleichung erst auf die Normalform bringen.

$3x^2 - 18x + 20{,}25 = 0 \quad |:3$

$x^2 - 6x + 6{,}75 = 0$

Es ist $p = -6$ und $q = 6{,}75$, und somit

$D = \left(\frac{p}{2}\right)^2 - q = \left(\frac{-6}{2}\right)^2 - 6{,}75 = 9 - 6{,}75$, also $D > 0$.

Also: Die Diskriminante D ist positiv.
Die gegebene Gleichung hat somit genau zwei Lösungen.

Zum Festigen und Weiterarbeiten

2. Bestimme die Lösungsmenge mithilfe der Lösungsformel. Führe die Probe durch.

a) $x^2 - 6x + 8 = 0$ **b)** $x^2 + 10x + 16 = 0$ **c)** $x^2 - 14x - 51 = 0$

3. Bestimme die Lösungsmenge mithilfe der Lösungsformel. Bringe die Gleichung zunächst auf die Normalform. Überprüfe dein Ergebnis.

a) $4x^2 - x - 7{,}5 = 0$ **b)** $\frac{1}{3}x^2 - 3x + 7 = 0$ **c)** $\frac{1}{2}z^2 + 3z - 3 = 0$

4. *Bestimmen der Anzahl der Lösungen mit der Diskriminante*
Berechne die Diskriminante. Wie viele Lösungen hat die Gleichung?

a) $x^2 + 9x + 20 = 0$ **c)** $4x^2 + 68x + 289 = 0$ **e)** $x(x - 24) + 16(2x + 1) = 0$

b) $x^2 - 15x + 57 = 0$ **d)** $\frac{1}{7}y^2 + \frac{1}{6}y - \frac{4}{7} = 0$ **f)** $0{,}25z^2 - 4 + 1{,}5z = 0$

Übungen

5. Bestimme die Lösungsmenge mithilfe der Lösungsformel. Mache die Probe.

a) $x^2 + 8x - 9 = 0$ **d)** $x^2 - 14x + 50 = 0$ **g)** $x^2 - 13x + 42{,}5 = 0$

b) $x^2 + 5x + 4 = 0$ **e)** $x^2 + 10{,}8x - 63 = 0$ **h)** $x^2 - 2{,}2x + 0{,}4 = 0$

c) $x^2 - 3x + 2 = 0$ **f)** $x^2 + 2{,}55x - 4{,}5 = 0$ **i)** $x^2 - 7x + 3 = 0$

6. Bringe die Gleichung zunächst auf Normalform und wende dann die Lösungsformel an. Kontrolliere auch dein Ergebnis.

a) $x^2 = 22x - 21$ **c)** $12{,}5 = 7x - x^2$ **e)** $x + 0{,}75 = x^2$

b) $x^2 + 8x = -12$ **d)** $x^2 = 1{,}75 - 3x$ **f)** $4{,}4 - 0{,}2x = x^2$

7. Kontrolliere Carolines Hausaufgaben.

a) $x^2 - 3x - 4 = 0$
$x_{1/2} = -\frac{3}{2} \pm \sqrt{\left(\frac{3}{2}\right)^2 - (-4)}$
$= -\frac{3}{2} \pm \sqrt{\frac{9}{4} + \frac{16}{4}}$
$= -\frac{3}{2} \pm \frac{5}{2}$
$L = \{1; -4\}$

b) $x^2 + 3x = -10$
$x_{1/2} = -\frac{3}{2} \pm \sqrt{\left(\frac{3}{2}\right)^2 - (-10)}$
$= -\frac{3}{2} \pm \sqrt{\frac{9}{4} + \frac{40}{4}}$
$= -\frac{3}{2} \pm \frac{7}{2}$
$L = \{-5; 2\}$

c) $z^2 + 7 + 10z = 0$
$z_{1/2} = -\frac{7}{2} \pm \sqrt{\left(\frac{7}{2}\right)^2 - 10}$
$= -\frac{7}{2} \pm \sqrt{\frac{49}{4} - \frac{40}{4}}$
$= \frac{7}{2} \pm \frac{3}{2}$
$L = \{5; 2\}$

8. Bestimme die Lösungsmenge mithilfe der Lösungsformel.

a) $x^2 - 6x - 187 = 0$
b) $x^2 + 9x - 52 = 0$
c) $x^2 + 10{,}8x - 63 = 0$
d) $x^2 + 2{,}55x - 4{,}5 = 0$
e) $x^2 + 13x + 42{,}5 = 0$
f) $12{,}5 = 7x - x^2$
g) $x^2 - 16x + 64 = 0$
h) $2x^2 - 14x + 6 = 0$
i) $5x^2 + 25x + 10 = 0$
j) $2x^2 - 3x - 104 = 0$
k) $9x^2 + 66x + 137 = 0$
l) $5y^2 + 14y = -9{,}8$
m) $3y^2 - 4{,}4y - 9{,}6 = 0$
n) $3x^2 - 15x + 7 = 0$
o) $2x^2 + 14x + 25{,}5 = 0$
p) $\frac{4}{9}z^2 - 2z + \frac{5}{2} = 0$
q) $\frac{5}{6}z^2 - 4z + \frac{24}{5} = 0$
r) $\frac{3}{2}x^2 + 15 = 12x$

9. Vergleiche und bewerte die unterschiedlichen Lösungswege.

$x^2 - 5x = 0$
$x_{1/2} = \frac{5}{2} \pm \sqrt{\left(\frac{5}{2}\right)^2 - 0}$
$= \frac{5}{2} \pm \frac{5}{2}$
$L = \{0; 5\}$

$x^2 - 5x = 0$
$x(x - 5) = 0$
$x = 0$ oder $x - 5 = 0$
$x = 0$ oder $x = 5$
$L = \{0; 5\}$

$x^2 - 5x = 0$
$x^2 - 5x + 2{,}5^2 = 2{,}5^2$
$(x - 2{,}5)^2 = 6{,}25$
$x - 2{,}5 = 2{,}5$ oder $x - 2{,}5 = -2{,}5$
$x = 5$ oder $x = 0$
$L = \{0; 5\}$

10.

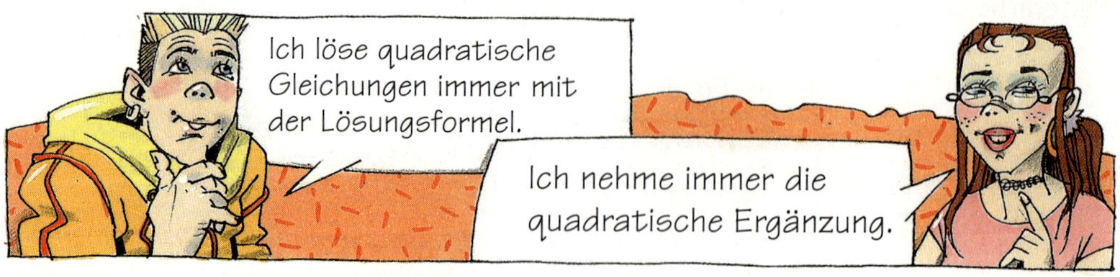

Beurteile die beiden Schülermeinungen anhand der folgenden Beispiele:
(1) $x^2 - 4x = 21$ (2) $x^2 - 3 = 13$ (3) $3x^2 = 12x$

11. Bestimme die Lösungsmenge. Überlege zunächst, wie du vorgehst. Manchmal ist die quadratische Ergänzung bzw. die Lösungsformel umständlich.

a) $12x^2 - 3 = 0$
b) $9x^2 + 16x = 0$
c) $x^2 - 17x + 30 = 0$
d) $2x^2 + 15x + 28 = 0$
e) $x^2 + 6x + 10 = 65$
f) $10x^2 - 24x + 18 = 0$
g) $x^2 - 18x = 40$
h) $-3x^2 + 12 = 0$
i) $8 - 9x + x^2 = 0$
j) $3 - 14{,}8x = 5x^2$
k) $12x = 5x^2$
l) $11x + x^2 = -30{,}5$

12. Beseitige zuerst die Klammern und bestimme dann die Lösungsmenge.

a) $(x - 1)^2 = 5(x^2 - 1)$
b) $x^2 + (8 - x)^2 = (8 - 2x)^2$
c) $x^2 - (6 + x)^2 = (5 - x)^2$
d) $(2x - 5)^2 - (x - 6)^2 = 80$
e) $(x - 6)(x - 5) + (x - 7)(x - 4) = 10$
f) $(33 + 10z)^2 + (56 + 10z)^2 = (65 + 14z)^2$

ANWENDEN VON QUADRATISCHEN GLEICHUNGEN

Einstieg

Das rechteckige Grundstück im Bild rechts ist vererbt worden. Die neuen Eigentümer wollen die Rasenfläche belassen und das restliche Grundstück wie angegeben in zwei gleich große Teile zerlegen.

→ Wie groß ist jedes Teilstück?

→ Fertige eine maßstabsgerechte Zeichnung an.

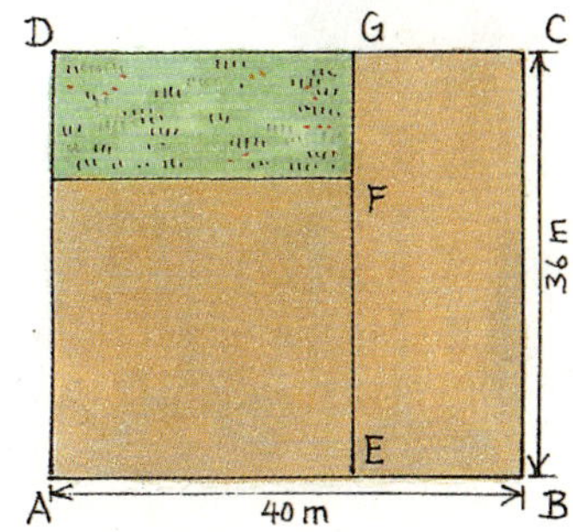

Aufgabe

1. Das Rechteck mit den Seitenlängen 4 m und 3 m soll in ein Quadrat und drei Rechtecke wie im Bild zerlegt werden. Dabei soll der Flächeninhalt der roten Fläche (Rechteck und Quadrat zusammen) 7 m² sein.
Wie lang kann die Quadratseite gewählt werden?

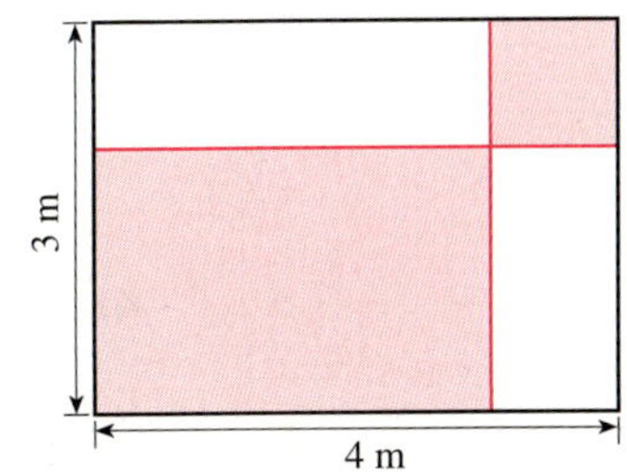

Lösung

(1) Festlegen der gesuchten Größe

Wir rechnen nur mit den Maßzahlen.
Länge der Quadratseite (in m): x

(2) Aufstellen der Gleichung

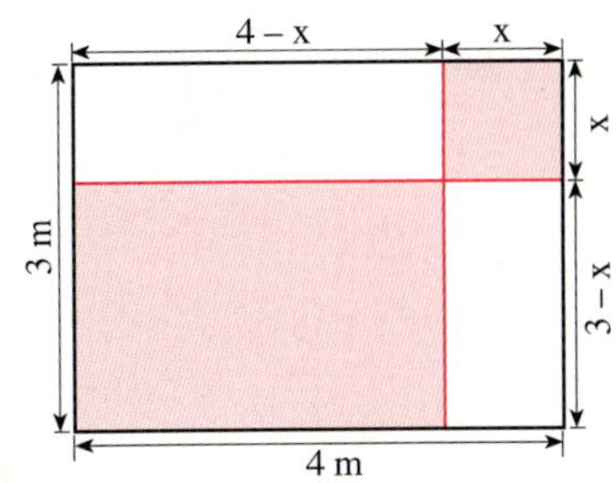

Größe des roten Quadrats (in m²): x^2
Größe des roten Rechtecks: $(4-x)\cdot(3-x)$
Größe der roten Fläche: $x^2+(4-x)\cdot(3-x)$ bzw. 7
Gleichung: $x^2+(4-x)\cdot(3-x)=7$
Einschränkende Bedingung: $0<x<3$, weil eine Länge positiv ist und die Quadratseite kleiner als 3 m sein muss, sonst passt es nicht in das Rechteck.

(3) Bestimmen der Lösungsmenge und Kontrolle der einschränkenden Bedingung

$x^2+(4-x)(3-x)=7 \quad | \text{ T}$
$x^2+12-7x+x^2=7 \quad | \text{ T}$
$2x^2-7x+12=7 \quad | -7 \quad | :2$
$x^2-\frac{7}{2}x+\frac{5}{2}=0$
$x=\frac{5}{2}=2{,}5$ *oder* $x=1$
$L=\{1;\,2{,}5\}$

Weil $0<1<3$ und $0<2{,}5<3$, ist für die Zahlen 1 und 2,5 auch die einschränkende Bedingung erfüllt.

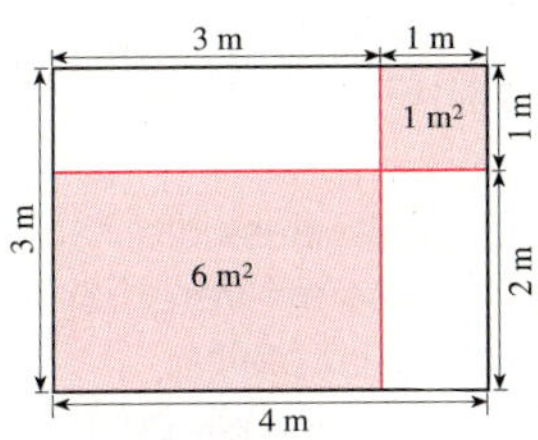

(4) Probe am Aufgaben-Text

Ist die Seitenlänge des roten Quadrates 1 m, dann ist es 1 m² groß und das rote Rechteck 2 m · 3 m, also 6 m². Zusammen haben sie den Flächeninhalt 7 m².
Ist die Seitenlänge des roten Quadrates 2,5 m, dann ist es (2,5 m)², also 6,25 m² groß und das rote Rechteck 0,5 m · 1,5 m, also 0,75 m². Zusammen haben sie auch in diesem Fall den Flächeninhalt 7 m².

(5) Ergebnis: Die Quadratseite kann 1 m oder 2,5 m lang gewählt werden.

Übungen

2. **a)** Wenn man bei einem Würfel die Kantenlänge verdoppelt und noch um 1 cm vergrößert, so vergrößert sich seine Oberfläche um 576 cm^2.
Bestimme die ursprüngliche Kantenlänge.

b) Wenn man bei einem Würfel die Kantenlänge um 1 cm vergrößert, so vergrößert sich sein Volumen um 127 cm^3.
Bestimme die ursprüngliche Kantenlänge.

3. Gegeben ist ein Rechteck mit den Seitenlängen 6 cm und 5 cm.

a) Verkürze alle Seiten um jeweils dieselbe Länge, sodass der Flächeninhalt $\frac{2}{3}$ des ursprünglichen Inhalts beträgt.
Bestimme die neuen Seitenlängen.

b) Verlängere alle Seiten um jeweils dieselbe Länge, sodass der Flächeninhalt das 3fache des ursprünglichen Inhalts beträgt.
Bestimme die neuen Seitenlängen.

c) Ändere die Seitenlängen so ab, dass bei gleichem Flächeninhalt der Umfang des Rechtecks um 1 cm $\left[\text{um } \frac{1}{3} \text{ cm}\right]$ vergrößert wird.
Bestimme die neuen Seitenlängen.

4. Für ein Prisma mit quadratischer Grundfläche mit der Höhe 5 cm gilt:

a) Die Grundfläche ist um 14 cm^2 [um 24 cm^2] größer als eine Seitenfläche.

b) Die gesamte Oberfläche beträgt 48 cm^2 [288 cm^2; 112 cm^2].

Berechne die Seitenlänge der quadratischen Grundfläche.

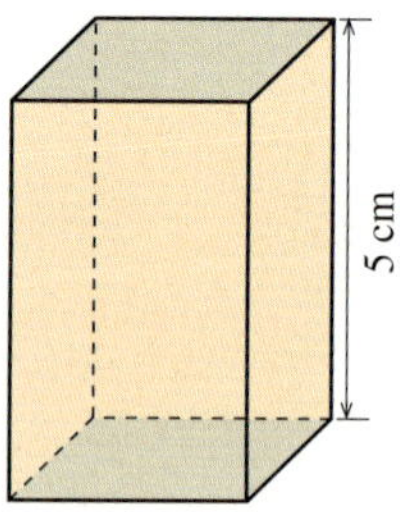

5. Bestimme die Seitenlängen eines Rechtecks, von dem bekannt ist:

a) Der Umfang beträgt 23 cm, der Flächeninhalt beträgt 30 cm^2 [19 cm^2].

b) Der Flächeninhalt beträgt 17,28 cm^2, die Längen benachbarter Seiten unterscheiden sich um 1,2 cm.

6. Die Diagonale eines Rechtecks ist 25 cm lang. Die eine Rechtecksseite ist 17 cm länger als die andere. Welchen Umfang hat das Rechteck?

7. In einem rechtwinkligen Dreieck ist die Hypotenuse 65 cm lang, der Umfang beträgt 150 cm. Wie lang ist jede der beiden Katheten?

8. Herr Labohm plant, seine quadratische Terrasse um 3 m zu verbreitern und um 2 m zu verlängern. Dadurch wird sich die Fläche um 24 m^2 vergrößern.

a) Wie groß ist die ursprüngliche Terrassenfläche?

b) Frau Labohm möchte, dass die neue Terrasse zwar um 24 m^2 vergrößert wird, aber quadratisch bleibt.
Um wie viel m müssen Länge und Breite dann verändert werden?

VERMISCHTE UND KOMPLEXE ÜBUNGEN

1. Bestimme die Lösungsmenge. Mache die Probe.

a) $x^2 + 2x - 35 = 0$
b) $y^2 + 15y + 44 = 0$
c) $z^2 - 7z - 60 = 0$
d) $x^2 + 8{,}3x + 6 = 0$
e) $2z^2 - 1{,}7z - 1 = 0$
f) $y^2 - 0{,}5y + 1{,}5 = 0$
g) $8x^2 + 24x + 13{,}5 = 0$
h) $4y^2 - 1{,}6y + 7 = 0$
i) $6z^2 + 23z - 18 = 0$

2. Gib die Lösungsmenge an. Denke an die Probe.

a) $(x - 5)(x - 10) = 50$
b) $(2x + 18) \cdot x = 0$
c) $(5x - 2)(2x - 5) = 10$
d) $(4x - 6)(x + 8) = -48$
e) $(3x + 5)^2 = (2x + 1)4x + 25$
f) $(2x + 1)^2 = (3x + 5)x + 1$
g) $9(x - 1) = (4x - 3)(4x + 3)$
h) $7(5x - 2) = (2x + 7)(3x - 2)$
i) $(4x + 3)^2 + (2x - 5)^2 = 2(17 - 3x)$
j) $(3x + 5)^2 - (2x - 7)^2 = 24(2x - 1)$

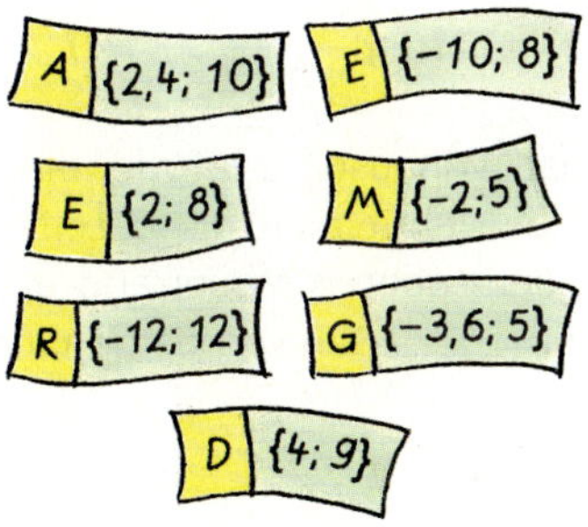

3. Bestimme die Lösungsmenge. Finde das Lösungswort.

a) $(x + 2)(x - 9) = -5{,}6x$
b) $(x - 5)(x + 7) = 45$
c) $(x - 8)(x + 8) = 80$
d) $(x - 8)(x - 3) = 1{,}4x$
e) $(2z - 3)(3z - 2) = 5(z^2 - 6)$
f) $(5y + 2)(8 - 3y) = 4y(11 - 4y)$

4. Wenn man bei einem Quadrat die eine Seitenlänge verdoppelt, die benachbarte um 5 cm verringert, so erhält man ein Rechteck, dessen Fläche um 24 cm² größer ist als die Fläche des Quadrates. Welche Seitenlänge hat das Quadrat?

5.

Der direkte Weg von A nach C ist 65 m lang, der Weg von A über B nach C ist 85 m lang. Wie weit ist der Punkt B von A und von C entfernt?

6. a) Rechteck und Trapez sollen denselben Flächeninhalt besitzen.
Wie lang müssen die Seiten des Rechtecks sowie die Grundseiten des Trapezes sein?

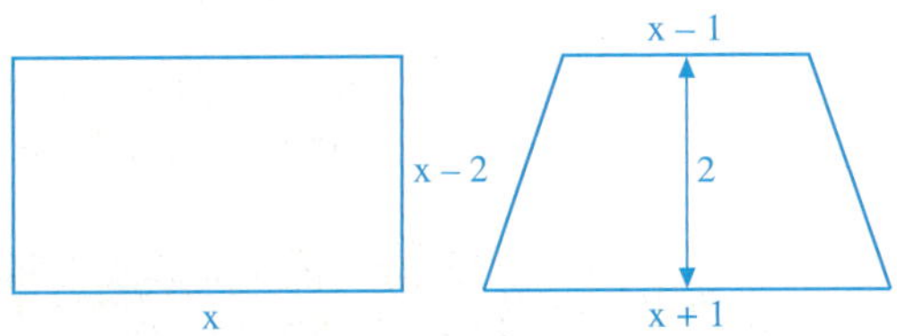

b) Ein Rechteck mit den Seitenlängen $5x$ und $x + 4$ soll denselben Flächeninhalt wie ein Quadrat mit der Seitenlänge $x + 8$ haben.
Bestimme die Seitenlänge beider Figuren.

7. Bei zwei Quadraten ist die Summe der Umfänge 132 cm und die Summe der Flächeninhalte 549 cm².
Wie lang ist die Seite bei dem einen Quadrat, wie lang bei dem anderen?

8. Die Summe zweier Zahlen beträgt 40; die Summe der Quadrate dieser Zahlen 802.
Wie heißen die beiden Zahlen?

9. Bestimme die Lösungsmenge. Überlege, wann ein Produkt null ist.

a) $(x-2)(x+5)=0$
b) $(x+1{,}5)(x-4{,}5)=0$
c) $(2x^2-x-10)(2x-5)=0$
d) $(10x+4)(25x^2+20x+4)=0$
e) $(y^2+4y+9)(4y+9)=0$
f) $(4x^2-28x+49)(7x+2)=0$
g) $(x^2+2x-63)(x^2+6x-91)=0$
h) $(x^2-7x-30)(x^2+2x-15)=0$

10. Ermittle zu der Lösungsmenge eine passende quadratische Gleichung.

a) $\{3;\ 4\}$ **b)** $\{-3;\ 1\}$ **c)** $\{-4;\ -2\}$ **d)** $\{5\}$ **e)** $\{-0{,}5;\ 0{,}5\}$ **f)** $\{-\frac{4}{5};\ \frac{3}{4}\}$

11. **a)** $(x-6)(x-5)+(x+7)(x-4)=10$
b) $(2x-17)(x-5)-(3x+1)(x-7)=84$
c) $(2z-5)^2-(z-6)^2=80$
d) $(x+1)(2x+3)=4x^2-22$

12. Bestimme die Lösungsmenge. Mache die Probe.

a) $(x-2)^2+(x+3)^2=(x-1)^2-4x$
b) $(x-4)^2+(x-3)^2=(8-2x)^2-\frac{1}{2}x$
c) $(5x-7)(x+3)=(1-2x)(9-x)$
d) $(2x+3)(x-4)=(3x-8)(x-3)$
e) $2(2y-7)^2+(3y+2)^2-(4y-3)^2+3=0$
f) $(3x+8)^2-2(2x+7)(2x-7)-27=0$

13. 

Eine Leiter ist genauso lang wie eine Mauer hoch ist. Lehnt man diese Leiter 20 cm unter dem oberen Mauerrand an, so steht sie unten 1,20 m von der Mauer entfernt.
Wie lang ist die Leiter?

14. Hat die Gerade mit der Gleichung $y=-7{,}3x-12$ [$y=8x-17$] gemeinsame Punkte mit der Normalparabel? Wenn ja, an welchen Stellen?

15. Einem Quadrat mit der Seitenlänge 10 cm soll wie im Bild ein gleichseitiges Dreieck APQ einbeschrieben werden.
In welcher Entfernung a von B bzw. D sind die Eckpunkte P bzw. Q zu wählen?
Wie lang ist die Dreiecksseite s?

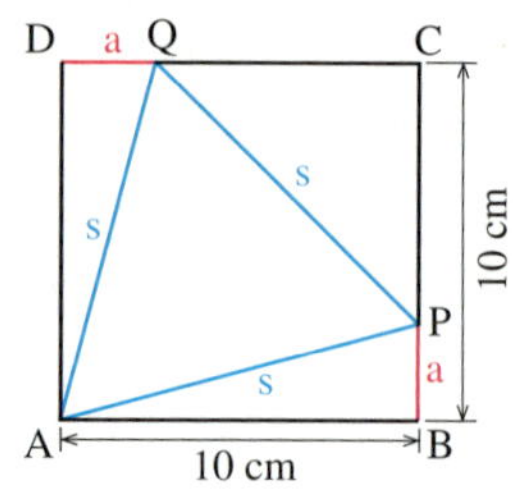

16. Einem Quadrat ABCD mit der Seitenlänge 10 cm ist ein Rechteck PQRS einbeschrieben. Wo muss der Punkt P auf der Seite $\overline{AB}$ gewählt werden, damit der Flächeninhalt des Rechtecks die Hälfte [ein Viertel] von dem des Quadrates beträgt?
Wie lang sind dann die Seiten u und v des Rechtecks?

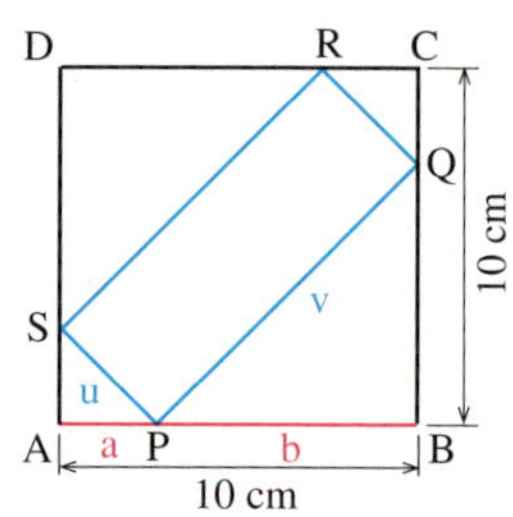

17. Untersuche: Für welche Werte a besitzt die Gleichung

a) $x^2+a+4=0$; **b)** $x^2-2x-a=0$

(1) genau eine Lösung; (2) zwei Lösungen; (3) keine Lösung?
Kontrolliere dein Ergebnis grafisch anhand der Normalparabel und einer geeigneten Geraden.

BIST DU FIT?

1. Bestimme die Lösungsmenge. Mache auch die Probe.

a) $x^2 + 12x + 11 = 0$ **b)** $y^2 - \frac{3}{4}y + \frac{1}{8} = 0$ **c)** $z^2 + 2z - 1 = 0$

2. **a)** $\frac{3}{2}x^2 - 3x - 36 = 0$ **c)** $3x^2 - 12x + 60 = 0$ **e)** $0{,}2a^2 + 0{,}8 = 1{,}6$

b) $-11z + 10 + z^2 = 0$ **d)** $3y^2 - 24 = y$ **f)** $\left(\frac{1}{2}y - \frac{2}{3}\right)^2 = \frac{9}{4}$

3. **a)** $(7 - 2x)(7x - 9) = (3x - 5)(15 - 4x)$ **c)** $(4z + 5)^2 - (17 - 2z)^2 - 9(8 - 2z)^2 = 0$

b) $(10x - 6)(5x + 8) = 4(5 - 10x)(5x - 4)$ **d)** $(5 - 6y)(6 - 15y) = 4(2 - 6y)^2$

4. Die Höhe eines Dreiecks ist um 4 cm kleiner als die Länge der zugehörigen Grundseite. Der Flächeninhalt beträgt 48 cm².
Wie groß ist die Höhe, wie lang die Grundseite?

5. Wie lang sind die Seiten des Rechtecks?

a) Der Flächeninhalt beträgt 300 cm², eine Seite ist 5 cm länger als die andere Seite.

b) Der Umfang beträgt 120 cm, der Flächeninhalt 864 cm².

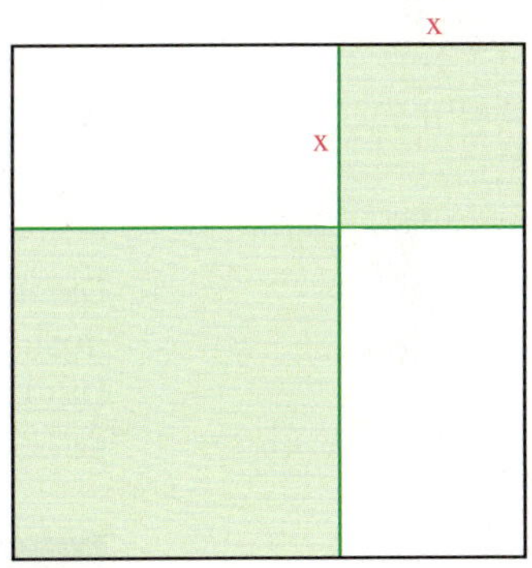

6. Das Quadrat hat die Seitenlänge $a = 5$ cm. Es ist in vier Teilflächen aufgeteilt. Die beiden grünen Flächen sind zusammen 17,62 cm² groß.
Berechne die Seitenlängen der beiden grünen Quadrate.

7. Für welche Zahlen gilt:

a) Das Quadrat der Zahl vermehrt [vermindert] um ihr 5faches beträgt 14.

b) Das Produkt aus der Zahl und der um 6 vergrößerten Zahl beträgt 7 [−9; −10].

c) Das Quadrat der Zahl vermindert um 40 ergibt das 6fache [18fache] der Zahl.

8. Ein Baumarkt wird erweitert. Der quadratische Parkplatz muss dazu auf einer Seite um 10 m verkürzt werden. Die benachbarte Seite kann um 14 m verlängert werden. Die Größe des Parkplatzes ändert sich durch den Umbau jedoch nicht.
Wie groß ist der Parkplatz?

9. Von einem Quader ist bekannt: Volumen 528 cm³; Höhe 11 cm; Größe der Mantelfläche (aus den vier Seitenflächen) 308 cm².
Wie lang sind die Seiten der Grundfläche?

10. Von einem rechteckigen Grundstück an einer Straßenecke soll für einen Radweg ein 2 m breiter Streifen längs der gesamten Straßenfront abgetreten werden (siehe Bild). Dadurch gehen 130 m² des ursprünglich 990 m² großen Grundstücks verloren.
Bestimme Länge und Breite des rechteckigen Grundstücks.

IM BLICKPUNKT: GOLDENER SCHNITT

Betrachte das Bild vom Rathaus in Leipzig. Der Turm befindet sich nicht in der Mitte des Gebäudes; er teilt es nicht in zwei genau gleich große Teile, also nicht im Verhältnis 1 : 1.

Das Längenverhältnis der kürzeren zur längeren Seite beträgt etwa 2 : 3, allerdings nicht ganz genau. Aber auch das Verhältnis der längeren Seite zur Gesamtstrecke beträgt 2 : 3.
Prüfe beides durch Messen und Rechnen nach.

Diese Art der Teilung empfindet man als besonders ausgewogen und schön. Man nennt sie deshalb *harmonische Teilung* oder den *goldenen Schnitt*:
Die kürzere Strecke verhält sich zur längeren Strecke wie die längere Strecke zur Gesamtstrecke.

1. Der goldene Schnitt ist auch bei vielen Bauwerken und Statuen der Antike zu finden.

a) Der Bauchnabel teilt oft die Statue im goldenen Schnitt.
Prüfe das am Bild nach.

b) Wie ist das bei deinem Körper?

2. a) Zeichne einen Turm mit Dach oder einen Baum. Kannst du in deiner Zeichnung den goldenen Schnitt entdecken?

b) Suche weitere Beispiele (Gebäude, Möbel, Kunstbücher), wo etwas im goldenen Schnitt geteilt wurde.

3. Wie findet man nun aber den genauen Teilungspunkt z.B. für eine 90 m lange Strecke?
Die Verhältnisgleichung lautet
$x : (90 - x) = (90 - x) : 90$
Löse diese Gleichung. Kontrolliere am Foto des Leipziger Rathauses.

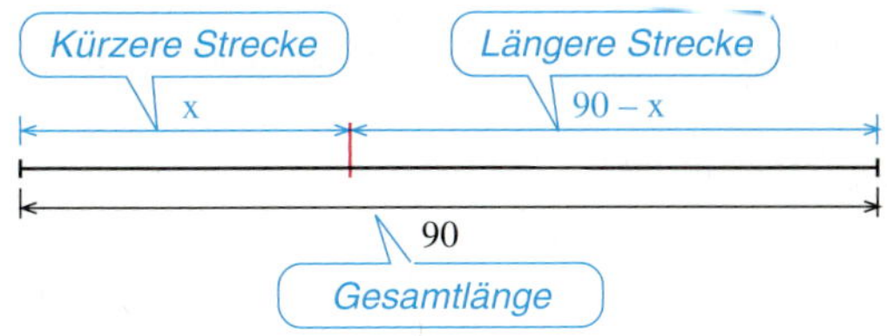

Der griechische Bildhauer Phidias (Φίδιας; 490–430 v. Chr.) hat Werke geschaffen, in denen das Verhältnis des goldenen Schnittes oft vorkommt.

4. Der Punkt C teilt die Strecke $\overline{AB}$ im **goldenen Schnitt**, wenn gilt:
Die Strecke $\overline{AB}$ der Länge s wird durch den Punkt C so geteilt, dass sich die Gesamtstrecke zur längeren Teilstrecke verhält wie die längere Teilstrecke zur kürzeren Teilstrecke, also
$s : x = x : y$

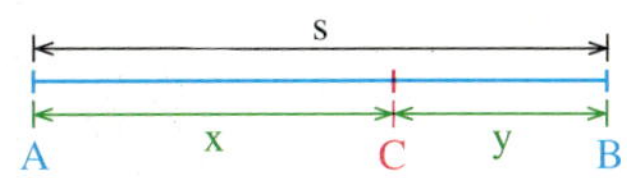

a) Gegeben (1) s = 10 cm; (2) x = 8 cm; (3) y = 3 cm. Berechne x, y bzw. s.

b) Beweise allgemein:

Wird eine Strecke im goldenen Schnitt geteilt, so gilt: $\frac{s}{x} = \frac{1 + \sqrt{5}}{2}$

Für $\frac{1 + \sqrt{5}}{2}$ schreibt man, auch abkürzend den griechischen Buchstaben Φ.

c) Der griechische Staatsmann Perikles übertrug Phidias die oberste Leitung der Bauten auf der Akropolis in Athen. Dabei entstand in den Jahren 447 – 432 v. Chr. auch der Parthenon-Tempel. Untersucht durch Messen im Bild, ob am Säuleneingang mehrere Strecken im Verhältnis des goldenen Schnitts geteilt sind:

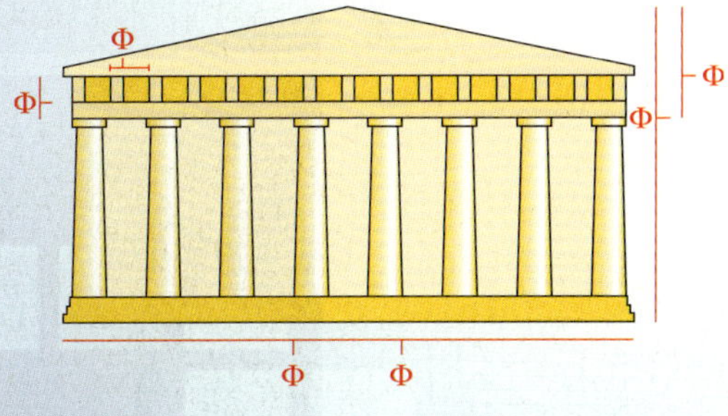

5. Architekten haben Bauwerke entworfen, bei denen Rechtecke auftreten, die auf dem goldenen Schnitt beruhen. Bei einem **goldenen Rechteck** ist das Verhältnis von längerer Seite zur kürzeren Seite wie $\frac{1 + \sqrt{5}}{2} : 1$.

a) Zeichne ein Rechteck aus Seitenlängen, die der Breite und der Höhe des Parthenon-Tempels entsprechen. Benutze die Zeichnung in Teilaufgabe 4 c). Prüfe ob es sich um ein goldenes Rechteck handelt.

b) Lass deine Freunde bzw. Freundinnen, deine Eltern und gegebenfalls Geschwister schöne Rechtecke zeichnen. Bestimme das Verhältnis aus längerer und kürzerer Seite und bilde das arithmetische Mittel. Vergleiche das Ergebnis mit der Zahl Φ.

6. Untersucht, ob ihr an anderen Gebäuden Strecken finden könnt, die im goldenen Schnitt geteilt sind. Ihr könnt dazu auch im Internet recherchieren.

2 Lineare und quadratische Funktionen

Geraden im Koordinatensystem kannst du schon durch Gleichungen beschreiben. Im Alltag kommen aber auch viele Linien vor, die nicht gerade sind. Häufig siehst du Kurven wie in den Bildern auf dieser Seite.

Monte Carlo, Monaco

Schloß Linderhof, Bayern

Getaway Arch, St. Louis (USA)

Vulkanausbruch

- → Erläutere, worum es sich bei den Bildern handelt. Beschreibe auch die Form der Kurven.
- → Kurven wie auf diesen Fotos nennt man *Parabeln*.
  Suche nach weiteren Beispielen für Parabeln.
  Gib sie gegebenenfalls an.

In diesem Kapitel lernst du ...

... die Eigenschaften von Parabeln kennen und erfährst, wie man Parabeln in einem Koordinatensystem mit Gleichungen beschreiben kann.

LINEARE FUNKTIONEN

Aufgabe

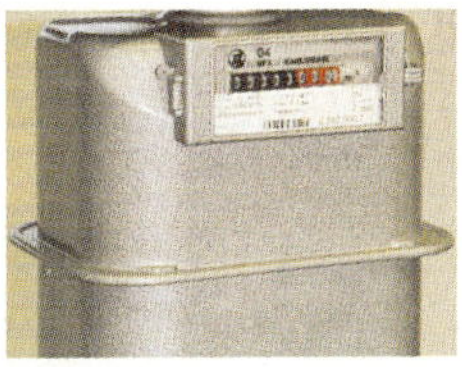

Gaszähler

1. *Schnitt zweier Geraden*

Ein Energieversorgungsunternehmen bietet seinen Kunden zwei Tarife für Gas an. Der Gaspreis setzt sich aus den Teilen *Grundpreis* und *Arbeitspreis* für das verbrauchte Gas zusammen.

Tarif	*basis*	*spezial*
Monatlicher Grundpreis	5,50 €	11,00 €
Preis (je m^3)	0,70 €	0,60 €

a) Lege für beide Tarife eine Wertetabelle der Funktion
Volumen x des verbrauchten Gases (in m^3) → Gaspreis y (in €) an.

b) Zeichne die beiden Graphen in ein Koordinatensystem und erstelle die beiden Funktionsgleichungen.

c) Vergleiche beide Tarife. Bei welchem Gasverbrauch sind beide Tarife gleich teuer?

Lösung

a)

Gasvolumen x (in m^3)	0	10	20	30	40	50	60	70	80
Preis y Tarif *basis* (in €)	5,50	12,50	19,50	26,50	33,50	40,50	47,50	54,50	61,50
Preis y Tarif *spezial* (in €)	11,00	17,00	23,00	29,00	35,00	41,00	47,00	53,00	59,00

b) Tarif *basis:* $y = 0{,}70 \cdot x + 5{,}5$
Tarif *spezial:* $y = 0{,}60 \cdot x + 11$

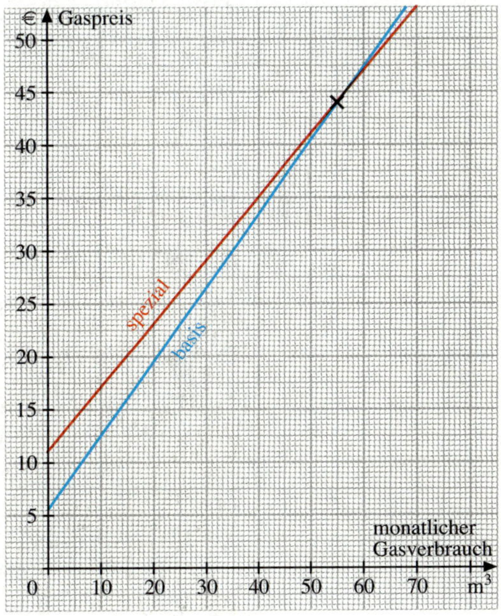

c) Aus der Tabelle entnehmen wir, dass bei einem Gasverbrauch zwischen 50 m^3 und 60 m^3 beide Tarife gleich teuer sind.
Aus der grafischen Darstellung lesen wir genauer ab:
Bis zu etwa 55 m^3 ist der Tarif *basis* günstiger.

Den Gasverbrauch, bei dem beide Tarife gleich teuer sind, können wir auch rechnerisch ermitteln. Dieser Gasverbrauch (in m^3) muss *sowohl* die Gleichung $y = 0{,}70 \cdot x + 5{,}5$ *als auch* die Gleichung $y = 0{,}60 \cdot x + 11$ erfüllen.
Dazu lösen wir das Gleichungssystem

$$\left| \begin{array}{l} y = 0{,}70 \cdot x + 5{,}5 \\ y = 0{,}60 \cdot x + 11 \end{array} \right|$$

z. B. mithilfe des Gleichsetzungsverfahrens:

$$\begin{aligned} 0{,}70 \cdot x + 5{,}5 &= 0{,}6 \cdot x + 11 \quad &| -0{,}6x \\ 0{,}1 \cdot x + 5{,}5 &= 11 \quad &| -5{,}5 \\ 0{,}1 \cdot x &= 5{,}5 \\ x &= 55 \end{aligned}$$

Ergebnis: Bei einem monatlichen Gasverbrauch von 55 m^3 sind beide Tarife gleich teuer. Bis 55 m^3 ist der Tarif *basis* günstiger, danach der Tarif *spezial*.

Wiederholung

Die Gleichungen y = 0,70 · x + 5,5 und y = 0,60 · x + 11 gehören zu *linearen Funktionen.*

Lineare Funktion

Eine Funktion mit der Funktionsgleichung $y = mx + b$ heißt **lineare Funktion**.
Ihr Graph ist eine *Gerade*. Er schneidet die y-Achse im Punkt P(0|b). b nennt man den *y-Achsenabschnitt*.
Der Faktor m ist die *Steigung* der Geraden.
Durch die Angabe des Punktes P und der Steigung m kann die Gerade auch *ohne* Wertetabelle gezeichnet werden (*Punkt-Steigungs-Verfahren*).
Für b = 0 verläuft die Gerade durch den Nullpunkt, sie ist also Graph einer proportionalen Funktion. Diese gehört demnach zu den linearen Funktionen.

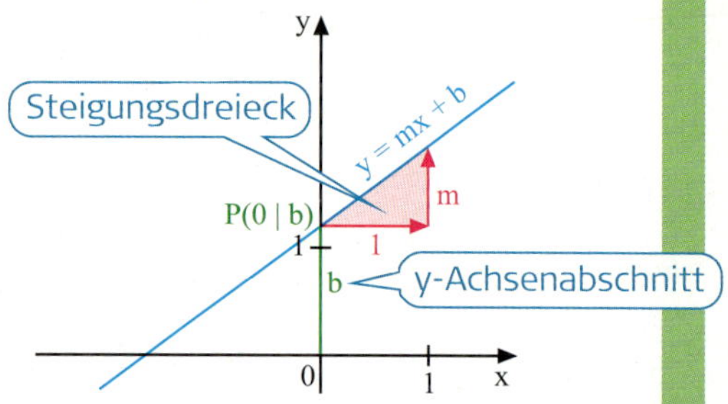

Beispiele: (1) $y = \frac{1}{2}x + 1$

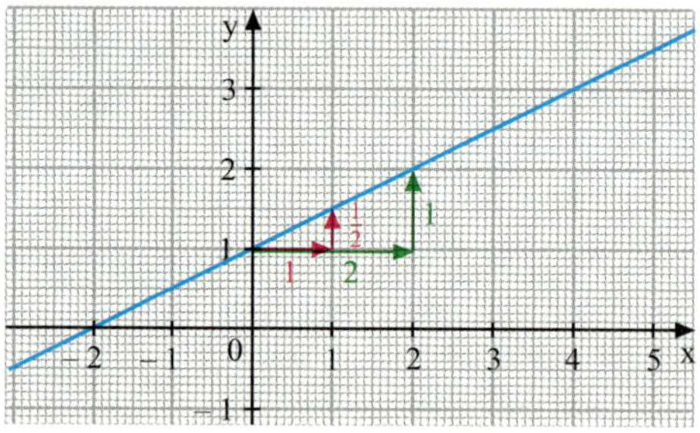

Gehe von P(0|1) aus, gehe dann um 1 nach rechts und um $\frac{1}{2}$ nach oben oder z. B. um 2 nach rechts und um 1 nach oben.

(2) $y = -\frac{3}{4}x + 2$

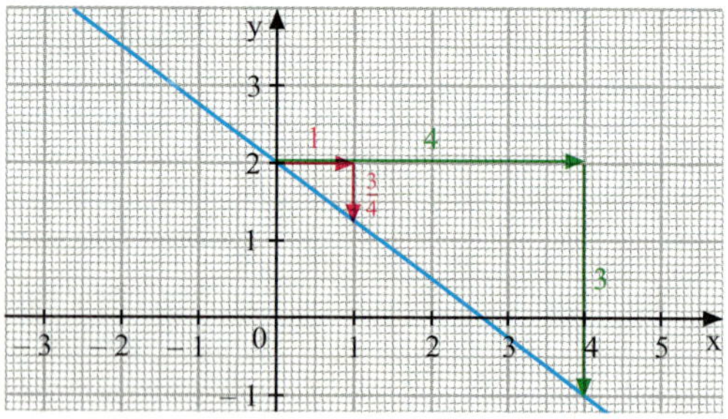

Gehe von P(0|2) aus, gehe dann um 1 nach rechts und um $\frac{3}{4}$ nach unten oder z. B. um 4 nach rechts und um 3 nach unten.

Aufgabe

2. *Ermitteln der Gleichung einer Geraden durch zwei Punkte*

Der Graph einer linearen Funktion geht durch die Punkte P(2|2) und Q(4|5).
Wie lautet die Funktionsgleichung?

Lösung

Der Graph einer linearen Funktion ist eine Gerade. Die zugehörige Gleichung hat die Form $y = mx + b$.
Wir müssen die Steigung m und den y-Achsenabschnitt b bestimmen.

(1) *Zeichnerische Lösung*
Wir zeichnen die Gerade PQ. Aus der Zeichnung können wir die Steigung m und den y-Achsenabschnitt b entnehmen.
Die Gerade schneidet die y-Achse bei −1, also b = −1.

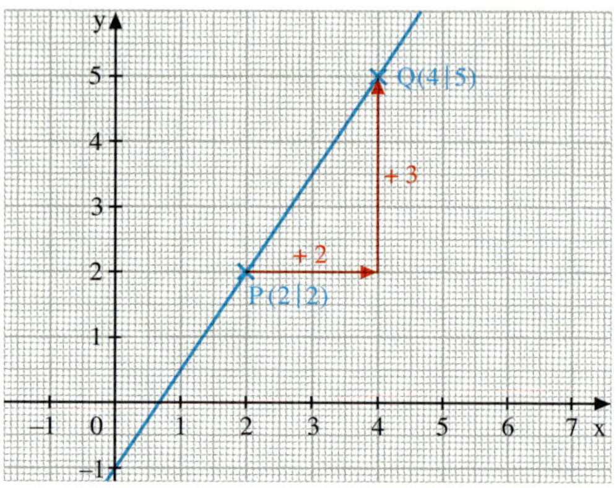

Am Steigungsdreieck erkennen wir: Um von P nach Q zu kommen, muss man 2 nach rechts und 3 nach oben gehen, also $m = \frac{3}{2}$. Damit lautet die Gleichung: $y = \frac{3}{2}x - 1$

(2) *Rechnerische Lösung*

Wir setzen die Koordinaten von P(2|2) und Q(4|5) in die Gleichung y = mx + b ein und erhalten das Gleichungssystem rechts.

$$\left| \begin{array}{l} 2 = m \cdot 2 + b \\ 5 = m \cdot 4 + b \end{array} \right|$$

Wir lösen das System z. B. mithilfe des Additionsverfahrens:

$$\left| \begin{array}{l} 5 = 4m + b \\ 2 = 2m + b \end{array} \right| \begin{array}{l} \\ \cdot(-1), \end{array} \quad \text{also:} \quad \left| \begin{array}{r} 5 = 4m + b \\ -2 = -2m - b \end{array} \right| \Big\} \oplus \quad \text{und somit:}$$

$3 = 2m$, also $m = \frac{3}{2}$

Wir setzen m in die Gleichung $5 = 4 \cdot m + b$ ein und erhalten: $5 = 4 \cdot \frac{3}{2} + b$, also $b = -1$.

Die Gleichung lautet somit $y = \frac{3}{2}x - 1$.

Wiederholung

Lineare Gleichungssysteme

Wir kennen drei rechnerische Verfahren zum Lösen linearer Gleichungssysteme:

Gleichsetzungsverfahren

$$\left| \begin{array}{l} y = -2x + 4 \\ y = x + 1 \end{array} \right|$$

Gleichsetzen:

$-2x + 4 = x + 1$

$x = 1$

Einsetzen von $x = 1$ in $y = -2x + 4$:

$y = 2$

Probe:

$2 = -2 \cdot 1 + 4$ (w)

$2 = 1 + 1$ (w)

$L = \{(1|2)\}$

Einsetzungsverfahren

$$\left| \begin{array}{r} 4x + 3y = 6 \\ y = 2x - 8 \end{array} \right|$$

Einsetzen von $2x - 8$ in die 1. Gleichung an die Stelle von y:

$4x + 3 \cdot (2x - 8) = 6$

$x = 3$

Einsetzen von $x = 3$ in die 2. Gleichung:

$y = -2$

Probe:

$4 \cdot 3 + 3 \cdot (-2) = 6$ (w)

$-2 = 2 \cdot 3 - 8$ (w)

$L = \{(3|-2)\}$

Additionsverfahren

$$\left| \begin{array}{l} 2x + 5y = 1 \\ 3x - 4y = 13 \end{array} \right| \begin{array}{l} \cdot 4 \\ \cdot 5 \end{array}$$

Umformen, sodass bei *Addition der Gleichungen* eine Variable wegfällt.

$$\left. \begin{array}{r} 8x + 20y = 4 \\ 15x - 20y = 65 \end{array} \right\} \oplus$$

$23x = 69$

$x = 3$

Einsetzen von $x = 3$ in die 1. Gleichung:

$y = -1$

Probe:

$2 \cdot 3 + 5 \cdot (-1) = 1$ (w)

$3 \cdot 3 - 4 \cdot (-1) = 13$ (w)

$L = \{(3|-1)\}$

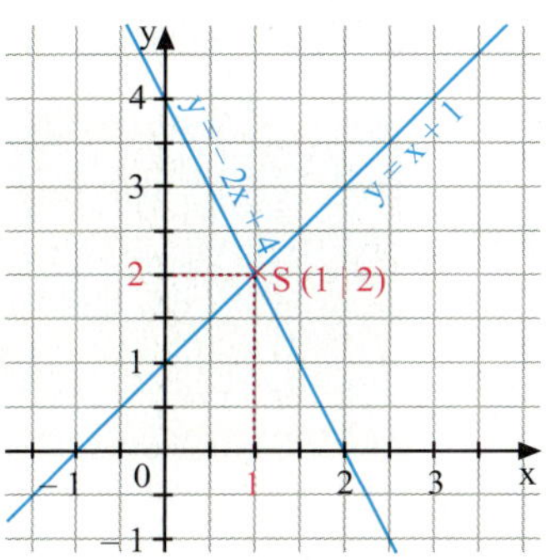

Jede Gleichung des Systems kann man im Koordinatensystem durch eine Gerade darstellen.

Mögliche Fälle	Anzahl der Lösungen
Die beiden Geraden schneiden sich.	genau eine
Die beiden verschiedenen Geraden sind parallel zueinander.	keine
Die beiden Geraden fallen zusammen.	unendlich viele

Übungen

3. Zeichne den Graphen der linearen Funktion mithilfe von Steigung und y-Achsenabschnitt. Bestimme auch die Schnittpunkte des Graphen mit den Koordinatenachsen.

a) $y = 3x - 2$
b) $y = -2x + 1$
c) $y = 2x - 3$
d) $y = -x - 2$
e) $y = \frac{3}{4}x - 3$
f) $y = -\frac{2}{3}x + 1$
g) $y = \frac{3}{5}x + \frac{3}{2}$
h) $y = -\frac{4}{3}x - 1$

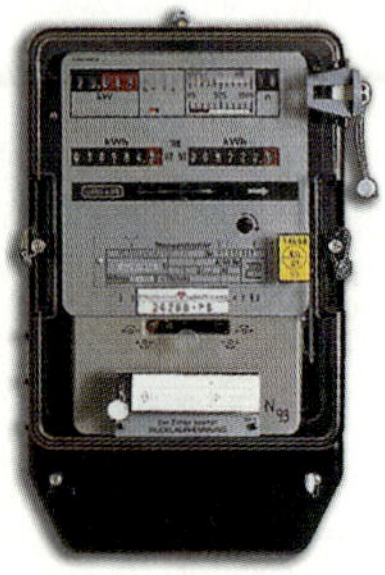

4. Der Stromverbrauch (genauer die benötigte elektrische Energie) wird in Kilowattstunden (kWh) gemessen. Ein Energieversorgungsunternehmen bietet seinen Kunden zwei Tarife an.
Bei welchem Stromverbrauch ist der Tarif H1 günstiger als der Tarif H2?

Tarif	H1	H2
Monatlicher Grundpreis	5,50 €	10,50 €
Arbeitspreis je kWh	0,17 €	0,15 €

5. Lies die Funktionsgleichung ab.

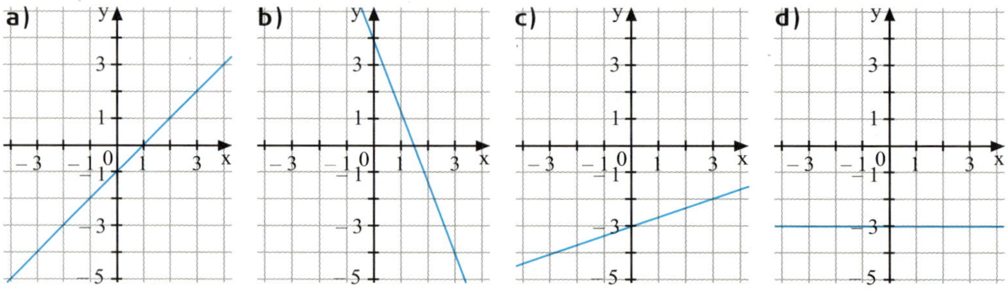

6. Die Taxiunternehmer in einer Kurstadt haben für Fahrten, die die Stadtgrenze überschreiten, folgende Kostenvereinbarung festgelegt:
Die Fahrt innerhalb der Stadtgrenze kostet einheitlich 2 €.
Für jeden Kilometer außerhalb der Stadtgrenze sind dann 1,50 € zu zahlen.

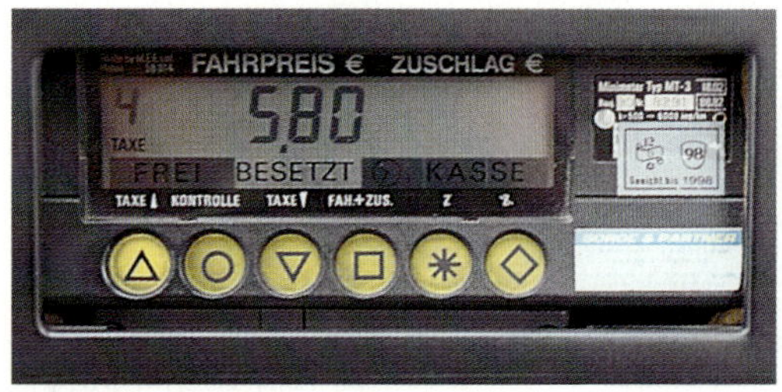

a) Stelle für Fahrten nach außerhalb der Stadt eine Wertetabelle auf für die Funktion *Länge der außerhalb gefahrenen Strecke (in km) → Preis (in €).*

b) Zeichne den Graphen der Funktion aus Teilaufgabe a) und notiere die Funktionsgleichung. Lies am Graphen ab: Wie viel Euro kostet eine Taxifahrt, wenn außerhalb der Stadt eine Strecke von 5 km [3,5 km] gefahren wurde?
Kontrolliere das Ergebnis rechnerisch.

7. In einer Flussniederung wird Kies ausgebaggert. Ein anfangs 500 m^2 großer Teich vergrößert sich durch die Baggerarbeiten jede Woche um 200 m^2.

a) Stelle für die Funktion *Anzahl x der Wochen → Größe y der Wasserfläche des Baggersees* eine Funktionsgleichung auf und zeichne den zugehörigen Graphen.

b) Lies am Graphen ab:
(1) Wie groß ist der Baggersee nach 4 Wochen?
(2) Nach wie viel Wochen ist der Baggersee 2 300 m^2 groß?
Kontrolliere das Ergebnis rechnerisch.

8. Welche der Punkte $P_1(-8|3)$, $P_2(2|-2)$, $P_3(-1|-4)$, $P_4(-4|-7)$, $P_5(-4|4)$, $P_6(1|5)$, $P_7(0{,}8|-2{,}2)$ gehören zum Graphen der linearen Funktion mit:

a) $y = x - 3$ **b)** $y = -3x + 2$ **c)** $y = 2{,}4x + 2{,}6$ **d)** $y = \frac{x}{4} + 5$ **e)** $y = -\frac{1}{2}x - 1$

9. Die Punkte P_1 und P_2 liegen auf dem Graphen der linearen Funktion mit der angegebenen Gleichung. Ergänze die fehlenden Koordinaten.

a) $y = 2x - 1;\ P_1(-3|\square),\ P_2(\square|4)$
b) $y = -3x + 2;\ P_1(\square|11),\ P_2(-2|\square)$
c) $y = \frac{2}{3}x - 3;\ P_1(\square|-1),\ P_2(6|\square)$
d) $y = -\frac{3}{4}x + 1;\ P_1(6|\square),\ P_2(\square|\frac{1}{2})$

10. Der Graph einer Funktion mit der Gleichung $y = mx + b$ schneidet die y-Achse im Punkt P und geht außerdem durch den Punkt Q.
Wie lautet die Funktionsgleichung?

a) $P(0|-3),\ Q(-1|1)$ **b)** $P(0|2),\ Q(-2|-8)$ **c)** $P(0|-\frac{1}{3}),\ Q(2|1)$

11. Der Graph einer linearen Funktion besitzt die Steigung m und geht durch den Punkt A.
Wie lautet die Funktionsgleichung?

a) $m = -\frac{5}{4};\ A(6|-\frac{5}{2})$ **b)** $m = \frac{4}{3};\ A(-3|-1)$ **c)** $m = \frac{3}{2};\ A(5|1)$

12. Der Graph einer linearen Funktion geht durch die Punkte A und B.
Wie lautet die Funktionsgleichung?

a) $A(3|1),\ B(5|5)$ **b)** $A(2|7),\ B(5|1)$ **c)** $A(1|-2),\ B(3|1)$ **d)** $A(-2|-1),\ B(1|-7)$

13. Gegeben sind die Geraden g und h. Ermittle ihren Schnittpunkt.

a) g: $y = 2x - 1$; h: $y = x + 2$
b) g: $y = \frac{3}{4}x - 6$; h: $y = \frac{5}{2}x + 2$
c) g: $y = 3x - 4$; h: $y = 2x + 2$
d) g: $y = -\frac{2}{3}x + \frac{5}{2}$; h: $y = \frac{1}{2}x + 4$

14. g ist der Graph der linearen Funktion mit $y = 3x - 4$.
Gib eine Gleichung für eine Funktion an, deren Graph h folgende Bedingungen erfüllt:

a) h und g haben denselben Schnittpunkt mit der y-Achse.
b) h und g haben denselben Schnittpunkt mit der y-Achse, aber h ist fallend.

15. Frau Wolf möchte einen Fotokopierer leihen. Sie vergleicht:
Angebot A: Jährliche Leihgebühr 875 € und 6,5 Cent pro Kopie
Angebot B: Jährliche Leihgebühr 1 250 € und 2,5 Cent pro Kopie

a) Gib zu beiden Angeboten jeweils eine Funktionsgleichung an.
b) Wie teuer würden 80 000 Kopien bei Angebot A?
c) Wie viele Kopien könnte sie bei Angebot B für 2 100 € machen?
d) Ab welcher Kopienzahl ist Angebot B günstiger als Angebot A?

16. Robert hat sein Aquarium gereinigt und es dafür teilweise geleert. Mithilfe einer kleinen Pumpe füllt er es wieder auf. Nach 4 Minuten steht das Wasser 13 cm hoch, nach 7 Minuten sind es 19 cm.

a) Beschreibe den Füllvorgang mithilfe einer Funktion. Gib die Funktionsgleichung an.
b) Lies aus der Funktionsgleichung den Wasserstand beim Einschalten der Pumpe ab.
c) Die maximale Füllhöhe beträgt 38 cm.
Nach wie vielen Minuten ist das Aquarium vollständig gefüllt?

LINEARE FUNKTIONEN UND GEOMETRISCHE FIGUREN

Einstieg

Die Graphen der linearen Funktionen mit den Gleichungen $y = \frac{2}{5}x + 1{,}5$, $y = -x + 5$, $y = \frac{2}{5}x - 2$ und $y = -x - 2$ legen ein Viereck fest.

- → Zeichne das Viereck und benenne die Eckpunkte.
- → Um was für ein Viereck könnte es sich handeln? Begründe deine Vermutung.
- → Bestimme die Koordinaten des Schnittpunktes der beiden Diagonalen.

Aufgabe

1. Gegeben sind eine Gerade g mit der Gleichung $y = \frac{2}{3}x + 1$ und ein Punkt $P(0{,}5\,|\,3{,}5)$.
Bestimme die Gleichung der Geraden durch P, die

a) zu g parallel ist;

b) zu g senkrecht ist.

Lösung

a) Die Gleichung der Parallelen p zur Geraden g hat die Form $y = mx + b$.
Die Parallele p zu g hat dieselbe Steigung wie g, also: $m = \frac{2}{3}$.
Damit erhalten wir für p:

$y = \frac{2}{3}x + b$

Da der Punkt P auf der Parallelen p liegt, setzen wir seine Koordinaten in die Gleichung ein:

$3{,}5 = \frac{2}{3} \cdot 0{,}5 + b$, also $b = 3\frac{1}{6}$

Die Gleichung der Parallelen p zu g lautet somit:

$y = \frac{2}{3}x + 3\frac{1}{6}$

b) Die Gleichung der Senkrechten s zur Geraden g hat die Form:

$y = mx + b$

Wir bestimmen zunächst die Steigung m der Senkrechten s zu g. Dazu zeichnen wir vom Schnittpunkt S von g und s ein Steigungsdreieck zur Geraden g.
Dreht man nun dieses Steigungsdreieck um 90° entgegen dem Uhrzeigersinn, so erhält man das Steigungsdreieck der Senkrechten s zu g.
Als Steigung der Senkrechten s zu g lesen wir ab:

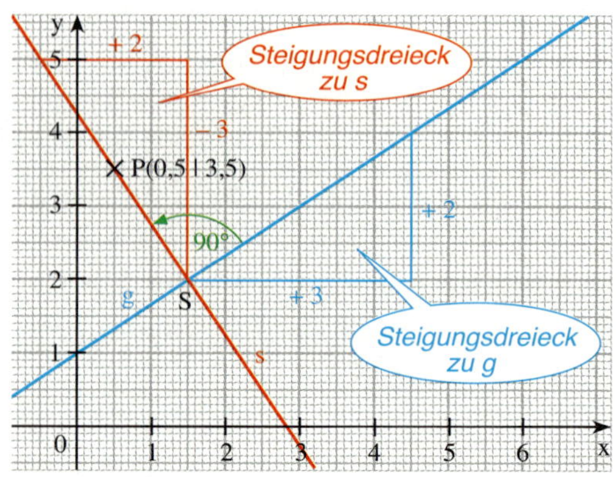

$m = \frac{-3}{+2} = -\frac{3}{2}$

Das ist die Gegenzahl des Kehrwertes von $\frac{2}{3}$, also der Steigung von g.
Somit erhalten wir für s:

$y = -\frac{3}{2}x + b$

Da der Punkt P auf s liegt, setzen wir seine Koordinaten in diese Gleichung ein:

$3{,}5 = -\frac{3}{2} \cdot 0{,}5 + b$, also $b = 4{,}25$

Die Gleichung der Senkrechten s zur Geraden g lautet somit:

$y = -\frac{3}{2}x + 4{,}25$

Information

– 3 ist Gegenzahl zu 3; ebenso ist 3 Gegenzahl zu – 3.

Steigungen bei zueinander parallelen und senkrechten Geraden

(1) Hat eine Gerade, die nicht parallel zur y-Achse ist, die Steigung m, so hat jede Parallele zu ihr ebenfalls die Steigung m.

(2) Hat eine Gerade, die weder parallel zur y-Achse noch zur x-Achse ist, die Steigung m, so hat jede Senkrechte zu ihr die Steigung $-\frac{1}{m}$, also die Gegenzahl des Kehrwertes von m.

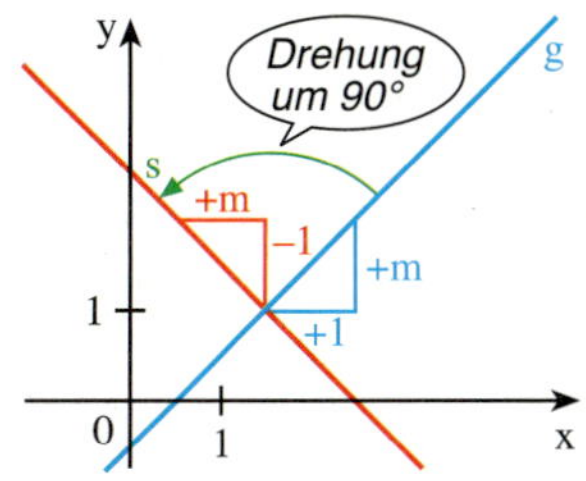

Beachte: Eine Parallele zur y-Achse hat keine Steigung.

Zum Festigen und Weiterarbeiten

2. Welche der Geraden sind zueinander parallel, welche zueinander senkrecht?

a) g_1: $y = \frac{4}{3}x - 5$; g_2: $y = -0{,}75x - 5$; g_3: $y = \frac{8x-1}{6}$; g_4: $y = 5 - x$

b) g_1: $y = 8x - 1$; g_2: $y = \frac{x}{3} + 7$; g_3: $y = -3x + 1$; g_4: $y = -0{,}125x + 7$

3. Die Gerade g hat die Steigung m_1. Bestimme die Steigung m_2 einer Senkrechten zu g.

a) $m_1 = \frac{3}{5}$ **b)** $m_1 = \frac{1}{4}$ **c)** $m_1 = 2$ **d)** $m_1 = -3$ **e)** $m_1 = -0{,}75$ **f)** $m_1 = -0{,}1$

4. Gegeben ist im Koordinatensystem ein Viereck ABCD. Um was für ein Viereck handelt es sich? Begründe deine Vermutung.

a) $A(-4|-4)$; $B(2|0{,}5)$; $C(4|5)$; $D(-2|0{,}5)$

b) $A(-2{,}5|0{,}5)$; $B(2{,}5|-2{,}5)$; $C(4|0)$; $D(-1|3)$

Übungen

5. Gib zu der Geraden g zu $y = 2x - 4$ weitere Geraden an, die

a) zu g parallel verlaufen; **b)** zu g senkrecht sind.

6. Bestimme die Gleichung für diejenige Gerade, die durch den Punkt P geht und zu der Geraden mit der angegebenen Gleichung (1) parallel, (2) senkrecht ist.

a) $P(-2|1)$, $y = 2x$ **c)** $P(0|6)$, $y = 4x + 2$ **e)** $P(0|5)$, $y = -5x + 1$

b) $P(-3|0)$, $y = -x$ **d)** $P(2|-4)$, $y = -\frac{x}{3} - 2$ **f)** $P(-1{,}5|0{,}4)$, $y = 1{,}2x + 0{,}8$

7. Die Graphen der vier linearen Funktionen mit den Gleichungen $y = \frac{1}{2}x + \frac{1}{2}$, $y = \frac{1}{2}x + 2$, $y = -2x + 7$ und $y = -2x - \frac{1}{2}$ bestimmen ein Viereck.

a) Zeichne das Viereck und benenne die Eckpunkte. Um was für ein Viereck könnte es sich handeln? Begründe deine Vermutung.

b) Berechne die Koordinaten des Schnittpunktes der beiden Diagonalen.

8. Gegeben ist eine Raute ABCD mit $A(-2|0{,}5)$; $B(2{,}5|1{,}5)$; $C(5|5{,}5)$ und $D(0{,}5|4{,}5)$

a) Begründe rechnerisch, dass die beiden Diagonalen senkrecht zueinander verlaufen.

b) Berechne die Koordinaten des Schnittpunktes der beiden Diagonalen.

9. Gegeben ist im Koordinatensystem das Dreieck ABC mit $A(1|3)$, $B(10|4)$ und $C(6|8)$.

a) Ermittle die Gleichungen der Geraden, auf denen die Seiten des Dreiecks ABC liegen.

b) Wie lauten die Gleichungen der Höhen dieses Dreiecks?

c) Zeige, dass die Höhen durch denselben Punkt gehen.

QUADRATISCHE FUNKTIONEN MIT $y = a \cdot x^2$ – NORMALPARABEL

Einstieg

Ein Autohersteller gibt für einen Mittelklassewagen die Anfahreigenschaft durch die folgende Faustregel an.

> Man erhält die Länge des zurückgelegten Weges (gemessen in Metern), indem man die dazu benötigte Zeit (in Sekunden) quadriert und dann dieses Ergebnis verdoppelt.

- Bestimmt die Länge des zurückgelegten Weges nach 0, 1, 2, 3, 4, 5 Sekunden.
- Gebt die Gleichung für die Funktion *benötigte Zeit (in Sekunden) → zurückgelegter Weg (in Metern)* an.
- Zeichnet den Graphen.
- Berichtet über eure Ergebnisse.

Aufgabe

1.

Die Größe der Bildfläche auf der Leinwand wird (bei einem Projektor mit Standardobjektiv) nach folgender Faustregel berechnet:

> Quadriere den Abstand des Projektors von der Leinwand, dividiere das Ergebnis durch 5.

a) Berechne mithilfe dieser Faustregel die Größe der Bildfläche für folgende Abstände des Projektors von der Leinwand: 1 m; 1,5 m; 2 m; 2,5 m; 3 m; 3,5 m; 4 m; 4,5 m; 5 m; 5,5 m.
Stelle die Ergebnisse in einer Wertetabelle zusammen.
Gib die Gleichung für die Funktion *Abstand x (in m) → Größe y (in m^2) der Bildfläche* an.
Zeichne den Graphen dieser Funktion.

b) Verwende die gleiche Funktionsgleichung wie in Teilaufgabe a).
Wähle für x jetzt auch negative Zahlen und erstelle eine Wertetabelle.
Zeichne dann den Graphen dieser Funktion.
Zeichne anschließend in dasselbe Koordinatensystem mithilfe einer Wertetabelle den Graphen der Funktion mit $y = x^2$;
dieser Graph wird *Normalparabel* genannt.
Vergleiche beide Graphen miteinander.
Welche Eigenschaften haben sie gemeinsam?
Denke dabei an den Verlauf der Graphen, an Symmetrien und an besondere Punkte.

Lösung

a) *Wertetabelle*

Abstand zum Quadrat durch 5

Abstand (in m)	Bildgröße (in m²)	Abstand (in m)	Bildgröße (in m²)
1,0	0,20	3,5	2,45
1,5	0,45	4,0	3,20
2,0	0,80	4,5	4,05
2,5	1,25	5,0	5,00
3,0	1,80	x	$\frac{1}{5}x^2$

Graph

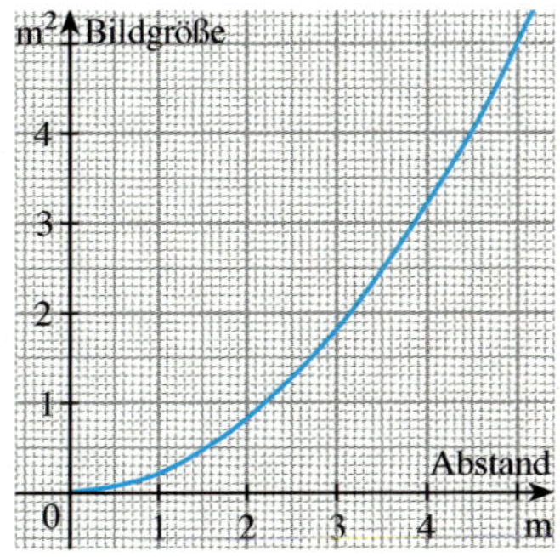

Funktionsgleichung: $y = \frac{1}{5}x^2$

b) *Wertetabelle* zu $y = \frac{1}{5}x^2$

x	y
−5	5,0
−4	3,2
−3	1,8
−2	0,8
−1	0,2
0	0
1	0,2
2	0,8
3	1,8
4	3,2
5	5,0

Wertetabelle zu $y = x^2$

x	y
−2,5	6,25
−2,0	4,00
−1,5	2,25
−1,0	1,00
−0,5	0,25
0	0
0,5	0,25
1,0	1,00
1,5	2,25
2,0	4,00
2,5	6,25

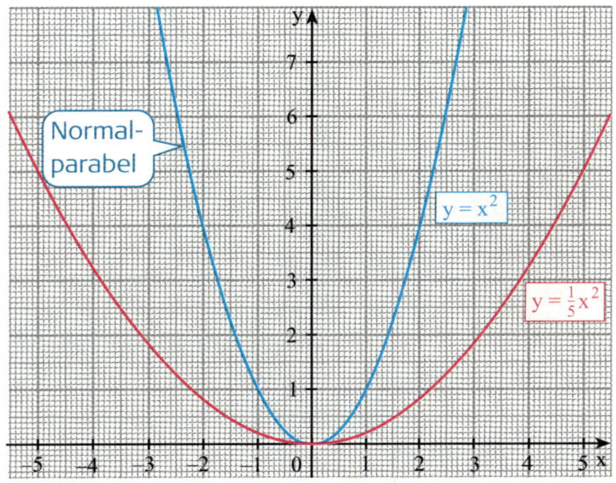

Der Graph zu $y = \frac{1}{5}x^2$ hat eine Form, die der Normalparabel ähnelt. Für jeden der beiden Graphen gilt:
Von links nach rechts fällt er im 2. Quadranten (er geht bergab), er hat an der Stelle 0 den tiefsten Punkt und steigt dann im 1. Quadranten (er geht bergauf).
Im Ursprung des Koordinatensystems berührt der Graph die x-Achse.
Die y-Achse ist Symmetrieachse des Graphen.

Information

Eigenschaften der Normalparabel

Die Funktionsgleichungen im Einstieg und in der Aufgabe 1 haben die Form $y = ax^2$.
Setzt man in $y = a \cdot x^2$ den Faktor $a = 1$, so erhält man die Funktionsgleichung $y = x^2$.
Der Graph dieser Funktion heißt **Normalparabel.**

(1) *Steigen und Fallen der Normalparabel*

Von links nach rechts fällt die Normalparabel bis zum Koordinatenursprung O (0 | 0) und steigt dann an.

(2) *Scheitelpunkt der Normalparabel*

An der Stelle 0 ist auch der Funktionswert 0, sonst sind alle Funktionswerte positiv (siehe auch Wertetabelle oben). Der Ursprung O (0 | 0) ist also der *tiefste* Punkt der Normalparabel. Man nennt ihn auch den **Scheitelpunkt** der Parabel. Alle anderen Punkte der Normalparabel liegen oberhalb der x-Achse.

(3) *Symmetrie der Normalparabel*

Für die Normalparabel zu $y = x^2$ gilt z. B.:
An den Stellen **−2** und **2** hat die Funktion denselben Wert **4**, denn $2^2 = 4$ und $(-2)^2 = 4$. Die entsprechenden Punkte P′(**−2**|**4**) und P(**2**|**4**) unterscheiden sich nur im Vorzeichen der 1. Koordinaten, die 2. Koordinate ist die gleiche. Dies gilt für jede Zahl für x und ihre Gegenzahl (siehe Wertetabelle oben).
Das bedeutet:
Die gesamte Normalparabel ist symmetrisch zur y-Achse. Der Ursprung ist der einzige Punkt, der auf der Symmetrieachse liegt.

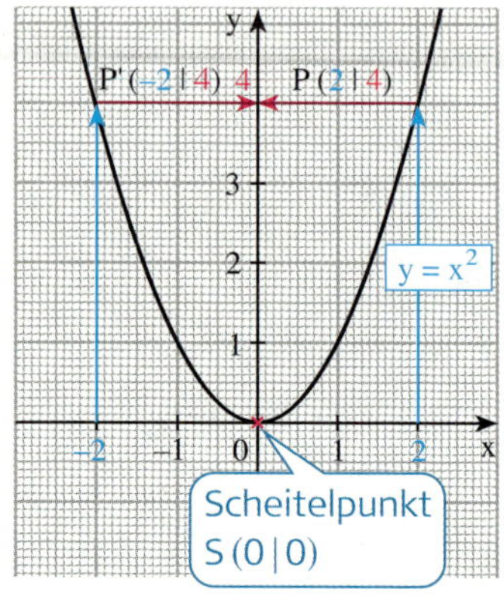

Eigenschaften der Normalparabel

Für die *Normalparabel*, den Graphen der quadratischen Funktion mit $y = x^2$, gilt:

(1) Die Normalparabel fällt (von links nach rechts gesehen) im 2. Quadranten bis zum Ursprung O(0|0) und steigt dann im 1. Quadranten. Sie ist nach oben geöffnet.

(2) Der Scheitelpunkt S(0|0) ist der tiefste Punkt der Normalparabel; er liegt im Ursprung.

(3) Die Normalparabel ist symmetrisch zur y-Achse.

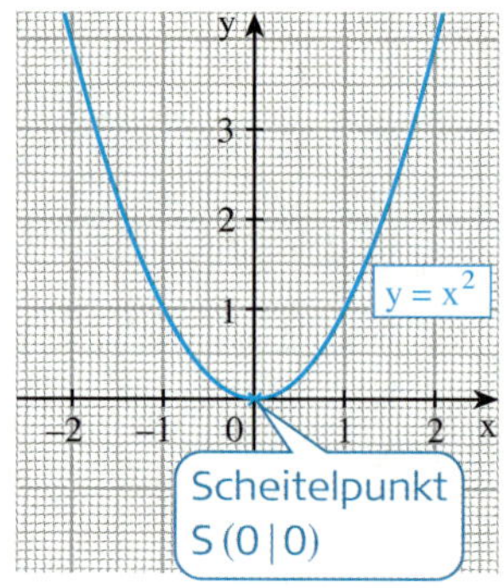

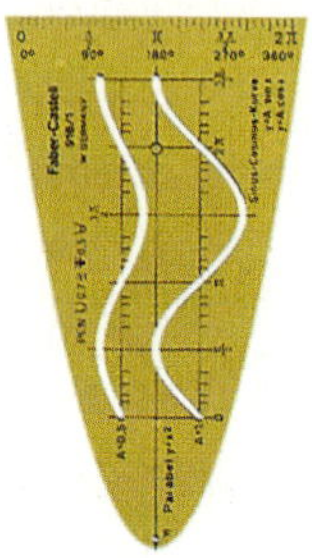

Im Handel erhält man Schablonen zum Zeichnen der Normalparabel.

Zum Festigen und Weiterarbeiten

2. Zeichne die Normalparabel für $-3 \leq x \leq 3$.

a) Lies an der Normalparabel ab:
$0{,}7^2$; $1{,}3^2$; $2{,}6^2$; $(-0{,}4)^2$; $(-1{,}7)^2$; $(-2{,}1)^2$. Kontrolliere rechnerisch.

b) Lies an der Normalparabel ab:
An welchen Stellen x nimmt die quadratische Funktion mit $y = x^2$ den Wert 4 [3,5; 0,5; 0] an?
Kontrolliere rechnerisch.

c) Lies an der Normalparabel mögliche Werte für x ab:
(1) $x^2 = 4{,}5$ (2) $x^2 = 2{,}2$ (3) $x^2 = 1$ (4) $x^2 = -1$

3. Zeichne den Graphen der quadratischen Funktion mit:

a) $y = 3x^2$ **b)** $y = \frac{1}{4}x^2$ **c)** $y = -x^2$ **d)** $y = -2x^2$

Gib an, wo der Graph fällt, wo er steigt.
Verläuft der Graph oberhalb oder unterhalb der x-Achse?
Gib auch die Symmetrieachse und die Koordinaten des Scheitelpunktes an.

4. Entscheide, welche der Punkte auf der Normalparabel liegen, welche nicht.

$P_1(-0{,}9|0{,}81)$; $P_3(2{,}5|6{,}25)$;
$P_2(1{,}4|-1{,}96)$; $P_4(2{,}4|5{,}67)$

Punktprobe
P(− 1,2|1,44) liegt auf der Normalparabel, denn Einsetzen der Koordinaten in die Funktionsgleichung $y = x^2$ ergibt:
$1{,}44 = (-1{,}2)^2$ (wahre Aussage)

5. Bestimme den Faktor a so, dass der Punkt P zum Graphen der quadratischen Funktion mit der Gleichung $y = ax^2$ gehört. Beschreibe dein Vorgehen.

a) $P(1|4)$ **b)** $P(2|1)$ **c)** $P(-2|8)$ **d)** $P(3|-9)$ **e)** $P(\frac{1}{2}|4)$

Übungen

6. Die Punkte P_1 bis P_8 liegen auf der Normalparabel.
Bestimme die fehlende Koordinate.

$P_1(1,2|\square)$; $P_3(-1,4|\square)$; $P_5(+\square|2,25)$; $P_7(+\square|6,25)$;
$P_2(2,6|\square)$; $P_4(\square|0)$; $P_6(-\square|1,21)$; $P_8(-\square|2,56)$

7. Gib zu den Punkten $P(0,5|0,25)$; $Q(-1,5|2,25)$; $R(3|9)$; $S(-4|16)$ der Normalparabel jeweils die zur y-Achse symmetrisch liegenden Punkte P′, Q′, R′, S′ an.
Bestätige durch eine Punktprobe, dass sie auch auf der Normalparabel liegen.

8. Lege eine Wertetabelle an und zeichne den Graphen der Funktion.
Gib Eigenschaften des Graphen an.

a) $y = \frac{1}{2}x^2$ **b)** $y = 1{,}2x^2$ **c)** $y = -0{,}8x^2$ **d)** $y = -\frac{3}{2}x^2$ **e)** $y = 0{,}3x^2$

9. Welcher der Punkte $P_1(3|18)$, $P_2(-2,5|-6,25)$, $P_3(1,5|-11,25)$, $P_4(-4|12)$ liegt auf dem Graphen zu

a) $y = -x^2$; **b)** $y = 2x^2$; **c)** $y = \frac{3}{4}x^2$; **d)** $y = 5x^2$?

10. $P_1(1|\square)$; $P_2(-1|\square)$; $P_3(5|\square)$; $P_4(-1,5|\square)$; $P_5(\square|0)$
Bestimme jeweils die fehlende Koordinate so, dass der Punkt zum Graphen der Funktion mit der Gleichung

a) $y = 0{,}2x^2$, **b)** $y = -1{,}4x^2$ gehört.

11. Die quadratische Funktion hat die Gleichung $y = ax^2$.
Bestimme den Wert des Faktors a, für den der Graph durch den Punkt P geht.

a) $P(-1,2|-1,44)$ **b)** $P(-0,8|3,2)$ **c)** $P(6|-2,4)$ **d)** $P(-4|4)$

12. Notiere die zugehörige Funktionsgleichung.

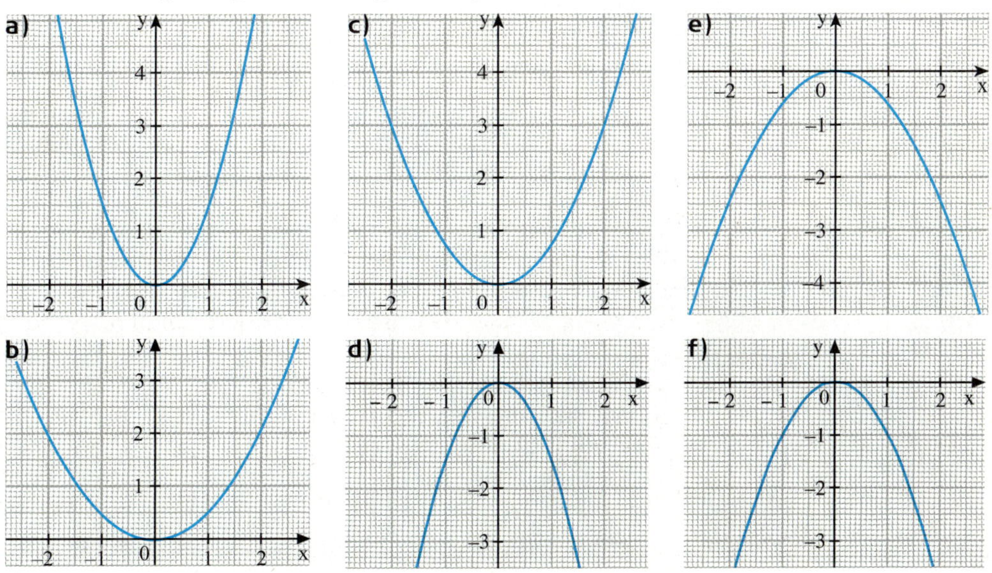

13. Gegeben sind eine quadratische Funktion und eine lineare Funktion durch ihre Gleichung. Bestimme die gemeinsamen Punkte beider Graphen.

a) $y = 6x^2$
$y = -7x - 2$

b) $y = 4x^2$
$y = 3x - \frac{1}{2}$

c) $y = -\frac{1}{3}x^2$
$y = x - 6$

d) $y = 3x^2$
$y = 18x - 15$

14. **a)** Jedem Quadrat mit der Seitenlänge a ist sein Flächeninhalt A zugeordnet. Wie lautet die Funktionsgleichung? Zeichne den Graphen.

b) Jedem Kreis mit dem Radius r ist der Flächeninhalt des Kreises zugeordnet. Wie lautet die Funktionsgleichung? Zeichne den Graphen.

c) Jedem Würfel mit der Kantenlänge a ist der Oberflächeninhalt O zugeordnet. Wie lautet die Funktionsgleichung? Zeichne den Graphen.

15. Betrachte die Funktion mit $y = x^2$.
Wie verändert sich der y-Wert, wenn sich x verdoppelt? Was bedeutet das für die Beispiele in Aufgabe 14?

16. Lukas hat die Normalparabel gezeichnet. Kontrolliere seine Zeichnung.

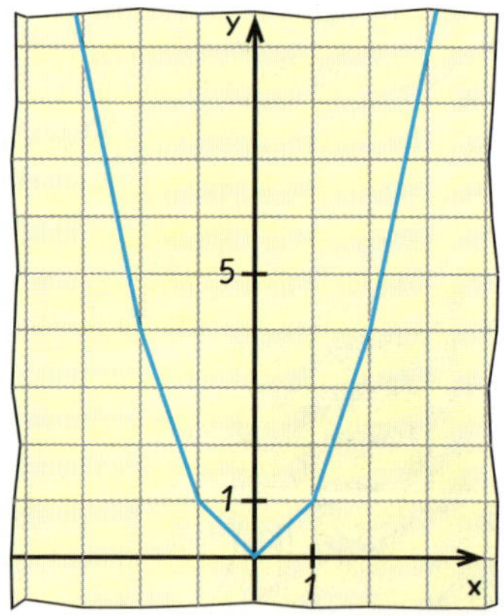

17. **a)** Die Seitenlänge eines Quadrats wird verdoppelt. Wie ändert sich der Flächeninhalt?

b) Wie müssen die Seitenlängen eines Quadrats verändert werden, damit sich der Flächeninhalt verdoppelt?

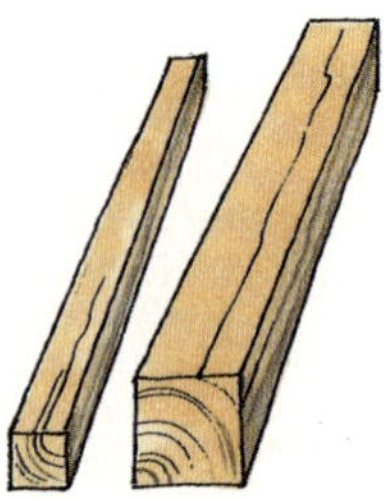

18. Ein Baumarkt bietet 2,40 m lange Leisten mit quadratischem Querschnitt an. Die Leisten mit der Seitenlänge 2,5 cm kosten 7,98 €.
Wie viel könnte eine Leiste mit der Seitenlänge 5 cm kosten?

19. Beim senkrechten Fall einer Kugel von einem hohen Gebäude gilt für die Funktion *Fallzeit t (in Sekunden) → Länge s des Fallweges (in Metern)* angenähert $s = 5t^2$.

a) Welchen Fallweg legt die Kugel in 0,5; 1; 1,5; 2; 2,5; 3 Sekunden zurück?

b) Das Bild zeigt hohe Bauwerke. Berechne die Fallzeit bei den angegebenen Höhen.

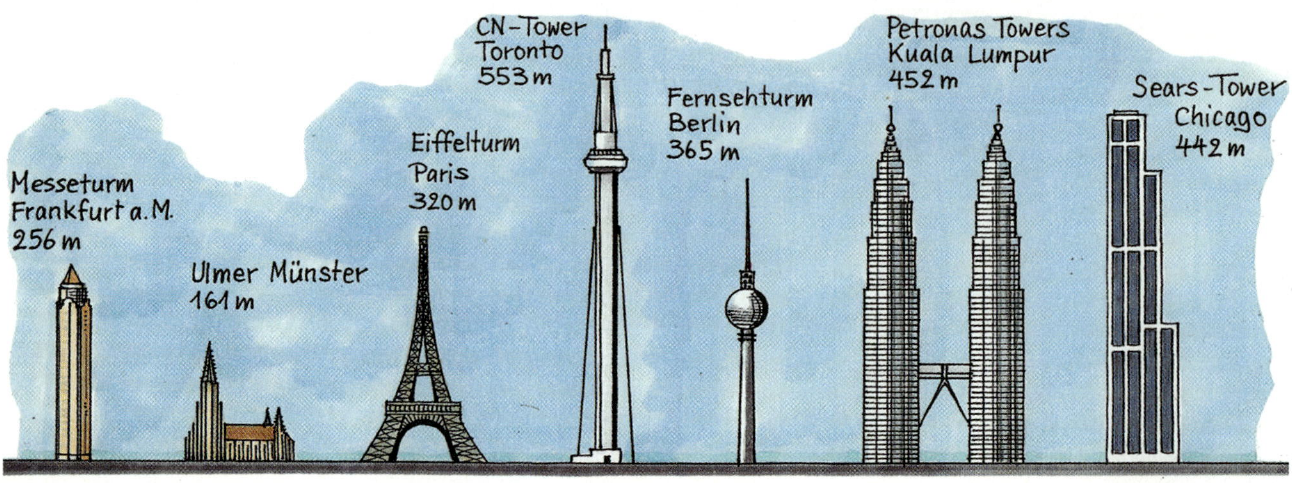

QUADRATISCHE FUNKTIONEN MIT $y = x^2 + px + q$ VERSCHIEBEN DER NORMALPARABEL

Quadratische Funktionen mit $y = x^2 + c$

Einstieg

TAB

Untersuche mit deinem Kalkulationsprogramm die Graphen quadratischer Funktionen der Form $y = x^2 + c$.
Gestalte die Tabelle so, dass du den Wert für c verändern kannst.

- Wähle für c verschiedene (auch negative) Zahlen. Was fällt dir auf?
- Beschreibe, wie der Graph der Funktion jeweils aus der Normalparabel hervorgeht.
- Gib den Scheitelpunkt der Parabel in Abhängigkeit von c an.

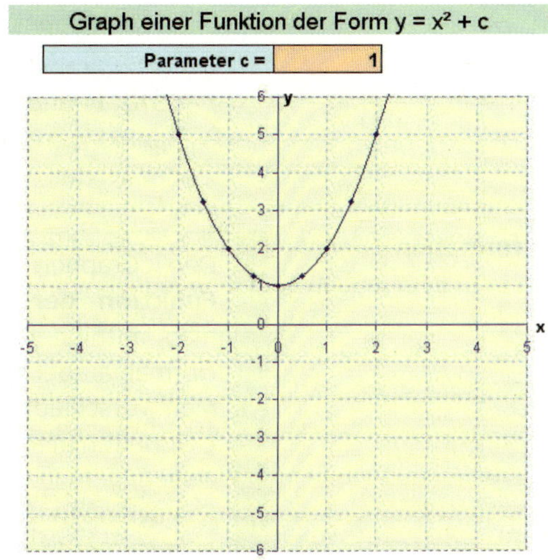

Aufgabe

1. Zeichne den Graphen zu der Funktion mit der Gleichung:
(1) $y = x^2 + 1$ (2) $y = x^2 - 2$
Zeichne in dasselbe Koordinatensystem die Normalparabel.
Beschreibe, wie der Graph zu (1) bzw. (2) aus der Normalparabel hervorgeht.
Gib auch die Eigenschaften der Graphen an.

Lösung

(1) $y = x^2 + 1$

x	−3	−2	−1	0	1	2	3	x
x^2	9	4	1	0	1	4	9	x^2
y	10	5	2	1	2	5	10	$x^2 + 1$

+1

(2) $y = x^2 - 2$

x	−3	−2	−1	0	1	2	3	x
x^2	9	4	1	0	1	4	9	x^2
y	7	2	−1	−2	−1	2	7	$x^2 - 2$

− 2

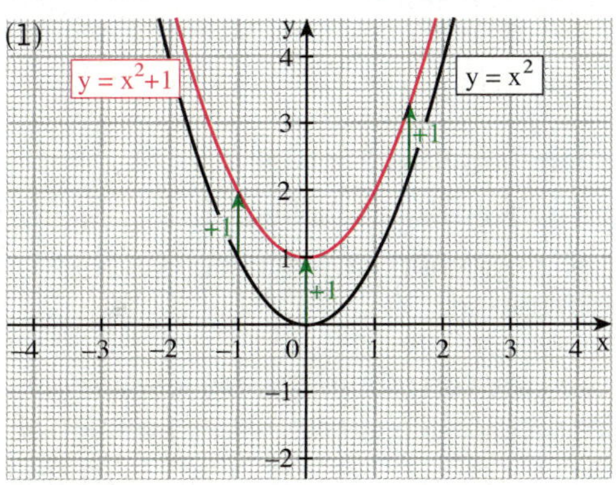

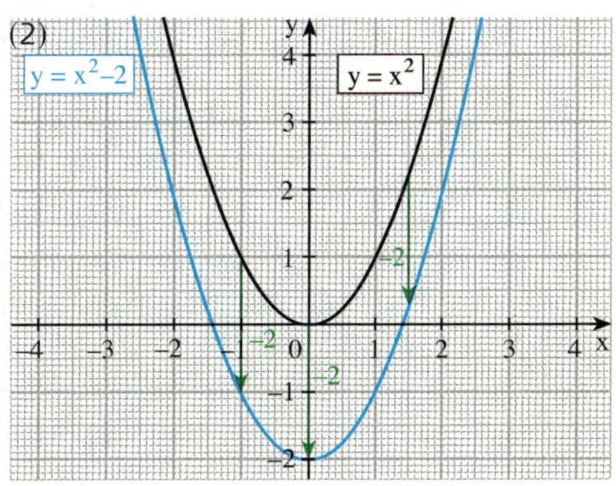

(1) Die rote Parabel zu $y = x^2 + 1$ erhält man durch Verschieben der Normalparabel in Richtung der y-Achse um 1 Einheit nach oben.
Der Graph ist eine Parabel.
Symmetrieachse: y-Achse
Scheitelpunkt: $S(0|1)$
Die Parabel fällt bis zum Scheitelpunkt $S(0|1)$ und steigt dann; der Scheitelpunkt ist der tiefste Punkt.

(2) Die blaue Parabel zu $y = x^2 - 2$ erhält man durch Verschieben der Normalparabel in Richtung der y-Achse um 2 Einheiten nach unten.
Der Graph ist eine Parabel.
Symmetrieachse: y-Achse
Scheitelpunkt: $S(0|-2)$
Die Parabel fällt bis zum Scheitelpunkt $S(0|-2)$ und steigt dann; der Scheitelpunkt ist der tiefste Punkt.

Information

Den Graphen einer **quadratischen Funktion der Form $y = x^2 + c$** kann man mithilfe einer Schablone für die Normalparabel zeichnen.
Man verschiebt die Normalparabel um c Einheiten in Richtung der y-Achse, und zwar
- nach oben, falls $c > 0$;
- nach unten, falls $c < 0$.

Eigenschaften:

(1) Der Scheitelpunkt S hat dann die Koordinaten $(0|c)$.
(2) Die Symmetrieachse der Parabel fällt mit der y-Achse zusammen.
(3) Bis zum Scheitelpunkt fällt die Parabel und steigt dann. Der Scheitelpunkt ist der tiefste Punkt der Parabel.

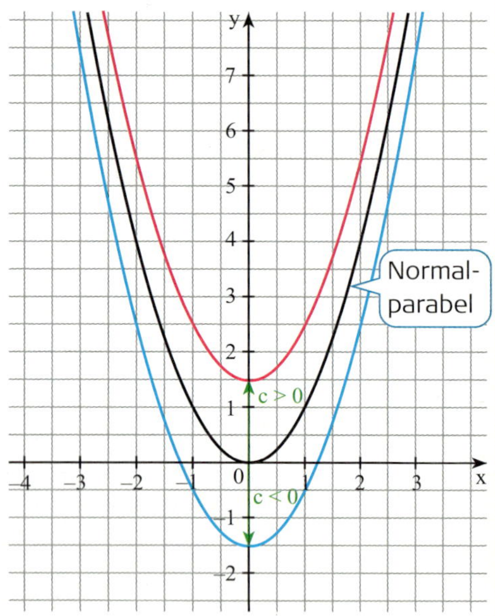

Zum Festigen und Weiterarbeiten

2. Zeichne mithilfe einer Parabelschablone den Graphen der Funktion mit:
a) $y = x^2 + 2$ **b)** $y = x^2 - 3$ **c)** $y = x^2 + 3{,}5$ **d)** $y = x^2 - 2{,}5$
Überlege zunächst, wie der Graph aus der Normalparabel entsteht.
Gib die Koordinaten des Scheitelpunkts an. Notiere weitere Eigenschaften; begründe sie.

3. Die Normalparabel ist
a) um 4 Einheiten nach unten verschoben;
b) um 2,5 Einheiten nach oben verschoben.
Welche Funktionsgleichung gehört zu dem neuen Graphen?
Gib auch die Eigenschaften an.

4. Die in Richtung der y-Achse verschobene Normalparabel geht durch den Punkt P.
Gib die Gleichung der zugehörigen quadratischen Funktion an. Beschreibe dein Vorgehen.
a) $P(0|-4{,}2)$ **b)** $P(1|1{,}8)$ **c)** $P(-1|4)$ **d)** $P(2|-6)$ **e)** $P(-2|-2)$

Übungen

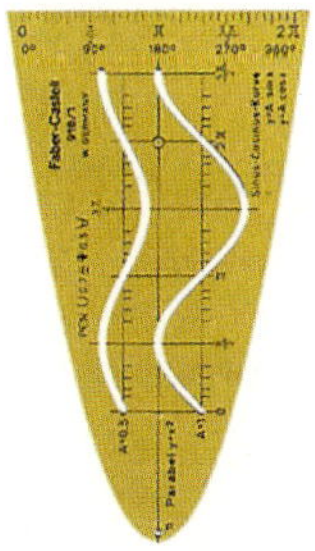

5. Zeichne mithilfe einer Parabelschablone den Graphen der Funktion mit:

a) $y = x^2 - 6$ **c)** $y = x^2 + 5{,}3$ **e)** $y = x^2 - \frac{1}{4}$ **g)** $y = x^2 - \sqrt{2}$

b) $y = x^2 + 1{,}2$ **d)** $y = x^2 - 8{,}25$ **f)** $y = x^2 + 1{,}44$ **h)** $y = x^2 - \pi$

Gib die Eigenschaften an. Orientiere dich am Kasten auf Seite 49.

6. Die Normalparabel ist verschoben:

a) um 3 Einheiten nach unten
b) um 5 Einheiten nach oben
c) um $2\frac{1}{4}$ Einheiten nach oben
d) um 4,75 Einheiten nach unten
e) um 3 Einheiten nach oben
f) um 5 Einheiten nach unten
g) um $2\frac{1}{4}$ Einheiten nach unten
h) um 4,75 Einheiten nach oben

Welche Funktionsgleichung gehört zu dieser Parabel? Notiere auch Eigenschaften.

7. Entscheide, welche der Punkte $P_1(1|0)$, $P_2(1|4)$, $P_3(2|7)$, $P_4(2|3)$ auf dem Graphen der Funktion mit **a)** $y = x^2 - 1$, **b)** $y = x^2 + 3$ liegen, welche nicht.

8. Der Graph gehört zu einer quadratischen Funktion; er ist durch Verschieben der Normalparabel entstanden. Gib die zugehörige Funktionsgleichung an.

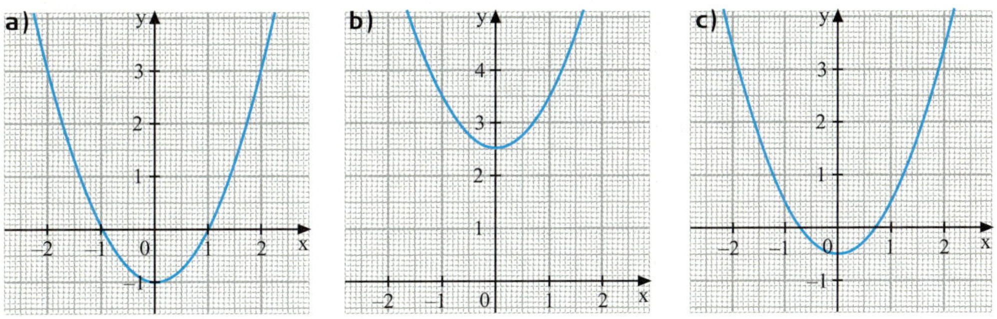

9. Verschiebe die Normalparabel so in Richtung der y-Achse, dass sie den angegebenen Scheitelpunkt besitzt. Gib die Funktionsgleichung an.

a) $S(0|3{,}5)$ **b)** $S(0|-2{,}3)$ **c)** $S(0|1{,}75)$ **d)** $S(0|-0{,}8)$ **e)** $S = (0|\sqrt{2})$

10. Betrachte die quadratische Funktion mit $y = x^2 + c$. Gib eine Zahl für c so an, dass der Scheitelpunkt der zugehörigen Parabel

(1) oberhalb der x-Achse, (2) unterhalb der x-Achse, (3) auf der x-Achse liegt.

11. Beschreibe den Graphen der Funktion mit der angegebenen Gleichung:

a) $y = x^2 - 6$ **b)** $y = x^2 + 32$ **c)** $y = x^2 - 100$.

Woran kannst du erkennen, ob der Graph die x-Achse schneidet?

12. Eine quadratische Funktion hat die Gleichung $y = x^2 + c$.
Bestimme den Summanden c so, dass die verschobene Parabel durch den Punkt P geht.

a) $P(2|6{,}5)$ **b)** $P(-2|-1{,}5)$ **c)** $P\left(-1{,}5|1\frac{1}{4}\right)$

13. Der Graph einer quadratischen Funktion mit der Gleichung $y = x^2 - 4$ wird von der Geraden g mit $y = 2x - 4$ in den Punkten A und B geschnitten. Bestimme die Koordinaten von A und B. Berechne auch den Flächeninhalt des Dreiecks, das von der x-Achse, der y-Achse und der Geraden g begrenzt wird.

14. Zeichne die Graphen der quadratischen Funktionen mit den Gleichungen
(1) $y = -x^2 + 4$ und (2) $y = x^2 - 4$.
Sie schneiden sich in den Punkten A und B.
Berechne den Flächeninhalt des Vierecks, das die beiden Scheitelpunkte der Parabeln und die Punkte A und B als Eckpunkte besitzt.

15. Gegeben sind die quadratische Funktion mit $y = x^2 + 3$ und die lineare Funktion mit $y = 2x + 6$.

a) Bestimme die Schnittpunkte A und B beider Graphen.

b) Wie lang ist die Verbindungsstrecke $\overline{AB}$?

c) Berechne den Flächeninhalt des Dreiecks OAB, wobei O der Koordinatenursprung ist.

Quadratische Funktionen mit $y = (x - d)^2$

Einstieg

Untersuche mit deinem Kalkulationsprogramm die Graphen quadratischer Funktionen der Form $y = (x - d)^2$.
Gestalte die Tabelle so, dass du den Wert für d verändern kannst.

→ Wähle für d verschiedene (auch negative) Zahlen.
Was fällt dir auf?

→ Beschreibe, wie der Graph der Funktion jeweils aus der Normalparabel hervorgeht.

→ Gib den Scheitelpunkt der Parabel in Abhängigkeit von d an.

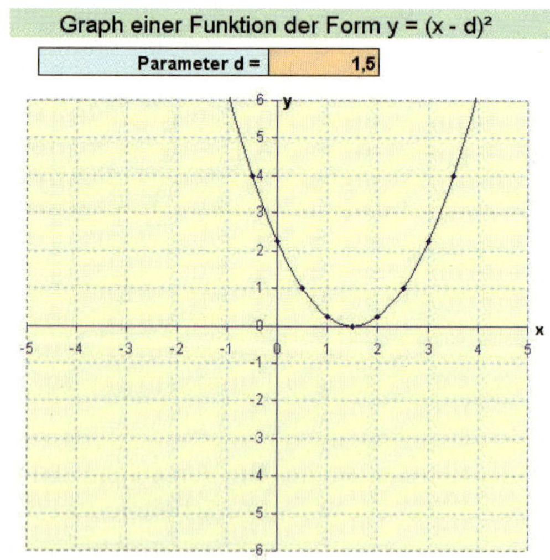

Aufgabe

1. Zeichne den Graphen zu der Funktion mit:
(1) $y = (x - 3)^2$ (2) $y = (x + 2)^2$
Zeichne in dasselbe Koordinatensystem die Normalparabel.
Beschreibe, wie der Graph zu (1) bzw. (2) aus der Normalparabel hervorgeht.
Gib auch Eigenschaften des Graphen an.

Lösung

(1) $y = (x - 3)^2$

x	−2	−1	0	1	2	3	4	5
x − 3	−5	−4	−3	−2	−1	0	1	2
y	25	16	9	4	1	0	1	4

− 3 (Quadriere)

(2) $y = (x + 2)^2$

x	−4	−3	−2	−1	0	1	2
x + 2	−2	−1	0	1	2	3	4
y	4	1	0	1	4	9	16

+ 2

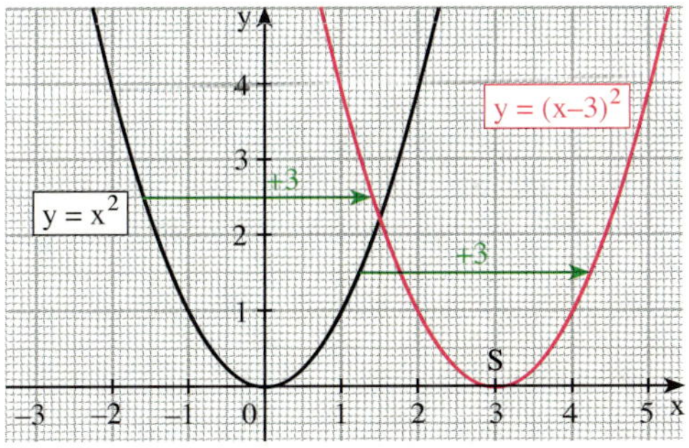

Den roten Graphen erhält man durch Verschieben der Normalparabel in Richtung der x-Achse um 3 Einheiten nach rechts.
Der Graph ist also eine Parabel.

Scheitelpunkt: S(3 | 0)
Symmetrieachse: Parallele zur y-Achse durch S

Die Parabel fällt bis zum Scheitelpunkt S(3 | 0) und steigt dann; der Scheitelpunkt ist der tiefste Punkt.
Löst man bei der Gleichung $y = (x - 3)^2$ die Klammer auf, so erhält man:
$y = x^2 - 6x + 9$

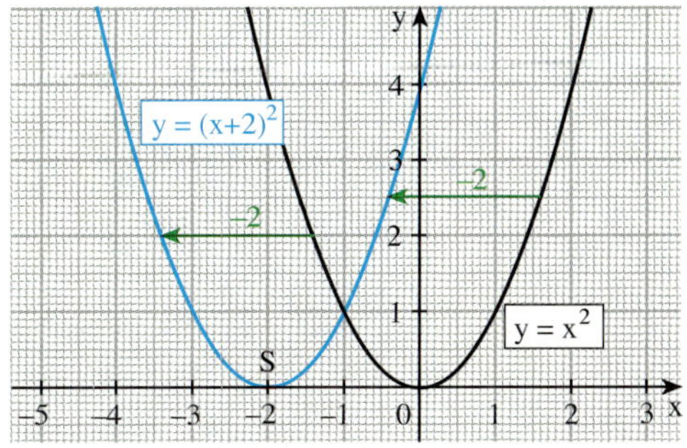

Den blauen Graphen erhält man durch Verschieben der Normalparabel in Richtung der x-Achse um 2 Einheiten nach links.
Der Graph ist also eine Parabel.

Scheitelpunkt: S(−2 | 0)
Symmetrieachse: Parallele zur y-Achse durch S

Die Parabel fällt bis zum Scheitelpunkt S(−2 | 0) und steigt dann; der Scheitelpunkt ist der tiefste Punkt.
Löst man bei der Gleichung $y = (x + 2)^2$ die Klammer auf, so erhält man:
$y = x^2 + 4x + 4$

Information

Den Graphen einer **quadratischen Funktion der Form $y = (x - d)^2$** kann man mithilfe einer Schablone für die Normalparabel zeichnen.

Man verschiebt die Normalparabel um d Einheiten in Richtung der x-Achse, und zwar
- nach rechts, falls $d > 0$;
- nach links, falls $d < 0$.

Eigenschaften:
(1) Der Scheitelpunkt S hat dann die Koordinaten (d | 0).
(2) Die Symmetrieachse ist eine Parallele zur y-Achse durch den Punkt S(d | 0).
(3) Bis zum Scheitelpunkt fällt die Parabel und steigt dann. Der Scheitelpunkt ist der tiefste Punkt der Parabel.

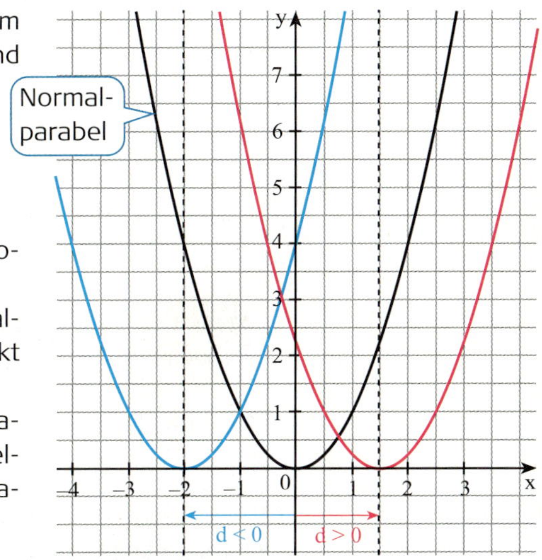

Anmerkung: Löst man wie z. B. in Aufgabe 1 die Klammer in der Funktionsgleichung $y = (x - d)^2$ auf, so erhält man eine Gleichung der Form $y = x^2 + px + q$.

Zum Festigen und Weiterarbeiten

2. Zeichne mithilfe einer Parabelschablone den Graphen der Funktion mit:

a) $y = (x - 1)^2$ **b)** $y = (x + 1)^2$ **c)** $y = (x + 3{,}5)^2$ **d)** $y = (x + 3)^2$

Überlege zunächst, wie der Graph aus der Normalparabel hervorgeht.
Gib die Lage des Scheitelpunktes an. Notiere weitere Eigenschaften des Graphen; begründe sie. Notiere auch den gemeinsamen Punkt mit der y-Achse.

3. Die Normalparabel ist um

a) 5 Einheiten nach links verschoben;
b) 6 Einheiten nach rechts verschoben;
c) 1,5 Einheiten nach rechts verschoben;
d) 3,5 Einheiten nach links verschoben.

Welche Funktionsgleichung gehört zur verschobenen Parabel?
Gib die Gleichung auch in der Form $y = x^2 + px + q$ an.

4. Die Parabel mit $y = (x - 3)^2$ hat ihren Scheitel an der Stelle 3.
Begründe, warum der y-Wert der Funktion an dieser Stelle am kleinsten ist.

5. *Bestimmen der Verschiebung*

Gib an, um wie viele Einheiten die Normalparabel nach rechts bzw. nach links verschoben werden muss, damit die verschobene Parabel zur angegebenen Funktion gehört; nutze eine binomische Formel.

a) $y = x^2 - 4{,}8x + 5{,}76$ **b)** $y = x^2 + \frac{4}{7}x + \frac{4}{49}$

> $y = x^2 + 7x + 12{,}25$
> $= (x + 3{,}5)^2$
> Die Normalparabel muss um 3,5 Einheiten nach links verschoben werden.

6. Gegeben ist die quadratische Funktion mit der Gleichung $y = x^2 - 4x + 4$.

a) Bestimme die Koordinaten des Scheitelpunktes der verschobenen Normalparabel.

b) Spiegele die Parabel an der y-Achse. Gib von der gespiegelten Parabel die Koordinaten des Scheitelpunktes, die Gleichung der gespiegelten Parabel sowohl in der Form $y = (x - d)^2$ als auch in der Form $y = x^2 + px + q$ an.

7. Eine quadratische Funktion hat die Gleichung $y = (x - d)^2$.
Bestimme d so, dass die verschobene Parabel durch den Punkt P geht. Was fällt dir auf?

a) P(1|4) **b)** P(3|4) **c)** P(1|1) **d)** P(1|9)

Übungen

8. Zeichne mithilfe einer Parabelschablone den Graphen der Funktion mit:

a) $y = (x - 2)^2$ **b)** $y = (x + 1{,}5)^2$ **c)** $y = (x + 5)^2$ **d)** $y = x^2 - 2x + 1$

Gib die Lage des Scheitelpunkts an. Notiere weitere Eigenschaften des Graphen.
Gib auch den gemeinsamen Punkt mit der y-Achse an.

9. Die Normalparabel ist verschoben:

a) um 4 Einheiten nach rechts
b) um 4 Einheiten nach links
c) um 3 Einheiten nach links
d) um 3 Einheiten nach rechts
e) um 2,5 Einheiten nach links
f) um 2,5 Einheiten nach rechts
g) um 4,5 Einheiten nach rechts
h) um 4,5 Einheiten nach links

Zu welcher Funktionsgleichung gehört der neue Graph?
Gib die Gleichung auch in der Form $y = x^2 + px + q$ an.

10. Verschiebe die Normalparabel so in Richtung der x-Achse, dass sie den angegebenen Scheitelpunkt besitzt.
Wie lautet die Funktionsgleichung der zugehörigen Funktion?

a) $S(1{,}8\,|\,0)$ **b)** $S(-2{,}4\,|\,0)$ **c)** $S(-0{,}9\,|\,0)$ **d)** $(\sqrt{3}\,|\,0)$

11. Die Normalparabel wurde verschoben. Gib den Scheitelpunkt und die Funktionsgleichung des neuen Graphen an.

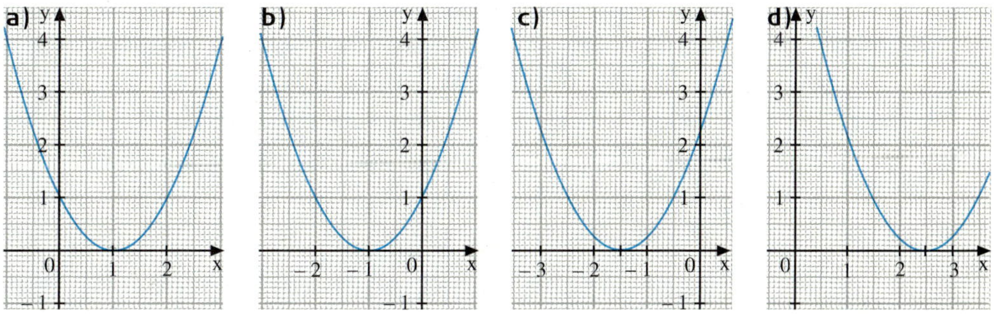

1+1=3

12. Marina sollte Graphen zu den angegebenen Funktionsgleichungen zeichnen. Kontrolliere ihre Hausaufgabe.
(1) $y = x^2$ (3) $y = (x + 4)^2$
(2) $y = (x - 2)^2$ (4) $y = (x + 1)^2$

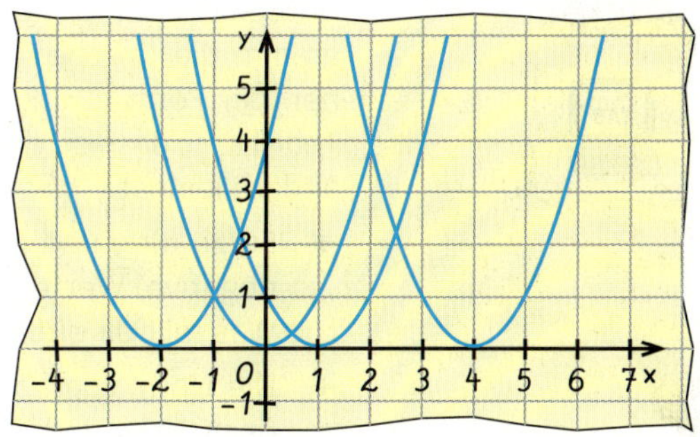

13. Welche der Punkte $P_1(4\,|\,4)$, $P_2(1\,|\,16)$, $P_3(-2\,|\,1)$, $P_4(-1\,|\,9)$ liegen auf dem Graphen der Funktion mit
a) $y = (x + 3)^2$; **b)** $y = (x - 2)^2$?

14. Zwei Parabeln mit den Gleichungen $y = (x + 3)^2$ und $y = x^2 - 3$ besitzen einen gemeinsamen Punkt Q.

a) Berechne die Koordinaten des Punktes Q.

b) Berechne den Umfang des Dreiecks, das von den beiden Scheitelpunkten und dem Punkt Q gebildet wird.

c) Berechne den Flächeninhalt des Dreiecks.

15. Gib an, um wie viele Einheiten die Normalparabel nach rechts bzw. nach links verschoben werden muss, damit man die verschobene Parabel mit der folgenden Funktionsgleichung erhält; nutze eine binomische Formel.

a) $y = x^2 - 9x + 20{,}25$ **c)** $y = x^2 - 0{,}2x + 0{,}01$ **e)** $y = x^2 + \frac{1}{3}x + \frac{1}{36}$

b) $y = x^2 + 11x + 30{,}25$ **d)** $y = x^2 - x + \frac{1}{4}$ **f)** $y = x^2 + \frac{12}{5}x + \frac{36}{25}$

16. Zeichne jeweils beide Parabeln in dasselbe Koordinatensystem; wähle für jedes Parabelpaar eine andere Farbe.
(1) $y = (x + 1)^2$ und $y = (x - 1)^2$ (3) $y = (x + 3)^2$ und $y = (x - 3)^2$
(2) $y = (x + 2)^2$ und $y = (x - 2)^2$ (4) $y = (x + 4)^2$ und $y = (x - 4)^2$
Markiere jeweils den Schnittpunkt der beiden Parabeln. Was stellst du fest?
Überprüfe dein Ergebnis rechnerisch.

17. Verschiebe die Normalparabel so in Richtung der x-Achse, dass die verschobene Parabel durch den Punkt P(1|4) geht.
Wie viele Lösungen gibt es?
Notiere jeweils den Term der Funktion.

18. Gegeben sind die quadratische Funktion mit $y = (x + 1)^2$ und die lineare Funktion mit $y = -2x + 6$.

a) Bestimme die Koordinaten der Schnittpunkte A und B beider Graphen.

b) Ermittle die Gleichung der Geraden durch den Punkt A [Punkt B] und dem Scheitelpunkt der Parabel.

c) Gib den Abstand beider Punkte A und B an.

d) Gib den Abstand jedes Punktes vom Ursprung an.

Quadratische Funktionen mit $y = (x - d)^2 + e$

Einstieg

TAB

Untersuche mit deinem Kalkulationsprogramm die Graphen quadratischer Funktionen der Form $y = (x - d)^2 + e$. Gestalte die Tabelle so, dass du die Werte für e und d verändern kannst.

→ Setze für e und d unterschiedliche (auch negative) Werte ein.
Was fällt dir auf?

→ Die Normalparabel wird um 3 Einheiten nach links und 2 Einheiten nach unten verschoben.
Welche Werte musst du für e und d wählen?

→ Gib den Scheitelpunkt der verschobenen Parabel in Abhängigkeit von e und d an.

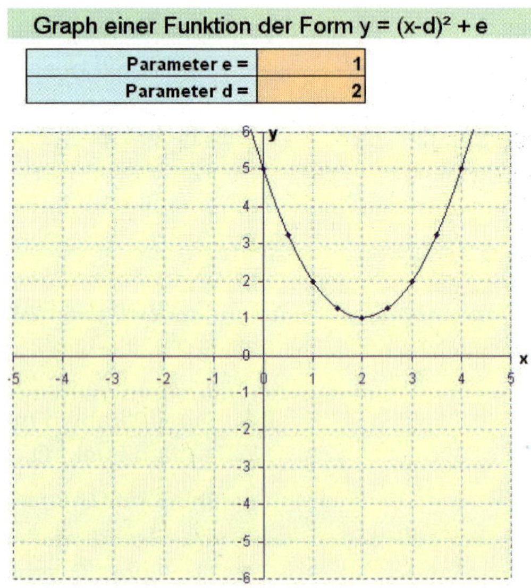

Aufgabe

1. Verschiebe die Normalparabel zunächst um 2 Einheiten nach rechts und dann um 1 Einheit nach oben.
Wie lautet die Funktionsgleichung der zugehörigen Funktion?
Gib auch die Koordinaten des Scheitelpunktes S der verschobenen Parabel an.
Gib weitere Eigenschaften an.
Notiere die Funktionsgleichung auch in der Form $y = x^2 + px + q$.

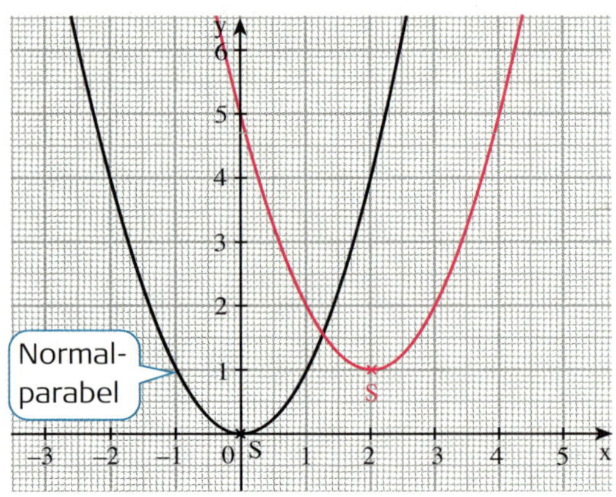

Lösung

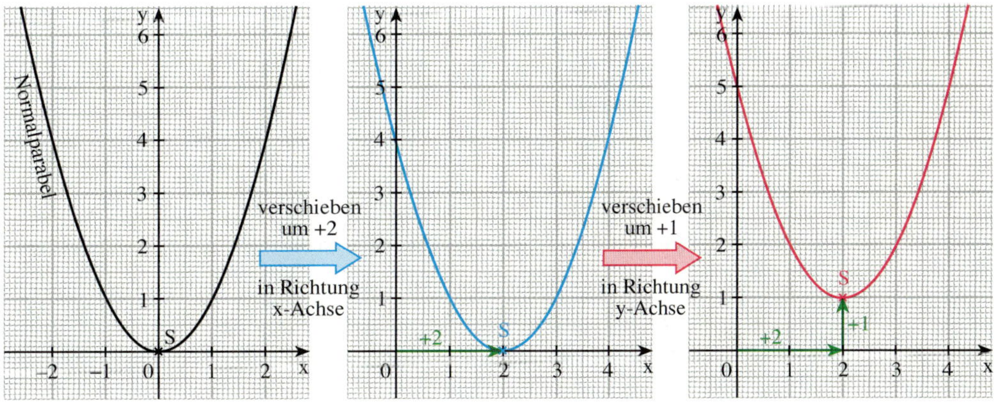

$y = x^2$ $\qquad$ $y = (x - 2)^2$ $\qquad$ $y = (x - 2)^2 + 1$

Verschiebt man die Normalparabel um 2 Einheiten nach rechts und dann um 1 Einheit nach oben, so lautet die Funktionsgleichung der zugehörigen Funktion:

$y = (x - 2)^2 + 1$

Scheitelpunkt: $\quad S(2\,|\,1)$
Symmetrieachse: $\quad$ Parallele zur y-Achse durch S

Der Graph fällt bis zum Scheitelpunkt $S(2\,|\,1)$ und steigt dann; der Scheitelpunkt ist der tiefste Punkt.

Nach Auflösen der Klammer in der Funktionsgleichung erhält man:

$y = x^2 - 4x + 5$

Information

Den Graphen einer **quadratischen Funktion der Form $y = (x - d)^2 + e$** kann man mithilfe einer Schablone für die Normalparabel zeichnen. Dazu verschiebt man die Normalparabel um d in Richtung der x-Achse und um e in Richtung der y-Achse.

Eigenschaften:

(1) Der Scheitelpunkt S hat die Koordinaten $(d\,|\,e)$.
Da man aus der Gleichung $y = (x - d)^2 + e$ die Koordinaten des Scheitelpunktes ablesen kann, nennt man sie **Scheitelpunktform**.
Die Gleichung $y = x^2 + px + q$ nennt man die *Normalform.*

(2) Die Symmetrieachse ist eine Parallele zur y-Achse durch den Scheitelpunkt $S(d\,|\,e)$.

(3) Bis zum Scheitelpunkt fällt die Parabel und steigt dann.
Der Scheitelpunkt ist der tiefste Punkt der Parabel.

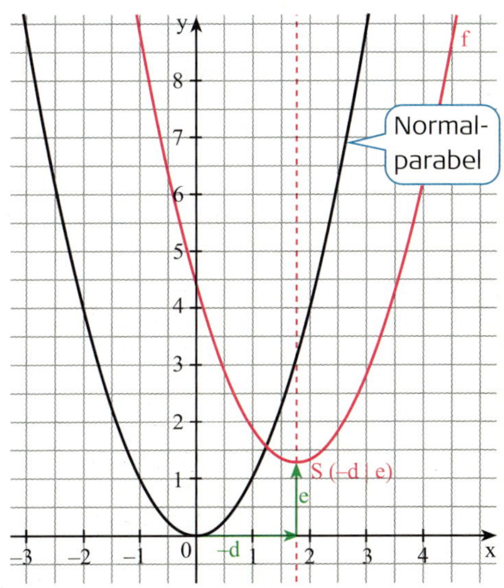

Anmerkung: Löst man in der Funktionsgleichung $y = (x - d)^2 + e$ die Klammer auf, so erhält man eine Gleichung der Form $y = x^2 + px + q$.

Zum Festigen und Weiterarbeiten

2. Zeichne mit einer Parabelschablone den Graphen der Funktion mit der angegebenen Gleichung. Überlege zunächst, wie der Graph aus der Normalparabel entsteht.
Gib die Lage des Scheitelpunktes und die Lage der Symmetrieachse an.
Notiere weitere Eigenschaften; begründe sie. Gib auch den gemeinsamen Punkt mit der y-Achse an.

a) $y = (x - 2)^2 + 3$ **b)** $y = (x + 4)^2 - 1$ **c)** $y = (x + 1)^2 - 4$ **d)** $y = x^2 + 4x$

3. Die Normalparabel ist verschoben um

a) 3 nach links und um 1 nach unten;
b) 2 nach rechts und um 3 nach unten;
c) 1,5 nach rechts und um 2,5 nach oben;
d) 2,5 nach links und um 1,5 nach unten.

Welche Funktion gehört zu dieser Parabel?
Gib die Funktionsgleichung sowohl in der Scheitelpunktform als auch in der Normalform an.

4. Die verschobene Normalparabel geht durch die Punkte P und Q. Zeichne die Parabel; notiere die Gleichung der zugehörigen quadratischen Funktion. Beschreibe dein Vorgehen.

a) $P(2|3)$; $Q(-1|4)$
b) $P(1|8)$; $Q(-4|3)$
c) $P(-1|2)$; $Q(-5|2)$
d) $P(4|2)$; $Q(1|5)$

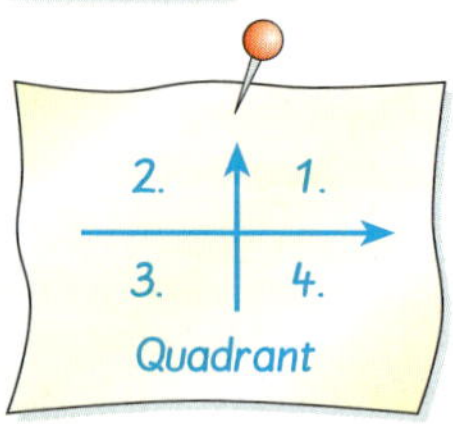

5. Die Lage des Scheitelpunkts S einer Parabel hinsichtlich der Quadranten hängt von d und e ab. Wählt verschiedene Zahlen für d und e; denkt dabei an positive und negative Werte sowie an Null.
Zeichnet jeweils den Graphen. Wo liegt der Scheitelpunkt S? Ergänzt im Heft die Tabelle.

	e > 0	e = 0	e < 0
d < 0	S liegt im 2. Quadranten.	S liegt ...	S liegt ...
d = 0			
d > 0			

Information

Gewinnen der Scheitelpunktform einer Funktion mit der Gleichung $y = x^2 + px + q$

(1) Gegeben ist die quadratische Funktion mit $y = x^2 - 4x + 3$.
Zur Bestimmung der Koordinaten des Scheitelpunktes der zugehörigen Parabel bringen wir die gegebene Gleichung auf die Scheitelpunktform $y = (x - d)^2 + e$:

$y = x^2 - 4x + 3$

$y = x^2 - 4x \qquad + 3$

$y = x^2 - 4x + \left(\frac{4}{2}\right)^2 - \left(\frac{4}{2}\right)^2 + 3$

$y = (x - 2)^2 \quad - 4 \quad + 3$

$y = (x - 2)^2 - 1$,

also: $S(2|-1)$

(2) Eine beliebige Gleichung $y = x^2 + px + q$ (Normalform) einer quadratischen Funktion lässt sich entsprechend in die Scheitelpunktform umformen.

$y = x^2 + px \qquad + q$

$y = x^2 + px + \left(\frac{p}{2}\right)^2 - \left(\frac{p}{2}\right)^2 + q$

$y = \left[x + \left(\frac{p}{2}\right)\right]^2 \quad - \left(\frac{p}{2}\right)^2 + q$

Wir lesen ab:

$d = -\frac{p}{2}$; $e = -\left(\frac{p}{2}\right)^2 + q$;

also: $S\left(-\frac{p}{2} \middle| -\left(\frac{p}{2}\right)^2 + q\right)$

> Der Graph einer quadratischen Funktion mit der Gleichung $y = x^2 + px + q$ besitzt den Scheitelpunkt $S\left(-\frac{p}{2} \middle| -\left(\frac{p}{2}\right)^2 + q\right)$.

Übungen

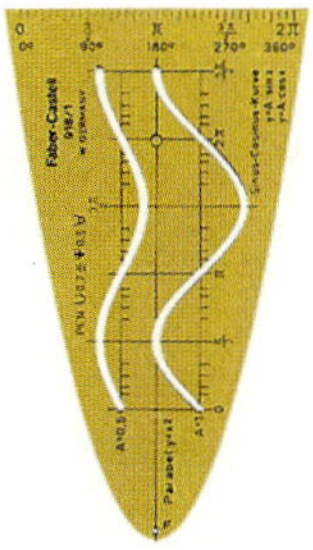

6. Zeichne mithilfe einer Parabelschablone den Graphen der Funktion mit:

a) $y = (x-3)^2 + 4$ **c)** $y = (x+2{,}5)^2 - 4$ **e)** $y = \left(x - \frac{1}{2}\right)^2 - 3$ **g)** $y = \left(x - \frac{3}{5}\right)^2 - 2{,}4$

b) $y = (x+2)^2 - 1$ **d)** $y = (x+1)^2 + 1$ **f)** $y = (x-2{,}5)^2 + \frac{5}{2}$ **h)** $y = \left(x + \frac{11}{2}\right)^2 + \frac{1}{2}$

Gib auch den Scheitelpunkt der Parabel an. Gib weitere Eigenschaften an.
Wie lauten die Koordinaten des gemeinsamen Punktes mit der y-Achse?

7. Verschiebe die Normalparabel

a) um 4 Einheiten nach rechts und um 3 Einheiten nach oben;

b) um 4 Einheiten nach rechts und um 3 Einheiten nach unten;

c) um 4 Einheiten nach links und um 3 Einheiten nach oben;

d) um 4 Einheiten nach links und um 3 Einheiten nach unten;

e) um 2,5 Einheiten nach rechts und um 1 Einheit nach unten;

f) um $\frac{4}{5}$ Einheiten nach links und um 4,5 Einheiten nach oben.

Welche Funktion gehört zu dieser verschobenen Parabel?
Notiere die Funktionsgleichung auch in der Normalform $y = x^2 + px + q$.
Notiere die Koordinaten des Scheitelpunkts.

8. Die Normalparabel wurde verschoben

a) um 2 Einheiten nach rechts und um 1,4 Einheiten nach unten;

b) um 3 Einheiten nach links und um 3,6 Einheiten nach oben.

(1) Gib eine Funktionsgleichung an.
(2) Prüfe, welche der folgenden Punkte auf der verschobenen Parabel liegen:
$P_1(1\,|\,19{,}6)$; $P_2(4\,|\,2{,}6)$; $P_3(-2\,|\,4{,}6)$; $P_4(-3\,|\,23{,}6)$; $P_5(-1\,|\,7{,}6)$

9. Gib die Funktionsgleichung in der Normalform $y = x^2 + px + q$ an.

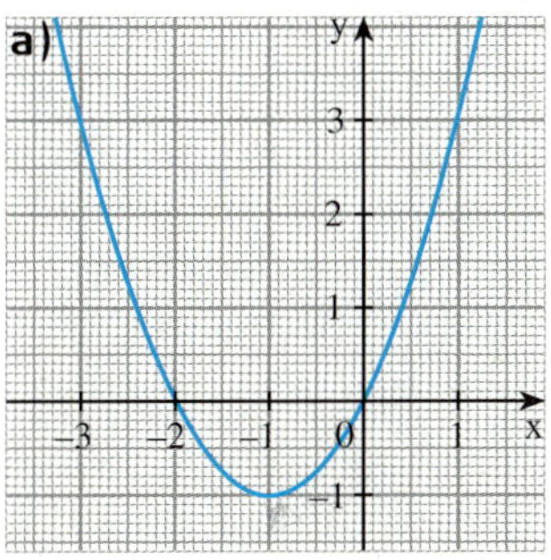

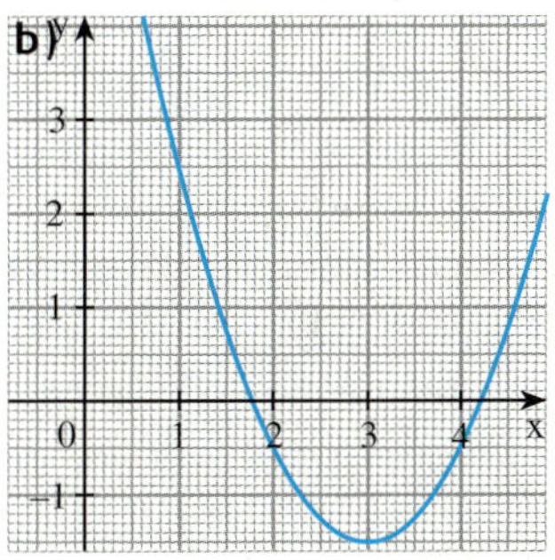

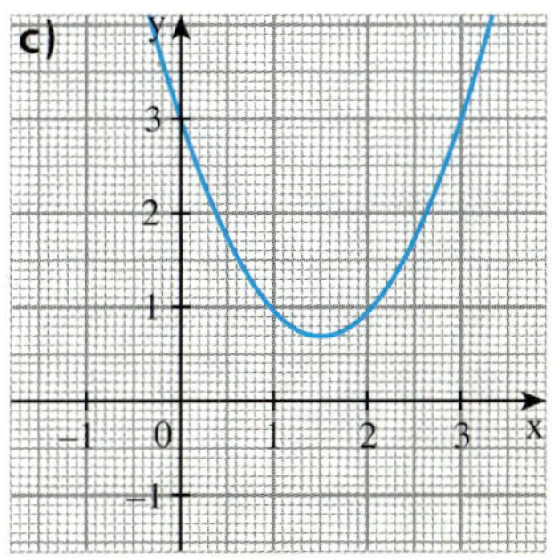

10. Die verschobene Normalparabel geht durch die Punkte $A(1\,|\,4)$ und $B(-5\,|\,4)$.

a) Zeichne die Parabel; notiere die Gleichung der zugehörigen quadratischen Funktion in der Normalform.

b) Bestimme die Gleichung der Geraden durch A und den Scheitelpunkt.

11. Gib an, wie man den Graphen der Funktion durch Verschieben der Normalparabel erhalten kann. Notiere die Koordinaten des Scheitelpunkts.
Wo fällt der Graph, wo steigt er?

a) $y = x^2 - 4x - 5$ **c)** $y = x^2 - 5x + 5$ **e)** $y = x^2 - 2x$ **g)** $y = x^2 - x - \frac{1}{2}$

b) $y = x^2 + 6x + 5$ **d)** $y = x^2 + 8x + 7$ **f)** $y = x^2 + 3x + 4$ **h)** $y = x^2 - \frac{4}{3}x - \frac{5}{9}$

12. Kontrolliere die Hausaufgaben zur Bestimmung des Scheitelpunktes.

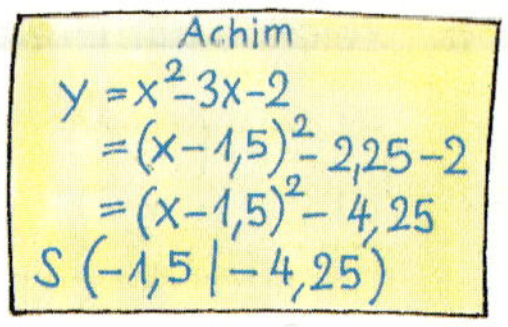

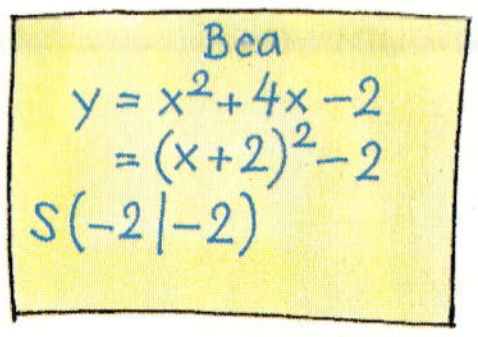

13. Von einer verschobenen Normalparabel ist bekannt:

a) $S(-2|-1)$ ist der Scheitelpunkt.

b) $S(3{,}5|0)$ ist der Scheitelpunkt.

c) Die Parabel geht durch den Ursprung und hat die Gerade $x = 2$ als Symmetrieachse.

d) Der Scheitelpunkt hat -4 als y-Koordinate. Der Ursprung ist ein Punkt der Parabel. Untersuche, ob es mehrere Möglichkeiten gibt.

e) Die Parabel geht durch den Punkt $P(5|1)$, die Symmetrieachse hat die Gleichung $x = 3$.

Zeichne die Parabel. Notiere die Gleichung der zugehörigen Funktion.

14. Eine Parabel mit der Gleichung $y = x^2 + px + q$ hat den Scheitelpunkt $S(2|-1{,}5)$. Bestimme die Werte für p und q.

15. Der Graph einer quadratischen Funktion mit der Gleichung $y = x^2 + 4x + q$ geht durch den Punkt $A(1|4)$.
Bestimme q und danach die Koordinaten des Scheitelpunkts.

16. Der Graph einer quadratischen Funktion mit der Gleichung $y = x^2 + px + 12{,}5$ geht durch den Punkt $B(2|0{,}5)$.
Bestimme rechnerisch die Koordinaten des Scheitelpunkts.

17. Der Punkt $C(2|16)$ liegt auf dem Graphen einer quadratischen Funktion mit der Gleichung $y = x^2 + px + q$.
Bestimme die Koordinaten des Scheitelpunkts, wenn $q = 4p$ ist.

18. Eine quadratische Funktion besitzt die Gleichung $y = (x - 1)(x + 4)$.
Bestimme die Schnittpunkte des Graphen mit den Koordinatenachsen.

19. Der Graph einer quadratischen Funktion mit der Gleichung $y = x^2 + px + 4$ verläuft durch den Punkt $R(-1|-1)$. Die Gerade $y = 2x + 4$ schneidet die Parabel.

a) Bestimme die Koordinaten der Schnittpunkte A und B.

b) Bestimme die Gleichung der Geraden durch den Scheitelpunkt der Parabel und den in Teilaufgabe a) ermittelten Schnittpunkt A [Schnittpunkt B].

20. Gegeben sind zwei quadratische Funktionen mit $y = x^2 + 2x - 5$ und $y = x^2 - 5x + 9$.

a) Bestimme die Koordinaten des Schnittpunkts A beider Graphen und den Abstand dieses Schnittpunkts vom Koordinatenursprung.

b) Stelle die Gleichung der Geraden durch die beiden Scheitelpunkte S_1 und S_2 auf. Bestimme die Schnittpunkte dieser Geraden mit den Koordinatenachsen.

c) Ermittle die Gleichung der Geraden, die durch den Punkt A geht und zu der Geraden S_1S_2 parallel ist.

21. Gegeben sind die Parabeln zu $y = x^2 + 4x$ und $y = -x^2$.
Bestimme die Koordinaten der Schnittpunkte beider Parabeln; kontrolliere zeichnerisch. Wie lautet die Gleichung der Geraden durch die ermittelten Schnittpunkte?

ALLGEMEINE QUADRATISCHE FUNKTIONEN – STRECKEN UND VERSCHIEBEN DER NORMALPARABEL

Strecken und Spiegeln der Normalparabel

Einstieg

TAB

Untersuche mit deinem Kalkulationsprogramm die Graphen der quadratischen Funktionen der Form $y = a \cdot x^2$.
Gestalte die Tabelle so, dass du den Wert für a verändern kannst.

→ Wähle für a verschiedene (auch negative) Zahlen.
Was fällt dir auf?

→ Wie wirkt es sich auf den Graphen aus, wenn der Parameter a im positiven Bereich variiert?
Vergleiche jeweils mit dem Graphen der Normalparabel.

→ Zeichne den Graphen für $a = -1$.
Wie erhältst du diesen Graphen aus der Normalparabel?

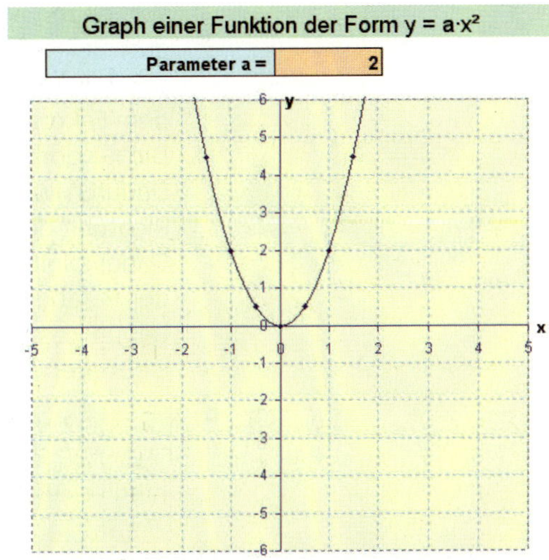

Information

Wir gehen von der Normalparabel aus. Bei jedem Punkt P der Normalparabel soll die y-Koordinate mit dem Faktor 2 multipliziert werden. Die x-Koordinate wird beibehalten. Aus den jeweiligen Bildpunkten P′ erhalten wir so einen neuen Graphen.
Zu welcher Funktion gehört der neue (rote) Graph? Gib die Funktionsgleichung an.

x	−2	−1	0	1	2	x
x^2	4	1	0	1	4	x^2
y	8	2	0	2	8	$2 \cdot x^2$

$\cdot 2$

Man erhält jeweils den neuen Funktionswert y, indem man den alten Funktionswert x^2 mit 2 multipliziert (vervielfacht):

$y = 2 \cdot x^2$

Durch das Multiplizieren (Vervielfachen) der alten Funktionswerte x^2 mit dem Faktor 2 wird die Normalparabel in Richtung der y-Achse *gestreckt*. Bei diesem *Strecken* bleibt die y-Achse als Symmetrieachse erhalten, ebenso der Scheitelpunkt. Der neue Graph ist schmaler als die Normalparabel.

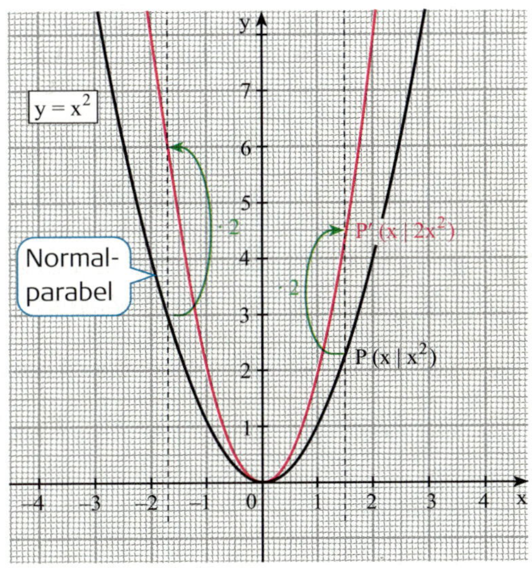

Aufgabe

1. a) Zeichne den Graphen der Funktion mit $y = \frac{1}{2}x^2$.
Beschreibe, wie der Graph dieser Funktion aus der Normalparabel hervorgeht.

b) Zeichne die Normalparabel. Spiegele diese an der x-Achse, indem du die y-Koordinate eines jeden Parabelpunktes mit (-1) multiplizierst.
Wie lautet die Funktionsgleichung der neuen Funktion?

Lösung

a)

x	−2	−1	0	1	2	x
x^2	4	1	0	1	4	x^2
y	2	$\frac{1}{2}$	0	$\frac{1}{2}$	2	$\frac{1}{2}x^2$

$\cdot \frac{1}{2}$

Wir gehen von der Normalparabel aus. Bei jedem Punkt P der Normalparabel wird die y-Koordinate mit dem Faktor $\frac{1}{2}$ multipliziert.
Die x-Koordinate wird beibehalten.
Dadurch wird die Normalparabel in Richtung der y-Achse gestaucht.
Dabei bleiben die Symmetrieachse der Parabel und die Lage des Scheitelpunktes erhalten. Der neue Graph ist breiter als die Normalparabel.

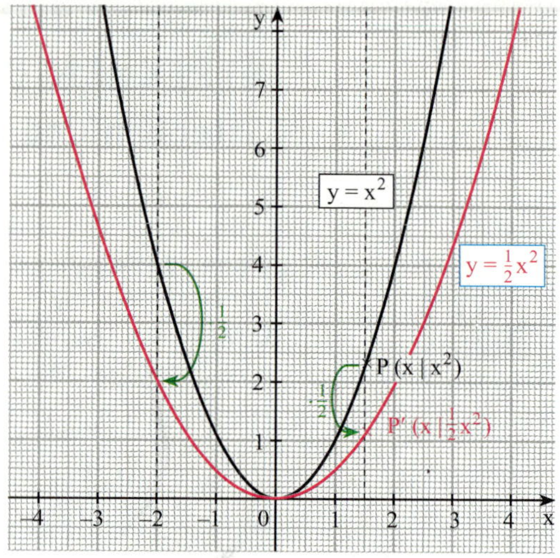

b)

x	−2	−1	0	1	2	x
x^2	4	1	0	1	4	x^2
y	−4	−1	0	−1	−4	$-x^2$

$\cdot (-1)$

Man erhält den Funktionswert y der neuen Funktion, indem man x^2 mit (-1) multipliziert:

$y = -x^2$

Der Graph der neuen Funktion entsteht durch Spiegeln der Normalparabel an der x-Achse.

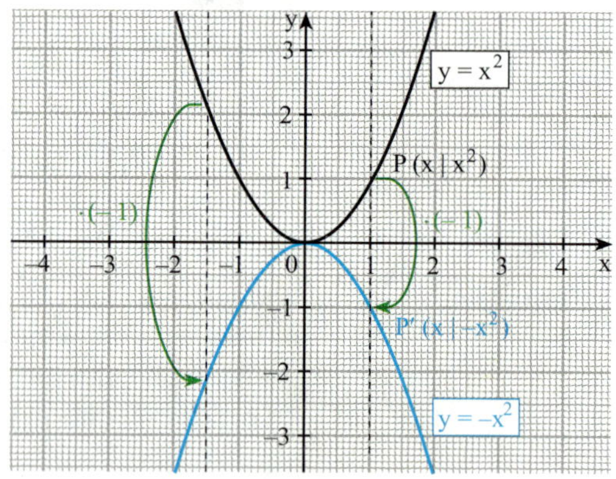

Information

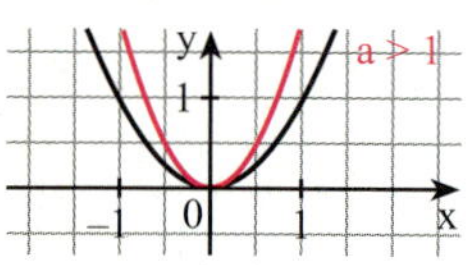

strecken

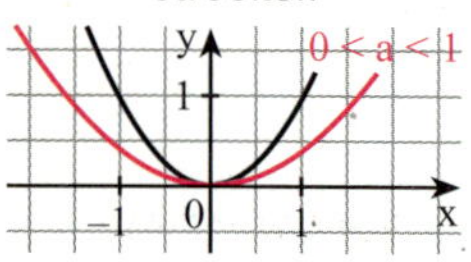

stauchen

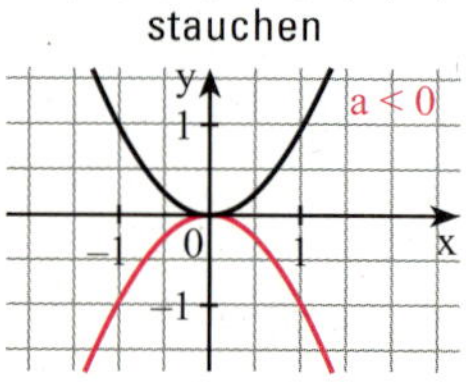

spiegeln

Durch das Multiplizieren des Funktionsterms x^2 mit einem Faktor a (z. B. $a = 2$) wird die Normalparabel von der x-Achse aus in Richtung der y-Koordinatenachse *gestreckt*.
Im Bild rechts wird ein Gummituch, auf dem eine Normalparabel gezeichnet ist, nach oben *gestreckt*.
Man spricht auch dann vom *Strecken* der Parabel, wenn der Faktor a zwischen 0 und 1 liegt (z. B. $a = \frac{1}{2}$), und auch dann, wenn der Faktor a negativ ist (z. B. $a = -1$).

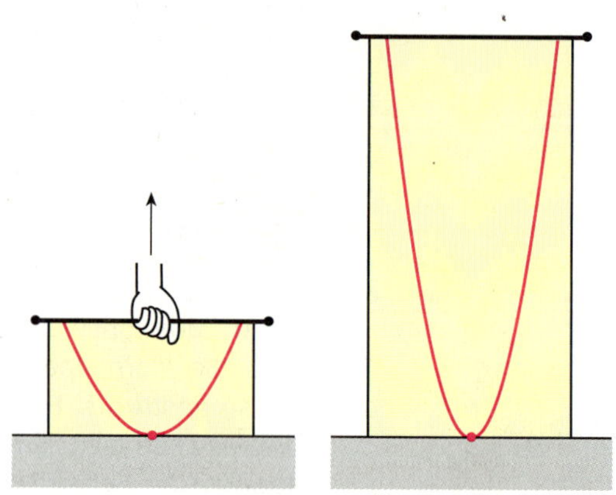

Beim **Strecken oder Stauchen** der Normalparabel von der x-Achse aus **in Richtung der y-Achse** mit dem positiven Faktor a wird die y-Koordinate eines jeden Punktes der Normalparabel mit dem Faktor a multipliziert und die x-Koordinate beibehalten.
Ist der Faktor negativ, so bedeutet das zusätzlich ein **Spiegeln an der x-Achse**.

Zum Festigen und Weiterarbeiten

2. Zeichne den Graphen der Funktion mit:

a) $y = 2{,}5x^2$ **b)** $y = \frac{1}{4}x^2$ **c)** $y = -2x^2$ **d)** $y = -\frac{1}{2}x^2$

Wie ist er aus der Normalparabel entstanden?
Gib die Eigenschaften des Graphen an, begründe sie.

3. Zeichne mit einer Schablone die Normalparabel. Strecke sie in Richtung der y-Achse, indem du die 2. Koordinate eines jeden Parabelpunktes mit $\frac{3}{4}$ [mit 1,5; mit (– 3); mit (– 0,4)] multiplizierst. Wie lautet die Funktionsgleichung der neuen Funktion?

4. Zeichnet in das gleiche Koordinatensystem die Graphen der Funktionen mit:

(1) $y = x^2$; (3) $y = 0{,}5x^2$; (5) $y = \frac{1}{4}x^2$ (7) $y = 2x^2$; (9) $y = 3x^2$
(2) $y = -x^2$; (4) $y = -0{,}5x^2$; (6) $y = -\frac{1}{4}x^2$; (8) $y = -2x^2$; (10) $y = -3x^2$

- Welche Graphen sind schmaler, welche breiter als die Normalparabel bzw. die gespiegelte Normalparabel?
- Wie ändert sich die Steilheit der Graphen der Funktion mit $y = ax^2$, wenn für a ein größerer Faktor gewählt wird? Unterscheide die Fälle $a > 0$ und $a < 0$.

Information

Der Graph einer **quadratischen Funktion mit $y = ax^2$** ($a \neq 0$) geht aus der Normalparabel durch Strecken in Richtung der y-Achse mit dem Streckfaktor a hervor.
Eine solche Funktion hat folgende Eigenschaften:

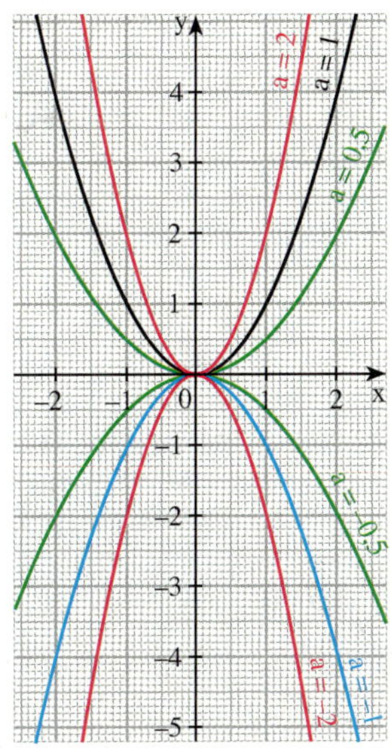

(1) Der Graph ist symmetrisch zur y-Achse.
(2) Der Scheitelpunkt S(0|0) liegt im Ursprung des Koordinatensystems.
(3) *Für a > 0 gilt:*
Der Graph ist nach oben geöffnet.
Er fällt im 2. Quadranten bis zum Scheitelpunkt und steigt dann im 1. Quadranten. Der Scheitelpunkt ist der *tiefste* Punkt des Graphen.
Bei $a > 1$ ist der Graph schmaler, bei $a < 1$ breiter als die Normalparabel.
(4) *Für a < 0 gilt:*
Der Graph ist nach unten geöffnet.
Er steigt im 3. Quadranten bis zum Scheitelpunkt und fällt dann im 4. Quadranten. Der Scheitelpunkt ist der *höchste* Punkt des Graphen.
Bei $a < -1$ ist der Graph schmaler, bei $a > -1$ breiter als die gespiegelte Normalparabel.

Übungen

5. Zeichne den Graphen. Wie ist der Graph der Funktion aus der Normalparabel entstanden? Welche Eigenschaften hat er?

a) $y = 1{,}8x^2$ **b)** $y = \frac{7}{2}x^2$ **c)** $y = 0{,}8x^2$ **d)** $y = -2{,}5x^2$ **e)** $y = -0{,}7x^2$

6. Zeichne den Graphen. Zu welcher Funktion gehört er? Gib die Funktionsgleichung an.

a) Die Normalparabel wird in Richtung der y-Achse mit dem Faktor 3 [Faktor (– 1,2)] gestreckt.

b) Die Normalparabel wird an der x-Achse gespiegelt, die gespiegelte Parabel wird dann in Richtung der y-Achse mit dem Faktor 0,6 gestaucht.

Quadratische Funktionen mit $y = a\,(x - d)^2 + e$

Einstieg

Untersuche mit deinem Kalkulationsprogramm die Graphen quadratischer Funktionen der Form $y = a \cdot x^2 + c$.
Gestalte die Tabelle so, dass du die Werte für a und c verändern kannst.

- ➜ Setze für a und c unterschiedliche Werte ein.
  Was fällt dir auf?
- ➜ Untersuche, wie du den Graphen der Funktion für verschiedene Werte von a und c aus der Normalparabel erhältst.
- ➜ Welche Auswirkungen haben Veränderungen der Parameter a und c auf die Lage des Scheitelpunktes?
  Gib den Scheitelpunkt der Parabel an.

Graph einer Funktion der Form y = a·x² + c

Parameter a =	0,5
Parameter c =	-2

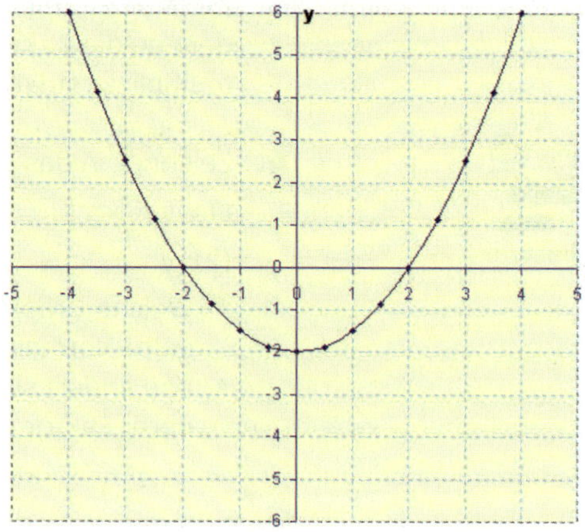

Aufgabe

1. Zeichne die Normalparabel. Verschiebe sie um 2 Einheiten nach rechts, strecke sie dann mit dem Faktor 2,5 in Richtung der y-Achse und verschiebe sie schließlich um 1,5 Einheiten nach oben. Die erhaltene Parabel gehört zu einer quadratischen Funktion.
Wie lautet ihre Funktionsgleichung? Gib auch Eigenschaften der Parabel an.

Lösung

Verschieben um 2 Einheiten nach rechts:

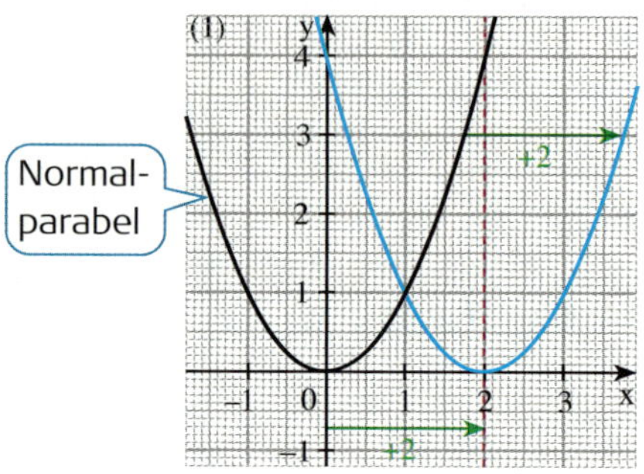

$y = (x - 2)^2$

Strecken mit Faktor 2,5:

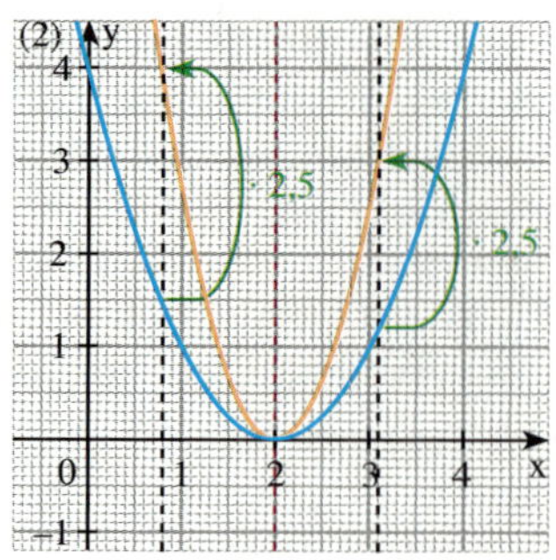

$y = 2{,}5\,(x - 2)^2$

Verschieben um 1,5 Einheiten nach oben:

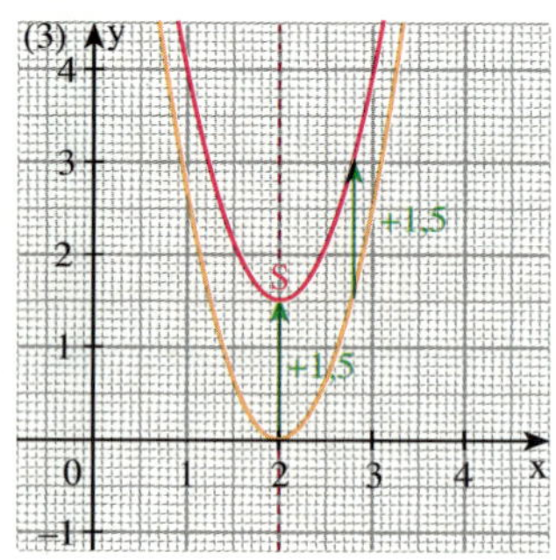

$y = 2{,}5\,(x - 2)^2 + 1{,}5$

Die Funktionsgleichung lautet:
$y = 2{,}5\,(x - 2)^2 + 1{,}5$

Scheitelpunkt: $S(2 \mid 1{,}5)$
Symmetrieachse: Parallele zur y-Achse durch S.

Der Graph fällt bis zum Scheitelpunkt $S(2 \mid 1{,}5)$ und steigt dann; der Scheitelpunkt ist der tiefste Punkt.

Durch Umformen der Funktionsgleichung erhält man:

$y = 2{,}5\,(x^2 - 4x + 4) + 1{,}5$
$y = 2{,}5x^2 - 10x + 11{,}5$

Zum Festigen und Weiterarbeiten

TAB

2. Untersuche mit deinem Kalkulationsprogramm die Graphen quadratischer Funktionen der Form $y = a(x - d)^2 + e$.
Gestalte die Tabelle so, dass du die Werte für a, e und d verändern kannst.

a) Setze für a, d und e unterschiedliche Werte ein.
Welchen Einfluss haben die Werte auf Form und Lage des Graphen?

b) Die Normalparabel wird mit dem Faktor 2 gestreckt und um 3 Einheiten nach links und 2 Einheiten nach unten verschoben.
Welche Werte musst du für a, e und d wählen?

c) Gib den Scheitelpunkt der verschobenen Parabel in Abhängigkeit von a, e und d an.

3. Eine Normalparabel wird in der angegebenen Reihenfolge

a) um 3 Einheiten nach links verschoben, an der x-Achse gespiegelt und um 1 Einheit nach oben verschoben;

b) mit dem Faktor 1,5 gestreckt und um 2,5 Einheiten nach oben verschoben.

c) um 5 Einheiten nach rechts verschoben, an der x-Achse gespiegelt, in Richtung der y-Achse mit dem Faktor $\frac{1}{2}$ [Faktor 2] gestreckt und schließlich um 4 Einheiten nach unten verschoben;

Zeichne wie in Aufgabe 1 auf Seite 27 schrittweise den Graphen.
Wie lautet die Gleichung? Gib auch Eigenschaften der Parabel an; begründe sie.

4. Beschreibe, wie man die Parabel schrittweise aus der Normalparabel erhalten kann.
Gib auch Eigenschaften der Parabel an.

a) $y = -2(x - 4)^2 - 10$

b) $y = 3(x + 5)^2 - 12$

c) $y = -\frac{1}{4}(x + 2)^2 + \frac{9}{4}$

d) $y = -2x^2 - 1$

Information

Man erhält den Graphen einer quadratischen Funktion mit der Gleichung $y = a(x - d)^2 + e$, indem man die Normalparabel nacheinander

- um d Einheiten in Richtung der x-Achse verschiebt
- an der x-Achse spiegelt, falls $a < 0$
- in Richtung der y-Achse mit dem Faktor $|a|$ streckt bzw. staucht
- zum Schluss in Richtung der y-Achse um e Einheiten verschiebt.

Aus der *Scheitelpunktform* der Gleichung $y = a(x - d)^2 + e$ kann man die Koordinaten des Scheitelpunkts ablesen:
$S(d\,|\,e)$

Quadratische Funktion:

$$\begin{aligned} y &= -\tfrac{4}{3}x^2 - 4x + 1 \\ &= -\tfrac{4}{3} \cdot [x^2 + 3x] + 1 \\ &= -\tfrac{4}{3} \cdot \left[x^2 + 3x + \left(\tfrac{3}{2}\right)^2 - \left(\tfrac{3}{2}\right)^2\right] + 1 \\ &= -\tfrac{4}{3} \cdot \left[x^2 + 3x + \left(\tfrac{3}{2}\right)^2\right] + \tfrac{4}{3} \cdot \left(\tfrac{3}{2}\right)^2 + 1 \\ &= -\tfrac{4}{3}\left(x + \tfrac{3}{2}\right)^2 + 4 \end{aligned}$$

Der Graph einer quadratischen Funktion hat den Scheitelpunkt $S\left(-\frac{3}{2}\,\middle|\,4\right)$.

Die Symmetrieachse verläuft parallel zur y-Achse durch den Punkt $Q\left(-\frac{3}{2}\,\middle|\,0\right)$.

Jeder Term $ax^2 + bx + c$ einer quadratischen Funktion lässt sich auf die Scheitelpunktform $a(x - d)^2 + e$ bringen.

Man spricht auch von Strecken einer Parabel, wenn der Faktor a kleiner als 1 ist.

Der Graph jeder **quadratischen Funktion mit $y = ax^2 + bx + c$** ($a \neq 0$) lässt sich stets aus der Normalparabel durch Verschieben und Strecken bzw. Stauchen (und eventuell Spiegeln) gewinnen.

Übungen

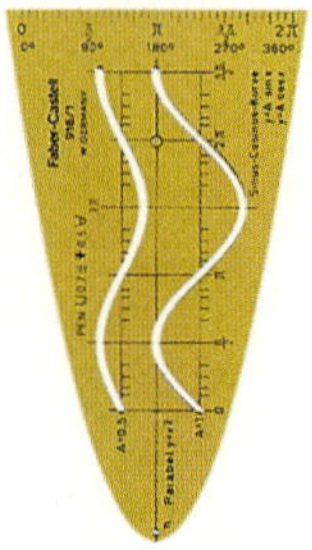

5. Zeichne die Normalparabel. Führe nacheinander die folgenden Abbildungen aus, um den Graphen einer Funktion zu erhalten.

a) (1) Verschieben um 4 Einheiten nach rechts
(2) Strecken in Richtung der y-Achse mit dem Faktor 1,5
(3) Verschieben um 4,5 Einheiten nach unten

b) (1) Verschieben um 2,5 Einheiten nach links
(2) Stauchen in Richtung der y-Achse mit dem Faktor 0,3
(3) Spiegeln an der x-Achse
(4) Verschieben um 5 Einheiten nach oben

c) (1) Strecken mit dem Faktor 2
(2) Verschieben um 1,5 Einheiten nach unten

d) (1) Stauchen mit dem Faktor $\frac{1}{2}$
(2) Spiegeln an der x-Achse
(3) Verschieben um 3 Einheiten nach oben

Skizziere schrittweise die einzelnen Graphen. Du erhältst schließlich den Graphen einer neuen Funktion. Notiere die Funktionsgleichung auch in der Form $y = ax^2 + bx + c$.
Welche Koordinaten hat der Scheitelpunkt des Graphen?

6. Zeichne den Graphen der Funktion mit:

a) $y = 3x^2 - 1$ **c)** $y = \frac{1}{2}x^2 + 3$ **e)** $y = -2x^2 + 0{,}5$
b) $y = \frac{5}{2}x^2 + 3$ **d)** $y = \frac{3}{2}x^2 - 1{,}5$ **f)** $y = -\frac{1}{4}x^2 + 1$

Wie entsteht der Graph aus der Normalparabel?
Gib auch den Scheitelpunkt an und – falls vorhanden – die Koordinaten der gemeinsamen Punkte mit der x-Achse.

7. **a)** $y = 3(x - 2{,}5)^2 - 4{,}5$ **c)** $y = -1{,}5x^2 - 2$ **e)** $y = \frac{3}{4}(x + 2)^2 - 1$
b) $y = -0{,}2(x + 3)^2 + 1$ **d)** $y = -1{,}5(x - 3)^2 + 1$ **f)** $y = 2{,}5x^2 + 1{,}5$

Beschreibe, wie man den Graphen der Funktion mit der angegebenen Gleichung schrittweise aus der Normalparabel gewinnen kann.
Gib an, ob die Parabel nach oben oder nach unten geöffnet ist.
Skizziere die einzelnen Parabeln.
Notiere die Funktionsgleichung auch in der Form $y = ax^2 + bx + c$.

8. Gib, ohne zu zeichnen, die Koordinaten des Scheitelpunkts an.
Ist der Graph nach oben oder unten geöffnet?

a) $y = 3{,}5x^2 - 6$ **b)** $y = -2{,}8x^2 + 9$ **c)** $y = 0{,}6x^2 - 7{,}7$ **d)** $y = -0{,}3x^2 + 8{,}5$

9. Welcher der Punkte $P_1(-2|-7)$, $P_2(2|-12)$, $P_3(-1|-3)$, $P_4(1|6)$ liegt auf welchem Graphen?

(1) $y = 3x^2 + 3$ (2) $y = -2x^2 - 4$ (3) $y = -3x^2 + 5$ (4) $y = 2x^2 - 5$

10. Der Graph der quadratischen Funktion hat S als Scheitelpunkt und geht durch den Punkt P. Bestimme die Funktionsgleichung in der Form $y = ax^2 + bx + c$.

a) $S(3|-1)$; $P(1|5)$ **b)** $S(-2{,}5|3)$; $P(0|-1)$ **c)** $S(1{,}5|0)$; $P(5{,}5|1)$

Ist der Scheitelpunkt der höchste oder der tiefste Punkt der Parabel?
Hinweis: Stelle den Term zunächst in der Scheitelpunktform $a(x - d)^2 + e$ auf.

11. Notiere die Funktionsgleichung in der Scheitelpunktform und in der Form $y = ax^2 + bx + c$.

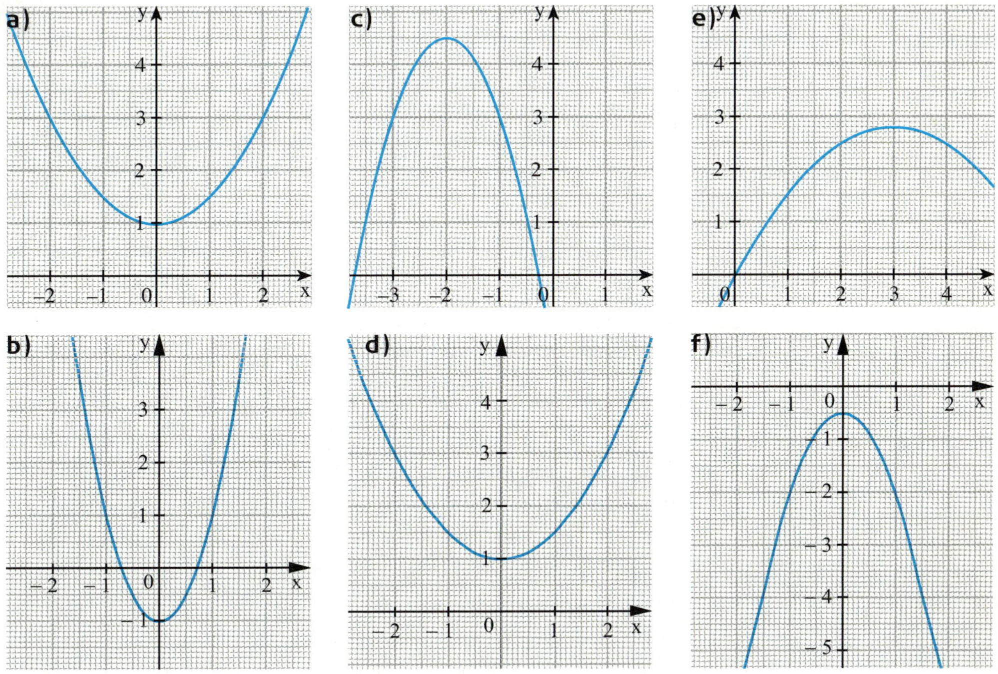

12. Zeichne den Graphen der quadratischen Funktion mit $y = (x + 2)^2 - 1$.

a) Spiegele die Parabel an der x-Achse.
Wie lautet die zugehörige Gleichung der erhaltenen Parabel?

b) Spiegele die Parabel an der y-Achse.
Wie lautet die Gleichung der erhaltenen Parabel?

13. Forme um in die Scheitelpunktform $y = a(x - d)^2 + e$.
Notiere dann die Koordinaten des Scheitelpunktes.
Ist die Parabel nach oben oder nach unten geöffnet?

a) $y = \frac{1}{2}x^2 - 5x + 8$
b) $y = -2x^2 + 6x - 2{,}5$
c) $y = \frac{3}{2}x^2 - 8x + \frac{5}{2}$
d) $y = 3x^2 - 6x + 9$
e) $y = -3x^2 + 6x + 5$
f) $y = \frac{1}{2}x^2 + 5x$
g) $y = x^2 - 4x + 3{,}5$
h) $y = -x^2 + \frac{1}{3}x$
i) $y = -1{,}5x^2 - 6x - 7{,}5$

14. Die quadratische Funktion hat die Funktionsgleichung

a) $y = -x^2 + 2x + 1$; **b)** $y = \frac{1}{4}x^2 - x + 2$; **c)** $y = \frac{3}{2}x^2 + \frac{x}{2}$.

Bestimme die Koordinaten des Scheitelpunktes des Graphen.
Welche der folgenden Punkte liegen auf dem Graphen?
$P_1(0|1)$; $P_2(0|2)$; $P_3(1|2)$; $P_4(2|1)$; $P_5(-2|5)$; $P_6(0|0)$

15. Die quadratische Funktion hat die Gleichung $y = (x + 2)^2$.
Mit welchem Faktor muss man den Graphen der Funktion in Richtung der y-Achse strecken, damit der Graph der neuen Funktion die y-Achse im Punkt $P(0|1)$ schneidet?
Notiere die Gleichung dieser Funktion.

NULLSTELLEN VON QUADRATISCHEN FUNKTIONEN

Einstieg

Rechts siehst du ein Wasserbecken. Aus einer Düse in Höhe der Wasseroberfläche tritt ein Wasserstrahl aus. Der Wasserstrahl lässt sich als Graph einer quadratischen Funktion mit der Gleichung $y = -1{,}2\,x^2 + 2{,}4\,x$ beschreiben.

→ Skizziere den Graphen.
Welche Bedeutung hat der Nullpunkt, welche die x-Achse?

→ An welcher Stelle tritt der Wasserstrahl wieder in die Wasserfläche ein?

Aufgabe

1. Gegeben ist die quadratische Funktion mit $y = x^2 - 4x + 3$.
Bestimme zeichnerisch und rechnerisch die Koordinaten der gemeinsamen Punkte (Schnittpunkte; Berührungspunkte) von Graph und x-Achse.

Lösung

(1) *Zeichnerische Lösung*

Um den Graphen mit einer Schablone zu zeichnen, bringen wir die Gleichung auf Scheitelpunktform:

$y = x^2 - 4x + 3$
$y = x^2 - 4x + 2^2 - 2^2 + 3$
$y = (x - 2)^2 - 1$
$S(2\,|-1)$ ist Scheitelpunkt der Parabel.

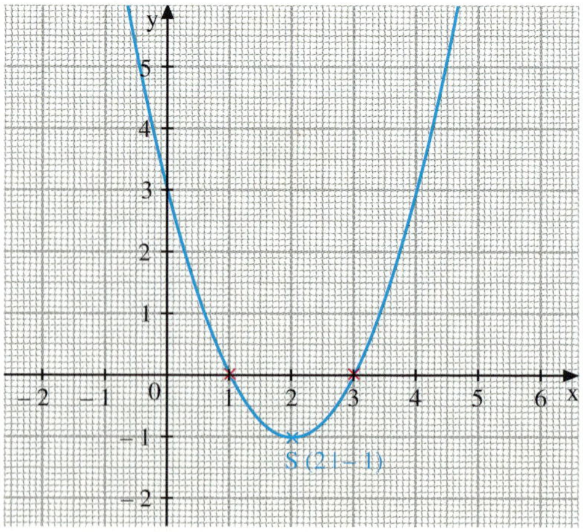

Am Graphen lesen wir die Koordinaten der Schnittpunkte mit der x-Achse ab:
$N_1(1\,|\,0)$ und $N_2(3\,|\,0)$.

(2) *Rechnerische Lösung*

Wir bestimmen die gemeinsamen Punkte von Graph und x-Achse nun auch rechnerisch. An den Stellen, an denen die Parabel und die x-Achse gemeinsame Punkte haben, besitzt die Funktion den Funktionswert 0. Wir suchen also die Stellen x, für die y null ist ($y = 0$).

$x^2 - 4x + 3 = 0$
$x = 3$ *oder* $x = 1$
$L = \{1; 3\}$

An den Stellen 1 und 3 nimmt die Funktion den Wert 0 an.
Solche Stellen heißen *Nullstellen* der Funktion.
Die gemeinsamen Punkte von Graph und x-Achse lauten: $N_1(1\,|\,0)$ und $N_2(3\,|\,0)$

Zum Festigen und Weiterarbeiten

2. a) Zeichne jeweils den Graphen der Funktion; zeichne auch die Symmetrieachse ein.
(1) $y = x^2 + 4x - 1$ (2) $y = x^2 + 6x + 9$ (3) $y = x^2 - 2x + 3$
Bestimme jeweils die Nullstellen und vergleiche die Anzahl der Nullstellen.

b) Wie viele Nullstellen kann eine quadratische Funktion haben?
Begründe deine Vermutung.

3. Zeichne den Graphen der linearen Funktion. Lies die Stelle ab, an der der Graph die x-Achse schneidet.
Berechne diese Stelle auch mithilfe der Funktionsgleichung.

0 für y eingesetzt in
$y = 2x - 3$:
$0 = 2x - 3 \quad | +3$
$3 = 2x \quad | :2$
$1{,}5 = x$
Ergebnis: Die Gerade schneidet die x-Achse an der Stelle $x_0 = 1{,}5$.

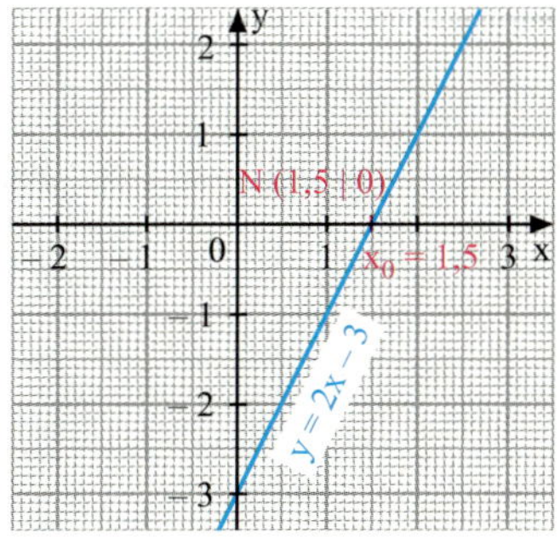

a) $y = 5 - 2x$
b) $y = -6x + 10$
c) $y = \frac{2}{3}x - 6$
d) $y = 0{,}8x - 4$
e) $y = -1{,}5x - 1$
f) $4y - 3x = 1$
g) $4x - 5y = 3$
h) $3y - 3 = 2x$

Information

Eine Stelle x, an der eine Funktion den Wert 0 annimmt, heißt **Nullstelle** der Funktion.
An den Nullstellen der Funktion schneidet oder berührt ihr Graph die x-Achse.

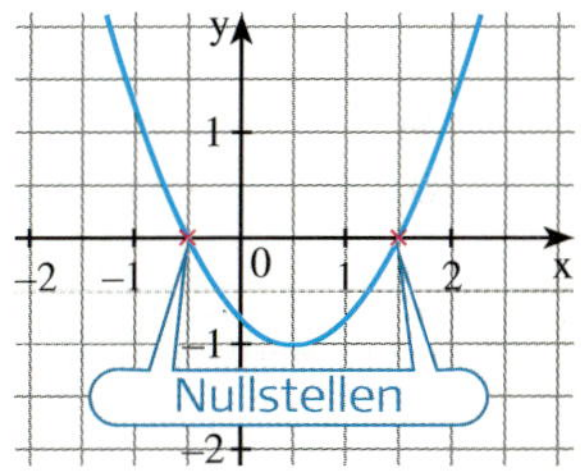

(1) Nullstellen einer quadratischen Funktion

Die Nullstellen der quadratischen Funktion mit $y = x^2 + px + q$ sind die Lösungen der quadratischen Gleichung $x^2 + px + q = 0$.
Eine quadratische Funktion kann zwei, eine oder keine Nullstelle haben.

(2) Nullstellen einer linearen Funktion

Die Nullstelle einer linearen Funktion mit der Gleichung $y = mx + b \ (m \neq 0)$ ist die Lösung der linearen Gleichung $mx + b = 0$.
An dieser Stelle hat die Gerade einen Schnittpunkt mit der x-Achse.
Eine lineare Funktion $(m \neq 0)$ hat genau eine Nullstelle.

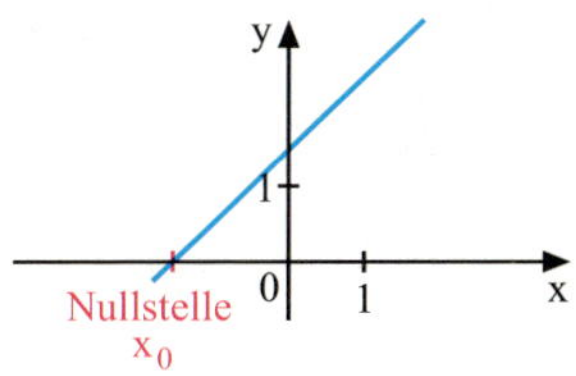

Übungen

4. Die quadratische Funktion hat die Gleichung:
a) $y = x^2 - 4x + 3$ **b)** $y = x^2 + x + \frac{1}{2}$ **c)** $y = x^2 + 4x + 4$
(1) Zeichne den Graphen und auch dessen Symmetrieachse.
(2) Lies aus der Zeichnung die gemeinsamen Punkte des Graphen mit der x-Achse ab. Wie liegen diese Punkte bezüglich der Symmetrieachse?
(3) Berechne die Nullstellen der Funktion und vergleiche das Ergebnis mit (2).

5. Bestimme zeichnerisch und rechnerisch mögliche Nullstellen der quadratischen Funktion mit der angegebenen Gleichung.
a) $y = x^2 - 4$
b) $y = x^2 + 1$
c) $y = x^2 - 4x$
d) $y = x^2 + 2x$
e) $y = x^2 + 2x + 1$
f) $y = x^2 + 6x + 15$
g) $y = x^2 + 2x + 6$
h) $y = x^2 - 4x + 1$

▲ **6.** Die quadratische Funktion hat die Gleichung $y = x^2 + 8x + q$.
Gib für q eine Zahl an, sodass die Funktion
a) zwei Nullstellen, **b)** genau eine Nullstelle, **c)** keine Nullstelle hat.

7. Wird aus einem Flugzeug in der Höhe h (in m) mit der Geschwindigkeit v (in $\frac{m}{s}$) ein Gegenstand abgeworfen, so bewegt er sich näherungsweise auf einer Parabel mit der Gleichung

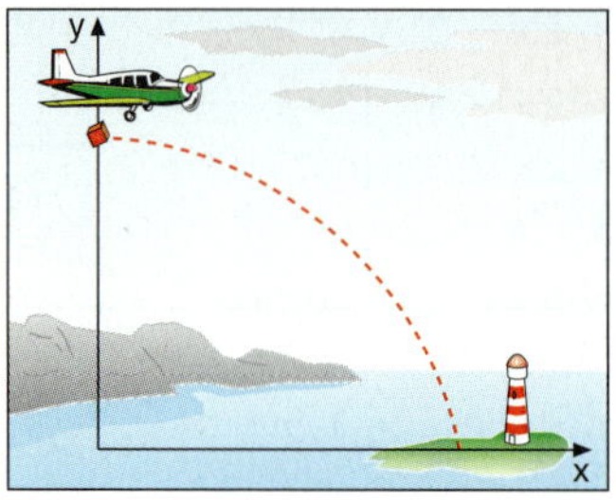

$y = -\frac{5}{v^2}\,x^2 + h.$

Dabei bezeichnet y die Höhe des Körpers und x die Entfernung von der Abwurfstelle.

a) Ein Flugzeug fliegt mit der Geschwindigkeit $6\,\frac{m}{s}$ und wirft in einer Höhe von 400 m ein Versorgungspaket ab.
In welcher Entfernung von der Abwurfstelle landet das Paket?

b) Löse Teilaufgabe a) für eine doppelt so große (1) Höhe; (2) Geschwindigkeit.
Was stellst du fest?

8. Errechne die Nullstelle der Funktion. Kontrolliere das Ergebnis zeichnerisch.

a) $y = 0{,}8x - 4$ **c)** $y = \frac{2}{7}x - 1$ **e)** $2y + 2{,}6x = 9{,}1$ **g)** $4y = 3$ **i)** $4y - 3x = 1$

b) $y = -1{,}5x - 1$ **d)** $y = -\frac{3}{4}x + 5$ **f)** $x = 2y - 5$ **h)** $4y = 3x$ **j)** $4x - 5y = 3$

9. Ein Tankwagen von 20 m^3 Fassungsvermögen liefert Öl. In 10 Minuten können 3 000 Liter abgepumpt werden.

a) Erstelle für die Funktion
Laufzeit x der Pumpen (in min)
→ Restvolumen y (in l)
eine Wertetabelle.
Gib auch die Funktionsgleichung an.

b) Zeichne den Graphen und lies ab, wann der Tankwagen entladen ist.

c) Errechne mithilfe der Funktionsgleichung die Zeitdauer für das Entladen.

10. Der Brenner eines Fondues fasst 200 ml Brennspiritus. In einer Minute verbrennen 2,5 ml.

a) Gib die Funktionsgleichung an für die Funktion
Brenndauer x (in min) → Spiritusvorrat y (in ml).

b) Beschreibe den Verlauf des Graphen dieser Funktion.

c) Wie lange dauert es (bei gleich bleibender Flamme), bis der Brenner erlischt? Erläutere.
Zeichne und rechne.

11. Die Funktionsgleichung für lineare Funktionen lautet $y = mx + n$.
Gib die Bedingungen für m und n an, wenn die Funktion
(1) die Nullstelle bei $x = 0$, (2) eine Nullstelle bei $x \neq 0$, (3) keine Nullstelle hat.

ANWENDEN QUADRATISCHER FUNKTIONEN

Einstieg

Katharina will mit 7 m Maschendraht zwischen der Garagenwand und dem Zaun zum Nachbargrundstück einen rechteckigen Auslauf für ihr Kaninchen abgrenzen.
Der Auslauf soll möglichst groß sein.

→ Welche Abmessungen sollte Katharina wählen?

Aufgabe

1. Katharinas Bruder schlägt vor, den Auslauf (siehe Einstieg) nicht am Bretterzaun, sondern nur an der Garagenwand zu errichten.
Bestimme für diesen Vorschlag die günstigsten Abmessungen.

Lösung

(1) *Aufstellen der Funktionsgleichung*

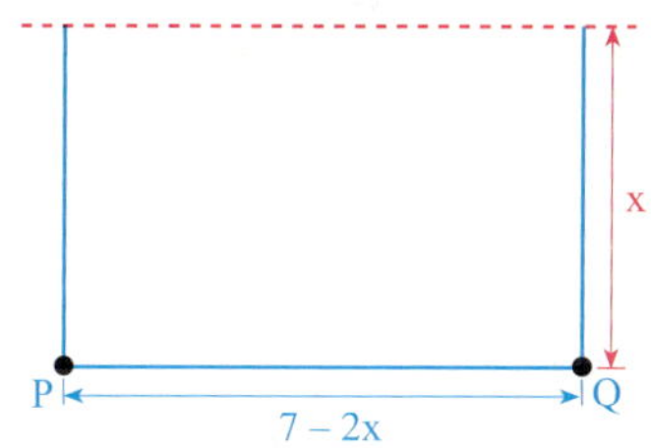

Abstand eines Pfostens von der Wand (in m):	x
Abstand der beiden Pfosten (in m):	$7-2x$
Größe des Auslaufs (in m^2):	$x(7-2x)$
Einschränkende Bedingung:	$0 < x < 3{,}5$

Die einschränkende Bedingung ergibt sich aus folgender Überlegung: $2x$, also die Summe der Abstände der beiden Pfosten von der Wand, muss kleiner sein als die Gesamtlänge (7 m) des Zaunes, also $x < 3{,}5$. Nur so bleibt etwas für die Breite des Auslaufs übrig.
Wir suchen denjenigen Abstand x eines Pfostens von der Wand, für den der Flächeninhalt $x(7-2x)$ des Auslaufs den größten Wert annimmt.
Dazu legen wir eine Wertetabelle an und zeichnen den Graphen der Funktion mit $y = x(7-2x)$ im Bereich $0 < x < 3{,}5$.

(2) *Bestimmen des größten Wertes*

x	**x · (7 – 2x)**
0,5	3,0
1,0	5,0
1,5	6,0
2,0	6,0
2,5	5,0
3,0	3,0

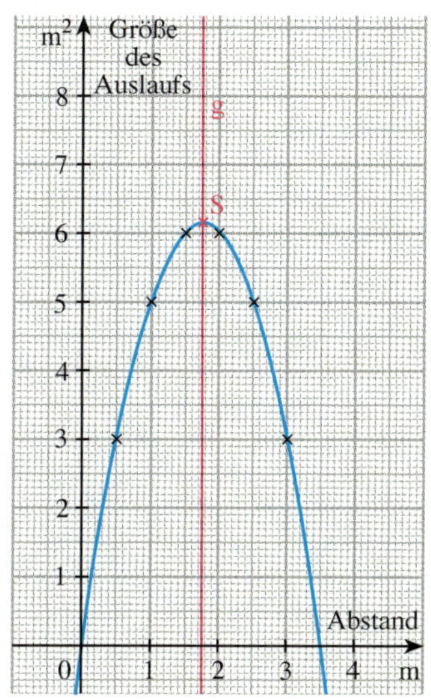

Aus der Zeichnung lesen wir ab:
Der größte Wert ist etwa 6,1.
Er wird zwischen 1,7 und 1,8 angenommen.

Wir können diese Stelle auch genau bestimmen:
Die Parabel ist symmetrisch zu der Parallelen g zur y-Achse durch den Scheitelpunkt S.
Daher liegen auch die Schnittpunkte von Parabel und x-Achse symmetrisch zur Geraden g.

(3) *Rückschluss auf den günstigsten Abstand*

Wir bestimmen die Nullstellen der Funktion $y = x(7 - 2x)$:

$x(7 - 2x) = 0$
$x = 0$ *oder* $7 - 2x = 0$
$x = 0$ *oder* $-2x = -7$
$x = 0$ *oder* $x = 3{,}5$

Die gesuchte Stelle liegt in der Mitte zwischen den Nullstellen 0 und 3,5; also bei 1,75.

Ergebnis: Der größtmögliche Auslauf ergibt sich, wenn die Pfosten P und Q je 1,75 m von der Garagenwand entfernt gesetzt werden.

Zum Festigen und Weiterarbeiten

2. Löse die Aufgabe 1 mithilfe der Scheitelpunktform der Funktionsgleichung. Vergleiche und bewerte die Lösungswege.

Übungen

3. Ein 18 cm langer Draht soll zu einem Rechteck gebogen werden.
Für welche Seitenlänge x ist der Flächeninhalt

a) am größten (wie groß);

b) $4{,}25\ \text{cm}^2$ groß;

c) mindestens $11{,}25\ \text{cm}^2$ groß?

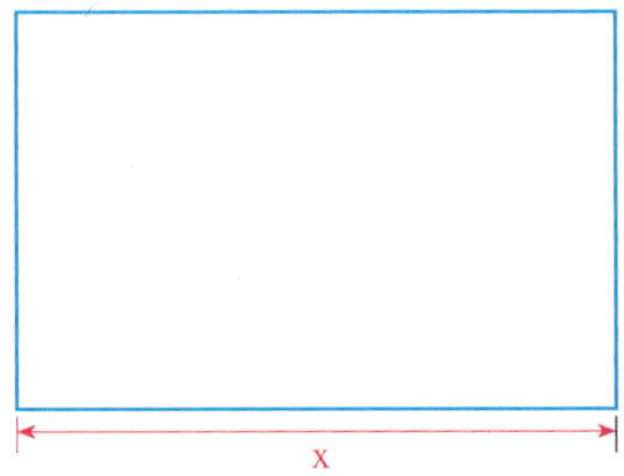

4. Einem Rechteck mit den Seitenlängen 8 cm und 5 cm wird ein Parallelogramm P einbeschrieben, indem man von jedem Eckpunkt des Rechtecks aus im Uhrzeigersinn eine gleich lange Strecke abträgt.
Bestimme das Parallelogramm mit dem kleinsten Flächeninhalt.
Anleitung: Stelle einen Term für den Flächeninhalt des Parallelogramms auf, indem du von dem Flächeninhalt des Rechtecks die Flächeninhalte von vier Dreiecken subtrahierst.

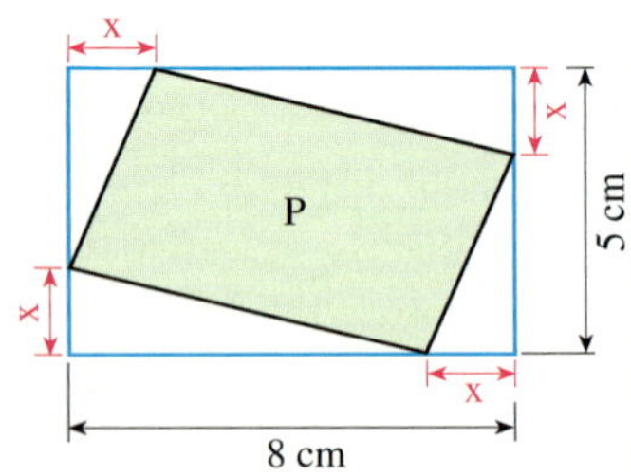

5. Einem Quadrat der Seitenlänge a wird ein neues Quadrat einbeschrieben, indem man von jedem Eckpunkt des äußeren Quadrats aus im Uhrzeigersinn eine Strecke gleicher Länge abträgt.
Bestimme das einbeschriebene Quadrat mit dem kleinsten Flächeninhalt.

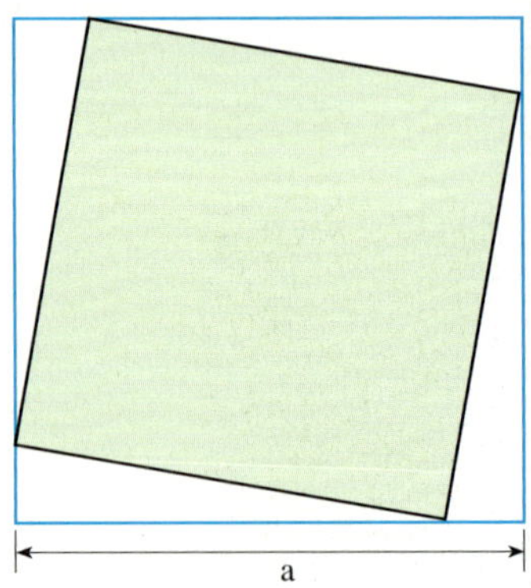

6. Für welche Zahl ist das folgende Produkt am kleinsten?

a) Produkt aus der Zahl und der um 8 vergrößerten Zahl

b) Produkt aus der um 6 verkleinerten Zahl und dem Dreifachen der ursprünglichen Zahl

c) Produkt aus der Zahl und dem Doppelten der Zahl vermindert um 1

VERMISCHTE UND KOMPLEXE ÜBUNGEN

1. Gegeben sind die quadratischen Funktionen:
(1) $y = x^2 + 4x - 5$ (2) $y = x^2 - 4x + 9$ (3) $y = x^2 + 3x + \frac{9}{4}$

a) In welchem Bereich verläuft die zugehörige Parabel oberhalb der x-Achse?

b) In welchem Bereich verläuft die zugehörige Parabel unterhalb der x-Achse?

c) In welchem Bereich fällt die Parabel, in welchem steigt sie?

d) In welchem Bereich liegt die Parabel zwischen den beiden Parallelen im Abstand von 1 Einheit von der x-Achse?

2. In welchem Bereich verläuft die Parabel zur Funktion mit $y = x^2 + 2x + 3$ oberhalb des Graphen zur Funktion mit

a) $y = -x + 3$; **b)** $y = 2x - 1$; **c)** $y = x^2 - 4x + 3$?

3. Zeichne mithilfe einer Parabelschablone die Graphen. Bestimme auch mögliche Nullstellen und den Scheitelpunkt.

a) (1) $y = (x + 1)^2$ (2) $y = x^2 + 1$ (3) $y = (x + 1)^2 - 4$ △ (4) $y = -(x + 1)^2 + 4$

b) (1) $y = (x - 2)^2$ (2) $y = x^2 - 2$ (3 $y = (x - 2)^2 + 3$ △ (4) $y = -(x - 2)^2 - 3$

4. Von einem 40 m hohen Turm wird ein Stein mit der Anfangsgeschwindigkeit $v_0 = 20\,\frac{m}{s}$ senkrecht nach oben geworfen. Für die Höhe h (in m) über dem Boden, die der Stein zum Zeitpunkt t (in s) erreicht, gilt die Näherungsformel $h = 40 + 20t - 5t^2$.

a) Welche Höhe über dem Boden erreicht der Stein nach 1 Sekunde?

b) Wie lange dauert es, bis der Stein am Boden ist?

c) Welche Höhe erreicht der Stein maximal?
Welche Zeit benötigt er dazu?

5. Die Normalparabel wird in der angegebenen Reihenfolge verschoben

a) um 1,5 Einheiten in Richtung der x-Achse nach rechts, dann um 0,5 Einheiten in Richtung der y-Achse nach unten;

b) um 2 Einheiten in Richtung der x-Achse nach links, dann um 1,8 Einheiten in Richtung der y-Achse nach oben;

c) um 3 Einheiten in Richtung der x-Achse nach rechts, dann um 1 Einheit in Richtung der y-Achse nach oben;

d) um 2,5 Einheiten in Richtung der x-Achse nach links, dann um 1,5 Einheiten in Richtung der y-Achse nach unten.

Wie lautet die Funktionsgleichung der zugehörigen quadratischen Funktion?
Gib auch den Scheitelpunkt an.

6. Ein Elektronik-Versand verkauft monatlich 600 Digital-Multimeter zu einem Stückpreis von 50 €. Die Marketingabteilung hat herausgefunden, dass eine Preissenkung zu einer dazu proportionalen Absatzerhöhung führen würde, und zwar je 1 € Preissenkung 20 mehr verkaufte Digital-Multimeter.
Bestimme den Preis, der die maximalen Einnahmen ergibt.

7. Gegeben sind eine quadratische Funktion mit der Gleichung $y = x^2 + 5x - 3$ und eine lineare Funktion mit $y = x - 3$.
Berechne die Koordinaten der Schnittpunkte der Graphen beider Funktionen.
Wie weit sind die Schnittpunkte voneinander entfernt?

8. Die Gerade g hat die Gleichung $y = -x + 5$, die Gerade h geht durch den Punkt $P(6|3)$ mit der Steigung $m = \frac{1}{3}$. Der Schnittpunkt S der beiden Geraden ist der Scheitelpunkt einer verschobenen Normalparabel.
Bestimme die Gleichung der zugehörigen quadratischen Funktion.

9. Zeichne den Graphen der quadratischen Funktion mit $y = -\frac{1}{3}x^2 + 3$. Die Parabel schneidet die Koordinatenachsen in drei Punkten, die ein Dreieck bestimmen.
Berechne den Flächeninhalt und den Umfang des Dreiecks.

10. Eine Gerade h_1 hat die Gleichung $y = -3x + 6$. Eine weitere Gerade h_2 hat die Steigung $m = \frac{1}{3}$; sie geht außerdem durch den Punkt $B(-3|-5)$. Der Schnittpunkt der beiden Geraden ist der Scheitelpunkt einer nach oben offenen Normalparabel p.
(1) Bestimme die Gleichung der Parabel.
(2) Berechne die weiteren Schnittpunkte der Parabel mit den Geraden.

11. Gegeben ist eine verschobene Normalparabel p_1. Sie hat die Gleichung $y = x^2 - 4x + 5$.
Durch ihren Scheitel verläuft eine Gerade g_1. Diese geht auch durch den Punkt $A(-2|5)$.
Bestimme die Gleichung der Geraden g_1 rechnerisch.
Eine zweite nach oben offene und verschobene Normalparabel p_2 hat ihren Scheitel auf g_1. Für den Scheitel gilt außerdem $S_2(7|y_2)$.
Berechne den Schnittpunkt M der beiden Parabeln.
Durch M verläuft eine zu g_1 parallele senkrechte Gerade g_2.
Bestimme den zweiten Schnittpunkt der Geraden g_2 und der Parabel p_2.

12. Die monatlichen Kosten für einen Internetzugang setzen sich zusammen aus einer Grundgebühr und den Gebühren für jede Nutzungsminute. Jonas muss für 234 Minuten 6,91 €. zahlen. Im Monat zuvor musste er 8,08 € für 312 Onlineminuten zahlen.
Die monatlichen Kosten lassen sich mithilfe einer linearen Funktion beschreiben.
Bestimme die Gleichung dieser Funktion.
Welche Bedeutung haben Steigung m und Achsenabschnitt b?

13. Unten siehst du ein Foto der Müngstener Eisenbahnbrücke über die Wupper. Der untere Brückenbogen hat die Form einer Parabel mit der Spannweite $w = 160$ m und der Höhe $h = 69$ m.
Beschreibe die Parabel durch eine Gleichung der Form $y = ax^2$ mit $a < 0$.
Überlege zunächst, wie du das Koordinatensystem legen musst.

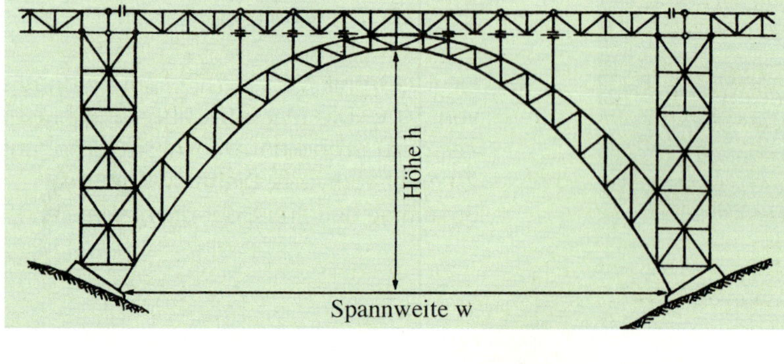

14. Zeichne den Graphen der linearen Funktion und stelle anhand der Zeichnung die Funktionsgleichung auf. Löse die Aufgabe auch rechnerisch.

a) Nullstelle $x_0 = -1$ und $b = 4$
b) $x_0 = 2$ und $b = -3$
c) $x_0 = 3$ und $m = -1$
d) $x_0 = -2{,}5$ und $P(0|6)$ Schnittpunkt mit der y-Achse.

15. Häufig werden Medikamente durch Infusionen direkt in die Blutbahn eingegeben. Bei Karin werden in 1 Stunde 150 ml Infusionsflüssigkeit aus einer 1 000-ml-Flasche zugeführt.

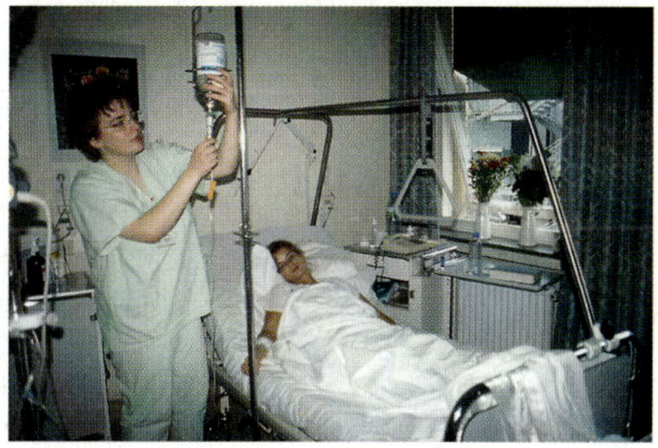

a) Zeichne den Graphen der Funktion *Laufzeit x (in h) → Restvolumen y (in ml)* und gib die Funktionsgleichung an.

b) Berechne, nach welcher Zeit die Infusionsflasche leer ist.

16. Ordne dem Graphen die richtige Funktionsgleichung zu. Begründe deine Entscheidung.

(1) $y = \frac{1}{2}x^2 + 3x - 2$

(2) $y = -x^2 + 5$

(3) $y = -x^2 + 3$

(4) $y = x^2 + x + 2$

(5) $y = -2x^2 + 3$

(6) $y = -2x + 3$

(7) $y = 2x + 3$

(8) $y = 3(x-2)^2 - 6$

(9) $y = (x+3)^2 - 2$

(10) $y = \frac{1}{3}(x-2)^2 - 6$

(11) $y = (x-3)^2 - 2$

(12) $y = -3x + 2$

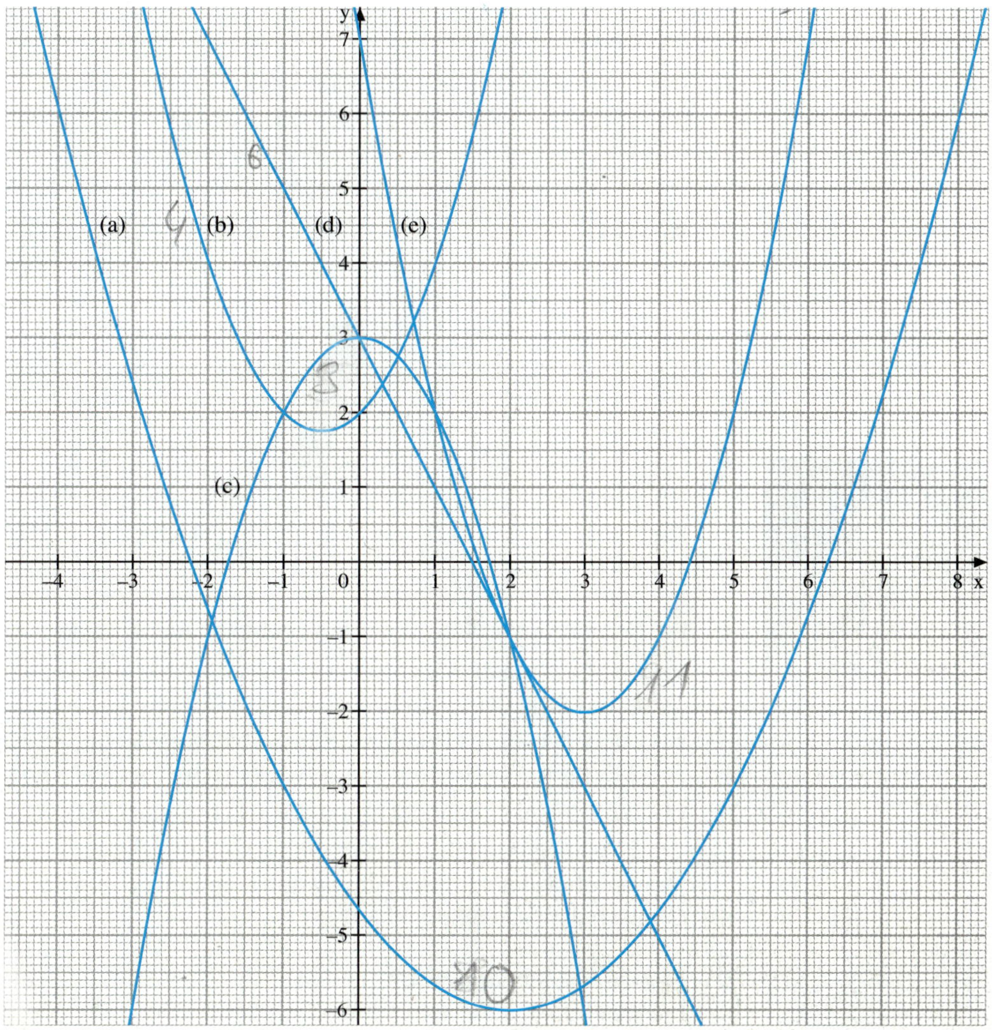

BIST DU FIT?

1. Zeichne mithilfe einer Parabelschablone die Graphen. Berechne die Nullstellen.

a) (1) $y = x^2 + 4$ (2) $y = (x + 1)^2$ (3) $y = (x + 1)^2 - 4$ (4) $y = (x + 1)^2 + 4$

b) (1) $y = x^2 - 2$ (2) $y = (x - 2)^2$ (3) $y = (x - 2)^2 + 3$ (4) $y = (x - 2)^2 - 6$

2. Gegeben ist die quadratische Funktion mit:

a) $y = x^2 + 2x - 8$ **c)** $y = x^2 - 5x + 6{,}25$ **e)** $y = x^2 - 4x - 12$

b) $y = x^2 + 10x + 21$ **d)** $y = x^2 - 10x + 16$ **f)** $y = \frac{1}{3}x^2 + 2x - 9$

(1) Bestimme die Nullstellen der Funktion.
(2) Ermittle die Koordinaten des Scheitelpunktes S der zugehörigen Parabel.
(3) Welcher Punkt P_1 der Parabel liegt auf der y-Achse?
Welcher Parabelpunkt P_2 hat die gleiche y-Koordinate wie P_1?
(4) Für welche x steigt die Parabel ständig, für welche x fällt sie ständig?

3. Welcher der Punkte $P_1(5|-3)$, $P_2(-2|5)$, $P_3(-1{,}3|1{,}69)$, $P_4(1{,}6|4{,}56)$, $P_5(2{,}4|0{,}36)$ liegt auf welcher Parabel?
(1) $y = x^2$ (2) $y = x^2 + 2$ (3) $y = (x - 3)^2$ (4) $y = x^2 - 6x + 2$ (5) $y = -2x^2 - 5x + 3$

4. Der Graph gehört zu einer quadratischen Funktion. Gib die Funktionsgleichung an.

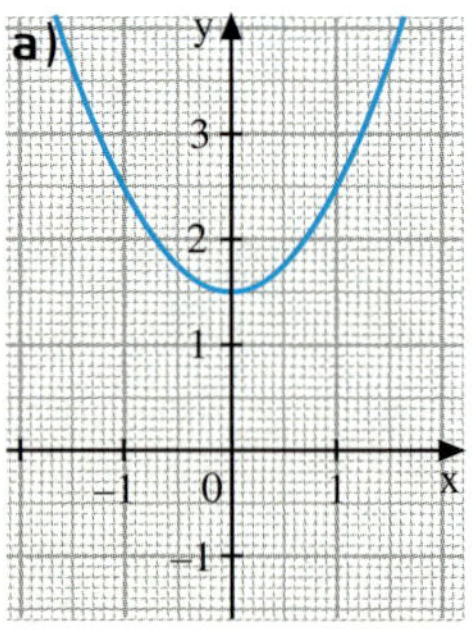

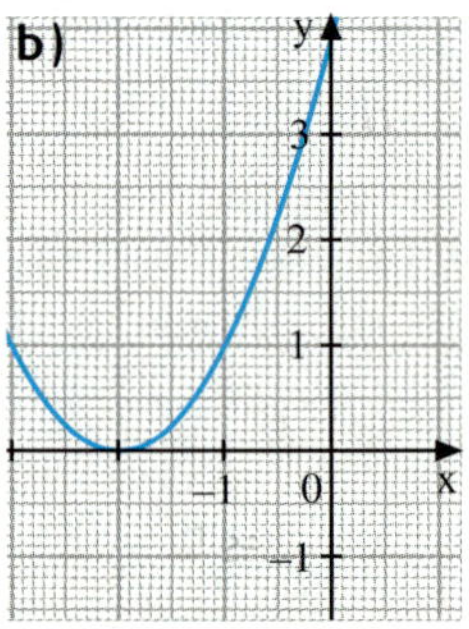

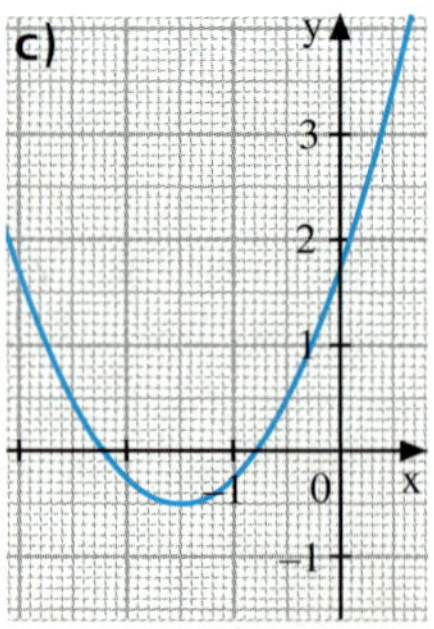

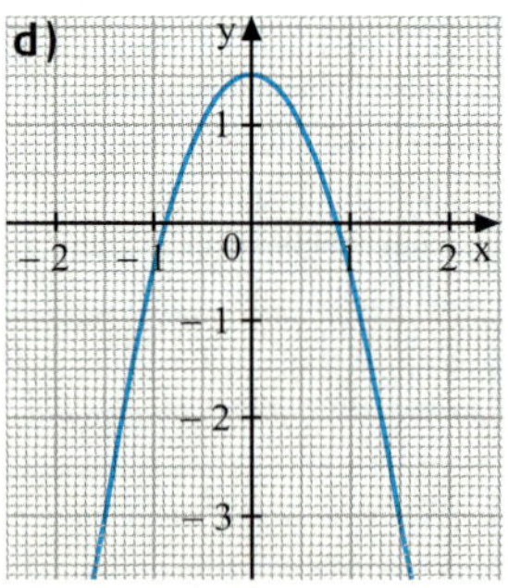

5. Bei der Herstellung von Giebelfenstern für ein Dachgeschoss ist eine Glasplatte in Form eines rechtwinkligen Dreiecks mit den Kathetenlängen 80 cm und 120 cm übrig geblieben. Bestimme das Rechteck mit dem größten Flächeninhalt, das sich aus dem Dreieck ausschneiden lässt.

6. Die Normalparabel wird in der angegebenen Reihenfolge

a) um 2 Einheiten in Richtung der x-Achse nach links verschoben und um 1,8 Einheiten in Richtung der y-Achse nach oben verschoben;

b) mit dem Faktor 3 in Richtung der y-Achse gestreckt, an der x-Achse gespiegelt und um 2 Einheiten in Richtung der y-Achse nach unten verschoben;

c) um 2,5 Einheiten in Richtung der x-Achse nach links verschoben, mit dem Faktor 0,4 gestaucht und um 1,5 Einheiten in Richtung der y-Achse verschoben.

Wie lautet die Funktionsgleichung der zugehörigen quadratischen Funktion?
Gib auch den Scheitelpunkt an.

7. Gegeben ist ein Viereck ABCD mit $A(-2|-1)$, $B(4|2)$, $C(3|4)$ und $D(-3|1)$.
Um was für ein Viereck handelt es sich? Begründe.

TAB

IM BLICKPUNKT: LÄNGER ALS MAN DENKT: DER ANHALTEWEG

Zu hohe und den Straßenverhältnissen nicht angepasste Geschwindigkeit ist die häufigste Unfallursache im Straßenverkehr.
„Ich habe das andere Fahrzeug zu spät gesehen und konnte nicht mehr rechtzeitig bremsen", heißt es oft von den Beteiligten an einem Unfall.
In diesem Blickpunkt erfahrt ihr mehr über Reagieren, Bremsen und Anhalten.

1. Vom Erkennen einer Gefahr bis zum Niedertreten des Bremspedals vergeht bei einem aufmerksamen Fahrer etwa eine Sekunde, die so genannte *Schrecksekunde*. In dieser Zeit fährt das Fahrzeug ungebremst weiter. Den Weg, den ein Fahrzeug in der Schrecksekunde zurücklegt, nennt man **Reaktionsweg**.

a) Erstelle mit einem Kalkulationsprogramm eine Tabelle für die Zuordnung *Geschwindigkeit (in $\frac{km}{h}$) →* *Länge des Reaktionsweges (in m)* für Geschwindigkeiten bis 150 $\frac{km}{h}$. Rechne zunächst die Geschwindigkeitsangabe $\frac{km}{h}$ in die Einheit $\frac{m}{s}$ um. Bestimme dann aus der Geschwindigkeit in $\frac{m}{s}$ die Länge des Reaktionsweges.

	A	B	C
1	**Länge des Reaktionsweges (in m)**		
2			
3	Geschwindigkeit		Reaktionsweg (in m)
4	(in km/h)	(in m/s)	
5	0	0,0	0,0
6	10	2,8	2,8
7	20	5,6	5,6
8	30	8,3	8,3
9	40	11,1	11,1
10	50	13,9	13,9

b) Wie ändert sich die Länge des Reaktionsweges, wenn die Geschwindigkeit (1) verdoppelt, (2) verdreifacht wird.

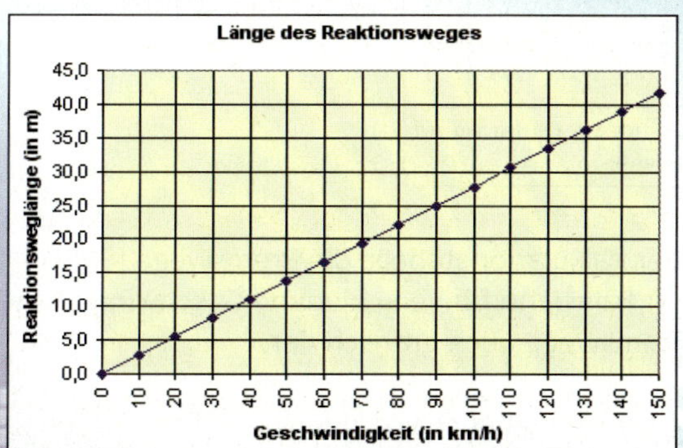

c) Erzeuge mit deinem Kalkulationsprogramm den Graphen der Zuordnung. Welche Art von Zuordnung liegt vor? Begründe mithilfe der Tabelle und anhand des Graphen.

2. Die Dauer der so genannten Schrecksekunde ist je nach Verkehrssituation und Aufmerksamkeit des Fahrers unterschiedlich lang. Bei einer müden Person ist die Reaktionszeit z. B. wesentlich länger als bei einem bremsbereiten Fahrer.
Ergänze die Tabelle aus Aufgabe 1. Berechne auch die Länge des Reaktionsweges für eine Reaktionszeit von 0,8 s und 1,2 s. Erzeuge alle drei Graphen. Vergleiche.

Vom Niedertreten des Bremspedals bis zum Stillstand legt ein Fahrzeug einen bestimmten Weg zurück. Dieser Weg wird **Bremsweg** genannt.
Die Länge des Bremsweges lässt sich ungefähr mit folgender Formel berechnen:

Verzögerungswerte	
1,0	Pkw auf vereister Fahrbahn
2,0	Pkw auf schneebedeckter Fahrbahn
5,0	Pkw auf nasser Fahrbahn
8,0	Pkw auf trockener Fahrbahn
3,5	Lkw (beladen) auf trockener Fahrbahn
4,5	Lkw (leer) auf nasser Fahrbahn
5,0	Lkw (leer) auf trockener Fahrbahn
10,0	Motorrad auf trockener Fahrbahn
3,5	Fahrrad auf trockener Fahrbahn

$s_R = \frac{v^2}{2 \cdot a}$ (v Geschwindigkeit in $\frac{m}{s}$).

Der Faktor a im Nenner wird *Verzögerungswert* genannt.
Er hängt vom Fahrzeug und der Fahrbahnbeschaffenheit ab.
Die Tabelle links zeigt einige Werte.

3. a) Erstelle mit einem Kalkulationsprogramm für einen Pkw und verschiedene Fahrbahneigenschaften eine Tabelle für die Zuordnung *Geschwindigkeit (in $\frac{km}{h}$) → Länge des Bremsweges (in m).* Wähle Geschwindigkeiten bis 150 $\frac{km}{h}$.

	A	B	C	D	E
1	Länge des Bremsweges (in m)				
2					
3	Geschwindigkeit		Verzögerungswert		
4	in km/h	in m/s	8,0	5,0	3,5
5	0	0,0	0,0	0,0	0,0
6	10	2,8	0,5	0,8	1,1
7	20	5,6	1,9	3,1	4,4
8	30	8,3	4,3	6,9	9,9
9	40	11,1	7,7	12,3	17,6
10	50	13,9	12,1	19,3	27,6

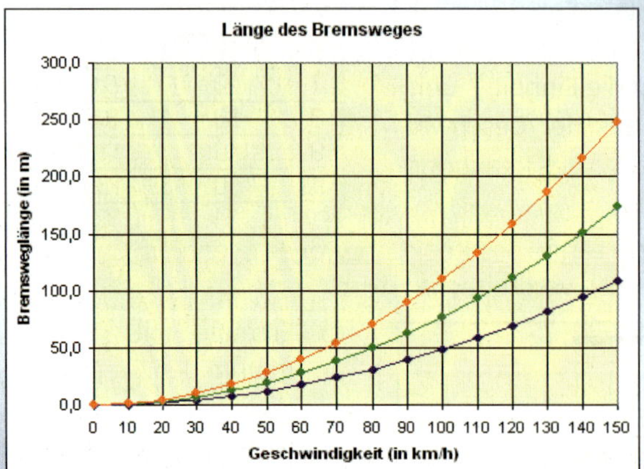

b) Vergleiche die Länge des Bremsweges für eine Geschwindigkeit von 30 $\frac{km}{h}$, 50 $\frac{km}{h}$, 100 $\frac{km}{h}$, 120 $\frac{km}{h}$ und 150 $\frac{km}{h}$.

c) Wie ändert sich die Länge des Bremsweges, wenn die Geschwindigkeit (1) verdoppelt, (2) verdreifacht wird?

d) Lass auch die Graphen der Zuordnung zeichnen.
Vergleiche.

4. Vergleiche mithilfe einer Kalkulationstabelle die Bremswege für Pkw, Lkw (unbeladen) und Motorrad auf trockener Fahrbahn für verschiedene Geschwindigkeiten.
Stelle die Länge der Bremswege auch grafisch dar.

5. Die Länge des Bremsweges hängt auch von der Qualität der Reifen und dem richtigen Reifendruck ab. Abgefahrene Reifen oder falscher Reifendruck verlängern den Bremsweg. Untersuche die Verlängerung des Bremsweges für einen Pkw auf trockener Fahrbahn. Gehe von einer Abnahme des Verzögerungswertes um 1,0 beziehungsweise 2,0 aus. Erstelle eine Tabelle und erzeuge den Graphen.

Der Weg vom Erkennen einer Gefahr bis zum Stillstand des Fahrzeugs wird **Anhalteweg** genannt. Die Länge des Anhalteweges ist die Summe aus der Länge des Reaktionsweges und der Länge des Bremsweges.

6. **a)** Erstelle eine Kalkulationstabelle und vergleiche die Länge von Reaktionsweg, Bremsweg und Anhalteweg für verschiedene Geschwindigkeiten.

b) Gestalte die Tabelle so, dass du verschiedene Werte für die Reaktionszeit und den Verzögerungswert eingeben kannst.

	A	B	C	D	E
1	**Länge des Anhalteweges (in m)**				
2					
3				Reaktionszeit (in s):	1,0
4				Verzögerungswert:	8,0
5					
6	Geschwindigkeit		Reaktionsweg	Bremsweg	Anhalteweg
7	in km/h	in m/s	in m	in m	in m
8	0	0,0	0,0	0,0	0,0
9	10	2,8	2,8	0,5	3,3
10	20	5,6	5,6	1,9	7,5
11	30	8,3	8,3	4,3	12,7
12	40	11,1	11,1	7,7	18,8
13	50	13,9	13,9	12,1	25,9

c) Stelle die Graphen für Reaktionsweg, Bremsweg und Anhalteweg in einem gemeinsamen Diagramm dar.
Vergleiche die Graphen.

7. Untersuche die Auswirkung verschiedener Fahrbahneigenschaften auf die Länge des Anhalteweges eines Pkw. Wähle als Reaktionszeit 1 Sekunde und entnimm die Daten für die Verzögerungswerte der Tabelle.

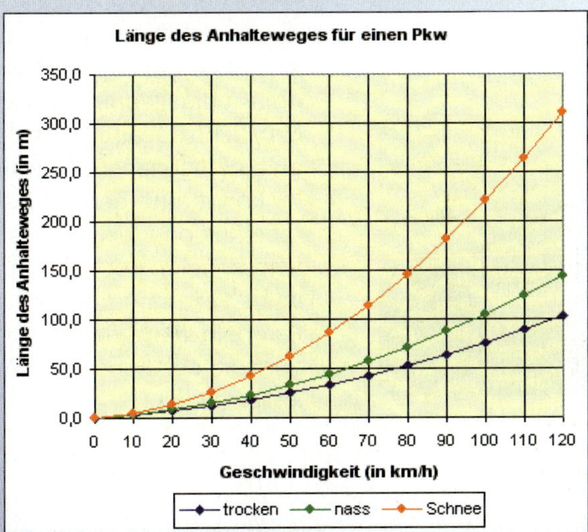

a) Gestalte ein Tabellenblatt für verschiedene Geschwindigkeiten und stelle die Ergebnisse grafisch dar.

b) Bei Nebel oder Regen ist die Sichtweite oft stark eingeschränkt. Lies aus dem Graphen aus Teilaufgabe a) die Höchstgeschwindigkeit ab, mit der ein Pkw fahren darf, um bei einer Sichtweite von 50 m noch rechtzeitig vor einem Hindernis anhalten zu können.

c) Mit welcher Geschwindigkeit darf ein Pkw höchstens fahren, um bei Regen und einer Sichtweite von 80 m noch rechtzeitig vor einem Hindernis anhalten zu können?

8. **a)** Gestalte eine Tabelle und berechne den Anhalteweg eines Fahrrades auf trockener Fahrbahn. Wähle geeignete Geschwindigkeiten und gehe von einer Reaktionszeit von 1 Sekunde aus.

b) Vergleiche die Anhaltewege für Pkw und Fahrrad auf trockener Fahrbahn.

c) Bestimme für eine Geschwindigkeit von $20\,\frac{\text{km}}{\text{h}}$ den Sicherheitsabstand eines Fahrrades zu einem mit gleicher Geschwindigkeit vorausfahrenden Pkw. Berücksichtige, dass der Fahrradfahrer erst auf das Aufleuchten der Bremslichter reagiert.

PROJEKT: QUADRATISCH, PARABLISCH!

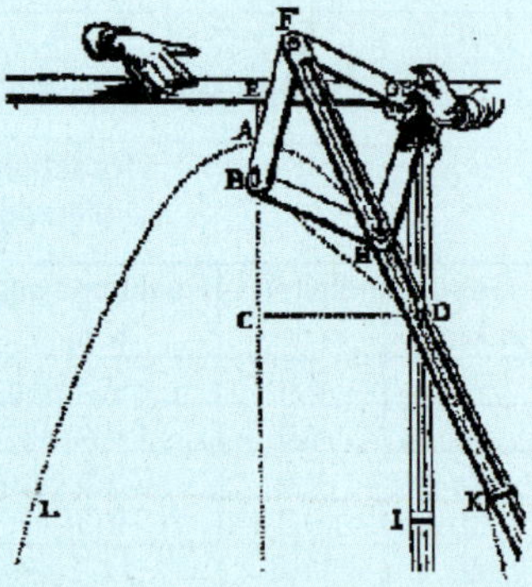

Vorschlag 1: Parabelkonstruktion

Parabeln habt ihr bisher nur mithilfe einer Funktionsgleichung gezeichnet. Es geht aber auch ganz anders. Versucht herauszufinden, wie man Parabeln konstruieren kann.
Wie kann man ein Parabelzeichengerät bauen?
Auch lassen sich mit einem Dynamischen Geometriesystem Parabeln erzeugen.
Wisst ihr eigentlich, woher der Begriff *Parabel* kommt?

Vorschlag 2: Parabeln in der Umwelt

Parabeln gibt es nicht nur in der Mathematik, sondern auch in eurer Umwelt. Stellt euch nur die vielen Springbrunnen vor. Wie bewegt sich denn der Wasserstrahl? Auch die Leute beim Brückenbauamt haben mit Parabeln zu tun. Und in der Kunst und Architektur werden auch gerne Parabeln als Objekte verwendet.
Findet eigene Beispiele, untersucht diese auf die Parabeleigenschaften und stellt die Funktionsgleichungen auf.

Quadratische Gleichungen und Parabeln habt ihr in diesem Kapitel kennen gelernt. In diesem Projekt soll nun alles, was mit Parabeln und quadratischen Funktionen zu tun hat, aus einem anderen Blickwinkel betrachtet werden. So kann man versuchen herauszubekommen, woher die Parabel ihren Namen hat. Wusstet ihr z. B., dass man eine Parabel auch mechanisch oder geometrisch erzeugen kann? Man kann sogar ein Parabelzeichengerät, einen so genannten *Parabelzirkel* bauen. Ihr könnt auch herausfinden, was ein Parabelflug oder eine Wurfparabel ist.
Selbst beim Kochen sind manche und beim Fernsehen sogar viele Leute auf Parabeln angewiesen. Parabeln können auch in der Kunst und Architektur eine Rolle spielen.

Vorschlag 3: Parabeln und Kunst

Eine andere Möglichkeit, sich mit Parabeln zu beschäftigen, ist die künstlerische Gestaltung. So kannst du aus mehreren Parabeln Drehparabeln, Paraboloide herstellen oder Lampenschirme basteln. Auch ist es möglich, Bilder nur aus Parabeln zu gestalten.

Vorschlag 4:
Paraboloide

Wisst ihr, was Paraboloide sind? Man kann sich in der Umwelt umschauen und feststellen, dass Paraboloide überall vorkommen. Ihr kennt Paraboloide von den Satellitenschüsseln. Bei den Solarkochern wird das Brennpunktprinzip des Paraboloiden zum Kochen verwendet. Auch Solarkraftwerke verwenden manchmal Paraboloide. Paraboloide werden ferner als Reflektoren bei Taschenlampen verwendet. Was ist das Geheimnis dieser Paraboloiden?

Sogar beim Brückenbau findet man Parabeln.
Es wäre schön, wenn ihr eure quadratisch guten Parabelideen in einer kleinen Ausstellung im Schulgebäude zeigen könntet. Ihr könnt natürlich auch die Ergebnisse im Rahmen einer Vortragsrunde vor der Klasse präsentieren. Auch ein kleiner Artikel in der Lokalzeitung über besonders interessante Parabelobjekte oder eine Parabelbrücke in eurer Nähe ist denkbar. Hier hilft vielleicht eure Deutschlehrerin oder euer Deutschlehrer.
Wir haben hier für euch ein paar Ideen und Fragen rund um das Parabelprojekt vorbereitet, die ihr aufgreifen könnt. Im Internet findet ihr das Projekt unter
www.mathematik-heute.de

Vorschlag 5:
Das Fallgesetz

Das Fallgesetz handelt von der Gesetzmäßigkeit, mit der ein Körper zur Erde fällt. Ein berühmter Italiener, Galileo Galilei, hat sich damit in Pisa beschäftigt. Wie wäre es, wenn ihr das Fallgesetz überprüft.
Wie müsst ihr das anstellen?
Wisst ihr, was eine Fallschnur ist?

Vorschlag 6:
Die Wurfparabel

Könnt ihr ein Parabelschussgerät bauen, mit dem ihr Kugeln auf bestimmten Parabeln abschießen könnt. Wie kann man die Wurfweiten berechnen? Habt ihr auch schon einmal etwas vom Parabelflug gehört. Was haben der Parabelflug und die Wurfparabel gemeinsam? Was hat die Schwerelosigkeit mit der Wurfparabel zu tun?

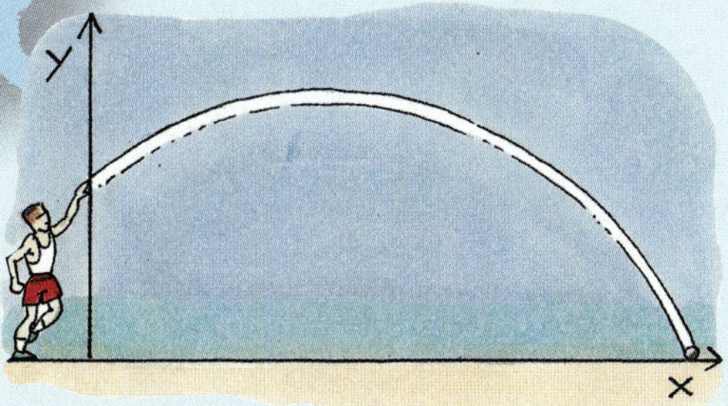

3 Berechnungen an Dreiecken und Vielecken

Ein gewaltiger Eisberg hat sich von der antarktischen Eisdecke gelöst und schwimmt im Südpazifik. Er ist etwa 272 Kilometer lang und 40 Kilometer breit.
Der Eisberg wurde von einem Gletscher abgetrennt. Man sagt, der Gletscher *kalbt:* er stößt Eisschollen ins Meer ab. Da in der Antarktis pro Jahr nur etwa 2,5 Zentimeter Niederschläge fallen, dauert es vermutlich 100 Jahre, bis die Eisfläche nachgewachsen sein wird. Wissenschaftler befürchten, dass sich der Eisberg in die für Schiffe von Eis befreiten Rinnen legen und den Verkehr lahm legen könnte. Klimatologen befürchten, dass der seit längerem beobachtete Schmelzprozess in der Antarktis auf eine globale Erderwärmung zurückzuführen ist.
(nach einer dpa-Meldung vom 25.03.2000)

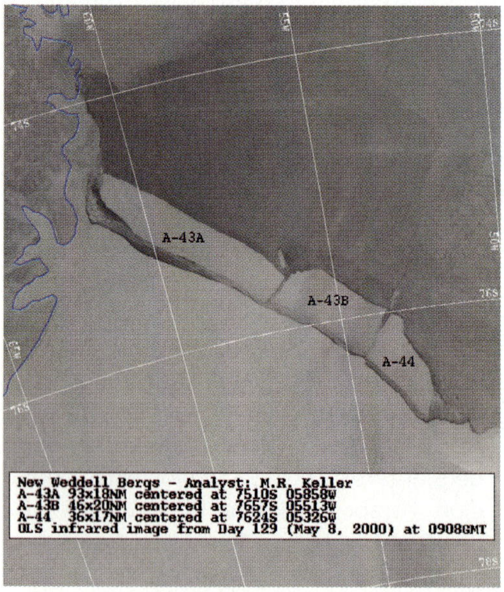

- ➜ Welche Probleme gibt es, die Abmessungen des Eisberges zu bestimmen?
- ➜ Wie groß ist die Fläche des Eisberges? Versuche die Größe durch einen geeigneten Vergleich zu veranschaulichen.

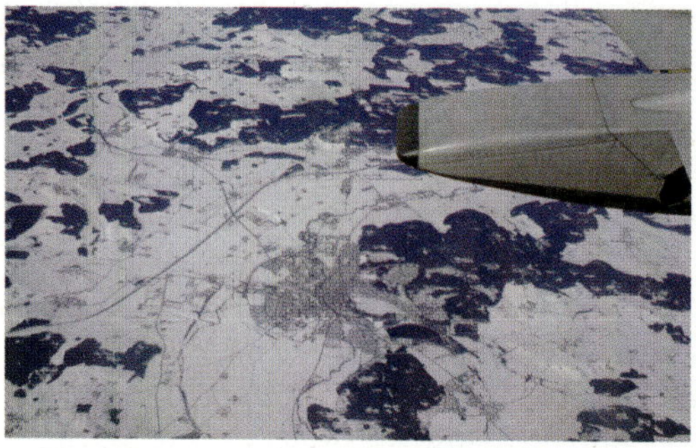

Für Vermessungen riesiger und unwegsamer Gebiete werden Flugzeuge oder Satelliten eingesetzt. Beim Überfliegen der Objekte (Eisberge, Urwälder, Inseln usw.) können über die Winkelmessung die Längen und die Breiten der Flächen festgestellt werden.
Mit Aufnahmen von Satelliten aus ist es heutzutage sogar schon möglich, maßstabgerechte Abbilder von fotografierten Landschaften herzustellen.

In diesem Kapitel lernst du ...

... wie man in beliebigen Dreiecken und Vierecken Längen und Winkel berechnen kann.

BERECHNEN RECHTWINKLIGER DREIECKE – WIEDERHOLUNG

Zum Wiederholen

Franz hat sich einen Motorroller gekauft. Er möchte ihn auf einer unbenutzten Terrasse hinter dem Haus abstellen. Diese ist jedoch 82 cm höher als die Zufahrt. Er will eine Rampe bauen. Der Steigungswinkel der Rampe soll nicht mehr als 10° betragen.

➜ Wie lang muss die Rampe sein?

Wiederholung

(1) Das Längenverhältnis aus der Gegenkathete zu einem *spitzen* Winkel und der Hypotenuse im rechtwinkligen Dreieck nennt man den **Sinus** dieses Winkels:

$$\textbf{Sinus}\text{ eines Winkels} = \frac{\text{Gegenkathete des Winkels}}{\text{Hypotenuse}}$$

Für das Dreieck ABC mit $\gamma = 90°$ gilt:

$\sin\alpha = \frac{a}{c}$; $\sin\beta = \frac{b}{c}$

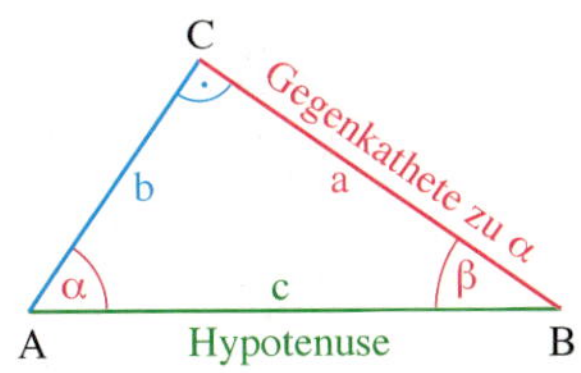

(2) Das Längenverhältnis aus der Ankathete zu einem *spitzen* Winkel und der Hypotenuse im rechtwinkligen Dreieck nennt man den **Kosinus** dieses Winkels:

$$\textbf{Kosinus}\text{ eines Winkels} = \frac{\text{Ankathete des Winkels}}{\text{Hypotenuse}}$$

Für das Dreieck ABC mit $\gamma = 90°$ gilt:

$\cos\alpha = \frac{b}{c}$; $\cos\beta = \frac{a}{c}$

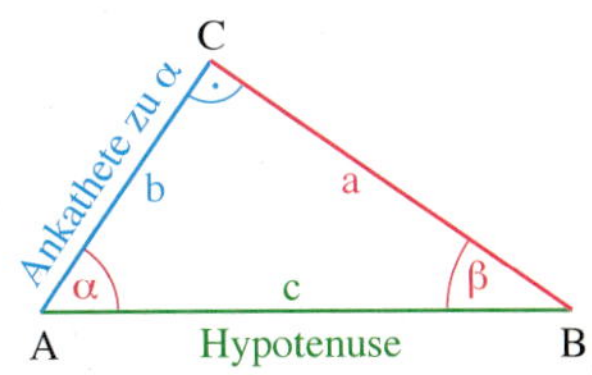

(3) Das Längenverhältnis aus Gegenkathete und Ankathete zu einem *spitzen* Winkel im rechtwinkligen Dreieck nennt man den **Tangens** dieses Winkels:

$$\textbf{Tangens}\text{ eines Winkels} = \frac{\text{Gegenkathete des Winkels}}{\text{Ankathete des Winkels}}$$

Für das Dreieck ABC mit $\gamma = 90°$ gilt:

$\tan\alpha = \frac{a}{b}$; $\tan\beta = \frac{b}{a}$

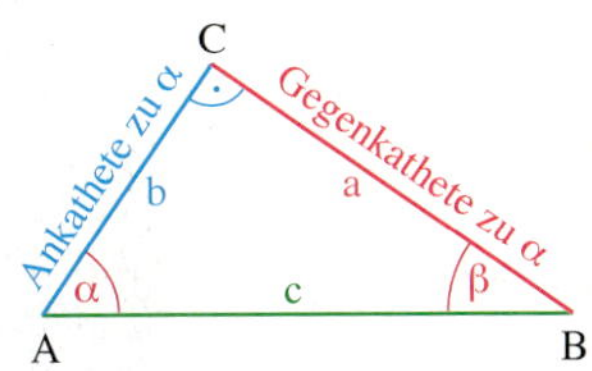

Aufgabe

1. In einem rechtwinkligen Dreieck ABC sind gegeben:

a) $a = 5{,}7$ cm; $b = 3{,}2$ cm; $\alpha = 90°$ **b)** $b = 7{,}3$ cm; $\alpha = 90°$; $\gamma = 32°$

Berechne mithilfe des Taschenrechners die fehlenden Seitenlängen und Winkel.
Verwende zur Berechnung nur gegebene Größen.
Runde die Ergebnisse auf eine Stelle nach dem Komma.

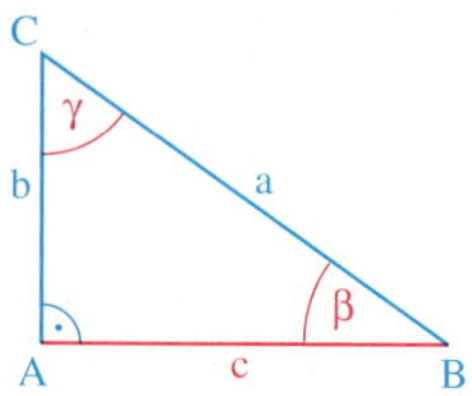

Lösung

a) Gesucht sind c, β und γ.

Berechnen von c:

$b^2 + c^2 = a^2$

$c = \sqrt{a^2 - b^2}$

$c = \sqrt{(5{,}7\ \text{cm})^2 - (3{,}2\ \text{cm})^2}$

$c \approx 4{,}7\ \text{cm}$

Berechnen von β:

$\sin\beta = \frac{b}{a}$

$\sin\beta = \frac{3{,}2\ \text{cm}}{5{,}7\ \text{cm}}$

$\sin\beta = 0{,}561403509\ldots$

$\beta \approx 34{,}2°$

Berechnen von γ:

$\cos\gamma = \frac{b}{a}$

$\cos\gamma = \frac{3{,}2\ \text{cm}}{5{,}7\ \text{cm}}$

$\cos\gamma = 0{,}561403509\ldots$

$\gamma \approx 55{,}8°$

Beim Bestimmen von β und γ mit dem Taschenrechner verbleibt der Sinus- bzw. Kosinuswert im Rechner.

Ergebnis: $c \approx 4{,}7\ \text{cm};\ \beta \approx 34{,}2°;\ \gamma \approx 55{,}8°$

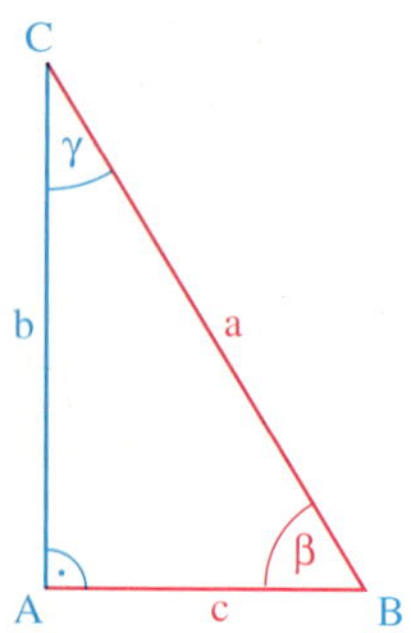

b) Gesucht sind a, c und β.

Berechnen von a:

$\cos\gamma = \frac{b}{a}$

$a = \frac{b}{\cos\gamma}$

$a = \frac{7{,}3\ \text{cm}}{\cos 32°}$

$a \approx 8{,}6\ \text{cm}$

Berechnen von c:

$\tan\gamma = \frac{c}{b}$

$c = b \cdot \tan\gamma$

$c = 7{,}3\ \text{cm} \cdot \tan 32°$

$c \approx 4{,}6\ \text{cm}$

Berechnen von β:

$\beta + \gamma = 90°$

$\beta = 90° - \gamma$

$\beta = 90° - 32°$

$\beta = 58°$

Ergebnis: $a \approx 8{,}6\ \text{cm};\ c \approx 4{,}6\ \text{cm};\ \beta = 58°$

Zum Festigen und Weiterarbeiten

2. In einem rechtwinkligen Dreieck sind gegeben:

a) $b = 3{,}8\ \text{cm};\quad a = 4{,}7\ \text{cm};\quad \gamma = 90°$ **b)** $b = 4{,}5\ \text{cm};\quad \alpha = 55°;\quad \beta = 90°$

Berechne die fehlenden Stücke und den Flächeninhalt.
Du darfst jetzt auch berechnete Größen für die weitere Rechnung verwenden.

3. In einem rechtwinkligen Dreieck ABC mit $\gamma = 90°$ sind die Längen zweier Seiten gegeben. Berechne die Länge der dritten Seite. Bestimme auch den Flächeninhalt.

a) $b = 7\ \text{m}$, $c = 16\ \text{m}$ **b)** $b = 4{,}8\ \text{km}$, $c = 10{,}3\ \text{km}$ **c)** $a = 24\ \text{km}$, $c = 57\ \text{km}$ **d)** $a = 9{,}4\ \text{cm}$, $c = 14{,}1\ \text{cm}$ **e)** $a = 19\ \text{cm}$, $b = 31\ \text{cm}$ **f)** $a = 4{,}56\ \text{m}$, $b = 6{,}68\ \text{m}$

Wiederholung

Satz des Pythagoras

Wenn das Dreieck ABC *rechtwinklig* ist, dann ist der Flächeninhalt des Hypotenusenquadrates gleich der Summe der Flächeninhalte der beiden Kathetenquadrate:

$\mathbf{c^2 = a^2 + b^2}$ (für $\gamma = 90°$)

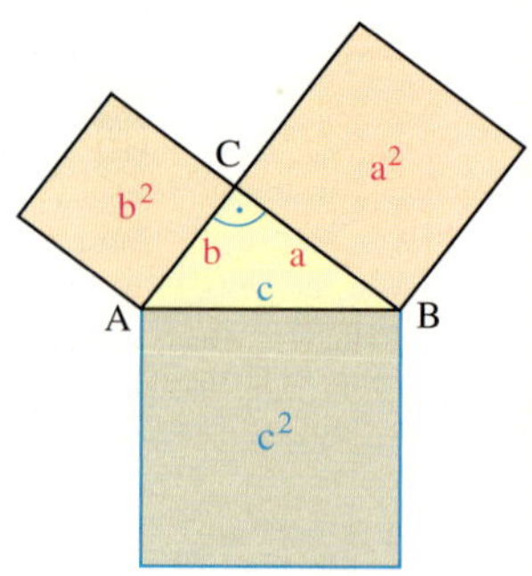

Übungen

4. In einem Dreieck ABC mit $\gamma = 90°$ sind außerdem gegeben:

a) $a = 4{,}5$ cm $b = 3{,}9$ cm	**b)** $b = 9{,}7$ cm $c = 12{,}5$ cm	**c)** $a = 5{,}5$ cm $c = 7{,}7$ cm	**d)** $c = 9{,}3$ cm $\alpha = 23°$	**e)** $a = 4{,}7$ cm $\alpha = 71°$

Berechne die übrigen Stücke nur mithilfe von Sinus bzw. Tangens.

5. Berechne die fehlenden Stücke des rechtwinkligen Dreiecks ABC und den Flächeninhalt.

a) $\gamma = 90°$ $a = 4{,}2$ cm $c = 7{,}9$ cm	**b)** $\alpha = 90°$ $b = 5{,}5$ cm $c = 3{,}1$ cm	**c)** $\beta = 90°$ $a = 3{,}2$ cm $b = 4{,}9$ cm	**d)** $\gamma = 90°$ $\alpha = 35{,}3°$ $b = 5{,}2$ cm	**e)** $\beta = 90°$ $\gamma = 65{,}9°$ $b = 6{,}3$ cm

6. In einem Dreieck ABC ist $\gamma = 90°$. Berechne die übrigen Stücke und den Flächeninhalt.

a) $a = 4{,}9$ cm $\alpha = 32°$	**c)** $a = 3{,}7$ cm $c = 5{,}6$ cm	**e)** $c = 4{,}5$ cm $\beta = 42°$	**g)** $a = 7{,}5$ cm $\beta = 55°$	**i)** $a = 2{,}5$ cm $\alpha = 25°$
b) $b = 6{,}1$ cm $\beta = 75°$	**d)** $b = 4{,}1$ cm $c = 6{,}2$ cm	**f)** $a = 5{,}4$ cm $b = 3{,}6$ cm	**h)** $c = 7{,}8$ cm $\alpha = 66°$	**j)** $b = 7{,}8$ cm $\alpha = 43°$

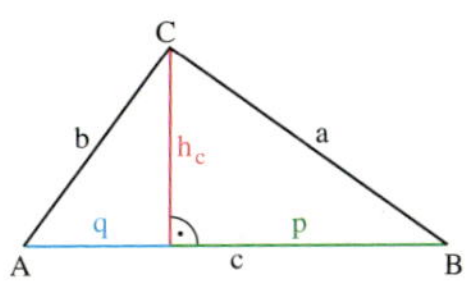

7. Von einem Dreieck mit $\gamma = 90°$ sind bekannt:

a) $p = 17{,}5$ cm $\beta = 66°$	**b)** $a = 20{,}4$ cm $h_c = 12{,}9$ cm	**c)** $h_c = 145$ mm $\beta = 42{,}8°$	**d)** $h_c = 7{,}5$ m $q = 3{,}3$ m	**e)** $q = 3{,}8$ cm $b = 5{,}1$ cm

Berechne die übrigen Stücke des Dreiecks ABC und den Flächeninhalt.

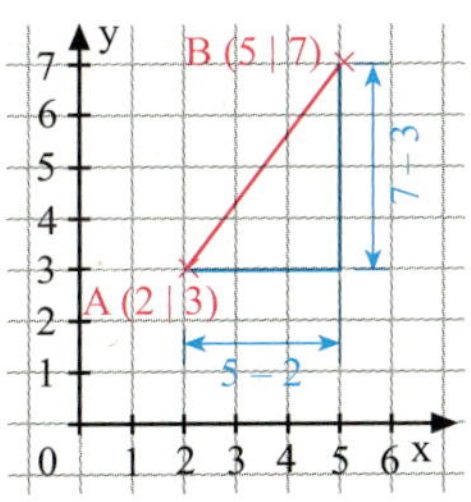

8. Berechne die Länge der Strecke $\overline{AB}$.

a) A(2|3); B(5|7) **c)** A(1|5); B(6|2) **e)** A(2|−5); B(−3|9)

b) A(0|4); B(4|10) **d)** A(−4|5); B(2|2) **f)** A(−2|−5); B(1|0)

9. Zwischen der Talstation und der Bergstation verläuft ein Skilift.
Wie groß ist der Steigungswinkel?
Gib die Steigung (den Anstieg) in Prozent an.
Stelle weitere Fragen und beantworte sie.

10. An der Talstation einer Standseilbahn soll der Schriftzug SEILBAHN angemalt werden. Der Handwerker benutzt eine 5,70 m lange Leiter und stellt das Fußende der Leiter 2,00 m von der Hauswand entfernt auf.
Damit die Leiter nicht abrutscht oder umkippt, muss der Neigungswinkel, den sie mit dem Erdboden bildet, etwa 70° (± 5°) betragen.
Hat der Handwerker die Leiter vorschriftsmäßig aufgestellt?

BERECHNEN GLEICHSCHENKLIGER DREIECKE – WIEDERHOLUNG

Zum Wiederholen

1. Von einem gleichschenkligen Dreieck ABC sind die Länge $\overline{AB} = c = 5{,}40$ cm der Basis und der Winkel $\alpha = 56°$ bekannt.
Berechne den Winkel γ, die Länge eines Schenkels, die Höhe h_c sowie den Flächeninhalt des Dreiecks.

Lösung

(1) Berechnen des Winkels γ

Wegen $\alpha = \beta$ im gegebenen gleichschenkligen Dreieck ABC gilt nach dem Innenwinkelsatz:
$\alpha + \alpha + \gamma = 180°$, also $\gamma = 180° - 2\alpha$
Wir setzen ein:
$\gamma = 180° - 2 \cdot 56°$, also $\gamma = 68°$

(2) Berechnen der Schenkellänge a

Strategie:
Zurückführen auf rechtwinklige Dreiecke

Wir zerlegen das gleichschenklige Dreieck ABC durch die Höhe h_c in zwei rechtwinklige Dreiecke ADC und DBC.

$\cos\alpha = \frac{\frac{c}{2}}{b}$, also $b = \frac{\frac{c}{2}}{\cos\alpha}$

Einsetzen ergibt:

$b = \frac{\frac{5{,}40\text{ m}}{2}}{\cos 56°}$, also $b \approx 4{,}83$ m

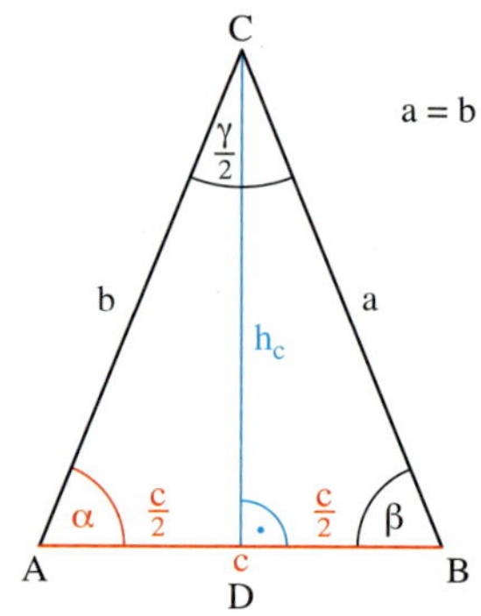

(3) Berechnen der Höhe h_c

$\tan\alpha = \frac{h_c}{\frac{c}{2}}$, also $h_c = \frac{c}{2} \cdot \tan\alpha$

Einsetzen ergibt: $h_c = \frac{5{,}40\text{ m}}{2} \cdot \tan 56°$, also $h_c \approx 4{,}00$ m.

(4) Berechnen des Flächeninhalts des Dreiecks

$A = \frac{c \cdot h_c}{2}$; $A \approx \frac{5{,}40\text{ m} \cdot 4{,}00\text{ m}}{2}$, also $A \approx 10{,}80\text{ m}^2$

Übungen

2. Bestimme aus den gegebenen Größen des gleichschenkligen Dreiecks ABC mit der Basis $\overline{AB}$ die übrigen.

a) $c = 17$ cm, $a = 14$ cm
b) $b = 150$ mm, $\gamma = 126°$
c) $b = 24$ m, $\alpha = 77°$
d) $c = 208{,}9$ cm, $h_c = 32{,}5$ cm
e) $\alpha = 37{,}4°$, $h_c = 2{,}4$ m
f) $A = 1\,450{,}08\text{ m}^2$, $c = 54{,}72$ m

3. Der Dachgiebel rechts hat die Form eines gleichschenkligen Dreiecks.
Berechne den Neigungswinkel der Dachfläche sowie die Größe des Dachgiebels.

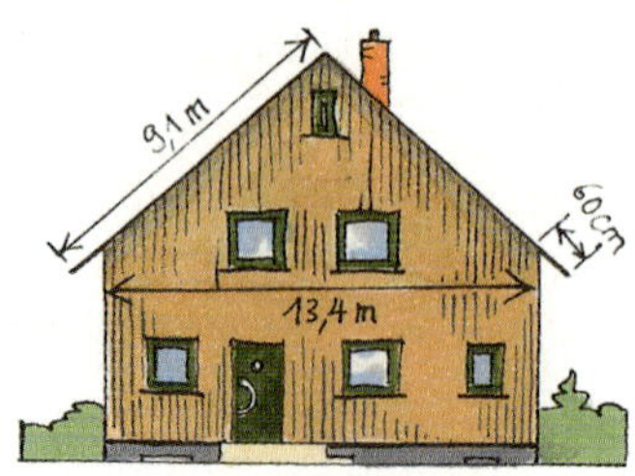

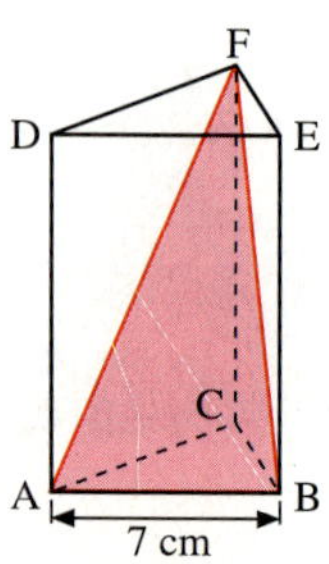

4. Das 11 cm hohe dreiseitige Prisma links hat ein gleichseitiges Dreieck als Grundfläche.
Wie groß ist die Schnittfläche ABF?

△ BERECHNEN VON SINUS, KOSINUS UND TANGENS FÜR SPEZIELLE WINKELGRÖSSEN

Einstieg

△ Für einige spezielle Winkelgrößen ergeben sich besondere Werte für Sinus, Kosinus und Tangens.

△ → Zeichne ein rechtwinkliges Dreieck mit $\alpha = 45°$. Berechne tan 45°.

△ → Gilt dieser Tangenswert für *jedes* rechtwinklige Dreieck mit $\alpha = 45°$? Begründe.

Aufgabe

△ **1.** Es sollen für die speziellen Winkelgrößen 30° und 60° die Sinus-, Kosinus- und Tangenswerte berechnet werden. Zeichne dazu ein gleichseitiges Dreieck mit der Seitenlänge a (z. B. a = 3 cm).

Lösung

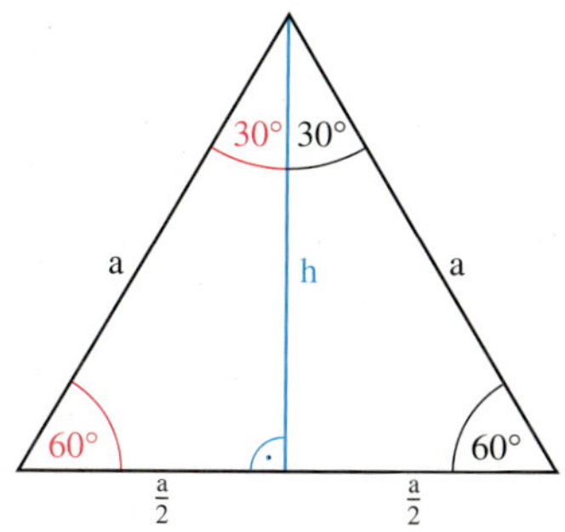

In jedem gleichseitigen Dreieck sind alle Winkel 60° groß. Die Höhe zu einer Seite im gleichseitigen Dreieck halbiert auch den gegenüberliegenden Winkel. In jedem der beiden rechtwinkligen Teildreiecke kommen daher Winkel der Größe 30° und 60° vor.
Nach dem Satz des Pythagoras gilt im gleichseitigen Dreieck:

$h^2 = a^2 - \left(\frac{a}{2}\right)^2 = \frac{3}{4}a^2,$

also: $h = \sqrt{\frac{3}{4}a^2} = \frac{a}{2}\sqrt{3}$

$\sin 30° = \cos 60° = \frac{\frac{a}{2}}{a} = \frac{a}{2a} = \frac{1}{2}$

$\tan 30° = \frac{\frac{a}{2}}{h} = \frac{\frac{a}{2}}{\frac{a}{2}\sqrt{3}} = \frac{1}{\sqrt{3}} = \frac{1 \cdot \sqrt{3}}{\sqrt{3} \cdot \sqrt{3}} = \frac{1}{3}\sqrt{3}$

$\sin 60° = \cos 30° = \frac{h}{a} = \frac{\frac{a}{2}\sqrt{3}}{a} = \frac{1}{2}\sqrt{3}$

$\tan 60° = \frac{h}{\frac{a}{2}} = \frac{\frac{a}{2}\sqrt{3}}{\frac{a}{2}} = \sqrt{3}$

Zusammenfassung

△ Wir notieren die Ergebnisse aus Aufgabe 1 sowie die Werte für 0° und 90° in einer Tabelle.

α	0°	30°	45°	60°	90°
sin α	0	$\frac{1}{2}$	$\frac{1}{2}\sqrt{2}$	$\frac{1}{2}\sqrt{3}$	1
cos α	1	$\frac{1}{2}\sqrt{3}$	$\frac{1}{2}\sqrt{2}$	$\frac{1}{2}$	0
tan α	0	$\frac{1}{3}\sqrt{3}$	1	$\sqrt{3}$	–

Zum Festigen und Weiterarbeiten

△ **2.** **a)** Berechne den Umfang u und den Flächeninhalt A des rechtwinkligen Dreiecks.
Verwende zur Berechnung von x und z nur die in der Skizze gegebenen Größen.

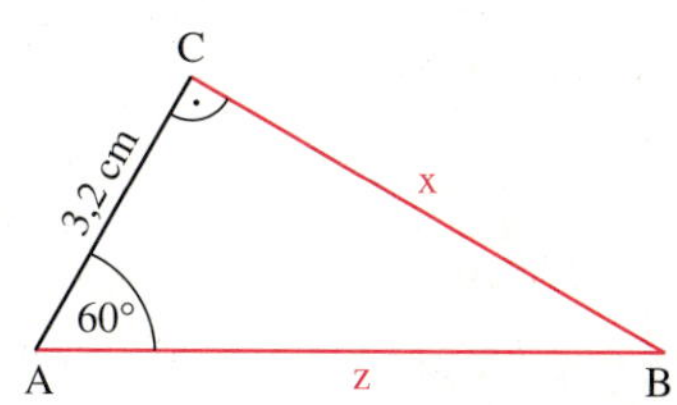

b) Löse die Teilaufgabe a) allgemein für ein Dreieck mit gegebener Seitenlänge b und gegebener Winkelgröße α.

Übungen

▲ **3.** Kontrolliere die Tangenswerte in der Tabelle für 30°, 45° und 60° auf Seite 14 mithilfe der Formel: $\tan\alpha = \frac{\sin\alpha}{\cos\alpha}$.

△ **4.** ABC ist ein gleichschenkliges Dreieck mit $\gamma = 45°$ und $\overline{CA} = \overline{CB} = 10$ cm.

a) Berechne nacheinander x, y und c.

b) Berechne anschließend sin 22,5°, cos 22,5° und tan 22,5°.

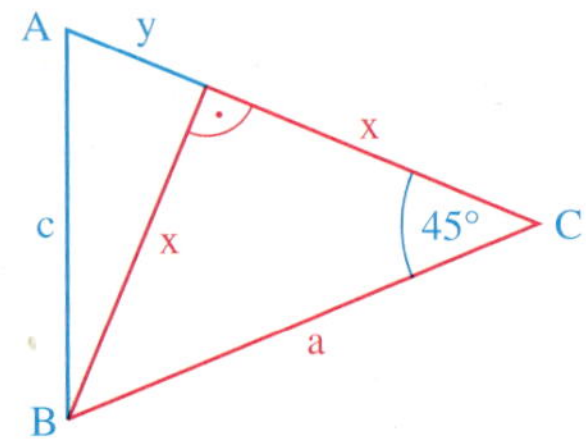

△ **5.** Berechne den Flächeninhalt des gefärbten Dreiecks in Abhängigkeit von e. Verwende keine Näherungswerte.

a)

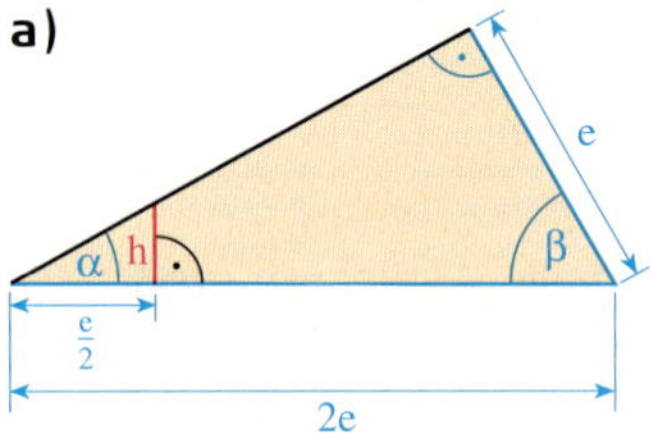

b)

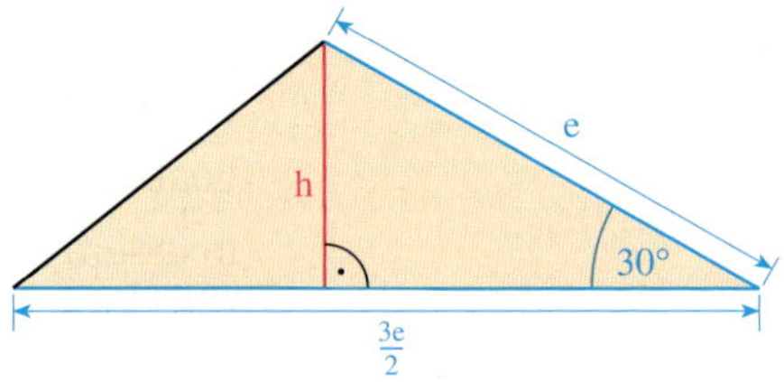

△ **6.** Berechne den Umfang und den Flächeninhalt des gleichschenkligen Trapezes in Abhängigkeit von e.

a)

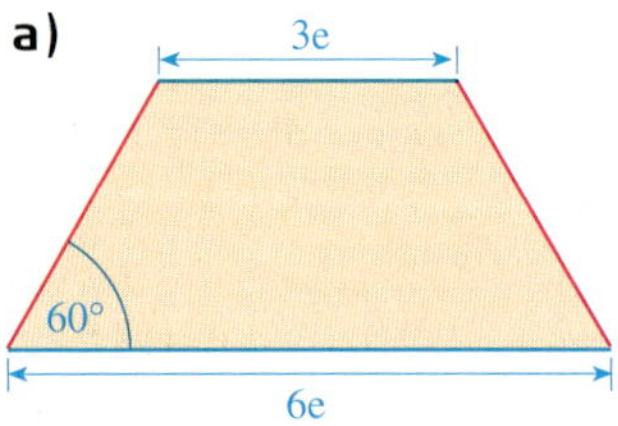

b)

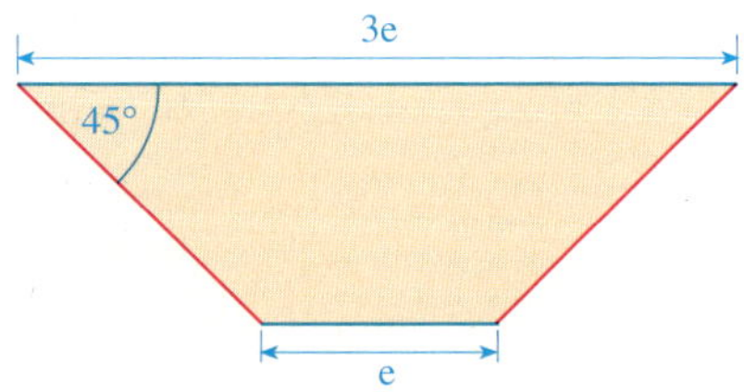

△ **7.** Stelle eine Formel zur Berechnung des Flächeninhaltes des Parallelogramms auf.

a)

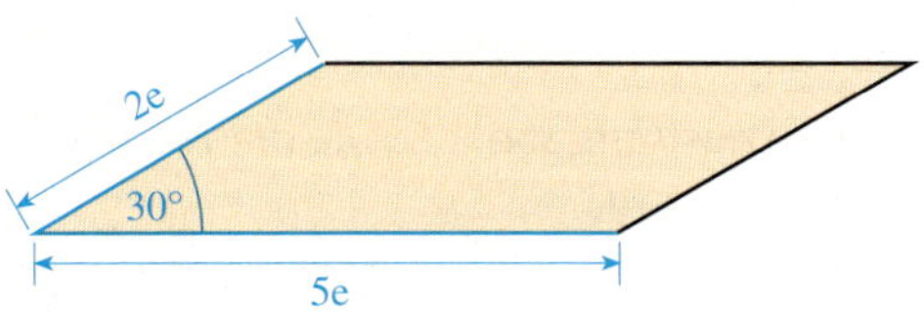

b)

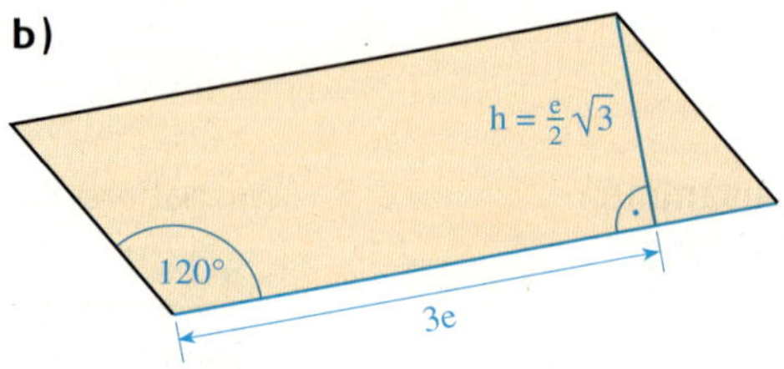

△ **8.** Gegeben ist der Flächeninhalt A der achsensymmetrischen Figur. Berechne den rot gekennzeichneten Winkel.

a)

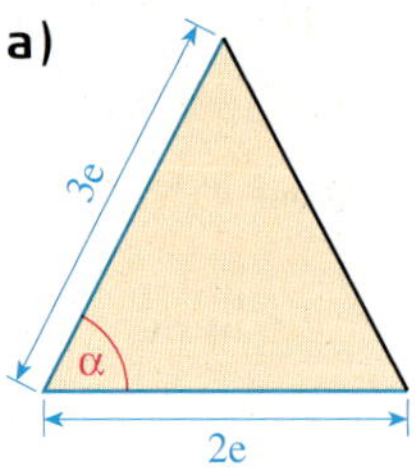

$A = \frac{3}{2}e^2\sqrt{3}$

b)

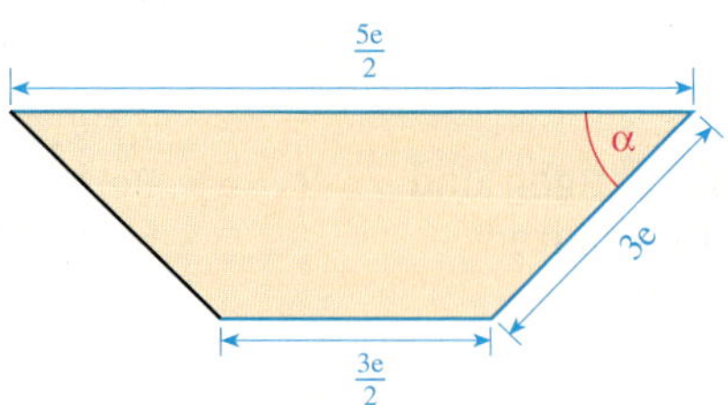

$A = \frac{3}{2}e^2\sqrt{3}$

BERECHNEN ALLGEMEINER DREIECKE – SINUS- UND KOSINUSSATZ

Bisher haben wir Berechnungen nur bei besonderen Dreiecken, nämlich bei rechtwinkligen und bei gleichschenkligen Dreiecken, durchgeführt. Wir wollen nun Berechnungen bei *beliebigen* Dreiecken durchführen. Dabei wird uns die Strategie, die wir schon bei gleichschenkligen Dreiecken kennengelernt haben (Zerlegen des Dreiecks in rechtwinklige Dreiecke, siehe auch Seite 13), hilfreich sein.
Bei den verschiedenen Aufgabentypen orientieren wir uns an den Kongruenzsätzen (wsw, Ssw, sws und sss), da wir damit alle Möglichkeiten erfassen, nach denen ein Dreieck durch drei Stücke vollständig festgelegt ist.

Berechnen eines allgemeinen Dreiecks im Falle wsw und Ssw – Sinussatz

Einstieg

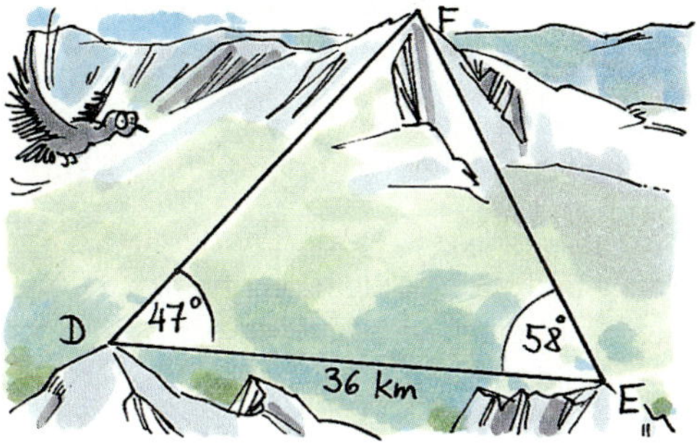

Die Entfernung zwischen zwei Berggipfeln D und E beträgt 36 km (Bild links). Von D aus sieht man den Gipfel E und den Gipfel F unter dem Sehwinkel von 47°, von E aus sieht man D und F unter dem Sehwinkel von 58°.

→ Wie weit ist der Gipfel F von den Gipfeln D und E entfernt?

→ Berichtet über euer Vorgehen und eure Ergebnisse.

Aufgabe

1. a) A, B und C sind die Kirchtürme dreier Dörfer, wobei A von B und C durch einen Fluss getrennt ist.
Man kann die Entfernung $\overline{AC}$ bestimmen, ohne diese direkt zu messen. Dazu misst man die Entfernung $\overline{BC}$ und die Winkelgrößen β und γ. Es ist:
$\overline{BC} = 5{,}4$ km; $\beta = 44°$; $\gamma = 69°$
Aus diesen Daten kann man die Entfernung $\overline{AC}$ bestimmen.

(1) Zeichne ein Dreieck ABC mit den entsprechenden Maßen (Maßstab 1 : 200 000) und bestimme einen Näherungswert für die Seitenlänge $\overline{AC}$ durch Messen.

(2) Zerlege das Dreieck in zwei rechtwinklige Teildreiecke und bestimme die Seitenlänge $\overline{AC}$ durch Rechnung.

b) In einem Dreieck ABC sind gegeben: $a = 8{,}0$ cm; $\beta = 115°$; $\gamma = 20°$.
Berechne die Seitenlänge b.

Lösung

a) Wir lösen die Aufgabe zunächst zeichnerisch und dann rechnerisch.

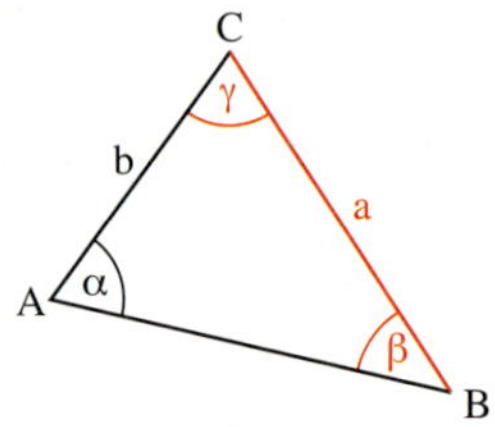

(1) Der Zeichnung entnehmen wir nach maßstäblicher Umrechnung den Näherungswert $\overline{AC} = b = 4{,}0$ km.

(2) *Vorüberlegung:* Wir zerlegen das *spitzwinklige* Dreieck ABC mithilfe einer Höhe so in zwei rechtwinklige Teildreiecke, dass in einem der beiden Teildreiecke zwei Stücke gegeben sind. Wir erreichen dieses, indem wir die Höhe h_c zu der Seite $\overline{AB}$ einzeichnen. In dem Teildreieck DBC können wir dann h_c berechnen und anschließend im Teildreieck ADC auch die gesuchte Länge b.

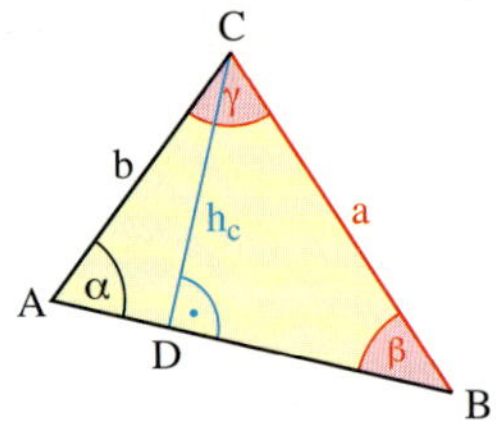

Berechnen von h_c im Dreieck DBC:

$\sin\beta = \frac{h_c}{a}$

$h_c = a \cdot \sin\beta$

$h_c = 5{,}4\text{ km} \cdot \sin 44°$

$h_c \approx 3{,}75\text{ km}$

Berechnen von α im Dreieck ABC:

$\alpha = 180° - (\beta + \gamma)$

$\alpha = 180° - (44° + 69°)$

$\alpha = 67°$

Berechnen von b im Dreieck ADC:

$\sin\alpha = \frac{h_c}{b}$

$b = \frac{h_c}{\sin\alpha}$

$b \approx \frac{3{,}75\text{ km}}{\sin 67°} \approx 4{,}08\text{ km}$

Ergebnis: Die Entfernung $b = \overline{AC}$ beträgt ungefähr 4,1 km.

b) Wir ergänzen das *stumpfwinklige* Dreieck ABC durch die äußere Höhe h_c zur Seite $\overline{AB}$ zu dem rechtwinkligen Dreieck ADC. Im Teildreieck BDC können wir h_c und anschließend im Teildreieck ADC die gesuchte Länge b berechnen.

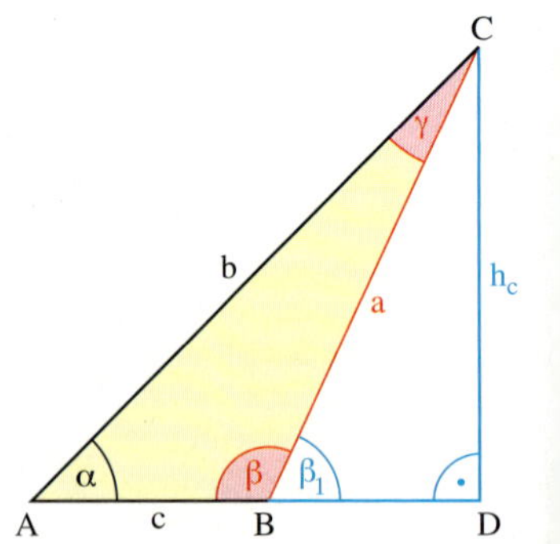

Berechnen von β_1 und h_c im Dreieck BDC:

$\beta_1 + \beta = 180°$

$\beta_1 = 180° - \beta_1$

$\beta_1 = 180° - 115°$

$\beta_1 = 65°$

$\sin\beta_1 = \frac{h_c}{a}$

$h_c = a \cdot \sin\beta_1$

$h_c = 8\text{ cm} \cdot \sin 65°$

$h_c \approx 7{,}3\text{ cm}$

Berechnen von α und b im Dreieck ADC:

$\alpha = 180° - (\beta + \gamma)$

$\alpha = 180° - (115° + 20°)$

$\alpha = 45°$

$\sin\alpha = \frac{h_c}{b}$

$b = \frac{h_c}{\sin\alpha}$, also: $b \approx \frac{7{,}3\text{ cm}}{\sin 45°} \approx 10{,}3\text{ cm}$

Ergebnis: Die Seite $\overline{AC}$ ist ungefähr 10,3 cm lang.

Information

(1) Berechnen eines Dreiecks im Falle wsw, sww und Ssw

In Aufgabe 1 haben wir ein Dreieck berechnet, in dem eine Seite und die anliegenden Winkel gegeben sind (wsw). Falls in einem Dreieck eine Seite, ein anliegender Winkel und der gegenüberliegende Winkel gegeben sind, kann man den anderen anliegenden Winkel mit dem Innenwinkelsatz berechnen; damit ist dieser Fall auf den Fall wsw zurückgeführt.

Sind in einem Dreieck zwei Seiten und der der größeren Seite gegenüberliegende Winkel gegeben (Ssw), kann man durch geeignete Zerlegung bzw. Ergänzung des Dreiecks in zwei rechtwinkligen Dreiecke die übrigen Stücke mit zweimaligem Anwenden des Sinus und des Innenwinkelsatzes berechnen.

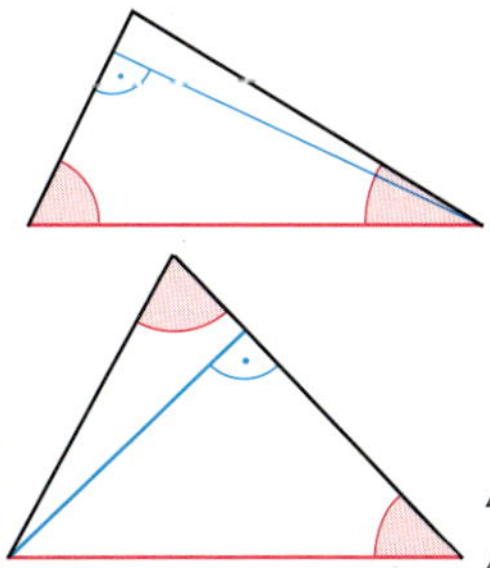

In einem beliebigen Dreieck kann man aus vorgegebenen Stücken wsw bzw. sww und Ssw die übrigen mit dem Sinus und dem Innenwinkelsatz berechnen.
Durch Einzeichnen einer geeigneten Höhe zerlegt bzw. ergänzt man das gegebene Dreieck so, dass rechtwinklige Dreiecke entstehen. Man wählt dabei die Höhe so, dass in einem der beiden Teildreiecke zwei Stücke gegeben sind.

(2) Herleitung des Sinussatzes

In einem Dreieck ABC sollen wie in Aufgabe 1 die Stücke a, β, γ und damit auch α gegeben sein. Wir wollen nun die Seitenlänge b allgemein berechnen.

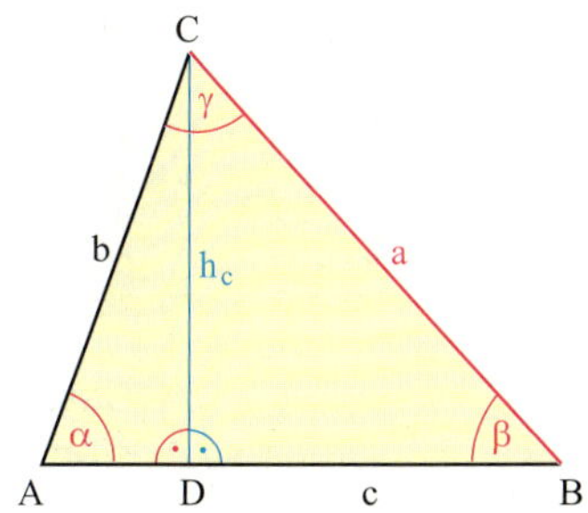

1. Fall: $0° < \alpha < 90°$

Wir zerlegen das spitzwinklige Dreieck ABC durch die Höhe h_c in zwei rechtwinklige Dreiecke ADC und DBC.

Für das Dreieck DBC gilt: $\sin\beta = \frac{h_c}{a}$, also $h_c = a \cdot \sin\beta$

Für das Dreieck ADC gilt: $\sin\alpha = \frac{h_c}{b}$, also $h_c = b \cdot \sin\alpha$

Gleichsetzen ergibt: $a \cdot \sin\beta = b \cdot \sin\alpha$

Durch Dividieren durch $\sin\beta$ und durch $\sin\alpha$ erhalten wir die folgende einprägsame Gleichung:

$$\frac{a}{\sin\alpha} = \frac{b}{\sin\beta} \quad \text{für} \quad 0° < \alpha < 90°$$

2. Fall: $90° < \alpha < 180°$

Dazu ergänzen wir das stumpfwinklige Dreieck ABC durch die Höhe h_c zu einem rechtwinkligen Dreieck DBC mit dem rechtwinkligen Teildreieck DAC.

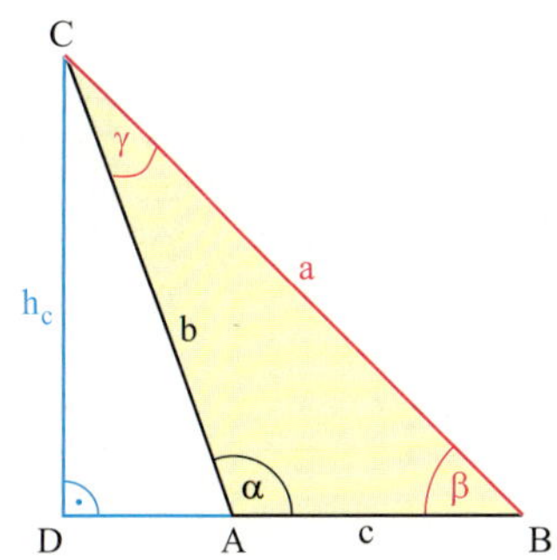

(1) $\sin\beta = \frac{h_c}{a}$, also $h_c = a \cdot \sin\beta$

(2) $\sin(180° - \alpha) = \frac{h_c}{b}$, also $h_c = b \cdot \sin(180° - \alpha)$

Gleichsetzen ergibt: $a \cdot \sin\beta = b \cdot \sin(180° - \alpha)$

Wir dividieren beide Seiten dieser Gleichung durch $\sin(180° - \alpha)$ und dann durch $\sin\beta$. Somit erhalten wir:

$$\frac{a}{\sin(180° - \alpha)} = \frac{b}{\sin\beta} \quad \text{für} \quad 90° < \alpha < 180°$$

(3) Sinus im Bereich $90° < \alpha \leq 180°$

Um zu erreichen, dass die Formel $\frac{a}{\sin\alpha} = \frac{b}{\sin\beta}$ auch für stumpfe Winkel gilt, erklären wir den Sinus auch für Winkelgrößen zwischen 90° und 180°.

Festlegung:
Für Winkelgrößen α mit $90° < \alpha \leq 180°$ soll gelten:
$\sin\alpha = \sin(180° - \alpha)$

Aufgrund dieser Festlegung (Definition) ist unmittelbar klar:
Für alle α mit $90° \leq \alpha \leq 180°$ gilt: $0 \leq \sin\alpha \leq 1$.
Dass die Festlegung sinnvoll ist, zeigen auch die folgenden Überlegungen unter (4).

(4) Deutung des Sinus am Einheitskreis

Die Festlegung des Sinus unter (3) können wir am rechtwinkligen Dreieck *nicht* als Längenverhältnis deuten. Wir greifen deshalb die Darstellung des Sinus am Einheitskreis aus Klasse 9 auf.

Deutung des Sinus am Einheitskreis

Gegeben ist ein Punkt $P(u|v)$ auf dem *Einheitskreis* (Kreis mit dem Radius 1) im 1. Quadranten.
α soll die Größe des Winkels sein, den der Radius $\overline{OP}$ mit der u-Achse bildet.
Dann gilt:

$\sin\alpha = v$ (2. Koordinate von P)

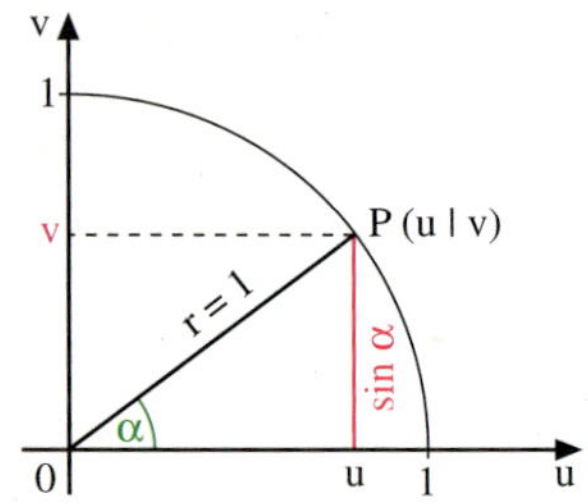

Dass die Festlegung des Sinus unter (3) sinnvoll ist, erkennen wir auch, wenn wir den Einheitskreis im 2. Quadranten betrachten. Es gilt dann nämlich auch für $90° < \alpha \leq 180°$:
$\sin\alpha = v$ (2. Koordinate von P).
Denn wegen $\sin\alpha = \sin(180° - \alpha) = v' = v$ gilt: $\sin\alpha = v$.

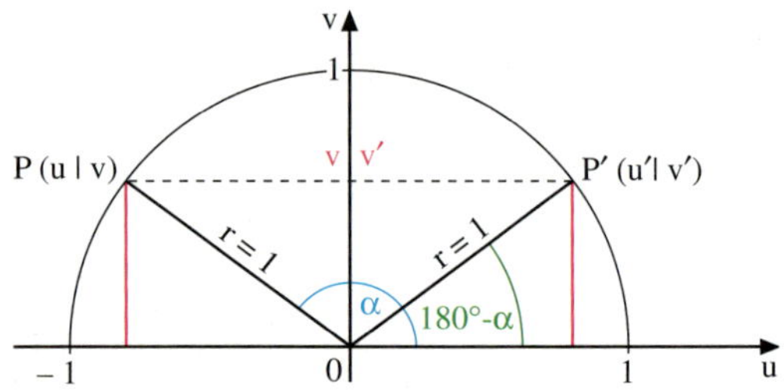

(5) Formulierung des Sinussatzes

Sinussatz

In jedem Dreieck sind die Quotienten aus einer Seitenlänge und dem Sinus des gegenüberliegenden Winkels gleich groß.

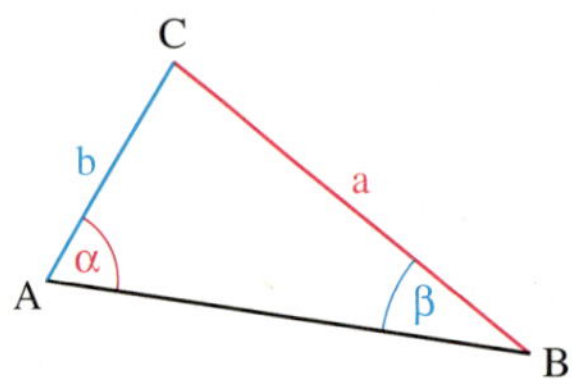

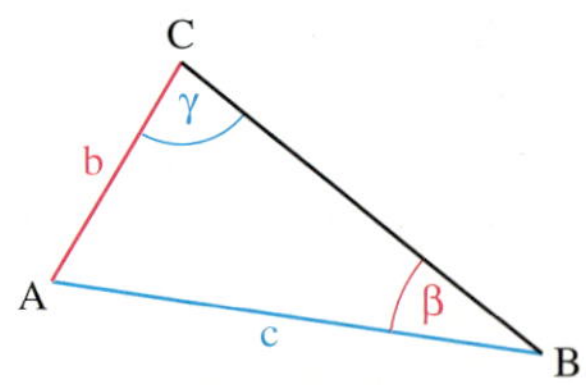

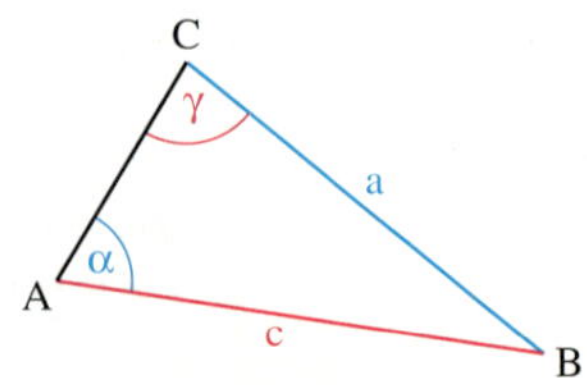

$\dfrac{a}{\sin\alpha} = \dfrac{b}{\sin\beta}$ bzw. $\dfrac{b}{\sin\beta} = \dfrac{c}{\sin\gamma}$ bzw. $\dfrac{a}{\sin\alpha} = \dfrac{c}{\sin\gamma}$

Sind in einem Dreieck zwei Winkel und eine Seite oder zwei Seiten und der der größeren Seite gegenüberliegende Winkel gegeben, so kann man die übrigen Stücke mithilfe des Sinussatzes und des Innenwinkelsatzes berechnen.

(6) Verwenden des Taschenrechners bei stumpfen Winkeln

(a) *Bestimmen von Sinuswerten zu vorgegebenen Winkeln*

Der Taschenrechner liefert auch für alle Winkelgrößen im Bereich $90° < \alpha \leq 180°$ beim Drücken der Taste [sin] die zugehörigen Sinuswerte.

Versuche mit deinem Taschenrechner sin 130° zu bestimmen.

△ (b) *Bestimmen von Winkelgrößen zu vorgegebenen Sinuswerten*

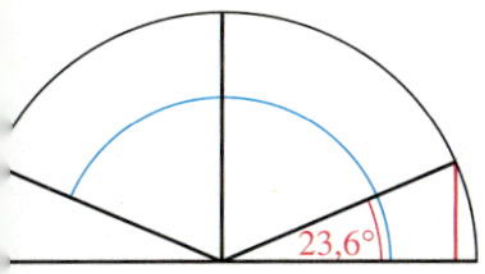

△ Am Einheitskreis ist unmittelbar klar, dass es zu einem Sinuswert zwischen 0 und 1 stets zwei Winkelgrößen gibt. Der Taschenrechner liefert aber nur die Winkelgröße im Bereich $0° \leq \alpha \leq 90°$.

△ Julia hat mit ihrem Taschenrechner den Winkel $\alpha \approx 23{,}6°$ aus $\sin\alpha = 0{,}4$ bestimmt. Prüfe es.

△ Wegen $\sin\alpha = \sin(180° - \alpha)$ besitzt die Gleichung $\sin\alpha = 0{,}4$ noch eine zweite Lösung, nämlich $\alpha_2 = 180° - \alpha_1$, also $\alpha_2 \approx 180° - 23{,}6° = 156{,}4°$.

Aufgabe

△ **2.** *Vollständige Berechnung eines Dreiecks mithilfe des Sinussatzes*

In einem Dreieck ABC sind gegeben: $a = 3{,}7$ cm; $c = 4{,}8$ cm; $\gamma = 64°$
Berechne die übrigen Stücke des Dreiecks.

Planfigur

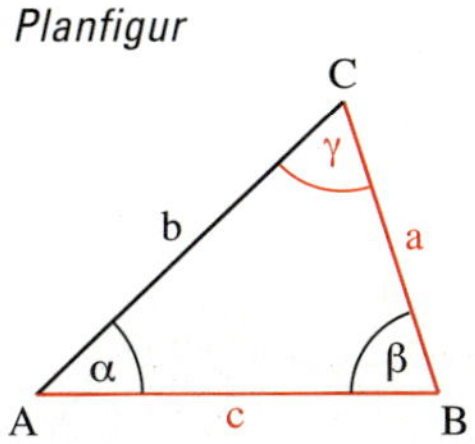

Lösung

Berechnung von α: $\frac{a}{\sin\alpha} = \frac{c}{\sin\gamma}$, also: $\sin\alpha = \frac{a}{c} \cdot \sin\gamma$

Einsetzen ergibt: $\sin\alpha = \frac{3{,}7\text{ cm}}{4{,}8\text{ cm}} \cdot \sin 64° = 0{,}692820\ldots$

Aus $\sin\alpha = 0{,}692820\ldots$ folgt $\alpha \approx 43{,}9°$ oder $\alpha \approx 136{,}1°$.
Da der kürzeren Seite der kleinere Winkel gegenüberliegt, gilt wegen $a < c$ auch $\alpha < 64°$.
Somit kommt nur $\alpha = 43{,}9°$ als Lösung in Frage.

Berechnung von β: $\beta = 180° - (\alpha + \gamma)$; $\beta \approx 180° - (43{,}9° + 64°)$, also $\beta \approx 72{,}1°$

Berechnung von b: $\frac{b}{\sin\beta} = \frac{a}{\sin\alpha}$; $b = a \cdot \frac{\sin\beta}{\sin\alpha}$; $b = 3{,}7\text{ cm} \cdot \frac{\sin 72{,}1°}{\sin 43{,}9°}$, also $b \approx 5{,}1$ cm

Zum Festigen und Weiterarbeiten

△ **3.** **a)** Bestimme $\sin\alpha$ mit dem Taschenrechner für folgende Winkelgrößen α:
106°; 134°; 171°; 159°.

b) Für welche Winkelgrößen α zwischen 0° und 180° gilt
$\sin\alpha = 0{,}7771$; $\sin\alpha = 0{,}4695$; $\sin\alpha = 0{,}1234$?

△ **4.** Berechne die übrigen Stücke des Dreiecks ABC:
a) $b = 7$ cm; $\alpha = 25°$; $\beta = 52°$ **b)** $b = 4$ cm; $\beta = 28°$; $\alpha = 65°$ **c)** $a = 9$ cm; $\alpha = 51°$; $\gamma = 33°$

△ **5.** In einem Dreieck ABC sind gegeben: $a = 3{,}7$ cm; $c = 4{,}8$ cm; $\gamma = 112°$.
Berechne die übrigen Stücke des Dreiecks.

Übungen

α	sin α
10°	0,17
20°	0,34
30°	0,50
40°	0,64
50°	0,77
60°	0,87
70°	0,94
80°	0,98

△ **6.** **a)** Mithilfe der Festlegung auf Seite 18 kann man alle Sinuswerte im Bereich $90° < \alpha \leq 180°$ berechnen, indem man sie auf den Bereich $0° \leq \alpha \leq 90°$ zurückführt.
Berechne wie im Beispiel:
sin 135°; sin 120°; sin 180°.

$\sin 150° = \sin(180° - 150°)$
$\sin 150° = \sin 30°$
$\sin 150° = \frac{1}{2}$

b) Begründe, dass die Gleichung $\sin\alpha = \sin(180° - \alpha)$ auch für $0° \leq \alpha \leq 90°$ gilt.

△ **7.** Bestimme zeichnerisch am Einheitskreis ($r = 1$ dm) die unten angegebenen Sinuswerte auf zwei Stellen nach dem Komma. Kontrolliere das Ergebnis mithilfe der Festlegung auf Seite 87 und der Tabelle links.
sin 100°; sin 130°; sin 140°; sin 110°; sin 160°; sin 170°

△ **8.** **a)** Bestimme $\sin\alpha$ mit dem Taschenrechner für folgende Winkelgrößen; runde auf vier Stellen nach dem Komma.
117°; 175°; 95°; 143°; 167,4°; 99,5°; 156,1°; 108,8°

b) Für welche Winkelgrößen α zwischen 0° und 180° gilt:
$\sin\alpha = 0{,}9945$; $\sin\alpha = 0{,}5978$; $\sin\alpha = 0{,}7384$; $\sin\alpha = 0{,}2345$?
Runde auf Zehntel.

9. Konstruiere ein Dreieck ABC aus den Stücken $\alpha = 24°$; $\beta = 101°$ und $c = 6{,}3$ cm. Berechne die übrigen Stücke und kontrolliere die Ergebnisse an der Zeichnung.

10. Berechne die Längen der beiden anderen Seiten des Dreiecks ABC.

a) $c = 7{,}7$ cm; $\alpha = 15°$; $\gamma = 85°$	**c)** $a = 8{,}9$ cm; $\alpha = 63°$; $\gamma = 37°$	**e)** $c = 5{,}4$ cm; $\beta = 65{,}6°$; $\gamma = 48{,}2°$	**g)** $a = 12$ cm; $\alpha = 107°$; $\beta = 22°$
b) $a = 7{,}1$ cm; $\alpha = 55°$; $\beta = 73°$	**d)** $b = 2{,}6$ cm; $\beta = 28{,}3°$; $\gamma = 69{,}1°$	**f)** $b = 34$ cm; $\alpha = 107°$; $\beta = 19°$	**h)** $c = 4{,}8$ cm; $\alpha = 115°$; $\gamma = 48°$

11. An den Stellen A und B befinden sich Anlagestellen für ein Ausflugsschiff.
Wie lang ist der Weg, den das Schiff zurücklegt?

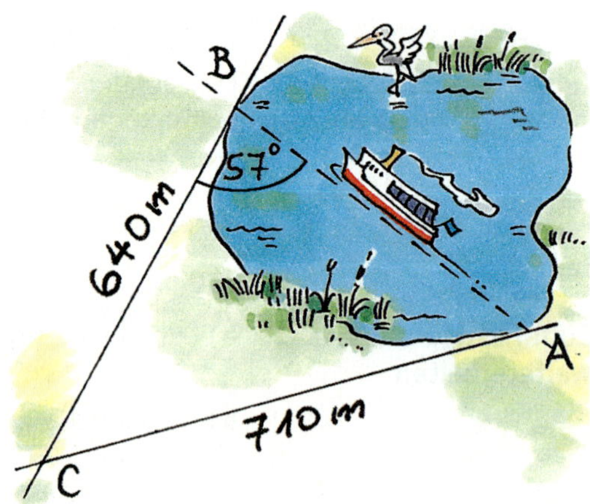

12. Konstruiere ein Dreieck ABC aus den Stücken $b = 4{,}2$ cm, $c = 5{,}6$ cm und $\gamma = 105°$.
Berechne die übrigen Stücke und kontrolliere das Ergebnis an der Zeichnung.

13. In einem Dreieck ABC sind gegeben: $a = 4$ cm; $b = 6$ cm; $\alpha = 51°$.
Versuche, den Winkel β zu berechnen. Was fällt auf? Erkläre.

14. Berechne die übrigen Stücke des Dreiecks ABC.

a) $a = 4{,}4$ cm; $b = 6{,}9$ cm; $\beta = 67°$	**b)** $b = 8{,}5$ cm; $c = 6{,}9$ cm; $\beta = 111°$	**c)** $a = 4{,}9$ cm; $c = 5{,}7$ cm; $\alpha = 95°$	**d)** $a = 3{,}9$ cm; $b = 7{,}8$ cm; $\beta = 135{,}6°$	**e)** $b = 5{,}9$ cm; $c = 3{,}2$ cm; $\gamma = 41{,}7°$

15. Das Grundstück soll vermessen werden. Dazu werden die folgenden Stücke gemessen:
$\overline{BD} = 46$ m; ∢ ADB = 44°; ∢ DBA = 42°;
∢ BDC = 69°; ∢ CBD = 55°
Bestimme die Längen von $\overline{AB}$, $\overline{AD}$, $\overline{DC}$ und $\overline{BC}$. Fertige eine Skizze an.

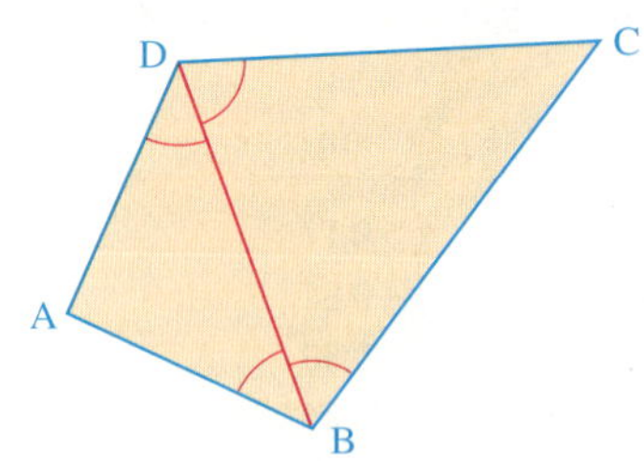

△ **16.** Gilt der Sinussatz auch, falls ein gegebener Winkel ein rechter ist?

Berechnen eines allgemeinen Dreiecks im Falle sws und sss – Kosinussatz

Einstieg

Vom Punkt D eines Bergwerks sind zwei Stollen in den Berg getrieben worden. Von E nach F soll nun ein Verbindungsstollen angelegt werden.

→ Wie lang wird der Verbindungsstollen? Welche Winkel bildet er mit den bestehenden Stollen?

→ Berichtet über euer Vorgehen und eure Ergebnisse.

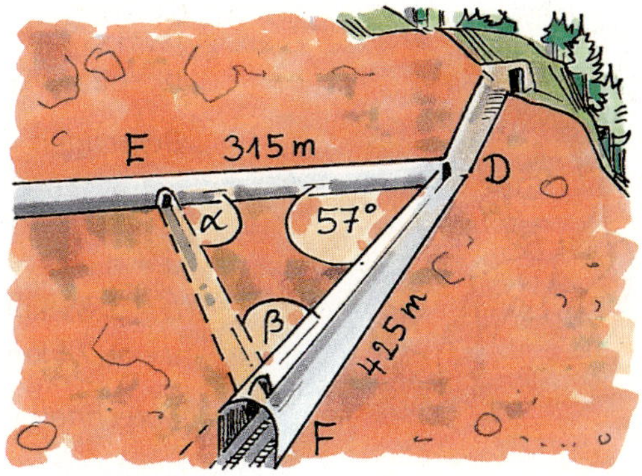

Aufgabe

1. a) Ein Straßentunnel soll geradlinig durch einen Berg gebaut werden. Um seine Länge zu bestimmen, werden von einem geeigneten Punkt C aus die Entfernungen $\overline{CB}$ und $\overline{CA}$ zu den Tunneleingängen sowie die Winkelgröße γ gemessen:
$\overline{CB} = 2{,}85$ km; $\overline{CA} = 4{,}42$ km;
$\gamma = 52{,}3°$

(1) Zeichne ein Dreieck ABC mit den angegebenen Maßen (Maßstab 1 : 100 000) und bestimme einen Näherungswert für die Seitenlänge c durch Messen.

(2) Zerlege das Dreieck in zwei rechtwinklige Teildreiecke; bestimme die Seitenlänge c durch Rechnung.

b) In einem Dreieck ABC sind gegeben:
$a = 6$ cm; $b = 8$ cm; $\gamma = 140°$. Berechne die Seitenlänge c.

Lösung

a) Wir lösen die Aufgabe zunächst zeichnerisch und dann rechnerisch.

(1) Der Zeichnung entnehmen wir nach maßstäblicher Umrechnung als Näherungswert $c = 3{,}5$ km.

(2) Wir zerlegen das *spitzwinklige* Dreieck ABC in zwei Teildreiecke, indem wir die Höhe h_b zur Seite $\overline{AC}$ einzeichnen. Die Längen der Teilstrecken $\overline{FC}$ und $\overline{FA}$ nennen wir u bzw. v. In dem Teildreieck BCF sind dann die Stücke a und γ gegeben; die Stücke h_b, u und v können wir damit berechnen.

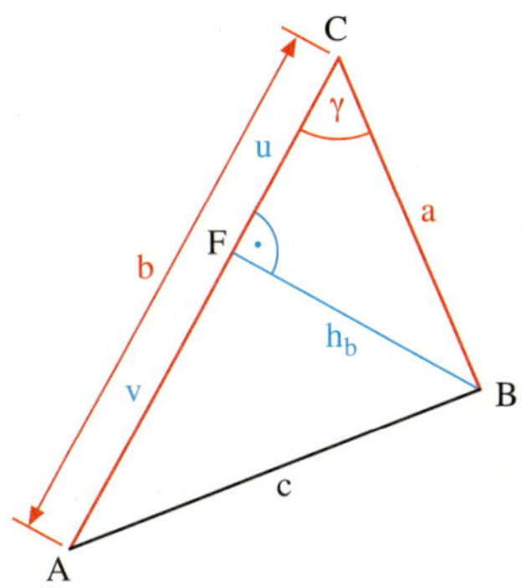

Nun sind uns im Teildreieck ABF auch zwei Stücke bekannt, mit denen sich die Länge c berechnen lässt.

Berechnen von h_b im Dreieck BCF:

$\sin\gamma = \frac{h_b}{a}$

$h_b = a \cdot \sin\gamma$

$h_b = 2{,}85\text{ km} \cdot \sin 52{,}3°$

$h_b \approx 2{,}25\text{ km}$

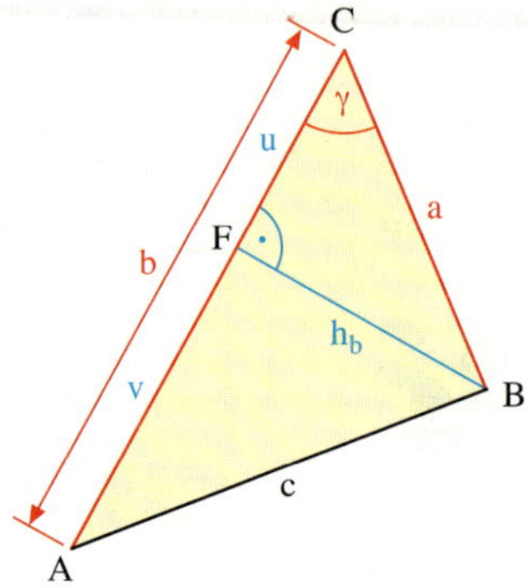

Berechnen von u im Dreieck BCF:

$\cos\gamma = \frac{u}{a}$

$u = a \cdot \cos\gamma$

$u = 2{,}85\text{ km} \cdot \cos 52{,}3°$

$u \approx 1{,}74\text{ km}$

Berechnen von v im Dreieck ABC:

$u + v = b$

$v = b - u$

$v \approx 4{,}42\text{ km} - 1{,}74\text{ km}$

$v \approx 2{,}68\text{ km}$

Berechnen von c im Dreieck ABF:

$c^2 = h_b^2 + v^2$

$c = \sqrt{h_b^2 + v^2}$

$c = \sqrt{(2{,}25\text{ km})^2 + (2{,}68\text{ km})^2}$

$c = 3{,}50\text{ km}$

Ergebnis: Die Länge des Tunnels beträgt ungefähr 3,5 km.

b) Wir ergänzen das *stumpfwinklige* Dreieck ABC durch die äußere Höhe h_b zu einem rechtwinkligen Dreieck ABF. In dem Teildreieck BFC sind uns dann zwei Stücke bekannt und wir können die Höhe h_b bestimmen.
Anschließend berechnen wir im Dreieck ABF die gesuchte Länge c.

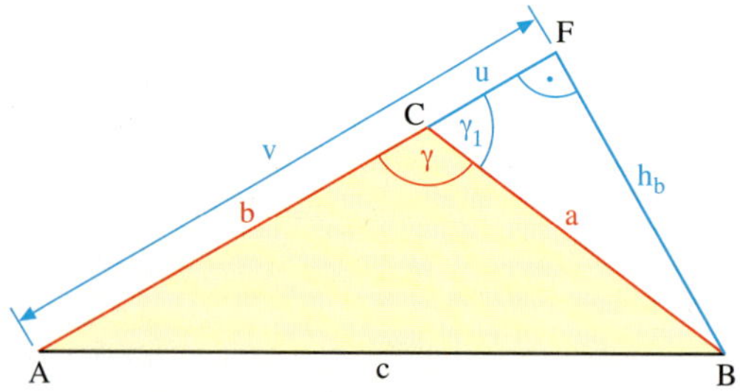

Berechnen von γ_1 im Dreieck BFC:

$\gamma + \gamma_1 = 180°$, also $\gamma_1 = 180° - \gamma$.

Einsetzen ergibt:

$\gamma_1 = 180° - 140°$, also $\gamma_1 = 40°$

Berechnen von h_b im Dreieck BFC:

$\sin\gamma_1 = \frac{h_b}{a}$

$h_b = a \cdot \sin\gamma_1$

$h_b = 6\text{ cm} \cdot \sin 40°$

$h_b \approx 3{,}9\text{ cm}$

Berechnen von u im Dreieck BFC:

$\cos\gamma_1 = \frac{u}{a}$

$u = a \cdot \cos\gamma_1$

$u = 6\text{ cm} \cdot \cos 40°$

$u \approx 4{,}6\text{ cm}$

Berechnen von v im Dreieck ABF:

$v = b + u$

$v \approx 8\text{ cm} + 4{,}6\text{ cm}$

$v \approx 12{,}6\text{ cm}$

Berechnen von c im Dreieck ABF:

$c^2 = h_b^2 + v^2$

$c = \sqrt{h_b^2 + v^2}$

$c = \sqrt{(3{,}9\text{ cm})^2 + (12{,}6\text{ cm})^2}$

$c \approx 13{,}2\text{ cm}$

Ergebnis: Die Seitenlänge c beträgt ungefähr 13,2 cm.

Information

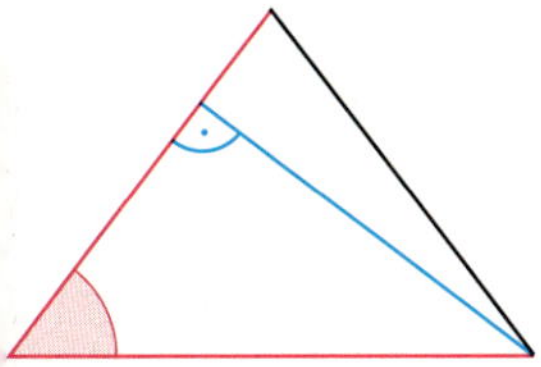

(1) Berechnen eines Dreiecks im Falle sws

In einem beliebigen Dreieck kann man aus vorgegebenen Stücken im Sinne des Kongruenzsatzes sws die übrigen mit dem Kosinus, dem Sinus und dem Innenwinkelsatz berechnen. Durch Einzeichnen einer geeigneten Höhe zerlegt bzw. ergänzt man das gegebene Dreieck so, dass rechtwinklige Dreiecke entstehen. Man wählt die Höhe so, dass in einem der beiden Teildreiecke zwei Stücke gegeben sind.

(2) Herleitung des Kosinussatzes

In einem Dreieck ABC sollen die Stücke a, b und γ gegeben sein. Wir wollen nun wie in der Aufgabe 1 (Seite 22) unten die Seitenlänge c allgemein berechnen.

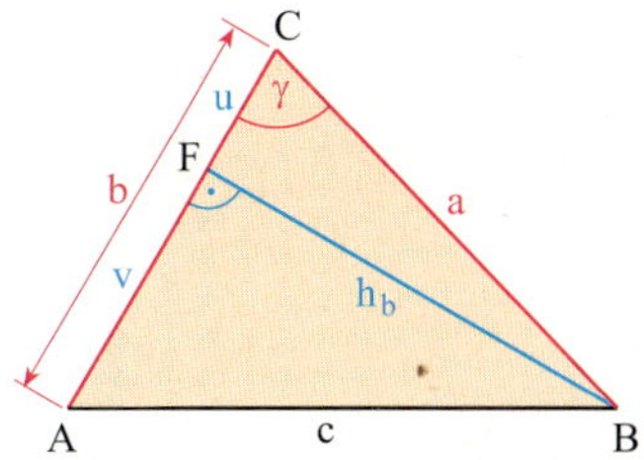

1. Fall: $\gamma < 90°$

Wir zerlegen das Dreieck ABC durch die Höhe h_b in zwei rechtwinklige Dreiecke ABF und BCF.

Im rechtwinkligen Teildreieck ABF ist die Seitenlänge c gesucht. Nach dem Satz des Pythagoras gilt:

$c^2 = h_b^2 + v^2$

Da $v = b - u$ ist, folgt durch Einsetzen:

$c^2 = h_b^2 + (b - u)^2$

$c^2 = h_b^2 + b^2 - 2\,b\,u + u^2$

Da in dem Teildreieck BCF die Stücke a und γ gegeben sind, können wir h_b und u bestimmen:

$h_b^2 = a^2 - u^2$ und $\cos\gamma = \frac{u}{a}$, also $u = a \cdot \cos\gamma$

Diese Ergebnisse setzen wir in die Gleichung für c^2 ein:

$c^2 = a^2 - u^2 + b^2 - 2 \cdot b \cdot a \cdot \cos\gamma + u^2$, also

$c^2 = a^2 + b^2 - 2\,a\,b \cdot \cos\gamma$

2. Fall: $90° < \gamma < 180°$

Wir ergänzen das Dreieck ABC durch die äußere Höhe h_b zu dem rechtwinkligen Dreieck ABF mit dem rechtwinkligen Teildreieck BFC.

In dem rechtwinkligen Dreieck ABF ist die Seitenlänge c gesucht. Nach dem Satz des Pythagoras gilt:

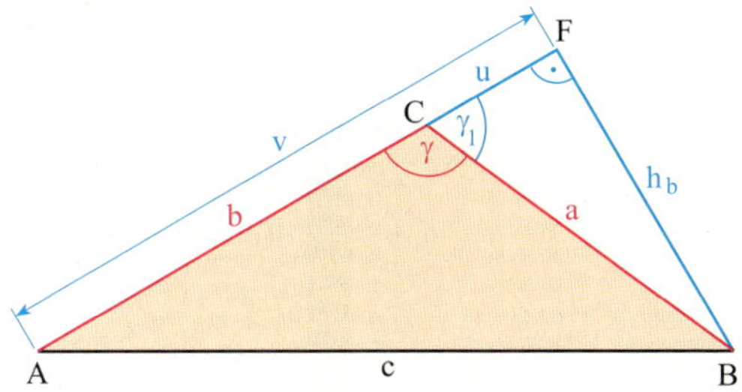

$c^2 = h_b^2 + v^2$

Da $v = b + u$ ist, folgt durch Einsetzen:

$c^2 = h_b^2 + (b + u)^2$

$c^2 = h_b^2 + b^2 + 2\,b\,u + u^2$

Da im Teildreieck BFC die Stücke a und $\gamma_1 = 180° - \gamma$ bekannt sind, können wir h_b und u bestimmen:

$h_b^2 = a^2 - u^2$ und $\cos(180° - \gamma) = \frac{u}{a}$, also $u = a \cdot \cos(180° - \gamma)$

Diese Ergebnisse setzen wir in die Gleichung für c^2 ein:

$c^2 = a^2 - u^2 + b^2 + 2\,b \cdot a \cdot \cos(180° - \gamma) + u^2$, also

$c^2 = a^2 + b^2 + 2\,a\,b \cdot \cos(180° - \gamma)$

(3) Kosinus im Bereich $90° < \alpha \leq 180°$

Um zu erreichen, dass die Formel $c^2 = a^2 + b^2 - 2ab \cdot \cos\gamma$ auch für stumpfe Winkel gilt, legen wir den Kosinus auch für Winkelgrößen zwischen 90° und 180° fest.

> **Festlegung:**
> Für Winkelgrößen α mit $90° < \alpha \leq 180°$ soll gelten:
> $\mathbf{\cos\alpha = -\cos(180° - \alpha)}$

Aufgrund dieser Festlegung (Definition) des Kosinus ist unmittelbar klar:
Für alle α mit $90° \leq \alpha \leq 180°$ gilt: $\quad -1 \leq \cos\alpha \leq 0$

(4) Deutung des Kosinus am Einheitskreis

Wie auf Seite 19 deuten wir nun auch den Kosinus am Einheitskreis.

> **Deutung des Kosinus am Einheitskreis**
> Es soll $P(u\,|\,v)$ ein Punkt des Einheitskreises sein.
> α soll die Größe des Winkels sein, den der Schenkel $\overline{OP}$ mit der u-Achse bildet.
> Dann gilt:
> $\cos\alpha = u \quad$ (1. Koordinate von P)

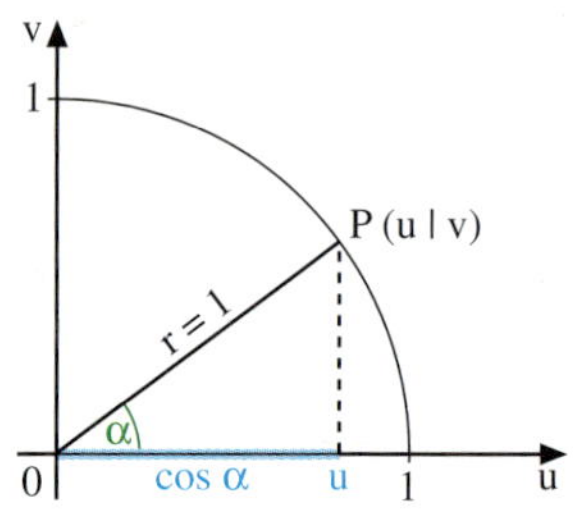

Die Festlegung unter (3) steht im Einklang mit der Deutung des Kosinus als 1. Koordinate eines Punktes am Einheitskreis.
Denn es gilt für $90° < \alpha \leq 180°$:
$\cos\alpha = -\cos(180° - \alpha) = -u' = u$, also
$u = \cos\alpha$

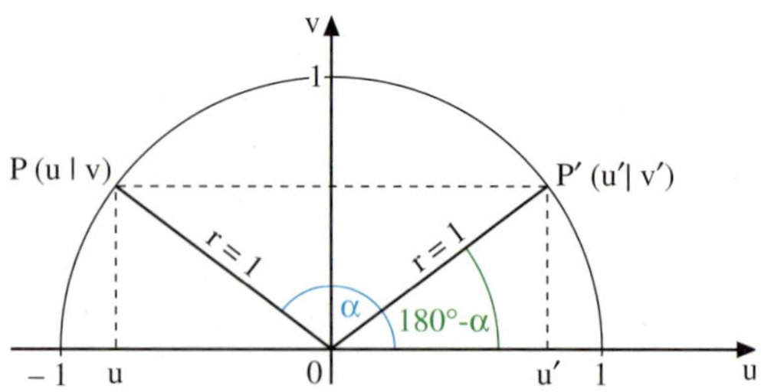

(5) Formulierung des Kosinussatzes

> **Kosinussatz**
> In jedem Dreieck ABC gilt:

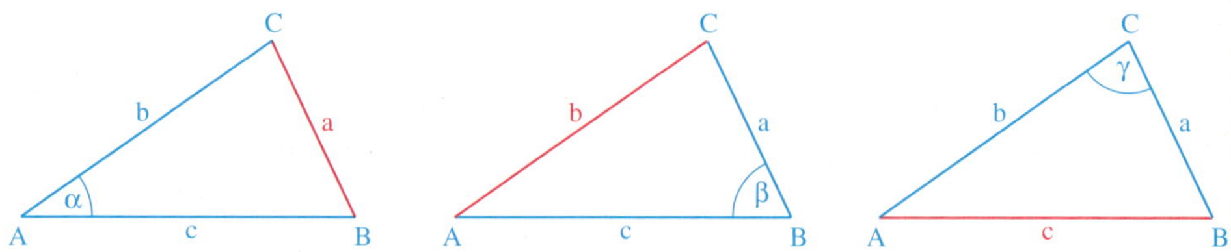

$a^2 = b^2 + c^2 - 2bc \cdot \cos\alpha$	$b^2 = c^2 + a^2 - 2ca \cdot \cos\beta$	$c^2 = a^2 + b^2 - 2ab \cdot \cos\gamma$

> Das Quadrat einer Seitenlänge eines Dreiecks ist gleich der Summe der Quadrate der beiden anderen Seitenlängen vermindert um das Doppelte des Produkts aus diesen Seitenlängen und dem Kosinus des eingeschlossenen Winkels.

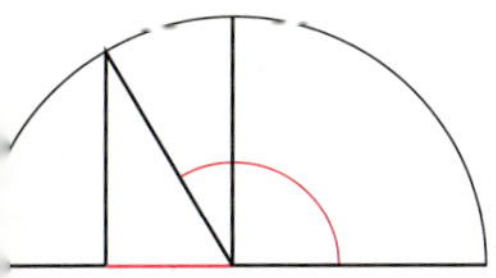

△ **(6) Verwenden des Taschenrechners bei stumpfen Winkeln**

△ (a) Der Taschenrechner liefert auch für alle Winkelgrößen im Bereich $90° < \alpha \leq 180°$ beim Drücken der Taste cos die zugehörigen Kosinuswerte.
Versuche mit deinem Taschenrechner cos 130° zu bestimmen.

△ (b) Bestimmen von Winkelgrößen zu vorgegebenen Kosinuswerten.
Bestimme mit deinem Taschenrechner einen Winkel α mit $\cos\alpha = -0{,}4$.
Kontrolliere dein Ergebnis.

Aufgabe

△ **2.** *Vollständige Berechnung eines Dreiecks mithilfe von Kosinus- und Sinussatz*

Von einem Dreieck ABC sind gegeben: $b = 8{,}1$ km; $c = 5{,}3$ km; $\alpha = 36{,}4°$.
Berechne die übrigen Stücke des Dreiecks.

Planfigur

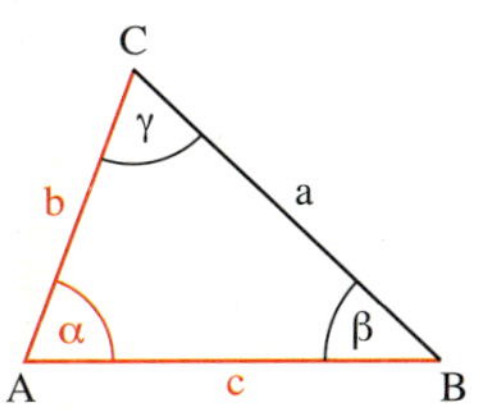

Strategie:
Kleinere Winkel mit dem Sinussatz berechnen, den dritten Winkel mit dem Innenwinkelsatz.

Lösung

(1) Aus den gegebenen Stücken (sws) kann man mithilfe des Kosinussatzes direkt die Seitenlänge a berechnen:

$a^2 = b^2 + c^2 - 2bc \cdot \cos\alpha$

$a = \sqrt{b^2 + c^2 - 2bc \cdot \cos\alpha}$

$a = \sqrt{(8{,}1\text{ km})^2 + (5{,}3\text{ km})^2 - 2 \cdot 8{,}1\text{ km} \cdot 5{,}3\text{ km} \cdot \cos 36{,}4°}$

$a \approx 5{,}0$ km

(2) Einen der beiden Winkel β und γ müssen wir mit dem Kosinus- oder Sinussatz berechnen. Der Kosinussatz ist rechentechnisch aufwändig, liefert aber stets nur *eine* Winkelgröße. Dagegen ist die Anwendung des Sinussatzes rechentechnisch weniger aufwändig, liefert jedoch zwei Lösungen. Man weiß dann nicht, welche Winkelgröße die geeignete ist. Berechnet man mit dem Sinussatz den Winkel, hier γ, der der kleineren Seite c gegenüberliegt, so kommt nur eine der beiden Lösungen in Frage.

$\frac{c}{\sin\gamma} = \frac{a}{\sin\alpha}$, also $\sin\gamma = \frac{c}{a} \cdot \sin\alpha$

Einsetzen ergibt: $\sin\gamma = \frac{5{,}3\text{ km}}{4{,}96\text{ km}} \cdot \sin 36{,}4°$; $\sin\gamma \approx 0{,}63409\ldots$, also $\gamma \approx 39{,}4°$

(3) Nach dem Innenwinkelsatz für Dreiecke ergibt sich dann für den Winkel β:
$\beta = 180° - (\alpha + \gamma)$; $\beta \approx 180° - (36{,}4° + 39{,}4°)$, also: $\beta \approx 104{,}2°$

Zum Festigen und Weiterarbeiten

△ **3. a)** Bestimme $\cos\alpha$ mit dem Taschenrechner für $\alpha = 106°$; $\alpha = 134°$; $\alpha = 171°$; $\alpha = 159°$.

b) Für welche Winkelgrößen α zwischen 0° und 180° gilt:
$\cos\alpha = -0{,}7771$; $\cos\alpha = -0{,}4695$; $\cos\alpha = 0{,}1234$; $\cos\alpha = 0{,}9183$?

4. Berechne die fehlenden Stücke des Dreiecks ABC.

a) $a = 5$ cm, $b = 7$ cm, $\gamma = 40°$

b) $a = 9$ cm, $c = 8$ cm, $\beta = 41°$

c) $b = 8{,}9$ cm, $c = 11{,}0$ cm, $\alpha = 118°$

d) $a = 9{,}4$ cm, $b = 6{,}9$ cm, $\gamma = 57°$

△ **5. a)** Gilt die Formel $c^2 = a^2 + b^2 - 2ab \cdot \cos\gamma$ auch für $\gamma = 90°$?

b) Gilt die Formel $c^2 = a^2 + b^2 - 2ab \cdot \cos\gamma$ auch für den Grenzfall $\gamma = 180°$?

c) Begründe: Für ein beliebiges Dreieck ABC gilt:
(1) $a^2 + b^2 > c^2$, falls $0° < \gamma < 90°$; (2) $a^2 + b^2 < c^2$, falls $90° < \gamma < 180°$.

△ **6.** *Berechnen eines Dreiecks aus den drei Seitenlängen*
In einem Dreieck ABC sind gegeben: $a = 5$ cm; $b = 3{,}5$ cm; $c = 6{,}5$ cm.

a) Erkläre die folgende Umstellung nach γ.

$$
\begin{aligned}
c^2 &= a^2 + b^2 - 2ab \cdot \cos\gamma && |+2ab \cdot \cos\gamma \\
c^2 + 2ab \cdot \cos\gamma &= a^2 + b^2 && |-c^2 \\
2ab \cdot \cos\gamma &= a^2 + b^2 - c^2 && |:(2ab) \\
\cos\gamma &= \frac{a^2 + b^2 - c^2}{2ab}
\end{aligned}
$$

b) Berechne zunächst den größten Innenwinkel, nämlich γ des gegebenen Dreiecks ABC. Warum?

c) Berechne dann die Innenwinkel α und β des Dreiecks ABC. Kontrolliere.

Übungen

△ **7.** **a)** Mithilfe der Festlegung auf Seite 92 kann man alle Kosinuswerte im Bereich $90° < \alpha \leq 180°$ berechnen, indem man sie auf den Bereich $0° \leq \alpha \leq 90°$ zurückführt.
Berechne wie im Beispiel:
$\cos 135°$; $\cos 120°$; $\cos 180°$

$$
\begin{aligned}
\cos 150° &= -\cos(180° - 150°) \\
\cos 150° &= -\cos 30° \\
\cos 150° &= -\tfrac{1}{2}\sqrt{3}
\end{aligned}
$$

b) Begründe, dass die Gleichung $\cos\alpha = -\cos(180° - \alpha)$ auch für $0° \leq \alpha \leq 90°$ gilt.

α	$\cos\alpha$
10°	0,98
20°	0,94
30°	0,87
40°	0,77
50°	0,64
60°	0,50
70°	0,34
80°	0,17

△ **8.** Bestimme zeichnerisch am Einheitskreis ($r = 1$ dm) die unten angegebenen Kosinuswerte auf zwei Stellen nach dem Komma. Kontrolliere das Ergebnis mithilfe der Festlegung auf Seite 25 und der Tabelle links.
$\cos 100°$; $\cos 110°$; $\cos 130°$; $\cos 140°$; $\cos 160°$; $\cos 170°$

△ **9.** **a)** Bestimme $\cos\alpha$ mit dem Taschenrechner für folgende Winkelgrößen α:
117°; 175°; 95°; 143°; 167,4°; 99,5°; 156,1°; 104,8°

b) Für welche Winkelgrößen α zwischen 0° und 180° gilt:
$\cos\alpha = -0{,}2588$; $\cos\alpha = 0{,}9397$; $\cos\alpha = -0{,}5461$; $\cos\alpha = 0{,}1212$?

10. Konstruiere ein Dreieck ABC aus $a = 3{,}7$ cm, $c = 4{,}8$ cm und $\beta = 100°$.
Berechne die übrigen Stücke und kontrolliere die berechneten Werte an der Zeichnung.

11. Berechne die übrigen Stücke des Dreiecks.

a) $a = 7{,}1$ cm, $b = 6{,}3$ cm, $\gamma = 66°$
b) $a = 2{,}7$ cm, $b = 3{,}5$ cm, $\gamma = 102°$
c) $a = 12{,}3$ cm, $c = 8{,}9$ cm, $\beta = 53°$
d) $b = 9{,}1$ cm, $c = 6{,}4$ cm, $\alpha = 115°$
e) $b = 8{,}1$ cm, $c = 10{,}4$ cm, $\alpha = 67°$
f) $a = 8{,}3$ cm, $c = 9{,}9$ cm, $\beta = 95°$
g) $a = 3{,}8$ cm, $c = 4{,}5$ cm, $\beta = 49°$
h) $a = 5{,}87$ km, $b = 22{,}47$ km, $\gamma = 122{,}7°$
i) $a = 6{,}8$ cm, $b = 6{,}4$ cm, $\gamma = 47°$
j) $b = 6{,}3$ m, $c = 5{,}7$ m, $\alpha = 135{,}4°$

12. Konstruiere ein Dreieck ABC aus $a = 5{,}7$ cm, $b = 6{,}3$ cm und $c = 4{,}3$ cm.
Berechne die übrigen Stücke und kontrolliere die berechneten Werte an der Zeichnung.

13. Berechne die übrigen Stücke des Dreiecks. Finde verschiedene Lösungswege. Beschreibe sie.

a) $a = 3{,}8$ cm, $b = 5{,}1$ cm, $c = 4{,}4$ cm
b) $a = 12$ cm, $b = 15$ cm, $c = 18$ cm
c) $a = 7{,}3$ m, $b = 5{,}8$ m, $c = 11{,}6$ m
d) $a = 112$ km, $b = 75$ km, $c = 52$ km

14. Von einer Straße aus gehen zwei geradlinig verlaufende Wege in den Wald. Sie sind 412 m und 520 m lang; ihre Richtungen bilden einen Winkel von 69°.
Die Endpunkte sollen durch einen Weg verbunden werden.
Wie lang ist dieser neue Weg?
Welche Winkel bildet der neue Weg mit den vorhandenen Wegen?

15. Zwischen zwei Orten A und B liegt ein Berg. Um die Entfernung der beiden Orte zu bestimmen, wird ein Punkt C im Gelände gewählt.
Folgende Größen werden gemessen:
$b = 8{,}3$ km; $a = 6{,}7$ km; $\gamma = 55°$.
Berechne die Entfernung der beiden Orte A und B. Fertige zunächst eine Skizze an.

16. Die Entfernung zwischen drei Burgen A, B und C beträgt:
$\overline{AB} = 5{,}1$ km, $\overline{BC} = 4{,}4$ km und $\overline{AC} = 3{,}6$ km.
Anne fotografiert gern. Sie möchte von einer Burg aus die beiden anderen Burgen auf einem Bild aufnehmen.
Auf welcher Burg muss sie dazu den größeren Bildwinkel (durch Zoomen) einstellen?

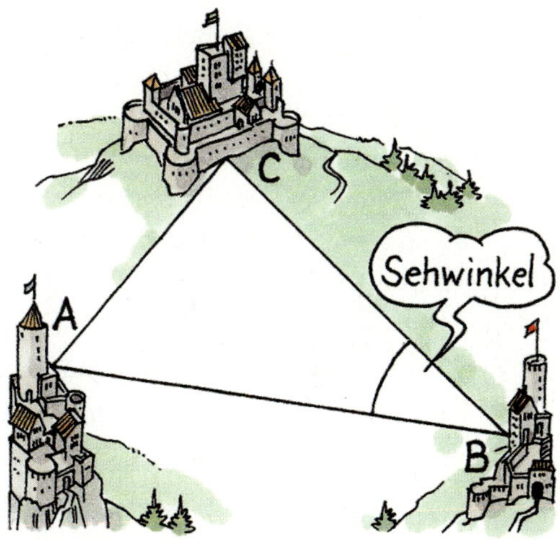

▲ **17.** *Überblick über die Berechnungen in beliebigen Dreiecken*
Sind von einem Dreieck eine Seitenlänge und zwei weitere Stücke (Seitenlängen bzw. Winkelgrößen) gegeben, so lassen sich die übrigen drei Stücke mithilfe von Innenwinkelsatz, Sinussatz oder Kosinussatz eindeutig berechnen.
Ausnahme: Gegeben sind zwei unterschiedliche Seitenlängen und die Größe des der kleineren Seite gegenüberliegenden Winkels. Ergänze die Tabelle.

Typ	gegeben	gesucht		
wsw	c, α, β	$\gamma = 180° - (\alpha + \beta)$		
wws	a, α, β		$b = \alpha \cdot \frac{\sin\beta}{\sin\alpha}$	
Ssw	a, b, α a > b	$\sin\beta = \frac{b}{a} \cdot \sin\alpha$		
sws	a, b, γ		$\sin\alpha = \frac{a}{c} \cdot \sin\gamma$	
sss	a, b, c	$\cos\alpha = \frac{b^2 + c^2 - a^2}{2bc}$		

BERECHNEN DES FLÄCHENINHALTS EINES DREIECKS MIT TRIGONOMETRISCHEN MITTELN

Einstieg

Das Bild zeigt ein Eckgrundstück mit den angegebenen Maßen.

➜ Wie kann man die Größe des Grundstücks bestimmen? Ermittle sie.

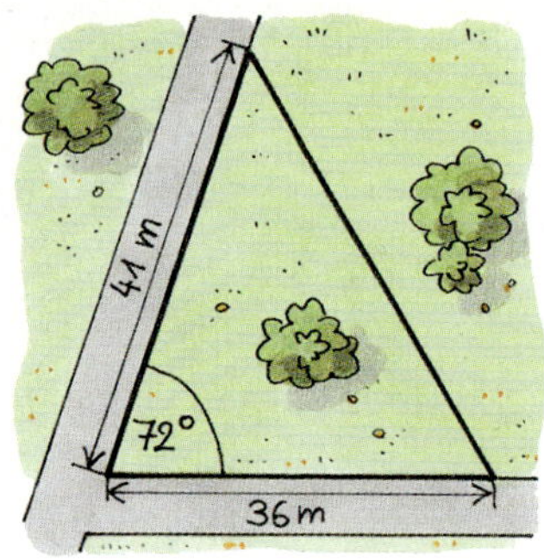

Aufgabe

1. Von einem Dreieck ABC sind die Stücke b, c und α gegeben. Leite eine Formel zur Berechnung des Flächeninhalts des Dreiecks aus diesen Stücken her.
Berechne mit dieser Formel die Größe des Grundstücks aus der Einstiegsaufgabe.

Lösung

Wir wählen c als Grundseite; dann ist h_c die zugehörige Höhe. Es gilt:

$A = \frac{c \cdot h_c}{2}$ bzw. $A = \frac{1}{2} c \cdot h_c$

Da $\sin\alpha = \frac{h_c}{b}$, also: $h_c = b \cdot \sin\alpha$

gilt für den Flächeninhalt des Dreiecks ABC:

$A = \frac{1}{2} c \cdot h_c = \frac{1}{2} c \cdot b \cdot \sin\alpha$, also:

$A = \frac{1}{2} b c \cdot \sin\alpha$

Wir setzen die gegebenen Größen des Grundstücks ein:

$A = \frac{1}{2} \cdot 41\text{ m} \cdot 36\text{ m} \cdot \sin 72°$

$A \approx 702\text{ m}^2$

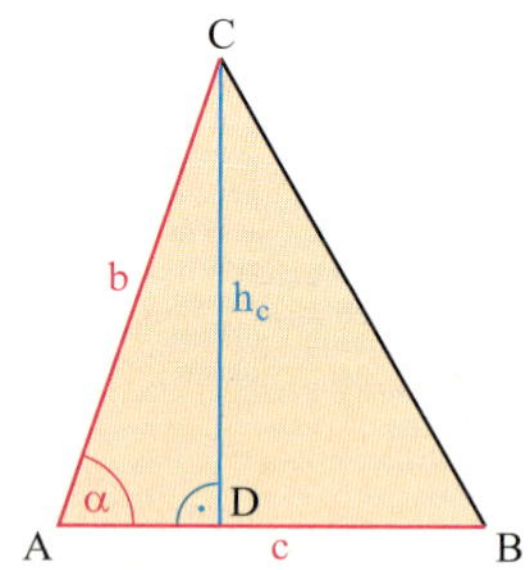

Information

Der Flächeninhalt eines spitzwinkligen Dreiecks ist gleich der Hälfte des Produktes aus zwei Seitenlängen und dem Sinus des eingeschlossenen Winkels.

$\mathbf{A = \frac{1}{2} a b \cdot \sin\gamma}$; $\mathbf{A = \frac{1}{2} b c \cdot \sin\alpha}$; $\mathbf{A = \frac{1}{2} a c \cdot \sin\beta}$

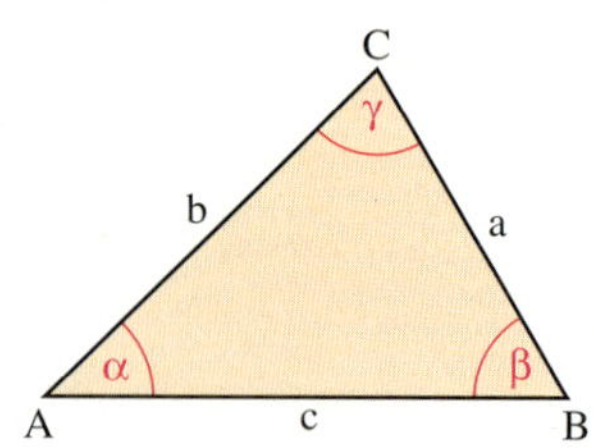

Zum Festigen und Weiterarbeiten

2. Überprüfe die in Teilaufgabe 1 hergeleitete Formel für $\alpha = 90°$ und für $\alpha > 90°$.

3. Berechne den Flächeninhalt eines Dreiecks ABC mit:

a) $a = 4{,}8$ cm; $b = 3{,}2$ cm; $\gamma = 37°$ **b)** $a = 5{,}9$ cm; $c = 4{,}6$ cm; $\beta = 116°$

Übungen

4. Berechne den Flächeninhalt des Dreiecks ABC.

a) $a = 7{,}1$ cm $b = 6{,}3$ cm $\gamma = 66°$	**c)** $a = 12{,}3$ cm $c = 8{,}9$ cm $\beta = 53°$	**e)** $b = 8{,}1$ cm $c = 10{,}4$ cm $\alpha = 67°$	**g)** $a = 3{,}8$ cm $c = 4{,}5$ cm $\beta = 49°$	**i)** $a = 6{,}8$ cm $b = 6{,}4$ cm $\gamma = 47°$
b) $a = 2{,}7$ cm $b = 3{,}5$ cm $\gamma = 102°$	**d)** $b = 9{,}1$ cm $c = 6{,}4$ cm $\alpha = 115°$	**f)** $a = 8{,}3$ cm $c = 9{,}9$ cm $\beta = 95°$	**h)** $a = 5{,}87$ km $b = 22{,}47$ km $\gamma = 122{,}7°$	**j)** $b = 6{,}3$ m $c = 5{,}7$ m $\alpha = 135{,}4°$

5. Berechne den Flächeninhalt des Dreiecks ABC.

a) $b = 7$ cm; $\alpha = 35°$; $\beta = 52°$

b) $b = 4$ cm; $\beta = 28°$; $\gamma = 65°$

c) $a = 9$ cm; $\alpha = 51°$; $\gamma = 33°$

d) $c = 6$ cm; $\gamma = 24°$; $\alpha = 47°$

e) $b = 5$ cm; $\gamma = 42°$; $\alpha = 28°$

f) $a = 5{,}3$ cm; $b = 3{,}1$ cm; $c = 4{,}8$ cm

6. a) Leite mithilfe der Formel $A = \frac{1}{2} a b \cdot \sin\gamma$ eine Flächenformel für ein gleichschenkliges Dreieck ABC mit $\overline{AB}$ als Basis her.

△ **b)** Leite mithilfe der Formel $A = \frac{1}{2} a b \cdot \sin\gamma$ eine Flächenformel für ein gleichseitiges Dreieck her.

7. Ein gleichseitiges Dreieck ABC hat die Seitenlänge $c = 4{,}5$ cm.
Berechne den Flächeninhalt des Dreiecks.

8. Von einem gleichschenkligen Dreieck ABC mit $\overline{AB}$ als Basis sind die Seitenlängen $c = 4{,}5$ cm und $a = 5{,}7$ cm bekannt.
Berechne den Flächeninhalt des Dreiecks.

9. Berechne den Flächeninhalt des Dreiecks ABC mit den angegebenen Seitenlängen.

a) $a = 4$ cm; $b = 5$ cm; $c = 3$ cm

b) $a = 6{,}5$ cm; $b = 2{,}9$ cm; $c = 7{,}4$ cm

10. Ein dreieckiges Waldstück soll aufgeforstet werden. Die Kosten pro Hektar Mischwald betragen 6 800 €. Um die jungen Pflanzen vor Wildfraß zu schützen, wird die Fläche eingezäunt. Der laufende Meter Zaun kostet 25 €.
Um die gesamten Kosten zu ermitteln, wird die Fläche vermessen:
$\overline{AB} = 942$ m; $\alpha = 57°$; $\beta = 39°$.
Stelle selbst geeignete Fragen und berechne.

11. Die Fläche eines Baugeländes hat die Form eines Dreiecks (siehe Skizze).

a) Fertige eine Zeichnung im Maßstab 1 : 20 000 an.

b) 40% des Baugeländes sollen Grünanlage werden.
Wie viel Hektar stehen dann für die Bebauung zur Verfügung?

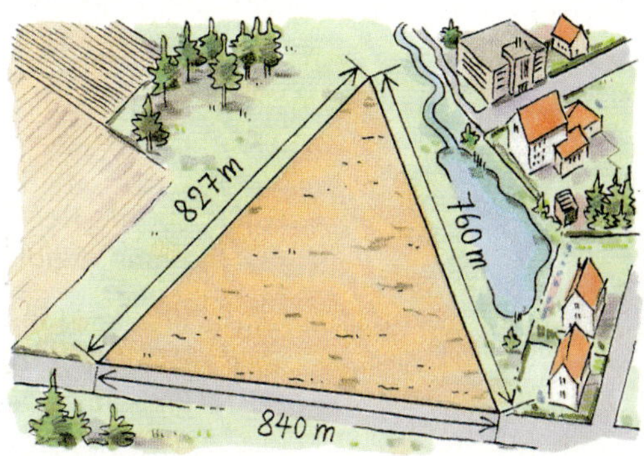

BERECHNEN VON VIELECKEN

Einstieg

Das Rechteck ABCD ist durch die Strecke $\overline{BF}$ in zwei Teilfiguren zerlegt. Es ist bekannt: $\overline{AD} = 10{,}4$ cm; $\overline{AE} = 9{,}4$ cm.

→ Mache dich mit der Figur rechts vertraut; überlege dir auch, wie die Strecke $\overline{BF}$ gewählt wurde.

→ Ermittle den Umfang und den Flächeninhalt des Trapezes ABFD.

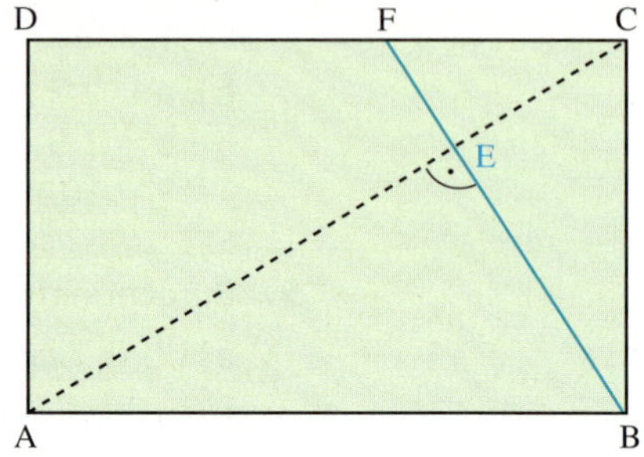

Aufgabe

1. *Berechnen eines Vierecks*
Familie Müller besitzt ein trapezförmiges Grundstück ABCD ($AB \parallel CD$) mit den Maßen: $\overline{AB} = 28{,}50$ m; $\overline{AD} = 23{,}40$ m; $\alpha = 125°$; $\beta = 110°$.

a) Das Grundstück soll eingezäunt werden. Wie lang wird der Zaun?

b) Wie groß ist die Fläche des Grundstücks?

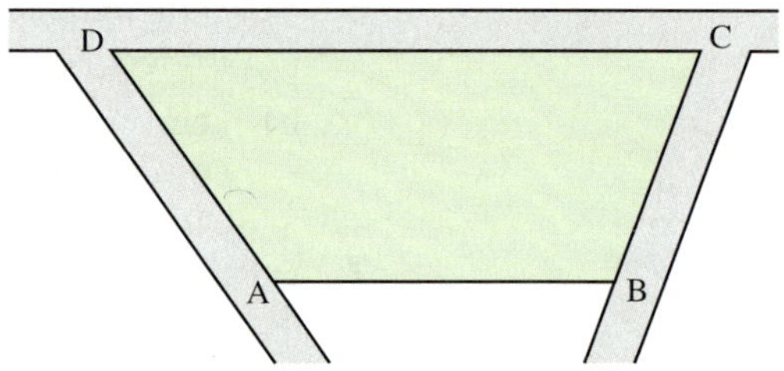

Lösung

Strategie: Zerlegen in rechtwinklige Dreiecke und Rechtecke

a) Um den Umfang des Trapezes zu bestimmen, benötigen wir noch die Längen der Seiten $\overline{BC}$ und $\overline{CD}$. Dazu zerlegen wir das Trapez ABCD durch die Höhen $\overline{AF}$ und $\overline{BE}$ in das Rechteck ABEF und die beiden rechtwinkligen Dreiecke AFD und BCE.

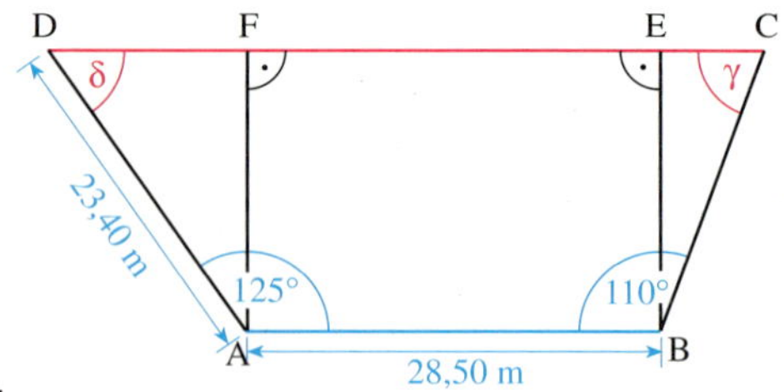

Für das rechtwinklige Teildreieck AFD gilt:
$\overline{AD} = 23{,}40$ m und $\delta = 180° - 125° = 55°$,
da sich wegen der Parallelität von AB und CD die Winkel α und δ zu 180° ergänzen.

$\cos\delta = \frac{\overline{FD}}{\overline{AD}}$, also $\overline{FD} = \overline{AD} \cdot \cos\delta$ und somit $\overline{FD} = 23{,}40\text{ m} \cdot \cos 55°$; $\overline{FD} \approx 13{,}42$ m

Für das rechtwinklige Dreieck BCE gilt:
$\gamma = 180° - 110° = 70°$, da $\beta + \gamma = 180°$

$\overline{BE} = \overline{AF}$ mit $\sin 55° = \frac{\overline{AF}}{\overline{AD}}$, also $\overline{AF} = 23{,}40\text{ m} \cdot \sin 55°$; $\overline{AF} \approx 19{,}17$ m.
$\overline{BE} \approx 19{,}17$ m

$\tan\gamma = \frac{\overline{BE}}{\overline{EC}}$, also $\overline{EC} = \frac{\overline{BE}}{\tan\gamma}$ und somit $\overline{EC} = \frac{19{,}17\text{ m}}{\tan 70°}$; $\overline{EC} \approx 6{,}98$ m

$\sin\gamma = \frac{\overline{BE}}{\overline{BC}}$, also $\overline{BC} = \frac{\overline{BE}}{\sin\gamma}$ und somit $\overline{BC} = \frac{19{,}17\text{ m}}{\sin 70°}$; $\overline{BC} \approx 20{,}40$ m

Für das Rechteck ABEF gilt: $\overline{FE} = \overline{AB} = 28{,}50$ m
Damit ergibt sich für den Umfang des Trapezes ABCD:
$u = \overline{AB} + \overline{BC} + \overline{CE} + \overline{FE} + \overline{DF} + \overline{AD}$
$u = 28{,}50\text{ m} + 20{,}40\text{ m} + 6{,}98\text{ m} + 28{,}50\text{ m} + 13{,}42\text{ m} + 23{,}40\text{ m} = 121{,}20\text{ m}$

Ergebnis: Der Zaun wird etwa 121,20 m lang.

b) Für den Flächeninhalt des Trapezes ABCD gilt:

$$A = \frac{(a + c) \cdot h}{2}$$

Dabei ist $a = 28{,}50\text{ m}$; $c = 6{,}98\text{ m} + 28{,}50\text{ m} + 13{,}42\text{ m} = 48{,}90\text{ m}$; $h = 19{,}17\text{ m}$.
Wir setzen ein:

$$A = \frac{(28{,}50\text{ m} + 48{,}90) \cdot 19{,}17\text{ m}}{2}, \text{ also } A \approx 741{,}88\text{ m}^2$$

Ergebnis: Das Grundstück ist etwa 742 m^2 groß.

Aufgabe

2. *Berechnen eines Fünfecks*

Die Skizze zeigt den Giebel eines Hauses. Es gilt:

$a = 7{,}50\text{ m}$ $\quad c = 3{,}15\text{ m}$
$b = e = 5{,}00\text{ m}$ $\quad d = 6{,}00\text{ m}$

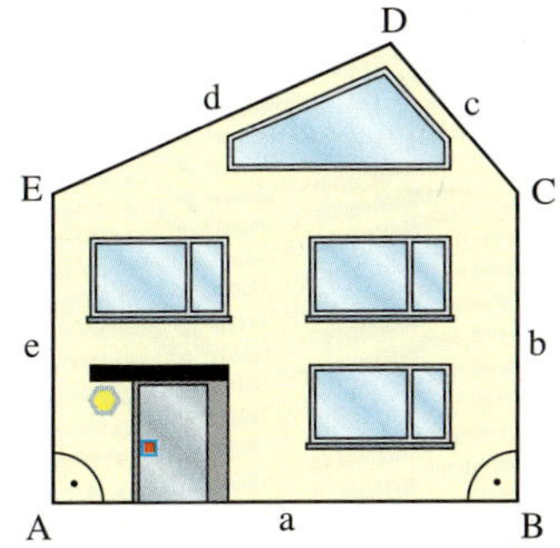

a) Wie groß sind die Neigungswinkel des Daches?

b) Der Giebel soll neu verputzt werden. Pro Quadratmeter muss mit einem Preis von 38 € ohne Mehrwertsteuer gerechnet werden. Die Fenster und die Tür bleiben unberücksichtigt.
Wie teuer wird das Verputzen?

Lösung

Der Giebel des Hauses ist ein Fünfeck ABCDE. Wir zerlegen es durch die Strecke $\overline{EC}$ in das Rechteck ABCE und das Dreieck ECD.

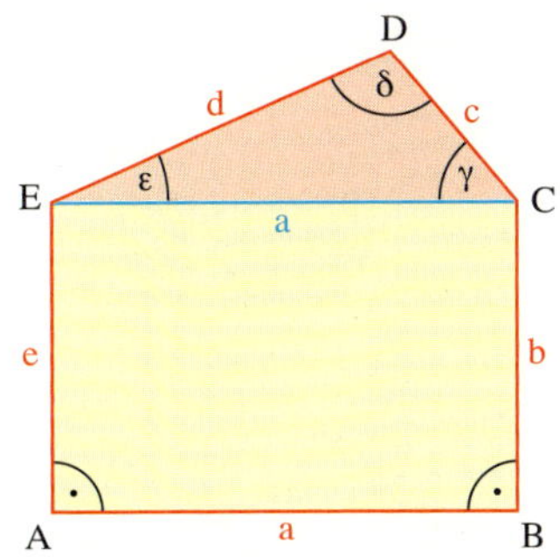

a) (1) Der Neigungswinkel γ ist der größere von beiden, denn er liegt der größeren Seite gegenüber. Wir berechnen ihn mit dem Kosinussatz:

$$d^2 = c^2 + a^2 - 2ca \cdot \cos\gamma$$

$$\cos\gamma = \frac{c^2 + a^2 - d^2}{2ca}$$

$$\cos\gamma = \frac{(3{,}15\text{ m})^2 + (7{,}50\text{ m})^2 - (6{,}00\text{ m})^2}{2 \cdot 3{,}15\text{ m} \cdot 7{,}50\text{ m}}$$

$$\cos\gamma \approx 0{,}638571428, \text{ also } \gamma \approx 50{,}3°$$

(2) Wir berechnen nun den nächst kleineren Winkel im Dreieck ECD mit dem Sinussatz. Es ist $\varepsilon < \delta$, weil $c < a$, also $\sin\varepsilon = \frac{c}{d} \cdot \sin\gamma$

$$\sin\varepsilon \approx \frac{3{,}15\text{ m}}{6{,}00\text{ m}} \cdot \sin 50{,}3°; \quad \sin\varepsilon \approx 0{,}403934\ldots, \text{ also } \varepsilon \approx 23{,}8°$$

Ergebnis: Die beiden Neigungswinkel betragen 50,3° und 23,8°.

b) *(1) Berechnen des Flächeninhalts A_R des Rechtecks*

$A_R = a \cdot b$; $\quad A = 7{,}50\text{ m} \cdot 5\text{ m}$, also $A = 37{,}50\text{ m}^2$

(2) Berechnen des Flächeninhalts A_D des Dreiecks

$A_D = \frac{1}{2} ac \cdot \sin\gamma$; $\quad A_D \approx \frac{1}{2} \cdot 7{,}50\text{ m} \cdot 3{,}15\text{ m} \cdot \sin 50{,}3°$, also $A_D \approx 9{,}09\text{ m}^2$

(3) Berechnen des Flächeninhalts A des Fünfecks

$A = A_R + A_D$; $\quad A \approx 37{,}50\text{ m}^2 + 9{,}09\text{ m}^2$, also $A \approx 46{,}59\text{ m}^2$

(4) Berechnen der Kosten K

$K \approx 46{,}59\text{ m}^2 \cdot 8\,\frac{€}{\text{m}^2} = 372{,}72\text{ €}$

Ergebnis: Die Kosten betragen ungefähr 373 €.

Information

Strategie zur Berechnung von Vielecken

Um Größen in Vielecken zu berechnen, zerlegt man das gegebene Vieleck in geeignete Teilfiguren, wie z. B. rechtwinklige Dreiecke, Rechtecke oder Quadrate. Gegebenenfalls muss man das Vieleck auch geeignet ergänzen.

Zum Festigen und Weiterarbeiten

△ **3.** Das Dreieck ABD ist gleichseitig. Das Viereck ABCD hat den Flächeninhalt:

$A = \frac{5a^2}{3}\sqrt{3}$

Berechne ohne Verwendung gerundeter Werte den Winkel $\beta_2 = \sphericalangle CBD$.
Denke an die Sinuswerte spezieller Winkelgrößen (Seite 81).

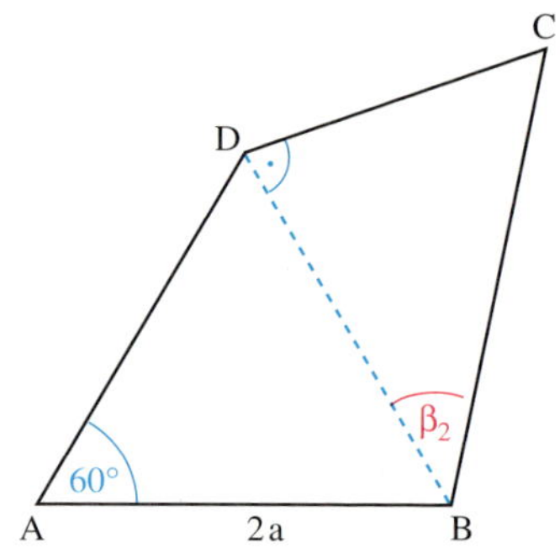

Übungen

4.

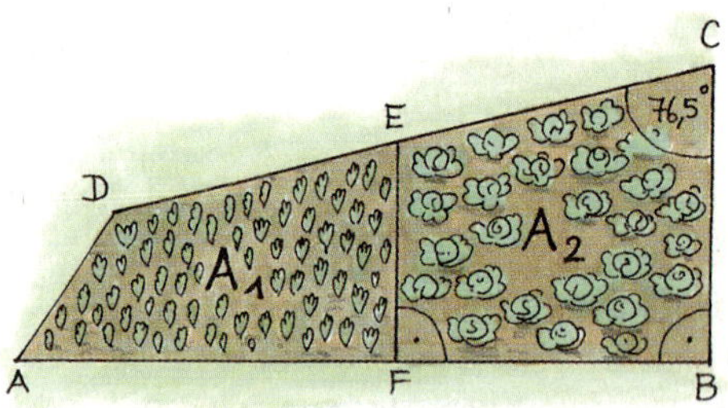

Zu Forschungszwecken soll eine Anbaufläche ABCD in zwei kleinere Felder geteilt werden, um die Wirkung unterschiedlicher Düngemittel zu testen.
Folgende Messwerte wurden ermittelt:

$\overline{AB} = 75{,}0$ m $\quad \overline{CF} = 34{,}5$ m
$\overline{BC} = 32{,}0$ m $\quad \overline{FD} = 28{,}5$ m
$\sphericalangle ECB = 76{,}5°$

a) Ermittle die Länge der Grenzlinie $\overline{EF}$.

b) Der Dünger, der auf Feld A_2 eingesetzt wird, wurde in 10-*l*-Kanistern geliefert. Pro Quadratmeter müssen 25 ml Dünger verwendet werden.
Wie viele Kanister müssen von diesem Dünger im Lager sein?

5. Berechne von den Stücken a, b, α, β, e, f und ε eines Parallelogramms die fehlenden Stücke.

a) a = 5 cm; d = 4 cm; β = 130°

b) e = 8 cm; f = 6 cm; ε = 55°

c) a = 7 cm; b = 4,3 cm; β = 65°

d) a = 5,3 cm; f = 5,1 cm; β = 115°

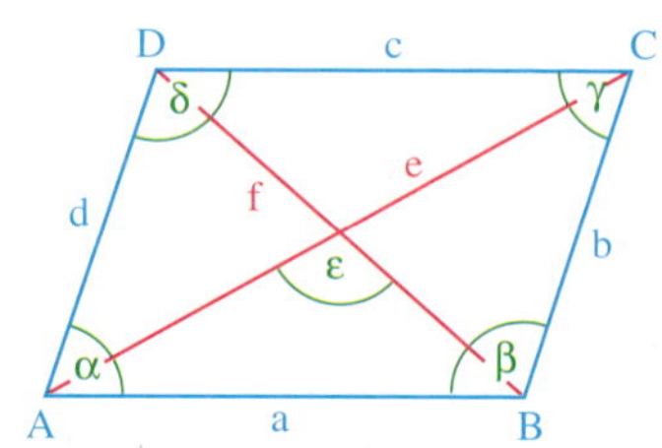

6. Berechne von den Stücken a, b, c, α, γ, e eines gleichschenkligen Trapezes ABCD die fehlenden Stücke.

a) a = 5,4 cm; d = 3,1 cm; β = 64,5°

b) c = 3,5 m; d = 2,8 m; γ = 125,7°

c) a = 6,1 km; c = 2,9 km; β = 68,8°

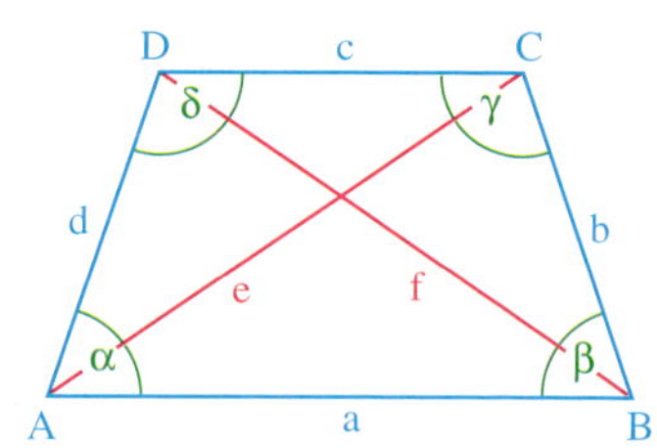

7. Berechne von den Stücken a, b, f, α, β, γ eines Drachenvierecks ABCD die fehlenden Stücke.

a) a = 6 cm; b = 4 cm; α = 40°

b) e = 6,2 cm; α = 110°; γ = 44°

c) e = 8,4 cm; β = 70°; a = 5,3 cm

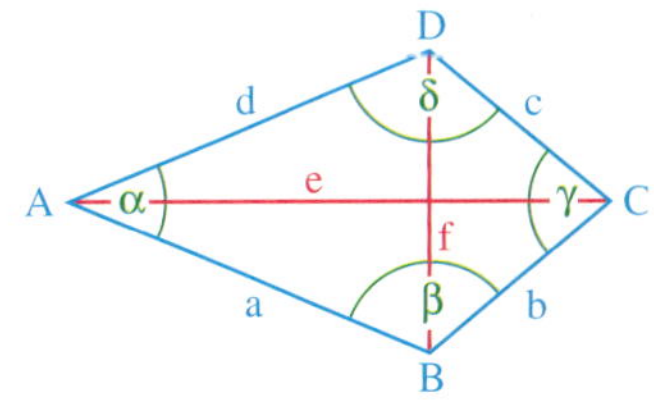

8. a) Es soll α der Winkel zwischen den Seiten a und b eines Parallelogramms sein.
Begründe: Für den Flächeninhalt A des Parallelogramms gilt: A = a · b · sin α

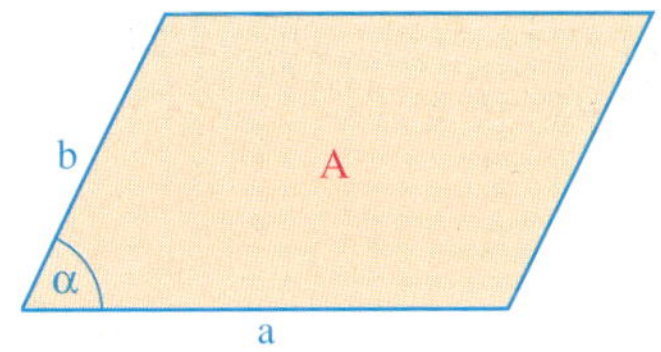

b) Berechne die Höhen eines Parallelogramms mit a = 7,3 cm, b = 4,9 cm und α = 126°.

c) Berechne von den Größen A, a, b, α eines Parallelogramms die fehlende.

(1)	(2)	(3)	(4)
a = 4,8 cm	a = 17,8 m	a = 23,5 cm	a = 14,9 m
b = 2,7 cm	b = 29,7 m	α = 104°	b = 8,4 m
α = 43,1°	α = 151,8°	A = 310,1 cm²	A = 113,4 m²

9.

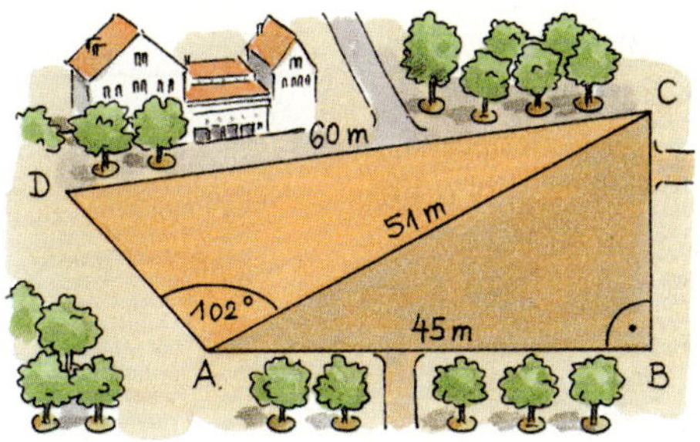

Ein Parkplatz soll vergrößert werden. Dazu wird die ursprüngliche Parkfläche (Dreieck ABC) zum Viereck ABCD erweitert.
Wie groß war die ursprüngliche Parkfläche?
Wie groß ist die Fläche des neuen Parkplatzes?
Um wie viel Prozent vergrößert sich durch den Ausbau die Parkkapazität?

△ **10.** Berechne ohne Verwendung gerundeter Werte den Flächeninhalt des Trapezes ABCD in Abhängigkeit von e.

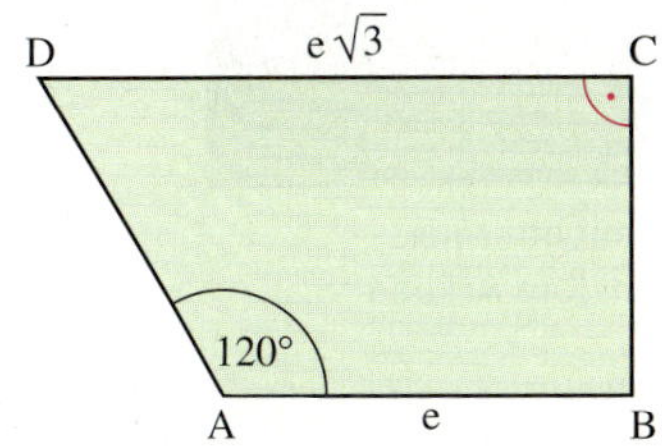

△ **11.** Im gleichschenkligen Trapez ABCD gilt:
$\overline{AB}$ = 3 a; $\overline{BC}$ = 2 a; α = 60°.

a) Berechne ohne Verwendung gerundeter Werte den Flächeninhalt A des Trapezes in Abhängigkeit von a.

b) Berechne die Länge der Strecke $\overline{BD}$ in Abhängigkeit von a.

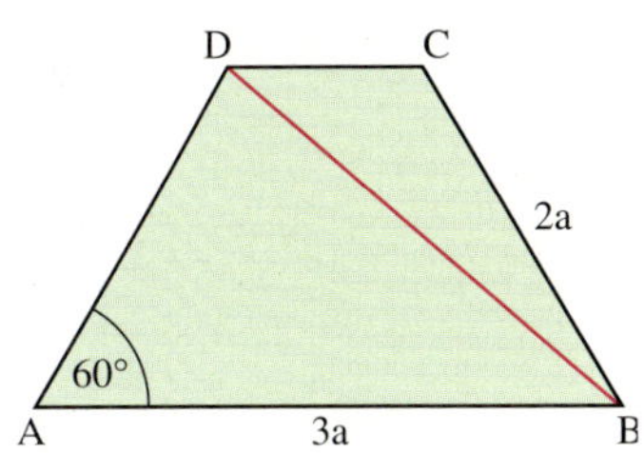

12. Das Fünfeck ABCDE setzt sich zusammen aus einem gleichschenkligen Trapez und einem rechtwinkligen Dreieck. Es gilt:

$\overline{CD}$ = 7,6 cm; $\overline{AE}$ = 3,3 cm;
γ = 119°; $A_{Dreieck}$ = 52,3 cm².

Berechne die Länge der Seite $\overline{AB}$ des Fünfecks ABCDE.

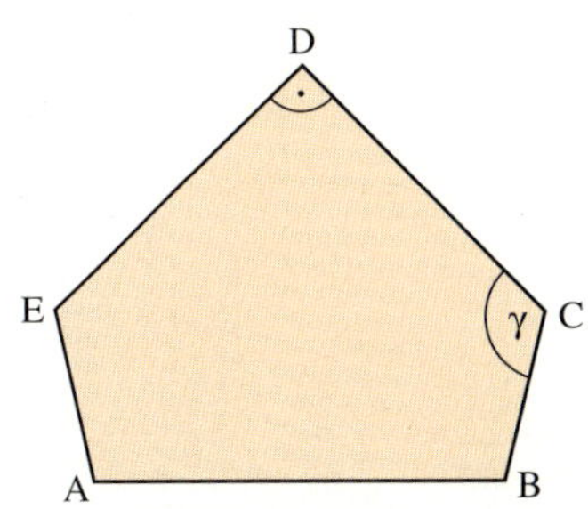

VERMISCHTE UND KOMPLEXE ÜBUNGEN

1. In einem Fluss liegt eine Insel mit einem Turm T. Um die Entfernung des Turmes vom Ufer zu bestimmen, werden am Ufer eine 40 m lange Strecke $\overline{AB}$ abgesteckt und die beiden Winkelgrößen α und β gemessen: $\alpha = 62°$; $\beta = 51°$.
Berechne die Entfernung vom Punkt D aus.

2. Die beiden Neigungswinkel eines 10,50 m breiten Satteldaches (siehe Seite 80) betragen jeweils 38°.
(1) Wie hoch ist der Dachraum?
(2) Wie lang sind die Dachsparren, wenn sie 60 cm überstehen sollen?

Leuchttürme am Kap Arkona

3. Vor der Insel Rügen kommt eine Fähre am Kap Arkona vorbei. Bei geradem Kurs wurde vom Punkt A aus der Leuchtturm C angepeilt. Dabei wurde der Winkel α gemessen: $\alpha = 46{,}3°$.
Nach einer Fahrstrecke $\overline{AB} = 14{,}6$ sm wurde der Leuchtturm vom Punkt B aus erneut angepeilt und der Winkel β gemessen: $\beta = 61{,}4°$.

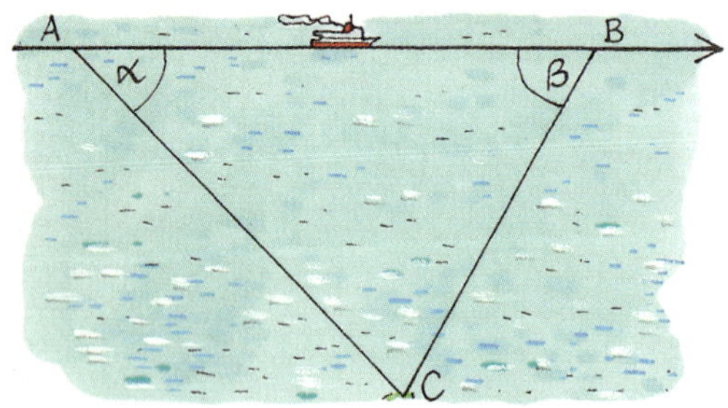

a) Gib die Länge der Fahrstrecke $\overline{AB}$ in Kilometern an.

b) Eine Seemeile ist 1852 m lang. Berechne die Entfernung von A nach C in sm.

c) Auf der Fahrt von A nach B hatte das Schiff im Punkt D den kürzesten Abstand zu C. Berechne, wie weit das Schiff in D vom Leuchtturm C entfernt war.

4. Ein Hubschrauber fliegt in 32 m Höhe. Vom Hubschrauber aus werden die Ufer eines Flusses angepeilt und die Tiefenwinkel α und β gemessen:
$\alpha = 25{,}5°$; $\beta = 60{,}7°$.
Wie breit ist der Fluss?

5. Ein Graben ist 1,6 m tief, die Sohlenbreite beträgt 2,3 m, der Böschungswinkel ist beiderseits 60°.

a) Welche Weite hat der Graben oben?

b) Wie viel Liter Wasser fasst er auf 10 m Länge bei einem Wasserstand von 1 m Höhe?

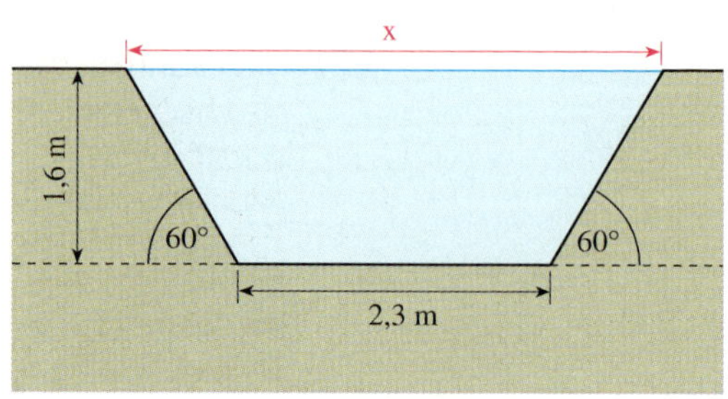

6. Von einem 7 m hohen Beobachtungspunkt B (z. B. Fenster eines Hauses) sieht man die Spitze eines Turms unter dem Höhenwinkel $\alpha = 17°$ und den Fußpunkt unter dem Tiefenwinkel $\beta = 10°$. Welches ist die waagerechte Entfernung des Turmes vom Beobachtungspunkt? Wie hoch ist der Turm?

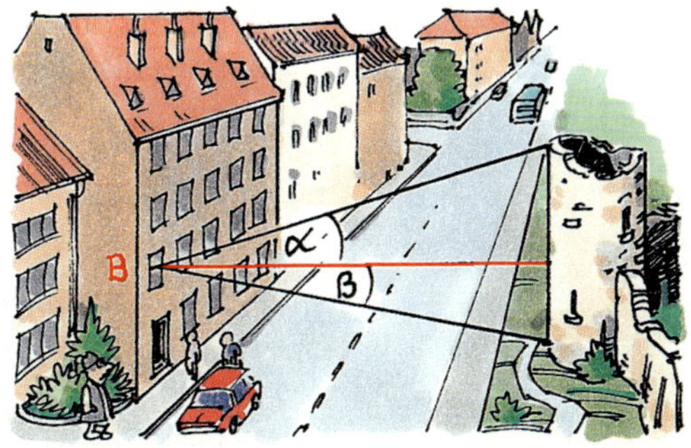

7. Familie Hase kauft sich ein Baugrundstück. In der Zeichnung sind die Längen zweier Grundstücksseiten und die Größe dreier Winkel eingetragen.

a) Gib den Umfang des Baugrundstücks an.

b) 1 m^2 des Grundstücks kostet 45 €. Dazu kommt anstelle der Umsatzsteuer die Grunderwerbssteuer in Höhe von 3,5%. Wie teuer ist das Grundstück?

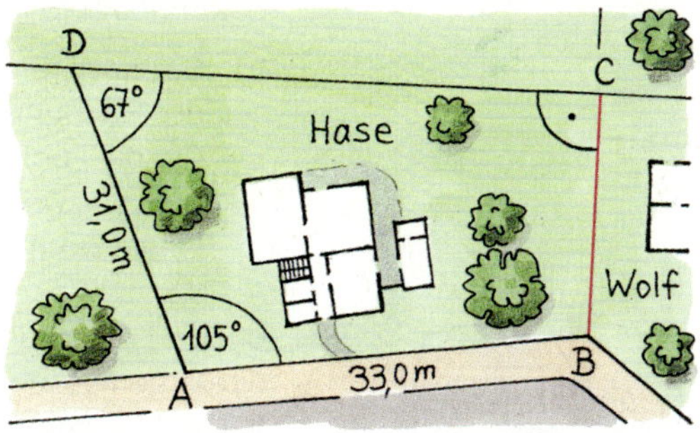

8. Die Skizze zeigt den Grundriss eines Parks.

① **Blutbuchen** (Fagus sylvatica „Purpurea"). Im Frühjahr bildet sich ein leuchtend-geranienroter Blattaustrieb – die dichte Belaubung verändert im Frühsommer ihre Farbe in Purpurrot. Ohne Ballen. Pflanzabstand 30 cm. 2-jährig verschult. Liefergröße 40 – 60 cm.

Best.-Nr.	10 Stück	20 Stück
350.92	22,40 €	44,30 €

② **Liguster** (Ligustrum vulgare „Atrovirens"). Eine wunderschöne, aufrechtwachsende, dichte Hecke. Im Sommer dunkelgrün bis schwarzgrün, im Winter oft violettbraun. Ohne Ballen. 3- bis 4-jährig verschult. Pflanzabstand 20 cm. Liefergröße 60 – 80 cm.

Best.-Nr.	10 Stück	20 Stück
351.30	17,70 €	33,70 €

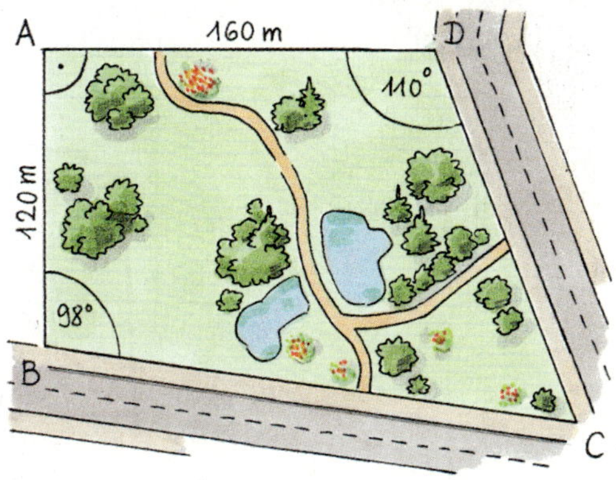

a) Von B nach D soll ein Weg geradlinig angelegt werden. Wie lang wird der Weg?

b) Wie groß ist die Fläche des Parkes? Gib das Ergebnis in Hektar an.

c) Der Zaun um den Park soll durch eine Hecke ersetzt werden. Zur Auswahl stehen Blutbuche oder Liguster.
Welche Hecke würde bei dem Angebot billiger?

9. Gegeben ist ein Trapez ABCD mit:
$b = 4{,}5$ cm; $d = 4{,}0$ cm; $f = 6{,}8$ cm;
$\beta = 60°$; $\beta_1 = 25°$.
Berechne den Flächeninhalt und den Umfang des Trapezes.

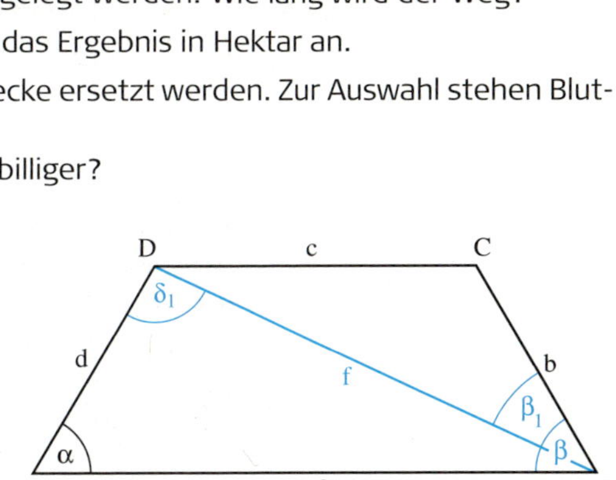

△ **10.** Berechne den Umfang und den Flächeninhalt der Figur in Abhängigkeit von a.

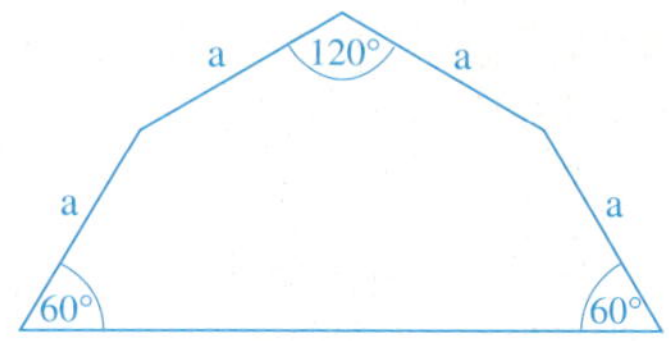

11. Der Flächeninhalt A einer Raute hängt außer von der Seitenlänge a auch vom Winkel α ab.

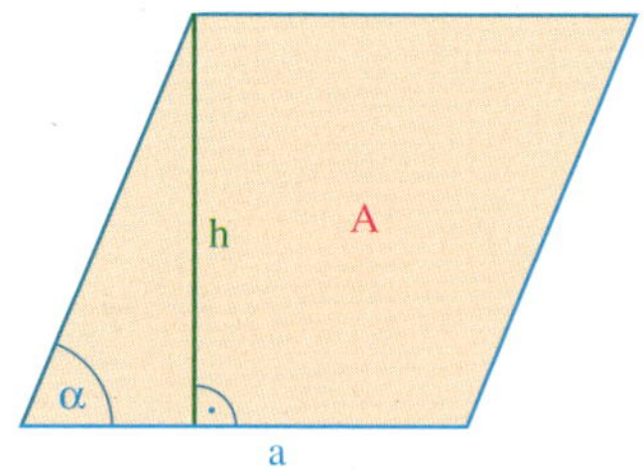

a) Leite eine Formel her, mit der man zu vorgegebener Seitenlänge a und vorgegebenem Winkel α den Flächeninhalt berechnen kann.

b) Bei einer Raute mit der Seitenlänge a = 3,5 cm hängt der Flächeninhalt nur noch vom Winkel α ab.
Gib die Funktionsgleichung der Funktion
Winkel α (in Grad) → Flächeninhalt A (in cm²) an.
In welchem Bereich kann α liegen? Zeichne den Graphen der Funktion.

12. Um die Entfernung zweier Orte A und B zu bestimmen, die wegen eines Hindernisses nicht direkt gemessen werden kann, werden von einem dritten Punkt C aus die Entfernungen $\overline{AC}$ und $\overline{BC}$ gemessen, ebenso der Winkel γ, unter dem $\overline{AB}$ von C aus erscheint.
Berechne die Entfernung $\overline{AB}$ für $\overline{AC}$ = 290 m, $\overline{BC}$ = 600 m und γ = 100,3°.

13.

Die Entfernung der beiden Berggipfel P und Q soll bestimmt werden. Dazu wird eine 2,943 km lange Standlinie $\overline{AB}$ abgesteckt, von den Endpunkten A und B aus der Punkt P angepeilt und die Winkel α_1 und β_1 gemessen:
$\alpha_1 = 87{,}7°$; $\beta_1 = 47{,}4°$.
Dieses Verfahren heißt *Vorwärtseinschneiden.*
Dann wird auf dieselbe Weise von A und B aus der Punkt Q angepeilt und die Winkel α_2 und β_2 gemessen:
$\alpha_2 = 42{,}3°$; $\beta_2 = 109{,}5°$.
Berechne die Entfernung von P und Q.

14. Von der Figur ABCDE sind gegeben:

$\overline{BC}$ = 9,8 cm; $\overline{AE}$ = 8,8 cm;
$\overline{DE}$ = 3,7 cm; α = 55,0°.

Berechne den Flächeninhalt der Figur.

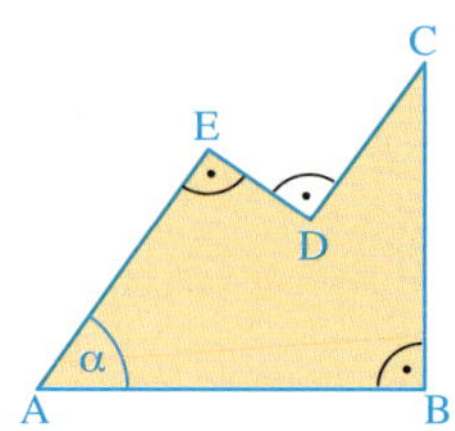

15. Auf einem Berg steht ein 10 m hoher Turm. Von einem Punkt im Tal aus sieht man den Fußpunkt des Turmes unter dem Winkel α = 44,3° (gegen die Horizontale) und die Spitze des Turmes unter dem Winkel β = 45,5°.
Wie hoch erhebt sich der Berg über die Talsohle?
Fertige zunächst eine Skizze an.

16. Eine Turmuhr wird aus 35 m Entfernung am oberen und unteren Rand des kreisförmigen Zifferblatts angepeilt. Es ergeben sich die Höhenwinkel 29° und 24°.
Berechne daraus den Flächeninhalt des Zifferblattes.

17. **a)** Vom Viereck ABCD sind gegeben:
$\overline{AB} = 6{,}40$ cm; $\overline{BC} = \overline{CD}$;
$\overline{AD} = 3{,}80$ cm; $\delta = 129°$.
Wie weit ist D von $\overline{BC}$ entfernt?

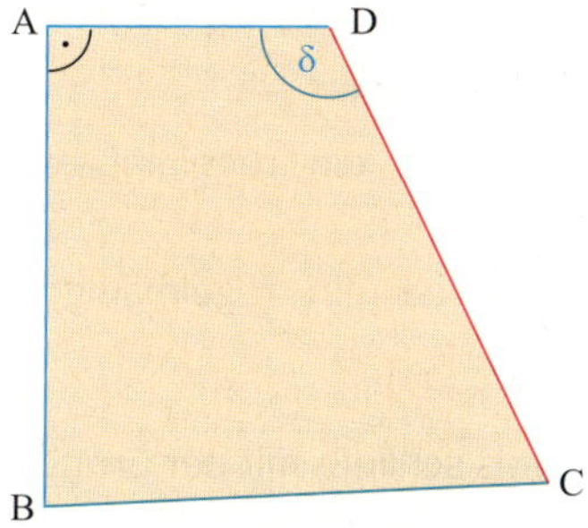

b) In der Figur gilt:
$\overline{AB} = 9{,}70$ cm;
$\overline{AE} = 6{,}50$ cm; $\beta = 54{,}0°$.
Berechne die Länge $\overline{CD}$.

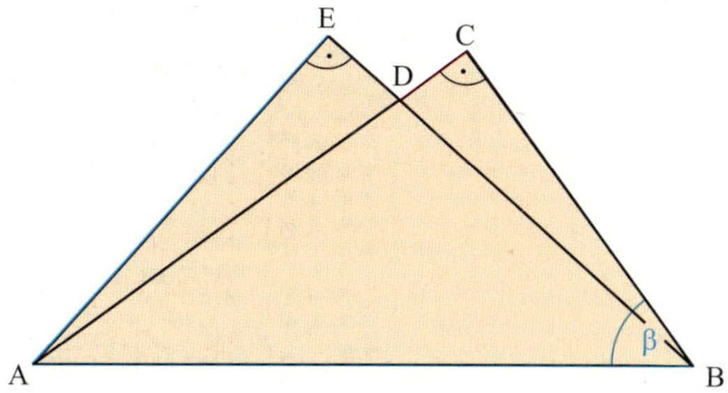

18. Ein Quader besitzt die Kantenlängen a = 8,5 cm; b = 4,2 cm; c = 5,9 cm.
Wie groß ist der Winkel, den
a) eine Flächendiagonale mit den Kanten bildet;
b) eine Raumdiagonale mit den Kanten bildet;
c) eine Raum- mit einer Flächendiagonalen bildet;
d) zwei Raumdiagonalen miteinander bilden?

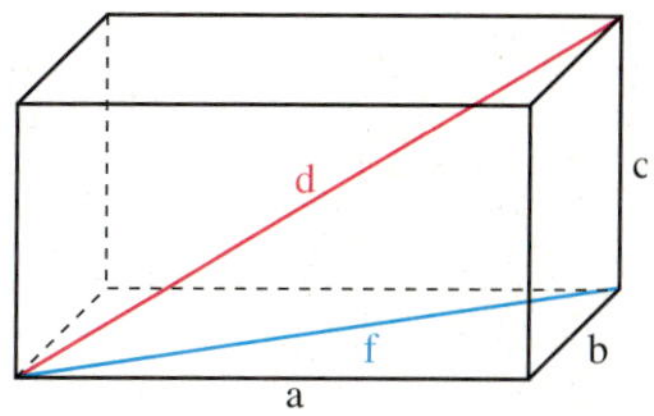

19. Berechne den Umfang, den Flächeninhalt und die Innenwinkel des rotgefärbten Dreiecks.

a)

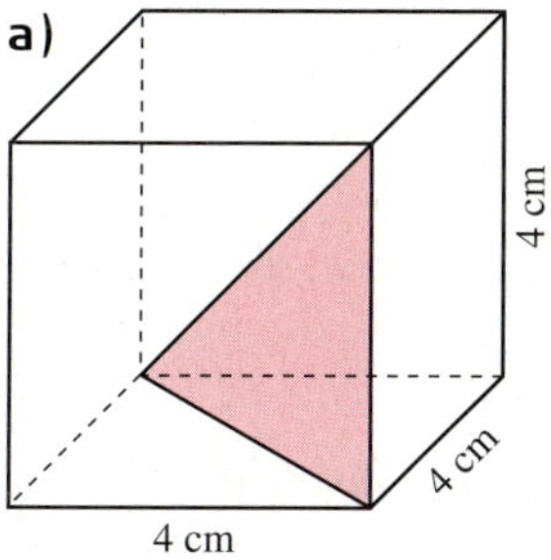

b)

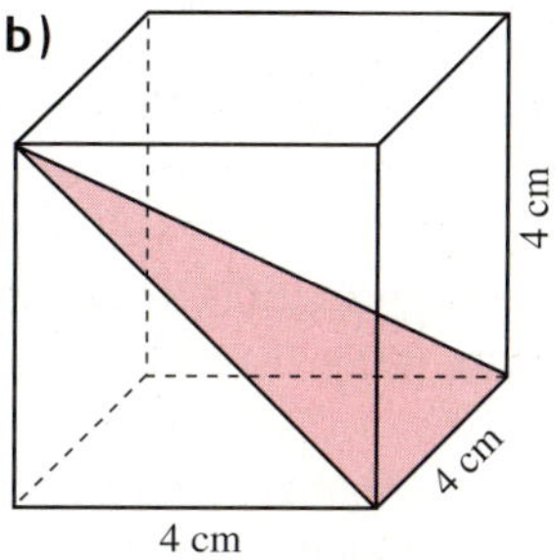

c)

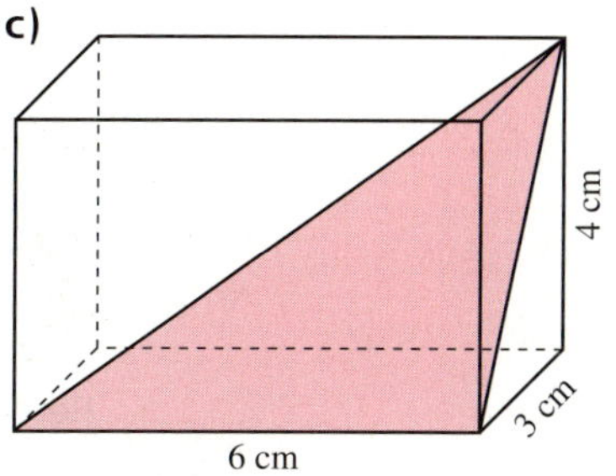

20. Berechne den Umfang in Abhängigkeit von e.

a)

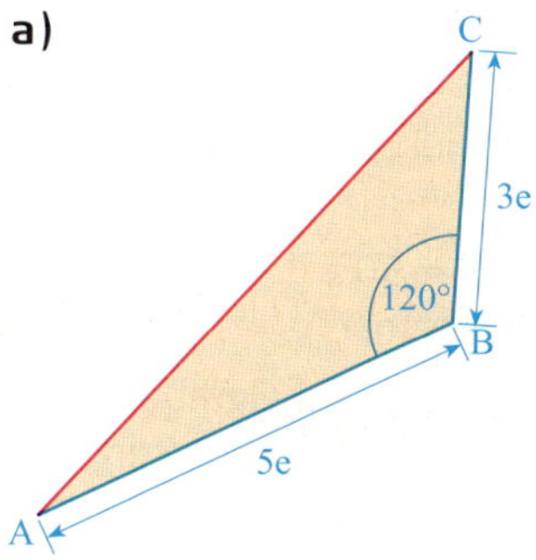

b)

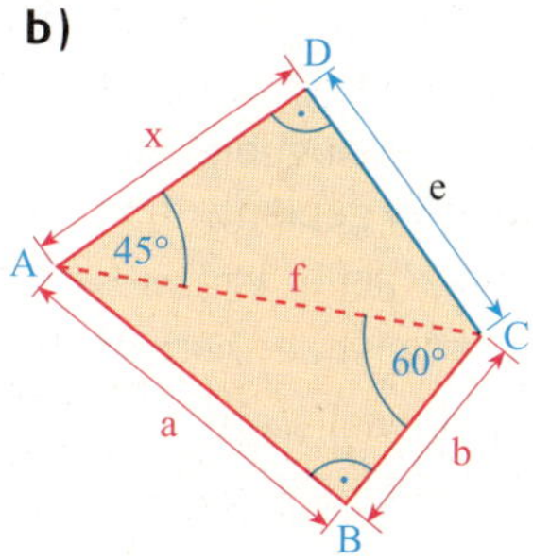

c)

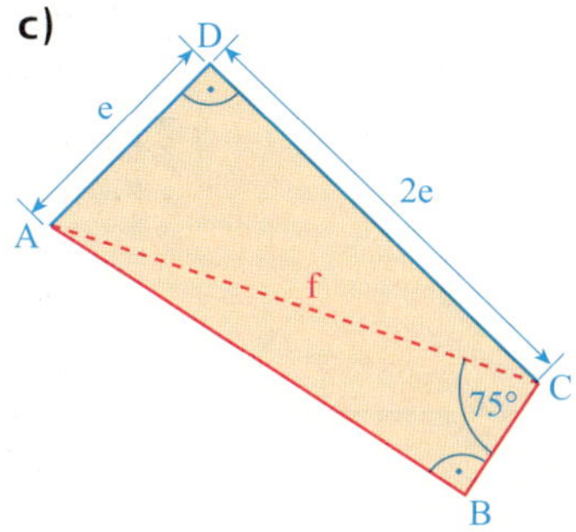

21. Ein regelmäßiges Fünfeck hat eine Seitenlänge a = 4,5 cm.

a) Zeichne das Fünfeck.

b) Berechne den Flächeninhalt des Fünfecks auf zwei unterschiedlichen Wegen.

c) Welche Kantenlänge hat ein regelmäßiges Fünfeck mit dem halben Flächeninhalt des gegebenen Fünfecks?

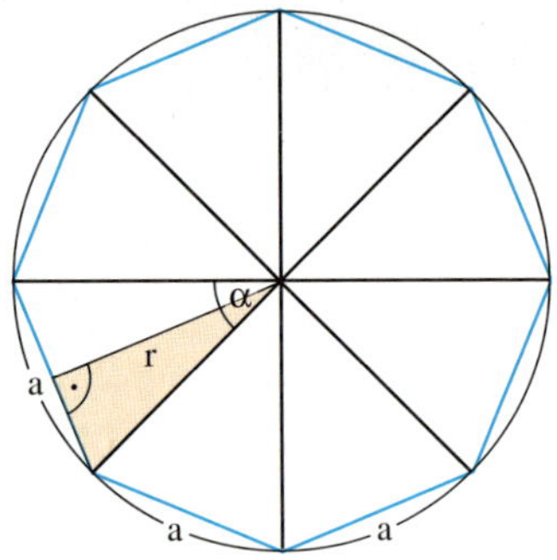

22. Einem Kreis mit dem Radius r wird ein regelmäßiges Vieleck einbeschrieben.
Berechne die Seitenlänge a des Vielecks.

a) r = 5,80 cm; einbeschrieben ist ein regelmäßiges Fünfeck.

b) r = 6,40 cm; einbeschrieben ist ein regelmäßiges Achteck.

23. a) Die Mantellinie s eines Kegels schließt mit der Grundfläche den Winkel α ein.
Berechne h und r des Kegels für s = 8,44 cm und $\alpha = 58{,}4°$.

b) Ein Kegel mit dem Radius r = 5,30 cm hat den Öffnungswinkel $\gamma = 37{,}8°$.
Berechne die Höhe h und die Länge s einer Mantellinie.

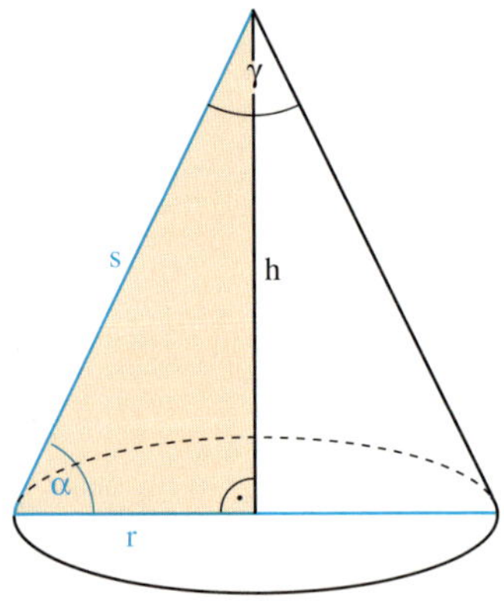

24. Gegeben ist der Würfel mit der Kantenlänge a = 6,60 cm.
Der Winkel α beträgt 30,0°; der Winkel β beträgt 40,0°.
Berechne die Länge des Streckenzugs $\overline{PQRS}$.

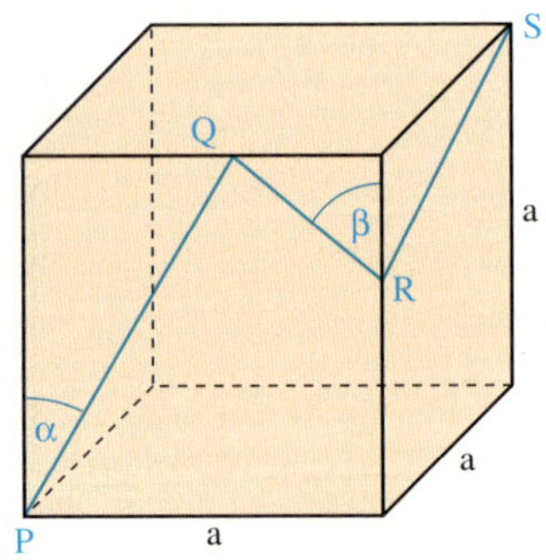

25. Von einem Viereck ABCD ist bekannt:
$\overline{AB} = 4{,}5$ cm; $\overline{CD} = 7{,}0$ cm;
∢BCD = 110°; ∢CDA = 40°.
Berechne den Abstand des Punktes D von der Seite $\overline{AB}$ bzw. deren Verlängerung. Fertige zunächst eine Skizze an.

26. Berechne die Länge der Strecke $\overline{BS}$.

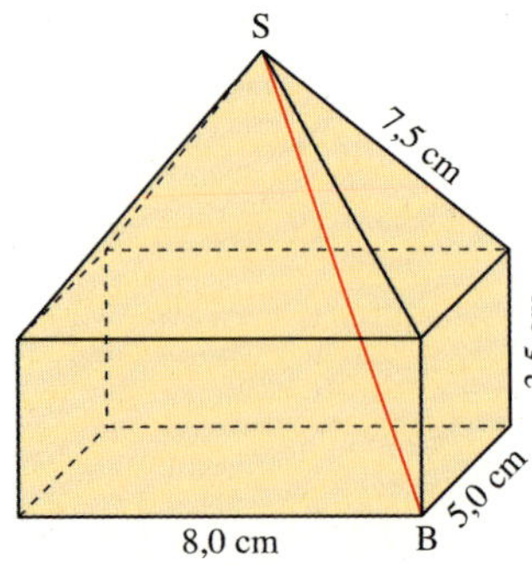

27. In einem Neubaugebiet ist die Verkabelung in Form eines Dreiecks PQR geplant.

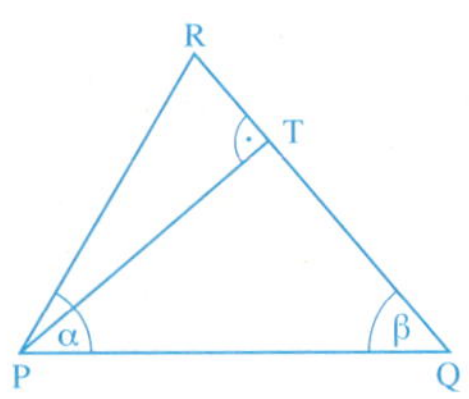

a) Es ist: $\overline{PQ} = 120$ m; $\alpha = 60°$; $\beta = 50°$.
Wie lang ist der Kabelgraben insgesamt?

b) Um wie viel Meter verlängert sich der Kabelgraben, wenn zusätzlich eine Querverbindung $\overline{PT}$ geschaffen wird?

c) Überprüfe die Berechnung durch die maßstäbliche Konstruktion.

BIST DU FIT?

1. Berechne aus den gegebenen Stücken des Dreiecks ABC die übrigen.

a) $a = 5$ cm; $b = 4$ cm; $\gamma = 67°$

b) $c = 9$ cm; $a = 6$ cm; $\gamma = 53{,}5°$

c) $a = 4{,}5$ cm; $\beta = 57{,}3°$; $\gamma = 43{,}8°$

d) $c = 5{,}3$ km; $\alpha = 44{,}4°$; $\beta = 61{,}2°$

e) $b = 8{,}1$ km; $c = 5{,}3$ km; $\alpha = 36{,}4°$

f) $c = 6{,}2$ cm; $a = 5{,}4$ cm; $\gamma = 129°$

g) $b = 8{,}4$ cm; $c = 5{,}9$ cm; $\gamma = 28{,}2°$

△ **h)** $a = 3{,}6$ cm; $b = 2{,}9$ cm; $c = 3{,}2$ cm

2. Für den Bau einer Brücke über einen Fluss werden verschiedene Varianten besprochen.

a) Wie lang ist die Brückenvariante von A nach C?

b) Wie lang muss die Brücke mindestens sein?

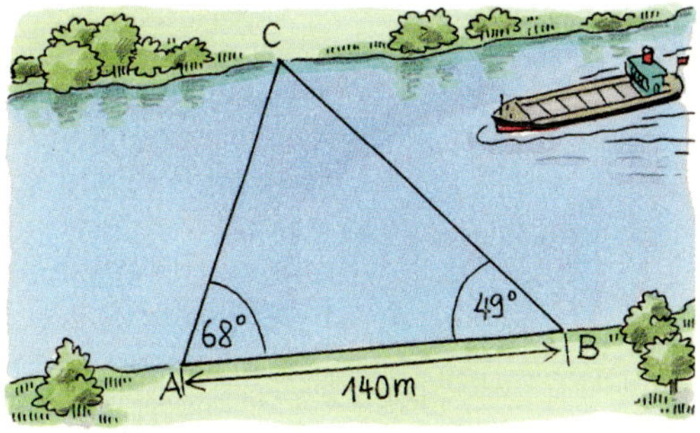

3. Ein Vermessungsteam hat die Länge einer unzugänglichen Strecke $\overline{AB}$ zu bestimmen. Dazu wurden nebenstehende Messwerte ermittelt.

a) Wie weit sind die Punkte A und B voneinander entfernt?

b) Stelle das Dreieck ABC in einem geeigneten Maßstab dar und gib diesen an.

4. Bei den Arbeiten zur Verbreiterung der Autobahn A5 wurde es notwendig, das Feld der Familie Korn aufzukaufen.
Die kürzeste Seite des Feldes war mit einer Hecke begrenzt.
Für 1 m² Feld wurden Familie Korn 15 € Entschädigung gezahlt, für 1 m Hecke 2,50 €.
Wie viel Euro erhielt Familie Korn?

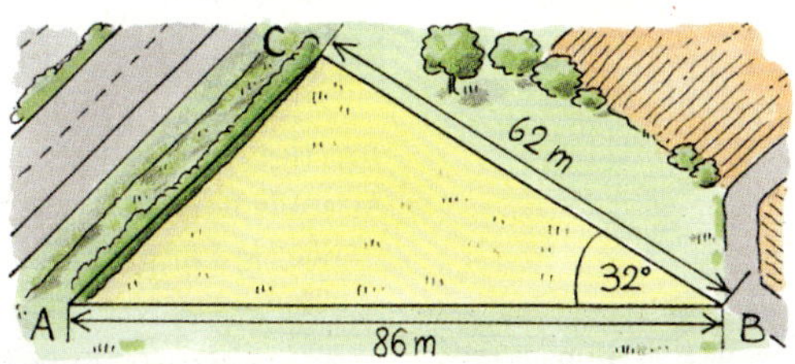

5. Der Böschungswinkel eines Deiches beträgt zur Seeseite 9°, zur Landseite 18°. Der Deich ist 9,50 m hoch, die Deichkrone 7,50 m breit.
Wie breit ist die Deichsohle?

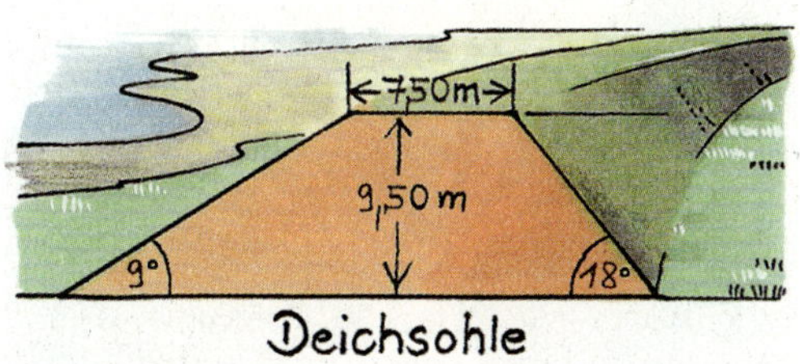

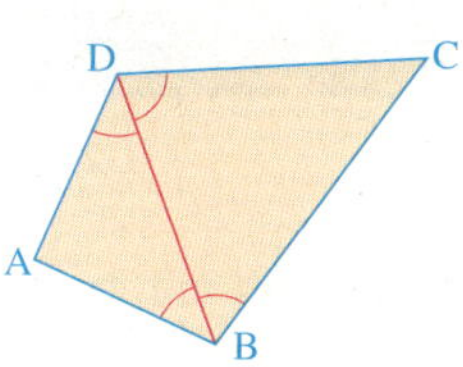

6. Das Grundstück soll vermessen werden.
Dazu werden die folgenden Stücke gemessen:
$\overline{BD} = 36$ m; $\sphericalangle ADB = 44°$; $\sphericalangle DBA = 42°$; $\sphericalangle BDC = 69°$; $\sphericalangle CBD = 55°$
Bestimme die Längen von $\overline{AB}$, $\overline{AD}$, $\overline{DC}$ und $\overline{BC}$.

4 Potenzen

Vom Blatt einer Lotus-Pflanze perlt Regenwasser ab, da die Regentropfen aufgrund der Oberflächenstruktur des Blattes so gut wie keinen Kontakt zur Pflanze haben.
Wissenschaftlern und Technikern ist es gelungen, diesen Effekt durch sehr dünne Beschichtungen auf Auto- und Fensterscheiben zu übertragen. Solche Beschichtungen haben teilweise eine Dicke von nur einem Tausendstel oder Millionstel Millimeter, sind also unvorstellbar dünn.
Bei der Herstellung extrem dünner Schichten spricht man von einer Anwendung der Nanotechnologie.

nanos (griech.) Zwerg

Nanoteilchen bestehen aus nur wenigen bis einigen tausend Atomen oder Molekülen. Ihre Größe liegt im Bereich von 0,000000001 m bis 0,0000001 m.

Diese kleinen Längeneinheiten beschreiben wir durch Vorsilben oder mithilfe von Zehnerpotenzen.

Länge	Abkürzung	Dezimalschreibweise	Zehnerpotenz
1 Millimeter	1 mm	0,001 m	10^{-3} m
1 Mikrometer	1 µm	0,000001 m	10^{-6} m
1 Nanometer	1 nm	0,000000001 m	10^{-9} m

An der Bildleiste rechts werden diese Verhältnisse veranschaulicht von 1 nm bis 1 m. Jeder Skalenstrich markiert die 10fache Länge des vorhergehenden.

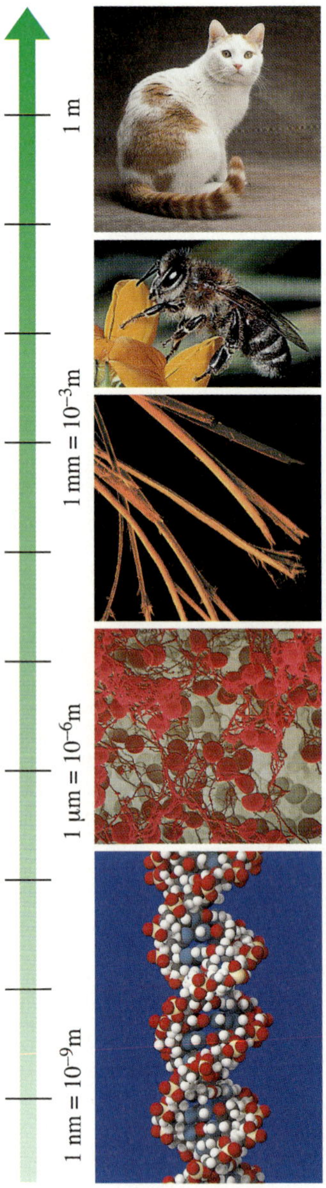

- → Vergleiche den Durchmesser eines Haares mit der Breite einer DNA.
- → Notiere dir die bekannten Vorsilben für große Zahlen und ihre Bedeutung.
- → Suche im Internet nach Anwendungen der Nanotechnologie.

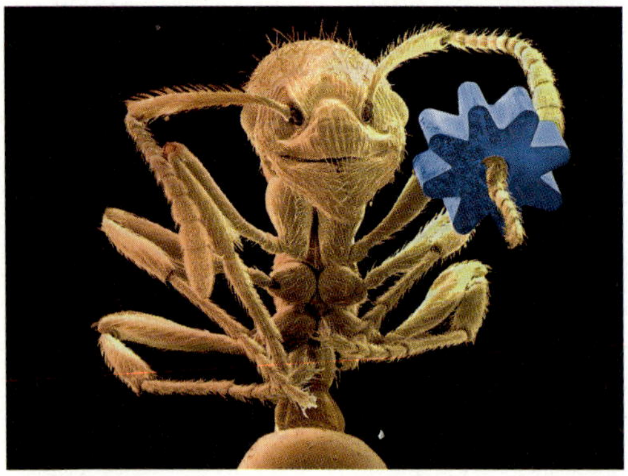

Ameise mit Mikrozahnrad am Bein im Maßstab 30 : 1 vergrößert

In diesem Kapitel lernst du ...

... was Potenzen mit negativen und positiven Exponenten bedeuten und wie man mit ihnen und Zehnerpotenzen sehr kleine und sehr große Größen beschreibt und berechnet.

POTENZEN MIT NATÜRLICHEN EXPONENTEN – WIEDERHOLUNG

Einstieg

Faltet einen DIN-A4-Papierbogen mehrmals nacheinander.
- → Notiert in einer Tabelle die Anzahl der Faltungen und die Anzahl der Papierlagen.
- → Wie viele Lagen würden entstehen, wenn man das Blatt 20-mal faltet? Schätzt, wie dick dann das gefaltete Papier wäre.
- → Wie realistisch sind diese Überlegungen?
- → Präsentiert eure Ergebnisse.

Aufgabe

1. Lies den Text rechts.

a) Am Anfang sollen 1 Mio. Salmonellen vorhanden sein. Notiere das Wachstum der Salmonellen übersichtlich in einer Tabelle.
Verwende dabei auch Potenzen.

b) Gib eine Formel an, mit der man die Anzahl y der Salmonellen nach n Stunden berechnen kann.

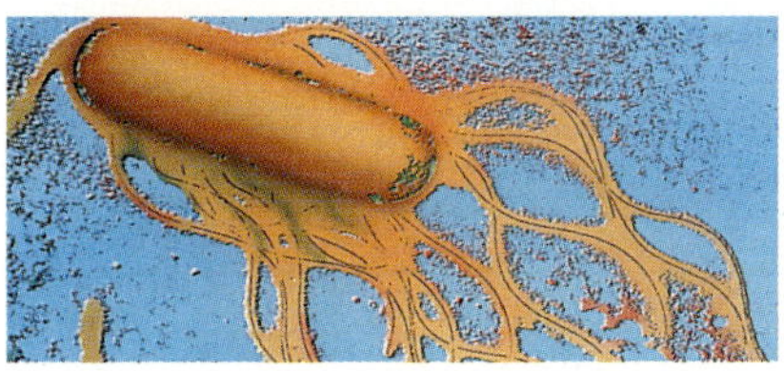

Bakterien als Krankheitserreger

Vormittags hatte Ilona in der Stadt ein Hackfleischbrötchen gegessen. Abends fühlte sie sich sehr schlapp. Am nächsten Morgen hatte sie Durchfall, Erbrechen und Fieber. Der herbeigerufene Arzt stellte eine Lebensmittelvergiftung fest. Das Hackfleisch war mit Bakterien verunreinigt gewesen. Es handelte sich um Salmonellen.
Salmonellen werden erst durch längeres Kochen oder Braten abgetötet. Daher besteht beim Verzehr von rohen oder nur kurz erhitzten Eiern und Fleischwaren die Gefahr einer Infektion. Besonders riskant wird es, wenn salmonellenhaltige Nahrungsmittel im warmen Raum stehen bleiben. Da sich die Anzahl der Bakterien jede Stunde verdoppelt, können aus zehn Bakterien in einigen Stunden zehn Millionen Bakterien werden, eine Menge, die tödlich wirken kann.

Lösung

a)

+1 +1 +1 +1 +1 +1 +1

Zeitpunkt n der Beobachtung (in Stunden)		0	1	2	3	4	5	6		10
Anzahl y der Salmonellen (in Mio.)	berechnet	1	2	4	8	16	32	64	…	
	als Potenz geschrieben		2^1	2^2	2^3	2^4	2^5	2^6	…	2^{10}

·2 ·2 ·2 ·2 ·2 ·2 ·2

Die Anzahl verdoppelt sich jede Stunde.

2^2: $2 \cdot 2$; 2^3: $2 \cdot 2 \cdot 2$; 2^4: $2 \cdot 2 \cdot 2 \cdot 2$

b) Die Anzahl der Salmonellen verdoppelt sich in jeder Stunde. 2 nennen wir deshalb den stündlichen *Zunahmefaktor*. Das Pfeilbild verdeutlicht den Zunahmeprozess:

n Faktoren 2

1 Mio. $\xrightarrow{\cdot 2}$ □ $\xrightarrow{\cdot 2}$ □ $\xrightarrow{\cdot 2}$ □ $\xrightarrow{\cdot 2}$ □ $\xrightarrow{\cdot 2}$ □ $\xrightarrow{\cdot 2}$ … $\xrightarrow{\cdot 2}$ 2^n Mio.

$\cdot 2^n$

Die Berechnungsformel lautet $y = 2^n$, wobei n eine natürliche Zahl ist.
Um die Formel auch für n = 0 verwenden zu können, legen wir $2^0 = 1$ fest.

Wiederholung

Potenzen mit natürlichen Exponenten

Beispiele:

$3^7 = \underbrace{3 \cdot 3 \cdot 3 \cdot 3 \cdot 3 \cdot 3 \cdot 3}_{\text{7 Faktoren 3}} = 2\,187$

$(-5)^3 = \underbrace{(-5) \cdot (-5) \cdot (-5)}_{\text{3 Faktoren } (-5)} = -125$

$\left(\frac{2}{3}\right)^4 = \underbrace{\left(\frac{2}{3}\right) \cdot \left(\frac{2}{3}\right) \cdot \left(\frac{2}{3}\right) \cdot \left(\frac{2}{3}\right)}_{\text{4 Faktoren } \left(\frac{2}{3}\right)} = \frac{16}{81}$

$(\sqrt{2})^5 = \underbrace{(\sqrt{2}) \cdot (\sqrt{2}) \cdot (\sqrt{2}) \cdot (\sqrt{2}) \cdot (\sqrt{2})}_{\text{5 Faktoren } \sqrt{2}} = 4 \cdot \sqrt{2}$

3^7 ist eine Potenz mit der *Basis* 3 und dem *Exponenten* 7.
2 187 ist die 7. Potenz von 3; man nennt 2 187 auch den *Wert der Potenz* 3^7.

Information

$2^0 = 1$
keinmal Falten –
1 Blatt

Potenzen mit dem Exponenten 0

Um in der Aufgabe 1 auch zu Beginn der Beobachtung die Anzahl der Salmonellen mit der Gleichung $y = 2^n$ beschreiben zu können, haben wir $2^0 = 1$ festgelegt.
Diese Festlegung soll auch für andere Basen gelten, z. B. $3^0 = 1$; $4^0 = 1$; $5^0 = 1$.

Potenzen mit natürlichen Exponenten

$a^0 = 1$
$a^1 = a$
$a^2 = a \cdot a$
$a^3 = a \cdot a \cdot a$
$a^4 = a \cdot a \cdot a \cdot a$
$\vdots$
$a^n = \underbrace{a \cdot a \cdot \ldots \cdot a}_{\text{n Faktoren a}}$
(für natürliche Zahlen n)

$3^5 = 3 \cdot 3 \cdot 3 \cdot 3 \cdot 3 = 243$

Exponent; Basis; Wert der Potenz

Potenz ⟨**lat.** »Macht«⟩ Math.: Produkt aus gleichen Faktoren

Basis ⟨**griech.** »Grundlage«⟩ Math.: Grundzahl

Exponent ⟨**lat.** »der Hervorgehobene«⟩ Math.: Hochzahl

Zum Festigen und Weiterarbeiten

2. Berechne und vergleiche.
Unterscheide insbesondere Potenz und Produkt.

a) $2 \cdot 5$; 2^5 **b)** $5 \cdot 2$; 5^2 **c)** $(-3) \cdot 3$; $(-3)^3$ **d)** $(-2) \cdot 2$; $(-2)^2$ **e)** $\frac{1}{3} \cdot 4$; $\left(\frac{1}{3}\right)^4$ **f)** $7 \cdot 0$; 7^0

3. Schreibe als Potenz.

a) $2^4 \cdot 2$ **b)** $3^5 \cdot 3$ **c)** $7 \cdot 7^8$ **d)** $(-5)^9 \cdot (-5)$ **e)** $a^3 \cdot a^4$ **f)** $3^n \cdot 3$

4. Berechne und vergleiche; achte auf das Vorzeichen.

a) $(-3)^4$; -3^4 **b)** $(-4)^5$; -4^5 **c)** $(-7)^2$; -7^2 **d)** $(-2)^6$; -2^6 **e)** $(-5)^3$; -5^3 **f)** $(-2)^0$; -2^0

5. Berechne und vergleiche.
2^6 und $(-2)^6$; 2^5 und $(-2)^5$; $1{,}5^2$ und $(-1{,}5)^2$; $\left(\frac{2}{3}\right)^3$ und $\left(-\frac{2}{3}\right)^3$; $\left(\frac{4}{3}\right)^3$ und $\left(-\frac{4}{3}\right)^3$
Wann ist eine Potenz positiv, wann ist sie negativ?

6. Berechne mit dem Taschenrechner.

a) 4^8 **b)** $0{,}4^7$ **c)** $(-23)^7$ **d)** $\left(\frac{2}{3}\right)^4$ **e)** $\left(-\frac{3}{4}\right)^7$

7. **a)** $(\sqrt{2})^6$ **b)** $(\sqrt{4})^3$ **c)** $(-\sqrt{5})^4$ **d)** $(\sqrt{3})^0$ **e)** $(-\sqrt{3})^7$

Übungen

Potenzen, die du wissen solltest

$2^2 = 4$
$2^3 = 8$
⋮
$2^{10} = 1024$

$11^2 = 121$
$12^2 = 144$
⋮
$20^2 = 400$
$25^2 = 625$

$3^2 = 9$
$3^3 = 27$
$3^4 = 81$
$3^5 = 243$

$4^2 = 16$
$4^3 = 64$

8. Berechne ohne Taschenrechner.

a) 4^3 **b)** 5^3 **c)** $\left(\frac{2}{5}\right)^4$ **d)** $\left(-\frac{3}{7}\right)^3$ **e)** $(-1)^9$ **f)** $0{,}2^5$ **g)** $(-\sqrt{3})^4$

9. Berechne und vergleiche.

a) $\frac{1}{2} \cdot 4$; $\left(\frac{1}{2}\right)^4$ **b)** $0{,}7 \cdot 5$; $0{,}7^5$ **c)** $(-5)^4$; -5^4 **d)** 2^2; $(-2)^2$ **e)** $(-2)^3$; -2^3 **f)** $(-5)^3$; 5^3 **g)** $(\sqrt{3})^4$; $(-\sqrt{3})^4$

10. Berechne und vergleiche.

a) 2^3; 3^2 **b)** $(-2)^0$; $(-3)^0$ **c)** -2^3; -3^2 **d)** $(-4)^5$; -4^5 **e)** $(2^2)^3$; $2^{(2^3)}$ **f)** $(3^3)^2$; $3^{(3^2)}$ **g)** $(3^2)^3$; $3^{(2^3)}$

11. Schreibe ins Heft und setze passend ein. Vielleicht findest du mehrere Möglichkeiten.

a) $2^{\square} = 1024$ **b)** $19^{\square} = 361$ **c)** $5^{\square} = 625$ **d)** $\square^4 = 81$ **e)** $\square^3 = -64$ **f)** $\square^2 = 5$ **g)** $3^{\square} = 27$ **h)** $\square^3 = -0{,}027$

12. Schreibe jeweils als Potenz. Kannst du mehrere Möglichkeiten finden?

a) 27 **b)** -125 **c)** 196 **d)** 256 **e)** 1 **f)** 900 **g)** 10000 **h)** $\frac{1}{256}$ **i)** $\frac{32}{243}$ **j)** $-\frac{64}{343}$ **k)** 0,01 **l)** 3,24 **m)** $-0{,}00001$ **n)** 0,125 **o)** 0,0256

13. Berechne mit dem Taschenrechner.

a) $7{,}4^3$ **b)** $0{,}2^7$ **c)** $0{,}14^3$ **d)** $(-5{,}2)^4$ **e)** $(-0{,}1)^8$ **f)** $\left(\frac{3}{5}\right)^5$ **g)** $\left(-\frac{2}{3}\right)^3$ **h)** $\left(-\frac{1}{2{,}5}\right)^3$ **i)** $\left(\frac{0{,}3}{0{,}4}\right)^6$ **j)** $\left(-\frac{\sqrt{8}}{\sqrt{12}}\right)^3$

14. Setze im Heft das passende Zeichen (<, > oder =).

a) 2^4 ■ 2^5 **b)** 2^4 ■ 3^4 **c)** $\left(\frac{1}{2}\right)^3$ ■ $\left(\frac{1}{2}\right)^4$ **d)** $\left(\frac{1}{2}\right)^3$ ■ $\left(\frac{1}{3}\right)^3$ **e)** $(\sqrt{2})^4$ ■ $(\sqrt{4})^2$

15. Finde den größtmöglichen Exponenten bzw. die größtmögliche Basis.

a) $3^x < 1000$ **b)** $y^{17} < 500000$ **c)** $1{,}2^a < 5000$ **d)** $0{,}2^y < 0{,}00001$

16. Welches ist die größte Zahl, die man als Potenz mit drei Ziffern schreiben kann?

Beachte: Potenzieren vor Multiplizieren

17. Berechne: **a)** $7 \cdot 5^2$ **b)** $10 \cdot 2^{10}$ **c)** $5 \cdot (-2)^4$ **d)** $9 \cdot 3^4 + 2 \cdot 3^3$ **e)** $8 \cdot 0{,}3^0 - 5 \cdot 0{,}2^4$

18.

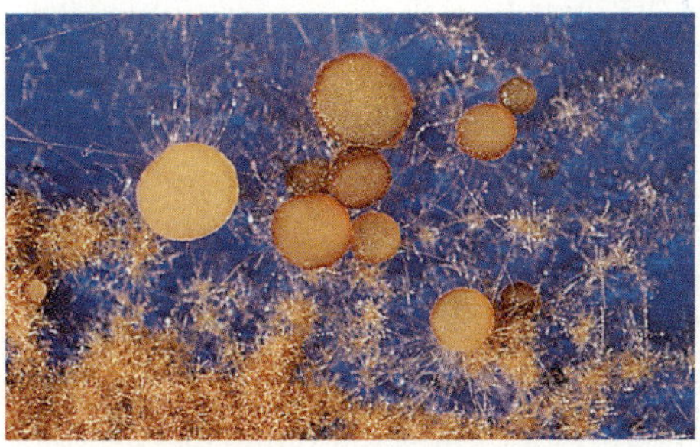

a) Zum Zeitpunkt $t = 0$ ist eine Hefekultur $A = 3\ cm^2$ groß. Jede Stunde verdreifacht sich ihre Größe.
Beschreibe den Wachstumsvorgang durch eine Tabelle.

b) Gib eine Formel an, welche die Flächengröße A der Hefekultur in Abhängigkeit von der Zeit t beschreibt.

19. Ein Forscherteam beobachtet, dass sich eine Algenart pro Monat mit dem Faktor 1,4 vermehrt. Zu Beginn der Beobachtung bedecken die Algen eine Fläche von etwa $2{,}5\ m^2$. Wie groß ist die von Algen bedeckte Fläche nach einem Jahr [nach zwei Jahren]?
Gib auch eine Formel zur Berechnung der Algenfläche an.

WURZELN

Quadratwurzel und Kubikwurzel – Wiederholung

Zum Wiederholen

1. Für eine Präsentation sollen verschiedene Würfel hergestellt werden.

a) Berechne die Kantenlänge eines Würfels mit dem Volumen 250 cm^3.

b) Der Oberflächeninhalt eines zweiten Würfels soll 250 cm^2 betragen. Berechne die Kantenlänge des Würfels.

Lösung

a) Für das Volumen eines Würfels mit der Kantenlänge a gilt:

$V = a^3$

$a^3 = 250\ cm^3$

$a = \sqrt[3]{250\ cm^3}$

$a \approx 6{,}30\ cm$

Ergebnis: Die Kantenlänge eines Würfels mit dem Volumen 250 cm^3 beträgt ca. 6,30 cm.

b) Für den Oberflächeninhalt eines Würfels mit der Kantenlänge a gilt:

$A_O = 6a^2$

$6a^2 = 250\ cm^2$

$a^2 = \frac{250\ cm^2}{6}$

$a = \sqrt{\frac{250\ cm^2}{6}}$

$a \approx 6{,}45\ cm$

Ergebnis: Die Kantenlänge eines Würfels mit dem Oberflächeninhalt 250 cm^2 beträgt ca. 6,45 cm.

Für die Quadratwurzel $\sqrt[2]{a}$ schreibt man einfacher nur $\sqrt{a}$.

Wiederholung

Unter der **Quadratwurzel** aus einer positiven Zahl a versteht man diejenige positive Zahl, die mit sich selbst multipliziert a ergibt.

Für die Quadratwurzel aus a schreibt man kurz:
$\sqrt{a}$, gelesen: *Quadratwurzel aus a*, kurz: *Wurzel aus a*.

Unter der **3. Wurzel** (*Kubikwurzel*) aus einer positiven Zahl a versteht man diejenige positive Zahl, die mit 3 potenziert die Zahl a ergibt.
Für 3. Wurzel aus a schreibt man kurz: $\sqrt[3]{a}$

Die Zahl a, aus der man die Wurzel zieht, heißt *Radikand*.

Für den Sonderfall a = 0 gilt: $\sqrt{0} = 0$ und $\sqrt[3]{0} = 0$

Wurzelexponent

$$\sqrt[3]{125} = 5$$

Radikand — Wert der 3. Wurzel

2. Bestimme die Kantenlänge eines Würfels mit dem Volumen

a) 125 cm^3; **b)** 8000 *l*; **c)** 2 m^3; **d)** 614,125 dm^3.

3. Bestimme die Kantenlänge eines Würfels mit dem Oberflächeninhalt

a) 144 cm^2; **b)** 37,5 cm^2; **c)** 2 m^2; **d)** 8,64 dm^2.

4. a) Wie groß ist der Radius einer Kugel mit dem Oberflächeninhalt 2 m^2?

b) Bestimme den Radius einer Kugel mit dem Volumen 0,81 m^3.

5. Es sollen Kugeln mit dem Volumen 250 dm^3 und 500 dm^3 hergestellt werden. Berechne jeweils den Radius der Kugel. Vergleiche.

n-te Wurzeln

Einstieg

Jannik hat sich auf seinem Taschenrechner vertippt und sein Rechenergebnis versehentlich mit 6 potenziert.

➜ Mit welchem Rechenschritt kann er den Fehler beheben?

Aufgabe

1. Die Algenfläche auf einem Dorfteich ist innerhalb von fünf Wochen von $1{,}5\ m^2$ auf $48\ m^2$ angewachsen.
Stelle eine Formel auf, mit der die Größe A der Algenfläche n Wochen nach Beobachtungsbeginn berechnet werden kann.
Nimm an, dass die Algenfläche wöchentlich um denselben Faktor q wächst.

Lösung

Wir stellen den Wachstumsvorgang in einem Pfeilbild dar:

$$1{,}5\ m^2 \xrightarrow{\cdot q} \square \xrightarrow{\cdot q} \square \xrightarrow{\cdot q} \square \xrightarrow{\cdot q} \square \xrightarrow{\cdot q} 48\ m^2$$

(Bogen von $1{,}5\ m^2$ nach $48\ m^2$: $\cdot q^5$)

Dem Pfeilbild entnehmen wir die Gleichung:

$$1{,}5 \cdot q^5 = 48 \quad | : 1{,}5$$
$$q^5 = 32$$

Wir suchen eine Zahl, deren 5. Potenz 32 ist.
Durch Probieren erhalten wir die Zahl 2.

Diese Zahl nennen wir in Anlehnung an die zweite und dritte Wurzel auch *fünfte Wurzel aus 32* und schreiben $2 = \sqrt[5]{32}$.

Die Algenfläche verdoppelt sich jede Woche.

Die Berechnungsformel lautet somit: $A = 1{,}5 \cdot 2^n$.

Information

(1) 4. Wurzel

Die Zahl 81 ist die 4. Potenz von 3.
Die Zahl 3 heißt die 4. Wurzel aus 81,
geschrieben: $\sqrt[4]{81} = 3$
4 heißt der *Wurzelexponent*.

Wurzelexponent

$$\sqrt[4]{81} = 3$$

Radikand *Wert der Wurzel*

Suche eine Zahl, deren 4. Potenz 81 ist.

(2) 5. Wurzel

Die Zahl 32 ist die 5. Potenz von 2.
Die Zahl 2 heißt die 5. Wurzel aus 32,
geschrieben: $\sqrt[5]{32} = 2$
5 heißt der *Wurzelexponent*.

Wurzelexponent

$$\sqrt[5]{32} = 2$$

Radikand *Wert der Wurzel*

Suche eine Zahl, deren 5. Potenz 32 ist.

(3) n-te Wurzel

Für die Quadratwurzel $\sqrt[2]{a}$ schreibt man einfacher nur $\sqrt{a}$.

Unter der *n-ten Wurzel* aus einer positiven Zahl a versteht man diejenige positive Zahl, die mit n potenziert die Zahl a ergibt.
Für die n-te Wurzel aus a schreibt man kurz: $\sqrt[n]{a}$
Eine n-te Wurzel ist nur definiert, wenn der Radikand positiv oder null ist.
Für den Sonderfall a = 0 gilt: $\sqrt[n]{0} = 0$

Wurzelexponent

$$\sqrt[n]{a} = 5$$

Radikand *Wert der n-ten Wurzel*

Zum Festigen und Weiterarbeiten

2. Berechne:

a) $\sqrt[4]{16}$; $\sqrt[4]{625}$; $\sqrt[5]{1024}$ **b)** $\sqrt[4]{0{,}0081}$; $\sqrt[5]{243}$; $\sqrt[5]{0{,}00001}$ **c)** $\sqrt[6]{64}$; $\sqrt[7]{1}$; $\sqrt[8]{0}$

3. Welche positive Zahl ist Lösung der Gleichung?

a) $x^4 = 256$ **b)** $x^4 = 10\,000$ **c)** $x^5 = 32$ **d)** $x^5 = 0{,}00032$ **e)** $x^6 = 729$

4. Berechne. Was fällt dir auf?

a) $\left(\sqrt[5]{1024}\right)^5$; $\left(\sqrt[6]{15\,625}\right)^6$ **b)** $\sqrt[4]{7^4}$; $\left(\sqrt[5]{17}\right)^5$ **c)** $\sqrt[8]{11^8}$; $\left(\sqrt[7]{125}\right)^7$

5. Berechne die Wurzeln mit dem Taschenrechner.

a) $\sqrt[7]{12}$; $\sqrt[6]{43}$; $\sqrt[7]{525}$; $\sqrt[5]{337}$
b) $\sqrt[6]{15{,}5}$; $\sqrt[8]{27{,}1}$; $\sqrt[4]{8{,}25}$; $\sqrt[5]{17{,}125}$
c) $\sqrt[7]{0{,}001}$; $\sqrt[5]{0{,}314}$; $\sqrt[4]{0{,}073}$; $\sqrt[6]{0{,}1204}$
d) $\sqrt[4]{0{,}568}$; $\sqrt[6]{0{,}0857}$; $\sqrt[7]{0{,}255}$; $\sqrt[8]{0{,}189}$

6. Im Schulteich der Einstein-Realschule werden Wasserpflanzen eingesetzt. Der Biologielehrer erläutert, dass sich die Pflanzen pro Woche immer um denselben Faktor vermehren. Anfangs bedecken die Pflanzen etwa 0,5 m². Nach 8 Wochen sind 2 m² von den Pflanzen bedeckt.

a) Mit welchem Faktor vermehren sich die Pflanzen pro Woche?

b) Wie groß ist die von den Pflanzen bedeckte Fläche nach 12 Wochen, 16 Wochen, 20 Wochen?
Stelle auch eine Berechnungsformel auf.

c) Bestimme den Faktor, mit dem sich die Pflanzen pro Tag vermehren.

Information

Für alle *positiven* Zahlen gilt:

(1) Das Ziehen der n-ten Wurzel wird durch das Potenzieren mit n rückgängig gemacht.

$$\left(\sqrt[n]{a}\right)^n = a$$

Beispiel: $\left(\sqrt[4]{7}\right)^4 = 7$

128 —7. Wurzel aus→ 2; 2 —hoch 7→ 128

(2) Das Potenzieren mit n wird durch das Ziehen der n-ten Wurzel rückgängig gemacht.

$$\sqrt[n]{a^n} = a$$

Beispiel: $\sqrt[3]{5^3} = 5$

2 —hoch 7→ 128; 128 —7. Wurzel aus→ 2

Übungen

7. Gib den Wert der Wurzel an.

a) $\sqrt[4]{10\,000}$ e) $\sqrt[7]{10\,000\,000}$ i) $\sqrt[5]{\frac{243}{32}}$ m) $\sqrt[5]{\frac{1024}{32}}$ q) $\sqrt[6]{4\,096}$

b) $\sqrt[5]{32}$ f) $\sqrt[8]{0{,}00000001}$ j) $\sqrt[8]{\frac{256}{100\,000\,000}}$ n) $\sqrt{4\,096}$ r) $\sqrt[12]{4\,096}$

c) $\sqrt[6]{1}$ g) $\sqrt[4]{\frac{625}{1\,296}}$ k) $\sqrt[10]{\frac{1}{1\,024}}$ o) $\sqrt[3]{4\,096}$ s) $\sqrt[4]{0{,}0016}$

d) $\sqrt[5]{3\,125}$ h) $\sqrt[8]{\frac{1}{256}}$ l) $\sqrt[6]{\frac{64}{729}}$ p) $\sqrt[4]{4\,096}$ t) $\sqrt[4]{0{,}0625}$

8. Welche positive Zahl ist Lösung der Gleichung?

a) $x^4 = 81$ b) $x^5 = 1\,024$ c) $x^6 = 64$ d) $x^5 = 100\,000$ e) $x^4 = 0{,}0001$

9. Prüfe durch Potenzieren, ob die Aussage wahr ist.

a) $\sqrt{125} = 5$ c) $\sqrt[3]{343} = 7$ e) $\sqrt[3]{320\,000} = 20$ g) $\sqrt[7]{0{,}0000128} = 0{,}2$

b) $\sqrt[3]{64} = 8$ d) $\sqrt[3]{14\,461} = 11$ f) $\sqrt[6]{0{,}00001} = 0{,}1$ h) $\sqrt[5]{0{,}00243} = 0{,}3$

10. Vereinfache.

a) $\left(\sqrt[6]{64}\right)^6$ b) $\left(\sqrt[4]{81}\right)^4$ c) $\left(\sqrt[9]{2}\right)^9$ d) $\left(\sqrt[14]{37}\right)^{14}$ e) $\sqrt[8]{5^8}$ f) $\sqrt[12]{1{,}2^{12}}$ g) $\sqrt[7]{1}$ h) $\sqrt[20]{0}$

11. Fülle die Tabelle aus.

Radikand	512	625			14 641	100 000	0,001	13^{11}
Wurzelexponent	9	4	3	7				
Wert der Wurzel			8	1	11	10	0,1	13

12. Im Labor wird eine Bakterienkultur gezüchtet. Die Anzahl der Bakterien verdoppelt sich alle 5 Stunden. Zu Beginn sind 150 Bakterien vorhanden.
Wie viele Bakterien sind nach 24 Stunden vorhanden?
Beschreibe dein Vorgehen.
Stelle auch eine Formel auf, mit der du die Anzahl y der Bakterien nach n Stunden berechnen kannst.

13. a) Für $\sqrt[4]{20}$ findest du keinen abbrechenden Dezimalbruch, dessen 4. Potenz *genau* 20 ergibt. Wir wollen den Wert für $\sqrt[4]{20}$ näherungsweise bestimmen.
Setze dazu die Tabelle fort, bis die untere Näherungszahl und die obere Näherungszahl in den ersten zwei Stellen hinter dem Komma übereinstimmen.
Notiere dann den Wert für $\sqrt[4]{20}$ auf zwei Stellen nach dem Komma genau.

Nachkomma-Stellenzahl	**untere Näherungszahl**	hoch 4 →	**Probe**			← hoch 4	**obere Näherungszahl**
0	2	16	<	20	<	81	3
1	2,1	19,4481	<	20	<	23,4256	2,2
2	2,11	19,82119441	<	20	<	20,19963136	2,12

b) Verfahre entsprechend mit $\sqrt[5]{17}$.

ERWEITERUNG DES POTENZBEGRIFFS FÜR NEGATIVE UND RATIONALE EXPONENTEN

Potenzen mit negativen ganzzahligen Exponenten

Einstieg

→ Setzt fort.

-1: $2^3 = 8$ $:2$
-1: $2^2 = 4$ $:2$
-1: $2^1 = \square$ $:2$
-1: $2^{\square} = \square$ $:2$
-1: $2^{\square} = \square$ $:2$
$2^{\square} = \square$ $:2$

-1: $3^3 = 27$ $:3$
-1: $3^2 = 9$ $:3$
-1: $3^1 = \square$ $:3$
-1: $3^{\square} = \square$ $:3$
-1: $3^{\square} = \square$ $:3$
$3^{\square} = \square$ $:3$

→ Was könnten 4^{-3} und $\left(\frac{1}{2}\right)^{-2}$ bedeuten?
Beschreibt eure Überlegungen.

Aufgabe

1. 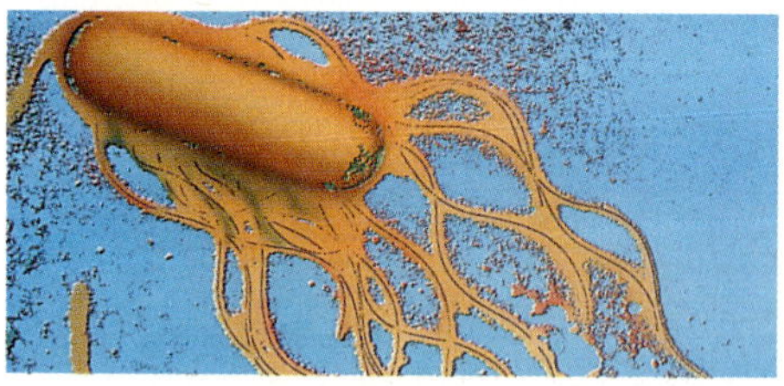

In der Aufgabe 1 (Seite 109) haben wir eine Salmonellenvermehrung betrachtet, bei der sich die Anzahl y der Salmonellen jede Stunde verdoppelt. Die Vermehrung der Salmonellen wurde in einer Tabelle beschrieben und konnte mit der Formel $y = 2^n$ berechnet werden.

Wie viele Salmonellen waren *vor* Beginn der Beobachtungen, also zu den Zeitpunkten -1 h, -2 h, ... vorhanden?
Ergänze die Tabelle geeignet.
Beachte: Zeitpunkt -2 h bedeutet: 2 Stunden *vor* dem Beginn der Beobachtung.

Lösung

Die Anzahl der Salmonellen verdoppelt sich jede Stunde.
Zum Zeitpunkt 0 h waren 1 Mio. vorhanden.
Zum Zeitpunkt -1 h waren halb so viele vorhanden, also $\frac{1}{2}$ Mio., zum Zeitpunkt -2 h waren wieder halb so viele wie zum Zeitpunkt -1 h vorhanden, also $\frac{1}{4}$ Mio., zum Zeitpunkt -3 h waren $\frac{1}{8}$ Mio. vorhanden, usw.

(Pfeile: jeweils -1 von rechts nach links in der Zeile Zeitpunkt; jeweils $:2$ von rechts nach links in der Zeile berechnet)

Zeitpunkt t der Beobachtung (in h)		...	-4	-3	-2	-1	0	1	2	3	4	...
Anzahl y der Salmonellen (in Mio.)	**berechnet**	...	$\frac{1}{16}$	$\frac{1}{8}$	$\frac{1}{4}$	$\frac{1}{2}$	1	2	4	8	16	...
	als Potenzen geschrieben	...	$\frac{1}{2^4}$	$\frac{1}{2^3}$	$\frac{1}{2^2}$	$\frac{1}{2^1}$	2^0	2^1	2^2	2^3	2^4	...

Information

Ganze Zahlen
... −3; −2; −1; 0; 1; 2; ...

Potenzbegriff für negative ganze Exponenten

Bisher traten in den Potenzen nur natürliche Zahlen wie 0, 1, 2, 3, 4, ... als Exponenten auf. Die Aufgabe 1 legt die Erweiterung des Potenzbegriffs auf negative ganze Zahlen nahe.

Wir legen fest: $\mathbf{a^{-n} = \frac{1}{a^n}}$ (für $a \neq 0$ und für natürliche Zahlen n)

Beispiele: $5^{-2} = \frac{1}{5^2} = \frac{1}{25}$ | $(-4)^{-3} = \frac{1}{(-4)^3} = -\frac{1}{64}$ | $\left(\frac{2}{5}\right)^{-3} = \frac{1}{\left(\frac{2}{5}\right)^3} = \frac{1}{\frac{8}{125}} = \frac{125}{8}$

Mit dieser Festsetzung ist eine Erweiterung des Potenzbegriffs auf *ganzzahlige Exponenten* erfolgt. Die Potenz 0^{-n}, z. B. 0^{-1}, ist nicht erklärt, weil $\frac{1}{0^1}$, d. h. $\frac{1}{0}$ nicht definiert ist.

Zum Festigen und Weiterarbeiten

2. Berechne nacheinander folgende Potenzen.

a) 6^5; 6^4; 6^3; 6^2; 6^1; 6^0; 6^{-1}; 6^{-2}; 6^{-3}; 6^{-4}; 6^{-5}

b) $(-3)^3$; $(-3)^2$; $(-3)^1$; $(-3)^0$; $(-3)^{-1}$; $(-3)^{-2}$; $(-3)^{-3}$

c) $\left(\frac{2}{3}\right)^4$; $\left(\frac{2}{3}\right)^3$; $\left(\frac{2}{3}\right)^2$; $\left(\frac{2}{3}\right)^1$; $\left(\frac{2}{3}\right)^0$; $\left(\frac{2}{3}\right)^{-1}$; $\left(\frac{2}{3}\right)^{-2}$; $\left(\frac{2}{3}\right)^{-3}$; $\left(\frac{2}{3}\right)^{-4}$

d) $\left(-\frac{1}{2}\right)^4$; $\left(-\frac{1}{2}\right)^3$; $\left(-\frac{1}{2}\right)^2$; $\left(-\frac{1}{2}\right)^1$; $\left(-\frac{1}{2}\right)^0$; $\left(-\frac{1}{2}\right)^{-1}$; $\left(-\frac{1}{2}\right)^{-2}$; $\left(-\frac{1}{2}\right)^{-3}$; $\left(-\frac{1}{2}\right)^{-4}$

3. Fülle die Lücken aus.

a) $\frac{1}{25} = 5^{\square}$ **b)** $\frac{1}{16} = 4^{\square} = 2^{\square}$ **c)** $\frac{2}{27} = \square \cdot 3^{\square}$ **d)** $\frac{8}{9} = 2^{\square} \cdot 3^{\square}$

4. Berechne und vergleiche den Wert der Potenz.
Welche der Potenzen sind größer, welche sind kleiner als die Zahl 0?
Beachte die Klammern und das Minuszeichen.

a) 2^{-3}; -2^3; $(-2)^3$; $(-2)^{-3}$; -2^{-3} **b)** 5^{-2}; -5^2; $(-5)^2$; $(-5)^{-2}$; -5^{-2}

5. Berechne mit dem Taschenrechner.

a) 4^{-12} **c)** $2{,}7^{-7}$ **e)** $\left(\frac{1}{2}\right)^{-4}$ **g)** $(-3)^{-8}$ **i)** $(-4{,}5)^{-6}$ **k)** $(\sqrt{5})^{-3}$

b) 8^{-9} **d)** $0{,}16^{-7}$ **f)** $\left(\frac{3}{7}\right)^{-7}$ **h)** $-(-3)^{-9}$ **j)** $(-0{,}31)^{-5}$ **l)** $(-\sqrt{8})^{-4}$

6. Schreibe ohne negative Exponenten und berechne dann.

a) 2^{-5}; $\frac{3}{5^{-3}}$ **b)** $7^2 \cdot 3^{-4}$; $2^{-4} \cdot 9^5$ **c)** $\frac{5^{-4}}{3^{-3}}$; $\frac{7^{-2}}{4^{-5}}$

7. Zeige: **a)** $\left(\frac{1}{a}\right)^{-4} = a^4$ **b)** $\left(\frac{a}{b}\right)^3 = \left(\frac{b}{a}\right)^{-3}$

8. In einem Biologiekurs wird eine Hefekultur beobachtet. Sie ist zu Beginn der Beobachtung 8 cm² groß. Die Kultur wächst so, dass die bedeckte Fläche jede Stunde mit dem Faktor 1,2 zunimmt.

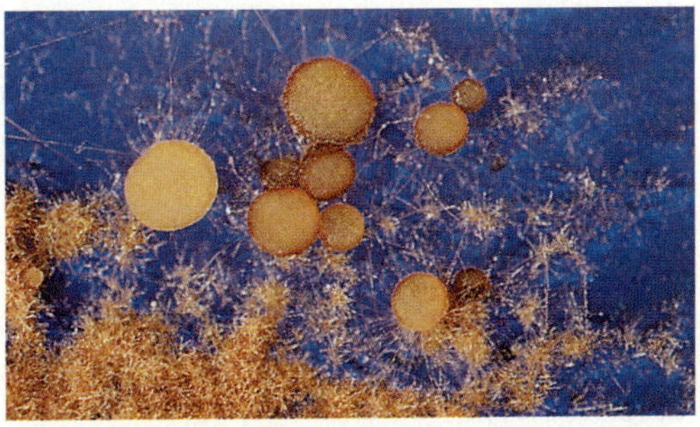

a) Wie groß ist die Hefekultur nach 1 Stunde, 5 Stunden, 10 Stunden?

b) Stelle eine Formel auf, die das Wachstum der Hefekultur beschreibt.

c) Wie groß war die Kultur 1 Stunde, 2 Stunden, 5 Stunden vor Beginn der Beobachtung?

Übungen

9. Berechne.

a) 3^{-1} c) $(-8)^{-2}$ e) 2^{-5} g) $\left(\frac{3}{4}\right)^{-1}$ i) $\left(\frac{1}{2}\right)^{-2}$

b) 3^{-2} d) 4^{-3} f) $0{,}1^{-3}$ h) $0{,}2^{-4}$ j) $\left(-\frac{1}{3}\right)^{-3}$

10. Schreibe als Potenz mit negativem Exponenten. Finde, falls möglich, mehrere Möglichkeiten.

a) $\frac{1}{16}$; $\frac{1}{25}$; $\frac{1}{64}$; $\frac{1}{625}$; $\frac{1}{256}$; $\frac{1}{27}$; $\frac{1}{10\,000}$ b) $\frac{1}{900}$; $\frac{1}{1\,600}$; $\frac{1}{40\,000}$; $\frac{1}{250\,000}$; $\frac{1}{16\,900}$; $\frac{1}{196\,000\,000}$

11. Schreibe ohne negative Exponenten.

a) x^{-3} c) $\frac{1}{x^{-4}}$ e) $(5x)^{-1}$ g) $\left(\frac{a}{b}\right)^{-4}$ i) $\frac{a^{-4}}{b^{-5}}$

b) $(-y)^{-4}$ d) $-\frac{1}{x^{-5}}$ f) $(3x^2y)^{-2}$ h) $\frac{y^5}{y^{-8}}$ j) $\frac{6x^{-3}}{5x^{-5}}$

12. Schreibe ohne Bruchstrich, verwende negative Exponenten.

a) $\frac{1}{x^7}$ b) $\frac{1}{7x}$ c) $\left(\frac{a}{b}\right)^2$ d) $\frac{a}{b}$ e) $\frac{a}{c^5}$ f) $\frac{x^3}{y^4}$ g) $\frac{1}{1+z}$

13. Schreibe ohne negativen Exponenten und berechne dann.

a) $\frac{1}{3^{-3}}$ b) $\frac{2}{(-3)^{-4}}$ c) $15^3 \cdot 5^{-2}$ d) $21^3 \cdot 7^{-5}$ e) $\frac{4^{-3}}{8^{-4}}$ f) $\frac{3^5}{9^{-4}}$

14. Fülle die Lücken aus.

a) $\frac{1}{9} = 3^{\square}$ b) $\frac{1}{81} = 9^{\square} = 3^{\square}$ c) $\frac{1}{64} = 2^{\square} = 4^{\square} = 8^{\square}$ d) $\frac{4}{25} = 2^{\square} \cdot 5^{\square}$

15. Schreibe wie im Beispiel rechts auf zwei Arten als Potenz.

a) $\frac{1}{9}$ c) $\frac{1}{8}$ e) $\frac{1}{1\,000}$ g) $\frac{1}{2\,500}$

b) $\frac{1}{16}$ d) $\frac{1}{27}$ f) $\frac{1}{32}$ h) $\frac{1}{8\,000}$

$\frac{1}{49} = \frac{1}{7} \cdot \frac{1}{7} = \left(\frac{1}{7}\right)^2$

$\frac{1}{49} = \frac{1}{7^2} = 7^{-2}$

16. Berechne und vergleiche. Welche Potenzen sind größer, welche sind kleiner als 1? Versuche eine Gesetzmäßigkeit zu entdecken.

(1) $0{,}5^3$ und $0{,}5^{-3}$; (2) 2^4 und 2^{-4}; (3) $1{,}5^{-2}$ und $1{,}5^2$; (4) $0{,}99^{-1}$ und $0{,}99^1$

17. Berechne.

a) $3 \cdot 2^{-3} - 4 \cdot 3^{-2}$ b) $6 \cdot 10^{-3} + 2^{-4} \cdot 4^{-2}$ c) $-(-1)^3 + (-1)^2 - (-1)^1 + (-1)^0 - (-1)^{-1}$

18. Berechne mit dem Taschenrechner.

a) 4^{-10} b) $0{,}7^{-8}$ c) $(-3{,}4)^{-7}$ d) $\left(\frac{2}{3}\right)^{-5}$ e) $(\sqrt{3})^{-9}$

19. Kontrolliere Kevins Hausaufgaben. Erläutere deine Anmerkungen.

a) $-5^{-2} = -25$ c) $0{,}1^{-2} = 100$ e) $(\sqrt{2})^{-6} = 2^{-3}$

b) $2^{-4} < 2^{-3}$ d) $\left(\frac{3}{4}\right)^{-2} = -\frac{16}{9}$ f) $(-\sqrt{2})^{-3} < 0$

20. In einer entsprechenden Nährlösung kann sich eine Pilzkultur in jeder Stunde mit dem Faktor 1,6 vermehren. Nachdem eine Kultur in diese Nährlösung eingebracht wurde, ist sie in 10 Stunden auf eine Größe von 21 cm^2 angewachsen.

a) Bestimme die von der Pilzkultur anfangs bedeckte Fläche. Beschreibe dein Vorgehen.

b) Berechne die Größe der Pilzkultur 1 Stunde, 5 Stunden, nachdem sie in die Nährlösung eingebracht wurde.

Potenzen mit gebrochenrationalen Exponenten

Einstieg

Untersuche mit deinem Taschenrechner Potenzen mit Brüchen im Exponenten.

- ➜ Überprüfe die Berechnungen mit deinem Taschenrechner.
- ➜ Notiere eine Vermutung über die Bedeutung des Exponenten $\frac{1}{2}$.
- ➜ Untersuche entsprechend den Exponenten $\frac{1}{3}$.

Aufgabe

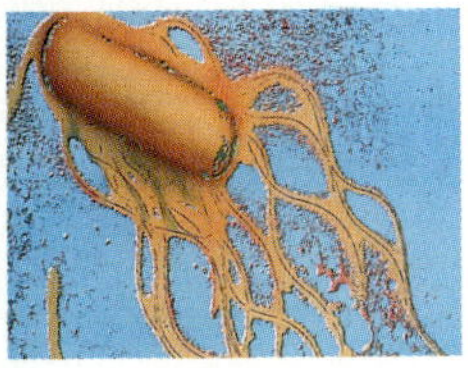

1. Salmonellen sind Bakterien, die beim Menschen Erkrankungen auslösen können. Sie vermehren sich unter günstigen Bedingungen so stark, dass sich ihre Anzahl in jeder Stunde verdoppelt. Für das Wachstum ergibt sich folgende Tabelle (vgl. Seite 109):

Zeitpunkt der Beobachtung (in h)	0	1	2	3	4	5	6	7
Anzahl der Salmonellen (in Mio.)	2^0	2^1	2^2	2^3	2^4	2^5	2^6	2^7

a) Wie vergrößert sich die Anzahl der Salmonellen in einem Zeitraum von 2, von n Stunden?

b) Bestimme die Anzahl der Salmonellen zu den Zeitpunkten $\frac{1}{2}$ h und $\frac{3}{2}$ h nach Beobachtungsbeginn.

Lösung

a)

+ 2   + 2   + 3   + 3

Zeitpunkt der Beobachtung (in h)	0	1	2	3	4	5	6	7
Anzahl der Salmonellen (in Mio.)	2^0	2^1	2^2	2^3	2^4	2^5	2^6	2^7

$\cdot 2^2$ $\cdot 2^2$ $\cdot 2^3$ $\cdot 2^3$

Alle 2 Stunden wird die Anzahl der Salmonellen mit dem Faktor 2^2 vervielfacht, einerlei, wie viele Salmonellen schon vorhanden waren und zwischen welchen Zeitpunkten der Zeitraum von 2 Stunden liegt.
In n Stunden vergrößert sich die Anzahl der Salmonellen mit dem Faktor 2^n.

b)

+ 1; $+\frac{1}{2}$; $+\frac{1}{2}$

0	$\frac{1}{2}$	1	2
1	a	2	2^2

$\cdot a$; $\cdot a$; $\cdot 2$

In $\frac{1}{2}$ Stunde werde die Anzahl der Salmonellen mit dem Faktor a vervielfacht. Dann gilt:

$1 \cdot a \cdot a = 2$, also $a^2 = 2$,

d. h. $a = \sqrt[2]{2}$.

Nach $\frac{1}{2}$ Stunde sind $\sqrt[2]{2}$ Mio. Salmonellen vorhanden.

+ 3; $+\frac{3}{2}$; $+\frac{3}{2}$

0	$\frac{3}{2}$	3	4
1	b	2^3	2^4

$\cdot b$; $\cdot b$; $\cdot 2^3$

In $\frac{3}{2}$ Stunden werde die Anzahl der Salmonellen mit dem Faktor b vervielfacht. Dann gilt:

$1 \cdot b \cdot b = 2^3$, also $b^2 = 2^3$,

d. h. $b = \sqrt[2]{2^3}$.

Beachte: $\sqrt[2]{2^3} = \sqrt{2^3}$

Nach $\frac{3}{2}$ Stunden sind $\sqrt[2]{2^3}$ Mio. Salmonellen vorhanden.

Information

Erklärung von $a^{\frac{m}{n}}$

Wir wollen das Anwachsen der Anzahl der Salmonellen einheitlich mit der Formel $y = 2^x$ beschreiben, auch für $x = \frac{1}{2}$ und für $x = \frac{3}{2}$ (vgl. Seite 109 und 116).
Dann liegt folgende Erklärung nahe:

$2^{\frac{1}{2}} = \sqrt[2]{2}; \quad 2^{\frac{3}{2}} = \sqrt[2]{2^3}$

Dieser Gedanke lässt sich übertragen auf andere Beispiele:

$3^{\frac{4}{5}} = \sqrt[5]{3^4}; \quad 7^{\frac{2}{3}} = \sqrt[3]{7^2}; \quad 4^{-\frac{3}{5}} = 4^{\frac{-3}{5}} = \sqrt[5]{4^{-3}} = \sqrt[5]{\frac{1}{4^3}}$

> $\mathbf{a^{\frac{m}{n}} = \sqrt[n]{a^m}}$ (für $a > 0$ und für natürliche Zahlen $n > 0$ und ganze Zahlen m)
> Der Nenner des Bruches ergibt den Wurzelexponenten, der Zähler den Exponenten des Radikanden.
>
> *Beispiele:* $5^{\frac{4}{3}} = \sqrt[3]{5^4}; \quad 8^{-\frac{5}{6}} = 8^{\frac{-5}{6}} = \sqrt[6]{8^{-5}}$
>
> Als Spezialfall für m = 1 erhalten wir:
>
> $\mathbf{a^{\frac{1}{n}} = \sqrt[n]{a}}$ *Beispiel:* $7^{\frac{1}{3}} = \sqrt[3]{7}$

So kannst du diese Erklärung sogar ohne Taschenrechner überprüfen:

$5^{\frac{4}{2}} = 5^2 = 25$

$5^{\frac{4}{2}} = \sqrt[2]{5^4} = \sqrt[2]{625} = 25$

Damit ist der Potenzbegriff erneut erweitert worden, und zwar auf beliebige *rationale* Zahlen als Exponenten.
Als Basis kommen nur *positive* Zahlen in Frage.
Beachte: Die Wurzel aus einer negativen Zahl ist nicht erlaubt.

△ *Begründung:* Es müsste gelten: $(-8)^{\frac{1}{3}} = (-8)^{\frac{2}{6}}$,
△ aber: $(-8)^{\frac{1}{3}} = \sqrt[3]{(-8)^1} = \sqrt[3]{-8}$ ist nicht erlaubt;
△
△ $(-8)^{\frac{2}{6}} = \sqrt[6]{(-8)^2} = \sqrt[6]{64} = 2.$
△ Außerdem darf bei negativen Exponenten die Basis nicht 0 sein.
△ *Begründung:* Setzt man 0 für x in $x^{-2} = \frac{1}{x^2}$ ein, so wird der Nenner 0, was aber ausgeschlos-
△ sen werden muss.

Zum Festigen und Weiterarbeiten

2. Schreibe jeweils mit Wurzelzeichen.

a) $5^{\frac{1}{2}}; \ 4^{\frac{1}{3}}; \ 8^{\frac{1}{4}}$ **b)** $2^{\frac{3}{4}}; \ 2^{\frac{4}{3}}; \ 3^{\frac{1}{2}}$ **c)** $4^{-\frac{1}{2}}; \ 5^{-\frac{3}{2}}; \ 2^{-\frac{2}{5}}$ **d)** $2^{0,5}; \ 3^{1,5}; \ 5^{3,2}$

3. Schreibe jeweils als Potenz und berechne. Runde auf Hundertstel.

a) $\sqrt{8}$ **c)** $\sqrt[5]{7}$ **e)** $\sqrt[4]{3^5}$ **g)** $\sqrt{7}$ **i)** $\sqrt[4]{\frac{1}{5^2}}$

b) $\sqrt[3]{5}$ **d)** $\sqrt[3]{2^2}$ **f)** $\sqrt[6]{5^2}$ **h)** $\sqrt[3]{3^{-2}}$ **j)** $\sqrt[7]{\left(\frac{1}{3}\right)^{-4}}$

4. Bestimme mit dem Taschenrechner. Runde jeweils auf Tausendstel.

a) $5^{\frac{1}{9}}$ **c)** $0{,}4^{5,28}$ **e)** $0{,}27^{-4,7}$ **g)** $7{,}55^{-2,4}$ **i)** $\sqrt[7]{4}$ **k)** $\sqrt[6]{3^5}$

b) $3{,}8^{\frac{1}{6}}$ **d)** $2{,}7^{\frac{3}{4}}$ **f)** $3{,}4^{-0,5}$ **h)** $0{,}56^{-0,1}$ **j)** $\sqrt[8]{9}$ **l)** $\sqrt[11]{0{,}8^7}$

5. Berechne und vergleiche: **a)** $\sqrt[2]{4^3}$ und $\left(\sqrt[2]{4}\right)^3$; **b)** $\sqrt[4]{16^{-2}}$ und $\left(\sqrt[4]{16}\right)^{-2}$.

6. Eine Hefekultur wächst so, dass die bedeckte Fläche jede Stunde um den Faktor 1,4 zunimmt. Zu Beginn der Beobachtung ist sie 5 cm^2 groß.

a) Stelle eine Formel auf, die die Vergrößerung der Hefekultur beschreibt.

b) Berechne die Größe der Kultur nach 0,5 Stunden, 1 Stunde, 1,5 Stunden, 2 Stunden, 2,5 Stunden.

Übungen

7. Schreibe als Wurzel.

a) $x^{\frac{2}{3}}$ **b)** $y^{\frac{3}{4}}$ **c)** $z^{\frac{1}{2}}$ **d)** $a^{\frac{1}{3}}$ **e)** $b^{-\frac{3}{4}}$ **f)** $c^{-\frac{2}{5}}$ **g)** $d^{0,5}$ **h)** $e^{0,8}$ **i)** $f^{-2,4}$ **j)** $u^{-0,05}$

8. Berechne ohne Taschenrechner.

a) $27^{\frac{1}{3}}$ **b)** $16^{\frac{1}{4}}$ **c)** $27^{\frac{5}{3}}$ **d)** $36^{-\frac{1}{2}}$
e) $8^{\frac{4}{3}}$ **f)** $64^{-\frac{1}{6}}$ **g)** $32^{-\frac{4}{5}}$ **h)** $81^{\frac{3}{4}}$
i) $0,25^{-\frac{1}{2}}$ **j)** $0,008^{\frac{2}{3}}$ **k)** $0,0081^{-\frac{3}{4}}$ **l)** $32^{0,2}$
m) $256^{0,5}$ **n)** $81^{0,75}$ **o)** $\left(\frac{1}{64}\right)^{\frac{1}{2}}$ **p)** $\left(\frac{9}{16}\right)^{-1,5}$

$$16,5^{0,75} = 16^{\frac{3}{4}} = \sqrt[4]{16^3} = \left(\sqrt[4]{16}\right)^3 = 2^3 = 8$$

9. Schreibe als Potenz mit einer rationalen Zahl als Exponent.

a) $\sqrt[3]{x^2}$ **b)** $\sqrt{y^3}$ **c)** $\sqrt[4]{z^5}$ **d)** $\sqrt[5]{a^2}$
e) $\sqrt{a \cdot b}$ **f)** $\sqrt[3]{x \cdot y}$ **g)** $\sqrt{a + b}$ **h)** $\sqrt{(a + b)^3}$
i) $\sqrt[3]{(a - b)^2}$ **j)** $\sqrt{(x^3 + y^3}$ **k)** $\sqrt[4]{(a \cdot b)^3}$ **l)** $\sqrt[6]{(a \cdot b)^2}$
m) $\sqrt[4]{(a + b)^2}$ **n)** $\sqrt[3]{a^2 + b^2}$ **o)** $\sqrt[4]{c^2 - d^2}$ **p)** $\sqrt[8]{(a^2 - b^2)^3}$

10. Berechne mit dem Taschenrechner. Runde auf Tausendstel.

a) $0,75^{3,4}$ **b)** $2,5^{0,49}$ **c)** $3,7^{-4,2}$ **d)** $2,49^{-3,6}$ **e)** $\sqrt[4]{28}$ **f)** $\sqrt[5]{2,4}$ **g)** $\sqrt[6]{0,45}$ **h)** $\sqrt[10]{0,5^{13}}$

11. Berechne. Runde auf drei Stellen nach dem Komma.

a) $5^{\frac{1}{2}} + 3^{\frac{1}{3}}$ **b)** $4^{\frac{2}{5}} - 6^{\frac{3}{4}}$ **c)** $8^{\frac{4}{5}} \cdot 7^{\frac{1}{4}}$
d) $2^{\frac{4}{3}} + 1^{\frac{2}{5}}$ **e)** $-5^{\frac{1}{2}} - 8^{\frac{4}{7}}$ **f)** $9^{\frac{2}{3}} \cdot 10^0$
g) $4^{\frac{1}{4}} + 3^{\frac{1}{3}}$ **h)** $6^{\frac{3}{2}} - 5^{\frac{1}{7}}$ **i)** $2^{\frac{1}{4}} \cdot 8^{\frac{2}{3}}$

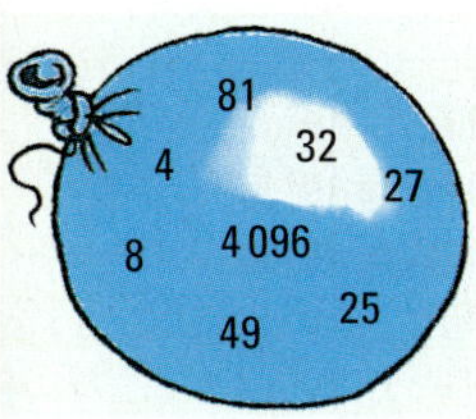

12. Die Basis ist ausgewischt worden. Versuche sie zu finden.

a) $\square^{\frac{3}{2}} = 8$ **b)** $\square^{\frac{3}{2}} = 125$ **c)** $\square^{\frac{3}{2}} = 343$ **d)** $\square^{\frac{7}{3}} = 128$
e) $\square^{\frac{5}{3}} = 243$ **f)** $\square^{\frac{3}{4}} = 512$ **g)** $\square^{\frac{3}{5}} = 8$ **h)** $\square^{\frac{3}{4}} = 27$

13. Unter günstigen Bedingungen vermehrt sich eine Algenkultur wöchentlich mit dem Faktor 1,2. Anfangs bedecken die Algen eine Fläche von 24 m^2.

a) Berechne die Größe der von den Algen bedeckten Fläche nach $\frac{1}{2}$ Woche, 2,5 Wochen.

b) Wie groß ist die Fläche, die von den Algen nach 1 Tag, 2 Tagen, 3 Tagen, 4 Tagen, ..., 7 Tagen bedeckt wird?

ZEHNERPOTENZEN

Abgetrennte Zehnerpotenzen mit natürlichen Exponenten

Einstieg

Berechne mit deinem Taschenrechner:

(1) $9\,999^2$ (2) $9\,999^3$ (3) $9\,999^4$ usw.

→ Was fällt dir auf? Versuche zu erklären.

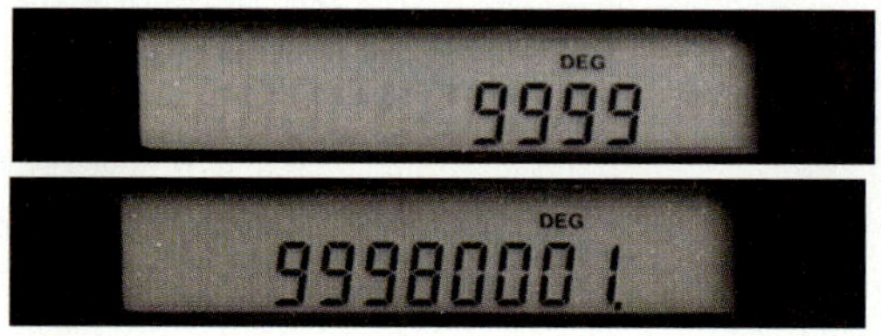

Aufgabe

1. Berechne zunächst ohne und dann mit dem Taschenrechner: $4\,785{,}3 \cdot 1\,000\,000\,000$
Vergleiche die Ergebnisse miteinander.

Lösung

$4\,785{,}3 \cdot 1\,000\,000\,000 = 4\,785\,300\,000\,000$

Dein Taschenrechner zeigt vermutlich eines der Ergebnisse unten an.

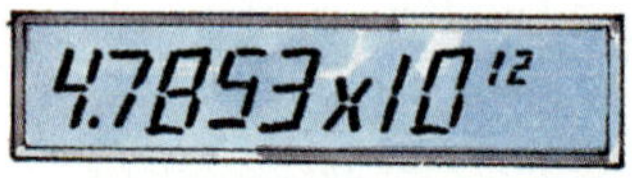

In allen Fällen wird die Zahl 4 785 300 000 000 dargestellt.

$4\,785\,300\,000\,000 = 4{,}7853 \cdot 10^{12}$

Multiplizieren mit 10^{12} bedeutet: Verschieben des Kommas um 12 Stellen nach rechts.

scientific notation ⟨engl.⟩ Wissenschaftliche Schreibweise; sie wird insbesondere in den Naturwissenschaften verwendet; siehe auch Taste für SCI beim Taschenrechner.

Die Zahl 4 785 300 000 000 wurde als Produkt einer Zahl a und einer Zehnerpotenz geschrieben, wobei die Zahl a zwischen 1 und 10 liegt. Das ist manchmal übersichtlicher.
Solche Zahldarstellungen heißen **Schreibweise mit abgetrennter Zehnerpotenz** oder *Exponentendarstellung* oder *scientific notation.*
Bei dieser Zahldarstellung benötigt man die Zehnerpotenzen (Potenzen mit der Basis 10).

Information

Große Zahlen lassen sich übersichtlich mit abgetrennten Zehnerpotenzen oder gewissen Vorsilben (bei Maßeinheiten) schreiben.

Beispiel: $1\,500 \text{ m} = 1{,}5 \cdot 10^3 \text{ m} = 1{,}5 \text{ km}$

Gewisse Vorsilben bei Maßeinheiten bedeuten Zehnerpotenzen:

Potenz	Vorsilbe	Abkürzung	Beispiel
10^2	Hekto	h	Hektoliter: 1 hl $= 10^2$ *l*
10^3	Kilo	k	Kilometer: 1 km $= 10^3$ m
10^6	Mega	M	Megawatt: 1 MW $= 10^6$ W
10^9	Giga	G	Gigahertz: 1 GHz $= 10^9$ Hz
10^{12}	Tera	T	Terajoule: 1 TJ $= 10^{12}$ J

Bei der Speicherung von Information im Computer verwendet man die Maßeinheit Byte (1 Byte = 8 bit):

Kilobyte: 1 KB $= 2^{10}$ Byte $= 1.024$ Byte $\approx 10^3$ Byte
Megabyte: 1 MB $= 2^{20}$ Byte $= 1.048576$ Byte $\approx 10^6$ Byte
Gigabyte: 1 GB $= 2^{30}$ Byte $= 1.073741824$ Byte $\approx 10^9$ Byte

Die Abkürzungen K, M und G bedeuten hier nur näherungsweise 10^3, 10^6 bzw. 10^9.

Zum Festigen und Weiterarbeiten

2. Schreibe mit abgetrennter Zehnerpotenz.

a) 78 500 **b)** 28 433 **c)** 9 245 682 **d)** 2 435

$34\,785 = 3{,}4785 \cdot 10^4$

3. Schreibe ohne Zehnerpotenzen.

a) $3{,}2 \cdot 10^5$ **b)** $7{,}82 \cdot 10^3$ **c)** $2{,}85 \cdot 10^3$ **d)** $7{,}25 \cdot 10^2$

$4{,}32 \cdot 10^3 = 4\,320$

4. Die Stufenzahlen des Zehnersystems können wir als Zehnerpotenzen schreiben.

a) Schreibe die Zahl mit Zehnerpotenzen:
(1) 205 001 (3) 70 809 050
(2) 310 005 (4) 320 005 600

$1\,048 = 1 \cdot 10^3 + 4 \cdot 10^1 + 8 \cdot 10^0$

b) Schreibe die Zahl ohne Zehnerpotenzen:
(1) $2 \cdot 10^6 + 3 \cdot 10^2$
(2) $7 \cdot 10^5 + 8 \cdot 10^3 + 5 \cdot 10^0$ (3) $6 \cdot 10^4 + 2 \cdot 10^1 + 3 \cdot 10^0$

$4 \cdot 10^5 + 3 \cdot 10^3 + 2 \cdot 10^1 = 403\,020$

Übungen

5. Berechne mit dem Taschenrechner.

a) 4^{12} **b)** 7^9 **c)** $(-3)^{10}$ **d)** $(-3)^{11}$ **e)** $2{,}1^6$ **f)** $0{,}98^{55}$ **g)** $(-2{,}5)^7$ **h)** $(-1{,}3)^{12}$

6. Schreibe mit abgetrennter Zehnerpotenz.

a) 27	**d)** 607	**g)** 3 507	**j)** 48,5	**m)** 112,304	**p)** 7 548,04
b) 419	**e)** 4 126	**h)** 7 053	**k)** 12,67	**n)** 4 198,3	**q)** 87 543,4195
c) 810	**f)** 8 540	**i)** 85 644	**l)** 841,23	**o)** 8 412,36	**r)** 48 235,004

7. Schreibe ohne Zehnerpotenz.

a) $4{,}3 \cdot 10^2$	**c)** $8{,}357 \cdot 10^3$	**e)** $7{,}2 \cdot 10^5$	**g)** $2{,}85 \cdot 10^8$
b) $7{,}45 \cdot 10^2$	**d)** $6{,}54 \cdot 10^4$	**f)** $8{,}249 \cdot 10^6$	**h)** $3{,}75421 \cdot 10^4$

8. Schreibe mit abgetrennter Zehnerpotenz; runde die Zahl vor der abgetrennten Zehnerpotenz auf Hundertstel.

$314\,896 \approx 3{,}15 \cdot 10^5$

a) 857 352 **b)** 21 048 **c)** 2 136 547 **d)** 8 607 435 **e)** 948 376 542

9. Schreibe ausführlich und lies.

a) Volumen der Erde: $1 \cdot 10^{12}$ km³
b) Größe von Afrika: $3{,}03 \cdot 10^7$ km²
c) Entfernung Erde – Sonne: $1{,}5 \cdot 10^8$ km
d) Umfang der Erdbahn: $9{,}4 \cdot 10^8$ km

10. Schreibe mit abgetrennter Zehnerpotenz (scientific notation).

a) Lichtgeschwindigkeit: 300 000 $\frac{km}{s}$
b) Durchmesser der Sonne: 1 390 000 km
c) Entfernung Erde – Mond: 384 000 km
d) Größe von Asien: 41 600 000 km²
e) Entfernung Sonne – Neptun: 4 500 Mio. km
f) Ältester Stein der Erde: 3,962 Mrd. Jahre

11. **a)** Schreibe die Zahl mit Zehnerpotenzen
(1) 205 001 (2) 310 005 (3) 70 809 050 (4) 320 005 600

b) Schreibe die Zahl ohne Zehnerpotenzen
(1) $4 \cdot 10^5 + 6 \cdot 10^1 + 9 \cdot 10^0$ (2) $2 \cdot 10^6 + 6 \cdot 10^4 + 3 \cdot 10^0$ (3) $8 \cdot 10^4 + 10^1 + 8 \cdot 10^0$

12. Ordne die Zahlen der Größen nach. Beginne mit der kleinsten Zahl
$4{,}67 \cdot 10^3$; $476 \cdot 10^2$; $4{,}671 \cdot 10^4$; $4{,}76 \cdot 10^1$; $4{,}76 \cdot 10^3$; $4{,}670 \cdot 10^0$

13. Überprüfe die Hausaufgabe. Korrigiere gegebenenfalls.

$417{,}64 = 4{,}1764 \cdot 10^3$; $41{,}523 \cdot 10^2 = 415{,}23$; $74{,}32 = 0{,}7432 \cdot 10^4$; $48{,}507 \cdot 10^4 = 48\,507$

14. Berechne: **a)** $2{,}1 \cdot 10^3 + 3{,}4 \cdot 10^2$ **b)** $8{,}6 \cdot 10^2 \cdot 1{,}5 \cdot 10^2$ **c)** $6{,}5 \cdot 10^3 : (5 \cdot 10^2)$

1 Lichtjahr ist eine Längeneinheit, keine Zeiteinheit.

15. **a)** Große Entfernungen im Weltraum gibt man in Lichtjahren an. Eine Strecke hat die Länge 1 Lichtjahr, wenn ein Lichtblitz zum Durchlaufen 1 Jahr benötigt.
Gib 1 Lichtjahr in km an (Lichtgeschwindigkeit: $3 \cdot 10^5 \frac{\text{km}}{\text{s}}$).

b) Die Entfernung Sonne – Erde beträgt $149{,}6 \cdot 10^6$ km.
Wie lange braucht ein Lichtblitz, um von der Sonne zur Erde zu gelangen?

Abgetrennte Zehnerpotenzen mit negativen ganzzahligen Exponenten

Einstieg

1 µg (Mikrogramm) = 10^{-6} g

Hausmilben ernähren sich von abgefallenen Hautschuppen. In 8 Stunden verliert ein Mensch ca. 0,5 g an Hautschuppen. Eine Hausmilbe benötigt täglich 4,2 µg Hautschuppen.

→ Wie viele Milben können mit 0,5 g Hautschuppen täglich ernährt werden?

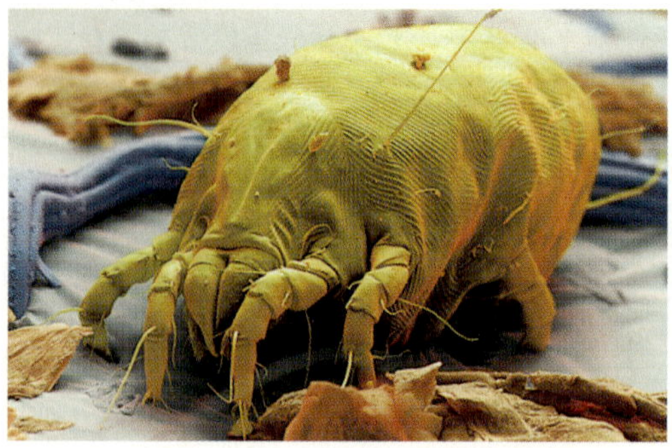

Aufgabe

1. Berechne zunächst ohne und dann mit dem Taschenrechner:
0,47853 · 0,000000001
Vergleiche die Ergebnisse miteinander.

Lösung

0,47853 · 0,000000001 = 0,00000000047853

Dein Taschenrechner zeigt vermutlich eines der Ergebnisse an:

Es sind drei Darstellungen derselben Zahl, nämlich 0,00000000047853.

$0{,}00000000047853 = 4{,}7853 \cdot 10^{-10}$

Multiplizieren mit 10^{-10} bedeutet: Verschieben des Kommas um 10 Stellen nach links.

Information

Auch kleine Zahlen lassen sich übersichtlich mit abgetrennten Zehnerpotenzen oder gewissen Vorsilben (bei Maßeinheiten) schreiben.

Beispiel: $0{,}015\ \text{m} = 1{,}5 \cdot 10^{-2}\ \text{m} = 1{,}5\ \text{cm}$

Gewisse Vorsilben bei Maßeinheiten bedeuten eine Zehnerpotenz mit negativem Exponenten:

Potenz	Vorsilbe	Abkürzung	Beispiel	
10^{-1}	Dezi	d	Dezitonne:	$1\ \text{dt} = \frac{1}{10^1}\ \text{t} = 0{,}1\ \text{t}$
10^{-2}	Zenti	c	Zentimeter:	$1\ \text{cm} = \frac{1}{10^2}\ \text{m} = 0{,}01\ \text{m}$
10^{-3}	Milli	m	Milliliter:	$1\ \text{ml} = \frac{1}{10^3}\ l = 0{,}001\ l$
10^{-6}	Mikro	µ	Mikrogramm:	$1\ \mu\text{g} = \frac{1}{10^6}\ \text{g} = 0{,}000001\ \text{g}$
10^{-9}	Nano	n	Nanosekunde:	$1\ \text{ns} = \frac{1}{10^9}\ \text{s} = 0{,}000000001\ \text{s}$
10^{-12}	Piko	p	Pikofarad:	$1\ \text{pF} = \frac{1}{10^{12}}\ \text{F} = 0{,}000000000001\ \text{F}$

1 Farad und 1 Mikrofarad sind Einheiten für die Kapazität von Kondensatoren in der Elektronik.

Zum Festigen und Weiterarbeiten

2. Schreibe mit abgetrennter Zehnerpotenz.

a) 0,0023 **b)** 0,00042 **c)** 0,00407 **d)** 0,010003

$0{,}0078 = 7{,}8 \cdot 10^{-3}$

3. Schreibe ohne Zehnerpotenz.

a) $3{,}2 \cdot 10^{-5}$ **b)** $7{,}85 \cdot 10^{-3}$ **c)** $8{,}475 \cdot 10^{-2}$

$3{,}45 \cdot 10^{-4} = 0{,}000345$

4. Auch die Nachkommastellen des Zehnersystems können wir als Zehnerpotenzen schreiben.

a) Schreibe die Zahl mit Zehnerpotenzen:
(1) 0,2005 (3) 0,080905
(2) 0,3017 (4) 300,056

$0{,}703 = 7 \cdot 10^{-1} + 3 \cdot 10^{-3}$

b) Schreibe die Zahl ohne Zehnerpotenzen:
(1) $2 \cdot 10^{-2} + 4 \cdot 10^{-4}$
(2) $5 \cdot 10^{-2} + 4 \cdot 10^{-3} + 2 \cdot 10^{-5}$ (3) $1 \cdot 10^{0} + 5 \cdot 10^{-1} + 5 \cdot 10^{-3}$

$1 \cdot 10^{-1} + 7 \cdot 10^{-3} + 5 \cdot 10^{-4} = 0{,}1075$

Übungen

5. Schreibe die Zahl mit abgetrennter Zehnerpotenz.

a) 0,01 **d)** 0,0085 **g)** 0,0000081
b) 0,68 **e)** 0,0049 **h)** 0,00000000807
c) 0,0048 **f)** 0,000073 **i)** 0,0000000001

$0{,}08 = \frac{8}{100} = \frac{8}{10^2} = 8 \cdot 10^{-2}$

6. Schreibe mit abgetrennter Zehnerpotenz; runde die Zahl vor der abgetrennten Zehnerpotenz auf Hundertstel.

a) 0,314 **b)** 0,00213752 **c)** 0,00084765 **d)** 0,000004214

$0{,}007286 \approx 7{,}29 \cdot 10^{-3}$

7. Schreibe als Dezimalbruch.

a) $3 \cdot 10^{-2}$ **c)** $7{,}5 \cdot 10^{-6}$ **e)** $3{,}7 \cdot 10^{-8}$
b) $8 \cdot 10^{-3}$ **d)** $4{,}5 \cdot 10^{-5}$ **f)** $3{,}14 \cdot 10^{-6}$ **g)** $2{,}859 \cdot 10^{-4}$ **h)** $0{,}215 \cdot 10^{-5}$

$4{,}72 \cdot 10^{-5} = 0{,}0000472$

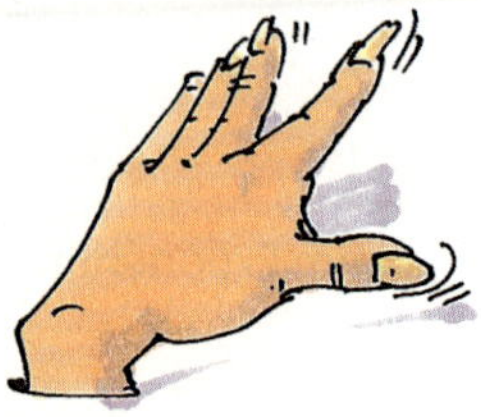

8. **a)** Schreibe mit einem Dezimalbruch als Maßzahl.

(1) Masse des Elektrons: $9 \cdot 10^{-28}$ g	(2) Durchmesser des Wasserstoffatoms: ca. 10^{-8} cm	(3) Durchmesser eines roten Blutkörperchens: $7 \cdot 10^{-4}$ cm
(4) Durchmesser eines bestimmten Bakteriums: $9{,}4 \cdot 10^{-5}$ cm	(5) Tägliches Wachstum beim Kopfhaar: $2{,}5 \cdot 10^{-4}$ m	(6) Täglicher Längenzuwachs eines Fingernagels: $8{,}6 \cdot 10^{-5}$ m
(7) Täglicher Massenzuwachs eines Fingernagels: $5{,}5 \cdot 10^{-3}$ g	(8) Der Mensch schmeckt in 1 cm^3 Wasser ca. 10^{-5} g Salzsäure.	(9) Massenanteil von Schwefel in der Erdkruste: $4{,}8 \cdot 10^{-20}$ %

b) Gib die Längenangaben in Teilaufgabe a) zu (2) bis (4) auch in der Einheit m an.

9. Schreibe in der Maßeinheit, die in Klammern steht.

a) $3 \cdot 10^{-3}$ kg (g)
$2 \cdot 10^{-2}$ g (kg)

b) $5 \cdot 10^{-10}$ m (mm)
$3{,}2 \cdot 10^{-4}$ cm (m)

c) $1{,}48 \cdot 10^{-6}$ mm (m)
$3{,}69 \cdot 10^{-9}$ g (kg)

10. Ordne die Zahlen der Größe nach. Beginne mit der kleinsten Zahl
$14{,}7 \cdot 10^{-1}$; $1{,}74 \cdot 10^{-2}$; $1{,}471 \cdot 10^{-2}$; $1{,}47 \cdot 10^{-1}$; $1{,}76 \cdot 10^{-2}$; $1{,}670 \cdot 10^{0}$

11. Überprüfe die Hausaufgabe. Korrigiere gegebenenfalls.

$0{,}102 = 1{,}02 \cdot 10^{-2}$ $\quad$ $1{,}20304 = 12{,}304 \cdot 10^{-1}$
$1{,}403 \cdot 10^{-2} = 140{,}3$ $\quad$ $0{,}407 \cdot 10^{-1} = 40{,}7$

12. **a)** Schreibe die Zahl mit Zehnerpotenzen:
(1) 0,10407 (2) 0,0286 (3) 0,70809 (4) 2,20202

b) Schreibe die Zahl ohne Zehnerpotenzen:
(1) $4 \cdot 10^{-1} + 6 \cdot 10^{-3} + 9 \cdot 10^{-4}$
(2) $1 \cdot 10^{-2} + 2 \cdot 10^{-4} + 3 \cdot 10^{-6}$
(3) $8 \cdot 10^{1} + 10^{0} + 8 \cdot 10^{-2}$

13. **a)** Schreibe die folgenden Längenangaben in der Maßeinheit m, und zwar einmal mit einer Zehnerpotenz und zum anderen mit einer Vorsilbe wie Piko, Nano usw.
(1) $\frac{1}{1000}$ mm (2) $\frac{1}{100\,000}$ cm (3) $\frac{1}{1\,000\,000}$ mm (4) $\frac{1}{1\,000\,000}$ cm (5) $\frac{1}{10\,000}$ µm

▲ **b)** Schreibe die Maßeinheit als Quotient:
(1) $m \cdot s^{-1}$; (2) $km \cdot h^{-1}$; (3) $g \cdot cm^{-3}$; (4) $m \cdot s^{-2}$
Welche physikalische Größe wird jeweils in der Maßeinheit angegeben?

14. Berechne mit dem Taschenrechner. Überprüfe dein Ergebnis.

a) $5 \cdot 10^{-3} \cdot 10^{-2} \cdot 10 \cdot 10^{-1}$ $\quad$ **b)** $\frac{2 \cdot 10^{4}}{10^{-3}}$

15. Gib die kleinste Zahl an, die dein Taschenrechner in abgetrennter Zehnerpotenz anzeigen kann.

Potenzgesetze für das Rechnen mit Zehnerpotenzen

Einstieg

$10^3 \cdot 10^2 = 10^5$ $\qquad$ $\frac{10^7}{10^4} = 10^3$ $\qquad$ $(10^2)^4 = 10^8$

$10^{-4} \cdot 10^3 = 10^{-1}$ $\qquad$ $\frac{10^2}{10^{-3}} = 10^5$ $\qquad$ $(10^{-3})^2 = 10^{-6}$

- → Kontrolliert Petras Hausaufgaben.
- → Versucht Regeln zu entdecken. Formuliert sie.
- → Überprüft die Regeln durch weitere Beispiele.
- → Präsentiert eure Ergebnisse.

Aufgabe

1. Forme um in *eine* Zehnerpotenz.

a) (1) $10^4 \cdot 10^3$ $\qquad$ **b)** (1) $\frac{10^8}{10^3}$ $\qquad$ **c)** (1) $(10^4)^3$

(2) $10^{-2} \cdot 10^{-3}$ $\qquad$ (2) $\frac{10^{-4}}{10^2}$ $\qquad$ (2) $(10^3)^{-2}$

Lösung

a) (1) $10^4 \cdot 10^3 = \underbrace{10 \cdot 10 \cdot 10 \cdot 10}_{\text{4 Faktoren}} \cdot \underbrace{10 \cdot 10 \cdot 10}_{\text{3 Faktoren}}$

$= 10^{4+3} = 10^7$

(2) $10^{-2} \cdot 10^{-3} = \frac{1}{10^2} \cdot \frac{1}{10^3} \cdot \frac{1}{10^2 \cdot 10^3}$

$= \frac{1}{10^5} = 10^{-5}$ $\quad$ $-2 + (-3) = -5$

b) (1) $\frac{10^8}{10^3} = \frac{10 \cdot 10 \cdot 10 \cdot 10 \cdot 10 \cdot \cancel{10} \cdot \cancel{10} \cdot \cancel{10}}{\cancel{10} \cdot \cancel{10} \cdot \cancel{10}\ _1}$

$= 10^{8-3} = 10^5$

(2) $\frac{10^{-4}}{10^2} = \frac{1}{10^4} : 10^2 = \frac{1}{10^4 \cdot 10^2}$

$= \frac{1}{10^6} = 10^{-6}$ $\quad$ $-4 - 2 = -6$

c) (1) $(10^4)^3 = \underbrace{10^4 \cdot 10^4 \cdot 10^4}_{\text{3 mal 4 Faktoren}}$

$= 10^{4 \cdot 3} = 10^{12}$

(2) $(10^3)^{-2} = \frac{1}{(10^3)^2} = \frac{1}{10^3 \cdot 10^3}$

$= \frac{1}{10^6} = 10^{-6}$ $\quad$ $3 \cdot (-2) = -6$

Information

Aus den Rechnungen im Einstieg und in Aufgabe 1 erkennt man folgende Regeln:

Potenzgesetze für das Rechnen mit Zehnerpotenzen

Für ganze Zahlen m und n gilt:

(1) $10^m \cdot 10^n = 10^{m+n}$ $\qquad$ (2) $\frac{10^m}{10^n} = 10^m \cdot 10^{-n} = 10^{m-n}$ $\qquad$ (3) $(10^m)^n = 10^{m \cdot n}$

Hinweis: Man kann zeigen, dass diese Potenzgesetze auch für beliebige positive Basen und für gebrochen rationale Exponenten gelten.

Zum Festigen und Weiterarbeiten

$2 \cdot 10^4 + 3 \cdot 10^5$
$= 0{,}2 \cdot 10^5 + 3 \cdot 10^5$
$= 3{,}2 \cdot 10^5$

2. Forme in eine Zehnerpotenz um; wende dabei die Potenzgesetze an.

a) $10^2 \cdot 10^7$ $\quad \frac{10^8}{10^5}$
b) $10^{-7} \cdot 10^4$ $\quad \frac{10^4}{10^{-3}}$
c) $(10^5)^2$ $\quad (10^3)^{-4}$
d) $10^{-5} \cdot 10^{11}$ $\quad \frac{10^2}{10^6}$
e) $10^{-6} \cdot 10^{-1}$ $\quad \frac{10^{-7}}{10^{-5}}$
f) $(10^{-2})^{-7}$ $\quad \frac{10^{-5}}{10^2}$

3. Berechne ohne Taschenrechner; schreibe das Ergebnis mit abgetrennter Zehnerpotenz.

a) $2{,}7 \cdot 10^8 + 8{,}9 \cdot 10^8$ $\quad 24 \cdot 10^{-7} - 5 \cdot 10^{-7}$
b) $6 \cdot 10^{11} + 3 \cdot 10^{12}$ $\quad 7 \cdot 10^{-5} - 9 \cdot 10^{-6}$
c) $(3{,}5 \cdot 10^{-13}) \cdot (2 \cdot 10^8)$ $\quad \frac{4{,}2 \cdot 10^{-7}}{7 \cdot 10^3}$

4. Rechne mit abgetrennten Zehnerpotenzen.

a) Der Umfang der fast kreisförmigen Erdbahn um die Sonne beträgt $9{,}4 \cdot 10^8$ km. Berechne den Radius.

b) Der Äquator hat einen Umfang von $4 \cdot 10^7$ m. Berechne das Volumen und die Oberfläche der Erde. Gib die Ergebnisse in verschiedenen Einheiten an.

Übungen

5. Fülle die Lücken aus.

a) $10^{\square} \cdot 10^3 = 10^{11}$ $\quad \frac{10^9}{10^{\square}} = 10^2$
b) $10^{-4} \cdot 10^{\square} = 10^8$ $\quad \frac{10^{\square}}{10^{-6}} = 10$
c) $(10^{\square})^5 = 10^{-20}$ $\quad (10^{-3})^{\square} = 10^{21}$

6. Forme in eine Zehnerpotenz um; wende dabei die Potenzgesetze an.

a) $10^3 \cdot 10^{11}$ $\quad (10^6)^3$
b) $10^2 \cdot 10^{-6}$ $\quad \frac{10^4}{10^9}$
c) $10^{-13} \cdot 10^{-4}$ $\quad \frac{10^3}{10^{-7}}$
d) $(10^5)^{-6}$ $\quad \frac{10^{-1}}{10^{-5}}$
e) $10^{-8} \cdot 10$ $\quad (10^0)^6$
f) $(10^{-4})^{-9}$ $\quad \frac{10^{-9}}{10}$

7. Schreibe mit abgetrennter Zehnerpotenz (ohne Taschenrechner).

a) $3{,}8 \cdot 10^{-9} - 3{,}3 \cdot 10^{-9}$ $\quad 6{,}2 \cdot 10^{11} + 9{,}3 \cdot 10^{11}$
b) $8 \cdot 10^{17} + 9{,}6 \cdot 10^{18}$ $\quad 2 \cdot 10^{-7} - 3 \cdot 10^{-8}$
c) $(4 \cdot 10^{-3}) \cdot (7 \cdot 10^{12})$ $\quad \frac{4 \cdot 10^{10}}{8 \cdot 10^{-7}}$

8. Ein Atom stellen wir uns im Modell so vor:
In der Mitte des Atoms befindet sich der positiv geladene Atomkern. Dieser Kern ist von einem Schwarm negativ geladener Elektronen, der sogenannten Elektronen-Hülle umgeben.
Der Durchmesser eines Atoms beträgt ca. $2 \cdot 10^{-10}$ m, der Durchmesser des Atomkerns annähernd 10^{-15} m.

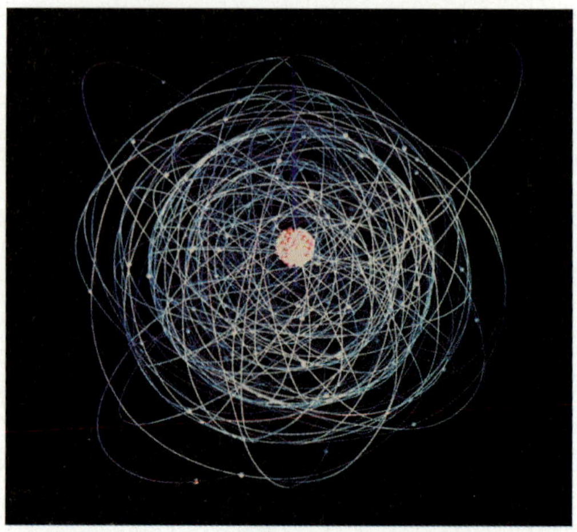

a) Wie viel mal ist der Durchmesser der Hülle größer als der des Kerns?

b) Stelle dir den Durchmesser des Kerns wie in der Abbildung rechts vergrößert vor.
Wie groß würde dann der Durchmesser der Elektronenhülle sein?

9. Der Fixstern Sirius ist 7 Lichtjahre (vgl. Übung 15, Seite 124) von der Erde entfernt. Wie viel Jahre wäre ein Raumschiff unterwegs, das mit dreifacher Schallgeschwindigkeit $\left(10^3 \frac{\text{m}}{\text{s}}\right)$ von der Erde zum Sirius fliegen würde?

IM BLICKPUNKT: STELLENWERTSYSTEME – DUALSYSTEM

Wir schreiben unsere Zahlen im *Dezimalsystem (Zehnersystem)*. Die einzelnen Stellen des Zehnersystems entsprechen Potenzen von 10. Die Zahl 2 035 können wir mit Zehnerpotenzen schreiben: $1\,035 = 2 \cdot 10^3 + 0 \cdot 10^2 + 3 \cdot 10^1 + 5 \cdot 10^0$.
Zur Darstellung von Zahlen im Zehnersystem benötigen wir zehn Ziffern, da zum Beispiel zehn Hunderter zu einem Tausender zusammengefasst werden.

Zahlen können auch in anderen Stellenwertsystemen dargestellt werden. In der Computertechnik wird zum Beispiel das *Zweiersystem*, auch *Dualsystem* genannt, verwendet. In diesem Stellenwertsystem werden Zahlen mithilfe von Zweierpotenzen dargestellt. Im Dualsystem benötigen wir nur zwei Ziffern: 0 und 1.

Vergleich Dezimalsystem – Dualsystem

Dezimalsystem

10^4	10^3	10^2	10^1	10^0
3	0	2	4	8

$3 \cdot 10^4 + 0 \cdot 10^3 + 2 \cdot 10^2 + 4 \cdot 10^1 + 8 \cdot 10^0$
$= 30\,248$

Dualsystem

2^4	2^3	2^2	2^1	2^0
1	0	1	0	1

$1 \cdot 2^4 + 0 \cdot 2^3 + 1 \cdot 2^2 + 0 \cdot 2^1 + 1 \cdot 2^0$
$= 1 \cdot 16 + 0 \cdot 8 + 1 \cdot 4 + 0 \cdot 2 + 1 \cdot 1$
$= 21$ (im Dezimalsystem)

Die Zahl 10101_2 im Dualsystem entspricht also der Zahl 21 im Dezimalsystem. Die Darstellung im Dualsystem kennzeichnen wir durch eine kleine tiefgestellte 2 hinter der Zahl.

1. Übertrage die Stellenwerttafel für das Dualsystem in dein Heft.
Trage die Zahlen von 1 bis 25 ein. Schreibe die Zahlen auch ohne Stellenwerttafel.

2^4	2^3	2^2	2^1	2^0
				1
			1	0
			1	1

2. Schreibe die Zahlen im Dualsystem:
a) 36 **b)** 94 **c)** 128 **d)** 200 **e)** 364 **f)** 555 **g)** 1 548

3. Rechne in das Zehnersystem um:
a) 1010_2 **b)** 11101_2 **c)** 110101_2 **d)** 100011_2 **e)** 1100110011_2

4. Gib jeweils den Vorgänger und den Nachfolger der Zahl im Dualsystem an.
a) 110_2 **b)** 1011_2 **c)** 110101_2 **d)** 111111_2 **e)** 1100111111_2

5. Rechne in das Dezimalsystem um. Du erhältst auffällige Ergebnisse. Gib jeweils die nächsten drei Zahlen an.
a) 2; 4; 8; 16; 32; 64 **b)** 3; 7; 15; 31; 63 **c)** 5; 9; 17; 33; 65

6. Ordne die Zahlen der Größe nach.

a) Beginne mit der kleinsten Zahl.
1101100_2; 1010110_2; 1110110_2; 1111010_2; 1010101_2; 1100101_2

b) Beginne mit der größten Zahl.
110100100_2; 101011010_2; 10010110_2; 1100111010_2; 1010101_2

7. Notiere die größte (1) achtstellige, (2) zehnstellige Zahl im Dualsystem. Rechne in das Dezimalsystem um.
Gib die größte zwanzigstellige Zahl, die sich im Dualsystem darstellen lässt, im Dezimalsystem an.

8. Schriftliches Addieren im Dualsystem. Du kennst die Regeln für das schriftliche Addieren im Dezimalsystem.
Erkläre die schriftliche Addition im Dualsystem rechts.
Addiere schriftlich im Dualsystem.

$$\begin{array}{r} 1\,0\,1\,1\,0 \\ +\,1\,0\,0\,1\,1 \\ {\scriptstyle 1\quad\;\; 1\;\, 1\quad\;\;} \\ \hline 1\,0\,1\,0\,0\,1 \end{array}$$

a) $\begin{array}{r} 1\,1\,0\,0\,1\,1 \\ +\,1\,0\,1\,0\,1\,0 \end{array}$

b) $\begin{array}{r} 1\,0\,1\,1\,0\,0\,1\,0 \\ +\,1\,0\,0\,1\,1\,1\,1 \end{array}$

9. Erläutere die schriftliche Multiplikation im Dualsystem am Beispiel rechts.
Multipliziere schriftlich im Dualsystem.

$$\begin{array}{r} 1\,1\,0\,1 \cdot 1\,0\,1 \\ \hline 1\,1\,0\,1\quad\;\; \\ 0\,0\,0\,0\;\;\, \\ 1\,1\,0\,1 \\ \hline 1\,0\,0\,0\,0\,0\,1 \end{array}$$

a) $101011 \cdot 1010$

b) $11010010 \cdot 11001$

10. *Das Hexadezimalsystem*

Neben dem Dezimalsystem und dem Dualsystem gibt es weitere Stellenwertsysteme. Beim Hexadezimalsystem (Sechzehnersystem) bilden die Potenzen von 16 die Stufenzahlen.

Für die Darstellung im Hexadezimalsystem werden 16 Ziffern benötigt. Neben den bekannten Ziffern 0 bis 9 werden die Buchstaben A, B, ..., F für 10, 11, ... , 15 verwendet.

Anwendung findet das Hexadezimalsystem bei der Programmierung von Webseiten. Hier werden die verschiedenen Farben mit 6stelligen Hexadezimalzahlen beschrieben.

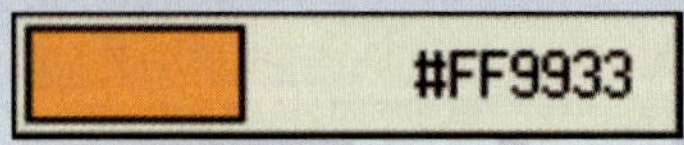

a) Rechne in das Dezimalsystem um:
12_{16}; $A0_{16}$; FF_{16}; 123_{16}; ABC_{16}; $F0D1E_{16}$

b) Gib die Dezimalzahlen im Hexadezimalsystem an:
20; 64; 168; 2 048; 2 730

11. Bei der Erstellung von Webseiten für das Internet werden die einzelnen Farben durch 6stellige Hexadezimalzahlen beschrieben. Erkundigt euch, nach welchen Regeln diese Hexadezimalzahlen gebildet werden.
Ihr könnt auch eine Farbtabelle mit den zugehörigen Hexadezimalzahlen erstellen.
Fass die Ergebnisse in einer Präsentation zusammen.

VERMISCHTE ÜBUNGEN ZU DEN POTENZEN

1. Berechne ohne Taschenrechner.

a) $(\sqrt{3})^4$ **d)** $0,2^{-1}$ **g)** $\sqrt[4]{81}$ **j)** $3^{-2} \cdot 18$ **m)** $64^{\frac{2}{3}}$

b) -5^2 **e)** $(-0,5)^{-3}$ **h)** $\left(\sqrt[5]{32}\right)^{-1}$ **k)** $7^2 \cdot 10^{-2}$ **n)** $25^{-\frac{1}{2}}$

c) $-(\sqrt{7})^0$ **f)** $-\left(\frac{2}{3}\right)^{-2}$ **i)** $\left(\sqrt[3]{\frac{1}{64}}\right)^{-2}$ **l)** $0,4^3 \cdot 10^4$ **o)** $81^{0,75}$

2. Berechne mit dem Taschenrechner.

a) $(-3)^8$ **c)** $\left(2\frac{1}{4}\right)^{-4}$ **e)** $\sqrt[4]{2\,473}$ **g)** $-(-2)^{-6}$ **i)** $\left(\frac{3}{4}\right)^{-0,7} : 0,8^{3,5}$

b) -7^6 **d)** $(\sqrt{19})^5$ **f)** $\left(\sqrt[7]{95\,000}\right)^3$ **h)** $(\sqrt{5})^{1,4}$ **j)** $2 \cdot 3^{-4} - 5 : 4^{-3}$

1+1=3

3. Suche die Fehler und rechne richtig.

(1) $-5^4 = (-5) \cdot (-5) \cdot (-5) \cdot (-5) = 625$

(2) $0,5^{-2} = \frac{1}{0,5^2} = \frac{1}{0,25} = 4$

(3) $0,3^3 \cdot 10^4 = 0,27 \cdot 10^4 = 2\,700$

(4) $64^{\frac{3}{2}} = \left(\sqrt[3]{64}\right)^2 = 4^2 = 16$

(5) $81^{-0,5} = -81^{\frac{1}{2}} = -\sqrt{81} = -9$

(6) $3^5 \cdot 10^{-2} = 243 \cdot 10^{-2} = 2,43$

4. Berechne ohne Taschenrechner.

a) $5 \cdot 10^{-3} \cdot 10^{-2}$ **c)** $8,2 \cdot 10^{-7} \cdot 2 \cdot 10^{-9}$ **e)** $(8 \cdot 3,6 \cdot 10^{-5}) : (7,2 \cdot 10^{-4})$

b) $\frac{2 \cdot 10^4}{10^{-3}}$ **d)** $\frac{6,4 \cdot 10^{-2}}{1,6 \cdot 10^{-6}}$ **f)** $\frac{3,5 \cdot 10^7 \cdot 8 \cdot 10^5}{1,6 \cdot 10^{-9} \cdot 7 \cdot 10^2}$

5. Ein am PC bearbeiteter und gedruckter Brief im DIN-A4-Format besteht aus Daten (Zeichen, Buchstaben) und hat einen Speicherbedarf von 3 600 Byte.

a) Wie viele solcher Briefe kann man auf einer 1,44-MB-Diskette speichern?
Beachte die Information auf Seite 122.

b) Wie viele Briefe können etwa auf einem USB-Stick (128 MB) bzw. einer Festplatte (120 GB) gespeichert werden?

6. Für die durchschnittliche Entfernung von Erde und Mars von der Sonne werden in einer Tabelle die Werte rechts angegeben.

durchschnittliche Entfernung	
Sonne – Erde	$149,6 \cdot 10^6$ km
Sonne – Mars	$227,9 \cdot 10^6$ km

a) Beschreibe für beide Fälle, wie sich die Planeten um die Sonne bewegen.
Berechne für die Daten rechts die geringste [größte] Entfernung zwischen Erde und Mars.

b) Wie lange dauert ein Raumflug mit einem Zehntel der Lichtgeschwindigkeit (einfache Lichtgeschwindigkeit: $3 \cdot 10^8 \frac{m}{s}$) von der Erde zum Mars?

Verwende abgetrennte Zehnerpotenzen.

7. Viele Sterne im Weltall sind in spiralig aufgebauten so genannten Galaxien angeordnet.
Auch das Milchstraßensystem, zu dem unser Sonnensystem gehört, ist eine solche Galaxie.
Astronomen schätzen, dass es ca. 100 Mrd. Galaxien mit jeweils 200 Mrd. Sternen gibt.
Wie viele Sterne sind das insgesamt?

8. Ein Kopfhaar wächst täglich $2{,}5 \cdot 10^{-4}$ m. Ist das Haar 1,5 cm länger geworden, sollte man sich die Haare schneiden lassen.
In welchen Zeitabständen steht ein Frisörbesuch an?

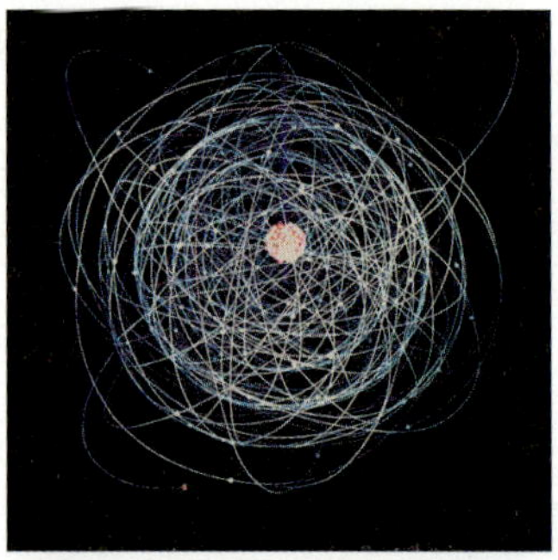

9. Atome bestehen aus einem kleinen, schweren Atomkern und einer großen, leichten Atomhülle, in der sich die Elektronen befinden.
Der Durchmesser eines Atoms beträgt ungefähr 10^{-10} m, der eines Atomkerns ungefähr 10^{-13} m.
Die Masse des Kerns beträgt ungefähr 99,9% der Masse des gesamten Atoms.

a) Stelle dir diese – fast unvorstellbaren – Größenverhältnisse an einem Heißluftballon vor. Der Heißluftballon hat einen Durchmesser von 10 m. Er soll das ganze Atom darstellen.
Welchen Durchmesser hat im selben Maßstab der Atomkern?
Gib einen entsprechenden Gegenstand des Alltags an.

b) Der ganze Ballon wiegt – ohne Gondel – ungefähr 10 kg. Wie viel muss die entsprechende Kugel für den Atomkern wiegen?

10. Verbindet man die Seitenmitten eines Quadrates, so erhält man wieder ein Quadrat. Der Flächeninhalt ist nur noch halb so groß. Auf dieselbe Art erhält man immer kleinere Quadrate.

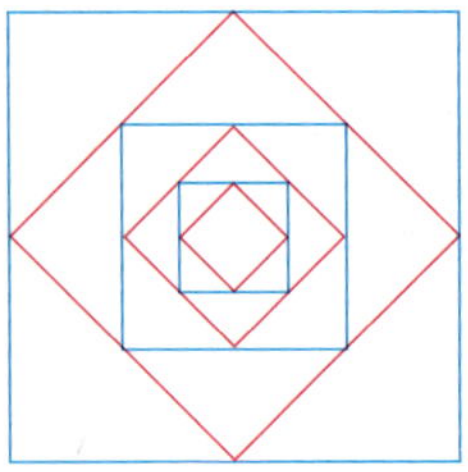

a) Das Anfangsquadrat ist 1 dm^2 groß. Wie groß ist der Flächeninhalt des 3. [des 4.; des 6.] eingezeichneten Quadrates?
Lege eine Tabelle an.
Gib den Flächeninhalt auch in cm^2 an.

$\left(\frac{1}{2}\right)^{10} \approx \frac{1}{1000}$

b) Berechne durch Überschlag den Flächeninhalt des 10. eingezeichneten Quadrates.

c) Stelle eine Formel für die Berechnung des Flächeninhalts auf.

11. Ein Elektron hat eine Masse von etwa $9{,}11 \cdot 10^{-28}$ g. Protonen wiegen ca. $1{,}67 \cdot 10^{-24}$ g. Das Neutron ist ungefähr so schwer wie das Proton.
Stelle selbst Fragen und beantworte sie.

BIST DU FIT?

1. Berechne.

a) 3^5 **c)** $(-4)^4$ **e)** $\left(\frac{2}{3}\right)^3$ **g)** $(-2{,}5)^{-2}$ **i)** $64^{\frac{5}{6}}$

b) 3^{-5} **d)** $(-4)^{-4}$ **f)** $\left(-\frac{2}{3}\right)^3$ **h)** $(-2{,}5)^0$ **j)** $1000^{\frac{2}{3}}$

2. Schreibe als Potenz.

a) 49 **c)** $\frac{1}{81}$ **e)** $\frac{1}{32}$ **g)** 0,25 **i)** 625 **k)** $\frac{16}{169}$

b) 81 **d)** 32 **f)** 125 **h)** 1,44 **j)** 12 100 **l)** $\frac{64}{27}$

3. Berechne möglichst im Kopf.

a) $\sqrt{4900}$ **c)** $\sqrt[4]{810000}$ **e)** $\sqrt{0{,}25}$ **g)** $\sqrt[4]{0{,}0081}$ **i)** $\sqrt{\frac{121}{169}}$

b) $\sqrt[3]{27000}$ **d)** $\sqrt[5]{3200000}$ **f)** $\sqrt[3]{0{,}027}$ **h)** $\sqrt[5]{0{,}00243}$ **j)** $\sqrt[3]{\frac{8}{125}}$

4. Schreibe mit abgetrennter Zehnerpotenz, rechne ohne Taschenrechner.

a) 87 100 **b)** 0,000015 **c)** 10 000 000 **d)** $4{,}9 \cdot 10^{-8} + 7{,}5 \cdot 10^{-8}$

5. Schreibe ohne abgetrennte Zehnerpotenz, rechne ohne Taschenrechner.

a) $2{,}45 \cdot 10^7$ **b)** $1{,}9 \cdot 10^{-4}$ **c)** 10^{-6} **d)** $2{,}7 \cdot 10^{-2} - 5 \cdot 10^{-3}$

6. Berechne ohne Taschenrechner.

a) $\left(\sqrt[4]{5}\right)^4$ **b)** $\left(\frac{1}{4}\right)^{-2}$ **c)** $8^{\frac{4}{3}}$ **d)** $2^{-3} \cdot 24$ **e)** $\left(\frac{1}{9}\right)^{-\frac{1}{2}}$ **f)** $\frac{1}{16^{-2}}$

7. Eine 120 m lange Brücke besteht aus 5 m langen Einzelteilen. Jedes Teilstück dehnt sich bei einer Temperaturerhöhung um 1 Grad um $6 \cdot 10^{-5}$ m aus.
Berechne den Längenunterschied der Brücke zwischen Sommer (45 °C) und Winter (– 15 °C).

8.

Das Licht legt in 1 Sekunde $3 \cdot 10^5$ km zurück. Der Mond ist ungefähr $3{,}84 \cdot 10^8$ m von der Erde entfernt und die Sonne $1{,}5 \cdot 10^{11}$ m.
Wie lange braucht das Licht, um
(1) vom Mond bis zur Erde,
(2) von der Sonne bis zur Erde
zu gelangen?

9. Der Benzintank eines Pkw fasst 65 Liter. Bei einer Temperaturerhöhung um 1 Grad dehnt sich 1 Liter Benzin um $9 \cdot 10^{-4}$ Liter aus.
In den Tank werden 60 Liter Benzin mit einer Temperatur von 12 °C eingefüllt.
Berechne die Volumenzunahme, wenn sich das Benzin an einem heißen Sommertag auf 38 °C erwärmt.

5 Pyramide – Kegel – Kugel

Als gestalterisches Element der Architektur findest du häufig Pyramiden, Kegel oder Kugeln.

Der pyramidenförmige Bau der Stadtbibliothek Ulm hat eine Grundfläche von 28 m × 28 m und eine Gesamthöhe von über 36 m. Herausragendes Merkmal des Gebäudes ist seine Oberfläche, die zu über 4 995 m^2 aus Glas besteht.

Stadtbibliothek Ulm

Blaue Kegel sind das Wahrzeichen der Kunst- und Ausstellungshalle der Bundesrepublik Deutschland in Bonn. Die kegelförmigen Lichttürme sind 25 m, 20 m und 16 m hoch und stehen auf dem Dachgarten, dessen 5 600 m^2 für Skulpturenausstellungen genutzt werden.

Kunst- und Ausstellungshalle Bonn

Der Vergnügungspark *Disney World* in Florida (USA) bietet in diesem kugelförmigen Gebäude eine Reise durch die Entstehungsgeschichte der Erde an. Die Kugel ist ungefähr 55 m hoch und die Ummantelung besteht aus 11 324 Dreiecken aus Aluminium und Plastik.

Epcot Center, Orlando, USA

- → Suche nach Gebäuden oder Gebäudeteilen, die die Form einer Pyramide, eines Kegels oder einer Kugel haben.
- → Überlege, warum man diese Formen gewählt hat.

In diesem Kapitel lernst du ...

... wie man das Volumen und den Oberflächeninhalt von Pyramide, Kegel und Kugel berechnen kann.

PYRAMIDE UND KEGEL – DARSTELLUNG UND FLÄCHENBERECHNUNG

Pyramide – Oberfläche, Netz, Schrägbild und Ansichten

Einstieg

Der Louvre in Paris ist ein weltberühmtes Kunstmuseum. Als Haupteingang dient seit einigen Jahren eine 21,6 m hohe gläserne Pyramide mit quadratischer Grundfläche. Eine Seite der Grundfläche ist 35,4 m lang.

➜ Stellt aus einem DIN-A-4 Blatt ein maßstabsgerechtes Modell der Pyramide her.

➜ Wie groß ist die Glasfläche?

➜ Präsentiert eure Ergebnisse.

Information

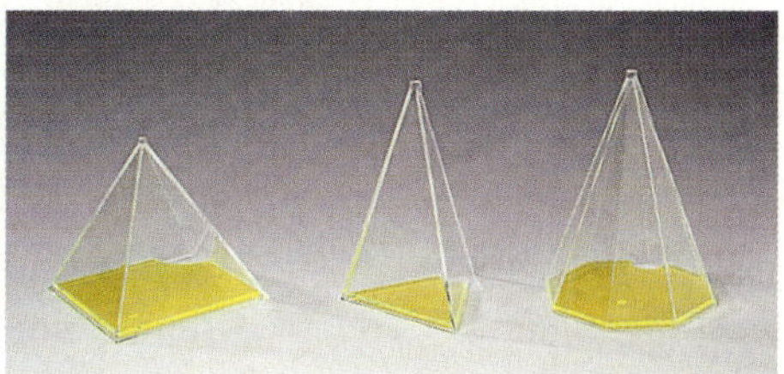

Die links abgebildeten Körper sind **Pyramiden**.
Die **Grundfläche** ist ein Vieleck, z. B. ein Dreieck, ein Viereck, ein Achteck.
Die **Mantelfläche** besteht aus *Dreiecken*.
Der Abstand der Spitze von der Grundfläche ist die **Höhe** der Pyramide.

Aufgabe

Grundkante: Seite der Grundfläche
Seitenkante: Kante, die zur Spitze führt

Unterscheide:
Höhe der Seitenfläche h_s und Körperhöhe h

1.

Der Turm der Kirche links hat ein pyramidenförmiges Dach mit quadratischer Grundfläche. Die Länge der Grundkante des Daches beträgt 9 m, die Höhe des Daches 6 m.

a) Das Turmdach soll neu mit Biberschwanz-Ziegeln gedeckt werden. Für 1 m² Dachfläche werden 36 Ziegel benötigt.
Wie viele Dachziegeln müssen geliefert werden?

b) Die schrägen Kanten sollen mit First-Ziegeln gedeckt werden. Für eine 1 m lange Kante benötigt man 3 First-Ziegel. Wie viele First-Ziegel müssen bestellt werden?

Lösung

a) (1) *Berechnen der Dachfläche*

Die Dachfläche ist die Mantelfläche einer Pyramide. Sie besteht aus vier zueinander kongruenten gleichschenkligen Dreiecken mit der Basis a = 9,00 m und der Höhe h_s.
Die Höhe h_s können wir mit dem Satz des Pythagoras berechnen. Die Höhe h_s ist die Hypotenuse in dem grün gefärbten Dreieck.

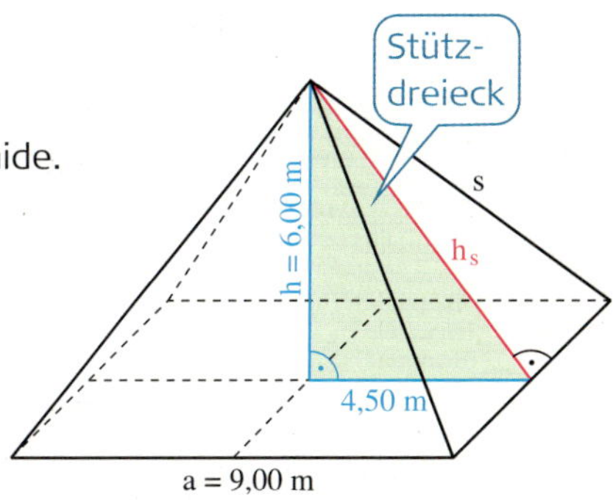

Nach dem Satz des Pythagoras gilt dann:

$h_s^2 = (6{,}00\ m)^2 + (4{,}50\ m)^2$

$h_s^2 = 56{,}25\ m^2$

$h_s = 7{,}5\ m$

Für die Größe der Mantelfläche M gilt:

$M = 4 \cdot \frac{a \cdot h_s}{2}$

$M = 4 \cdot \frac{9{,}00\ m \cdot 7{,}5\ m}{2} = 135\ m^2$

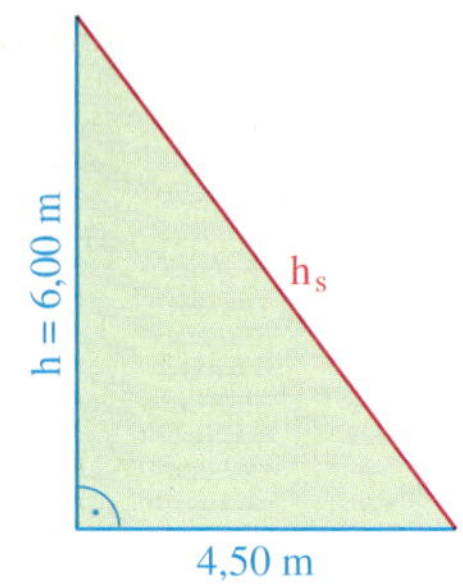

(2) *Berechnen der Anzahl der Dachziegel*

K = 135 · 36 = 4860

Ergebnis: Für das Decken des Daches müssen 4860 Dachziegel geliefert werden.

Die von der Spitze ausgehenden Kanten heißen Seitenkanten.

b) (1) *Berechnen der Seitenkanten*

Das Dach hat vier Kanten mit jeweils der Länge s. Die rote ist die Hypotenuse in dem grün gefärbten Dreieck.

Nach dem Satz des Pythagoras gilt:

$s^2 = (4{,}50\ m)^2 + (7{,}50\ m)^2$

$s^2 = 20{,}25\ m^2 + 56{,}25\ m^2 = 76{,}50\ cm$

$s \approx 8{,}75\ m$

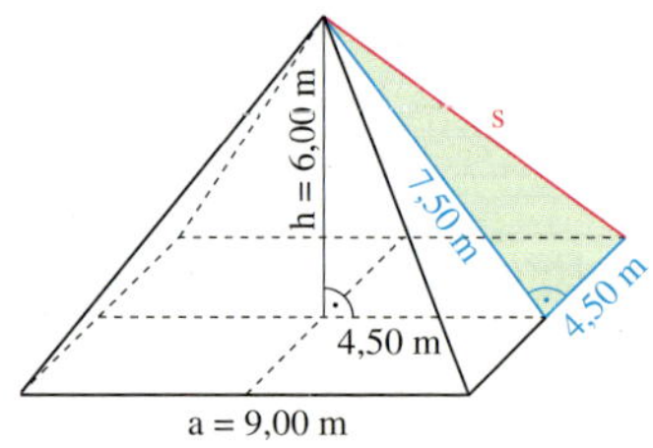

Gesamtlänge der schrägen Kanten: $4 \cdot s \approx 4 \cdot 8{,}75\ m$, also $4 \cdot s \approx 35\ m$

Ergebnis: Die vier schrägen Kanten sind insgesamt 35 m lang.

(2) *Berechnen der Anzahl der First-Ziegel*

K = 35 · 3 = 105

Ergebnis: Es müssen mindestens 105 First-Ziegel bestellt werden.

Aufgabe

2. Gegeben ist eine quadratische Pyramide mit der Grundkantenlänge a = 4 cm und der Körperhöhe h = 5 cm. Die Spitze S der Pyramide befindet sich senkrecht über dem Schnittpunkt der Diagonalen des Quadrats.

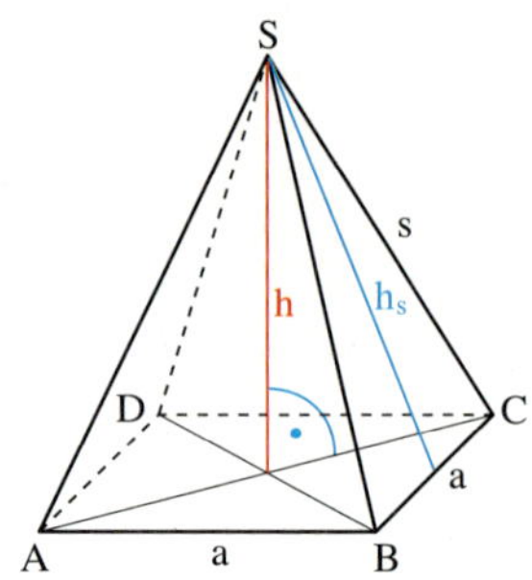

a) Zeichne das Netz der Pyramide.

b) Zeichne ein Schrägbild der Pyramide.

c) Zeichne eine Draufsicht (Grundriss) und Vorderansicht (Aufriss) der Pyramide.

Draufsicht (Grundriss), so sieht der Körper ***von oben*** *aus.*
Vorderansicht so sieht der Körper ***von vorne*** *aus.*

Lösung

a) (1) Wir zeichnen die quadratische Grundfläche der Pyramide.

(2) Zum Zeichnen der vier Seitenflächen der Pyramide benötigen wir die Höhe h_s einer solchen Seitenfläche. h_s berechnen wir mit dem Satz des Pythagoras:

$h_s^2 = h^2 + \left(\frac{a}{2}\right)^2 = (5\ cm)^2 + \left(\frac{4}{2}\ cm\right)^2$

$h_s \approx 5{,}4\ cm$

(3) Wir zeichnen vom Mittelpunkt jeder Außenkante a die Höhe h_s ein. Den Endpunkt verbinden wir mit den Ecken des Quadrates.

(verkleinert)

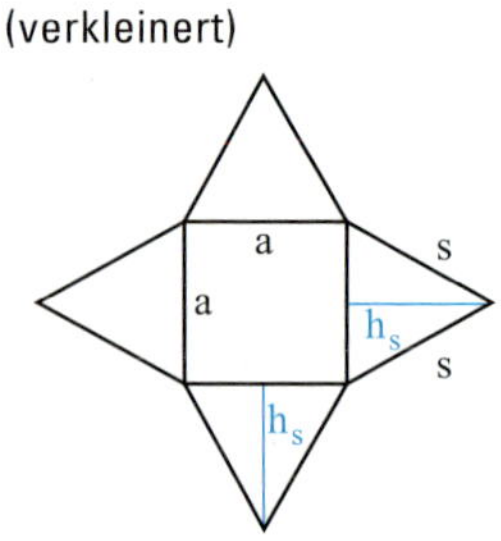

Verzerrungswinkel
α = 45°
Verkürzungsfaktor
$\frac{1}{2}$

b) (1) Man beginnt mit der Grundfläche.
Kanten, die rechtwinklig *nach hinten* verlaufen (Tiefenstrecken), werden unter einem Winkel von 45° und auf die Hälfte verkürzt gezeichnet.
(2) Vom Mittelpunkt der Grundfläche aus zeichnet man die Höhe ein.
Dann verbindet man die Spitze der Pyramide mit den Eckpunkten der Grundfläche.
(3) Gegebenenfalls werden weitere Hilfslinien gezeichnet und die Spitze der Pyramide mit den Eckpunkten der Grundfläche verbunden.

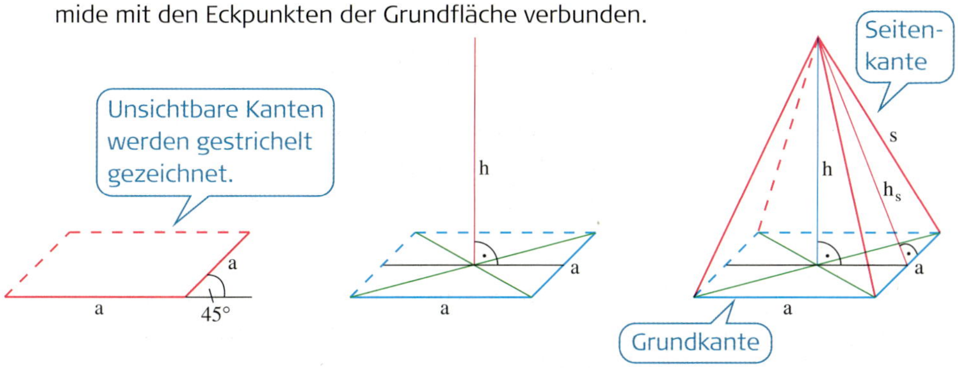

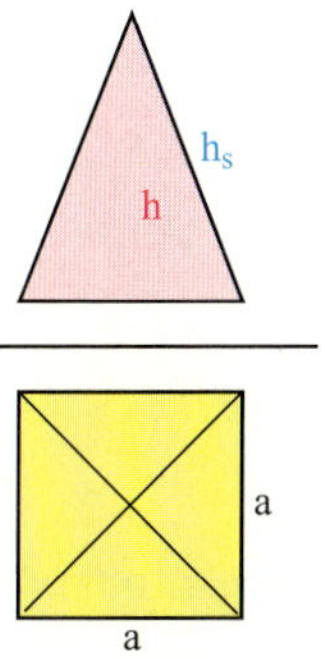

c) Von oben sieht die Pyramide wie ein Quadrat mit beiden Diagonalen aus. Wir zeichnen wie in der Abb. links als Draufsicht das Quadrat mit der Seitenlänge a = 4 cm mit beiden Diagonalen. Von vorn sieht die Pyramide wie ein gleichschenkliges Dreieck aus. Wir zeichnen es als Vorderansicht mit der Basis a und der Seitenhöhe h.

Zum Festigen und Weiterarbeiten

3. Niklas hat für verschiedene Pyramiden Netze gezeichnet.
Überprüfe, ob er alles richtig gemacht hat. Begründe deine Entscheidung.

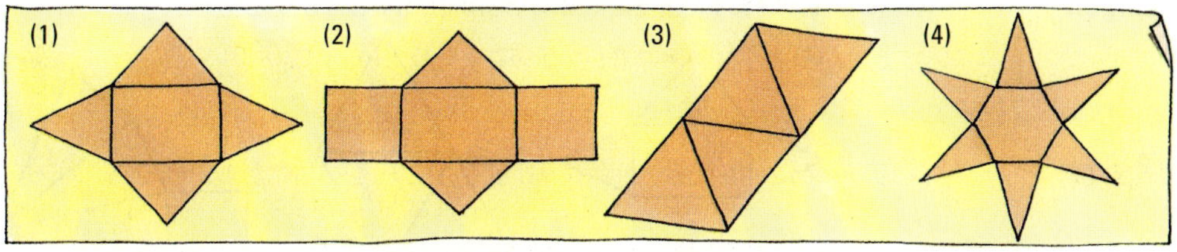

Statt Oberflächeninhalt und Mantelflächeninhalt sagt man auch Größe der Oberfläche bzw. Mantelfäche.

4. Gegeben ist eine quadratische Pyramide mit der Grundkantenlänge a = 12 cm und der Körperhöhe h = 15 cm.
Berechne die gesuchten Größen. Stelle zunächst eine Formel auf.

a) Seitenhöhe h_s

b) Länge s einer Seitenkante

c) Mantelflächeninhalt

d) Oberflächeninhalt

5. Gegeben ist ein Quader mit quadratischer Grundfläche (a = 6 m; h = 8 m).
Johannes meint: „Die Mantelfläche dieser Pyramide ist halb so groß wie die Mantelfläche des Quaders!“
Hat er recht?

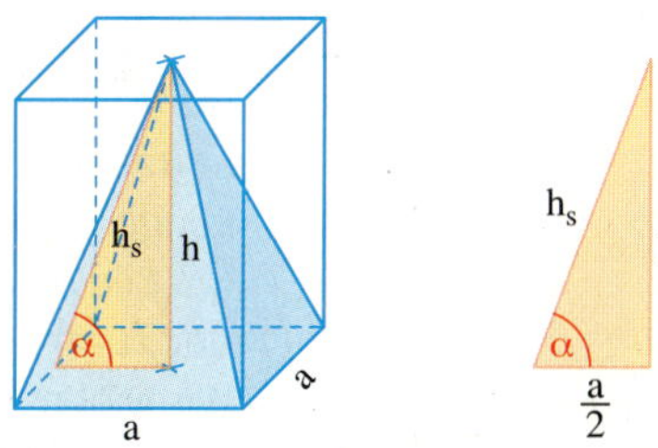

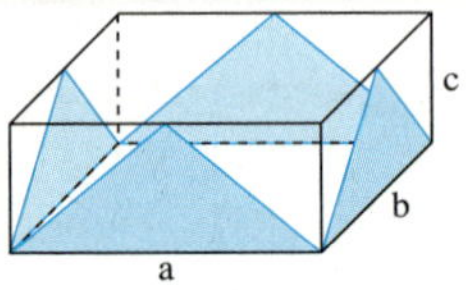

6. Carolin behauptet: „Wenn ich die blauen Dreiecke auf den Seitenflächen des Quaders ausschneide und nach innen klappe, erhalte ich eine Pyramide!“
Ist dies richtig?

7. *Pyramide mit rechteckiger Grundfläche*

Gegeben ist eine Pyramide mit rechteckiger Grundfläche ($a = 6{,}0$ cm; $b = 4{,}0$ cm) und der Körperhöhe $h = 5{,}0$ cm.

a) Zeichne ein Schrägbild (vgl. Aufgabe 2 b), Seite 46).

b) Zeichne ein Netz der Pyramide und berechne den Oberflächeninhalt.

c) Zeichne Draufsicht, Seitenansicht und Vorderansicht.

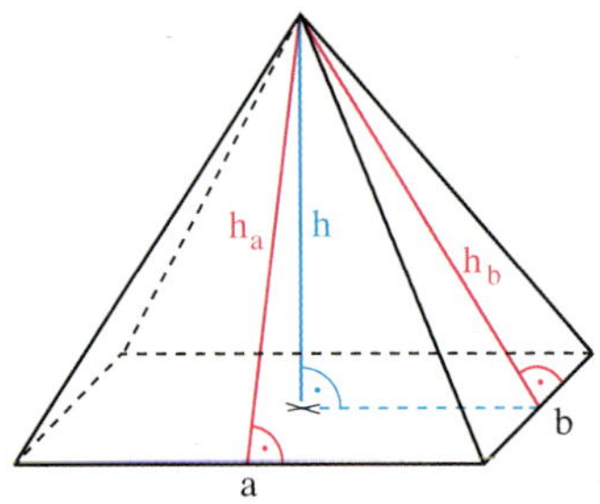

Information

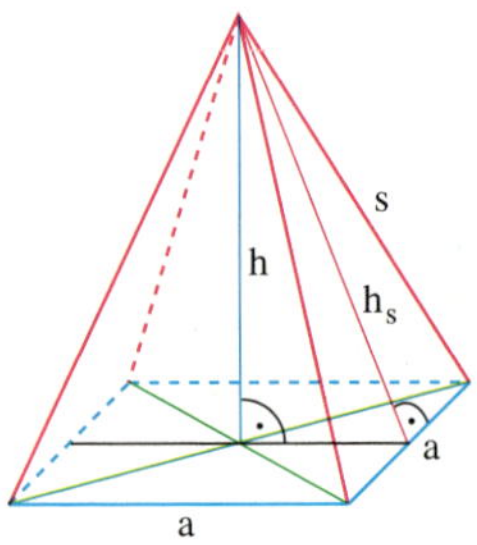

Für eine **quadratische Pyramide** mit der Länge a einer Grundkante und der Seitenhöhe h_s gilt:

(1) **Mantelflächeninhalt:** $\mathbf{M = 4 \cdot \frac{a \cdot h_s}{2} = 2 \cdot a \cdot h_s}$

(2) **Oberflächeninhalt:** $\mathbf{O = a^2 + 2a \cdot h_s}$

Allgemein gilt für eine **Pyramide** mit dem Grundflächeninhalt A_G und dem Mantelflächeninhalt M:

$\mathbf{O = A_G + M}$

Übungen

8. Welche Figur ist kein Pyramidennetz? Begründe.

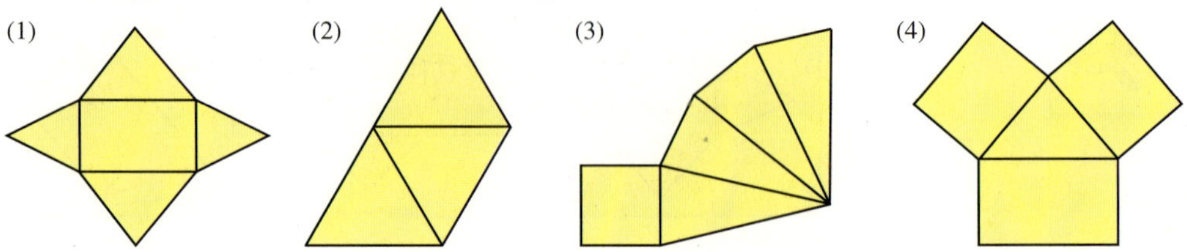

9. Zeichne in einem geeigneten Maßstab (1) das Schrägbild, (2) das Netz und (3) die Draufsicht, die Vorderansicht und die Seitenansicht:

a) quadratische Pyramide mit $a = 4{,}8$ m, $h = 10{,}6$ m.

b) rechteckige Pyramide mit $a = 6{,}4$ m, $b = 4{,}8$ m und $h = 3{,}5$ m.

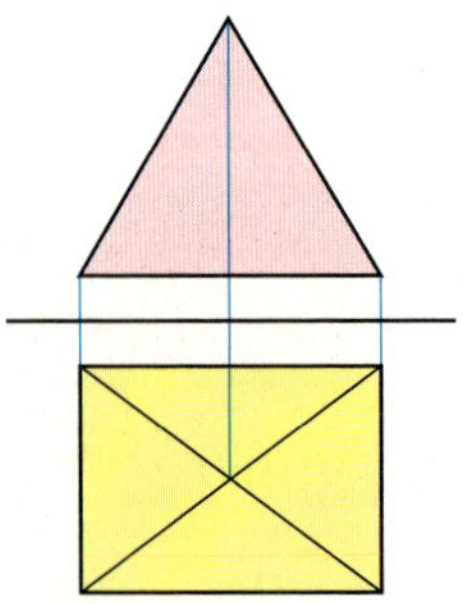

10. Zeichne zu der Draufsicht und Vorderansicht links das passende Schrägbild und das Netz. Entnimm dazu die Maße der Zeichnung und verdoppele sie.

11. Der Dom St. Peter in Trier hat zwei quadratische Türme mit pyramidenförmiger Spitze, die mit Schiefer gedeckt sind. Die Länge der Grundkante des Westturmes (im Bild rechts) beträgt 12,5 m, die Höhe der Turmspitze 20 m.
Wie viel m² Schiefer (ohne Überdeckung und Verschnitt) wurden für das Dach des Westturms benötigt?

12. 

Das pyramidenförmige Dach eines Pavillons mit sechseckiger regelmäßiger Grundfläche soll mit Kupferblech gedeckt werden. Die Seitenlänge der Grundfläche beträgt 3,50 m; das Dach ist 1,90 m hoch.

a) Wie groß ist die Dachfläche?

b) Von einer Firma wird die Arbeit für 105 € pro m^2 übernommen.
Wie teuer sind die Dacharbeiten?

13. Von einer quadratischen Pyramide sind von den Größen a, s, h, h_s zwei Größen gegeben. Berechne die übrigen Größen sowie den Oberflächeninhalt.

a) a = 3 cm, s = 5 cm **b)** a = 4 cm, h_s = 6 cm **c)** s = 5,5 cm, h_s = 4,5 cm **d)** a = 4,4 cm, h = 4,8 cm **e)** s = 6,0 cm, h = 4,5 cm **f)** h_s = 5,5 cm, h = 3,5 cm

14. Ein regelmäßiger *Tetraeder* ist eine Pyramide, die von vier zueinander kongruenten gleichseitigen Dreiecken begrenzt ist.

a) Berechne den Oberflächeninhalt eines Tetraeders mit der Kantenlänge a = 4 cm.
Stelle zunächst eine Formel auf.

b) Zeichne auch ein Schrägbild und ein Netz des Tetraeders.

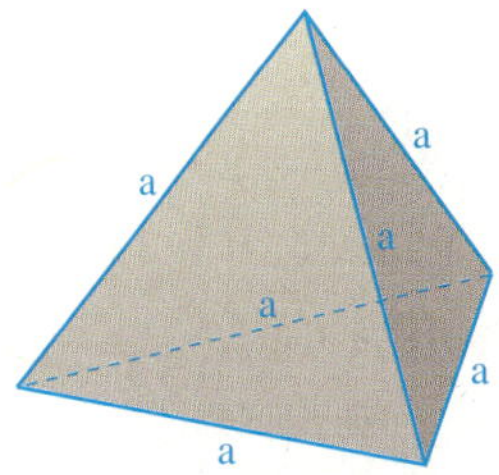

15. Zeichne ein Netz der Pyramide rechts. Zeichne die roten Schnittlinien in das Netz ein.

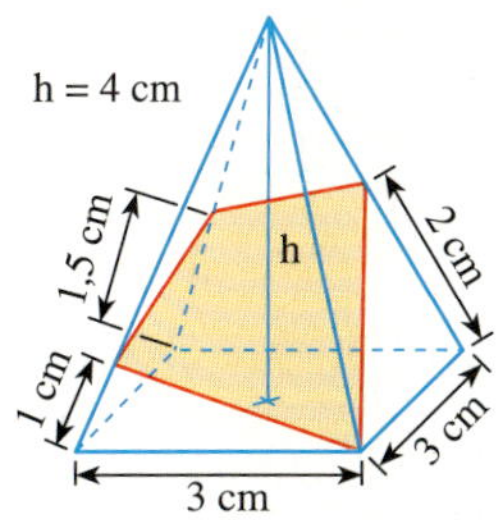

16. **a)** Gegeben ist eine quadratische Pyramide mit der Länge a einer Grundkante und der Länge s einer Seitenkante.
Gib die Körperhöhe h der Pyramide in Abhängigkeit von a und s an.

b) Gegeben ist eine quadratische Pyramide mit der Länge a einer Grundkante und der Höhe h_s einer Seitenfläche.
Gib die Körperhöhe h in Abhängigkeit von a und h_s an.

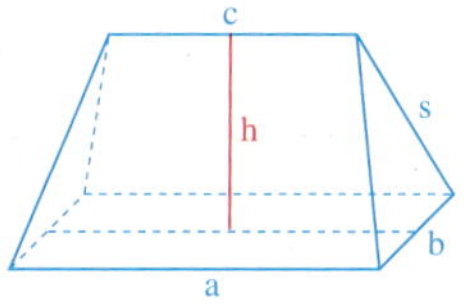

17. Von den fünf Größen a, b, c, s und h eines Walmdaches sind vier gegeben.

a) Berechne die fehlende Größe.

(1) a = 13 m, b = 7 m, h = 8 m, c = 9 m
(2) a = 10,5 m, b = 6,1 m, c = 7,2 m, s = 5,2 m

b) Berechne die Dachfläche des Walmdaches.

Kegel – Oberfläche, Netz, Schrägbild und Ansichten

Einstieg

Stellt aus Papier einen Kegel her.
Schneidet dazu Kreisausschnitte mit unterschiedlichen Winkeln aus.

→ Wie verändert sich die Form des Kegels, wenn man den Winkel α verkleinert beziehungsweise vergrößert? Beschreibt eure Überlegungen.

→ Berechnet möglichst viele Stücke des Kegels.

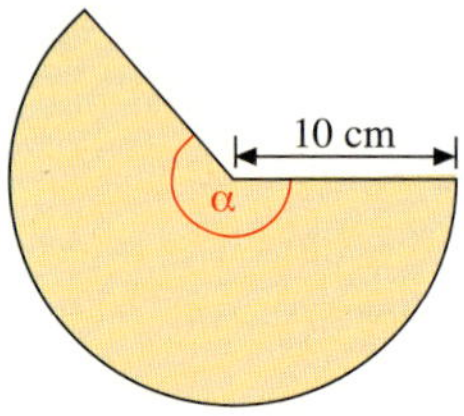

Information

Ein **Kegel** ist ein Körper, dessen **Grundfläche** eine Kreisfläche (*Grundkreis*) ist.
Die **Mantelfläche** eines Kegels ist gewölbt.
Der Abstand der Spitze von der Grundfläche ist die **Höhe** des Kegels.

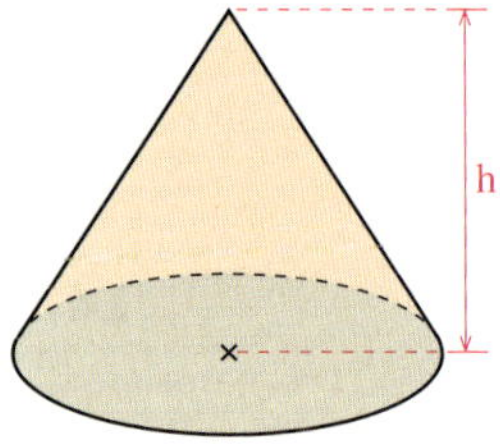

Aufgabe

1.

Das kegelförmige Dach eines alten Wehrturmes soll erneuert werden. Der Radius r des Turmes beträgt 5,00 m, die Höhe des Daches beträgt 7,00 m.

a) Wie lang ist ein Dachbalken?

b) Wie kann man die Größe der Dachfläche berechnen? Entwickle eine Formel.

c) Berechne die Größe der Dachfläche.

Lösung

a) Die Länge eines Dachbalkens $\overline{AS}$ entspricht der Länge s einer Mantellinie des Kegels.
In dem grünen Stützdreieck ist die Mantellinie die Hypotenuse, der Radius und die Höhe der Pyramide die Katheten. Nach dem Satz des Pythagoras gilt für das grüne Dreieck:

$s^2 = r^2 + h^2$

$s^2 = (5{,}00\text{ m})^2 + (7{,}00\text{ m})^2 = 74{,}00\text{ m}^2$

$s = \sqrt{74{,}00\text{ m}^2} \approx 8{,}60\text{ m}$

Ergebnis: Ein Dachbalken ist ungefähr 8,60 m lang.

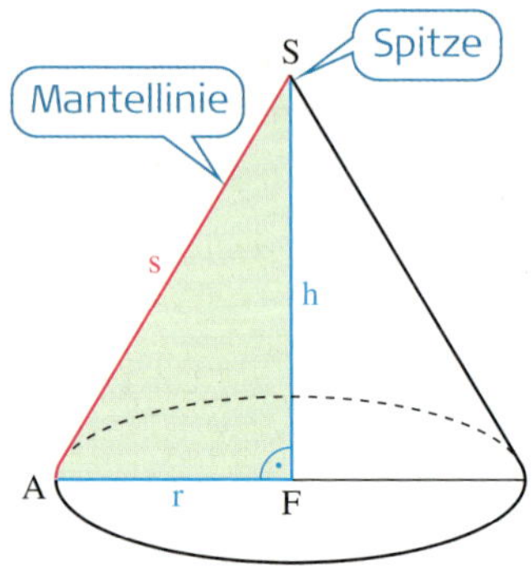

b) Die Dachfläche ist die Mantelfläche M eines Kegels.

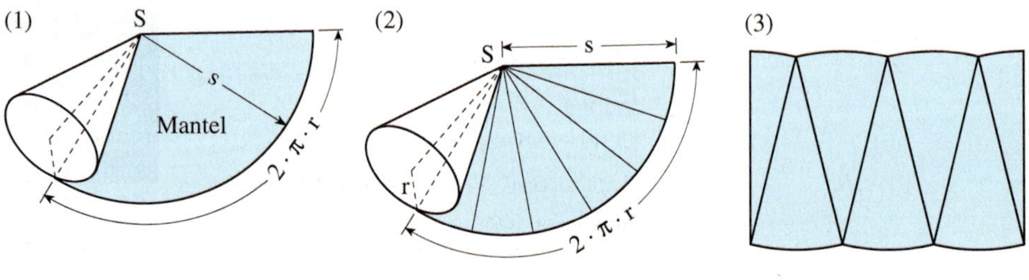

Entnimm der Bildfolge (1) bis (4): Der Kegelmantel wird in die Ebene abgewickelt (Bild (1)) und in kleine Teile zerlegt (Bild (2)). Diese Teile werden zu einer neuen Figur zusammengesetzt (Bild (3)).
Je größer die Anzahl der Teile ist, desto mehr nähert sich die Figur einem Rechteck mit den Seitenlängen πr und s an (Bild 4)).
Der Flächeninhalt des Kegelmantels beträgt dann also $M = \pi \cdot r \cdot s$.

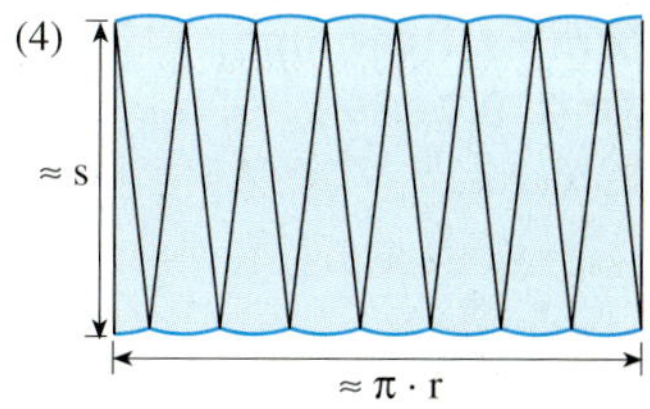

c) Für das Dach des Wehrturmes gilt damit:
$M = \pi \cdot r \cdot s$
$M \approx \pi \cdot 5{,}00\ \text{m} \cdot 8{,}60\ \text{m}$
$M \approx 135{,}09\ \text{m}^2$
Ergebnis: Die Dachfläche ist ungefähr 135 m² groß.

Aufgabe

2. Gegeben ist ein Kegel mit dem Radius r = 2,5 cm und der Körperhöhe h = 7 cm.
a) Zeichne ein Netz des Kegels.
b) Zeichne ein Schrägbild des Kegels.

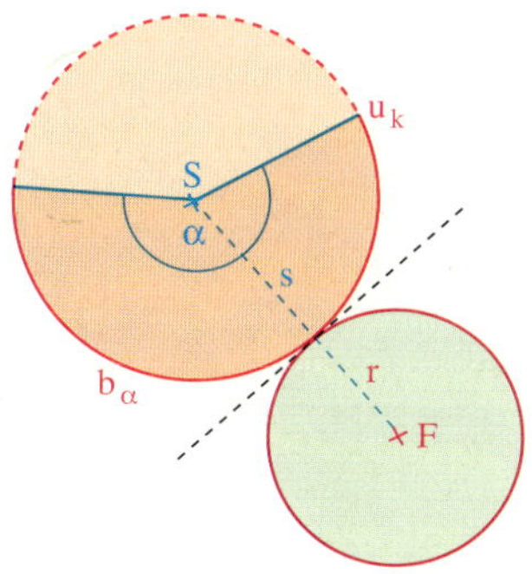

Lösung

a) (1) Berechne die Länge s einer Mantellinie.
(2) Zeichne einen Kreis mit dem Radius s.
(3) Für die Größe α des Mittelpunktswinkels gilt:

$$\frac{\alpha}{360°} = \frac{\text{Bogenlänge } b_\alpha}{\text{Kreisumfang } u_k} = \frac{2\pi r}{2\pi s} = \frac{r}{s}, \text{ also}$$

$$\alpha = \frac{360° \cdot r}{s}$$

b) (1) Zeichne die Grundfläche als Ellipse. Zeichne dazu die Hilfstiefenstrecken des Kreises unter einem Verzerrungswinkel von 90° und auf die Hälfte verkürzt.
(2) Zeichne vom Mittelpunkt der Grundfläche aus die Höhe h ein. Verbinde die Spitze des Kegels mit der Ellipse.

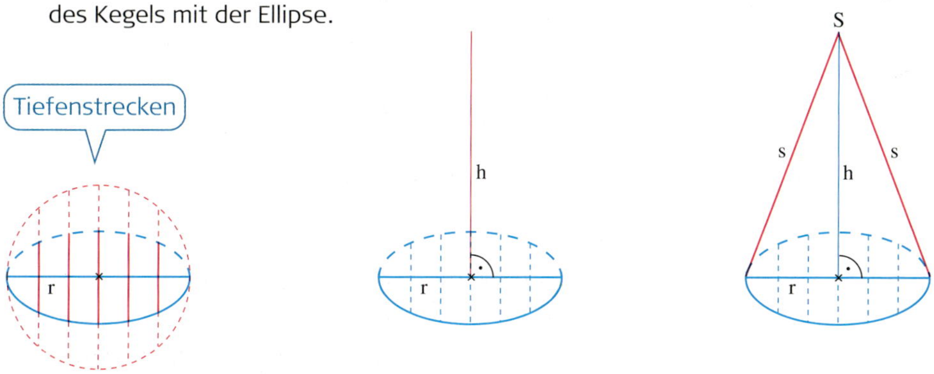

Information

Für einen **Kegel** mit dem Radius r, der Länge s einer Mantellinie, der Höhe h gilt:
(1) **Mantelflächeninhalt:** $M = \pi r s$
(2) **Oberflächeninhalt:** $O = \pi r^2 + \pi r s = \pi r \cdot (r + s)$
(3) **Größe des Mittelpunktswinkels α des Mantels:** $\alpha = \frac{360° \cdot r}{s}$

Zum Festigen und Weiterarbeiten

3. a) Berechne den Mantelflächeninhalt M des Kegels mit:
(1) $r = 4$ cm; $s = 5$ cm (2) $r = 27$ m; $h = 23$ m (3) $r = 4{,}5$ dm; $h = 7{,}2$ dm

b) Berechne den Oberflächeninhalt O des Kegels mit:
(1) $r = 5$ cm; $s = 7$ cm (2) $r = 6$ dm; $h = 6{,}5$ dm (3) $r = 3{,}2$ m; $h = 5{,}4$ m

c) Gegeben ist ein Kegel mit der Höhe h und der Länge der Mantellinie s. Gib eine Formel zur Berechnung des Radius r des Grundkreises an.

4. Gegeben ist ein Kegel mit dem Radius $r = 4$ cm und der Körperhöhe $h = 5$ cm.

a) Zeichne ein Schrägbild des Kegels.

b) Zeichne ein Netz des Kegels.

c) Zeichne eine Draufsicht und eine Vorderansicht.

5. Bei einem Kegel ist die Mantellinie $s = 12$ cm lang. Der Mantelflächeninhalt ist viermal so groß wie der Grundflächeninhalt.

a) Berechne den Radius r der Grundfläche. Vergleiche mit der Länge s.

b) Berechne die Höhe h des Kegels.

Übungen

6. Ein Turm ($r = 4{,}50$ m) soll ein kegelförmiges Dach erhalten ($h = 3{,}80$ m).

a) Wie lang ist ein Dachbalken? **b)** Berechne die Größe der Dachfläche.

7. Berechne vom Kegel den Oberflächeninhalt sowie die Größe des Mittelpunktwinkels α des abgewickelten Mantels.

a) $r = 25$ cm, $h = 47$ cm **b)** $r = 46$ cm, $h = 95$ cm **c)** $r = 4{,}75$ m, $h = 5{,}25$ m **d)** $d = 3{,}80$ m, $h = 4{,}25$ m **e)** $d = 326$ mm, $h = 43{,}5$ cm

8. Gegeben ist ein Kegel mit dem Radius $r = 3$ cm und der Höhe $h = 6$ cm.

a) Zeichne ein Schrägbild (Verzerrungswinkel 90°; Verkürzungsfaktor $\frac{1}{2}$).

b) Zeichne ein Netz.

c) Zeichne eine Draufsicht und eine Vorderansicht.

9. Bei einem Kegel mit der Körperhöhe $h = 12$ cm hat die Mantellinie die Länge $s = 13$ cm. Berechne den Oberflächeninhalt des Kegels.

10. Bei einem Kegel sollen r der Radius, h die Körperhöhe, s die Länge einer Mantellinie sowie M der Mantelflächeninhalt und O der Oberflächeninhalt sein. Berechne aus den gegebenen Größen alle anderen. Stelle zunächst für die gesuchte Größe eine Formel auf.

a) $r = 2{,}5$ cm, $h = 6$ cm **b)** $r = 15$ cm, $s = 3{,}9$ dm **c)** $s = 6{,}5$ dm, $h = 25$ cm **d)** $s = 30$ cm, $M = 300\ \text{cm}^2$

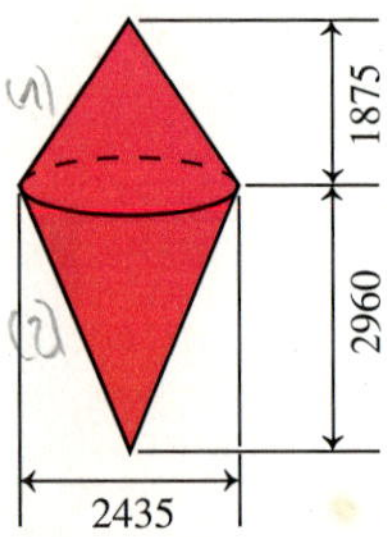

11. Ein Kreisausschnitt mit dem Radius 4 cm soll zu einem Kegel zusammengebogen werden. Die Größe des Mittelpunktswinkels soll 180° [90°; 270°] sein.
Berechne den Oberflächeninhalt des Kegels.

12. Zur Kennzeichnung von Gefahrenstellen im Wasser werden Spitztonnen aus Stahlblech verwendet (Maße in mm).
Wie viel m^2 Stahlblech werden zur Herstellung einer Spitztonne benötigt?

13. Auf einen runden Turm (Umfang: 25 m) wird ein kegelförmiges Dach gesetzt.
Die Länge s der Dachsparren beträgt 6,50 m.
Wie groß ist die Dachfläche?

14. Bei einem Kegel ist der Radius r halb so groß wie die Länge s einer Seitenlinie. Gib eine Formel zur Berechnung des Oberflächeninhalts an.

15. Bei einem Kegel mit dem Radius $r = 6$ cm ist der Mantelflächeninhalt doppelt [dreimal] so groß wie die Größe der Grundfläche.

a) Berechne die Länge s der Mantellinie und vergleiche sie mit dem Radius r.

b) Berechne die Höhe h des Kegels.

16. Aus Pappe soll eine Zuckertüte hergestellt werden.
Wie viel dm^2 Pappe sind zur Herstellung erforderlich?
Für Verschnitt und Klebefalze rechnet man 9% hinzu.

17. Die Türme haben (angenähert) jeweils ein kegelförmiges Dach, das mit Dachpfannen gedeckt ist. Der Durchmesser jedes Turmes beträgt 9,25 m, die Höhe des Daches 2,50 m. Wie viel m^2 Dachpfannen (ohne Überdeckung) wurden für beide Dächer benötigt?

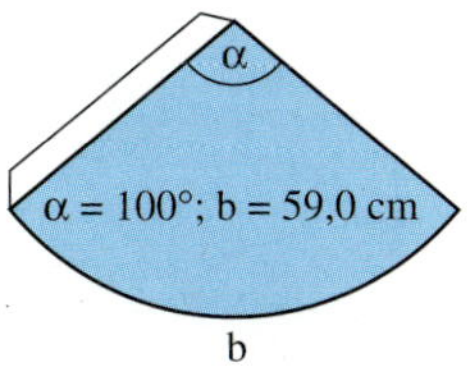

18. Aus einem Karton mit den angegebenen Maßen soll ein Zauberhut gebastelt werden.

a) Wie hoch wird der Zauberhut werden?

b) Welchen Durchmesser hat seine Öffnung?

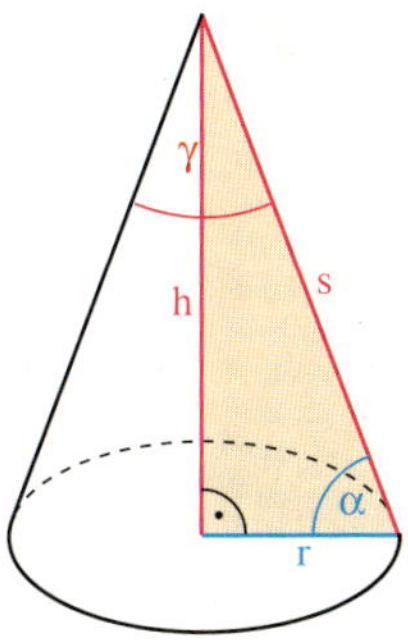

19. Von einem Kegel ist bekannt:

a) Der Radius $r = 11{,}4$ cm des Grundkreises und die Körperhöhe $h = 30$ cm.
Wie lang ist eine Mantellinie s? Wie groß ist der Neigungswinkel α einer Mantellinie gegen die Grundfläche? Wie groß ist der Öffnungswinkel γ an der Spitze?

b) Der Radius $r = 7{,}4$ cm des Grundkreises sowie $\alpha = 75°$. Berechne s, h und γ.

20. zu **a)**

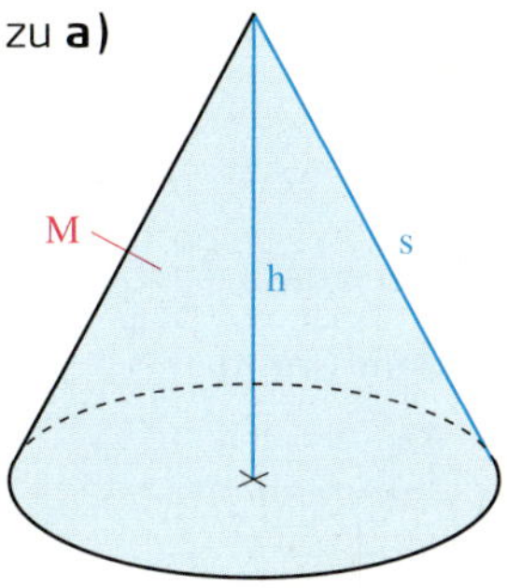

zu **b)**

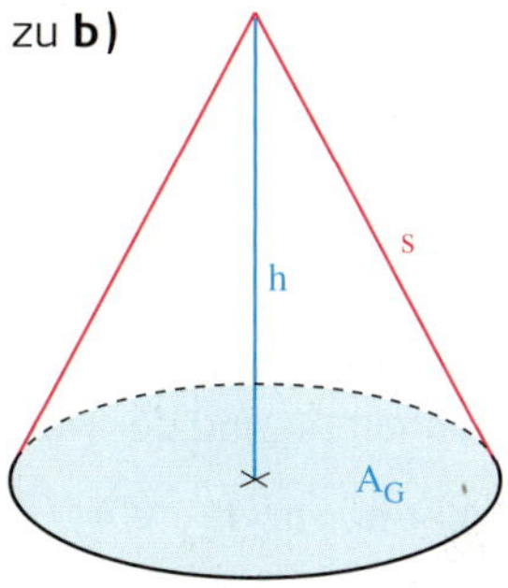

zu **c)**

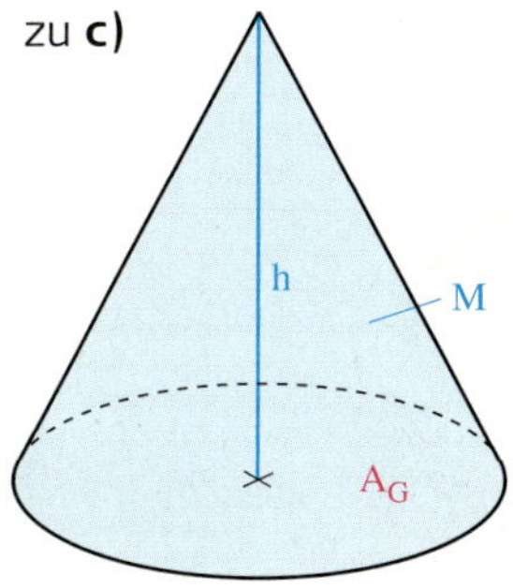

a) Gegeben ist ein Kegel mit der Höhe h und der Länge s einer Mantellinie.
Gib den Mantelflächeninhalt M des Kegels in Abhängigkeit von h und s an.

b) Gegeben ist ein Kegel mit dem Kreisflächeninhalt A_G und der Höhe h.
Gib die Länge s einer Mantellinie in Abhängigkeit von h und A_G an.

c) Gegeben ist ein Kegel mit dem Mantelflächeninhalt M und der Höhe h. Gib den Flächeninhalt A_G des Grundkreises in Abhängigkeit von M und h an.

VOLUMEN DER PYRAMIDE UND DES KEGELS

Einstieg

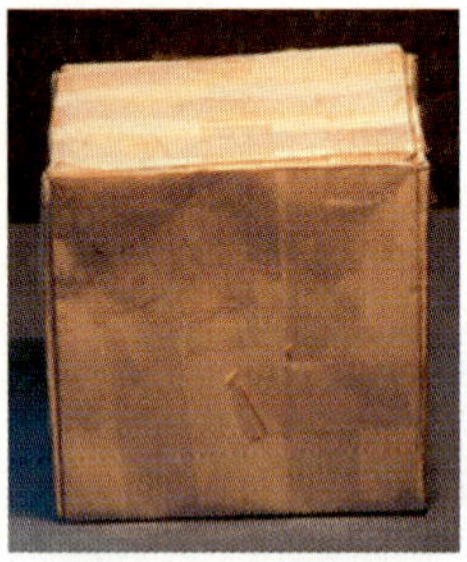

- Welchen Zusammenhang gibt es zwischen Höhe und Kantenlänge der oben abgebildeten Pyramiden?
- Stellt aus 6 gleichen quadratischen Pyramiden einen Würfel her.
- Entwickelt eine Formel zur Berechnung des Volumens einer Pyramide in Abhängigkeit von der Größe A_G der Grundfläche und der Höhe h.

Zylinder und Kegel haben eine gleich große Grundfläche und dieselbe Höhe.

- Stellt euch füllbare Modelle der beiden Körper her.
- Wie oft kann man den Inhalt des Kegels in den Zylinder umfüllen?
- Welche Vermutung kann man aus den Versuchen für eine Formel zur Berechnung des Volumens eines Kegels gewinnen?

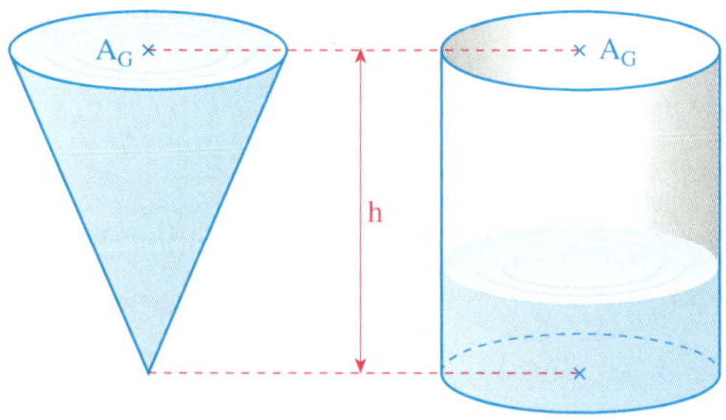

Information

Für das **Volumen V einer Pyramide** mit dem Grundflächeninhalt A_G und der Höhe h gilt:

$$\mathbf{V = \tfrac{1}{3} A_G \cdot h} \quad \text{bzw.} \quad \mathbf{V = \frac{A_G \cdot h}{3}}$$

Beispiel: rechteckige Grundfläche:
a = 3,0 cm, b = 4,0 cm
Körperhöhe: h = 3,5 cm

$V = \frac{1}{3} \cdot (3{,}0\text{ cm} \cdot 4{,}0\text{ cm}) \cdot 3{,}5\text{ cm}$

$V = \frac{1}{3} \cdot 12{,}0\text{ cm}^2 \cdot 3{,}5\text{ cm} = 14{,}0\text{ cm}^3$

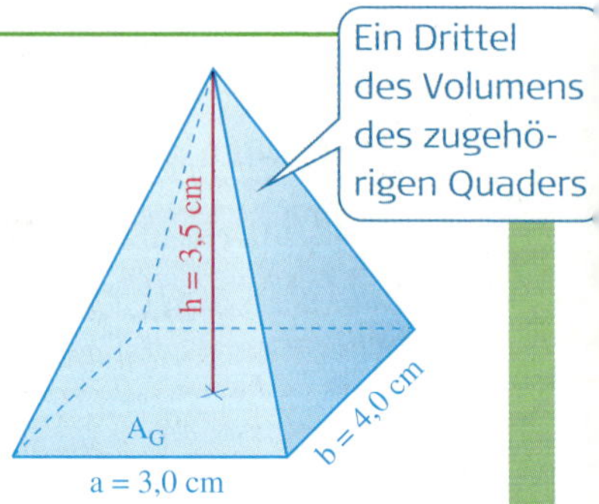

Für das **Volumen V eines Kegels** mit dem Grundflächeninhalt A_G und der Höhe h gilt:

$$\mathbf{V = \tfrac{1}{3} A_G \cdot h} \quad \text{bzw.} \quad \mathbf{V = \frac{A_G \cdot h}{3}}$$

Insbesondere gilt mit dem Radius r des Grundkreises:

$$\mathbf{V = \tfrac{1}{3} \pi r^2 \cdot h} \quad \text{bzw.} \quad \mathbf{V = \frac{\pi r^2 \cdot h}{3}}$$

Beispiel: r = 7 cm; h = 12 cm

$V = \frac{1}{3} \cdot \pi \cdot (7\text{ cm})^2 \cdot 12\text{ cm}$

$V = \pi \cdot 196\text{ cm}^3 \approx 616\text{ cm}^3$

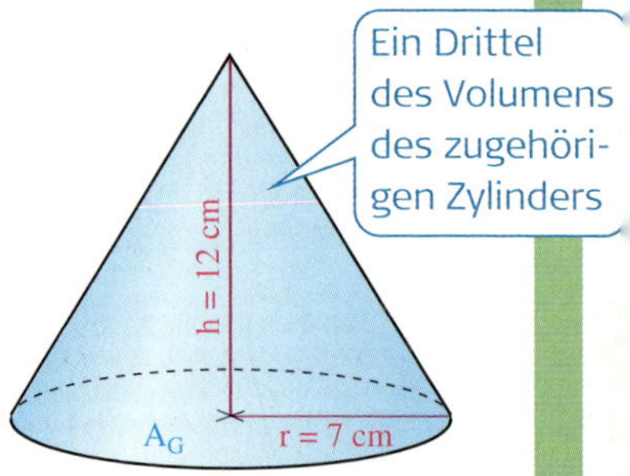

Zum Festigen und Weiterarbeiten

1. **a)** Berechne das Volumen der Pyramide.
(1) Quadratische Grundfläche: $a = 7{,}5$ cm; Körperhöhe: $h = 6{,}4$ cm
(2) Rechteckige Grundfläche: $a = 27$ cm; $b = 23$ cm; Körperhöhe: $h = 39$ cm

b) Stelle eine Formel auf, mit der man aus den gegebenen Größen das Volumen einer Pyramide berechnen kann.
(1) Quadratische Grundfläche mit der Seitenlänge a; Körperhöhe h
(2) Rechteckige Grundfläche mit den Seitenlängen a und b; Körperhöhe h

c) Löse die in Teilaufgabe b) aufgestellten Formeln nach jeder Variable auf.

2. Wie ändert sich das Volumen einer Pyramide, wenn
a) die Größe der Grundfläche verdoppelt, verdreifacht, ... wird;
b) die Höhe verdoppelt, verdreifacht, ... wird?

3. Berechne die Höhe und das Volumen eines *regelmäßigen Tetraeders* (siehe Aufgabe 14, Seite 139) mit der Kantenlänge $a = 5$ m.
Beachte Lösungshilfen im Bild.
Stelle zunächst eine Formel für das Volumen auf.

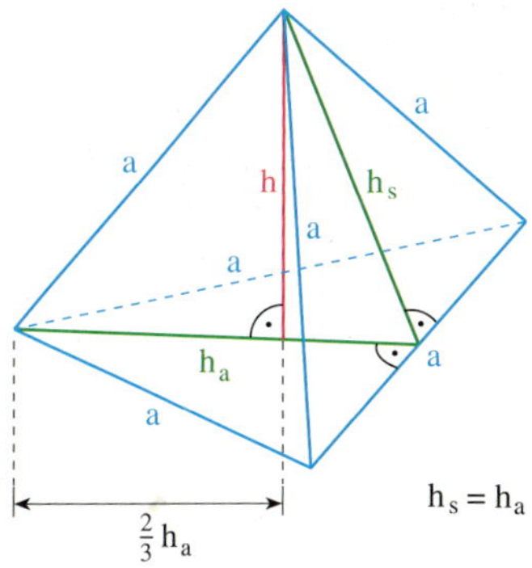

4. Berechne das Volumen des Kegels.

a) $r = 3$ cm, $h = 9$ cm	**c)** $r = 8{,}9$ cm, $h = 4{,}3$ cm	**e)** $d = 3{,}50$ m, $h = 4{,}75$ m
b) $r = 51$ mm, $h = 12$ cm	**d)** $d = 8{,}4$ dm, $h = 7{,}6$ dm	**f)** $d = 88$ cm, $h = 3{,}15$ m

5. Zeige: Für das Volumen eines Kegels gilt: $V = \frac{\pi d^2}{12} \cdot h$

6. *Berechnen von Höhe bzw. Radius (bei vorgegebenem Volumen)*
Leite zunächst aus $V = \frac{1}{3} A_G \cdot h$ eine Formel zur Berechnung der gesuchten Größe her.
a) Ein Kegel hat das Volumen $V = 25{,}447\ \text{cm}^3$ und den Radius $r = 1{,}8$ cm.
Wie hoch ist der Kegel?
b) Ein Kegel hat das Volumen $V = 207{,}844\ \text{cm}^3$ und die Höhe $h = 5{,}9$ cm.
Welchen Radius hat seine Grundfläche?

7. Wie ändert sich das Volumen eines Kegels, wenn man
a) den Radius verdoppelt, verdreifacht, ...;
b) die Höhe verdoppelt, verdreifacht, ...;
c) den Radius und die Höhe verdoppelt, verdreifacht, ...;
d) den Radius verdoppelt und die Höhe halbiert?

▲ **8.** *Sinnvolle Genauigkeit*
Der Radius eines Kegels ist in einer technischen Zeichnung mit $r = 117\ \text{mm} \pm 0{,}5$ mm angegeben, die Höhe mit $93\ \text{mm} \pm 0{,}05$ mm.
a) Berechne den Höchstwert und den Mindestwert für das Volumen des Kegels mit Taschenrechnergenauigkeit für π.
b) Berechne das Volumen des Kegels mit dem Radius $r = 117$ mm und der Höhe $h = 93$ mm mit Taschenrechnergenauigkeit für π.
Vergleiche mit den Ergebnissen in Teilaufgabe a). Runde dann sinnvoll.

Übungen

Pyramide

9. Die größte Pyramide ist die um 2600 v. Chr. erbaute Cheops-Pyramide. Sie war ursprünglich 146 m hoch, die Seitenlänge der quadratischen Grundfläche betrug ca. 233 m.

a) Berechne die ursprüngliche Größe der Grundfläche. Verwandle in ha.

b) Berechne das ursprüngliche Volumen der Cheops-Pyramide.

c) Heute beträgt die Länge der Grundseite nur noch ungefähr 227 m, die Höhe nur ungefähr 137 m.
Wie viel m^3 Stein sind inzwischen verwittert?
Gib diesen Anteil auch in Prozent an.

10. Ein quadratischer Turm erhält ein pyramidenförmiges Dach mit der Grundkantenlänge $a = 6{,}75$ m und der Höhe $h = 8{,}25$ m.
Wie groß ist der Dachraum?
Zeichne ein Schrägbild des Daches. Wähle einen geeigneten Maßstab.

11. **a)** Eine quadratische Pyramide hat das Volumen 256 cm^3 und die Grundkantenlänge 8 cm.
Wie hoch ist die Pyramide?

b) Eine quadratische Pyramide hat das Volumen 216 cm^3 und die Höhe $h = 8$ cm.
Wie lang ist eine Grundkante der Pyramide?

c) Eine Rechteckpyramide hat das Volumen 384 cm^3 und die Höhe $h = 13$ cm. Die Länge der Grundkante a verhält sich zur Länge der Grundkante b wie 3 : 2.
Berechne a und b.

TAB

12. Berechne das Volumen der Pyramide. Stelle zunächst eine Formel auf.
Entwickle ein Kalkulationstabellenblatt zur Berechnung des Volumens von Pyramiden mit regelmäßiger n-seitiger Grundfläche und führe Beispielrechnungen durch.

a) Quadratische Grundfläche: $a = 6{,}75$ m; Körperhöhe: $h = 5{,}85$ m
b) Gleichseitige dreieckige Grundfläche: $a = 36$ m; Körperhöhe: $h = 32$ m
c) Regelmäßige sechseckige Grundfläche: $a = 3{,}5$ dm; Körperhöhe: $h = 3{,}5$ dm
d) Regelmäßige siebenseitige Grundfläche: $a = 6{,}84$ cm; Körperhöhe: $h = 4{,}9$ cm
e) Regelmäßige achtseitige Pyramide: $a = 4{,}7$ dm; Seitenflächenhöhe: $h_s = 9{,}4$ dm
f) Regelmäßige elfseitige Pyramide: $a = 47{,}3$ mm; Körperhöhe: $h = 5{,}8$ cm

13. *Oktaeder*

Ein *Oktaeder* ist eine *Doppelpyramide*, deren 8 Seitenflächen gleichseitige Dreiecke sind.
Die Länge einer Seitenkante eines Oktaeders ist $a = 8$ cm.
Berechne das Volumen des Oktaeders.
Stelle für das Volumen zunächst eine Formel auf.
Anleitung: Zeichne zur Berechnung von h eine geeignete Schnittfläche.

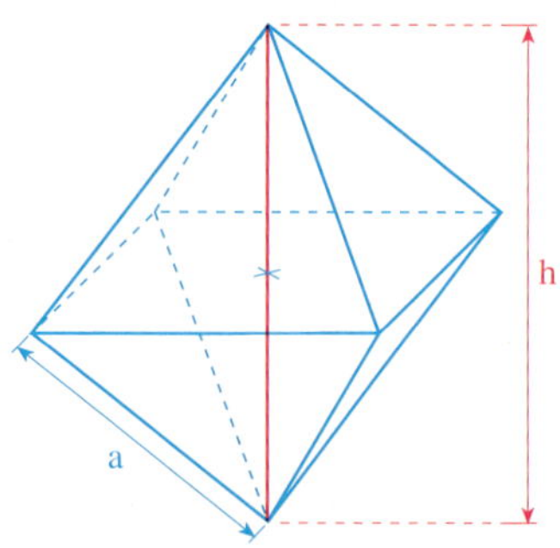

Kegel

14. Berechne das Volumen des Kegels.

a) r = 4,9 cm, h = 3,7 cm **b)** d = 7,68 m, h = 4,76 m **c)** d = 12,75 m, h = 13,45 m **d)** r = 342 mm, s = 585 mm **e)** d = 627 mm, s = 48,9 cm

Statt Masse sagt man im Alltag auch Gewicht.

15. Ein kegelförmig aufgeschütteter Sandberg ist 1,50 m hoch und hat den Durchmesser 2,20 m.

a) Wie viel m^3 Sand sind aufgeschüttet?

b) Welche Masse hat der Sandberg $\left(\text{Dichte: } \varrho = 1{,}6\,\frac{t}{m^3}\right)$?

16.

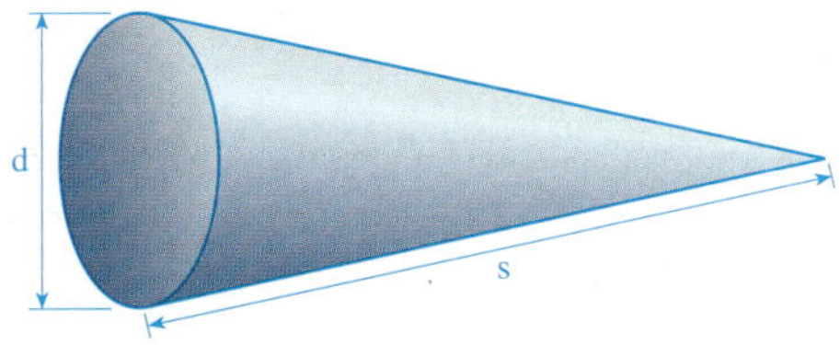

Das kegelförmige Werkstück aus Stahl hat folgende Abmessungen:
Durchmesser d = 84 mm;
Länge einer Mantellinie s = 123 mm.
1 cm^3 des Stahls wiegt 7,8 g.
Wie viel wiegt das Werkstück?

17. **a)** Ein Kegel hat das Volumen V = 261,8 cm^3 und den Radius r = 5 cm.
Wie hoch ist der Kegel?

b) Ein Kegel hat das Volumen V = 339,3 cm^3 und die Höhe h = 9 cm.
Welchen Radius hat der Kegel?

c) Ein Kegel hat das Volumen V = 804,248 cm^3. Seine Höhe verhält sich zum Radius wie 3 : 2.
Berechne h und r.

18. Zu wie viel Prozent ist das Sektglas ungefähr gefüllt, wenn der Sekt 6 cm [4 cm; 3 cm; 8 cm; 10 cm] hoch steht?
Schätze zunächst.

19. Von einer Pyramide bzw. einem Kegel wird in halber Höhe das obere Stück abgeschnitten.
Wie viel Prozent des Pyramidenvolumens bzw. des Kegelvolumens bleibt noch übrig?

20.

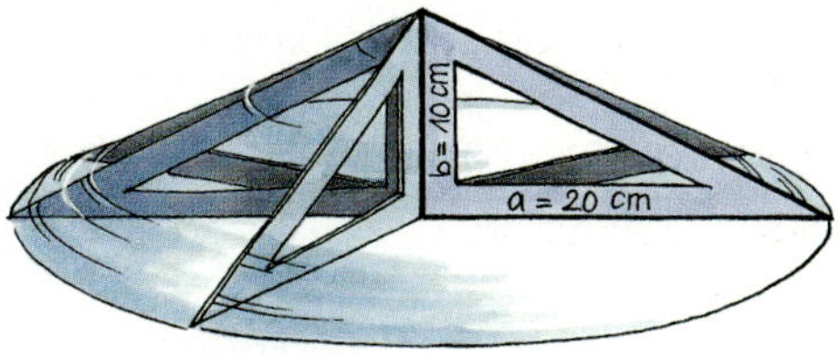

Ein Zeichendreieck (Maße im Bild) rotiert

a) um die kürzere Kathete;

b) um die längere Kathete.

Als so genannter *Rotationskörper* entsteht jeweils ein Kegel.
Berechne das Volumen jedes Kegels. Stelle zunächst eine Formel auf.

21. **a)** Entscheide, ob die Aussage wahr oder falsch ist. Begründe.

(1) Wird der Radius der Grundfläche verdoppelt und dafür die Mantellinie halbiert, so bleibt das Volumen gleich.

(2) Wird das Volumen eines Kegels verdoppelt, so wird auch die Höhe verdoppelt.

(3) Wird die Mantellinie eines Kegels um 10% verlängert und der Radius der Grundfläche bleibt unverändert, so nimmt das Volumen um 10% zu.

b) Untersuche weitere Zusammenhänge.

VERMISCHTE ÜBUNGEN ZU PYRAMIDE UND KEGEL

1. Berechne das Volumen der Pyramide. Stelle zunächst eine Formel auf.

a) Quadratische Grundfläche: $a = 37{,}5$ cm; Körperhöhe: $h = 42{,}5$ cm.

b) Gleichseitige dreieckige Grundfläche: $a = 17{,}8$ cm; Körperhöhe: $h = 34{,}4$ cm.

c) Regelmäßige sechseckige Grundfläche: $s = 8$ cm; Körperhöhe: $h = 12$ cm.

2. Berechne das Volumen und den Oberflächeninhalt des Kegels.

a) $r = 15$ cm, $h = 35$ cm **b)** $r = 27$ cm, $h = 29$ cm **c)** $r = 17{,}4$ dm, $h = 29{,}3$ dm **d)** $r = 27{,}75$ m, $h = 54{,}35$ m **e)** $d = 348$ mm, $h = 52{,}4$ cm

Brutto-Rauminhalt ≈ Volumen des Hauses einschließlich der Außenmauern

3. Der Pavillon mit quadratischer Grundfläche hat die Außenmaße $a = 6{,}5$ m, $h = 7{,}5$ m.
Berechne den Brutto-Rauminhalt.

4. Bei einem Kegel ist r der Radius, h die Höhe, s die Länge einer Mantellinie, V das Volumen und O der Oberflächeninhalt. Berechne aus den angegebenen Größen alle anderen.

a) $r = 8{,}5$ cm, $V = 2\ l$

b) $r = 0{,}45$ m, $s = 117$ cm

c) $h = 84$ cm, $s = 9{,}1$ dm

d) $h = 34$ cm, $V = 1\,580\ cm^3$

5. Bei einer quadratischen Pyramide ist a die Kantenlänge der Grundfläche, h die Körperhöhe, h_s die Höhe einer Seitenfläche, O der Oberflächeninhalt und V das Volumen. Berechne aus den gegebenen Größen alle anderen.

a) $a = 14{,}3$ cm, $h = 17{,}4$ cm **b)** $a = 7{,}3$ cm, $h_s = 9{,}2$ cm **c)** $a = 15{,}5$ cm, $V = 973{,}44\ cm^3$

6. Bei einem Kegel sollen Durchmesser der Grundfläche und Höhe des Kegels übereinstimmen. Berechne den Oberflächeninhalt und das Volumen des Kegels.

7. Berechne das Volumen und den Oberflächeninhalt eines Tetraeders, dessen Kanten

a) 6 cm, **b)** 15 cm lang sind.

8. Das Dach eines Ausstellungspavillons hat die Form einer regelmäßigen sechseckigen Pyramide mit der Höhe $h = 5{,}75$ m und der Grundkantenlänge $a = 6{,}15$ m.
Berechne den Dachraum.
Stelle zunächst eine Formel auf.

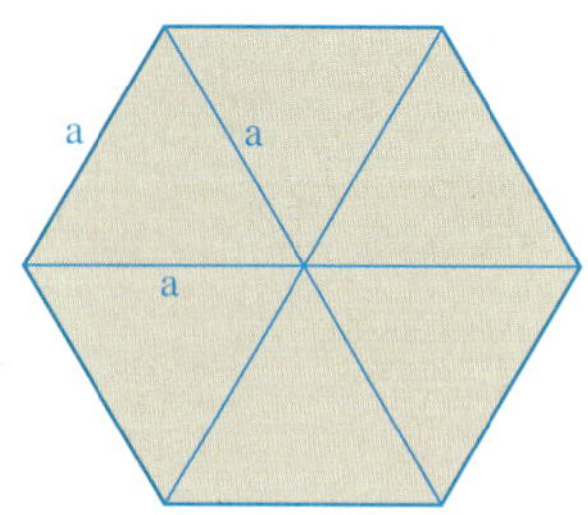

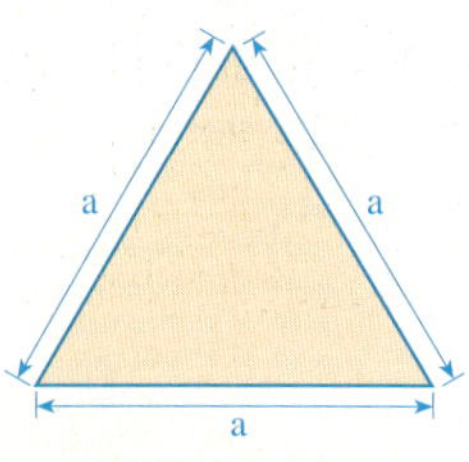

9. Die Schnittfläche eines Kegels mit einer Symmetrieebene (*Axialschnitt*) ist ein gleichseitiges Dreieck mit der Seitenlänge a.
Berechne das Volumen V und den Oberflächeninhalt O in Abhängigkeit von a und als Vielfaches von π.

10. Ein Kegel ist einem Würfel mit der Kantenlänge a wie im Bild einbeschrieben.

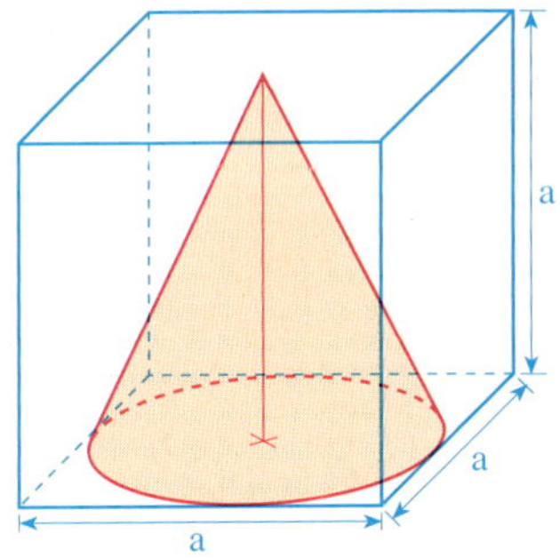

a) Berechne in Abhängigkeit von der Kantenlänge a das Volumen V und den Oberflächeninhalt des Kegels.

b) Wie viel Prozent vom Würfelvolumen beträgt das Kegelvolumen?

11. Ein regelmäßiges Achteck ist die Grundfläche einer Pyramide. Der Umkreisradius des Achtecks ist r, die Körperhöhe der Pyramide h.
Zeige ohne Verwendung gerundeter Werte, dass für das Volumen der Pyramide die Formel $V = \frac{4}{3}\sqrt{2} \cdot r^3$ gilt.

12. a) Berechne die Größe des Winkels α.

b) Berechne das Volumen und der Oberflächeninhalt der quadratischen Pyramide.

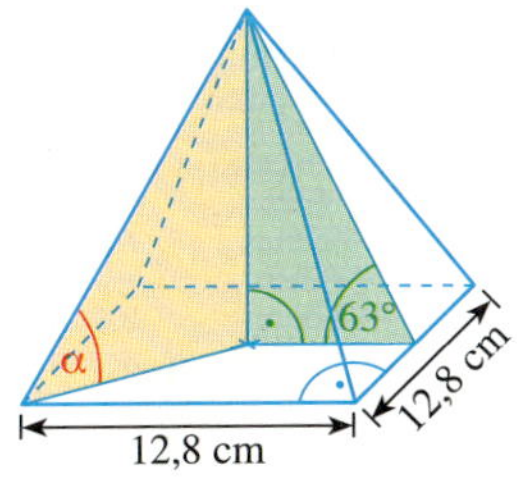

13. Zeichne einen Kreis mit dem Radius 6,0 cm und zeichne einen Radius ein. Schneide den Kreis aus und schneide ihn entlang des Radius bis zur Mitte ein. Du kannst nun Kegelmäntel unterschiedlicher Form bilden.

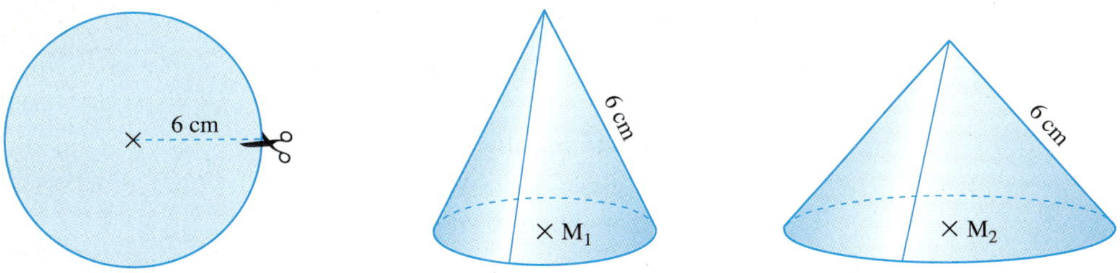

a) Fixiere den Mantel mit einer Büroklammer, der deiner Meinung nach zum Kegel mit dem größten Volumen gehört.

b) Überprüfe mithilfe eines Tabellenkalkulationsprogramms, in dem du die Kegelradien bei 1,0 cm beginnend in 1-cm-Schritten wachsen lässt.

c) Verfeinere das Ergebnis im „interessanten Bereich" – Zehntel-Schritte, Hundertstel-Schritte.

14. Eine Biogasanlage besteht u.a. aus den abgebildeten kreisrunden Fermentern, in denen der Gärprozess stattfindet. Sie werden jeweils oben mit Folie abgedichtet.
Wie viel m^2 Folie ist insgesamt etwa für diese Biogasanlage erforderlich gewesen?

15. Der Kegel in Berlin ist der höchste Kletterturm der Bundeshauptstadt. Der Turm hat einen Umfang von 44 m. Der untere zylindrische Teil ist 10,70 m und der obere Kegel 8 m hoch.

a) Wie viel m^2 Kletterfläche stehen ungefähr zur Verfügung?

b) Welche Neigung hat das Kegeldach?

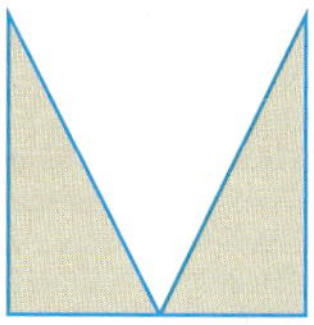

16. In verschiedene Werkstücke werden kegelförmige Hohlräume gefräst. Dem Schrägbild kann man die Art der Bohrung und die Maße (in mm) entnehmen.
Skizziere einen *Axialschnitt* des Gesamtkörpers wie im Beispiel rechts zu Teilaufgabe a).
Berechne das Volumen des Restkörpers.

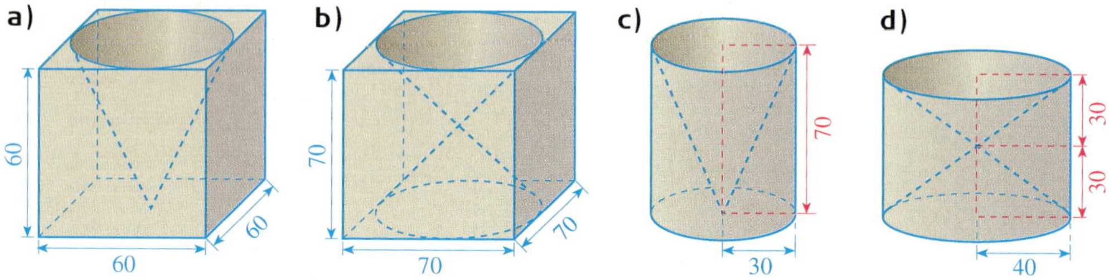

17. **a)** Wie viel m^2 Blech wurden etwa zur Herstellung eines der abgebildeten Doppelkegel benötigt?

b) Vergleiche die Fläche eines Kegelmantels mit der darunter liegenden (inneren) Kreisfläche.

c) Unter welcher Bedingung sind die Fläche eines Kegelmantels und die darunter liegende (innere) Kreisfläche gleich groß?

18. Gegeben ist eine quadratische Pyramide.

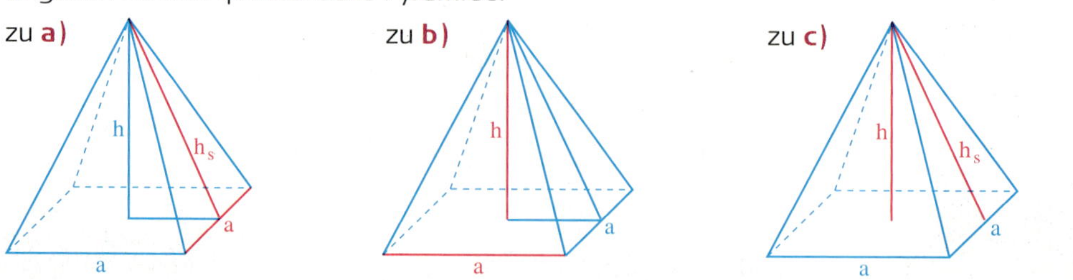

a) Gegeben ist $a = 6\,e$ und $h_s = 5\,e$. Gib das Volumen V ohne Verwendung gerundeter Werte in Abhängigkeit von e an.

b) Gegeben ist $a = 2\,e$ und $h = 6\,e$. Gib den Oberflächeninhalt O in Abhängigkeit von e an.

c) Gegeben ist $h = 3\,e$ und $h_s = 4\,e$. Gib das Volumen V in Abhängigkeit von e an.

KUGEL – VOLUMEN UND GRÖßE DER OBERFLÄCHE

Volumen der Kugel

Einstieg

Im Bild siehst du einen zylinderförmigen Behälter und eine Schale in Form einer Halbkugel. Beide besitzen den gleichen Radius r. Der Zylinder ist doppelt so hoch wie die Schale, d. h. seine Höhe ist genau der Durchmessen der Halbkugel.

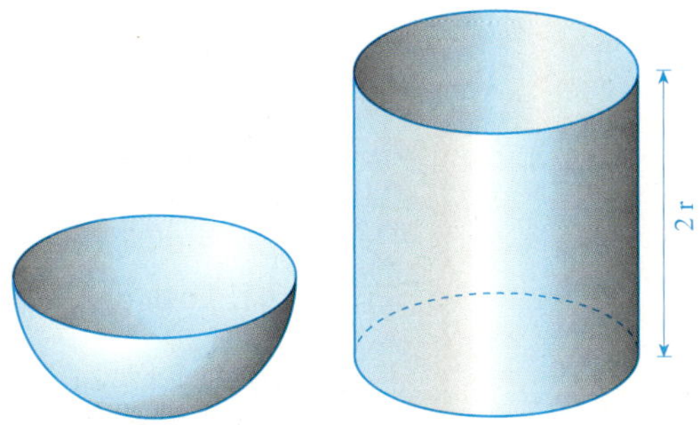

→ Schätze, wie oft man den Inhalt der halbkugelförmigen Schale in den zylinderförmigen Behälter füllen kann.

→ Nikolai vermutet, dass man den Inhalt der halbkugelförmigen Schale genau dreimal in den Zylinder füllen kann.
Welche Formel kannst du aus Nikolais Vermutung zur Berechnung des Volumens einer Kugel ableiten?

Zylinder V_Z — Halbkugel $V_{HK} = \frac{1}{3} \cdot V_Z$ — Kugel $V_{Ku} = \frac{2}{3} \cdot V_Z$

Information

Für das **Volumen V einer Kugel** mit dem Kugelradius r gilt:

$$\mathbf{V = \frac{4}{3}\pi r^3}$$

Beispiel: r = 5 cm

$V = \frac{4}{3}\pi r^3$

$V = \frac{4}{3} \cdot \pi \cdot (5\text{ cm})^3$

$V \approx 524\text{ cm}^3$

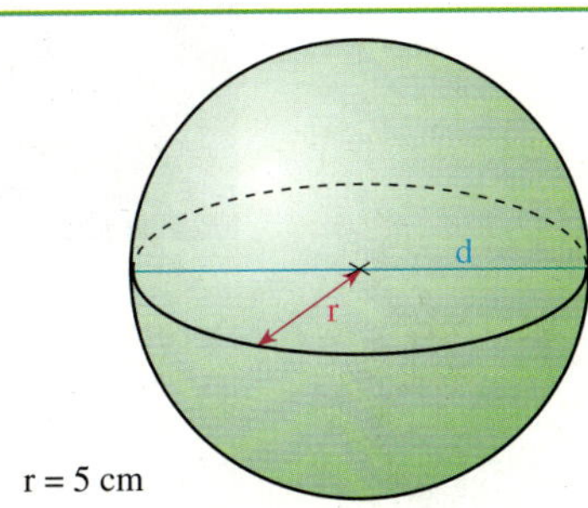

Zum Festigen und Weiterarbeiten

1. a) In der Technik wird häufig mit dem Durchmesser d gerechnet. Gib eine Formel für das Volumen der Kugel bei gegebenem Durchmesser d an.

b) Wie groß ist das Volumen einer Kugel mit dem Durchmesser 1 m?

2. **a)** Berechne das Volumen der Kugel.

(1) $r - 38$ mm (3) $r = 7{,}8$ cm (5) $d = 12{,}5$ dm
(2) $r = 12{,}75$ m (4) $d = 27$ cm (6) $d = 19$ mm

b) Für ein Kugellager werden Stahlkugeln mit 12 mm Durchmesser benötigt. 1 cm^3 des Stahls wiegt 7,9 g.
Wie viel wiegt eine Kugel?

3. *Berechnen des Radius (bei gegebenem Volumen)*

a) Das Volumen einer Kugel beträgt 904,78 cm^3. Wie groß ist der Radius?

b) Löse die Formel $V = \frac{4}{3}\pi r^3$ nach der Variablen r auf.

$$V = 250\ cm^3$$
$$V = \tfrac{4}{3}\pi r^3$$
$$250\ cm^3 = \tfrac{4}{3}\pi r^3$$
$$r^3 = \frac{3 \cdot 250\ cm^3}{4\pi}$$
$$r = \sqrt[3]{\frac{3 \cdot 250\ cm^3}{4\pi}}$$
$$r \approx 3{,}9\ cm$$

4. Wie verändert sich das Volumen einer Kugel, wenn man
(1) den Radius;
(2) den Durchmesser verdoppelt, verdreifacht ... ?

▲ **5.** *Sinnvolle Genauigkeit*

Der Radius einer Kugel ist in einer Technikzeitschrift mit 236 mm ± 0,5 mm angegeben.

a) Berechne den möglichen Höchstwert und den möglichen Mindestwert für das Volumen der Kugel.

b) Berechne das Volumen einer Kugel mit dem Radius r = 236 mm.
Vergleiche mit den Ergebnissen in Teilaufgabe a). Runde dann sinnvoll.

Übungen

6. Die abgebildeten Körper sind annäherungsweise Kugeln.
Berechne das Volumen der Kugel.

d = 22 cm

d = 34 m

d = 12 700 km

1 dm^3 = 1 l

7. Berechne das Volumen der Kugel. Gib das Volumen auch in *l* an.

a) r = 5,5 cm **c)** d = 68 m **e)** r = 2,75 m **g)** r = 536 mm **i)** d = 1,35 m
b) r = 47 mm **d)** d = 1,47 m **f)** r = 25,7 dm **h)** d = 33 mm **j)** r = 7,26 m

8. **a)** Wie groß ist das Volumen einer Kugel mit dem Radius 1 m?

b) Wie groß ist das Volumen einer Kugel mit dem Durchmesser 1 m?

c) Wie groß ist das Volumen einer Kugel mit dem Umfang 1 m?

d) Wie groß ist das Volumen einer Kugel, deren Querschnitt durch den Mittelpunkt (Großkreis) den Flächeninhalt 1 m^2 hat?

e) Wie groß ist der Radius einer Kugel mit dem Volumen 1 m^3?

9. Auf dem Foto siehst du einen Brunnen, in dessen Mitte sich eine Kugel aus Granit befindet. Die Kugel hat einen Durchmesser von 1,20 m.
1 cm^3 Granit wiegt 2,8 g.
Wie viel wiegt die Kugel?

Stoff	Dichte
Aluminium	$2{,}7\,\frac{g}{cm^3}$
Granit	$2{,}8\,\frac{g}{cm^3}$
Gusseisen	$7{,}4\,\frac{g}{cm^3}$
Silber	$10{,}5\,\frac{g}{cm^3}$
Stahl	$7{,}8\,\frac{g}{cm^3}$
Zinn	$7{,}3\,\frac{g}{cm^3}$
Gold	$19{,}3\,\frac{g}{cm^3}$
Kupfer	$8{,}96\,\frac{g}{cm^3}$

10. Drei gleich große Metallkugeln haben den Durchmesser d = 4,5 cm, aber unterschiedliche Massen.
Kugel 1: $m_1 \approx 350$ g
Kugel 2: $m_2 \approx 500$ g
Kugel 3: $m_3 \approx 130$ g
Aus welchen Metallen könnten die Kugeln bestehen? Verwende die Dichtetabelle links.

11. „Hans im Glück" bekam für treue Dienste einen Goldklumpen, der etwa so groß wie sein Kopf war. Nimm an, der Klumpen hätte die Form einer Kugel (d = 15 cm).
Welche Masse hatte Hans an der Goldkugel zu tragen?

12. Kontrolliere Leonards Hausaufgaben.

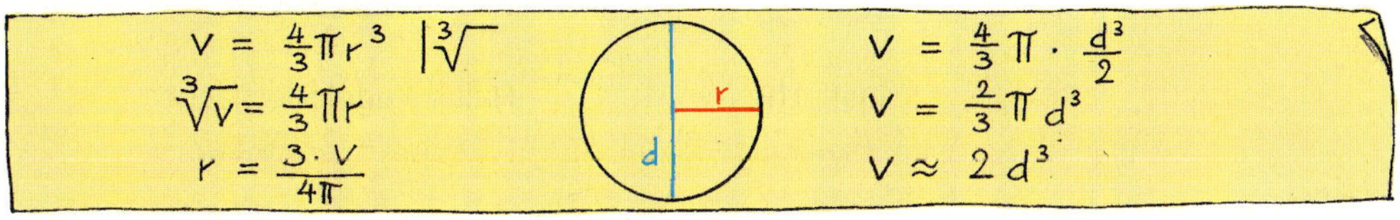

13. Um wie viel Prozent nimmt die Masse einer Kugel (r = 3,5 cm) ab, wenn sie statt aus Kupfer aus Stahl hergestellt wird?
Wähle auch andere Radien.

14. Eine zylinderförmige Vase mit einem Innendurchmesser von 6,0 cm ist zum Teil mit Wasser gefüllt. Acht gleich große farbige Zierkugeln aus Porzellan jeweils mit dem Radius 0,9 cm werden in die Vase gegeben.

a) Um wie viel cm steigt der Wasserspiegel im Zylinder?

b) Um wie viel g nimmt die Masse des Inhaltes zu?

15. Welche Masse hat eine Hohlkugel aus Gusseisen (Radius des Hohlraumes: $r_i = 8$ cm; äußerer Radius: $r_a = 10$ cm; 1 cm^3 Gusseisen wiegt 7,3 g)?
Leite zunächst eine Formel für das Volumen der Hohlkugel her.

16. Die abgebildete Holzscheibe rotiert um die rote Achse. Berechne das Volumen des entstehenden Rotationskörpers.
Stelle zunächst eine Formel auf.

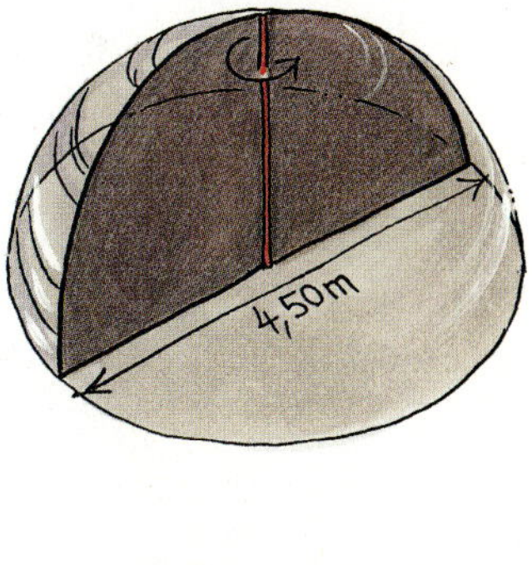

Größe der Oberfläche der Kugel

Einstieg

Die Oberfläche einer Kugel ist eine gekrümmte Fläche, die man nicht in die Ebene abwickeln kann. Die Formel für den Oberflächeninhalt kann man aber folgendermaßen veranschaulichen: Zerschneidet eine Kugel (z. B. aus Styropor) in zwei Halbkugeln.
Umwickelt die halbe Kugeloberfläche mit einer Schnur, bis die Oberfläche vollkommen bedeckt ist. Bedeckt die Schnittfläche der Halbkugel ebenso mit einer Schnur gleicher Dicke.

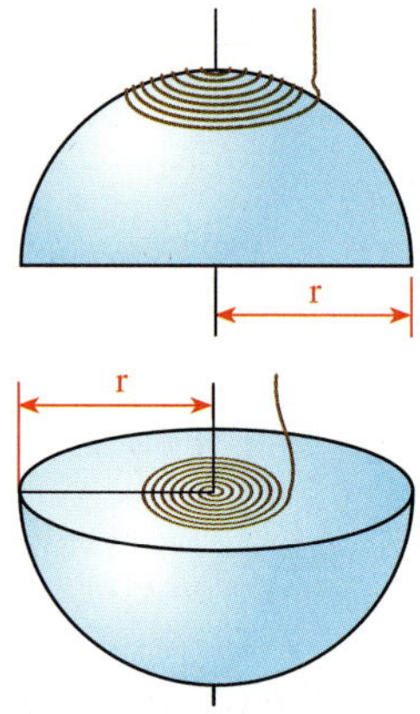

- → Vergleicht die Länge der beiden Schnüre.
- → Welche Formel kannst du für den Oberflächeninhalt einer Kugel herleiten, wenn die erste Schnur genau doppelt so lang wie die zweite Schnur ist?

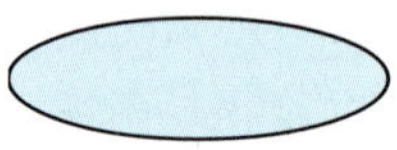

Kreisfläche
A_{Kreis}

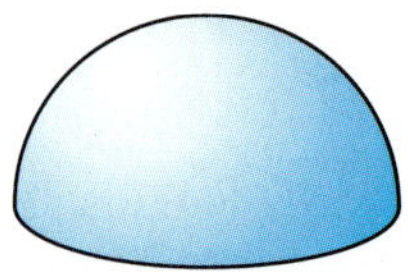

Halbe Kugeloberfläche
$A_{O\,HK} = 2 \cdot A_{Kreis}$

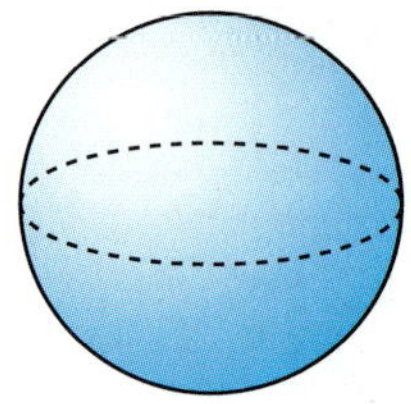

Kugeloberfläche
$A_{O\,Ku} = 4 \cdot A_{Kreis}$

Information

Für den **Oberflächeninhalt O der Kugel** mit dem Kugelradius r gilt:

$\mathbf{O = 4\pi r^2}$

Beispiel: $r = 5$ cm
$O = 4 \cdot \pi \cdot (5\text{ cm})^2$
$O \approx 314\text{ cm}^2$

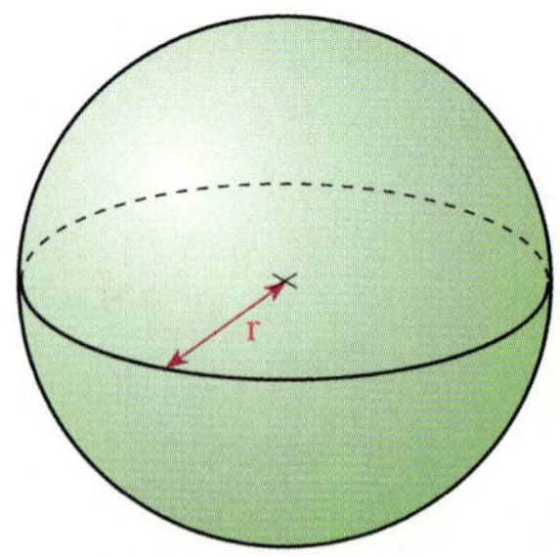

Begründung: Die Kugeloberfläche ist eine gekrümmte Fläche. Man kann sie nicht in die Ebene abwickeln. Es ist deshalb nicht möglich, die Kugeloberfläche – wie z. B. den Mantel des Zylinders oder des Kegels – als ebene Fläche anzugeben.

(1) Man zerlegt die Oberfläche der Kugel in kleine Flächen („gekrümmte Dreiecke") und verbindet die Randpunkte jeder Fläche mit dem Kugelmittelpunkt. So erhält man Teilkörper $K_1, K_2, \ldots, K_n$ der Kugel, die angenähert Pyramiden mit der Höhe r sind.

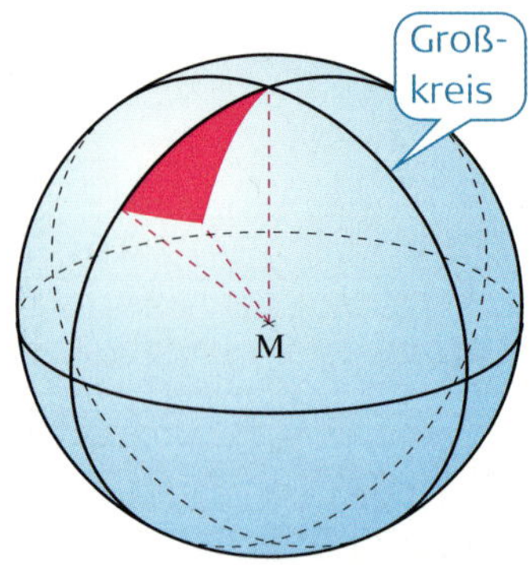

(2) $V_{Ku} = V_{K_1} + V_{K_2} + \ldots + V_{K_n}$
Unter Benutzung der Formel für das Volumen der Pyramide erhält man:
$V_{Ku} \approx \frac{1}{3} G_1 \cdot r + \frac{1}{3} G_2 \cdot r + \ldots + \frac{1}{3} G_n \cdot r$
$V_{Ku} \approx \frac{1}{3} r \cdot [G_1 + G_2 + \ldots + G_n]$

(3) Der Term in der Klammer bezeichnet den Oberflächeninhalt O der Kugel, also gilt: $V_{Ku} \approx \frac{1}{3} r \cdot O$

(4) Zerlegt man die Kugeloberfläche in immer kleinere Flächen, so unterscheiden sich die „gekrümmten" Dreiecke immer weniger von ebenen Dreiecken; das Volumen der Teilkörper $K_1, K_2, \ldots, K_n$ unterscheidet sich immer weniger vom Volumen der entsprechenden Pyramiden, sodass wir berechtigt sind zu setzen:

$V_{Ku} = \frac{1}{3} r \cdot O$

(5) Wegen $V_{Ku} = \frac{4}{3} \pi r^3$ gilt:

$\frac{4}{3} \pi r^3 = \frac{1}{3} r \cdot O$

Wir isolieren die Variable O:

$O = \frac{4}{3} \pi r^3 \cdot \frac{3}{r}$, also $O = 4 \pi r^2$

Beachte: Die Oberfläche der Kugel ist also 4-mal so groß wie ein Großkreis. Ein Großkreis ist eine Schnittfläche durch den Kugelmittelpunkt.

Zum Festigen und Weiterarbeiten

1. In der Technik wird häufig mit dem Durchmesser d gerechnet.
Begründe: Für den Oberflächeninhalt O der Kugel gilt $O = \pi d^2$.

2. Berechne den Oberflächeninhalt der Kugel.

a) $r = 26$ mm **c)** $r = 8{,}27$ m **e)** $d = 26$ mm **g)** $d = \frac{3}{4}$ cm
b) $r = 5{,}74$ m **d)** $r = 245$ mm **f)** $d = 3{,}7$ cm **h)** $d = \frac{4}{5}$ cm

3. *Berechnen des Radius (bei gegebenem Oberflächeninhalt)*
Der Oberflächeninhalt einer Kugel beträgt 803,84 cm².
Wie groß ist der Radius?

4. Wie ändert sich der Oberflächeninhalt der Kugel, wenn man
(1) den Radius, (2) den Durchmesser verdoppelt, verdreifacht, vervierfacht ...?

Übungen

5. Berechne den Oberflächeninhalt der Kugel.

a) $r = 7{,}5$ cm **c)** $d = 12$ m **e)** $r = 4{,}75$ m **g)** $r = 315$ mm **i)** $d = 1{,}85$ m
b) $r = 35$ mm **d)** $d = 1{,}35$ m **f)** $r = 25{,}3$ dm **h)** $r = 7{,}13$ m **j)** $d = 35{,}4$ cm

6. O ist der Oberflächeninhalt einer Kugel. Berechne den Radius.

a) $O = 746\ \text{cm}^2$ **c)** $O = 9{,}08\ \text{cm}^2$ **e)** $O = 5{,}3 \cdot 10^8\ \text{m}^2$
b) $O = 1\,846\ \text{m}^2$ **d)** $O = 8{,}4 \cdot 10^6\ \text{km}^2$ **f)** $O = 7{,}2 \cdot 10^9\ \text{m}^2$

7. Die Größe eines Handballs gibt man durch den Umfang u an.
Jugendhandball: $u = 54$ cm
Männerhandball: $u = 59$ cm
Wie viel cm² Leder werden pro Ball verarbeitet?
Rechne zum Oberflächeninhalt 25 % für Verschnitt hinzu.

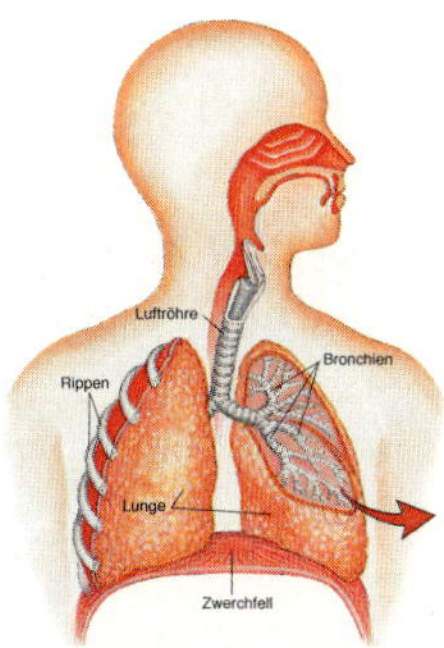

8. Die Lunge eines Menschen enthält ungefähr 400 000 000 (kugelförmige) Lungenbläschen. Ein Lungenbläschen hat einen Durchmesser von 0,2 mm.
Wie groß ist der Oberflächeninhalt aller Lungenbläschen eines Menschen?
Gib das Ergebnis in einer geeigneten Maßeinheit an.
Vergleiche das Ergebnis mit der Größe eines Fußballfeldes.

Vermischte Übungen zur Kugel

1. Bei einer Kugel ist r der Radius, V das Volumen und O der Oberflächeninhalt.
Berechne die fehlenden Größen.

a) $r = 27$ cm **d)** $r = 6{,}7$ cm **g)** $V = 114{,}04\ m^3$ **j)** $O = 3\,000\ cm^2$
b) $O = 260\ cm^2$ **e)** $V = 904{,}32\ m^3$ **h)** $O = 1\,670{,}48\ cm^2$ **k)** $V = 1\ m^3$
c) $V = \pi \cdot 36\ cm^3$ **f)** $r = 43$ cm **i)** $r = 27{,}4$ dm **l)** $O = 1\ m^2$

2. **a)** Wie groß ist die Oberfläche einer Kugel mit dem Radius 1 m?
b) Wie groß ist die Oberfläche einer Kugel mit dem Umfang 1 m?
c) Wie groß ist der Radius einer Kugel mit dem Oberflächeninhalt $1\ m^2$?

3. Vier Metallkugeln (d = 50 mm) werden zu einer einzigen Kugel umgeschmolzen.
a) Welchen Radius hat dann die große Kugel?
b) Berechne den Oberflächeninhalt der vier einzelnen Kugeln (zusammen) und vergleiche mit dem Oberflächeninhalt der großen Kugel.

4. Der Reaktor eines Atomkraftwerkes ist von einer kugelförmigen Sicherheitshülle aus Stahl (im Bild blau) umgeben. Ihre Abmessungen betragen:
innerer Kugeldurchmesser 56 m,
Wanddicke 30 mm.
a) Berechne das Volumen des Innenraumes.
b) Wie groß ist
(1) die innere Wandfläche,
(2) die äußere Wandfläche
der Kugel?
c) Wie viel t Stahl werden für die Sicherheitshülle benötigt?
$1\ dm^3$ Stahl wiegt 7,94 kg.

5. Berechne die Größe der Oberfläche der Himmelskörper.

Pluto:	*r = 1 200 km*	*Mars:*	*r = 3 400 km*	*Saturn:*	*r = 59 700 km*
Mond:	*r = 1 740 km*	*Merkur:*	*r = 2 400 km*	*Uranus:*	*r = 25 900 km*
Sonne:	*r = 700 000 km*	*Venus:*	*r = 6 100 km*	*Neptun:*	*r = 24 750 km*

6. **a)** Der Radius einer Kugel (r = 5 cm) wird um 10% verlängert.
Um wie viel Prozent nehmen das Volumen V und der Oberflächeninhalt O zu?
b) Der Radius einer Kugel (r = 5 cm) wird um 10% verkürzt.
Um wie viel Prozent nehmen das Volumen V und der Oberflächeninhalt O ab?
c) Rechne die Teilaufgaben a) und b) auch mit anderen Radien und vergleiche.

7. Der Oberflächeninhalt einer Kugel beträgt $64 \cdot \pi \cdot a^2$.
Berechne ihr Volumen in Abhängigkeit von a und als Vielfaches von π.

8. a) Welcher Teil einer Gesamtkugel ist bei den abgebildeten Skulpturen von Max Bill jeweils erkennbar?

b) Stelle jeweils eine Formel zur Berechnung der Oberfläche auf.

9. Die Kugel des Berliner Fernsehturms wurde für die Dauer der Fußballweltmeisterschaft 2006 vollständig mit Folien beklebt, sodass der Eindruck eines überdimensionalen Fußballs entstand.
Wie viel m^2 Folie musste etwa verwendet werden?
Hinweis: Die roten und weißen Markierungsstreifen des Sendemastes haben jeweils eine Länge von 5 m

10. Eine zylinderförmige Vase mit einem Innendurchmesser von 6,0 cm ist zum Teil mit Wasser gefüllt. Acht gleich große farbige Zierkugeln aus Glas $\left(\varrho = 2{,}5\ \frac{\text{g}}{\text{cm}^3}\right)$ jeweils mit dem Radius 0,9 cm werden in die Vase gegeben.

a) Um wie viel cm steigt der Wasserspiegel im Zylinder?

b) Um wie viel g nimmt die Masse des Inhaltes zu?

11.

Der Weltrekord für ein zusammenhängendes Stück Apfelschale liegt bei 52 Metern und 51 Zentimetern. Der geschälte Apfel wog 567 Gramm und er hatte einen Umfang von 47 cm. Es dauerte 11,5 Stunden, ihn zu schälen.
Welche durchschnittliche Breite hatte der geschälte Streifen?

12.

Die abgebildete Teekanne hält durch eine doppelwandige Isolierschicht den Tee länger warm. Die Kanne fasst 1,35 Liter. Der äußere Umfang beträgt 50 cm.
Wie dick ist die doppelwandige Isolierschicht der Kanne?

13. a)

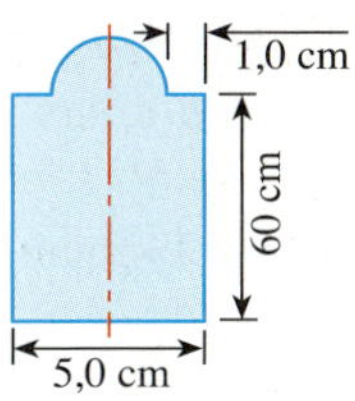

b)

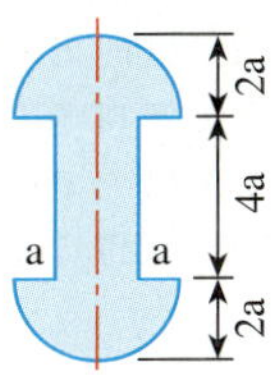

Die Flächen links rotieren um die rote Achse. Berechne das Volumen und den Oberflächeninhalt des Rotationskörpers.

BERECHNUNGEN AN ZUSAMMENGESETZTEN KÖRPERN

Einstieg

Der abgebildete Pokal wurde aus Glas hergestellt.

→ Beschreibe den Pokal.

→ Das verwendete Glas hat eine Dichte von $2{,}3\,\frac{g}{cm^3}$. Berechne das Gewicht (die Masse) des Pokals.

→ Für den ersten Platz soll die Kugel vergoldet werden. Wie viel cm^2 Goldfolie wird benötigt?

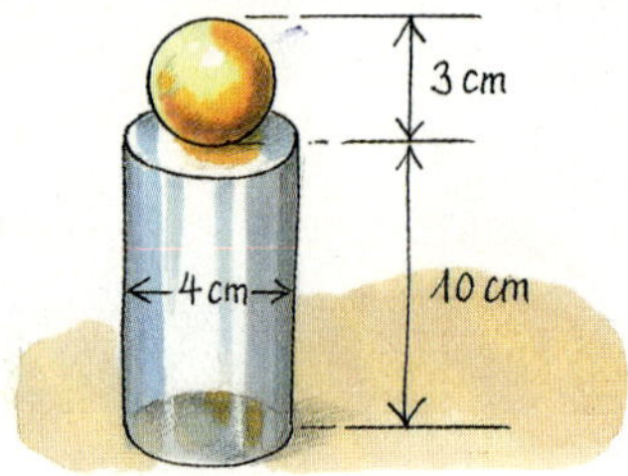

Aufgabe

1. Für den zusammengesetzten Körper ist $r = 5{,}0$ cm und $h = 6{,}0$ cm.

a) Beschreibe den Körper.

b) Berechne sein Volumen.

c) Der Körper hat ein Gewicht von 472 g. Bestimme seine Dichte.

d) Berechne den Oberflächeninhalt.

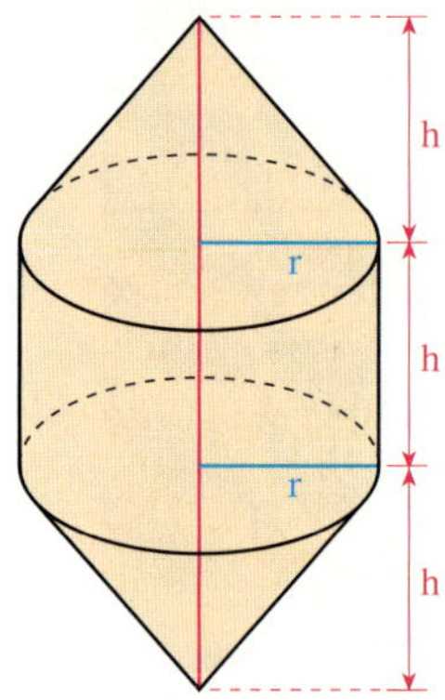

Lösung

a) Der Körper ist zusammengesetzt aus einem Zylinder und zwei aufgesetzten Kegeln.

b) *Schrittweises Berechnen des Volumens*

Der Zylinder hat den Radius r und die Höhe h. Die beiden Kegel haben denselben Grundkreisradius und dieselbe Höhe h; das Volumen beider Kegel ist daher gleich groß.

Volumen des Zylinders

$V_Z = \pi r^2 \cdot h$

$V_Z = \pi \cdot (5\text{ cm})^2 \cdot 6\text{ cm}$

$V_Z \approx 471{,}2\text{ cm}^3$

Volumen des Kegels

$V_K = \frac{1}{3}\pi r^2 \cdot h$

$V_K = \frac{1}{3}\pi \cdot (5\text{ cm})^2 \cdot 6\text{ cm}$

$V_K \approx 157{,}1\text{ cm}^3$

Volumen des zusammengesetzten Körpers

$V = V_Z + 2 \cdot V_K$

$V \approx 471{,}2\text{ cm}^3 + 2 \cdot 157{,}1\text{ cm}^3$

$V \approx 785{,}4\text{ cm}^3$

c) *Dichte des Körpers*

$\varrho = \frac{m}{V}$

$\varrho \approx \frac{472\text{ g}}{785{,}4\text{ cm}^3}$, also: $\varrho \approx 0{,}60\,\frac{g}{cm^3}$

d) Die Oberfläche des Körpers setzt sich aus der Mantelfläche des Zylinders und der Mantelfläche der beiden aufgesetzten Kegel zusammen.

Mantelflächeninhalt des Zylinders

$O_Z = 2\pi r \cdot h$

$O_Z = 2\pi \cdot 5\text{ cm} \cdot 6\text{ cm}$

$O_Z \approx 188{,}5\text{ cm}^2$

Mantelflächeninhalt eines Kegels

$O_K = \pi \cdot r \cdot s$, wobei $s = \sqrt{r^2 + h^2}$

$O_K = \pi \cdot 5\text{ cm} \cdot \sqrt{(5\text{ cm})^2 + (6\text{ cm})^2}$

$O_K \approx 122{,}7\text{ cm}^2$

Oberflächeninhalt des zusammengesetzten Körpers

$O = O_Z + 2 \cdot O_K$

$O \approx 188{,}5\text{ cm}^2 + 2 \cdot 122{,}7\text{ cm}^2$, also $O \approx 433{,}9\text{ cm}^2$

Information

Strategie zur Berechnung des Volumens zusammengesetzter Körper

Zerlege den Körper in geeignete Teilkörper.
Berechne die Volumen dieser Teilkörper und addiere sie.
$V = V_{HKu} + V_{Zy} + V_{Ke}$

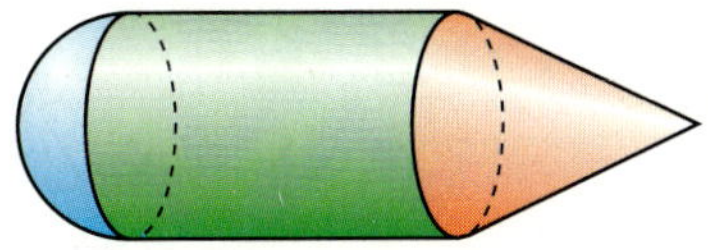

Zum Festigen und Weiterarbeiten

2. Berechne das Volumen und den Oberflächeninhalt des zusammengesetzten Körpers.

(1) $r = 2$ cm; $h = 5$ cm (2) $r = 3$ cm (3) $r = 3{,}5$ cm

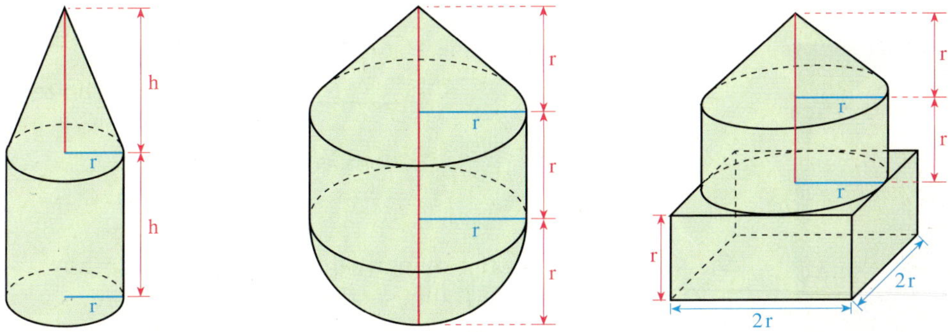

3. Aus einem zylinderförmigen Rundstahl mit dem Durchmesser d = 60 mm und der Länge s = 120 mm soll das abgebildete Werkstück hergestellt werden (Angaben in mm).
Wie viel Prozent Abfall entsteht bei der Herstellung eines solchen Werkstücks?

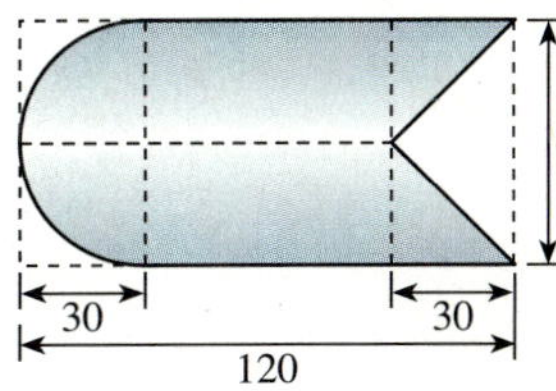

▲ **4.** *Sinnvolle Genauigkeit*

In der Lösung in Aufgabe 1 wurden bei den Volumina die Zwischenwerte auf Zehntel cm^3 gerundet. Nimm an: Der Körper besteht aus hochwertigem Material.
Deshalb muss auf Zehntel mm^3 genau gerechnet werden. Führe die Rechnung mit dieser Genauigkeit durch. Vergleiche mit dem Ergebnis in Aufgabe 1.

5. Ein zylindrisches Werkstück besitzt eine halbkugelförmige Vertiefung (s. Axialschnitt rechts).
Berechne das Volumen und die Größe der Oberfläche des Werkstücks. Beschreibe dein Vorgehen.

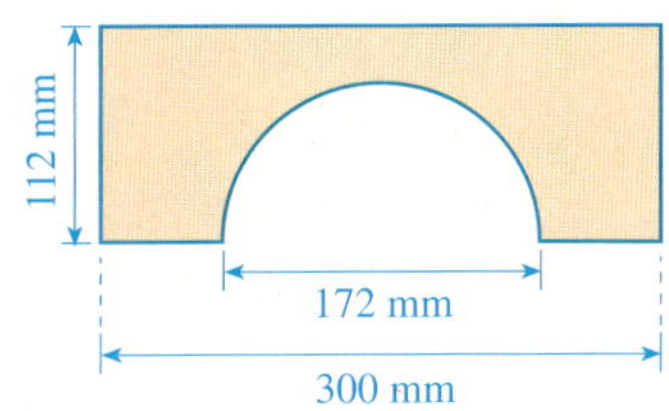

Übungen

6. Berechne das Volumen und den Oberflächeninhalt des Körpers (Maße in m).

a) b) c) d)

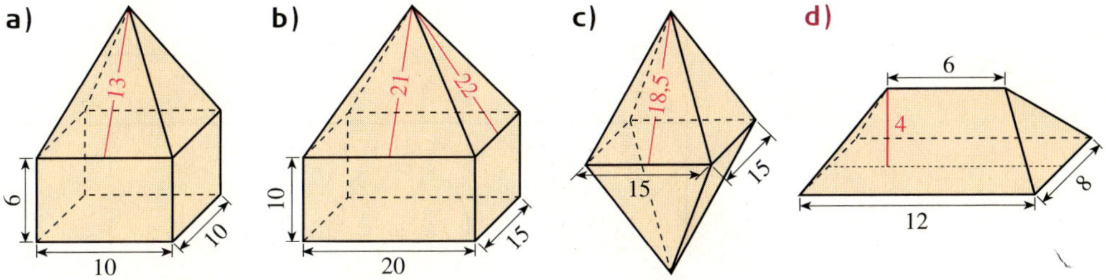

Granit:
$\varrho = 2{,}8\ \frac{g}{cm^3}$

7. Wie viel wiegt das Dekorationsstück aus Granit (Maße in mm)?

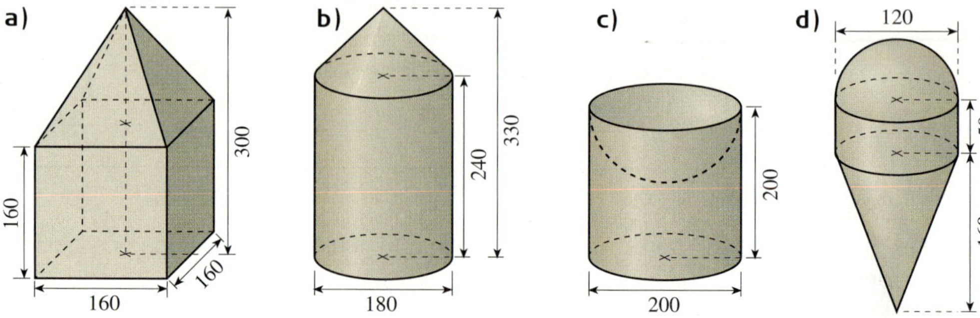

8. Welche Masse hat der abgebildete Stahlbolzen mit sechseckigem Kopf (Maße in mm; $\varrho = 7{,}9\ \frac{g}{cm^3}$)?

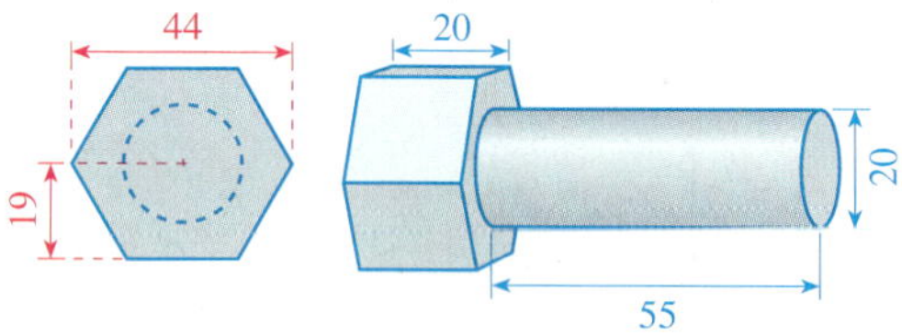

9. Kristalle haben oft die Form eines regelmäßigen sechsseitigen Prismas mit aufgesetzten Pyramiden.
Berechne das Volumen und die Größe der Oberfläche des Kristalls.

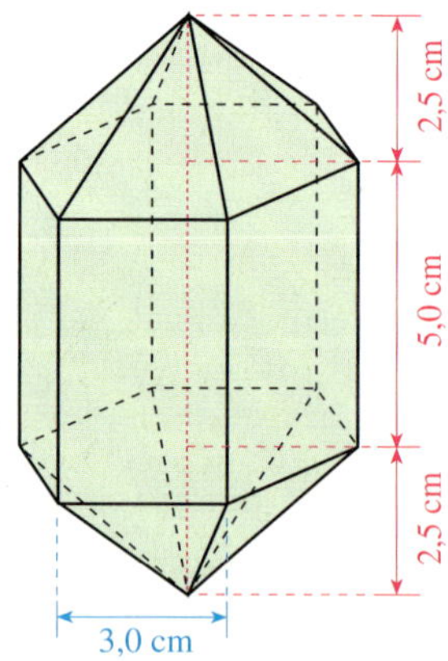

10. Auf einen Zylinder mit dem Radius r und der Höhe 2 r wird ein Kegel mit dem Radius r der Grundfläche und der Höhe 2 r aufgesetzt.
Stelle eine Formel zur Berechnung des Volumens und des Oberflächeninhalts O auf.

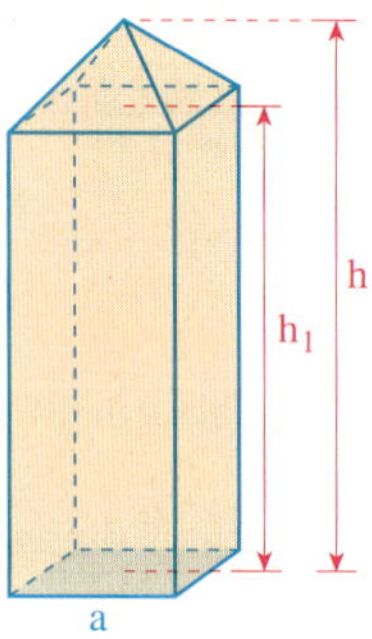

11. Ein Körper mit quadratischer Grundfläche und den Maßen $h = 42$ cm und $h_1 = 37$ cm besitzt ein Gesamtvolumen von $1\,392\ cm^3$.
Berechne jeweils das Volumen der Teilkörper (Prisma und Pyramide) und bestimme die Seitenlänge a der quadratischen Grundfläche.

▲ **12.** **a)** In Draufsicht (Grundriss) und Vorderansicht (Aufriss) ist ein zusammengesetzter Körper dargestellt (Maßstab 1 : 100). Berechne sein Volumen und seinen Oberflächeninhalt.

b) Skizziere ein Schrägbild des Körpers.

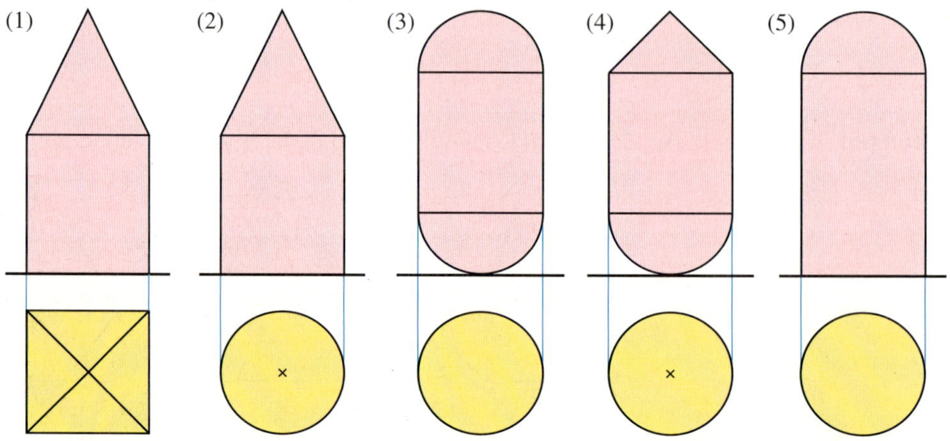

△ PYRAMIDENSTUMPF UND KEGELSTUMPF

Einstieg

△ Wählt einen der beiden Körper aus. Löst die Aufgaben und stellt eure Ergebnisse den anderen Gruppen vor.

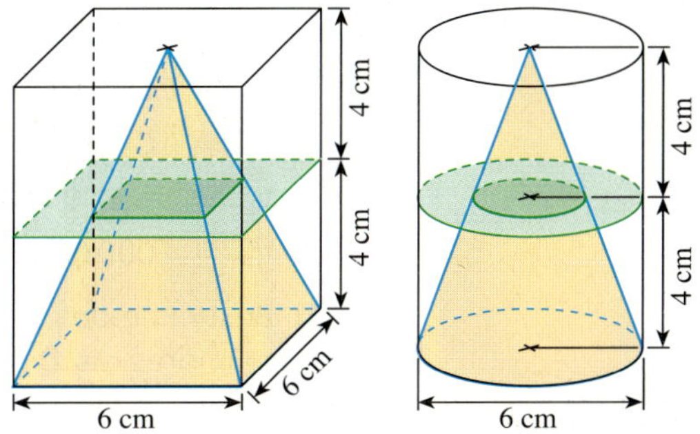

- → Beschreibt die Körper.
- → Wie groß ist die grüne Schnittfläche der Pyramide bzw. des Kegels? Schätzt zunächst, rechnet dann genau.
- → Der untere Teilkörper der Pyramide heißt **Pyramidenstumpf**, der des Kegels heißt **Kegelstumpf**.
  Wie groß ist die Oberfläche dieser Teilkörper? Schätzt zunächst.
- → Gebt das Volumen des Pyramidenstumpfes bzw. des Kegelstumpfes als Anteil der ganzen Pyramide bzw. des ganzen Kegels in Prozent an.
  Schätzt zunächst.

Aufgabe

△ **1.** Die Körper (Maße in mm) sollen als Sockel aus Bronze gegossen werden. 1 dm^3 Bronze wiegt 8,7 kg.
Wie viel kg Bronze werden für jeden Sockel benötigt?

a)

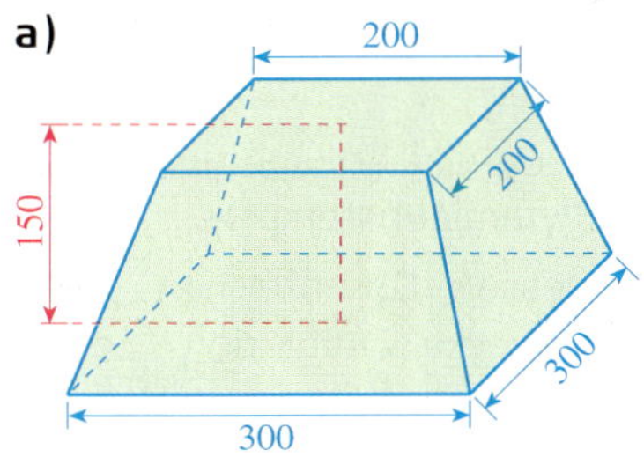

b)

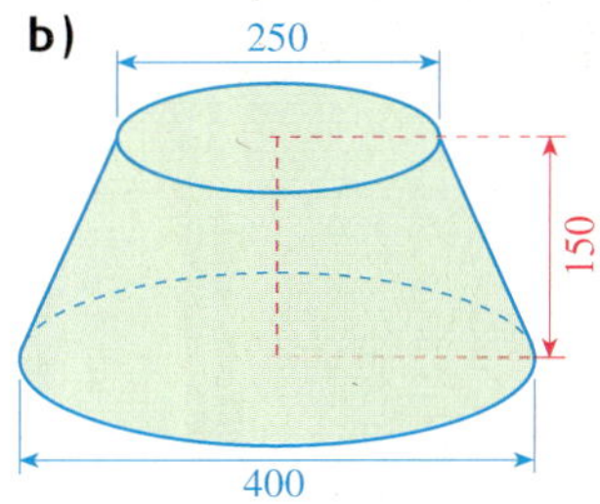

Lösung

(1) Ergänze den Pyramidenstumpf zu einer Pyramide P. Berechne die Höhe h* der Ergänzungspyramide P*.

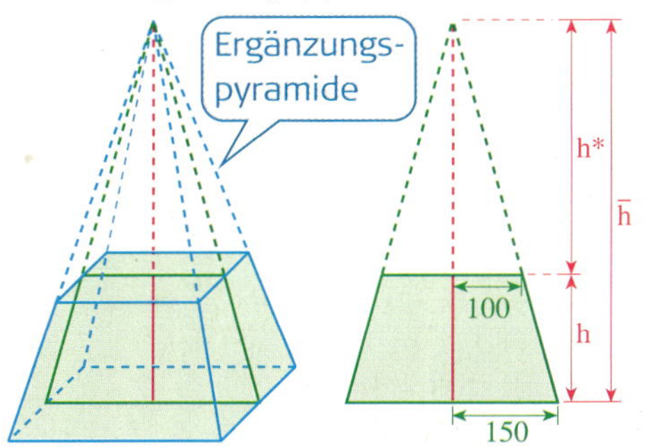

Es gilt: $\frac{h^*}{h^* + h} = \frac{100}{150}$ ⟨ 2. Strahlensatz

Durch Einsetzen (h = 150 mm) und Umformen erhält man:
h* = 300 mm
Für die Höhe $\overline{h}$ der Pyramide P gilt:
$\overline{h} = h^* + h = 450$ mm

(1) Ergänze den Kegelstumpf zu einem Kegel K. Berechne die Höhe h* des Ergänzungskegels K*.

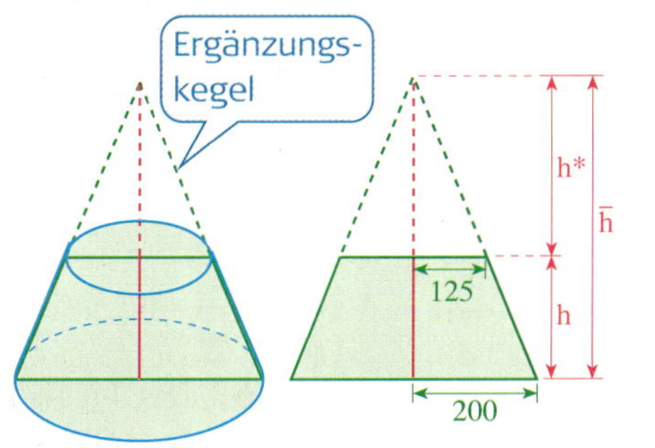

Es gilt: $\frac{h^*}{h^* + h} = \frac{125}{200}$ ⟨ 2. Strahlensatz

Durch Einsetzen (h = 150 mm) und Umformen erhält man:
h* = 250 mm
Für die Höhe $\overline{h}$ des Kegels K gilt:
$\overline{h} = h^* + h = 400$ mm

(2) Berechne das Volumen der Pyramide P und der Ergänzungspyramide P*.

$V_P = \frac{1}{3} G_1 \cdot \overline{h}$

$V_P = \frac{1}{3} \cdot (300 \text{ mm})^2 \cdot 450 \text{ mm}$

$V_P = 13\,500\,000 \text{ mm}^3 = 13{,}5 \text{ dm}^3$

$V_{P^*} = \frac{1}{3} G_2 \cdot h^*$

$V_{P^*} = \frac{1}{3} \cdot (200 \text{ mm})^2 \cdot 300 \text{ mm}$

$V_{P^*} = 4\,000\,000 \text{ mm}^3 = 4 \text{ dm}^3$

(3) Bestimme das Volumen des Pyramidenstumpfes als Differenz aus V_P und V_{P^*}; berechne die Masse.

$V_P - V_{P^*} = 13{,}5 \text{ dm}^3 - 4 \text{ dm}^3$
$= 9{,}5 \text{ dm}^3$

$m = 9{,}5 \cdot 8{,}7 \text{ kg} = 82{,}65 \text{ kg}$

Ergebnis: Ungefähr 83 kg Bronze.

(2) Berechne das Volumen des Kegels K und des Ergänzungskegels K*.

$V_K = \frac{1}{3} G_1 \cdot \overline{h} = \frac{1}{3} \pi r_1^2 \cdot \overline{h}$

$V_K = \frac{1}{3} \pi \cdot (200 \text{ mm})^2 \cdot 400 \text{ mm}$

$V_K \approx 16\,755\,161 \text{ mm}^3 \approx 16{,}755 \text{ dm}^3$

$V_{K^*} = \frac{1}{3} G_2 \cdot h^* = \frac{1}{3} \pi r_2^2 \cdot h^*$

$V_{K^*} = \frac{1}{3} \pi \cdot (125 \text{ mm})^2 \cdot 250 \text{ mm}$

$V_{K^*} \approx 4\,090\,615 \text{ mm}^3 \approx 4{,}091 \text{ dm}^3$

(3) Bestimme das Volumen des Kegelstumpfes als Differenz aus V_K und V_{K^*}; berechne die Masse.

$V_K - V_{K^*} = 16{,}755 \text{ dm}^3 - 4{,}091 \text{ dm}^3$
$= 12{,}664 \text{ dm}^3$

$m = 12{,}664 \cdot 8{,}7 \text{ kg} \approx 110{,}117 \text{ kg}$

Ergebnis: Ungefähr 110 kg Bronze.

Zum Festigen und Weiterarbeiten

△ **2.** Berechne das Volumen des Kegelstumpfes bzw. des Pyramidenstumpfes (Maße in mm).

a)

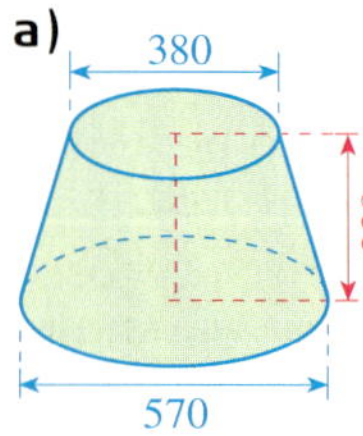

b)

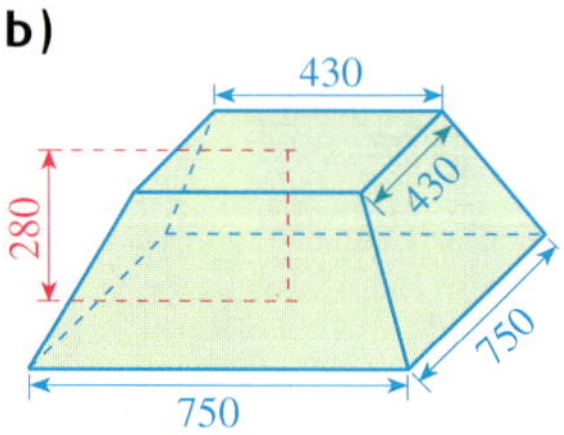

△ **3.** Berechne das Volumen eines 12 cm hohen Pyramidenstumpfes,

a) dessen Grundflächen gleichseitige Dreiecke mit den Seitenlängen $a_1 = 15$ cm und $a_2 = 8$ cm sind;

b) dessen Grundflächen regelmäßige Sechsecke mit den Seitenlängen $a_1 = 4$ cm und $a_2 = 2$ cm sind.

Gib das Volumen V zunächst in Abhängigkeit von h, a_1 und a_2 an.

△ **4.** Wie viel wiegt das abgebildete Werkstück (Maße in mm)?

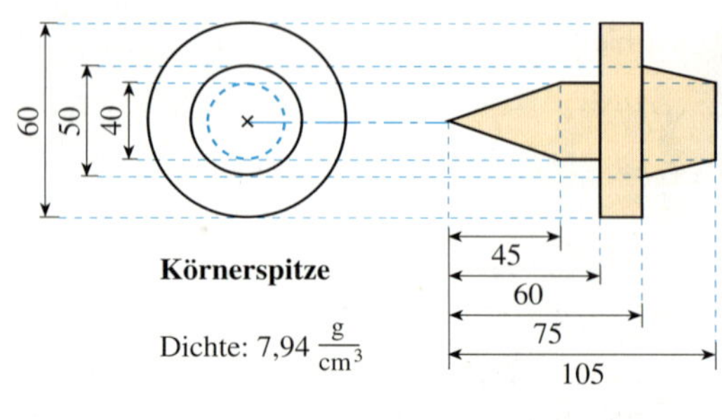

▲ **5.** Der im Axialschnitt dargestellte Körper besteht aus einem Kegelstumpf mit aufgesetztem Kegel. Es soll gelten:
$\alpha = 60°$; $\beta = 45°$; $d_1 = 2s$
Stelle ohne Verwendung gerundeter Werte die Größe der Mantelfläche dieses Körpers in Abhängigkeit von s eine Formel auf.

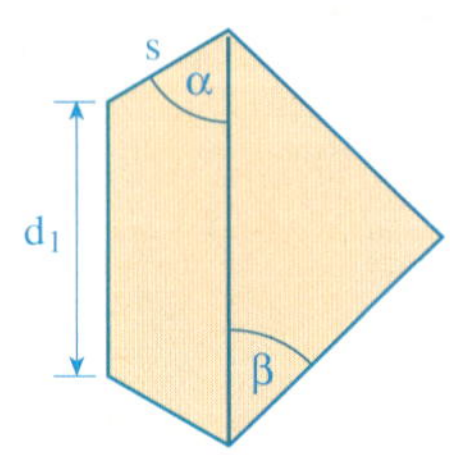

Übungen

△ **6.** Über dem Holzkohlengrill eines Feinschmeckerlokals soll die abgebildete Abzugshaube aus Kupferblech angebracht werden (Maße in cm). Die Abzugshaube soll im Ganzen aus einem Kupferblech ausgeschnitten werden.
Berechne, wie viel m^2 Kupferblech (ohne Verschnitt) benötigt werden.

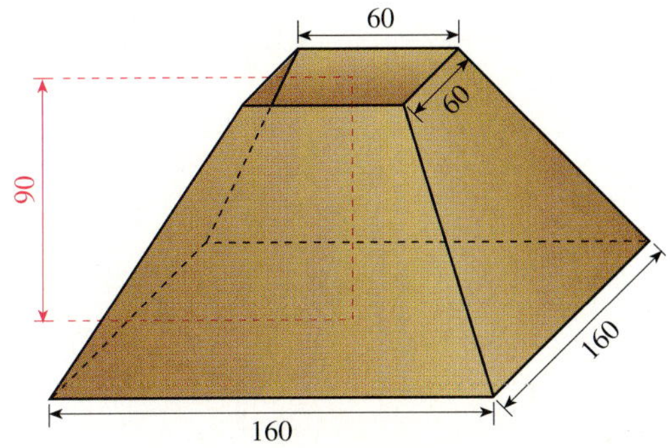

△ **7.** Die Mantelfläche eines Lampenschirms (Kegelstumpf) soll in einem Stück geschnitten werden.
Berechne die Größe des Mantelschirms (Maße in cm).
Gib zunächst die Größe M der Mantelfläche in Abhängigkeit von den Radien r_1 und r_2 der Grundflächen und der Länge s einer Mantellinie an.

△ **8.** Eine Pyramide bzw. ein Kegel sollen parallel zur Grundfläche so zerschnitten werden, dass das Volumen der Teilkörper gleich groß ist.
Berechne die Höhe der beiden Teilkörper und die Seitenlängen bzw. den Radius der Schnittfläche.

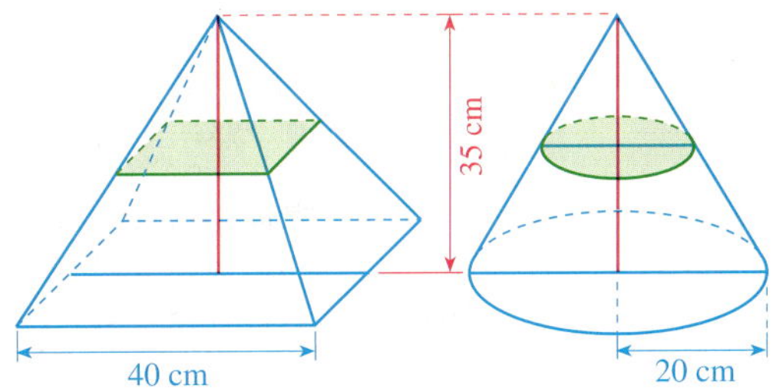

△ **9.**

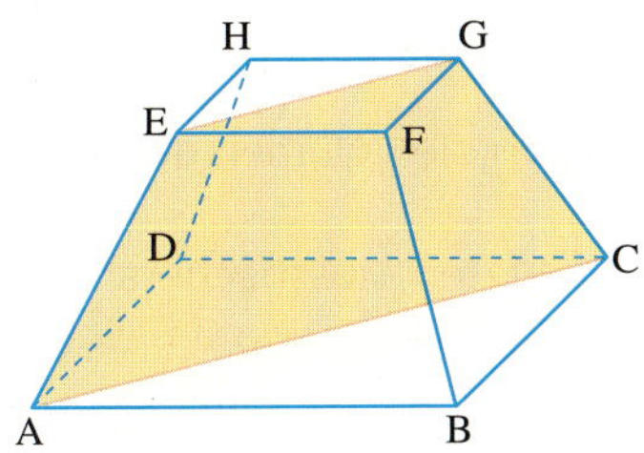

Der Diagonalschnitt des quadratischen Pyramidenstumpfes (farbig) hat den Flächeninhalt $A_{ACGE} = 10{,}2\ \text{cm}^2$.
Die Strecke $\overline{AC}$ ist 5,7 cm lang, die Strecke $\overline{EG}$ ist 2,8 cm lang.

a) Berechne den Oberflächeninhalt des Pyramidenstumpfes.

b) Der Stumpf wird zu einer Pyramide ergänzt.
Wie hoch ist die Ergänzungspyramide?

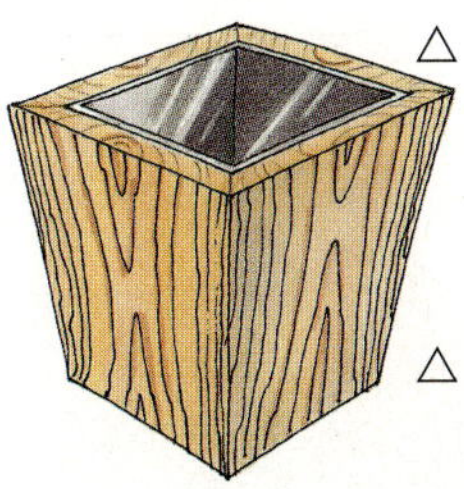

△ **10.** Ein Abfallkorb hat die Form eines oben offenen Pyramidenstumpfes. Er ist innen mit Blech ausgekleidet. Bei der Herstellung waren einschließlich 7% Verschnitt 0,85 m^2 Blech erforderlich.
Wie lang ist die untere Kante, wenn die obere 52 cm und die Seitenhöhe 41 cm lang sind?

△ **11.**

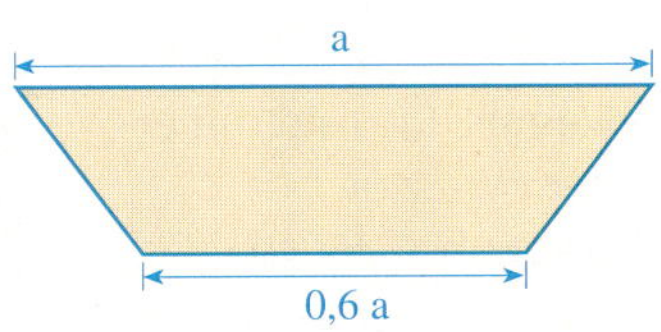

Die Schnittfläche eines Kegelstumpfes (Bild links) mit einer Symmetrieebene (Axialschnitt) hat einen Flächeninhalt von 48 cm^2.
Berechne das Volumen V und den Mantelflächeninhalt M.

VERMISCHTE UND KOMPLEXE ÜBUNGEN

1. 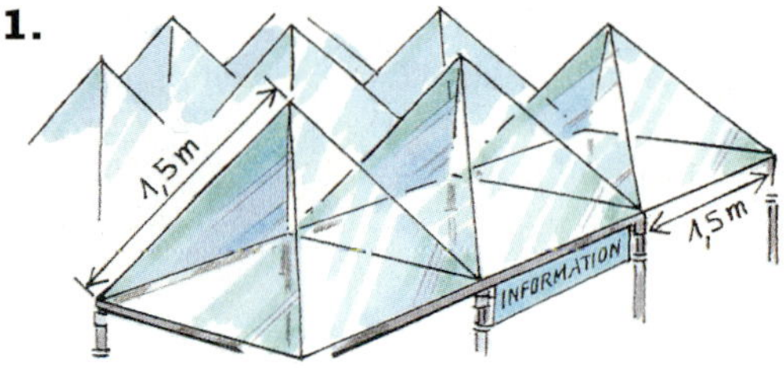

Die Überdachung eines Informationsstandes besteht aus 9 quadratischen Glaspyramiden ohne Boden. Diese sind aus Fensterglas von 1 cm Dicke hergestellt worden, das 2,5 g pro cm^3 wiegt.
Wie viel wiegt das Glasdach?

2. Berechne das Volumen einer Schöpfkelle (Halbkugel).
Der Öffnungsdurchmesser beträgt:

a) 8 cm **b)** 10 cm **c)** 12 cm **d)** 16 cm **e)** 24 cm

3. Für ein Kugellager werden Stahlkugeln mit 12 mm Durchmesser benötigt. 1 cm^3 des Stahls wiegt 7,8 g.

4. Für ein Spiel werden 100 halbkugelförmige Holzsteine hergestellt. Sie haben einen Durchmesser von 4 cm. Damit sie länger halten, werden sie lackiert. Eine kleine Dose Klarlack reicht für 0,3 m^2.

5. Der Turm hat ein annähernd kegelförmiges Dach, das neu gedeckt werden soll. Das Turmdach ist 13,80 m hoch und sein Umfang beträgt 27,75 m.
Pro Quadratmeter werden 93 € gerechnet; dazu kommt noch die Mehrwertsteuer.
Wie teuer wird das Decken des Daches?

6. Die Mantelfläche eines Zylinders und die Oberfläche einer Kugel sind gleich groß.
Es gilt: $h_z = 8{,}4$ cm; $M = 394{,}1$ cm^2
Um wie viel Prozent unterscheiden sich die Volumen der beiden Körper?

△ **7.** Der untere Durchmesser des abgebildeten Messbechers beträgt 3 cm, der obere Durchmesser 10 cm. Er hat eine maximale Füllmenge von 0,5 Liter.

a) In welcher Höhe muss der Eichstrich für eine Füllmenge von 0,25 Litern angebracht werden?

b) Ist das Verhältnis von Füllhöhe 0,25 Liter zu Füllhöhe 0,5 Liter bei allen Messbechern dieser Form gleich? Begründe.

8. Berechne das Volumen und den Oberflächeninhalt eines Tetraeders mit der Kantenlänge

a) 6 cm; **b)** 15 cm.

9. Eine Boje hat die Form eines Doppelkegels. Sie ragt mit einem Drittel ihrer Gesamthöhe aus dem Wasser.
Ihre Maße sind: $\alpha = 78°$; $h_1 = 38$ cm; $h = 69$ cm.
Berechne die Größe der Fläche, die sich im Wasser befindet.

10. **a)** Berechne die Größe der Dachfläche eines Kugelzeltes mit dem Radius r = 60 m.

b) Überlege, ob die in der Werbeanzeige angegebene Behauptung für jede Halbkugel gilt.

11.

Der Erdradius beträgt 6 370 km.

a) Berechne die Länge des Äquators.

b) 70,8 % der Erdoberfläche sind mit Wasser bedeckt. Wie viel Liter sind das bei einer durchschnittlichen Meerestiefe von 3 500 m?

c) Die durchschnittliche Dichte der Erde beträgt $5{,}56\ \text{g} \cdot \text{cm}^{-3}$.
Wie groß ist die Masse der Erde?

d) Vergleiche mit den Werten von Mond und Sonne.

△ **12.** **a)** Schüler wollen für den Erdkundeunterricht ein Regenauffanggefäß bauen. Dieses besteht aus einem oben offenen Kegelstumpf und einem zylindrischen Abflussstutzen. Die obere Öffnung besitzt einen Flächeninhalt von 1 m². Die weiteren Maße sind:
$\alpha = 30°$; $h = 40{,}5$ cm; $d_1 = 2$ cm.
Berechne den Materialbedarf.

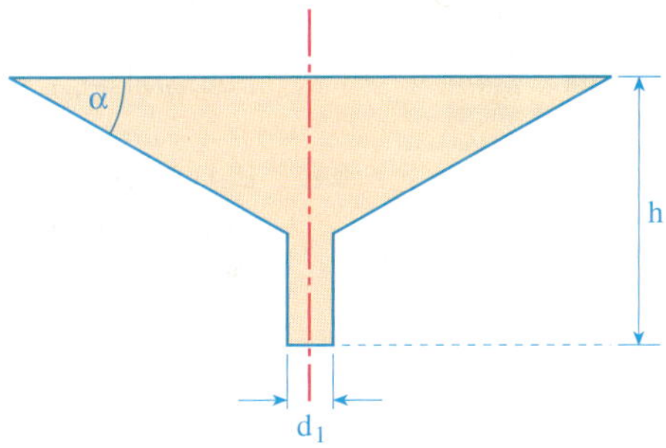

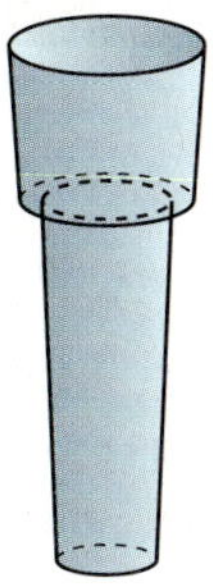

b)

Ein anderer Regenmesser setzt sich aus zwei kegelstumpfförmigen Plastikteilen zusammen. Die Maße des oberen Kegelstumpfes betragen $d_1 = 7{,}6$ cm; $d_2 = 7{,}0$ cm; $h = 6{,}0$ cm. Die Maße des unteren Kegelstumpfes betragen: $d_3 = 5{,}0$ cm; $d_4 = 4{,}1$ cm; $h = 13{,}7$ cm.

(1) Berechne das Gesamtfassungsvermögen des Regenmessers.
Welcher Niederschlagsmenge würde das entsprechen?

(2) Wo müssten die Skalenstriche für 5 *l*, 10 *l*, 20 *l* und 30 *l* angebracht sein?

c) Regenmesser sollen möglichst genau messen. Bewerte beide Modelle unter diesem Gesichtspunkt.
Begründe deine Entscheidung.

13. Von einer 7-seitigen regelmäßigen Pyramide sind a = 5,3 cm und h = 7,1 cm bekannt.

a) Zeichne die Grundfläche der Pyramide und berechne deren Flächeninhalt.

b) Berechne die Höhe der Seitenfläche und den Oberflächeninhalt der Pyramide.

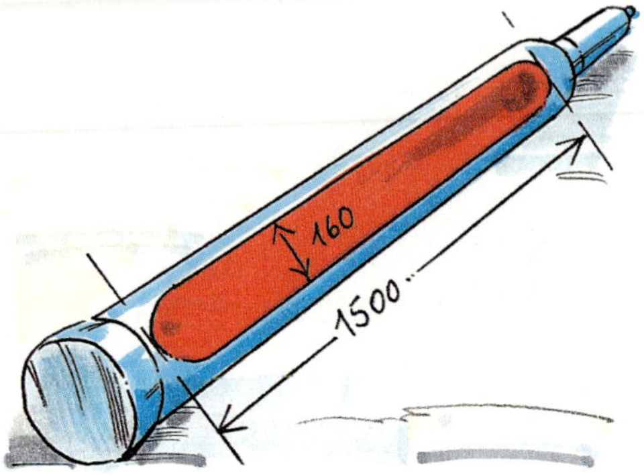

14. Der Innenraum einer Sauerstoffflasche besteht aus einem Zylinder, auf dessen Grundfläche je eine Halbkugel aufgesetzt ist (Bild rechts; Maße in mm).
Berechne das Fassungsvermögen der Flasche.

15. In einen zylindrischen Messbecher (r = 5 cm), der zum Teil mit Wasser gefüllt ist, wird eine Metallkugel geworfen. Die Kugel geht vollständig unter; dabei steigt der Wasserspiegel um 4 cm an.
Welchen Radius hat die Kugel?

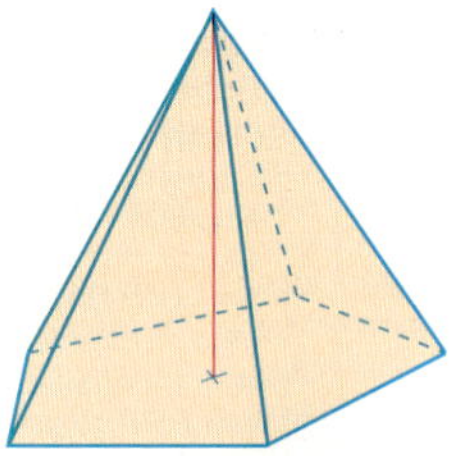

16. **a)** Gegeben ist eine regelmäßige fünfseitige Pyramide mit a = 5,25 cm und h = 6,75 cm.
Berechne α, h_a, h_s und den Oberflächeninhalt der Pyramide.
b) Zeichne das Netz der Pyramide.

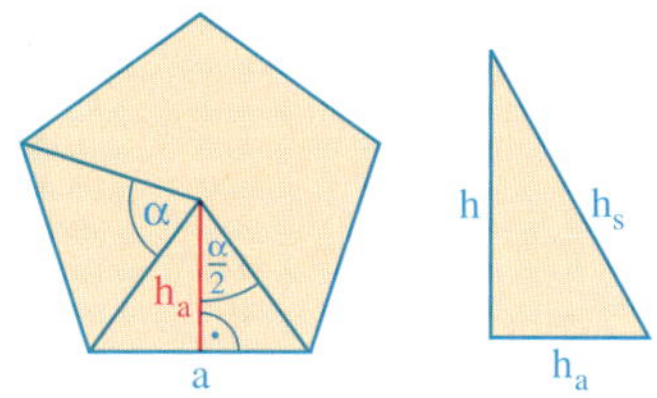

17. Das Bild zeigt das abgewickelte Verpackungspapier einer Eistüte.
Berechne den Flächeninhalt und bestimme den Anteil des Klebefalzes.

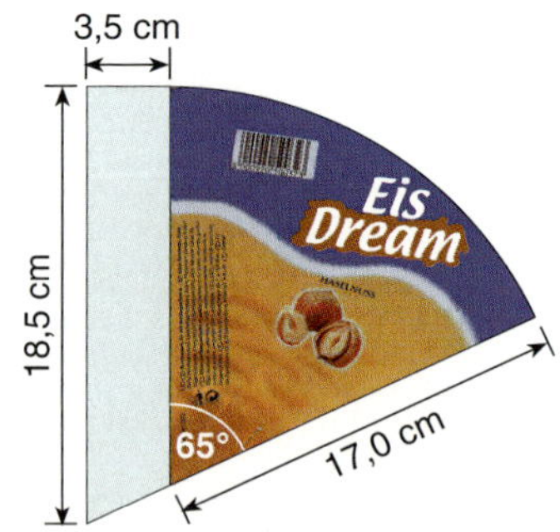

18. Bei einem Kegel ist die Länge der Mantellinie gleich dem Grundkreisradius r. Ein Zylinder hat denselben Grundkreisradius r und die Höhe r.
In welchem Verhältnis stehen die Oberflächeninhalte von Kegel und Zylinder zueinander?

19. Das Dach eines Ausstellungspavillons hat die Form einer regelmäßigen achtseitigen Pyramide mit der Höhe h = 5,75 m und der Grundkantenlänge a = 6,20 m.
a) Zeichne ein Schrägbild in einem geeigneten Maßstab.
b) Berechne den Brutto-Rauminhalt des Pavillondaches. Stelle zuerst eine Formel auf.
c) Wie teuer wird das Decken des Daches, wenn 1 m^2 Dachziegel 105 € kostet und die Mehrwertsteuer noch dazukommt?

20. Ein Zylinder mit d = 10,8 cm und h = 23,0 cm ist zu vier Fünfteln mit Wasser gefüllt. Das Wasser wird in eine halbkugelförmige Schale geschüttet. Die Schale ist randvoll. Beim Umschütten sind 3 % des Volumens verloren gegangen.
Wie groß ist der Durchmesser der Schale?

21. Vergleiche die Größe der Oberfläche und Volumen der Pyramide auf dem Karlsruher Marktplatz mit der Kugel vor der Universität Regensburg.

22. Aus zylinderförmigen Metallteilen ($r = 5$ cm, $h = 10$ cm) werden folgende Körper hergestellt:
(1) ein Kegel;
(2) ein regelmäßiges sechsseitiges Prisma;
(3) eine regelmäßige sechsseitige Pyramide.
Die Körper sollen möglichst groß sein, sodass möglichst wenig Abfall entsteht.

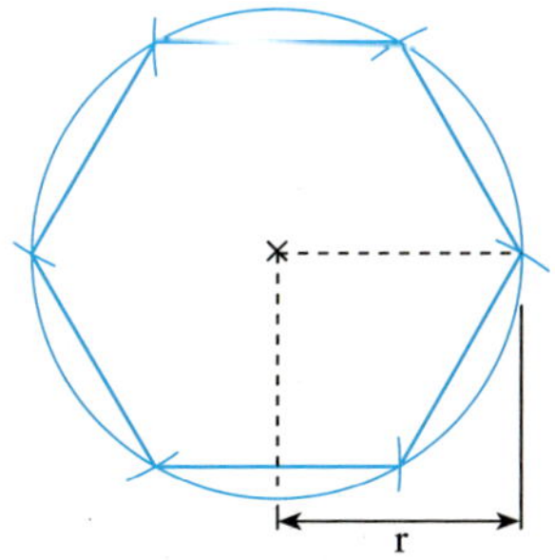

a) Berechne für jeden Körper das Volumen und den Oberflächeninhalt. Rechne möglichst geschickt.

b) Gib jeweils den entstehenden Abfall in Prozent des Zylindervolumens an.

23. Einem Zylinder ($r = \frac{h}{2} = 5$ cm) sind ein Kegel und eine Kugel einbeschrieben (vgl. Axialschnitt).

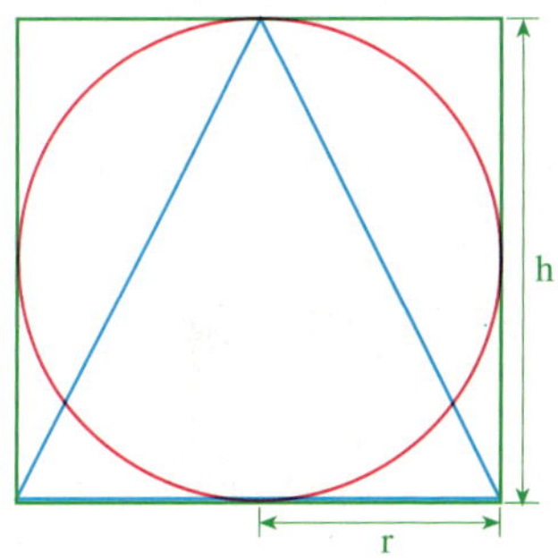

a) Bestimme das Volumen jeden Körpers.

b) Archimedes (287 bis 212 v. Chr.) erkannte, dass die Volumina von Kegel, Kugel und Zylinder in einem ganzzahligen Verhältnis zueinander stehen. Er fand das Ergebnis so schön, dass er die Figur rechts auf seinem Grabstein haben wollte.
Berechne die Verhältnisse der Volumina.

c) Bestimme den Oberflächeninhalt der Kugel und des Zylindermantels. Vergleiche; begründe deine Aussage.

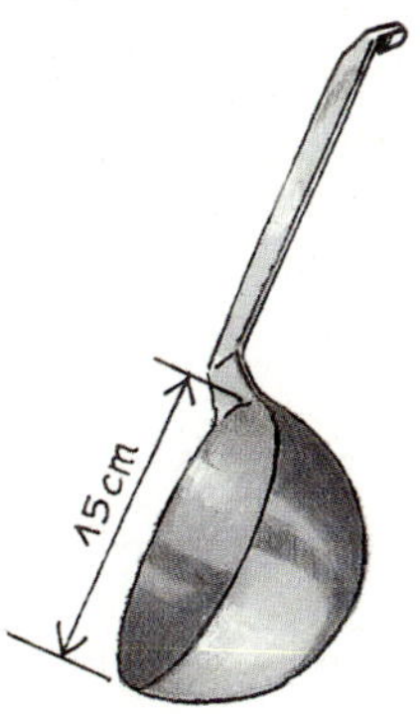

24. *Wetten, dass ...?*
Klaus behauptet, dass er in zwei Stunden mit der abgebildeten Schöpfkelle eine 100 cm hohe zylinderförmige Tonne ($d = 60$ cm) mit dem Wasser aus seinem Gartenteich füllen kann. Die Tonne steht zehn Meter entfernt vom Teich.
Wird er dieses Vorhaben in der vorgegebenen Zeit realisieren, wenn wir annehmen, dass er bei sehr vorsichtigem Gehen kein Wasser verschüttet und deshalb insgesamt für den Hin- und Rückweg 15 Sekunden benötigt?
Sein Vorhaben beginnt er am leeren Fass. Zwischendurch legt er viermal jeweils zehn Minuten Pause ein.

25. Petra weiß, dass für das Volumen V einer Kugel die Formel $V = \frac{4\pi r^3}{3}$ und für deren Oberflächeninhalt O die Formel $O = 4\pi r^2$ gilt. Sie meint, dass es einen Radius r für eine bestimmte Kugel geben muss, sodass die Maßzahlen für V und O gleich sind.
Hat sie recht? Begründe.

△ **26.**

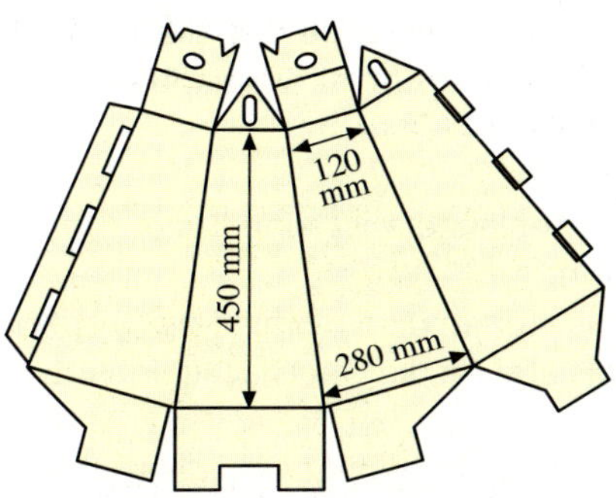

Ein Hersteller für Verpackungen bietet einen Faltkarton mit den im Bild rechts angegebenen Abmessungen an.

a) Wie viel bedruckbare Werbefläche steht dem Kunden zur Verfügung?

b) Welches Volumen hat der zusammengesteckte Karton?

BIST DU FIT?

1. Berechne das Volumen und den Oberflächeninhalt der quadratischen Pyramide.

a) a = 12 cm; h = 17 cm **b)** a = 23,5 cm; h = 34,7 cm

2. Berechne das Volumen und den Oberflächeninhalt des Kegels.

a) r = 15 cm, h = 35 cm **b)** r = 274 cm, h = 29 cm **c)** r = 17,4 dm, h = 29,3 cm **d)** r = 27,75 m, h = 54,35 m **e)** d = 348 mm, h = 52,4 cm

3. Berechne die Größe der Dachfläche und die Größe des Dachraumes.

a) Satteldach

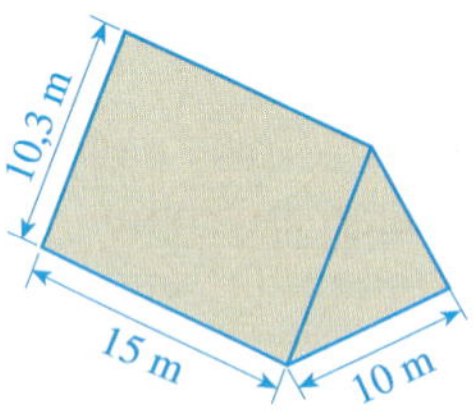

b) Turmdach

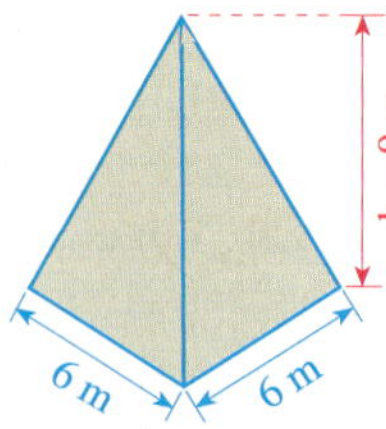

c) Kegeldach

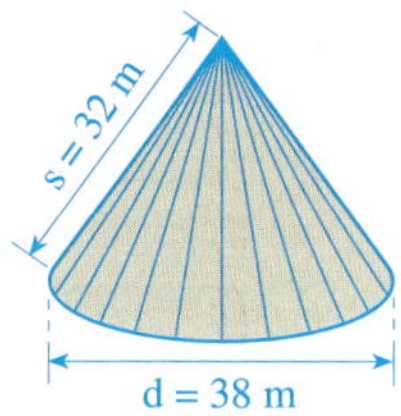

d) Kuppeldach

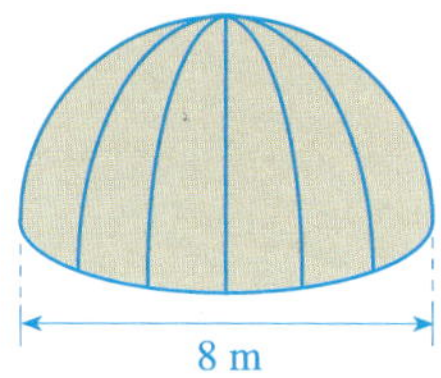

4. Berechne den Radius der Grundfläche bzw. der Kugel.

a) Kegel: h = 12 cm; V = 2 412,7 cm^3

b) Zylinder: h = 17,5 cm; V = 8 867,381 cm^3

c) Kugel: O = 530,93 m^2

d) Kegel: h = 15 cm; M = 1 602 cm^2

e) Zylinder: h = 23 cm; M = 2 456,73 cm^2

f) Kugel: V = 4 188,790 m^3

5. Berechne die fehlenden Größen einer quadratischen Pyramide.

	Kantenlänge a	Körperhöhe h	Höhe h_s einer Seitenfläche	Mantelflächeninhalt M	Oberflächeninhalt O	Volumen V
a)	7,4 cm	12,3 cm				
b)	5,9 cm		9,7 cm			
c)		15,3 cm	18,4 cm			
d)			7,6 cm	124,3 cm^2		
e)		6,7 cm				25,1 cm^3
f)	9,4 cm				300 cm^2	

6. Ein Zylinder und ein Kegel besitzen beide das gleiche Volumen V = 50 cm^3 und dieselbe Höhe h = 4,0 cm. Um wie viel Prozent ist die Mantelfläche des Kegels größer als die Mantelfläche des Zylinders?

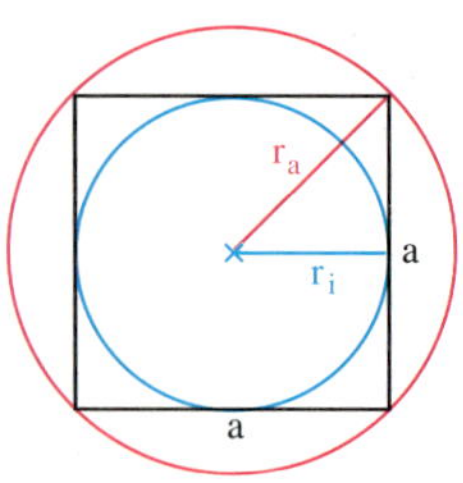

7. Einem Würfel mit der Kantenlänge a ist eine Kugel K_i einbeschrieben und eine Kugel K_a umbeschrieben (linkes Bild).

(1) In welchem Verhältnis stehen die Volumina der drei Körper zueinander?

(2) In welchem Verhältnis stehen die Oberflächeninhalte der drei Körper zueinander?

8. Ein kegelförmiger Messbecher mit einem Grundkreisradius von 6 cm soll genau 1 *l* Fassungsvermögen besitzen.
In welcher Höhe müssen die Markierungen für 1 *l*, $\frac{1}{2}$ *l*, $\frac{1}{4}$ *l*, $\frac{1}{8}$ *l* und $\frac{3}{4}$ *l* angebracht werden?

9. **a)** Körper (1) besteht aus einem Hohlzylinder und einer Halbkugel. Die Höhe h beträgt 1,082 m.
Der Körper ist aus Eisen gefertigt $\left(\varrho = 7{,}86\,\frac{\text{g}}{\text{cm}^3}\right)$. Berechne das Gewicht.

b) Berechne das Volumen V und den Oberflächeninhalt O des skizzierten Körpers (2).

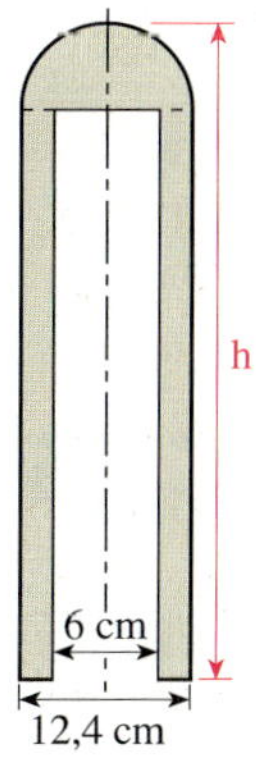

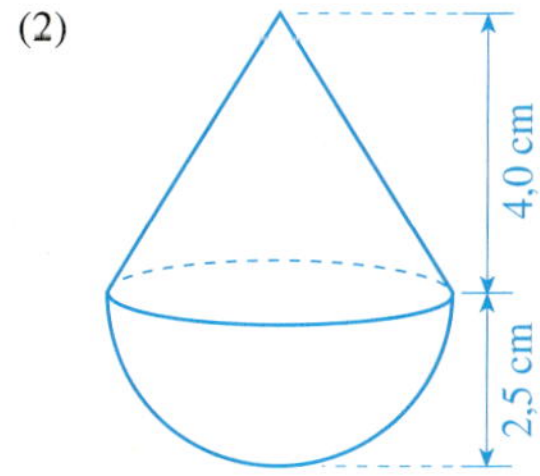

10. Ein Körper besteht aus einem Zylinder mit zwei aufgesetzten Kegeln (siehe Axialschnitt rechts; Maße in cm).

a) Berechne das Volumen des Körpers.

b) Der Körper soll gestrichen werden.
Wie groß ist die zu streichende Fläche?

c) Wie viel wiegt der Körper, wenn er aus Messing $\left(\varrho = 8{,}5\,\frac{\text{g}}{\text{cm}^3}\right)$ hergestellt wurde?

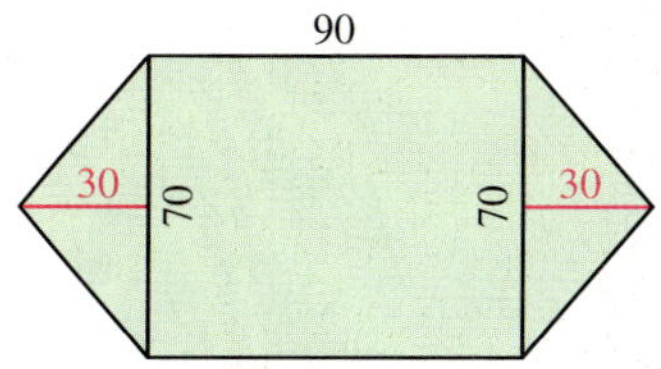

11. Ein Flüssigkeitsbehälter ist aus einem Zylinder und zwei Halbkugeln zusammengesetzt (Maße in cm).

a) Der Behälter wird gefüllt. Wie viel Liter Flüssigkeit fasst er?

b) Der Behälter wird aus Blech hergestellt.
Wie viel m^2 Blech werden ohne Verschnitt benötigt?

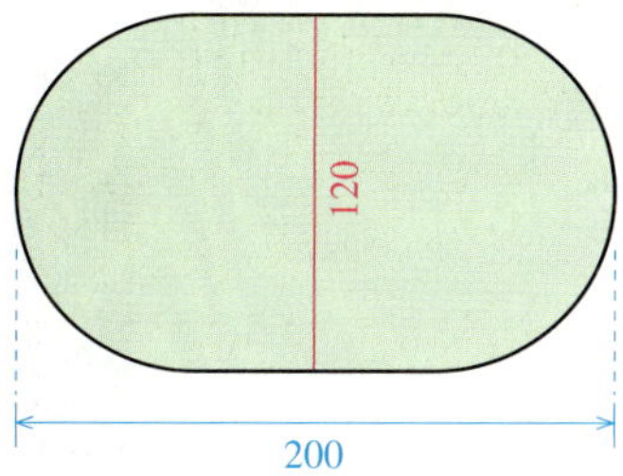

12. Die Fläche im Bild rechts ist der Axialschnitt eines Körpers, der aus einem Zylinder entstanden ist.
Berechne Volumen und Oberflächeninhalt des Körpers in Abhängigkeit von e.

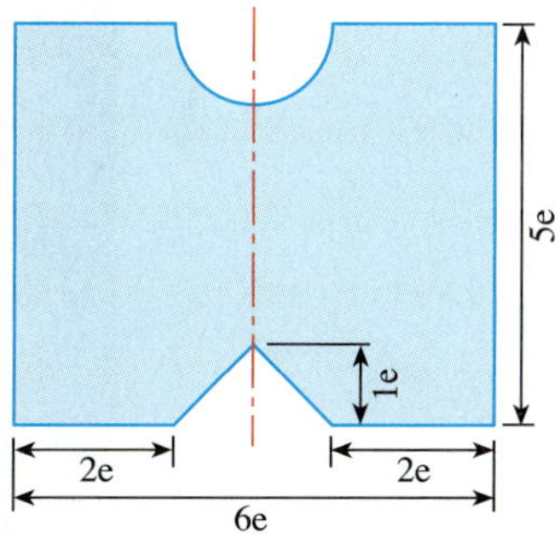

△ **13.** Von einem regelmäßigen sechsseitigen Pyramidenstumpf sind bekannt:
Oberflächeninhalt: $O = 1\,040\ \text{cm}^2$
Länge der Grundkante: $a_1 = 12{,}5\ \text{cm}$
Seitenhöhe: $h_s = 9{,}2\ \text{cm}$.
Berechne die Länge der Deckkante a_2.

14. Die Fläche im Bild ist der Axialschnitt eines Körpers mit einem Kreis als Grundfläche.
Wie groß ist x, wenn der Körper das angegebene Volumen hat (Maße in cm)?

a) $V = 22\,043\ \text{cm}^3$

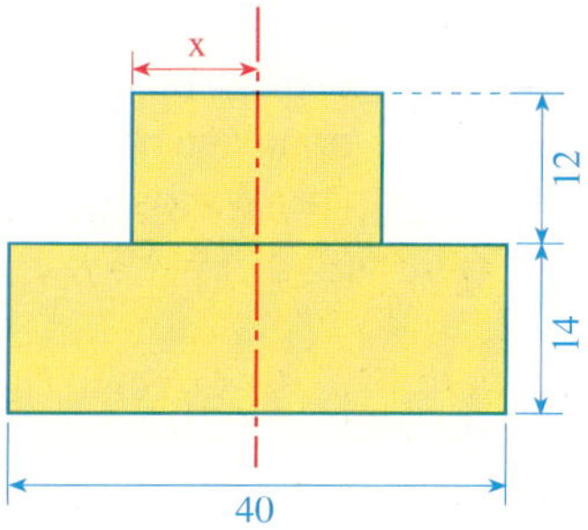

b) $V = 10\,556\ \text{cm}^3$

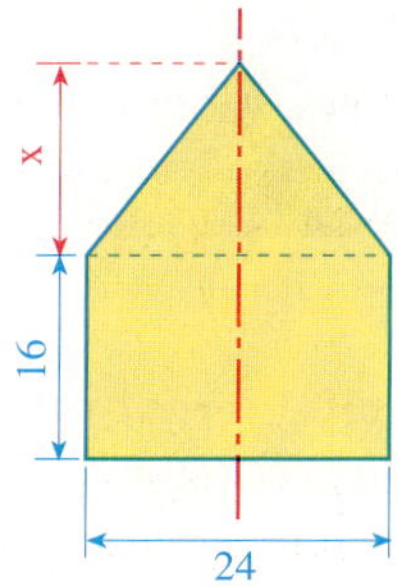

c) $V = 34\,155\ \text{cm}^3$

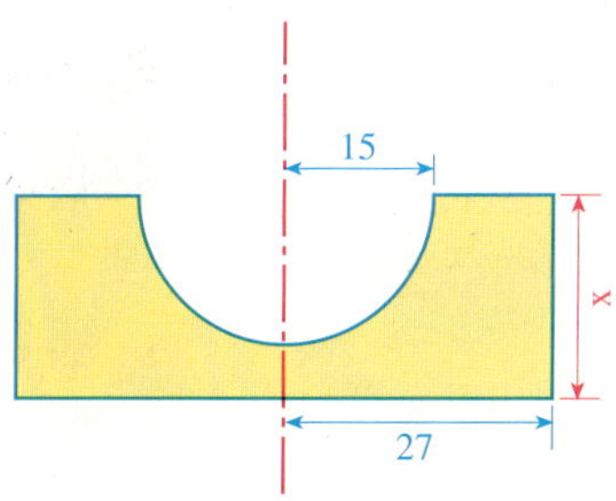

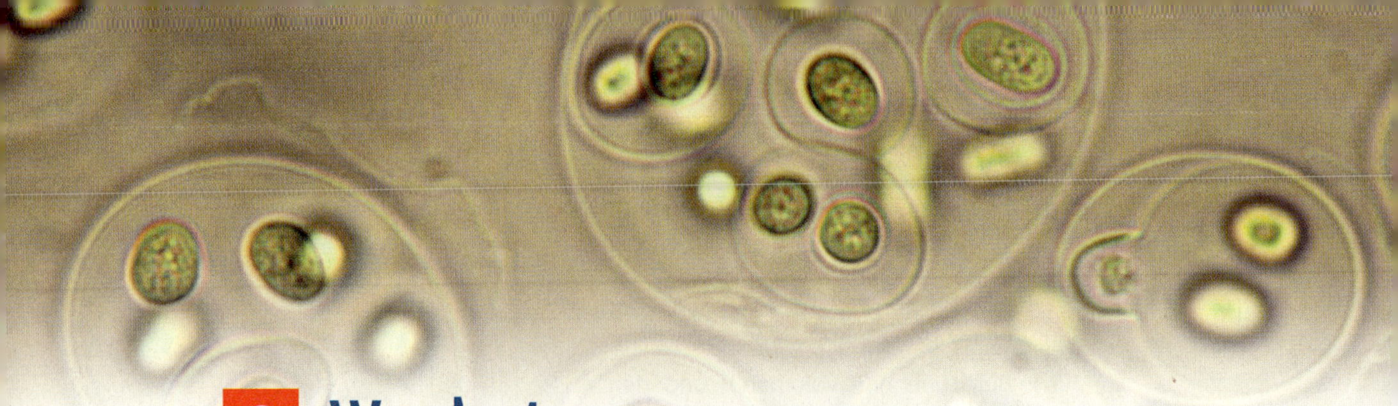

6 Wachstumsprozesse – Exponentialfunktionen

In den 800 Jahren von Christi Geburt bis zur Krönung Karls des Großen vermehrte sich die Weltbevölkerung um etwa 50 Millionen Menschen. Heute dauert es nur 8 Monate, bis die Menschheit um 50 Millionen Einwohner gewachsen ist.
Am Anfang des 20. Jahrhunderts lebten ungefähr 1,6 Milliarden Menschen auf der Erde, am Ende des 20. Jahrhunderts waren es bereits über 6 Milliarden Menschen.

→ Besorgt euch neueste Zahlen zum Stand der Weltbevölkerung. Ihr könnt an einer besonderen Uhr ablesen, der *World population clock* des U.S. Census Büros in Washington.

Population Clocks

World 6 659 749 581

08:26 GMT, Apr 7, 2008

Ihr findet die Uhr im Internet unter
www.census.gov/main/www/popclock
oder
www.dsw-online.de

Informiert euch:

→ Wie schnell wächst die Weltbevölkerung zurzeit?

Prozesse wie das Bevölkerungswachstum haben folgende Besonderheit:
Zunächst ist das Wachstum über einen langen Zeitraum kaum bemerkbar, dann aber wird es plötzlich in einer unvorstellbaren Dynamik sichtbar. Man sagt gelegentlich:
Das Wachstum *explodiert*.

In diesem Kapitel lernst du ...
... verschiedene Wachstums- und Zerfallsprozesse mathematisch zu beschreiben und durch Funktionen und ihre Graphen darzustellen.

WACHSTUMSPROZESSE

Lineare und exponentielle Wachstumsprozesse

Einstieg

Aus einer Zeitungsmeldung aus dem Jahr 2004:

Im Jahr 2003 lebten auf der Erde ungefähr 6,57 Milliarden Menschen.

Die Menschheit vermehrt sich um 1,2 % pro Jahr. Das heißt: Jedes Jahr kommen 78 Millionen Babys hinzu. In 50 Jahren werden 10 Milliarden Menschen die Erde bevölkern.

- Überprüft die Zahlenangaben der Zeitungsmeldung. Wurde immer richtig gerundet?
- Die Meldung enthält Denkfehler. Versucht, sie zu finden.
- Welche „stillschweigende" Annahme liegt der Prognose für 2053 zugrunde? Ist diese Annahme gerechtfertigt?
- Beschreibt das Wachstum durch die Funktion *Jahr → Anzahl der Weltbevölkerung* für folgende Annahmen jeweils mit einer Gleichung und vergleicht.
  (1) „Wachstum mit dem Faktor 1,012 pro Jahr" (2) „Wachstum um 78 Mio. pro Jahr".

Aufgabe

1. In einer Flussniederung wird Kies ausgebaggert. An einem Baggersee, der später als Wassersportfläche genutzt werden soll, wird die Wasserqualität regelmäßig untersucht. Besonders genau wird eine Algenart beobachtet, die sich sehr schnell vermehrt.
Ein Wissenschaftler behauptet: „Bald ist der ganze See grün."
Bei den Beamten der Kommunalverwaltung erntet er nur ungläubiges Kopfschütteln.
Wer hat recht?

Modellrechnung:
Wir stellen uns vor: Der anfangs 800 m^2 große See vergrößert sich durch die Baggerarbeiten jede Woche um 550 m^2. Die von den grünen Algen bedeckte Fläche ist zu Beginn der Baggerarbeiten 1,5 m^2 groß, sie verdoppelt sich jede Woche.

a) Nach wie viel Wochen ist bei dieser Annahme die ganze Wasserfläche von den Algen bedeckt?

b) Betrachte die beiden folgenden Funktionen
(1) *Zeit x (in Wochen) → Größe y der Wasserfläche des Baggersees (in m^2)*
(2) *Zeit x (in Wochen) → Größe y der mit Algen bedeckten Fläche (in m^2)*
Die beiden Flächen wachsen unterschiedlich schnell an.
Beschreibe das unterschiedliche Wachstum anhand von Graphen, Tabellen und Funktionsgleichungen.

Lösung

a) Wir legen für beide Funktionen jeweils eine Tabelle an:

(1) *Wachstum der Größe der Wasserfläche*

	Anzahl x der Wochen	Größe y des Baggersees (inm^2)	
	0	800	
+1	1	1 350	+550
+1	2	1 900	+550
+1	3	2 450	+550
+3	6	4 100	+(3 · 550)
+6	12	7 400	+(6 · 550)
+1	13	7 950	+(1 · 550)

(2) *Wachstum der Größe der mit Algen bedeckten Fläche*

	Anzahl x der Wochen	Größe y der mit Algen bedeckten Fläche (in m^2)	
	0	1,5	
+1	1	3	$\cdot 2$
+1	2	6	$\cdot 2$
+1	3	12	$\cdot 2$
+3	6	96	$\cdot 2^3$
+6	12	6 144	$\cdot 2^6$
+1	13	12 288	$\cdot 2^1$

Ergebnis: Im Laufe der 13. Woche bedecken die Algen die ganze Wasserfläche.

b) Wir zeichnen die Graphen beider Funktionen in dasselbe Koordinatensystem. An den Tabellen in Teilaufgabe a) und den Graphen erkennen wir:

Funktion (1) (Wasserfläche):

Die Fläche ist am Anfang 800 m^2 groß. Danach wächst sie gleichmäßig. Jedes Mal, wenn x um 1 wächst, erhöht sich der Funktionswert um 550 m^2. Der Graph steigt gleichmäßig an.

Wir sagen: Die Größe der Fläche wächst linear.

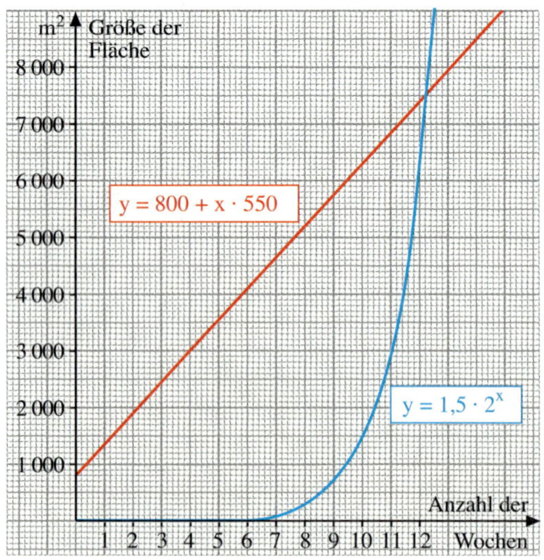

Der Tabelle oben entnehmen wir:

	x	y	
	0	800	
+x	x	800 + x · 550	+x · 550

Als Funktionsgleichung erhalten wir:

$y = 800 + x \cdot 550$

Funktion (2) (Algenfläche):

Die Fläche ist am Anfang sehr klein. Zunächst wächst sie sehr langsam, dann aber schnell. Jedes Mal, wenn x um 1 wächst, verdoppelt sich der Funktionswert.

Wir sagen: Die Größe der Fläche wächst exponentiell.

Der Tabelle oben entnehmen wir:

	x	y	
	0	1,5	
+x	x	$1{,}5 \cdot 2^x$	$\cdot 2^x$

Als Funktionsgleichung erhalten wir:

$y = 1{,}5 \cdot 2^x$

Beim linearen Wachstum nimmt die Größe der Fläche in gleichen Zeitspannen um den gleichen Betrag zu. Beim exponentiellen Wachstum vervielfacht sich die Größe der Fläche in gleichen Zeitabschnitten mit dem gleichen Faktor.

Zum Festigen und Weiterarbeiten

2. a) Mit welchem Faktor vervielfacht sich die von Algen bedeckte Fläche des Baggersees (Aufgabe 1, Seite 109) jeweils nach
(1) 2 Wochen; (2) 4 Wochen; (3) 6 Wochen; (4) 8 Wochen; (5) 10 Wochen?

b) Nach 10 Wochen hat sich die mit Algen bedeckte Fläche des Sees ungefähr vertausendfacht ($2^{10} \approx 1\,000$).
Berechne mit diesem Näherungswert, wie groß die von Algen bedeckte Fläche nach 20 Wochen [30 Wochen; 40 Wochen] ist.

c) In wieweit sind die Berechnungen in Teilaufgabe b) realistisch? Begründe.

3. Erstelle zur Berechnung der beiden Wachstumsvorgänge in Aufgabe 1, Seite 171 ein Tabellenblatt.

4. Eine Eigentumswohnung hat zurzeit (t = 0) einen Verkaufswert von 112 000 €. Der Wert der Wohnung soll in den nächsten 20 Jahren kontinuierlich zunehmen.
Vergleicht und diskutiert die beiden folgenden Prognosen für die Wertzunahme.
(1) Der Wert der Wohnung nimmt jedes Jahr um 2 000 € zu.
(2) Der Wert der Wohnung wächst jedes Jahr mit dem Faktor 1,017.
Gebt auch jeweils eine Funktionsgleichung an und stellt die Wachstumsprozesse grafisch dar.
Stellt eure Überlegungen und Ergebnisse euren Mitschülern vor.

Information

Lineares Wachstum

Zu gleichen Zeitspannen gehört immer eine Zunahme um den gleichen *Betrag*.

Funktionsgleichung: $y = a + mx$

a ist der Anfangswert.

y nimmt in jeder für x festgelegten Zeiteinheit um den Betrag m zu.

Beispiel: Eine Straße erhält eine neue Asphaltdecke. 2,5 km sind bereits fertiggestellt, täglich werden 800 m neu asphaltiert.

Anfangswert | Wachstumsbetrag

Es gilt: $y = 2{,}5 + 0{,}8x$

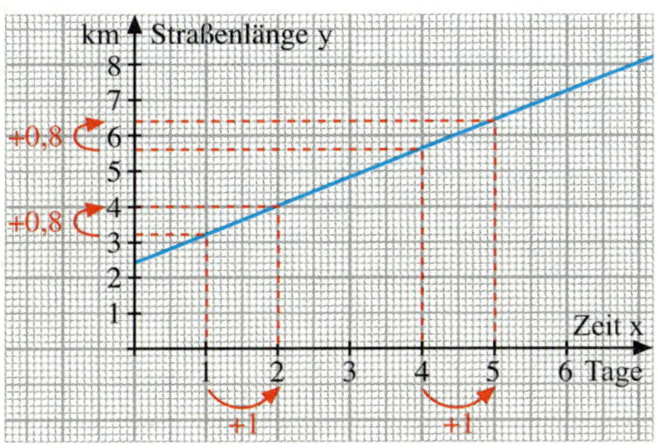

Exponentielles Wachstum

Zu gleichen Zeitspannen gehört immer eine Vervielfachung mit dem gleichen *Faktor* (*Wachstumsfaktor*).

Funktionsgleichung: $y = a \cdot q^x$

a ist der Anfangswert.

y wächst in jeder für x festgelegten Zeiteinheit mit dem Faktor q.

Beispiel: In einer Speise sind 1 000 Salmonellen vorhanden. Im Magen verdreifacht sich die Anzahl der Salmonellen jede Stunde.

Anfangswert | Wachstumsfaktor

Es gilt: $y = 1\,000 \cdot 3^x$

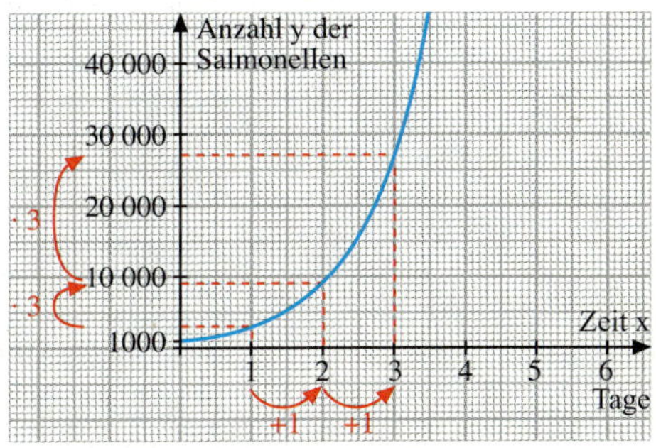

Übungen

5. Ein Baggersee von 1 200 m^2 Größe wächst jede Woche um 700 m^2.
Eine Algenart bedeckt zu Beginn der Baggerarbeiten 1 m^2 Wasserfläche. Die mit Algen bedeckte Fläche verdreifacht sich jede Woche.

a) Lege für die Zunahme der Wasserfläche und für das Wachstum der Algen eine Tabelle an. Beschreibe das Wachstum.

b) Nach wie viel Wochen ist die ganze Wasserfläche mit Algen bedeckt?

c) Stelle die Funktionen in demselben Koordinatensystem dar.
(1) *Zeit x (in Wochen) → Größe y der Wasserfläche des Baggersees (in m^2)*
(2) *Zeit x (in Wochen) → Größe y der mit Algen bedeckten Fläche (in m^2)*
Gib zu den Funktionen jeweils die Funktionsgleichung an. Vergleiche.

6. Ein Vater will seiner Tochter Tanja einen Zuschuss für ein Mountain-Bike geben. Er macht zwei Angebote:
(1) 10 € sofort, am folgenden Tag 12 €, am nächsten 14 € usw.
Der Betrag wird 14 Tage lang täglich um 2 € erhöht.
(2) 3 Cent sofort, am folgenden Tag 6 Cent, am nächsten 12 Cent usw.
Der Betrag wird täglich verdoppelt, ebenfalls 14 Tage lang.

a) Für welches Angebot sollte Tanja sich entscheiden? Lege eine Tabelle an.

b) Gib jeweils eine Funktionsgleichung für die Funktion
Zeit x (in Tagen) → Geldbetrag g am x-ten Tag (in €) an.

c) Um was für eine Art von Wachstum handelt es sich bei den Angeboten (1) und (2)?

7. Eine Bakterienkultur nimmt in jeder Stunde um das 2,5fache zu.
Um das Wievielfache wächst die Bakterienkultur in
(1) 2 Stunden; (3) einem halben Tag; (5) einer halben Stunde
(2) 5 Stunden; (4) einem Tag (6) 45 Minuten?

8. Wasserhyazinthen überwuchern den afrikanischen Victoriasee. Diese Hyazinthenart wächst jeden Monat auf das Dreifache. Am Anfang bedeckte sie eine Fläche von 2 m^2. Lege eine Tabelle an und zeichne den Graphen der Funktion *Zeit x (in Monaten) → Größe A der mit Hyazinthen bedeckten Fläche (in m^2)*.
Du kannst aufhören, wenn eine Fläche von 10 km^2 bedeckt ist.
Gib eine Funktionsgleichung an.

9. Entscheide, ob lineares oder exponentielles Wachstum vorliegt. Ergänze die Tabelle. Gib auch jeweils die Funktionsgleichung an.

Zeit (in h)	0	1	2	3	4	5	6	7	8
a) Größe einer Hefekultur (in cm^3)	1	3		27		243			6 561
b) Füllhöhe eines Wasserbeckens (in cm)	0	26	52		104	130			
c) Ausbreitung eines Gerüchts (Anzahl der Personen)	1	4	16		256				65 536
d) Erdaushub (in m^3)	7,5	15		30	37,5	45			

Prozentuale Zunahmeraten – Zinseszinsen

Einstieg

- Macht euch mit den Angaben des Angebotes für eine Geldanlage vertraut.
- Zeigt: Bei der versprochenen prozentualen Verzinsung des Kapitals liegt exponentielles Wachstum vor.
- Prüft nach, ob sich das Kapital bei dieser Verzinsung nach 10 Jahren verdoppelt.
- Stellt eure Überlegungen und Ergebnisse der Klasse vor.

> **Unser attraktiver Anlage-Tipp**
>
> Mit unserer erfolgreichen Anlagestrategie können wir eine durchschnittliche jährliche Verzinsung von 7% garantieren.
>
> **Damit erzielen Sie:**
> **Eine Kapitalverdoppelung in 10 Jahren !!**
>
> **EUROBANK**

Aufgabe

1. Das Wachstum der Weltbevölkerung beträgt nach einer Prognose der Vereinten Nationen für die nächsten 50 Jahre 1,2% pro Jahr.
In Afrika ist die Wachstumsrate nach dieser Prognose mit 2,4% doppelt so hoch. Im Jahr 2005 lebten in Afrika 906 Mio. Menschen.

a) Wie viele Menschen leben nach dieser Prognose voraussichtlich in den Jahren 2010, 2020, 2030, 2040 und 2050 in Afrika?
Lege eine Tabelle an und zeige: Bei einer Vermehrung um gleiche prozentuale Wachstumsraten gehört zu gleichen Zeitspannen immer eine Vervielfachung mit dem gleichen Faktor. Welche Art von Wachstum liegt vor?

b) Nimm an: Es gelingt durch geeignete Maßnahmen die Wachstumsrate in Afrika auf 1,2% abzusenken. Ergänze die Tabelle in Teilaufgabe a) für diese Annahme.

c) Gib für die Wachstumsraten in Teilaufgabe a) und b) die Funktionsgleichung der Funktion *Zeit x (in Jahren) → Bevölkerungszahl y von Afrika* an.

Lösung

Du weißt: Wächst eine Größe um die Wachstumsrate 2,4%, so wächst sie *auf* 102,4%. Die Größe wird mit dem Wachstumsfaktor 1,024 multipliziert.

a)

		+1		+1		+3		+10		+10		+10		+10	
Jahr	**2005**		**2006**		**2007**		**2010**		**2020**		**2030**		**2040**		**2050**
Wachstum 2,4%	906		927,7		950,0		1 020,1		1 293,1		1 639,2		2 077,9		2 634,1
		$\cdot 1{,}024$		$\cdot 1{,}024$		$\cdot 1{,}024^3$		$\cdot 1{,}024^{10}$		$\cdot 1{,}024^{10}$		$\cdot 1{,}024^{10}$		$\cdot 1{,}024^{10}$	

Bei Vermehrung um gleiche prozentuale Wachstumsraten gehört zu gleichen Zeitspannen eine Vervielfachung mit dem gleichen Faktor (*Wachstumsfaktor*).
Die Bevölkerung wächst bei einer Wachstumsrate von 2,4% durchschnittlich
in 1 Jahr auf das 1,024fache des Ausgangswertes G (also auf: $1{,}024 \cdot G$)
in 2 Jahren auf das $1{,}024^2$fache des Ausgangswertes G (also auf: $1{,}0486 \cdot G$)
in 5 Jahren auf das $1{,}024^5$fache des Ausgangswertes G (also auf: $1{,}1259 \cdot G$)
in 10 Jahren auf das $1{,}024^{10}$fache des Ausgangswertes G (also auf: $1{,}2677 \cdot G$)
Beachte: Die Wachstumsrate 2,4% ist ein Durchschnittswert. Das tatsächliche Wachstum der Bevölkerung in Afrika verläuft nur angenähert exponentiell.

b)

Jahr	2005	2006	2007	2010	2020	2030	2040	2050
		+1	+1	+3	+10	+10	+10	+10
Wachstum 1,2%	906	916,9	927,9	961,7	1 083,5	1 220,8	1 375,5	1 549,7
		$\cdot 1{,}012$	$\cdot 1{,}012$	$\cdot 1{,}012^3$	$\cdot 1{,}012^{10}$	$\cdot 1{,}012^{10}$	$\cdot 1{,}012^{10}$	$\cdot 1{,}012^{10}$

c) Anhand der obigen Tabellen erkennen wir:

Zeit (in Jahren) seit 2003	Bevölkerungszahl y (in Mrd.)
0	906
x	$906 \cdot 1{,}024^x$

(Übergang: $+x$ bzw. $\cdot 1{,}024^x$)

Funktionsgleichung: $y = 906 \cdot 1{,}024^x$

Entsprechend gilt für die Wachstumsrate 1,2% die Gleichung:

$y = 906 \cdot 1{,}012^x$

Information

Bei einer Vermehrung um gleiche prozentuale Wachstumsraten liegt exponentielles Wachstum vor.

Zur Wachstumsrate p% gehört der Wachstumsfaktor $\left(1 + \frac{p}{100}\right)$;

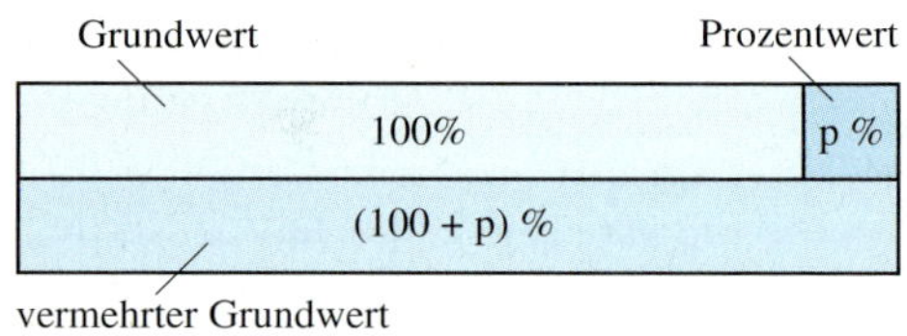

d. h.: *wächst um p%* bedeutet *wird multipliziert mit dem Faktor* $\left(1 + \frac{p}{100}\right)$.

Wachstumsfaktor: $(100 + p)\% = \left(1 + \frac{p}{100}\right)$

Aufgabe

2. a) Leilas Großmutter hat 4 000 € auf einem Sparbuch bei einem Zinssatz von 2% angelegt.
Wie viel Euro hat Leilas Großmutter nach 3 Jahren auf dem Sparbuch, wenn die Zinsen mitverzinst werden (d. h. mit Zinseszins)?

b) Eine andere Bank bietet ihr an, nach 4 Jahren insgesamt 4 415,25 € auszuzahlen.
Wie hoch ist bei diesem Angebot der Zinssatz?

Lösung

a) Bei einem Zinssatz von 2% wächst das Kapital nach einem Jahr auf 102%; der Wachstumsfaktor beträgt also 1,02.

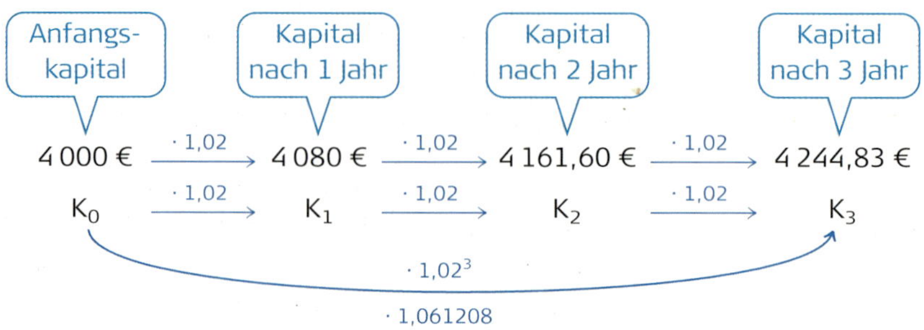

Es gilt also: $K_3 = K_0 \cdot 1{,}02^3 = 4\,000\,€ \cdot 1{,}02^3 \approx 4\,244{,}83\,€$

Ergebnis: Leilas Großmutter hat nach 3 Jahren 4 244,83 € auf dem Sparbuch.

b) Der Zinsfaktor soll q betragen. Dann gilt:

$4000\,€ \xrightarrow{\cdot q} \square \xrightarrow{\cdot q} \square \xrightarrow{\cdot q} \square \xrightarrow{\cdot q} 4415{,}25\,€$

$4000 \cdot q^4 = 4415{,}25\,€ \quad | : 4000$

$q^4 = \frac{4415{,}25}{4000} \quad | \sqrt[4]{}$

$q = \sqrt[4]{\frac{4415{,}25}{4000}} = 1{,}02499\ldots \approx 1{,}025 = 102{,}5\,\% = 100\,\% + 2{,}5\,\%$

Ergebnis: Der Zinssatz beträgt 2,5%.

Information

(1) Berechnen der Zinseszinsen

Beim Zinseszins werden die Zinsen im folgenden Jahr mit verzinst.
Das Kapital K_0 wächst beim Zinseszins in n Jahren bei einem Zinssatz von p% auf $\mathbf{K_n = K_0 \cdot q^n}$, wobei $q = 100\,\% + p\,\% = 1 + \frac{p}{100}$.
Der Faktor q heißt **Zinsfaktor**.

Beispiel: $K_0 = 3000\,€$; $n = 4$ Jahre; $p\,\% = 4{,}5\,\%$

$q = 1 + \frac{4{,}5}{100} = 1 + 0{,}045 = 1{,}045$

$K_n = 3000\,€ \cdot 1{,}045^4 \approx 3577{,}56\,€$

(2) Berechnen des Zinssatzes bei Zinseszinsen

Will man den Zinssatz berechnen, so muss zunächst der Zinsfaktor bestimmt werden.

Aus $K_n = K_0 \cdot q^n$ folgt $q^n = \frac{K_n}{K_0}$ also $\mathbf{q = \sqrt[n]{\frac{K_n}{K_0}}}$

Beispiel: $K_0 = 1000\,€$; $n = 5$ Jahre; $K_n = 1216{,}65\,€$

$q = \sqrt[5]{\frac{1216{,}65}{1000}} = 1{,}03999\ldots \approx 1{,}04$

Bei einem Zinsfaktor von 1,04 ist der Zinssatz 4%.

Zum Festigen und Weiterarbeiten

3. Die Bevölkerungszahl der Erde betrug im Jahr 2005 ungefähr 6,48 Milliarden Menschen. Wie würde die Bevölkerungszahl bei einer durchschnittlichen Zunahme von 1,2% pro Jahr bis zum Jahr 2500 wachsen?

a) Rechne in 50-Jahres-Schritten ($1{,}012^{50} \approx 1{,}8156$)

b) Stelle die Entwicklung grafisch im Koordinatensystem dar.

c) Wie realistisch ist eine solche Vorausberechnung?

4. a) Welche Variable der Formel $K_n = K_0 \cdot q^n$ gibt den Wachstumsfaktor (pro Jahr) an? (K_0: Anfangskapital; q: Zinsfaktor; n: Anzahl der Jahre; K_n: Kapital nach n Jahren)

b) Auf wie viel Euro wachsen 1 000 € bei einer Verzinsung von 5% [4%; 6,5%] in 5 Jahren, in 10 Jahren, in 15 Jahren an?

5. Ein Kapital (K_0) erhöht sich nach n Jahren bei einem Zinssatz von p% auf das Endkapital (K_n). Bestimme die fehlenden Werte.

a) $K_0 = 7500\,€$
$K_n = 8034{,}19\,€$
$n = 2$

b) $K_n = 15203{,}42\,€$
$n = 5$
$p\,\% = 4{,}5\,\%$

c) $K_n = 9430{,}78\,€$
$n = 4$
$p\,\% = 6{,}25\,\%$

Übungen

6. Bei den bisherigen Rechnungen gingen wir von einer Wachstumsrate aus, die für den gesamten Zeitraum der Modellrechnung gleich bleibt. In Wirklichkeit ändern sich die Wachstumsprognosen jedoch.
Nach den derzeitigen Prognosen werden die Wachstumsraten in den nächsten Jahrzehnten weltweit fallen:

Jahr	2000	2010	2020	2030	2040	2050
Wachstumsrate (in %)	1,3	1,15	0,95	0,8	0,65	0,5

Führt mit einem Tabellenkalkulationsprogramm eine Modellrechnung bis zum Jahre 2050 durch, bei der die Änderung der Wachstumsraten berücksichtigt wird. Auf diese Weise könnt ihr euch ein realistischeres Bild über die Entwicklung der Weltbevölkerung verschaffen als mit gleichbleibenden Wachstumsraten.

7. Bei manchen Geldanlagen ändern sich die Zinssätze von Zeit zu Zeit. Ein Kapital von 12 000 € wurde zwei Jahre lang mit 3,75 %, danach zwei Jahre mit 4,00 % und schließlich ein Jahr mit 4,15 % verzinst.

a) Berechne das Kapital nach 5 Jahren einschließlich Zinseszins.

b) Zu welchem festen Zinssatz hätte man das Kapital für 5 Jahre anlegen müssen, um den gleichen Endbetrag zu erhalten?

8. Herr Aumüller legt so viel Euro bei der Bank an, dass er seiner Tochter bei Vollendung ihres 19. Lebensjahres etwa 10 000 € für die Ausbildung zur Verfügung stellen kann.

a) Wie viel Euro müsste er bei ihrer Geburt einzahlen, wenn der Zinssatz 3,5 % beträgt?

b) Am 6. Geburtstag seines Sohnes zahlt er 5 000 € ein.
Welchen Zinssatz müsste ihm die Bank gewähren, damit er an dessen 19. Geburtstag ebenfalls 10 000 € erhält?

9. Ein Kapital von 50 000 € wird zu einem Zinssatz von 5% verzinst.

a) Bei der Sparkasse bzw. der Bank werden die Zinsen am Ende eines jeden Jahres zum Kapital addiert und dann mitverzinst (Zinseszinsen).
Auf wie viel Euro wächst das Kapital nach 1 Jahr, nach 2 Jahren, ..., nach 10 Jahren an?

b) Nimm an: Für jedes Jahr werden nur 5% des Anfangskapitals (50 000 €) als Zinsen berechnet, die Zinsen werden also *nicht* mitverzinst.
Auf wie viel Euro wächst das Kapital bei dieser Annahme nach 1 Jahr, nach 2 Jahren ..., nach 10 Jahren an?

c) Welche Art von Wachstum liegt in Teilaufgabe a) und b) vor?
Begründe.

10. In einem Werbeprospekt wurde die Wertentwicklung einer Geldanlage für verschiedene Zeiträumen abgedruckt. Bestimme das durchschnittliche jährliche prozentuale Wachstum der Wertentwicklung für 3 Jahre und für 5 Jahre.
Vergleiche die Wertentwicklung für die in der Anzeige angegebenen Zeiträume.

HÜPERBANK

Wertentwicklung unserer Geldanlage

12 Monate	8,00 %
3 Jahre	24,23 %
5 Jahre	48,30 %

11. Die Bevölkerung des Staates Atlantis (50 Mio.) wächst jährlich um 3%, die des Staates Utopia (100 Mio.) wächst jährlich um 1%.

a) Nach wie viel Jahren hat Atlantis (1) ebenso viele, (2) doppelt so viele Einwohner wie Utopia? Rechne gegebenenfalls in 5-Jahres- bzw. 10-Jahres-Schritten.

b) Stelle die Bevölkerungsentwicklung der beiden Staaten in einem Koordinatensystem dar.

12. Der Holzbestand eines Waldes beträgt etwa 50 000 Festmeter; das sind 50 000 m^3 feste Holzmasse ohne Zwischenräume. Bei natürlichem Wachstum nimmt der Holzbestand jährlich um 3,5% zu. Er wächst dabei annähernd exponentiell.

a) Auf wie viel Festmeter wächst der Holzbestand bei natürlichem Wachstum nach 4 Jahren, 8 Jahren, 12 Jahren, 16 Jahren, 20 Jahren?
Gib auch die Funktionsgleichung an.

b) Wie hoch war der Holzbestand vor 3 Jahren, 5 Jahren, 10 Jahren, 15 Jahren?

c) Durch schädliche Umwelteinflüsse verlangsamt sich das Wachstum so, dass der Holzbestand jährlich nur um 2,5% zunimmt.
Auf wie viel Festmeter wächst der Holzbestand des Waldes nach 4 Jahren, 8 Jahren, 12 Jahren, 16 Jahren, 20 Jahren?
Gib auch die Funktionsgleichung an.

13. Ein Kapital von 1 000 € verzinst sich zu 2,5% [3,5%; 4,5%; 6,5%].

a) Zeichne den Graphen der Funktion *Zeit (in Jahren) → Kapital (in €)*.

b) Wie hoch ist das Kapital nach 5 Jahren, 10 Jahren, 15 Jahren, 20 Jahren?

c) Nach wie viel Jahren wächst das Kapital auf 1 500 € [2 000 €; 4 000 €] an?

14. Auf wie viel Dollar wären 100 Dollar bis heute angewachsen, wenn sie seit dem Jahr der Unabhängigkeitserklärung der Vereinigten Staaten (1776) zu 5% verzinst worden wären?

15. Sparkassen schenken Kindern oft zu Werbezwecken bei ihrer Geburt ein Sparguthaben von 5 €.
Auf wie viel Euro würde dieses Guthaben anwachsen, wenn es sich bis zum 80. Geburtstag mit durchschnittlich 4% verzinst?

△ **16.** Die Bevölkerung eines Landes wird sich bei gleichmäßigem prozentualem Wachstum nach einer Prognose in 28 Jahren verdoppeln.
Welche jährliche prozentuale Wachstumsrate wurde angenommen?

Exponentielle Abnahme – Zerfall

Einstieg

Eine Patientin nimmt einmalig 8 mg eines Medikaments zu sich. Im Körper wird im Laufe eines Tages $\frac{1}{4}$ des Medikaments abgebaut, d. h. es sind am nächsten Tag noch $\frac{3}{4}$ davon vorhanden.

- Legt eine Tabelle an. Um wie viel Prozent nimmt die vorhandene Masse täglich ab? Gebt den Abnahmefaktor des Zerfallsprozesses an.
- Gebt für die Funktion *Zeit (in Tagen) → Masse des noch vorhandenen Medikamentes (in mg)* die Funktionsgleichung an.
- Zeichnet einen Graphen.
  Beantwortet anhand des Graphen:
  Nach welcher Zeitspanne ist nur noch die Hälfte des Anfangsbestandes vorhanden?
- Berichtet über eure Ergebnisse.

Aufgabe

Halbwertszeit von 8 Tagen bedeutet: in 8 Tagen geht die Masse des radioaktiven Stoffes und somit die Strahlungsstärke auf die Hälfte zurück.

1. Radioaktive Stoffe wandeln sich verschieden schnell in andere Stoffe um. Man sagt auch: *Sie zerfallen unterschiedlich schnell.*
Man gibt die Zerfallsgeschwindigkeit häufig in Halbwertszeiten an.
Jod 131 hat z. B. eine Halbwertszeit von 8 Tagen.

a) Lege für den Zerfall von 1 g radioaktivem Jod 131 eine Tabelle an und zeichne den Graphen der Funktion *Zeit x (in Tagen) → vorhandene Masse y (in g)*. Wähle in der Zeichnung 1 cm für 0,2 g. Wie verändert sich in gleichen Zeitspannen die Masse?

b) Wie viel g von 1 g Jod 131 ist nach einem Tag noch vorhanden?
Gib auch die Zerfallsrate pro Tag an.

c) Gib die Gleichung der Funktion *Zeit (in Tagen) → vorhandene Masse y (in g)* an.

Lösung

a)

	Zeit x (in Tagen)	Vorhandene Masse y (in g)	
	0	1	
+8 (+16 bis 16)	8	0,5	$\cdot \frac{1}{2}$ ($\cdot \frac{1}{4}$ bis 16)
+8	16	0,25	$\cdot \frac{1}{2}$
+8	24	0,125	$\cdot \frac{1}{2}$
+8	32	0,0625	$\cdot \frac{1}{2}$
$+3 \cdot 8$	56	0,0078	$\cdot \left(\frac{1}{2}\right)^3 = \frac{1}{8}$

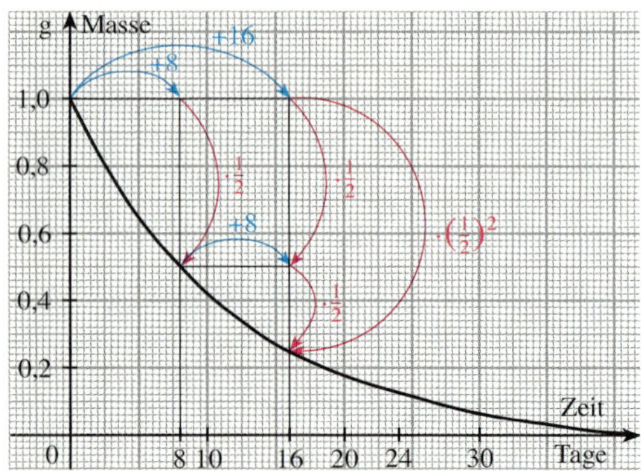

Die Masse wird in gleichen Zeitspannen immer mit dem gleichen Faktor kleiner als 1 (*Zerfallsfaktor*) multipliziert. Die Masse zerfällt
in 8 Tagen immer auf die Hälfte der vorhandenen Masse,
in 16 Tagen immer auf ein Viertel der vorhandenen Masse,
in 24 Tagen immer auf $\frac{1}{8}$ der vorhandenen Masse.
Wir sagen: Das radioaktive Jod 131 *zerfällt exponentiell.*

b) Für radioaktiven Zerfall gilt:
Zu gleichen Zeitspannen gehört immer der gleiche Zerfallsfaktor (Abnahmefaktor).
Der Tabelle entnehmen wir:
Wenn zu 8 Tagen der Faktor $\frac{1}{2}$ gehört, dann gehört zu 1 Tag ein Faktor a, für den $a^8 = \frac{1}{2}$ gilt.
Für a ergibt sich also:
$a = \sqrt[8]{\frac{1}{2}} \approx 0{,}917$
Das heißt auch: Es sind nur noch 91,7% von 1 g Jod vorhanden. Das radioaktive Jod nimmt also pro Tag um 100% − 91,7%, also um 8,3% ab.

Tag	Masse
0	1
1	■
2	■
⋮	⋮
7	■
8	0,5

(Tag: jeweils +1; insgesamt +8 — Masse: jeweils $\cdot a$; insgesamt $\cdot a^8$ (bzw. $\frac{1}{2}$))

Ergebnis: Die Masse des Jod 131 beträgt nach einem Tag rund 0,917 g. Pro Tag zerfallen 8,3% Jod.

c) Anhand der obigen Tabelle erkennen wir:

Anzahl x der Tage	Vorhandene Masse y (in g)
0	1
x	$\left(\sqrt[8]{\frac{1}{2}}\right)^x$

(+1 → $\cdot \left(\sqrt[8]{\frac{1}{2}}\right)^x$)

Funktionsgleichung:
$y = \left(\sqrt[8]{\frac{1}{2}}\right)^x$, wobei $\sqrt[8]{\frac{1}{2}} \approx 0{,}917$

Information

Exponentielle Abnahme (Zerfall)

Zu gleichen Zeitspannen gehört immer eine Multiplikation mit dem gleichen positiven Faktor, der kleiner als 1 ist.
Einer Abnahme um p% entspricht der Abnahmefaktor $\left(1 - \frac{p}{100}\right)$.
Beachte: Oft werden exponentielle Zunahme und exponentielle Abnahme einheitlich als exponentielles Wachstum bezeichnet.

Zum Festigen und Weiterarbeiten

2. a) Die Halbwertszeit von Cäsium 137 ist 33 Jahre. Lege für den Zerfall von 1 g radioaktivem Cäsium 137 eine Tabelle an.
Zeichne einen Graphen der Funktion *Zeit x (in Jahren) → vorhandene Masse y (in g).*
Wie lange dauert es, bis nur noch 1% der Masse übrig ist?

b) Wie viel g der anfänglichen Masse war nach 1 Jahr noch übrig?

c) Der Reaktorunfall von Tschernobyl ereignete sich im Jahre 1986 (April).
Wie viel Prozent des freigesetzten radioaktiven Cäsiums 137 sind noch nicht zerfallen? Rechne mit vollen Jahren.

d) Gib die Funktionsgleichung für den Zerfall von Cäsium 137 an.

3. Aufgrund von Preissteigerungen nimmt die Kaufkraft des Geldes, also der Geldwert, ab. Diesen Prozess bezeichnet man als *Inflation.* Die prozentuale Abnahme des Geldwertes bezeichnet man als Inflationsrate.
Nimm an: Die Inflationsrate beträgt für die nächsten Jahre konstant 2%.
Nach wie viel Jahren ist bei dieser Annahme 1 Euro „nur noch die Hälfte" wert?

Übungen

4. Radioaktives Plutonium 239 wird bei Atomexplosionen freigesetzt. Es entsteht auch beim Betrieb von Kernkraftwerken. Plutonium 239 hat eine Halbwertszeit von 24 000 Jahren.

a) Nach wie viel Jahren hat die radioaktive Strahlung nur noch
(1) $\frac{1}{2}$, (2) $\frac{1}{4}$, (3) $\frac{1}{8}$, (4) $\frac{1}{16}$ ihrer ursprünglichen Stärke?
Bezeichne die ursprüngliche Stärke mit der Maßzahl 1.

b) Nach wie viel Jahren hat die Strahlung auf weniger als (1) 1%, (2) 1‰ ihrer ursprünglichen Stärke abgenommen?

5. Für bestimmte Untersuchungen verwendet man in der Medizin radioaktives Jod, das schnell zerfällt. Von 1 mg ist nach 1 Stunde jeweils noch 0,75 mg im Körper vorhanden.

a) Nach wie viel Stunden ist zum ersten Mal weniger als (1) 0,5 mg, (2) 0,2 mg, (3) 0,1 mg vorhanden?

b) Wie groß ist der Zerfallsfaktor zur Zeitspanne
(1) 1 Stunde; (2) 2 Stunden; (3) 3 Stunden; (4) 5 Stunden?

6. Ein Lichtstrahl dringt in eine Flüssigkeit ein. Die Lichtintensität nimmt je 1 cm Eindringtiefe um 35% ab.

a) Auf wie viel Prozent ist die Lichtintensität in 4 cm Tiefe gesunken?

b) Gib den Abnahmefaktor je (1) 1 cm, (2) 5 cm, (3) 10 cm Flüssigkeitstiefe an.

c) In welcher Tiefe beträgt die Lichtintensität nur noch 1% der ursprünglichen?

7. Röntgenstrahlen werden durch Bleiplatten abgeschirmt. Bei einer Plattendicke von 1 mm nimmt die Strahlungsstärke um 5% ab.
Wie dick muss die Bleiplatte sein, damit die Strahlung auf (1) die Hälfte, (2) etwa $\frac{1}{10}$ der ursprünglichen Strahlungsstärke A vermindert wird?
Erkläre und verwende die Tabelle.

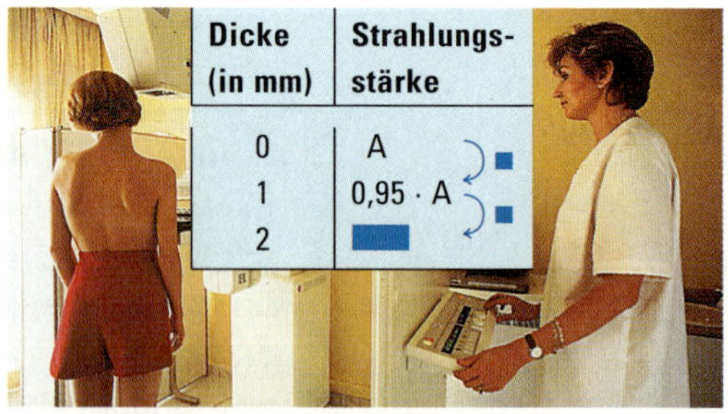

Dicke (in mm)	Strahlungsstärke
0	A
1	0,95 · A
2	■

8. Eine Firma besitzt Maschinen, die durch Abnutzung jedes Jahr an Wert verlieren. Bei der Ermittlung des Vermögens der Firma wird auch der Wert der Maschinen berechnet. Dazu gibt es verschiedene Abschreibungsmethoden, zum Beispiel:
(1) Der Wert einer Maschine verliert jedes Jahr 10% der Anschaffungskosten.
(2) Der Wert einer Maschine verliert jedes Jahr 30% des Wertes vom Vorjahr, im 1. Jahr 30% der Anschaffungskosten.

a) Eine Maschine kostet 40 000 €. Berechne nach beiden Methoden den Wert der Maschine am Ende des 1. Jahres, 2. Jahres, 3. Jahres, 4. Jahres.

b) Nach wie viel Jahren ist der Restwert 0 €?

c) Bei welcher Abschreibungsmethode handelt es sich um exponentielle Abnahme?

9. Bei einem Blutalkoholgehalt von 0,5‰ (*Promille*) und mehr werden Kraftfahrer mit einem Bußgeld oder mit Führerscheinentzug bestraft. Der Alkohol im Blut wird von der Leber abgebaut. Dabei nimmt man an, dass der Alkoholgehalt des Blutes um etwa 0,2 Promillepunkte pro Stunde (also jeweils um die gleiche Menge) abnimmt.
Ein Zecher geht um 3 Uhr nachts mit einem Blutalkoholgehalt von 2,3‰ schlafen.
Um wie viel Uhr ist der Blutalkoholgehalt (1) kleiner als 0,5‰; (2) gleich 0‰?
Liegt exponentielle Abnahme vor? Begründe deine Antwort.

Proportionale und quadratische Wachstumsprozesse

Einstieg

Bei einem Quadrat wird die Seitenlänge x verdoppelt, verdreifacht, vervierfacht, ...

→ Wie ändert sich der Umfang des Quadrats?

→ Wie ändert sich sein Flächeninhalt?

→ Begründe.

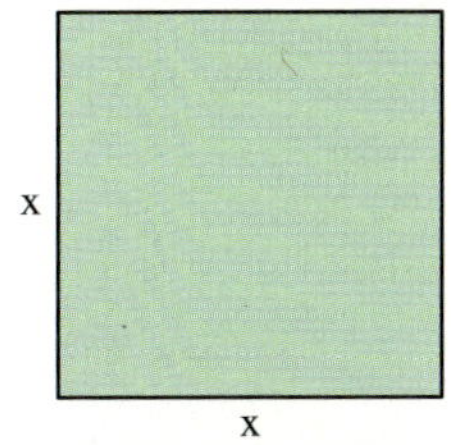

Aufgabe

1. Man kann in der Raumfahrt Geld sparen, indem man z. B. die Fallbewegung von Körpern im Vakuum untersucht. Für solche Experimente steht im Bremer Zentrum für angewandte Raumfahrttechnologie und Mikrogravitation (ZARM) ein 146 m hoher Fallturm (Bild rechts).
Bei einem Versuch wurden folgende Werte gemessen:

Fallzeit t (in s)	Fallgeschwindigkeit v $\left(\text{in } \frac{m}{s}\right)$	Fallweg s (in m)
0	0	0
0,5	4,9	1,225
1,0	9,8	4,900
1,5	14,7	11,025
2,0	19,6	19,600
2,5	24,5	30,625
3,0	29,4	44,100

Beschreibe anhand von Tabellen und Funktionsgraphen, wie sich die Fallgeschwindigkeit v und der Fallweg s ändern, wenn sich die Fallzeit t verdoppelt, verdreifacht, ...
Gib auch jeweils eine Funktionsgleichung an.

Lösung

(1) Wir betrachten die Funktion *Fallzeit t (in s) → Fallgeschwindigkeit v* $\left(\text{in } \frac{m}{s}\right)$.

Funktionstabelle:

t (in s)	v $\left(\text{in } \frac{m}{s}\right)$
0	0
0,5	4,9
1,0	9,8
1,5	14,7
2,0	19,6
2,5	24,5
3,0	29,4
t	9,8 · t

(Pfeile: 0,5 → 1,0: · 2; 4,9 → 9,8: · 2; 1,0 → 3,0: · 3; 9,8 → 29,4: · 3; 1,0 → t: · t; 9,8 → 9,8 · t: · t)

Funktionsgraph:

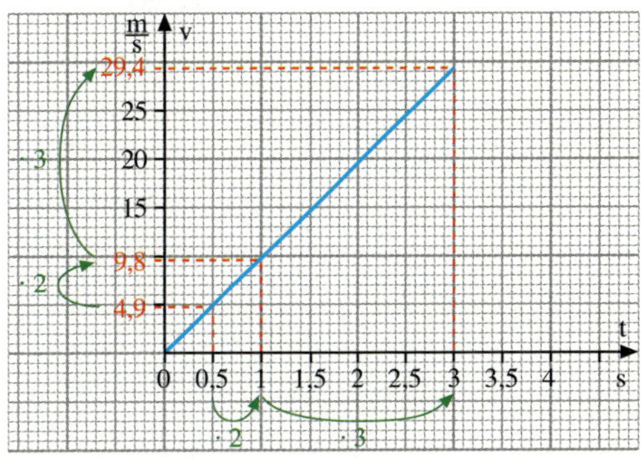

Wir erkennen an der Tabelle und am Graphen: Die Fallgeschwindigkeit nimmt gleichmäßig zu. Wenn sich die Fallzeit verdoppelt, verdreifacht, vervierfacht ..., dann verdoppelt, verdreifacht, vervierfacht ... sich auch die Fallgeschwindigkeit.
Wir sagen: Die Fallgeschwindigkeit v wächst proportional mit der Fallzeit t.
Als Funktionsgleichung erhalten wir: $v = 9{,}8 \cdot t$.

(2) Wir betrachten nun die Funktion *Fallzeit t (in s) → Fallweg s (in m)*.

Funktionstabelle:

t (in s)	s (in m)
0	0
0,5	1,225
1,0	4,900
1,5	11,025
2,0	19,600
2,5	30,625
3,0	44,100
t	$4{,}9 \cdot t^2$

(Pfeile: $\cdot 2$ von 0,5 zu 1,0 entspricht $\cdot 2^2$ von 1,225 zu 4,900; $\cdot 3$ von 1,0 zu 3,0 entspricht $\cdot 3^2$ von 4,900 zu 44,100; $\cdot t$ von 1,0 zu t entspricht $\cdot t^2$ von 4,900 zu $4{,}9 \cdot t^2$)

Funktionsgraph:

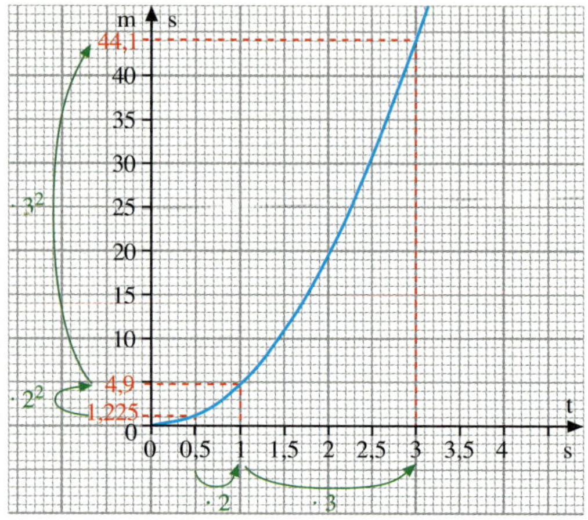

Wir erkennen an der Tabelle und am Graphen: Der Fallweg wächst immer stärker an. Wenn sich die Fallzeit verdoppelt, verdreifacht, vervierfacht ..., dann nimmt der Fallweg mit dem Faktor 2^2, 3^2, 4^2 ... zu, d. h. er vervierfacht, verneunfacht, versechzehnfacht ... sich.

Wir sagen: Der Fallweg s wächst quadratisch mit der Fallzeit t.

Als Funktionsgleichung erhalten wir: $s = 4{,}9 \cdot t^2$.

Zum Festigen und Weiterarbeiten

2. Die Kantenlängen x eines Würfels werden verdoppelt, verdreifacht, vervierfacht, ...
Beschreibe anhand von Tabellen und Funktionsgraphen, wie sich die Gesamtlänge aller Kanten und wie sich der Oberflächeninhalt des Würfels dann verändern.
Gib jeweils auch eine Funktionsgleichung an.

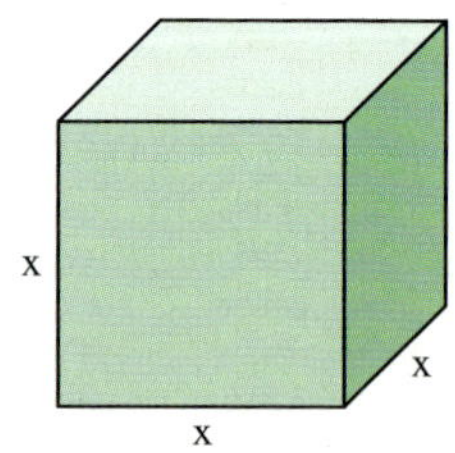

3. Die Länge l des Bremsweges eines Autos (in m) kann gut mit der Formel $l = a \cdot v^2$ abgeschätzt werden. v gibt die Geschwindigkeit $\left(\text{in } \frac{km}{h}\right)$ an.
Der Faktor a hängt von der Beschaffenheit der Straßenoberfläche und der Qualität der Reifen ab. Für eine trockene asphaltierte Straße und bei einer normalen Bereifung beträgt der Faktor a ungefähr 0,01.

a) Wie lang ist auf einer trockenen Straße ungefähr der Bremsweg eines Autos mit der Geschwindigkeit $50 \frac{km}{h}$ $\left[80 \frac{km}{h}\right]$?

b) Der Bremsweg eines Autos betrug auf einer trockenen Straße 50 m.
Wie schnell fuhr schätzungsweise das Auto?

c) Zeichnet für eine trockene Straße den Graphen der Funktion *v* $\left(\textit{in } \frac{km}{h}\right)$ → *l (in m)* und beschreibt möglichst genau, wie sich die Länge des Bremsweges bei zunehmender Geschwindigkeit ändert.

d) Ist für eine nasse Straße der Faktor a größer oder kleiner als für eine trockene Straße? Begründet.
Wie verändert sich dann der Graph? Erklärt.
Ihr könnt dazu mit einem Tabellenkalkulationsprogramm auch verschiedene Graphen zeichnen.

TAB

e) Ein Lkw hat bei einer Geschwindigkeit von $30 \frac{km}{h}$ einen Bremsweg von 18 m.
Wie lang ist sein Bremsweg bei $60 \frac{km}{h}$, bei $90 \frac{km}{h}$? Begründet.

f) Präsentiert eure Überlegungen und Ergebnisse.

Information

(1) Proportionales Wachstum

Die Funktionsgleichung $y = m \cdot x$ beschreibt ein proportionales Wachstum.
Verdoppelt, verdreifacht, vervierfacht, ... man den Ausgangswert x, so verdoppelt, verdreifacht, vervierfacht ... sich auch die zugeordnete Größe y.

(2) Quadratisches Wachstum

Die Funktionsgleichung $y = a \cdot x^2$ beschreibt ein quadratisches Wachstum.
Verdoppelt, verdreifacht, vervierfacht, ... man den Ausgangswert x, so wächst die zugeordnete Größe y mit dem Faktor 2^2, 3^2, 4^2 ..., d. h. sie vervierfacht, verneunfacht, versechzehnfacht ... sich.

Übungen

4. Bei einem Kreis wird der Radius r verdoppelt, verdreifacht, vervierfacht ...
Beschreibe anhand von Tabellen und Funktionsgraphen, wie sich der Umfang und der Flächeninhalt des Kreises verändern.
Gib jeweils auch eine Funktionsgleichung an.

5. Untersuche, was für ein Wachstumsprozess die Tabelle beschreibt.
Gib auch die Funktionsgleichung an.

a)

x	y
2	7
4	14
7	24,5

b)

x	y
1	0,5
3	4,5
5	12,5

c)

x	y
0,2	1,6
0,8	25,6
1,1	48,4

d)

x	y
0,3	4,5
1,2	1,8
1,7	25,5

e)

x	y
1	1,2
2	4,8
3	19,2

6. Je größer bei einem Verkehrsunfall die Bewegungsenergie ist, die die beteiligten Fahrzeuge besitzen, um so schwerwiegender sind in der Regel die Folgen des Unfalls.
Die Bewegungsenergie E eines Fahrzeugs hängt von seiner Masse m und der Geschwindigkeit v ab.
Es gilt: $E = 0{,}5 \cdot m \cdot v^2$.
Dabei wird die Energie E in Joule, die Masse m in kg und die Geschwindigkeit v in $\frac{m}{s}$ angegeben.

a) Wie groß ist die Energie, die ein 900 kg schweres Auto mit einer Geschwindigkeit von $20\,\frac{m}{s}$ besitzt?
Wie groß ist die Energie eines gleich schnellen Lkw, der 18 t wiegt?

b) Wie ändert sich die Bewegungsenergie E, wenn sich bei gleichbleibender Geschwindigkeit die Masse m verdoppelt, verdreifacht, vervierfacht ... ?
Begründe.

c) Wie ändert sich die Bewegungsenergie E, wenn sich bei gleichbleibender Masse die Geschwindigkeit v verdoppelt, verdreifacht, vervierfacht ... ?
Begründe anhand eines selbst gewählten Beispiels.
Zeichne auch den zugehörigen Graphen.

EXPONENTIALFUNKTIONEN UND IHRE EIGENSCHAFTEN

Die Exponentialfunktion $y = 2^x$

Einstieg

Untersuche mit deinem Kalkulationsprogramm den Graphen der Exponentialfunktion $y = 2^x$.
Erstelle dazu eine Wertetabelle und zeichne den Graphen der Funktion.

➜ Beschreibe den Verlauf des Graphen.

➜ Welche Besonderheiten fallen dir auf?

Graph der Exponentialfunktion $y = 2^x$

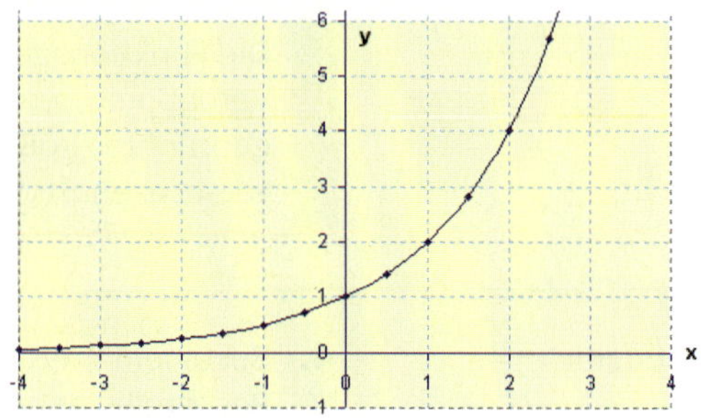

Aufgabe

1.

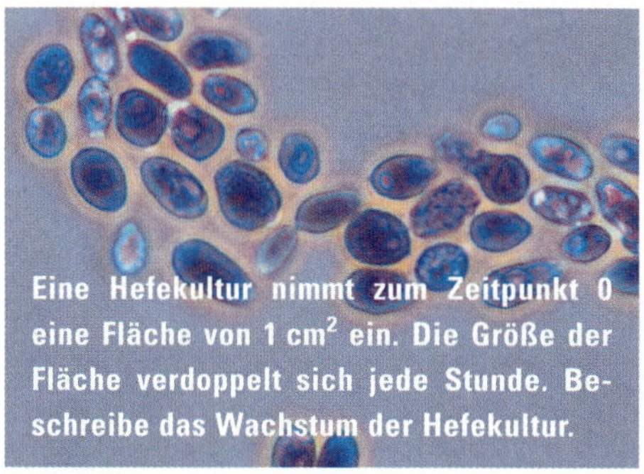

Betrachte das nebenstehende Beispiel.

(1) Die Hefekultur wächst *exponentiell.*

(2) Die Gleichung der Funktion
Zeit x (in Stunden) → Größe y der bedeckten Fläche (in cm²) lautet:
$y = 2^x$.

a) Zeichne den Graphen der Funktion $y = 2^x$. Benutze für die Wertetabelle einen Taschenrechner.

b) Gib Eigenschaften dieser Funktion an.

Lösung

a) Wir berechnen verschiedene Werte von 2^x und notieren sie in einer Tabelle.

x	2^x
-3	0,125
$-\frac{5}{2}$	0,176 …
-2	0,25
$-\frac{3}{2}$	0,353
-1	0,5
$-\frac{1}{2}$	0,707
$-\frac{1}{3}$	0,793 …
0	1

x	2^x
$\frac{1}{3}$	1,259 …
$\frac{1}{2}$	1,414 …
$\frac{2}{3}$	1,587 …
1	2
$\frac{3}{2}$	2,828 …
2	4
$\frac{5}{2}$	5,656 …
3	8

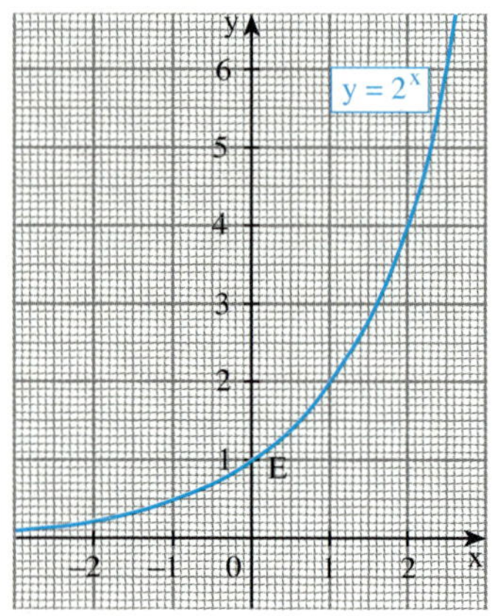

b) Wir entnehmen dem Graphen zu $y = 2^x$ folgende Eigenschaften:

(1) Der Graph steigt von links nach rechts an, die Funktion ist also steigend:
Für wachsende x-Werte nehmen auch die zugehörigen Funktionswerte 2^x zu.

(2) Der Graph liegt nur oberhalb der x-Achse.

(3) Für sehr kleine (niedrige) x-Werte nähert sich der Graph immer mehr der x-Achse an.

(4) Die Funktion hat keine Nullstellen.

(5) Der Graph schneidet die y-Achse im Punkt E(0|1).

(6) Wenn man x um 1 erhöht, dann wird der Funktionswert 2^x jedesmal *verdoppelt.*

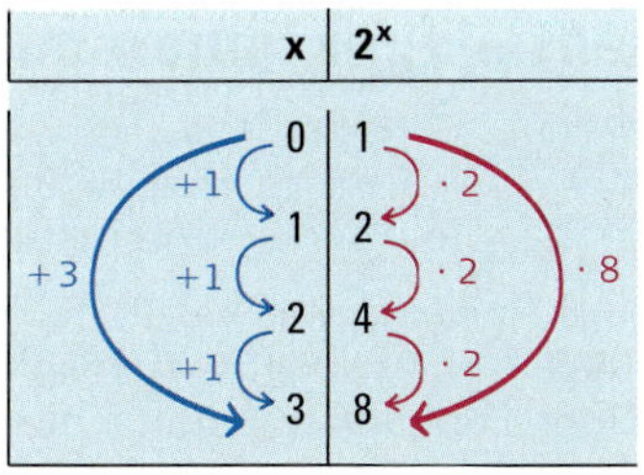

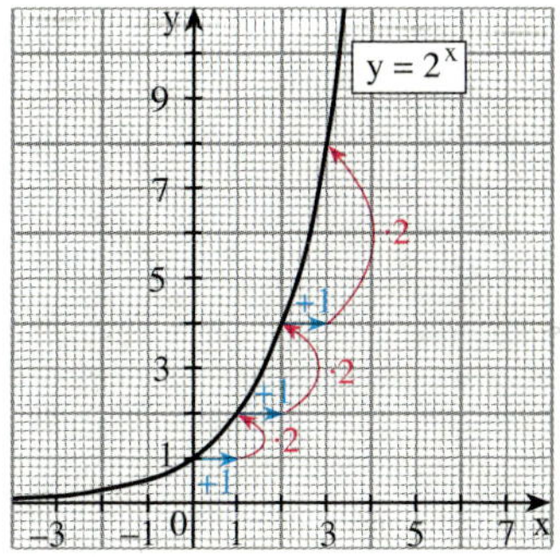

Anhand der Tabelle erkennen wir:
Wenn man x um 3 erhöht, dann wird der Funktionswert 2^x jedesmal *verachtfacht* ($2^3 = 8$).

Information

Die Funktion mit der Gleichung $y = 2^x$ heißt **Exponentialfunktion zur Basis 2**. Der maximale Definitionsbereich ist die Menge $\mathbb{R}$ der reellen Zahlen

(1) Der Graph der Funktion ist steigend.
(2) Der Graph liegt oberhalb der x-Achse.
(3) Der Graph nähert sich dem negativen Teil der x-Achse an.
(4) Die Funktion hat keine Nullstelle.
(5) Der Graph schneidet die y-Achse im Punkt E(0|1).
(6) Jedes Mal, wenn x um 1 wächst, wird der Funktionswert 2^x mit 2 multipliziert (*Grundeigenschaft der Exponentialfunktion*).

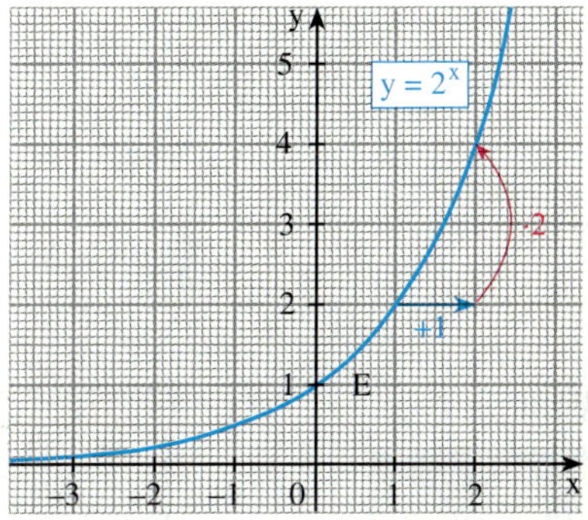

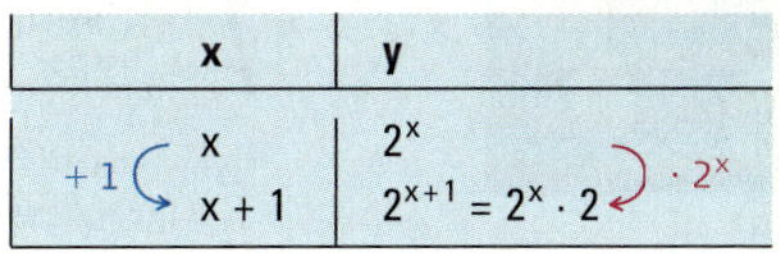

Zum Festigen und Weiterarbeiten

$1024 \approx 1000$

2. **a)** Lies am Graphen zu $y = 2^x$ Näherungswerte ab für $2^{\frac{1}{4}}$; $2^{\frac{3}{4}}$; $2^{0,6}$; $2^{1,2}$; $2^{-0,8}$.

b) Lies am Graphen zu $y = 2^x$ Näherungswerte für die Stellen x ab, zu denen die folgenden Funktionswerte y gehören: 0,5; $\frac{4}{5}$; 1,2; 1,5; 2; 3; $\frac{5}{2}$; $\frac{7}{3}$; $\frac{11}{2}$; $-\frac{1}{2}$.

3. Betrachte die Funktion mit $y = 2^x$. Der x-Wert wird (1) um 10 größer; (2) um 10 kleiner. Wie ändert sich der Funktionswert? Formuliere eine Faustregel.

4. Zeichne die Graphen der Funktionen mit $y = 2^x$ und $y = x^2$ in ein gemeinsames Koordinatensystem. Notiere Gemeinsamkeiten und Unterschiede der Funktionen.

Übungen

5. Wie verändert sich jedes Mal der Funktionswert der Funktion mit $y = 2^x$, wenn man x

a) (1) um 2, (2) um 3, (3) um 0,5 vergrößert,
b) (1) um 2, (2) um 3, (3) um 0,5 verkleinert,
c) verdoppelt, verdreifacht,
d) halbiert, viertelt?

6. Das Wachstum einer Hefekultur wird durch folgende Messwerte beschrieben:

Zeit (in h)	0	0,5	0,75	1	1,4	−0,5	−1
Flächeninhalt (in cm²)	1	1,4	1,7	2	2,65	0,7	0,5

a) Bestätige: Nach x Stunden wird eine Fläche von ungefähr 2^x cm^2 bedeckt.

b) Welche Fläche ist nach 2 Stunden; nach 5 Stunden; nach 10 Stunden bedeckt?

Exponentialfunktionen mit $y = b^x$ $(b > 0,\ b \neq 1)$ – Eigenschaften

Einstieg

Untersuche mit deinem Kalkulationsprogramm den Graphen der Exponentialfunktion $y = b^x$ mit $b = 2{,}5$.
Erstelle eine Wertetabelle und zeichne den Graphen der Funktion. Gestalte die Tabelle so, dass du den Wert für b verändern kannst.

→ Wähle jetzt andere Werte für b mit $b > 1$. Notiere die Eigenschaften der Funktionen.

→ Wähle nun Werte für b mit $0 < b < 1$. Notiere die Eigenschaften der Funktionen.

→ Untersuche den Zusammenhang zwischen den Graphen der Funktionen mit $y = 2^x$ und $y = \left(\frac{1}{2}\right)^x$.
Überprüfe an weiteren Beispielen.

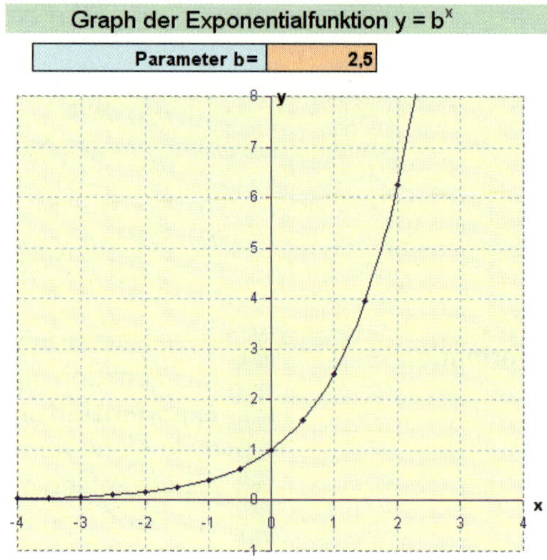

Aufgabe

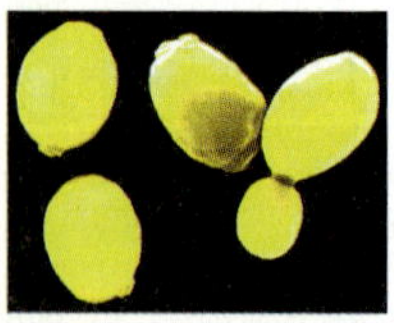

1.

(1) Die Fläche einer Hefekultur (Größe am Anfang 1 cm^2) verdreifacht sich täglich.

(2) Ein radioaktiver Stoff (vorhandene Masse 1 g) zerfällt exponentiell. Täglich geht die Masse auf ein Drittel zurück.

a) Notiere für die beiden beschriebenen Prozesse jeweils eine Funktionsgleichung und zeichne die Graphen der Funktionen in dasselbe Koordinatensystem.

b) Vergleiche die Lage der beiden Graphen.

Lösung

a) Den Beispielen liegen exponentielle Prozesse zugrunde. Sie werden nicht durch die Exponentialfunktion zur Basis 2, sondern zu einer anderen Basis beschrieben.

(1) Funktionsgleichung: $y = 3^x$ (2) Funktionsgleichung: $y = \left(\frac{1}{3}\right)^x$

Wir berechnen einige Funktionswerte.

Beachte: $\left(\frac{1}{3}\right)^x = 3^{-x} = \frac{1}{3^x}$

(1)

x	3^x
−3	0,037 ...
−2,5	0,064 ...
−2	0,111 ...
−1,5	0,192 ...
−1	0,333 ...
−0,5	0,577 ...
0	1
0,5	1,732 ...
1	3
1,5	5,196 ...
2	9
2,5	15,588 ...
3	27

(2)

x	$\left(\frac{1}{3}\right)^x$
−3	27
−2,5	15,588 ...
−2	9
−1,5	5,196 ...
−1	3
−0,5	1,732 ...
0	1
0,5	0,577 ...
1	0,333 ...
1,5	0,192 ...
2	0,111 ...
2,5	0,064 ...
3	0,037 ...

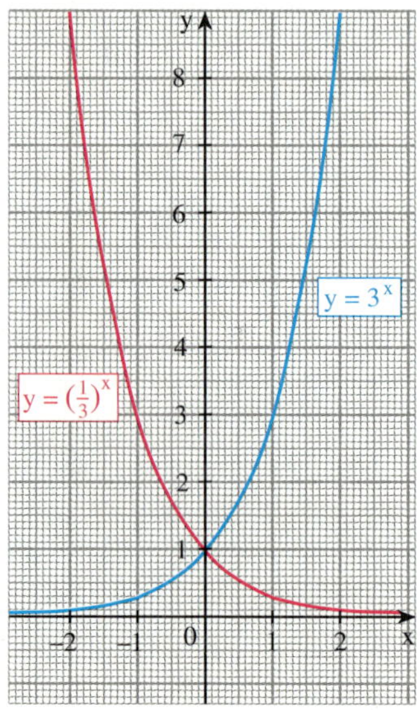

b) Beide Graphen liegen symmetrisch zur y-Achse.

△ *Begründung:*
△ $P(x_1|y_1)$ sei ein beliebiger Punkt des Graphen zu
△ $y = 3^x$.
△ $P'(-x_1|y_1)$ ist der symmetrisch zur y-Achse gelegene
△ Punkt zu $P(x_1|y_1)$.
△ Wir müssen zeigen:
△ Der Punkt $P'(-x_1|y_1)$ liegt auf dem Graphen zu $y = \left(\frac{1}{3}\right)^x$.
△ Dazu machen wir die Punktprobe:
△ Wir setzen die Koordinaten von P′ in die Gleichung
△ $y = \left(\frac{1}{3}\right)^x$ ein:
△ Linke Seite: y_1
△ Rechte Seite: $\left(\frac{1}{3}\right)^{-x_1} = \frac{1}{\left(\frac{1}{3}\right)^{x_1}} = \frac{1}{\frac{1}{3^{x_1}}} = 3^{x_1}\ (= y_1)$
△
△ $P'(-x_1|y_1)$ liegt also auf dem Graphen zu $y = \left(\frac{1}{3}\right)^x$.

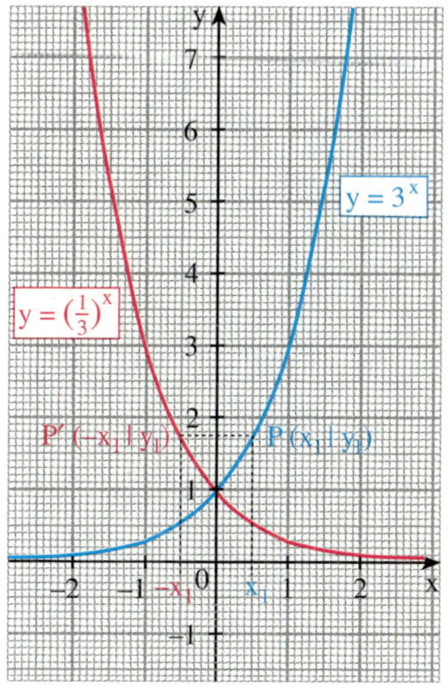

Merke:
$\left(\frac{1}{a}\right)^{-x} = a^x$

Information

(1) Die Exponentialfunktion zur Basis b

Die Funktion mit $y = b^x$, wobei $b > 0$ und $b \neq 1$, heißt **Exponentialfunktion zur Basis b**. Der maximale Definitionsbereich ist die Menge $\mathbb{R}$ der reellen Zahlen.

(2) Eigenschaften der Exponentialfunktionen

Für jede Exponentialfunktion mit der Gleichung $y = b^x$ gilt:

(1) Die Graphen aller Exponentialfunktionen mit $y = b^x$ haben den Punkt E(0|1) und nur diesen Punkt gemeinsam.

(2) Die Graphen der Exponentialfunktionen mit $y = b^x$ und mit $y = \left(\frac{1}{b}\right)^x$ liegen symmetrisch zur y-Achse.

(3) Der Graph der Funktion
 – steigt für $b > 1$;
 – fällt für $0 < b < 1$.

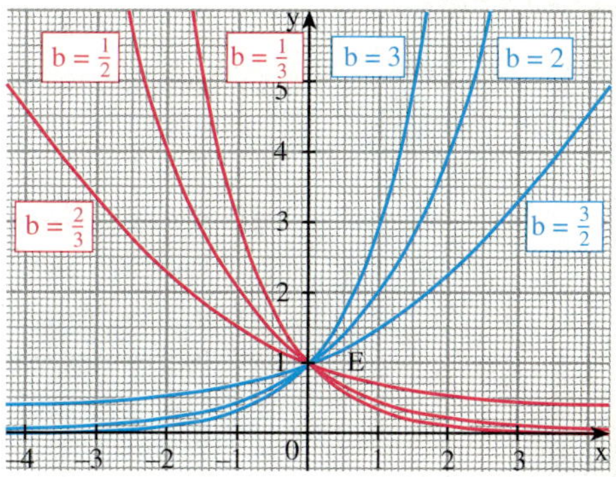

(4) Der Graph liegt oberhalb der x-Achse.

(5) Der Graph nähert sich
 – für $b > 1$ dem negativen Teil der x-Achse an;
 – für $0 < b < 1$ dem positiven Teil der x-Achse an.

(6) Die Funktion hat keine Nullstelle.

(7) Jedesmal, wenn x um 1 wächst, wird der Funktionswert b^x mit dem Faktor b multipliziert (*Grundeigenschaft der Exponentialfunktionen*).

Ist die Basis b einer Exponentialfunktion größer als 1, so liegt eine exponentielle Zunahme vor. Liegt die Basis b einer Exponentialfunktion zwischen 0 und 1, so liegt eine exponentielle Abnahme (Zerfall) vor.

Zum Festigen und Weiterarbeiten

2. a) Lies an den Graphen zu $y = 3^x$ bzw. zu $y = \left(\frac{1}{3}\right)^x$ jeweils Näherungswerte ab für
$3^{\frac{1}{4}}$; $3^{\frac{3}{4}}$; $3^{\frac{4}{3}}$; $3^{0,6}$; $3^{-0,5}$; $\left(\frac{1}{3}\right)^{\frac{1}{4}}$; $\left(\frac{1}{3}\right)^{-\frac{3}{4}}$; $\left(\frac{1}{3}\right)^{-\frac{4}{3}}$; $\left(\frac{1}{3}\right)^{0,6}$; $\left(\frac{1}{3}\right)^{-1,2}$

b) Lies an den Graphen zu $y = 3^x$ bzw. zu $y = \left(\frac{1}{3}\right)^x$ jeweils Näherungswerte für die Stellen x ab, zu denen die folgenden Funktionswerte y gehören:
0,5; $\frac{4}{5}$; 1,2; 1,5; 2; 3; $\frac{5}{2}$; $\frac{7}{3}$; $\frac{11}{2}$; $-\frac{1}{2}$

3. a) Gehe bei der Funktion mit $y = 3^x$ von der Stelle -1 aus immer um 1 nach rechts. Mit welchem Faktor multipliziert sich jedes Mal der Funktionswert?
Nimm nun als „Schrittweite" 2 statt 1. Was ändert sich?

b) Führe dieselben Überlegungen für die Funktion mit $y = \left(\frac{1}{3}\right)^x$ durch.

c) Betrachte die Funktion mit $y = 10^x$.
Verfahre wie in den Teilaufgaben a) und b).

4. Zeige, dass die Punkte $A(1|5)$ und $B(2|25)$ auf dem Graphen zu $y = 5^x$ und die Punkte $C(-1|5)$ und $D(-2|25)$ auf dem Graphen zu $y = 0{,}2^x$ liegen.
Welche Eigenschaft der Exponentialfunktionen hast du hiermit überprüft? Erkläre.

5. Skizziere die Graphen der Funktionen in demselben Koordinatensystem. Vergleiche.
a) $y = 3^x$ und $y = x^3$ **b)** $y = 3^x$ und $y = x^3 + 1$ **c)** $y = \left(\frac{1}{3}\right)^x$ und $y = -\frac{1}{3}x + 1$

Übungen

6. a) Zeichne in dasselbe Koordinatensystem die Graphen zu $y = 4^x$ und zu $y = \left(\frac{1}{4}\right)^x$ für $-2 \leq x \leq 2$ mit der Schrittweite 0,5.

b) Lies an den Graphen Näherungswerte für die Lösungen folgender Gleichungen ab:
(1) $4^x = 3$ (2) $4^x = 0{,}4$ (3) $4^x = 5{,}5$ (4) $\left(\frac{1}{4}\right)^x = 0{,}8$ (5) $\left(\frac{1}{4}\right)^x = 1$ (6) $\left(\frac{1}{4}\right)^x = 7$

c) Zeige, dass die Punkte $A(1|4)$, $B(2|16)$ und $C(0{,}5|2)$ auf dem Graphen zu $y = 4^x$ liegen. Überprüfe, ob die zur y-Achse symmetrischen Punkte $A'(-1|4)$, $B'(-2|16)$ und $C'(-0{,}5|2)$ auch auf dem Graphen zu $y = \left(\frac{1}{4}\right)^x$ liegen.

d) Welches Steigungsverhalten zeigt der Graph der Funktion zu $y = 4^x$?
Welches Steigungsverhalten ergibt sich dann für den Graphen zu $y = \left(\frac{1}{4}\right)^x$?

e) Wie verändert sich der Funktionswert der Funktion mit (1) $y = 4^x$, (2) $y = \left(\frac{1}{4}\right)^x$, wenn man x um
(1) 1 vergrößert; (2) 1 verkleinert; (3) 0,5 vergrößert; (4) 0,5 verkleinert?

7. a) Zeichne die Exponentialfunktion zur Basis (1) 2,5; (2) 1,2; (3) 0,4.
Gib ihre Eigenschaften an.

b) Wie ändert sich der Funktionswert, wenn man x um 1 (1) vergrößert; (2) verkleinert?

c) Wie ändert sich der Funktionswert, wenn man x um 2 (1) vergrößert; (2) verkleinert?

8. a) Bestimme diejenige Schrittweite, bei der sich der Funktionswert y mit
(1) $y = 3^x$, (2) $y = 4^x$, (3) $y = 5^x$ jedes Mal verdoppelt.

b) Bestimme diejenige Schrittweite, bei der sich der Funktionswert y mit
(1) $y = \left(\frac{1}{3}\right)^x$, (2) $y = \left(\frac{1}{4}\right)^x$, (3) $y = \left(\frac{1}{5}\right)^x$ jedes Mal halbiert.

9. Stelle fest, welche Punkte auf dem Graphen der Funktion liegen.
a) $y = 3^x$ (1) $P(2|8)$ (2) $Q\left(-3\middle|\frac{1}{27}\right)$ (3) $R\left(-2\middle|-\frac{1}{9}\right)$
b) $y = \left(\frac{1}{4}\right)^x$ (1) $P\left(2\middle|\frac{1}{16}\right)$ (2) $Q(-2|8)$ (3) $R(-1|4)$

10. Das Wachstum einer Hefekultur wird durch die nebenstehende Tabelle beschrieben. Nach x Stunden sind y cm^2 bedeckt.
Welche Funktionsgleichung beschreibt dieses Wachstum?

x	0	$\frac{1}{2}$	1	2	−1	−2
y	1	1,73	3	9	0,33	0,11

11. Ein radioaktives Präparat zerfällt so, dass die vorhandene Substanz nach jeweils 1 Tag auf die Hälfte zurückgeht.
Zu Beginn der Messung ist 1 mg vorhanden. Die Zeit x wird in Tagen gemessen.

a) Bestimme für diesen Zerfallsprozess die Funktionsgleichung.

b) Nach wie viel Tagen ist nur noch 1 µg der Substanz vorhanden?

12. Nach dem Genuss von alkoholischen Getränken wird der Alkohol im Blut von der Leber abgebaut. Pro Stunde nimmt der Alkoholgehalt um 0,2 Promillepunkte ab.

a) Welche Funktionsgleichung beschreibt diesen Verfallsprozess?

b) Berechne, wie viele Stunden es dauert, bis die Leber einen Blutalkoholgehalt von 1,3 Promille abgebaut hat.

13. Ein Gegenstand wird mit einer Temperatur von 6 °C aus dem Kühlschrank genommen. Die Zimmertemperatur ist 21 °C. Der Temperaturunterschied beträgt also 15 Grad. Bei der Erwärmung des Gegenstandes schrumpft dieser Temperaturunterschied in einer Minute jeweils auf etwa $\frac{4}{10}$ des Ausgangswertes.

a) Nach wie viel Minuten ist der Temperaturunterschied nur noch kleiner als 0,01 Grad? Lege eine Tabelle an. Runde auf Hundertstel.

b) Welche Temperatur hat der Gegenstand nach
(1) 2 Minuten; (2) 3 Minuten; (3) 5 Minuten; (4) 7 Minuten?

c) Gib die Gleichung der Funktion *Zeit (in min) → Temperaturunterschied (in Grad)* an.

Die Exponentialfunktionen mit $y = a \cdot b^x$ $(b > 0,\ b \neq 1)$ – Eigenschaften

Einstieg

→ Untersuche mit deinem Kalkulationsprogramm den Graphen der Exponentialfunktion mit $y = a \cdot b^x$ mit $b = 1{,}5$ und $a = 2$.
Erstelle eine Wertetabelle und zeichne den Graphen der Funktion.
Gestalte die Tabelle so, dass du die Werte für b und a verändern kannst.

→ Wähle jetzt Werte für b mit $b > 1$. Verändere nun den Parameter a. Beschreibe die Auswirkungen auf die Eigenschaften der Funktion.

→ Wähle nun Werte für b mit $0 < b < 1$. Verändere anschließend den Wert für Parameter a.
Beschreibe die Veränderungen.

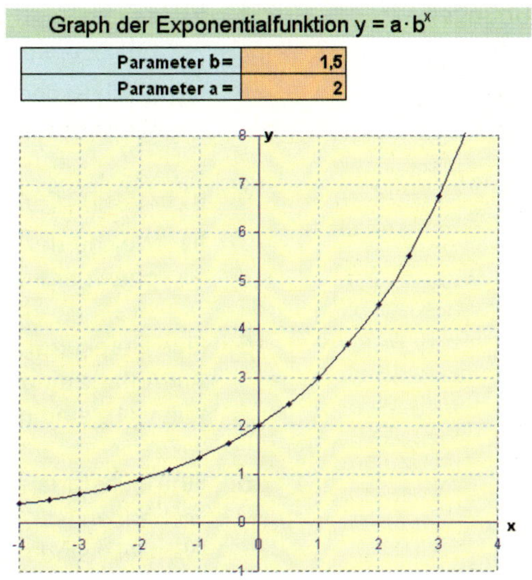

Aufgabe

1. Zeichne den Graphen von $y = \frac{1}{3} \cdot 2^x$; vergleiche ihn mit dem Graphen zu $y = 2^x$.

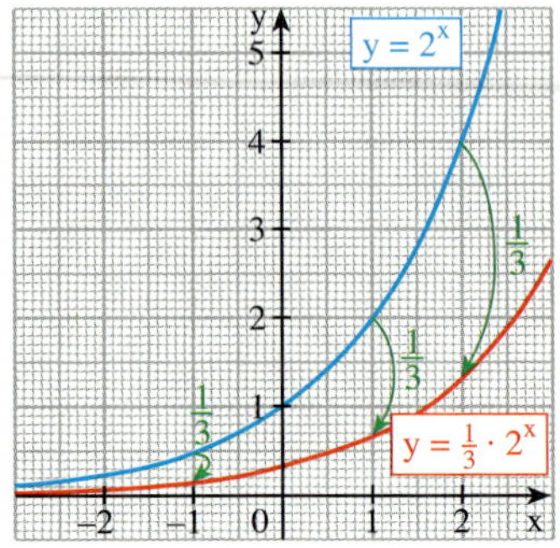

Lösung

Jeder Funktionswert 2^x der Exponentialfunktion zur Basis 2 wird mit dem Faktor $\frac{1}{3}$ multipliziert.

Das bedeutet:

Der Graph von $y = \frac{1}{3} \cdot 2^x$ geht aus dem Graphen von $y = 2^x$ durch *Streckung* von der x-Achse aus in Richtung der y-Achse mit dem Faktor $\frac{1}{3}$ hervor.

Da der Streckfaktor in diesem Fall kleiner als 1 ist, würde man hier besser von einer Stauchung sprechen.

Information

Ein exponentieller Wachstumsprozess wird durch eine Exponentialfunktion mit der Gleichung $y = c \cdot a^x$ beschrieben.

(1) Die Basis a ist der Wachstumsfaktor des Prozesses. Der Faktor c ist der Anfangswert, der z. B. die Menge zu Beginn einer Beobachtung angibt.

(2) Liegt ein exponentieller Wachstumsprozess mit steigenden Werten (exponentielle Zunahme) vor, so ist die Basis a größer als 1.

(3) Liegt ein exponentieller Zerfallsprozess mit abnehmenden Werten (exponentielle Abnahme) vor, so liegt die Basis a zwischen 0 und 1.

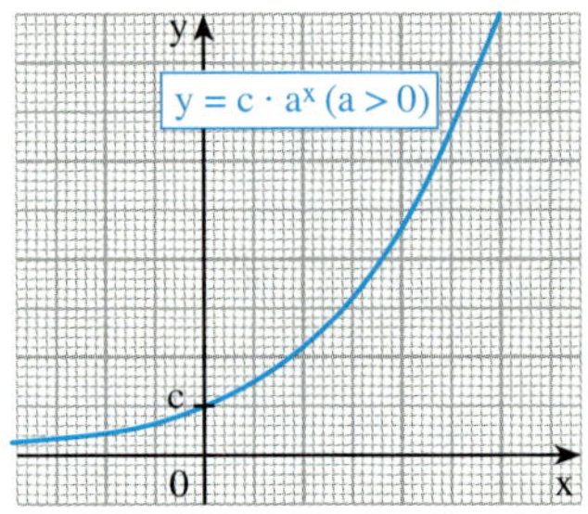

Zum Festigen und Weiterarbeiten

2. a) Zeichne die Graphen zu (1) $y = 3 \cdot 2^x$, (2) $y = \frac{3}{2} \cdot 2^x$; vergleiche mit dem Graphen zu $y = 2^x$.

b) Welche Eigenschaften der Funktion mit $y = 2^x$ bleiben bei Streckungen in Richtung der y-Achse erhalten, welche nicht?

Übungen

3. a) Zeichne den Graphen zu $y = \frac{1}{2} \cdot 3^x$ und vergleiche mit dem Graphen zu $y = 3^x$. Gib Eigenschaften der Funktion mit der Gleichung $y = \frac{1}{2} \cdot 3^x$ an.

b) Zeichne den Graphen zu $y = \frac{5}{3} \cdot 3^x$ und vergleiche mit dem Graphen zu $y = 3^x$. Gib Eigenschaften der Funktion mit der Gleichung $y = \frac{5}{3} \cdot 3^x$ an.

4. a) Zeichne den Graphen zu: (1) $y = \frac{1}{3} \cdot 3^x$; (2) $y = \frac{2}{3} \cdot 2^x$; (3) $y = 3 \cdot \left(\frac{1}{2}\right)^x$.

b) Welche der Punkte (1) $P(2\,|\,3)$, (2) $Q\left(-2\,\middle|\,\frac{1}{6}\right)$, (3) $R\left(3\,\middle|\,\frac{8}{3}\right)$ gehören zum Graphen der Funktion?

5. Eine Hefekultur (Masse in g) wachse so, dass der Bestand jede Stunde um 15% zunimmt. Am Anfang sind (1) 3 g, (2) 10,5 g vorhanden. Bestimme die Funktionsgleichung. Wie viel g sind nach (1) 1 Tag, (2) 10 Tagen vorhanden?

6. Eine Substanz zerfällt so, dass nach jeweils einem Tag (1) 10%, (2) 5% weniger vorhanden ist. Am Anfang sind 30 g vorhanden. Bestimme die Funktionsgleichung. Wie viel g sind nach (1) 2 Wochen, (2) nach 1 Monat noch vorhanden?

VERMISCHTE UND KOMPLEXE ÜBUNGEN

1. Eine mit Algen bedeckte Fläche eines Sees, die anfangs 0,6 m^2 groß ist, wächst jeden Tag auf das 1,5fache ihrer Größe.

a) Wie groß ist die von Algen bedeckte Fläche nach
(1) 5 Tagen; (2) 10 Tagen; (3) 15 Tagen?

b) Mit welchem Faktor hat sich die Größe der Fläche
(1) nach 1 Woche, (2) nach 2 Wochen, (3) nach 4 Wochen vervielfacht?

2. Ein Kapital von 5 000 € wird zu 3,7% verzinst.

a) Zeichne einen Graphen der Funktion *Zeit (in Jahren) → Kapital (in €).*

b) Wie hoch ist das Kapital nach (1) 5 Jahren; (2) 10 Jahren; (3) 25 Jahren?

c) Nach wie viel Jahren ist das Kapital auf (1) 6 000 €; (2) 8 000 €; (3) 10 000 € angewachsen?

3. Gegeben ist die Funktion mit der Gleichung $y = 1{,}4^x$ [die Funktion mit $y = 2 \cdot 1{,}7^x$].

a) Berechne die Funktionswerte für die Argumente $-3{,}4$; $-2{,}8$; $-1{,}1$; 0; 1,9; 2,7.

b) Zeichne den Graphen der Funktion.

4. Gegeben ist die Funktion mit der Gleichung **a)** $y = 6^x$; **b)** $y = \left(\frac{4}{5}\right)^x$.
Wie lautet die Funktion, deren Graphen man aus dem gegebenen Graphen durch Spiegeln an der y-Achse [an der x-Achse] erhält?

5. Wie geht der Graph der zweiten Funktion aus dem Graphen der ersten hervor?

a) $y = x^3$; $y = 2x^3$ **c)** $y = x^2$; $y = -2x^2$ **e)** $y = x^{-1}$; $y = 1{,}5x^{-1}$

b) $y = x^3$; $y = -0{,}5x^3$ **d)** $y = x^{-1}$; $y = -x^{-1}$ **f)** $y = x^{-2}$; $y = 2x^{-2}$

1 013 hPa
= 1 013 mbar

6. Der Luftdruck der Erdatmosphäre nimmt mit zunehmender Höhe exponentiell ab, und zwar um rund 13% pro 1 000 Meter Höhe. Der Luftdruck wird in Pascal (Pa) bzw. Hektopascal (hPa) gemessen. Der normale Luftdruck beträgt in Meereshöhe 1 013 hPa.

a) Lege eine Tabelle an und zeichne den Graphen der Funktion *Höhe x über dem Meeresspiegel → (normaler) Luftdruck y.*

b) Wie hoch ist der normale Luftdruck auf dem Brocken (ca. 1 100 m), auf dem Mont Blanc (ca. 4 800 m), auf dem Mount Everest (ca. 8 800 m)?

c) In welcher Höhe beträgt der normale Luftdruck 500 hPa, 250 hPa, 100 hPa?

Brocken

Mont Blanc

Mount Everest

8. **a)** Frau Nolte hat vor sechs Jahren eine Erbschaft gemacht und das Geld bei ihrer Bank für 15 Jahre zu einem Zinssatz von 4,25 % angelegt. Heute sind es 17 972 €.
(1) Welcher Geldbetrag wird am Ende der 15 Jahre Frau Nolte ausgezahlt?
(2) Wie viel Euro hat sie geerbt?

b) Vor fünf Jahren hat Herr Buhle bei seiner Bank 15 000 € für 12 Jahre zu einem festen Zinssatz angelegt. Heute sind es schon 18 031,50 €.
(1) Berechne den Zinssatz.
(2) Wie viel Euro wird Herrn Buhle nach 12 Jahren ausgezahlt?

9. Die Zinsen aus einer Stiftung von 300 000 € sollen nach 5 Jahren als Beihilfe für Studierende verwendet werden.
Welcher Betrag steht dann in jedem Jahr zur Verfügung, wenn das Geld langfristig mit einem Zinssatz von 5,4 % angelegt ist?

10. Für ein Projekt sollen mehrere Würfel mit der Kantenlänge a, 2 a, 3 a, usw. hergestellt werden.

a) Beschreibe, wie sich dabei die Gesamtlänge s, der Oberflächeninhalt O und das Volumen V der Würfel verändern. Untersuche, ob es sich bei den Veränderungen um dir bekannte Wachstumsvorgänge handelt. Begründe.

b) Es soll auch eine Würfelgruppe hergestellt werden, bei der sich der Oberflächeninhalt O der Würfel jeweils verdoppelt. Untersuche, wie sich bei diesen Würfeln die Kantenlänge a und das Volumen V verändern.

11. Bei Radium ist nach 948 Jahren 30% der Ausgangsmasse zerfallen.

a) Zeige: Bei gleichmäßiger prozentualer Abnahme eines Stoffes liegt exponentieller Zerfall vor.

b) Gib für Radium den Zerfallsfaktor zur Zeitspanne 948 Jahre an.

c) Nach wie viel Jahren ist noch die Hälfte $\left[\frac{1}{10}; \frac{1}{100}; \frac{1}{1000}\right]$ der Ausgangsmasse übrig?

d) Gib den Zerfallsfaktor für die Zerfallsraten an: 40%; 7%; 12%; 5,8%, p%.

12. Herr Lenze erhält zurzeit einen monatlichen Bruttolohn von 3 150 €. Aufgrund der guten wirtschaftlichen Lage rechnet er in den nächsten Jahren mit regelmäßigen Lohnerhöhungen. Dabei geht er von zwei Modellen aus:

> ***Modell A:***
> *Die jährliche Lohnerhöhung beträgt 4% vom Lohn des Vorjahres.*

> ***Modell B:***
> *Der Lohn nimmt jedes Jahr um 230 € zu.*

Vergleicht beide Modelle anhand einer Tabelle.
Welches Modell ist aus eurer Sicht für Herrn Lenze günstiger? Begründet.
Beschreibt beide Modelle auch mit einer geeigneten Funktionsgleichung.
Erklärt, welche Wachstumsarten hier vorliegen.
Präsentiert eure Ergebnisse.

BIST DU FIT?

1. Frau Sparsam legt für 15 Jahre eine Erbschaft von 25 000 € zu einem festen Zinssatz von 5,5 % bei ihrer Hausbank an. Die Zinsen werden nicht ausgezahlt, sondern mitverzinst.

a) Auf wie viel Euro ist das Kapital nach 1 Jahr, nach 2 Jahren, ..., nach 6 Jahren, auf wie viel nach n Jahren angewachsen?

b) Stelle die Entwicklung des Sparguthabens in einem geeigneten Diagramm dar.

c) Wie viel Euro werden Frau Sparsam nach 15 Jahren ausgezahlt?

2. Eine mit Algen bedeckte Fläche eines Sees, die zu Beginn der Messungen 16 m^2 groß war, wächst jeden Tag um das 1,15-fache ihrer Größe.

a) Wie groß ist die mit Algen bedeckte Fläche
(1) 3 Tage, (2) 10 Tage, (3) 2 Wochen nach Messbeginn?

b) Wie groß war die mit Algen bedeckte Fläche
(1) 1 Tag, (2) 5 Tage, (3) 1 Woche vor Messbeginn?

c) Um wie viel Prozent nimmt die Fläche täglich zu?

d) In welchen Zeitspannen verdoppelt sich die Größe der Fläche?

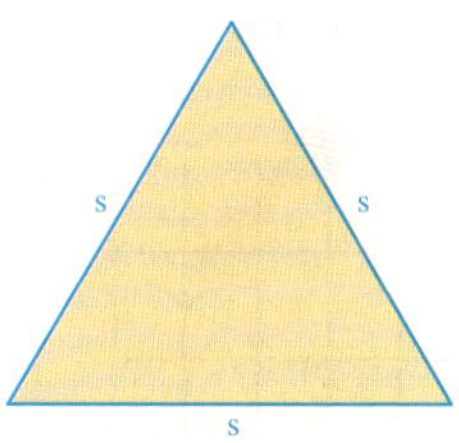

3. Bei einem gleichseitigen Dreieck wird die Seitenlänge s verdoppelt, verdreifacht, vervierfacht usw.

a) Beschreibe, wie sich der Umfang und der Flächeninhalt des Dreiecks verändern. Gib jeweils auch eine Funktionsgleichung an.

b) Die Seitenlänge s nimmt um 30 % zu. Um wieviel Prozent nimmt dann der Umfang, um wieviel Prozent der Flächeninhalt zu? Begründe.

4. Gegeben ist die Funktion mit der Gleichung:
(1) $y = 1{,}5^x$ (2) $y = \left(\frac{1}{4}\right)^x$ (3) $y = 0{,}5 \cdot 1{,}5^x$ (4) $y = 1{,}5 \cdot \left(\frac{1}{4}\right)^x$
Zeichne den Graphen der Funktion und beschreibe seinen Verlauf.

5. Eine Hefekultur vermehrt sich so, dass der Bestand jeden Tag auf das Zweieinhalbfache anwächst. Am Anfang sind 5 g vorhanden.

a) Bestimme die Funktionsgleichung, nach der die Hefekultur anwächst.

b) Wie viel g sind nach (1) 2 Tagen, (2) nach einer Woche vorhanden?

6. Ein Patient nimmt 8 mg eines Medikamentes zu sich. Pro Tag werden 15 % des Medikamentes vom Körper abgebaut. Beschreibe die Abnahme durch eine Funktionsgleichung.

7. Prüfe, ob die angegebenen Punkte zum Graphen der Funktion gehören.

a) $y = x^3$ $P_1(-2\,|\,-8)$ $P_2(-2\,|\,8)$ $P_3(27\,|\,3)$ $P_4(1\,|\,-1)$

b) $y = x^{-1}$ $P_1(1\,|\,-1)$ $P_2(-1\,|\,-1)$ $P_3(0\,|\,1)$ $P_4\left(\frac{1}{2}\,\middle|\,-2\right)$

c) $y = x^{-2}$ $P_1(-1\,|\,1)$ $P_2(0\,|\,0)$ $P_3(2\,|\,4)$ $P_4(2\,|\,0{,}25)$

8. Die Punkte gehören zum Graphen der angegebenen Funktion.
Bestimme die fehlende Koordinate.

a) $y = x^{-2}$ $P_1\left(\frac{1}{2}\,\middle|\,\square\right)$ $P_2(\square\,|\,4)$ $P_3\left(-\frac{1}{2}\,\middle|\,\square\right)$ $P_4(\square\,|\,7{,}5)$

b) $y = 2x^{-1}$ $P_1\left(\frac{1}{3}\,\middle|\,\square\right)$ $P_2\left(\square\,\middle|\,\frac{4}{5}\right)$ $P_3(2{,}5\,|\,\square)$ $P_4(\square\,|\,4)$

IM BLICKPUNKT: ENTWICKLUNG DER WELTBEVÖLKERUNG – GRENZEN DES WACHSTUMS

Nach Berechnungen von Experten bietet die Erde ausreichenden Platz für circa 11,5 Milliarden Menschen. Bei 20 Milliarden Menschen ist nach diesen Berechnungen die absolute Obergrenze erreicht.

Wie wird sich die Weltbevölkerung entwickeln, wenn sie weiterhin in dem gleichen Maße wächst wie in den letzten Jahren?

Was bedeutet das für die verschiedenen Länder und Erdteile?

TAB

1. Beim Einstieg auf Seite 171 sind wir von einer durchschnittlichen Wachstumsrate von 1,2% ausgegangen. Bei einer niedrigeren Wachstumsrate – z. B. bei 1,1% – bekommen wir andere Werte und andere Prognosen.
Einen Überblick über die Entwicklungen bei verschiedenen Wachstumsraten kann man sich am besten mit einem Tabellenkalkulationsprogramm eines Computers verschaffen.

	A	B	C
1	Entwicklung der Weltbevölkerung		
2			
3			
4	Jahr	Weltbevölkerung (in Millionen)	Wachstumsfaktor
5	2000	6000	1,012
6	2010	6760	1,012
7	2020	7617	1,012
8	2030	8582	1,012
9	2040	9669	1,012
10	2050	10894	1,012
11	2060	12274	1,012
12	2070	13829	1,012
13	2080	15581	1,012
14	2090	17555	1,012
15	2100	19779	1,012
16			

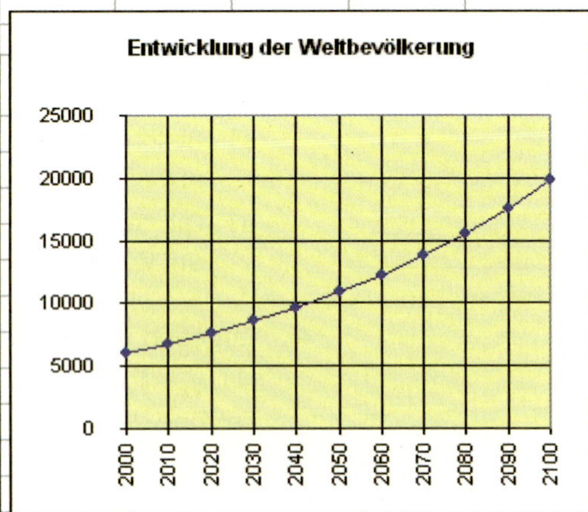

In unserem Beispiel ist die Entwicklung der Weltbevölkerung für die Kalenderjahre 2000 bis 2100 in Zehnjahresschritten dargestellt.

a) Erzeugt das oben angegebene Blatt auf einem Tabellenkalkulationsprogramm.
Hinweis: Da die Tabelle in Zehnjahresschritten angelegt ist, erhält man den Wert des Feldes B6 auf folgende Weise: Man muss den Wert des Feldes B5 zehn mal mit dem Wachstumsfaktor (Feld C5) – d. h. mit (Wert von C5)^{10} – multiplizieren. Das Feld B6 hat daher die Formel B5*C5^10.
Die Schreibweise ^10 bedeutet dabei *hoch 10*.

b) Untersucht, wie sich die Entwicklung der Weltbevölkerung ändert, wenn man andere Wachstumsraten einsetzt, beispielsweise 2,5%, 2,0%, 1,5%, 1,3%, 1%, 0,5%.
Wann sind die Grenzen des Wachstums von 11,5 Milliarden [20 Milliarden] jeweils erreicht?

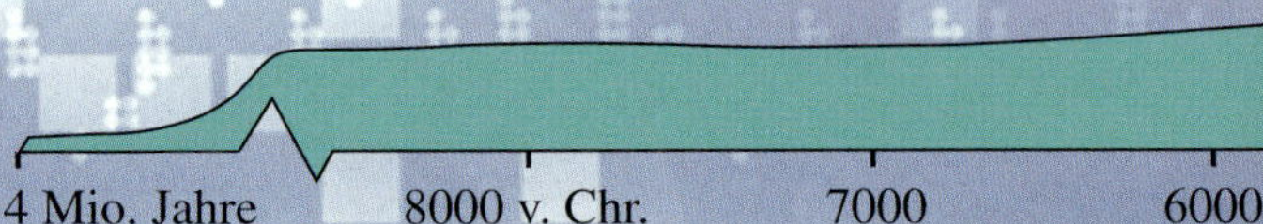

2. Bei den bisherigen Rechnungen gingen wir von einer Wachstumsrate aus, die für den gesamten Zeitraum der Modellrechnung gleich bleibt. In Wirklichkeit ändern sich die Wachstumsraten jedoch. Nach den derzeitigen Prognosen werden die Wachstumsraten in den nächsten Jahrzehnten weltweit fallen und zwar jedes Jahr um ca. 0,015 Prozentpunkte.

Jahr	2007	2008	2009	2010	2040	2050
Wachstumsrate (in %)	1,17	1,155	1,14	1,125	0,65	0,5

– 0,015 – 0,015 – 0,015

a) Führt mit einem Tabellenkalkulationsprogramm eine Modellrechnung bis zum Jahre 2050 durch, bei der die Änderung der Wachstumsraten berücksichtigt wird. Auf diese Weise könnt ihr euch ein realistischeres Bild über die Entwicklung der Weltbevölkerung verschaffen als mit gleichbleibenden Wachstumsraten.

b) Ab wann würde nach dieser Prognose die Weltbevölkerung wieder abnehmen? Wie groß wäre sie dann?

3. Im Internet findet ihr unter www.weltbevoelkerung.de eine Weltbevölkerungsuhr, die die aktuelle Bevölkerungszahl der Erde anzeigt.

a) Erkundigt euch, wie viele Menschen im Moment auf der Erde leben.

b) Um wie viele Menschen wächst die Weltbevölkerung zur Zeit
(1) in einer Stunde,
(2) in einem Tag,
(3) in einer Woche?

c) Versucht herauszufinden, nach welchem Wachstumsprinzip diese Weltbevölkerungsuhr rechnet.
Berichte darüber.

4. Aktuelle Daten zum Bevölkerungsstand und die aktuellen Wachstumsraten zu fast allen Ländern der Welt könnt ihr euch unter folgender Internet-Adresse des U.S. Census Bureaus besorgen:
www.census.gov/main/www/popclock.html
Teilt euch in Gruppen auf und untersucht unterschiedliche Länder bzw. Gebiete der Erde.
Ihr könnt die verschiedenen Informationen, Modellrechnungen und Graphen auch zu einer Ausstellung zusammenstellen.

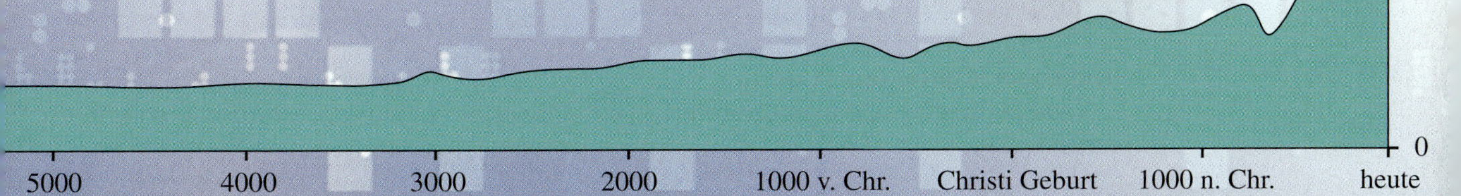

7 Darstellen und Auswerten von Daten

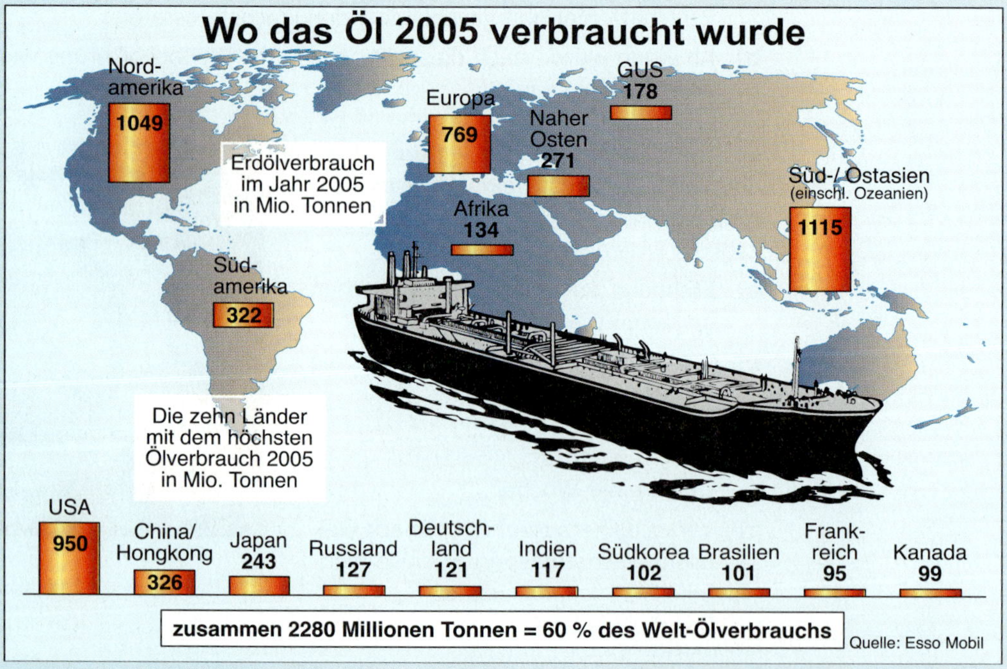

Ölverbrauch steigt trotz Preisverdopplung

Die gute Konjunktur in den USA steigerte allein dort den Ölverbrauch um 18 Millionen Tonnen. Auf Platz zwei folgt China mit einer Steigerung um 10 Millionen Tonnen. In Europa sank dagegen der Verbrauch um 9 Millionen Tonnen. Der Wirtschaftsboom in China ist auch eine Ursache für die Verdopplung des Rohölpreises von 28 Dollar pro Barrel (159 Liter) in 2003 auf 50,64 Dollar pro Barrel in 2005. Anfang Juni 2006 waren 66,50 Dollar pro Barrel Opec-Öl zu zahlen.

In dieser Meldung aus dem Jahr 2006 findest du eine Fülle von Daten, aus denen du durch Rechnung weitere Daten und Informationen erhalten kannst.

- Wie viel Mio. Tonnen Erdöl wurden 2005 weltweit verbraucht?
- Welchen Wert in Dollar hatte diese Ölmenge? (Die Dichte beträgt ungefähr 0,9 kg pro Liter.)
- Wie viel Prozent des gesamten Erdölverbrauchs entfielen 2005 auf Afrika?
- Schätze ab, wie viel Liter dies pro Person sind und vergleiche mit dem Verbrauch in Europa.
- Stelle den Rohölverbrauch der einzelnen Weltregionen in einem Kreisdiagramm dar.
- Welche weiteren Informationen kannst du erhalten?

In diesem Kapitel lernst du ...

... neue Methoden, wie man Daten erfassen, auswerten, darstellen, interpretieren und bewerten kann.

TABELLEN, SCHAUBILDER UND DIAGRAMME

Einstieg

Erdgas

in Milliarden Kubikmeter	2006	1990	1995	2000	2005	2006
	Reserven	Förderung (Erdgas und Erdölgas)				
• Europa	**5 070**	**232,5**	**277,0**	**315,7**	**327,7**	**320,0**
Deutschland	221	15,3	19,1	20,1	18,8	18,6
Dänemark	72	2,7	5,3	8,2	10,4	10,4
Großbritannien	481	49,6	75,5	115,2	92,1	83,4
Italien	164	17,1	20,0	16,7	12,0	10,9
Niederlande	1 415	71,8	84,4	72,7	78,8	77,7
Norwegen	2 330	27,0	31,3	52,8	88,6	91,5
Österreich	16	1,4	1,5	1,8	1,6	1,8
Polen	165	3,4	5,1	5,2	6,1	6,0
Rumänien	63	28,3	19,3	13,6	11,5	11,5
Ungarn	8	4,6	4,9	3,2	2,9	3,1
Sonstige	135	11,3	10,6	6,2	4,9	5,1
Welt-Gesamt	**174 939**	**2 051,2**	**2 209,2**	**2 499,5**	**2 794,0**	**2 834,2**

in Milliarden Kubikmeter	1990	1995	2000	2005	2006
	Verbrauch				
Europa	**373,0**	**440,5**	**507,7**	**584,0**	**577,4**
Belgien	9,6	12,5	16,8	14,4	14,8
Deutschland	69,7	94,1	90,6	101,8	98,5
Frankreich	31,5	33,5	39,7	46,5	44,4
Großbritannien	57,0	77,1	103,3	98,0	94,3
Italien	47,2	54,6	70,3	86,1	84,4
Niederlande	43,1	48,2	48,6	49,5	48,1
Österreich	6,1	7,5	7,5	9,5	8,9
Polen	12,9	11,6	13,3	16,3	16,3
Rumänien	35,7	25,5	17,0	17,8	18,0
Spanien	5,6	8,5	15,6	32,2	33,0
Türkei	3,5	7,0	15,1	17,5	31,5
Ungarn	9,6	12,0	12,0	14,9	14,3
Sonstige	51,1	60,9	74,7	83,9	85,7
Welt-Gesamt	**2 059,2**	**2 217,8**	**2 492,4**	**2 839,9**	**2 888,2**

→ Was könnt ihr den Tabellen entnehmen?
→ Welches Land hatte 2006 den größten Erdgasverbrauch in Europa, welches die höchste Förderquote und welches die größten Reserven?
→ Stellt die Entwicklung des Erdgasverbrauchs in Deutschland von 1990 bis 2006 in einem geeigneten Diagramm dar.
→ Stellt die Förderquoten der europäischen Länder (absolute und relative Häufigkeiten) in verschiedenen Diagrammen dar und beschreibt Vor- und Nachteile der einzelnen Darstellungen.
→ Wie viel Prozent der weltweiten Erdgasreserven waren 2006 in Europa?
→ Stellt weitere Fragen, die sich mithilfe von Berechnungen beantworten lassen.
→ Präsentiert eure Ergebnisse.

Aufgabe

1. Das Schaubild rechts gibt Auskunft über angefallene häusliche Abfälle einer deutschen Stadt.

Zusammensetzung der häuslichen Abfälle:

a) Stelle die einzelnen Müllmengen in einem Säulendiagramm dar.
Welche Vorteile hat diese Darstellung?

b) Wie viel Prozent des gesamten häuslichen Abfalls entfällt auf Haus- und Sperrmüll, wie viel Prozent auf Grün- und Bioabfall, wie viel Prozent auf Wertstoffe?
Runde auf volle Prozent.

c) Veranschauliche die Anteile
(1) in einem Streifendiagramm; (2) in einem Kreisdiagramm.
Was zeigen diese Diagramme auf einen Blick?

Lösung

a) Auf der y-Achse wählen wir 1 mm für 3 000 t Abfall. Damit ergeben sich für die Säulen folgende Längen in mm:

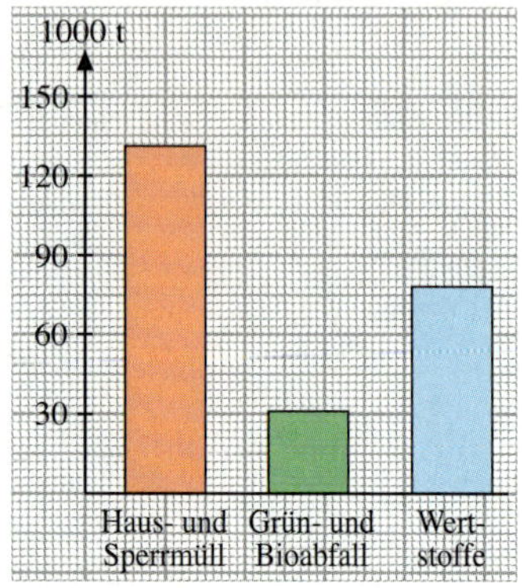

Haus- und Sperrmüll: $131\,000 : 3\,000 \approx 44$
Grün- und Bioabfälle: $31\,100 : 3\,000 \approx 10$
Wertstoffe: $78\,400 : 3\,000 \approx 26$

In dem Säulendiagramm kann man *auf einen Blick* die einzelnen Müllmengen gut miteinander vergleichen und in eine Rangfolge bringen.
Wir sehen auch, dass mehr als doppelt so viel Wertstoffe wie Grün- und Bioabfälle angefallen sind.

b) Das gesamte Müllaufkommen beträgt:
$131\,000\text{ t} + 31\,100\text{ t} + 78\,400\text{ t} = 240\,500\text{ t}$

Damit lassen sich die Anteile (relative Häufigkeiten) der einzelnen Abfallsorten am gesamten Müllaufkommen berechnen.

131 000 t von 240 500 t sind Haus- und Sperrmüll, also $\frac{131\,000\text{ t}}{240\,500\text{ t}} \approx 0{,}54 = 54\,\%$

31 100 t von 240 500 t sind Grün- und Bioabfälle, also $\frac{31\,100\text{ t}}{240\,500\text{ t}} \approx 0{,}13 = 13\,\%$

78 400 t von 240 500 t sind Wertstoffe, also $\frac{78\,400\text{ t}}{240\,500\text{ t}} \approx 0{,}33 = 33\,\%$

Ergebnis: Der häusliche Abfall bestand ungefähr zu 54 % aus Haus- und Sperrmüll, zu 13% aus Grün- und Bioabfällen und zu 33 % aus Wertstoffen.

c) (1) *Streifendiagramm:*
Der ganze Streifen steht für das gesamte Müllaufkommen (100%). Wir wählen für die Länge des Streifens zweckmäßig 10 cm (= 100 mm). Dann entspricht 1 mm dem Anteil 1%. Damit ergeben sich für die Streifen folgende Längen:

Haus- und Sperrmüll: 54 mm
Grün- und Bioabfälle: 13 mm
Wertstoffe: 33 mm

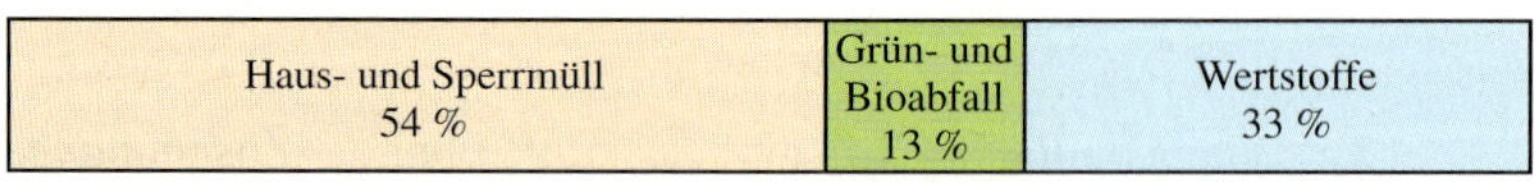

(2) *Kreisdiagramm:*
Nun steht der Vollkreis (360°) für das gesamte Müllaufkommen (100%). Ein Winkel von 3,6° entspricht dann dem Anteil 1%. Damit ergeben sich für die Kreissektoren folgende Mittelpunktswinkel:

Haus- und Sperrmüll: $3{,}6° \cdot 54 = 194{,}4°$
Grün- und Bioabfälle: $3{,}6° \cdot 13 = 46{,}8°$
Wertstoffe: $3{,}6° \cdot 33 = 118{,}8°$

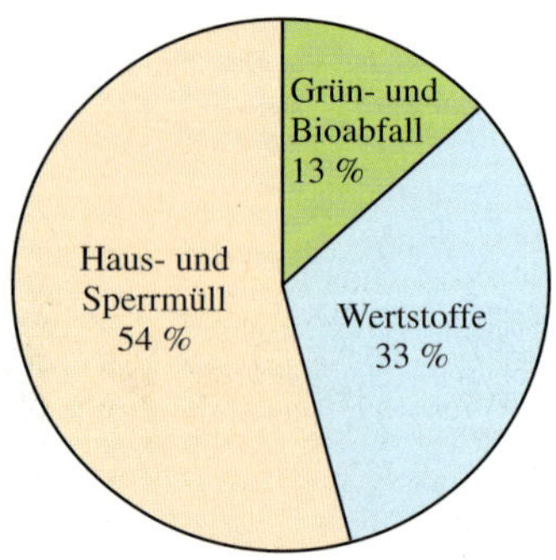

Das Streifendiagramm und das Kreisdiagramm zeigen *auf einen Blick*, woraus sich der gesamte Müll zusammensetzt und wie sich die einzelnen Müllanteile auf den gesamten Müll verteilen.
So sieht man im Streifen- und Kreisdiagramm sofort, dass mehr Haus- und Sperrmüll anfallen als Wertstoffe und Grün- und Bioabfälle zusammen bzw. dass mehr als die Hälfte des Mülls aus Haus- und Sperrmüll besteht.

Zum Festigen und Weiterarbeiten

2. In der Aufgabe 1 auf Seite 199 wurde der häusliche Abfall einer deutschen Stadt grafisch dargestellt. Hier seht ihr die entsprechenden Angaben aus dem Jahr 1990.

Müllart	Haus- und Sperrmüll	Grün- und Bioabfall	Wertstoffe
Müllmenge (in t)	169 200	15 000	49 100

Zeichnet verschiedene Diagramme und vergleicht sie mit denen aus Aufgabe 1. Ihr könnt die Diagramme auch mit einem Tabellenkalkulationsprogramm zeichnen.
Welche Veränderungen stellt ihr fest? Woran könnte das liegen?
Gebt die Veränderungen für die einzelnen Müllarten auch in Prozent an.

3. **a)** Was zeigen die Darstellungen? Welche Nachteile, welche Vorteile hat jede?

Bundestagswahl 2005 – Ergebnis					
CDU/CSU	**SPD**	**FDP**	**Die Linke**	**Grüne**	**Sonstige**
35,2 %	34,2 %	9,8 %	8,7 %	8,1 %	4,0 %

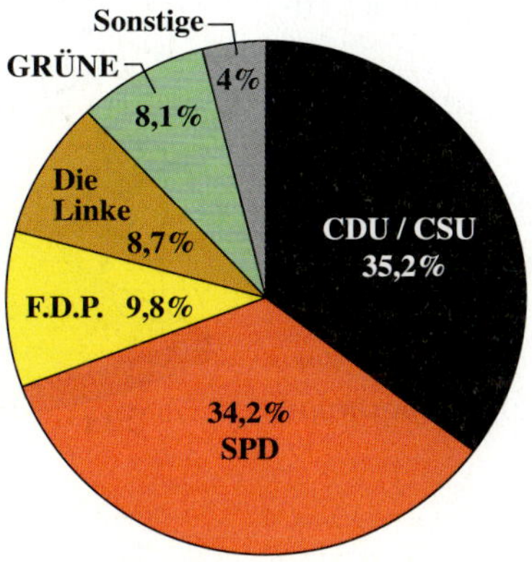

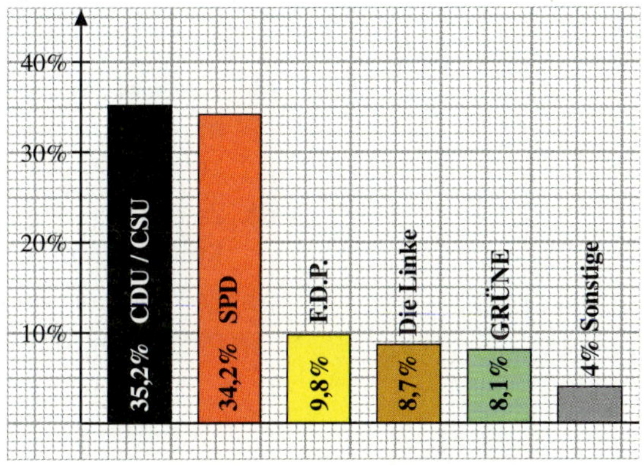

b) Für die Bundestagswahl 2005 waren 61,9 Mio. Personen wahlberechtigt. Die Wahlbeteiligung betrug 77,7%. Insgesamt wurden 47,3 Mio. gültige Erststimmen und 47,2 Mio. gültige Zweitstimmen abgegeben.

(1) Erkundige dich, worin sich Erst- und Zweitstimme unterscheiden.

(2) Wie viele gültige Zweitstimmen erhielten die einzelnen Parteien?

(3) Wie viele ungültige Erststimmen [Zweitstimmen] gab es?

4. Rechts siehst du ein Liniendiagramm. Es zeigt die Entwicklung einer Aktie. Die Punkte geben jeweils den Aktienkurs am Ende eines Jahres an.

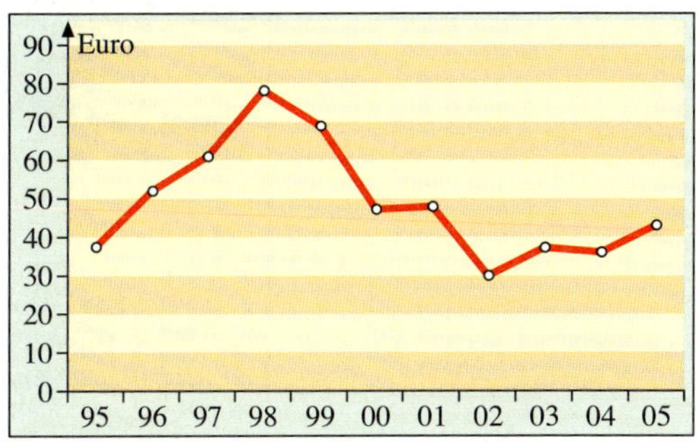

a) Wieso sind Liniendiagramme besonders gut geeignet, zeitliche Entwicklungen von Größen (z. B. Aktienkurse oder Preise) zu beschreiben?

b) Schreibe zur Entwicklung des Aktienkurses einen Zeitungsartikel; denke dir auch eine passende Schlagzeile aus.

c) Stelle dir selbst Sachfragen, die du mithilfe der Daten des Diagramms beantworten kannst.

d) Sucht in Zeitungen, Zeitschriften oder im Internet nach Liniendiagrammen und stellt sie eurer Klasse vor.

Übungen

5. *Straßenverkehrs-Unfälle mit Personenschaden (Stand 2006):*

Überhöhte Geschwindigkeit	17%	Alkohol	6%
Nichtbeachten der Vorfahrt	15%	Fehlverhalten gegenüber Fußgängern	4%
Unzureichender Sicherheitsabstand	12%	Überholen	4%
Fehler beim Abbiegen, Wenden	14%	Sonstige Ursachen	28%

a) Zeichne ein Säulendiagramm und ein Kreisdiagramm.

b) Die Anzahl der Straßenverkehrsunfälle mit Personenschaden betrug 327 590. Wie viele dieser Unfälle wurden durch überhöhte Geschwindigkeit verursacht, wie viele Unfälle durch Nichtbeachten der Vorfahrt usw.?

6. a) Ein großer Teil des Hausmülls entfällt auf Verpackungen. Wie viel Prozent des Hausmülls sind das?

b) Wie viel Prozent des Hausmülls entfällt auf Glas, wie viel Prozent auf Papier und Pappe usw.?

c) Wie viel Prozent des Verpackungsmülls entfällt auf Glas, wie viel Prozent auf Papier und Pappe usw.?

d) Zeichne zu dem Schaubild rechts ein Kreisdiagramm.

e) Zeichne für die verschiedenen Verpackungsarten ein Säulendiagramm.

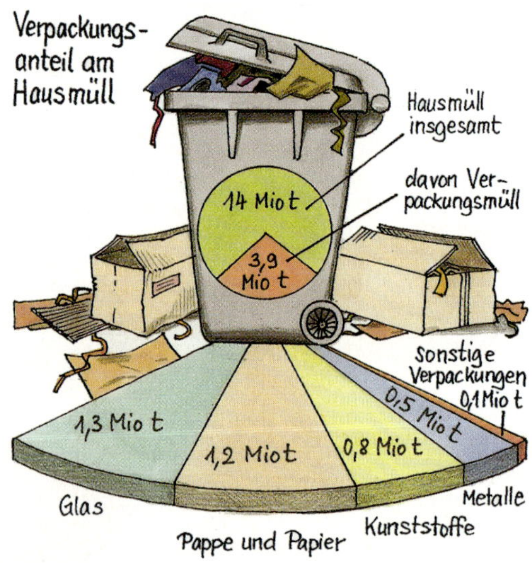

7.

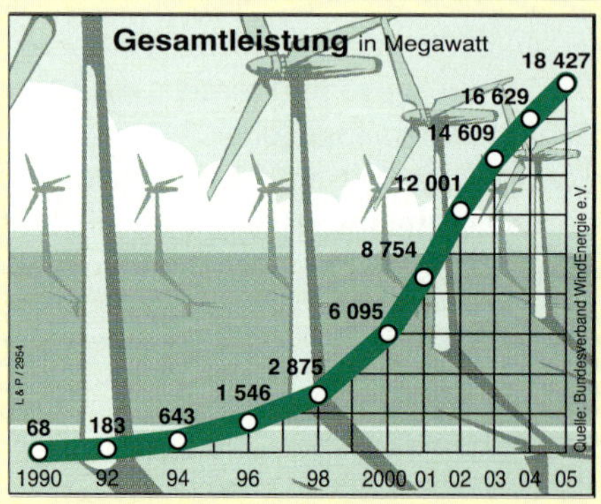

Wind-Nutzung flacht ab

Deutschland, dem größten Windenergiemarkt, geht beim Bau der Windräder langsam die Puste aus. 2004 wurden nur 1 200, 2005 sogar nur noch 1 049 neue Anlagen gebaut im Vergleich zu 2 000 Anlagen im Rekordjahr 2002. Insgesamt betrug Ende 2005 die installierte Windkraftleistung 18 400 Megawatt.

Die angegebene Leistung der Windkraftanlagen bezieht sich in dem Liniendiagramm immer auf die am Jahresende installierte Gesamtleistung.

a) Was kannst du *auf einen Blick* am Graphen ablesen?

b) Welche Zuordnung beschreibt der Graph? Wird diese Zuordnung im Text unter dem Graphen erklärt?

c) Wie beurteilst du die Schlagzeile „Windnutzung flacht ab"? Begründe deine Meinung.

d) Wie viele Windräder wurden 2004 neu gebaut? Wie viel Megawatt leistet im Durchschnitt jedes dieser Windräder?

e) Vergleiche die Zunahme der Windkraftleistung in den Jahren 1991/92, 1993/94, ..., 2003/04. In welchem Zweijahreszeitraum war die relative, in welchem die absolute Zunahme der Leistung am größten?

f) Erkundige dich im Internet, z. B. beim Bundesverband Windenergie e.V. nach der weiteren Entwicklung des Windenergiemarktes und stelle sie der Klasse vor.

8. In einer repräsentativen Befragung von 1 217 erwachsenen Deutschen wurde untersucht, wie sich das *Online-Shopping* in den letzten Jahren verändert hat. Die Tabelle gibt an, wie viele der befragten Personen zumindest gelegentlich Online-Einkäufe in dem angegebenen Jahr im World Wide Web getätigt haben.

Jahr	2000	2001	2002	2003	2004	2005	2006
Anzahl der Online-Shopper	97	182	268	340	413	479	536

a) Veranschauliche die Daten durch ein Liniendiagramm.
Was siehst du am Diagramm *auf einen Blick?*

b) Bestimme die relativen Häufigkeiten. Was geben sie an?

c) Schätze ab, wie viele Erwachsene in Deutschland 2004 zumindest gelegentlich Online-Einkäufe erledigt haben.

d) Um wie viel Prozent ist das Einkaufen per Internet von 2000 bis 2004 angestiegen?

9.

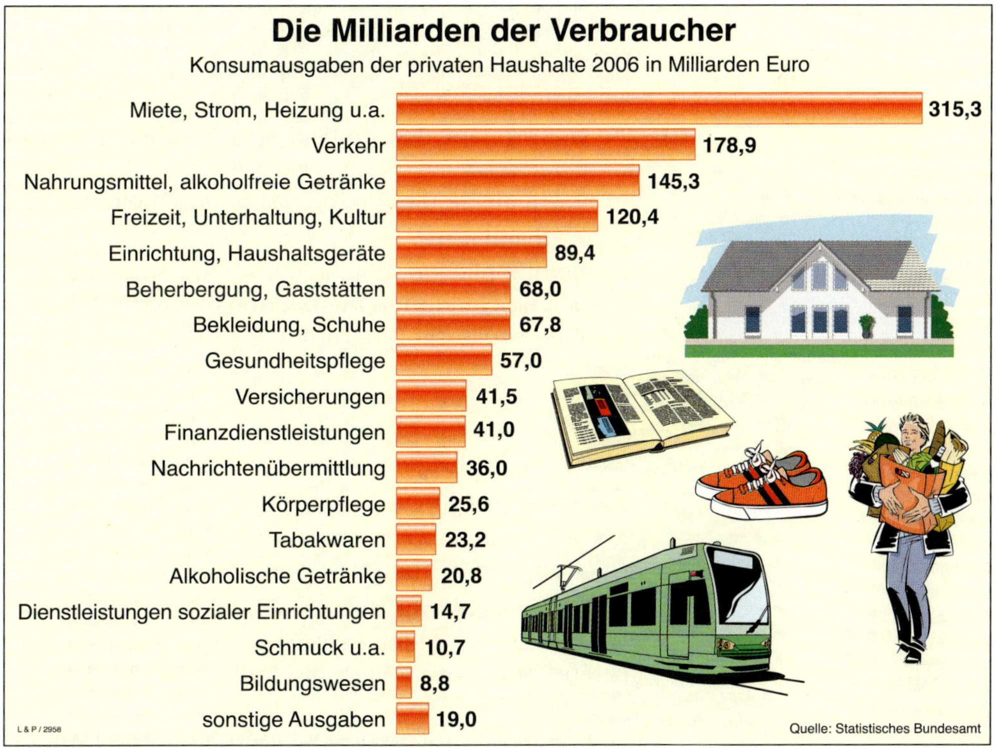

a) Wie viel Prozent der gesamten Konsumausgaben gaben die privaten Haushalte für die Wohnung, wie viel Prozent für die Bildung aus?

b) Wie viel Prozent gaben sie für Verkehr mehr aus als für Nahrungsmittel?

c) Stelle die Konsumausgaben in einem Kreisdiagramm dar. Fasse dazu die letzten sieben Ausgabenblöcke (ab Körperpflege) unter *sonstige Ausgaben* zusammen.

d) Suche z. B. im Internet oder in Zeitschriften vergleichbare Diagramme, stelle selbst dazu Fragen und beantworte sie.

10. Erkundige dich im Internet beim niedersächsischen Landesamt für Statistik, wie sich seit 1980 die Anzahl der Schülerinnen und Schüler an den weiterführenden Schulen in Niedersachsen entwickelt hat.
Erstelle dazu Diagramme und schreibe einen Zeitungsartikel.

11. **a)** In den beiden folgenden Diagrammen ist jeweils der Anteil der männlichen und weiblichen Auszubildenden in den einzelnen Ausbildungsbereichen dargestellt.
Vergleiche die Diagramme. Was wird beim linken Diagramm hervorgehoben?
Was steht beim rechten Diagramm im Vordergrund?

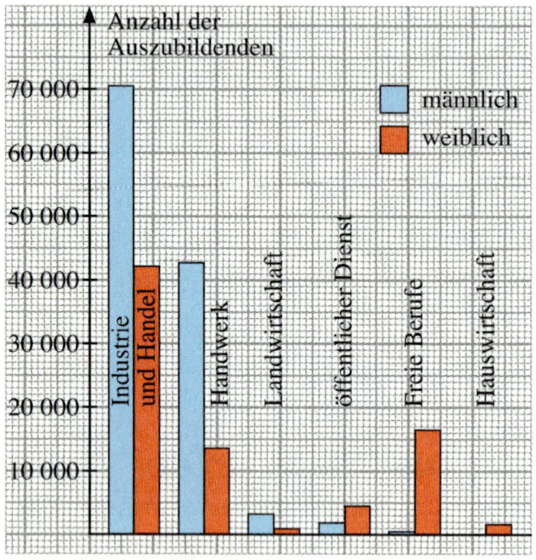

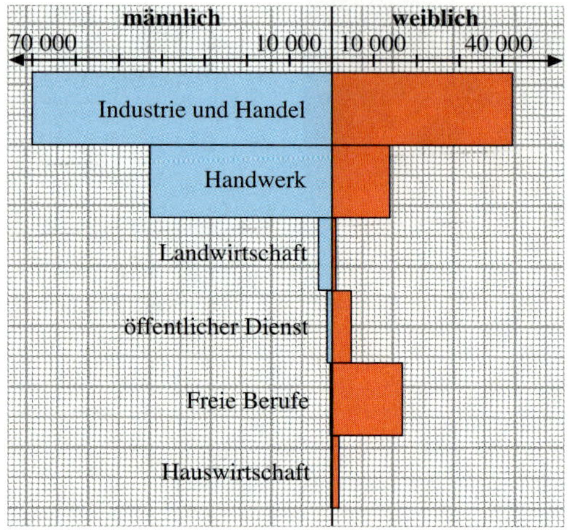

b) Wie viel Prozent der weiblichen Auszubildenden entfallen auf jeden Ausbildungsbereich?
Veranschauliche die Prozentsätze durch ein geeignetes Diagramm.

c) Wie verteilen sich
(1) die männlichen Auszubildenden, (2) alle Auszubildenden
auf die verschiedenen Ausbildungsbereiche?
Zeichne jeweils ein Diagramm wie in Teilaufgabe b) und vergleiche.

12. Die Tabelle zeigt, wie sich die Sportnoten an der Herder-Schule auf die Mädchen und die Jungen verteilen.

Note	1	2	3	4	5
Mädchen	9	25	33	19	2
Jungen	11	28	39	12	6

a) Wie viele Mädchen, wie viele Jungen, wie viele Schüler insgesamt erhielten eine bestimmte Sportnote?

b) Veranschauliche auf drei verschiedene Weisen die Verteilung der Noten für die Mädchen und Jungen jeweils zusammen in einem Säulendiagramm.
(1) Für jede Note sollen die Säulen für Mädchen und Jungen übereinander stehen.
(2) Die Säulen sollen nebeneinander stehen wie in Aufgabe 11 a) links.
(3) Die Säulen sollen gegeneinander stehen wie in Aufgabe 11 a) rechts.
Nimm Stellung zu diesen drei Formen der Darstellung.

TAB

c) Zeichne die Tabelle ab. Trage zu den einzelnen Noten die Prozentsätze ein.
Wähle bei deinen Berechnungen jeweils den passenden Grundwert.

Note	1	2	3	4	5	
Mädchen						100%
Jungen						100%
Gesamt						100%

d) Stelle die relative Verteilung der Sportnoten
(1) für die Mädchen, (2) für die Jungen, (3) für die Schüler insgesamt
in je einem Kreisdiagramm dar.
Vergleiche. Was zeigen diese Diagramme nicht?

DATENPAARE IN ZWEIDIMENSIONALEN STREUDIAGRAMMEN

Einstieg

Der englische Biologe und Statistiker Sir Francis Galton (1822 – 1911) verglich die Körpergröße von Männern mit der ihrer Väter.
Der Graph rechts zeigt entsprechende Messwerte.

→ Beschreibe den Graphen, welche Besonderheiten weist er auf?

→ Was kann man allgemein über den Zusammenhang zwischen der Körpergröße von Vätern und Söhnen sagen?

→ Wie sieht dieser Zusammenhang bei sehr kleinen bzw. sehr großen Vätern aus? Vergleiche hierzu jeweils die Körpergrößen von Vätern und Söhnen.

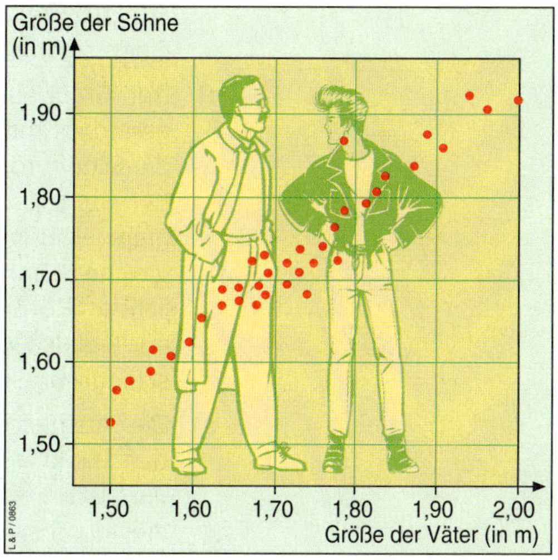

Aufgabe

1. Von den Schülerinnen und Schülern der zehnten Klasse einer Realschule wurden jeweils die Körpergröße und die Schuhgröße gemessen. Die Ergebnisse zeigt die folgende Tabelle:

Name	Schuhgröße	Körpergröße	Name	Schuhgröße	Körpergröße	Name	Schuhgröße	Körpergröße
Alex	36	157	Paul	38	165	Leon	36,5	160
Axel	45	188	Lara	38	166	Roman	37	162
Corinna	42	172	Lena	37	165	Rudi	38	168
Luca	45	182	Friedrich	37	163	Christine	37	160
Tom	44	180	Jannik	43	173	Simone	38	172
Frank	42	182	Markus	37	170	Sonja	39	165
Julia	37,5	165	Andreas	42	175	Thomas	45	194
Juliane	41	170	Michael	44	184	Thorsten	41	169
Björn	43	183	Michi	45	193	Lilli	44	186
Christopher	43	178	Maria	43	184	Marc	43	180

a) Welchen Zusammenhang zwischen Schuhgröße und Körpergröße könnte man vermuten?

b) Zeichne die Punkte, die zu den Datenpaaren gehören, in ein Koordinatensystem ein. Beschreibe den Graphen, den du dadurch erhältst.

c) Was kann man aus dem Graphen über den Zusammenhang zwischen Schuhgröße und Körpergröße ablesen?

d) Versuche eine Gerade durch die Punkte zu legen, die möglichst wenig von den Punkten abweicht. Man nennt eine solche Gerade **Ausgleichsgerade** oder auch *Regressionsgerade*. Es gibt verschiedene Möglichkeiten, eine solche Gerade zu zeichnen. Durch welchen besonderen Punkt sollte diese Gerade verlaufen?

e) Welche Art von Zusammenhang wird durch die Ausgleichsgerade beschrieben?

f) Welche Schuhgröße kann man nach den vorliegenden Daten und aufgrund der Ausgleichsgerade bei einer Person erwarten, die 1,65 m groß ist?

Lösung

a) Man könnte erwarten, dass größere Personen im Allgemeinen auch größere Schuhgrößen haben als kleinere Personen.

b) Wir erhalten einen Graphen, der aus einzelnen Punkten besteht und aussieht wie eine *Punktwolke*.
Einen solchen Graphen nennt man auch **zweidimensionales Streudiagramm**.

c) Der Graph bestätigt die Erwartungen, dass mit der Körpergröße auch die Schuhgröße zunimmt.
Es gibt jedoch auch viele Ausnahmen. Häufig haben Personen die gleiche Schuhgröße bei unterschiedlichen Körpergrößen. Oft haben auch gleich große Personen unterschiedliche Schuhgrößen.

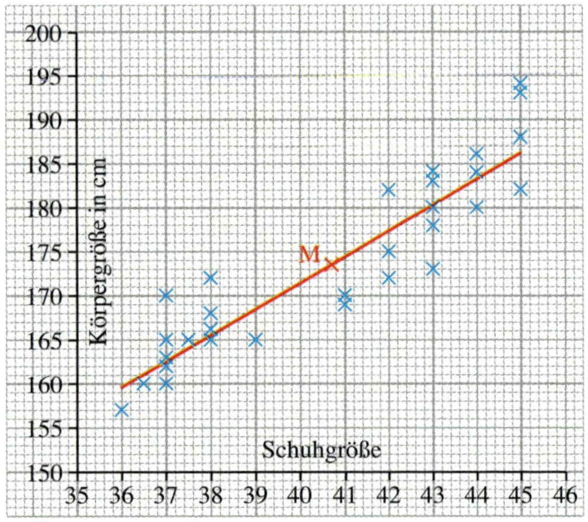

d) Die Ausgleichsgerade sollte durch den Punkt verlaufen, der durch die durchschnittliche Schuhgröße und die durchschnittliche Körpergröße gegeben ist, also durch den Punkt M(40,7 | 173,7).
Dieser Punkt entspricht einem *Durchschnittsmenschen* der Stichprobe.
Außerdem wurde die Gerade so gelegt, dass die Punkte oberhalb der Graphen näherungsweise genauso viel von der Geraden abweichen wie die Punkte unterhalb.

e) Die Ausgleichsgerade beschreibt – wie jede Gerade – einen *linearen Zusammenhang*. Da die Punkte zum großen Teil nicht auf der Geraden liegen, gilt dieser lineare Zusammenhang für die Zuordnung von Schuhgröße und Körpergröße nur ungefähr.

f) Nach den vorliegenden Daten ist bei einer 1,65 m großen Person die Schuhgröße zwischen 37 und 39.
Aufgrund der Ausgleichsgeraden ist eine Schuhgröße von 38 zu erwarten.

Zum Festigen und Weiterarbeiten

2. Bei einem Testfahrzeug wurde der Kraftstoffverbrauch bei konstanter Geschwindigkeit auf unterschiedlichen Strecken gemessen:

Strecke (in km)	20	30	40	50	60	70	80	90
Verbrauch (in *l*)	1,20	1,75	2,50	3,00	3,65	4,35	4,73	5,51

a) Welcher Zusammenhang zwischen gefahrener Strecke und Kraftstoffverbrauch ist hier zu erwarten?

b) Zeichne die Punkte, die zu den Datenpaaren gehören, in ein Koordinatensystem ein.
Zeichne auch eine Ausgleichsgerade ein.

c) Vergleiche mit Aufgabe 1.
Nenne Gemeinsamkeiten und Unterschiede.

Übungen

3. In einer Untersuchung wurden die Körpergrößen von Vätern und Söhnen gemessen (vergleiche Einstieg, S. 205). Die Ergebnisse sind in der folgenden Tabelle dargestellt:

Größe des Vaters (in cm)	150	156	161	165	172	174	175	181	185	188	191	200
Größe des Sohnes (in cm)	152	154	159	170	174	175	175	179	186	185	189	192

a) Zeichne zu den Datenpaaren ein Streudiagramm. Zeichne auch eine Ausgleichsgerade.

b) Triff mithilfe der Ausgleichsgeraden eine Vorhersage, welche Körpergröße man für den Sohn eines 1,60 m [1,75 m; 1,90 m] großen Vaters erwarten kann.

4. Temperaturen werden mit zunehmender Windstärke als wesentlich kälter empfunden als sie laut Thermometer tatsächlich sind. Die folgende Tabelle enthält die bei 0 Grad Celsius gefühlte Temperatur in Abhängigkeit von der Windstärke.

Windstärke (in Beaufort)	0	1	2	3	4	5	6	7	8
Gefühlte Temperatur (in °C)	0	– 1	– 2	– 7	– 11	– 14	– 17	– 18	– 19

a) Zeichne ein Streudiagramm zu den Datenpaaren.
Zeichne auch eine Ausgleichsgerade ein.

b) Triff mithilfe der Ausgleichsgeraden eine Vorhersage:
Wie hoch wird die gefühlte Temperatur bei 0 Grad Celsius und der Windstärke 10 sein?

5. Untersucht mögliche Zusammenhänge zwischen folgende Wetterdaten aus Hannover. Zeichne hierzu jeweils ein Streudiagramm und eine Ausgleichsgerade.

a) Durchschnittliche Maximum- und Minimumtemperaturen (in °C).

Monat	Maximum	Minimum	Monat	Maximum	Minimum
Januar	2,6	– 2,5	Juli	22,4	12,2
Februar	3,6	– 2,4	August	22,2	11,9
März	8,0	– 0,1	September	18,8	9,2
April	13,0	3,2	Oktober	13,1	5,4
Mai	17,8	6,9	November	7,5	2,3
Juni	20,7	10,0	Dezember	4,0	– 0,8

b) Durchschnittliche Temperaturen (in °C) und monatliche Sonnenscheindauer (in h).

Monat	Temperatur	Dauer	Monat	Temperatur	Dauer
Januar	0,1	46	Juli	17,4	206
Februar	0,5	69	August	17,0	188
März	3,6	120	September	13,8	185
April	8,1	184	Oktober	9,1	105
Mai	12,6	227	November	5,1	52
Juni	15,8	214	Dezember	1,8	34

c) Besorgt euch entsprechende Klimadaten aus eurer eigenen Gemeinde bzw. Region und untersucht sie auf mögliche Zusammenhänge.

6. Wählt 10 Personen einer Altersgruppe aus (z. B. Schülerinnen und Schüler eurer Klasse) und untersucht den Zusammenhang zwischen folgenden Merkmalen:

a) Körpergröße und Ellenbogenlänge

b) Körpergröße und Schrittweite

c) Schädelumfang und Nasenlänge

d) Halsumfang und Ellenbogenlänge

IM BLICKPUNKT: MATHEMATIK AUS DER ZEITUNG

Zustand des Waldes ist alarmierend

Berlin: Der Wald hat etwas Beruhigendes, aber wenig beruhigend ist der Zustand unserer Wälder, der sich 2004 alarmierend verschlechtert hat. Eine Ursache dafür ist der Rekordsommer 2003. Die lang anhaltende Trockenheit sowie hohe Ozonwerte und andere Schadstoffbelastungen trafen die Wälder. Außerdem haben gefräßige Schädlinge den Bäumen stark zugesetzt.

Der Anteil der Bäume ohne sichtbare Schäden liegt mit nur noch 28% so gering wie nie zuvor. Fast ein Drittel aller Bäume zeigen deutliche Nadel- bzw. Blattverluste. Damit hat die Zahl der deutlich geschädigten Bäume im Vergleich zum Vorjahr so stark zugenommen, wie noch nie seit Beginn der Untersuchungen 1984; gleichzeitig wird damit der höchste Krankheitsstand erreicht.

Das größte Problem ist die Buche. Der Anteil der deutlichen Schäden stieg innerhalb eines Jahres um 15 Prozentpunkte auf 55 Prozent. Bei der Fichte stiegen die deutlichen Schäden um 8, bei der Eiche um 6 Prozentpunkte. Nur die Kiefer hält sich mit einem Plus von 4 Prozentpunkten relativ stabil.

	1990	1991	1992	1993	1994	1995	1996	1997	1998	1999	2000	2001	2002	2003	2004
alle Baumarten:															
ohne Schäden	38%	32%	29%	34%	31%	36%	39%	37%	38%	37%	35%	36%	35%	31%	28%
Warnstufe	39%	38%	42%	42%	43%	41%	39%	41%	41%	41%	42%	42%	44%	46%	41%
deutliche Schäden	23%	30%	29%	24%	26%	23%	22%	22%	21%	22%	23%	22%	21%	23%	31%
Fichte:															
ohne Schäden	37%	34%	28%	34%	32%	38%	43%	37%	36%	36%	34%	31%	33%	30%	26%
Warnstufe	40%	37%	42%	40%	39%	38%	35%	40%	38%	39%	41%	43%	41%	43%	39%
deutliche Schäden	23%	29%	30%	26%	29%	24%	22%	23%	26%	25%	25%	26%	26%	27%	35%
Kiefer:															
ohne Schäden	39%	28%	31%	40%	33%	41%	44%	43%	45%	42%	39%	40%	38%	34%	34%
Warnstufe	40%	39%	46%	44%	48%	45%	43%	44%	45%	45%	48%	46%	49%	53%	49%
deutliche Schäden	21%	33%	23%	16%	19%	14%	13%	13%	10%	13%	13%	14%	13%	13%	17%
Buche:															
ohne Schäden	31%	29%	20%	24%	24%	20%	26%	23%	24%	21%	21%	25%	26%	24%	14%
Warnstufe	42%	45%	42%	44%	49%	44%	44%	47%	47%	47%	39%	43%	42%	46%	41%
deutliche Schäden	27%	26%	38%	32%	27%	36%	30%	30%	29%	32%	40%	32%	32%	30%	55%
Eiche:															
ohne Schäden	36%	27%	22%	19%	17%	19%	13%	14%	20%	20%	21%	21%	27%	17%	17%
Warnstufe	39%	38%	45%	39%	39%	42%	40%	39%	43%	36%	44%	46%	44%	44%	38%
deutliche Schäden	25%	35%	33%	42%	44%	39%	47%	47%	37%	44%	35%	33%	29%	39%	45%

- → Schaut euch den Zeitungsartikel und die Tabelle an und klärt unbekannte Begriffe. Worin unterscheiden sich die Begriffe *Prozent* und *Prozentpunkte?*
- → Überprüft die Angaben im Zeitungsartikel. War bei allen Baumarten der Krankheitszustand 2004 am höchsten?
- → Bei welcher Baumart war die relative Zunahme der deutlichen Schäden von 2003 auf 2004 am geringsten?
- → Beschreibt die Schadensentwicklung aller Baumarten von 1990 bis 2004 und stellt sie in geeigneter Weise, z. B. mithilfe eines Tabellenkalkulationsprogramms grafisch dar.
- → Schreibt einen Zeitungsbericht zur Schadensentwicklung der Buche in deutschen Wäldern. Erstellt dazu auch geeignete Diagramme und ergänzt den Bericht mit weiteren Informationen, die ihr mithilfe der gegebenen Daten berechnen könnt.
- → Informiert euch z. B. im Internet über den aktuellen Zustand des deutschen Waldes.
- → Findet ähnliche Datenangaben in Zeitungen oder anderen Medien und stellt sie vor.

IRREFÜHRENDE DARSTELLUNGEN IN DER STATISTIK

Einstieg

manipulieren ⟨lat.⟩ zum eigenen Vorteil beeinflussen

Ein Fotogeschäft gibt zum Jubiläum eine Werbebroschüre heraus. Positive Aussagen zur Geschäftsentwicklung sollen durch bildliche Darstellungen hervorgehoben werden. Im Folgenden siehst du jeweils zwei Vorschläge.

(1) „In den letzten fünf Jahren konnten wir unseren Umsatz vervierfachen."

Vorschlag 1

Vorschlag 2

(2) „Unsere günstigen Preise haben den Trend zum Foto im Posterformat verstärkt."

Vorschlag 1

Vorschlag 2

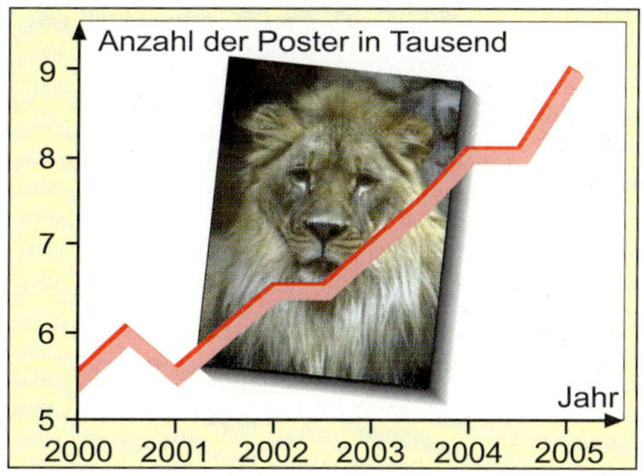

- ➜ Welcher Eindruck soll vermittelt werden?
- ➜ Welche Darstellung ist angemessen?
- ➜ Vergleicht die beiden Vorschläge.
- ➜ Präsentiert eure Ergebnisse.

Aufgabe

1. 2003 kostete 1 t Rohkaffee im Durchschnitt 1 250 US-Dollar, im Jahr 2005 doppelt so viel. Für einen Zeitungsartikel entwirft ein Grafiker zwei verschiedene bildliche Darstellungen.

(1)

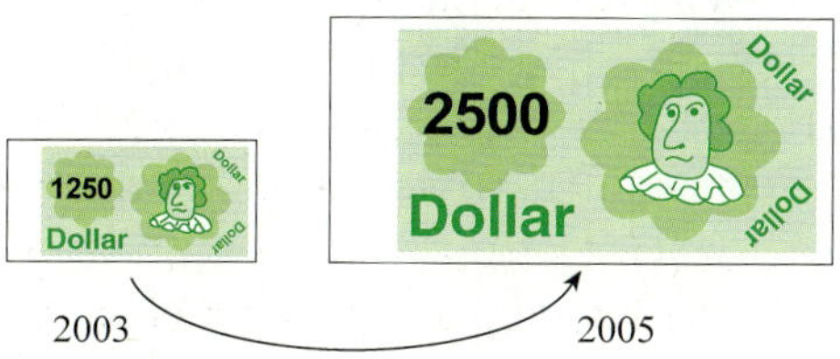

(2)

Welche der Darstellungen gibt den Preisverfall angemessen wieder?

Lösung

(1) Beim Vorschlag (1) wurden die Seitenlängen des kleinen Geldscheins verdoppelt; dadurch wurde sein Flächeninhalt vervierfacht. Vier kleine Scheine passen in einen großen. Dies ist eine irreführende Darstellung, weil nicht die Längen sondern die Flächen der Geldscheine ins Auge fallen. Die nebenstehende Abbildung stellt die Verhältnisse richtig dar. Der große Geldschein hat den doppelten Flächeninhalt des kleinen. Miss nach und kontrolliere.

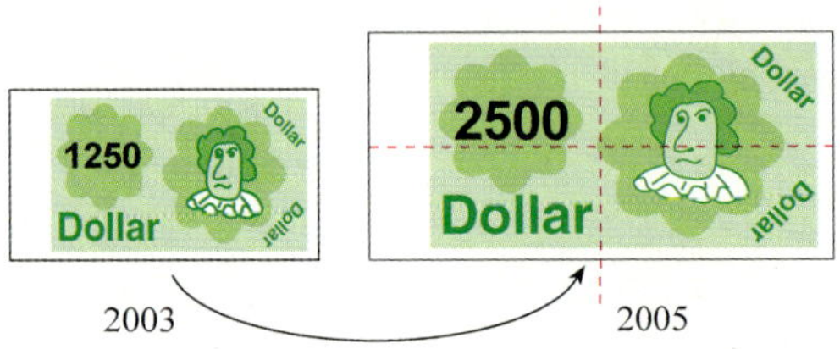

(2) Die Abbildung (2) zeigt deutlich eine Verdopplung des Geldbetrages. Die Geldstücke selber werden nicht größer, nur die Höhe des Geldturms wird verdoppelt.

Zum Festigen und Weiterarbeiten

2. Das Ergebnis einer Umfrage zur Gesundheitsreform ist in einem Kreisdiagramm festgehalten worden.

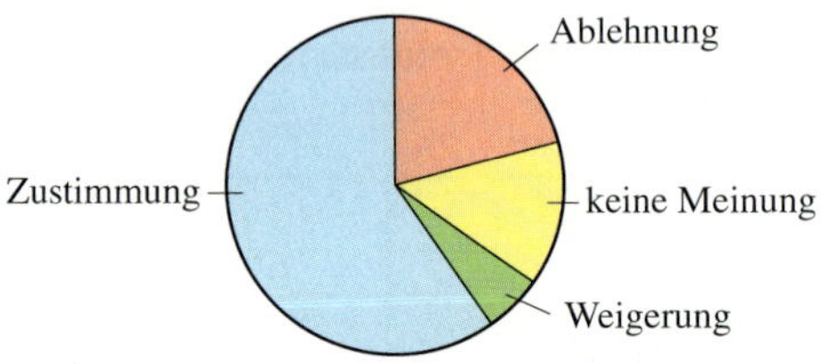

Es kann auch durch sogenannte *Piktogramme* veranschaulicht werden (rechts).
Welche Darstellung ist bei diesem Problem angemessen?
Welche Eindrücke werden durch die verschiedenen Darstellungen erweckt?

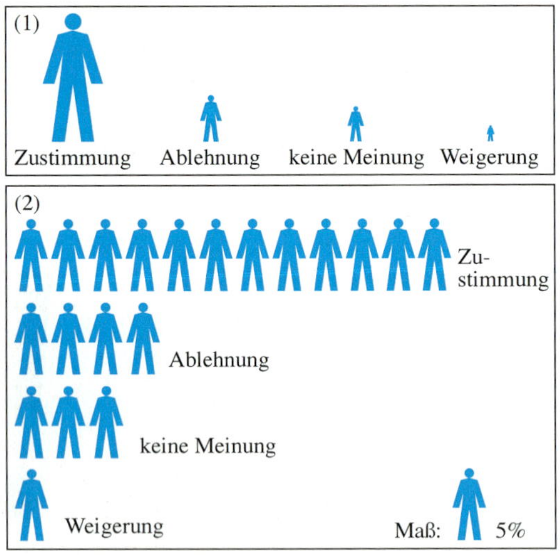

3. Die Firma „Gute Bohne" hat in den letzten 12 Jahren ihre Kaffeeproduktion von jährlich 4 000 t auf 8 000 t verdoppelt. In einer Broschüre soll diese Entwicklung durch zwei verschieden große Quader dargestellt werden. Mache einen Vorschlag.
Überlege vorher, welche Größe beim Betrachten eines Quaders ins Auge fällt.

4. Welche Informationen vermitteln die Zahlenangaben der Abbildung?
Werden diese Informationen durch die bildlichen Darstellungen richtig wiedergegeben?

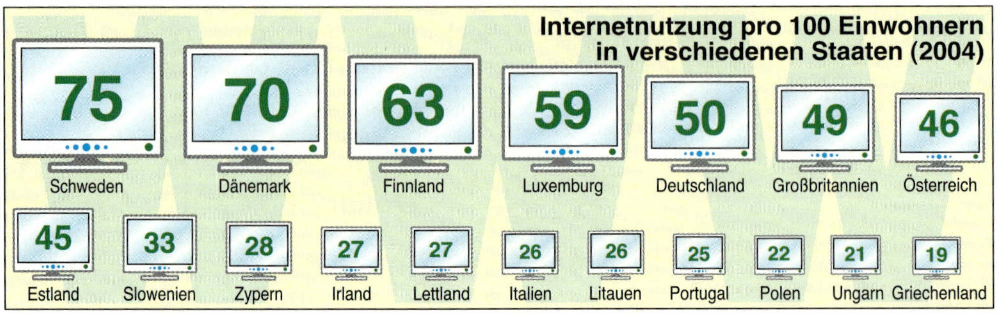

5. In der Tabelle ist die zeitliche Entwicklung der Schülerzahlen an den Realschulen in Niedersachsen seit dem Schuljahr 2001/2002 dargestellt.

Schuljahr	2001/02	2002/03	2003/04	2004/05	2005/06	2006/07	2007/08
Anzahl	115 200	117 958	121 426	180 497	176 829	176 135	176 014

a) Stelle die zeitliche Entwicklung der Schülerzahlen in vier verschiedenen Koordinatensystemen jeweils durch ein Liniendiagramm dar.
Beachte: Du musst die folgenden Diagramme noch geeignet ergänzen.

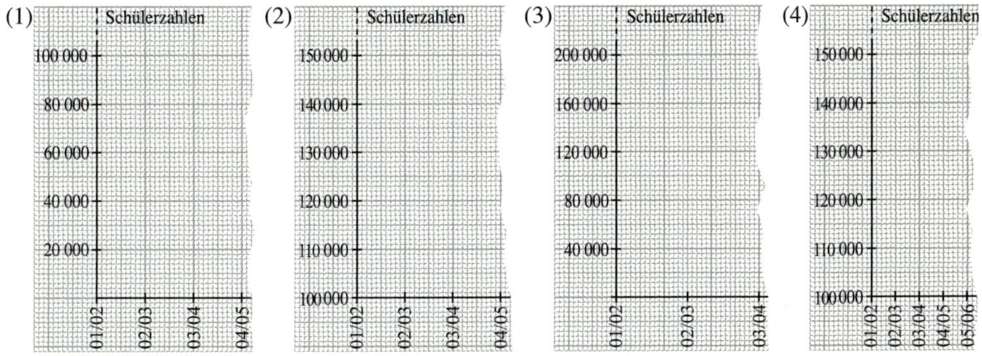

b) Beschreibe wie die unterschiedliche Achseneinteilung den optischen Eindruck verändern.

Information

Verschiedene grafische Darstellungen derselben Daten können beim Betrachter ganz unterschiedliche Eindrücke hervorrufen.
Bei flächenhaften Darstellungen achten wir unbewusst auf den Flächeninhalt, bei körperhaften auf das Volumen.
Ordnet man gleich groß gezeichnete Gegenstände räumlich an, so erscheinen die hinteren größer als sie wirklich sind.
Oft wird bei Liniendiagrammen z. B. aus Platzgründen der Nullpunkt auf der Häufigkeitsachse nicht mit eingezeichnet.
Auf den ersten Blick kann man dadurch einen falschen Eindruck gewinnen.
Entsprechendes gilt, wenn man die Häufigkeitsachse oder die Zeitachse streckt oder staucht und damit unterschiedlich einteilt.
Man kann solche Darstellungen auch benutzen, um Informationen zu verfälschen.

Übungen

6. Ein chemisches Labor will in seinem neuesten Prospekt folgende Aussagen grafisch untermauern: „Durch Verwendung modernster Technologie konnte der Bedarf an giftigen Chemikalien in den letzten 8 Jahren halbiert werden."
Es werden zwei Vorschläge gemacht. Welcher Vorschlag ist angemessen? Begründe.

Vorschlag 1

Vorschlag 2

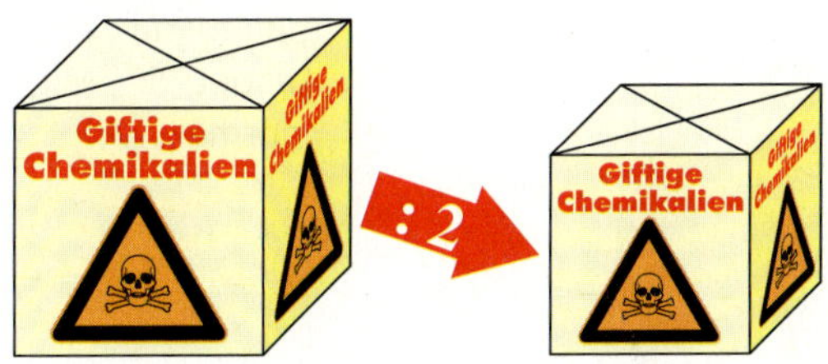

7. Erdbevölkerung im Jahr 2005:

Afrika	906 000 000
Amerika	888 000 000
Asien	3 921 000 000
Europa	730 000 000
Australien und Ozeanien	33 000 000

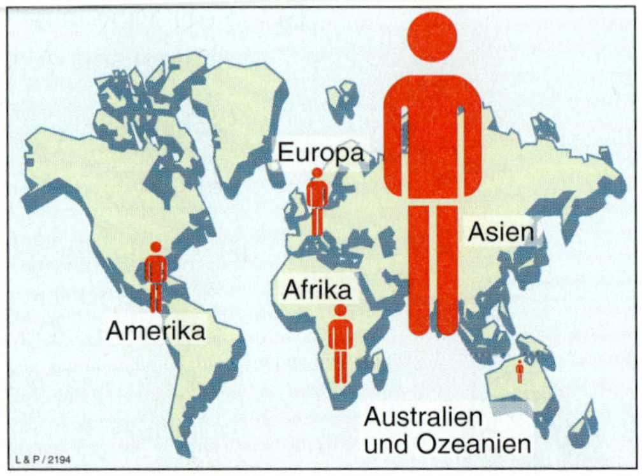

Welcher Eindruck entsteht durch das Bild? Zeichne zum Vergleich andere Darstellungen.

8. Ein Tennisverein hat 318 Mitglieder. In der Jahresschrift wird die Altersstruktur mit dem nebenstehenden Diagramm dargestellt.

a) Beurteile die Darstellung.

b) Wie viel Prozent aller Mitglieder sind 50 bis 90 Jahre alt?

c) Stelle die Angaben in einem Kreisdiagramm dar und vergleiche mit dem gegebenen Diagramm.

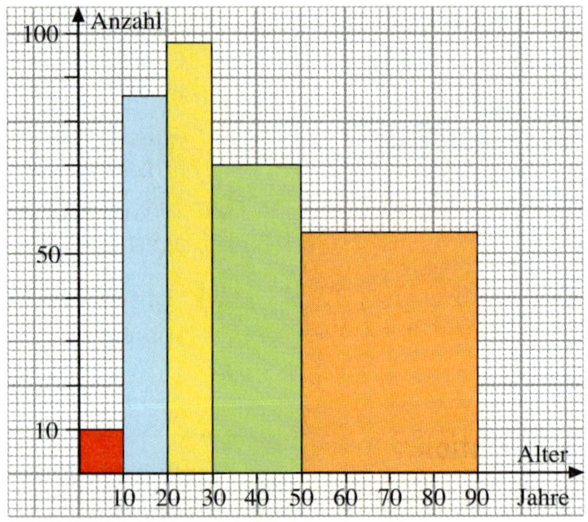

9. Das Diagramm rechts wurde in einer Zeitung mit der Überschrift „Die Zahl der Raubüberfälle hat von 2006 bis 2007 stark zugenommen".
Was meinst du dazu?
Begründe deine Antwort.

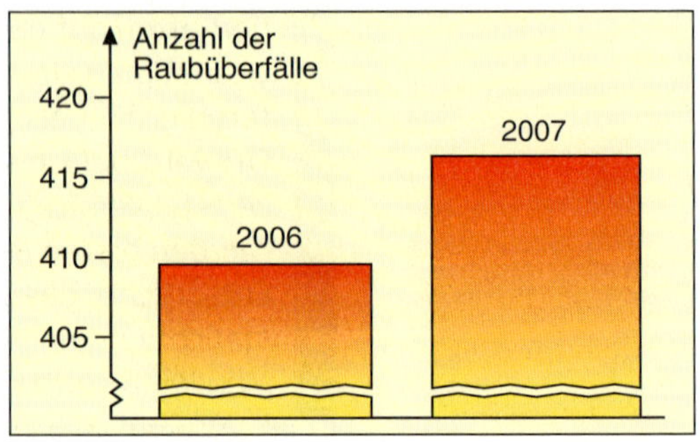

10. Ein Sportverein wirbt bei einer Veranstaltung mit einer Grafik, die den „enormen" Mitgliederzuwachs verdeutlichen soll.
Wie ist das den Machern dieser Grafik gelungen?
Zeichne zum Vergleich ein Säulendiagramm mit denselben Daten, sodass der Anstieg der Mitglieder des Sportvereins „normal" wirkt.

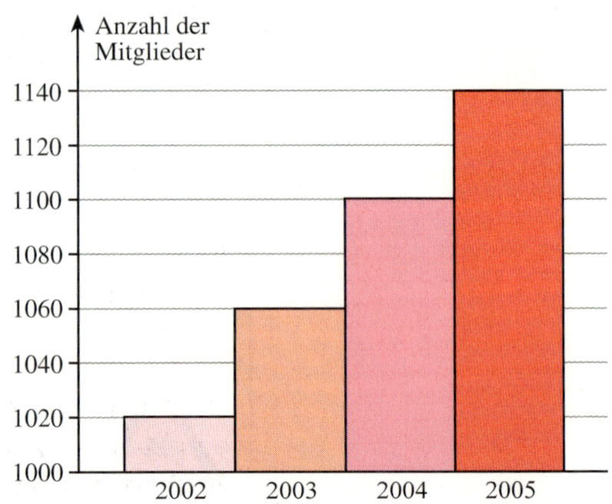

11. Rufen die Diagramme einen angemessenen Eindruck von der Veränderung hervor?

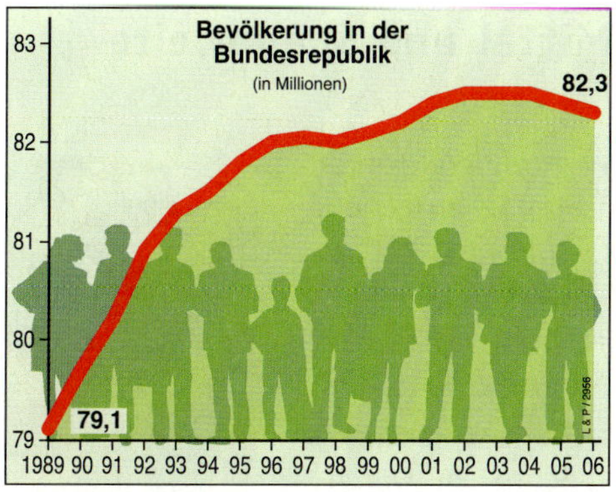

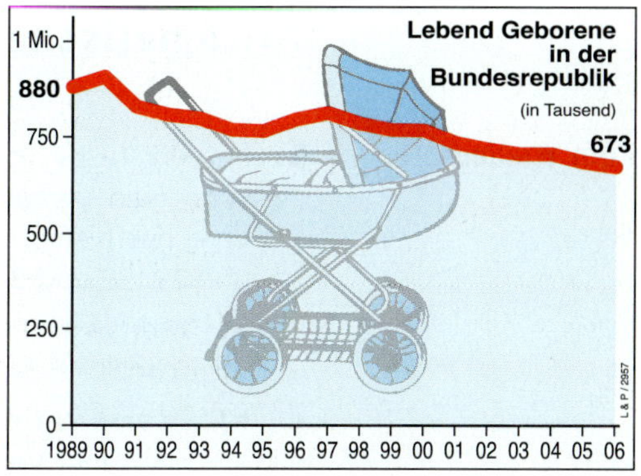

12. Die Grafik rechts wurde im Januar 2002 veröffentlicht, als überlegt wurde, ein Pfand auf Getränkedosen einzuführen. Zeichne eine Grafik, die gut zu der Überschrift „Mehrwegverpackungen immer noch an der Spitze" passt.

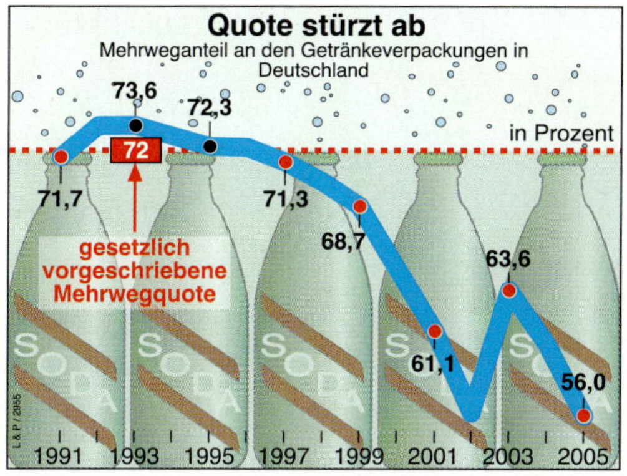

13. Die Mitgliederzahl eines Sportvereins ist in den letzten Jahren angestiegen.
Der Präsident meint: „Unsere persönliche Betreuung der Mitglieder hat die Anzahl nicht nur halten, sondern sogar etwas steigern können."
Der Jugendwart meint: „Das zunehmende Angebot an Funsportarten hat zu einem enormen Mitgliederzuwachs geführt."
Zeichne ein Diagramm für den Präsidenten und eines für den Jugendwart.

Jahr	2002	2003	2004	2005	2006	2007
Anzahl	982	1016	1063	1107	1143	1192

14. Die Tabelle zeigt die Anzahl der Arbeitslosen in Niedersachsen im Jahresdurchschnitt (gerundet auf Hunderter).

Jahr	1998	1999	2000	2001	2002	2003	2004	2005	2006
Anzahl	399 400	375 500	350 800	350 100	353 700	371 200	376 600	457 100	417 800

a) Stelle die Entwicklung der Arbeitslosenzahlen durch ein Liniendiagramm dar,
(1) das die Veränderungen verstärkt,
(2) das die Veränderungen verharmlost.

b) 1999 und 2004 betrug die durchschnittliche Arbeitslosenquote jeweils 11,2 %. Demnach gab es 2004 mehr Arbeitslose als 1999.
Erkläre.

15. Die Anzahl der Handys stieg weltweit in den letzten Jahren stark an: Sie verdoppelte sich von 1994 bis 2003 ca. alle drei Jahre.
Zeichne verschiedene Darstellungen, die diese Veränderungen angemessen wiedergeben.

ARITHMETISCHES MITTEL – STREUUNG

Arithmetisches Mittel und Spannweite

Zum Wiederholen

1. In den Tests von Veras Chemielehrer kann man immer 40 Punkte erreichen. Vera hat bisher drei Tests geschrieben und 29, 22 und 35 Punkte bekommen.

a) Wie viele Punkte hat sie durchschnittlich pro Test erreicht?

b) Es wird nur noch ein Test geschrieben und Vera möchte im Durchschnitt pro Test nicht unter 30 Punkte liegen.

Lösung

a) Wir addieren die Punkte und dividieren das Ergebnis durch die Anzahl der Tests.

Arithmetisches Mittel: $\frac{29 + 22 + 35}{3} \approx 28{,}7$

Vera hat durchschnittlich 28,7 Punkte pro Test erreicht.

b) Wir bezeichnen die Anzahl der Punkte im vierten Test mit x.
Das arithmetische Mittel muss mindestens 30 sein:

$$\frac{29 + 22 + 35 + x}{4} = 30 \quad | \cdot 4$$

$$86 + x = 120 \quad | - 86$$

$$x = 34$$

Vera muss im letzten Test mindestens 34 Punkte erreichen.

Wiederholung

Das arithmetische Mittel

Das arithmetische Mittel einer Reihe von Werten aus der Urliste erhält man, indem man die Summe aller Werte berechnet und durch die Anzahl der Werte dividiert.

Beispiel:
Niederschläge in einer Woche: 12 mm; 26 mm; 9 mm; 0 mm; 2 mm; 0 mm; 3 mm
Arithmetisches Mittel $\bar{x}$ (durchschnittlicher Niederschlag pro Tag):

$$\bar{x} = \frac{12\text{ mm} + 26\text{ mm} + 9\text{ mm} + 2\text{ mm} + 3\text{ mm}}{7} = \frac{52\text{ mm}}{7} \approx 7{,}4\text{ mm}$$

Bei einer gleichmäßigen Verteilung der Niederschläge auf die ganze Woche hätte es jeden Tag 7,4 mm geregnet.

Information

In Aufgabe 1 liegen alle Werte zwischen 22 (kleinster Wert) und 35 (größter Wert). Den Abstand bzw. die Differenz zwischen kleinstem und größtem Wert nennt man auch *Spannweite*. In diesem Beispiel beträgt die Spannweite 35 − 22 = 13 Punkte. Die Spannweite ist ein Maß für die Streuung der Werte.

Spannweite

Die Spannweite ist die Differenz zwischen dem größten und dem kleinsten Wert der erhobenen Werte.

Beispiel: 5 Schüler stoppen die Zeit eines Mitschülers beim 100-m-Lauf:
15,4 s; 14,5 s; 15,5 s; 15,8 s; 15,3 s. *Spannweite:* 15,8 s − 14,5 s = 1,3 s

Zum Festigen und Weiterarbeiten

2.

Größe:	50 cm	49 cm	52 cm	51 cm	48 cm	47 cm	50 cm	51 cm	50 cm
Gewicht:	3 250 g	3 400 g	2 950 g	3 050 g	2 880 g	3 120 g	3 360 g	3 100 g	3 170 g

In einer Klinik wurden im Laufe einer Woche 9 Kinder geboren. Sie hatten die oben stehenden Körpergrößen und Gewichte.
Berechne die durchschnittliche Körpergröße und das durchschnittliche Gewicht sowie die Spannweiten.

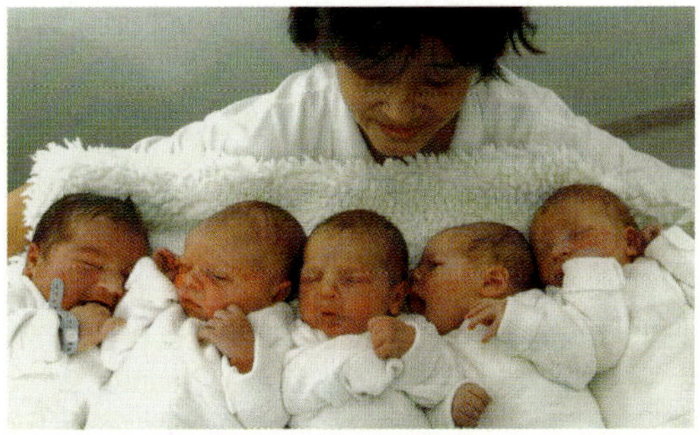

Übungen

3.

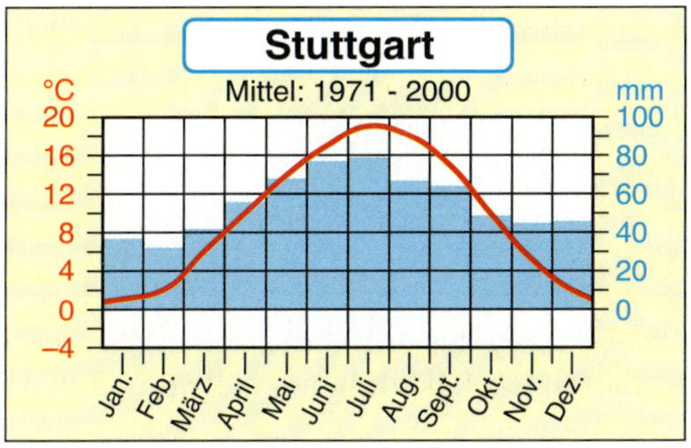

Links siehst du ein Klimadiagramm für Stuttgart mit den durchschnittlichen Monatstemperaturen und Niederschlägen.

a) Was stellt das Diagramm dar? Beschreibe es mit eigenen Worten.

b) Wie viel mm Niederschlag fallen in Stuttgart durchschnittlich pro Monat?

c) Berechne die durchschnittliche Jahrestemperatur und die Spannweite.

4. Susanne trainiert Weitspringen. Nach 5 Sprüngen ist sie im Durchschnitt 4,29 m weit gesprungen. Nach 6 Sprüngen sind es durchschnittlich 4,35 m.
Wie weit ist sie im 6. Versuch gesprungen?

5. Fragt eure Eltern, wie viel m^3 Wasser und Gas oder Heizöl und wie viel kWh elektrische Energie bei euch zu Hause im Jahr benötigt werden.
Tragt die Daten in eurer Gruppe (Klasse) zusammen und ermittelt jeweils für Wasser, Gas und Strom den durchschnittlichen Jahresverbrauch pro Person.
Berechnet auch die jährlichen Durchschnittskosten pro Person.
Überlegt genau, welche Informationen ihr zusätzlich braucht.

Berechnen des arithmetischen Mittels mithilfe von Häufigkeiten

Einstieg

Die Klasse 10 a hat für ein Schulfest 400 Lose vorbereitet. Bei 100 Losen erhält man einen Trostpreis im Wert von 0,40 €, bei 32 Losen einen Sachpreis im Wert von 9 € und bei 4 Losen einen Hauptpreis, der einen Wert von 30 € hat.

→ Schlage einen Verkaufspreis pro Los vor.

→ Wie hoch ist der durchschnittliche Preis pro Los?

Aufgabe

1. Eine Befragung in der Jahrgangsstufe 10 ergab folgendes Ergebnis:

Dauer der täglichen Hausaufgaben (in h)	1	2	3	4
Anzahl der Schüler(innen)	7	20	18	5

a) Wie viel Stunden arbeiten die Schüler(innen) durchschnittlich pro Tag für die Schule?

b) Berechne die relativen Häufigkeiten. Überlege, wie du mit ihnen möglichst einfach die durchschnittliche Dauer für die Hausaufgaben berechnen kannst.

Lösung

a) Wir müssen die Dauer, die die Schüler(innen) insgesamt für ihre Hausaufgaben brauchen, durch die Anzahl aller Schüler(innen) teilen.

Durchschnittliche Dauer: $\bar{x} = \frac{7 \cdot 1\,h + 20 \cdot 2\,h + 18 \cdot 3\,h + 5 \cdot 4\,h}{50} = 2{,}42\,h$

Ergebnis: Die durchschnittliche Dauer für die Hausaufgaben beträgt 2,42 h täglich.

b)

Dauer der täglichen Hausaufgaben (in h)	1	2	3	4
Anzahl der Schüler(innen)	7	20	18	5
relative Häufigkeit	$\frac{7}{50} = 0{,}14$	$\frac{20}{50} = 0{,}4$	$\frac{18}{50} = 0{,}36$	$\frac{5}{50} = 0{,}1$

Den Term zur Berechnung des arithmetischen Mittels können wir so umformen, dass anstelle der absoluten Häufigkeiten die relativen Häufigkeiten darin vorkommen.

angegebene Zeiten

$$\bar{x} = \frac{7 \cdot 1\,h + 20 \cdot 2\,h + 18 \cdot 3\,h + 5 \cdot 4\,h}{50} = \frac{7}{50} \cdot 1\,h + \frac{20}{50} \cdot 2\,h + \frac{18}{50} \cdot 3\,h + \frac{5}{50} \cdot 4\,h = 2{,}42\,h$$

zugehörige relative Häufigkeiten

Information

(1) Berechnen des arithmetischen Mittels mithilfe absoluter Häufigkeiten

Treten Werte mehrfach auf, so kann man das arithmetische Mittel einfacher mit den absoluten Häufigkeiten berechnen; siehe Aufgabe 1 a).

(2) Berechnen des arithmetischen Mittels mithilfe relativer Häufigkeiten

Das arithmetische Mittel von Werten, die mit bestimmten relativen Häufigkeiten vorkommen, berechnet man wie folgt:
Man multipliziert jeden Wert mit der zugehörigen relativen Häufigkeit und addiert die Ergebnisse (vgl. Aufgabe 1 b)).

Beispiel:

Anzahl der Haustiere	0	1	2	3	4
Anteil der befragten Haushalte	12 %	45 %	26 %	14 %	3 %

Arithmetisches Mittel: $\bar{x} = 0 \cdot 0{,}12 + 1 \cdot 0{,}45 + 2 \cdot 0{,}26 + 3 \cdot 0{,}14 + 4 \cdot 0{,}03 = 1{,}51$

D. h. in jedem der befragten Haushalte leben durchschnittlich 1,51 Haustiere.

Zum Festigen und Weiterarbeiten

2. Eine Vergleichsarbeit in Mathematik ergab die Notenverteilung rechts. Berechne den Notendurchschnitt.

Note	1	2	3	4	5	6
Anzahl	6	25	46	31	14	3

Anteile können als Bruch, als Dezimalbruch oder in Prozent angegeben werden.

3. In einer Großstadt wurden repräsentativ ausgesuchte Privathaushalte nach der Anzahl ihrer Pkw befragt.

Anzahl der Pkw pro Haushalt	0	1	2	3	4	5
Anteil der befragten Haushalte	0,06	0,46	0,29	0,14	0,04	0,01

a) Berechne das arithmetische Mittel. Was gibt es an?

b) In der Stadt gibt es 154 300 Haushalte. Gib einen begründeten Näherungswert für die Anzahl der in der Stadt insgesamt angemeldeten Pkws an.

Übungen

TAB

4. Berechne das arithmetische Mittel. Du kannst auch ein Tabellenkalkulationsprogramm benutzen.
Was gibt das arithmetische Mittel an? Überlege dir eine passende Sachsituation.

Gewicht in g	96	97	98	99	100	101	102	103	104	105	106	107
Anzahl der Packungen	3	0	7	12	53	55	41	11	6	0	3	1

5. Die Tabelle zeigt die Altersverteilung der Schülerinnen und Schüler einer Realschule.

Alter der Schüler(innen) (in Jahren)	10	11	12	13	14	15	16	17	18
Relative Häufigkeit (in Prozent)	11,2	14,6	13,5	15,8	14,3	16,8	10,6	2,3	0,9

a) Berechne das arithmetische Mittel. Was gibt es an?

b) 72 Schülerinnen und Schüler sind 12 Jahre alt.
Wie viele Schülerinnen und Schüler sind 10, 11, 12, ..., 18 Jahre alt?

6. 

Die Lose einer Lotterie setzen sich so zusammen: 77% Nieten, 15% Trostpreise im Wert von 0,80 €, 6,5% Preise im Wert von 6 € und für die restlichen Lose gibt es Hauptpreise im Wert von 60 €.
Ein Los kostet 2 €.

a) Stimmt die Überschrift? Begründe.

b) Wie viel Euro gewinnt der Lotterieveranstalter im Mittel pro Los?

c) Wie hoch müsste der Hauptpreis sein, damit pro Los nur 0,15 € Gewinn gemacht wird?

7. Die Tabelle gibt an, wie groß die Anteile der verschiedenen Haushaltstypen im März 2004 in Deutschland waren. In den Haushalten mit 5 oder mehr Personen lebten im Durchschnitt 7 Personen.

Haushalte	Anteil
Einpersonenehaushalte	0,372
2-Personenhaushalte	0,341
3-Personenhaushalte	0,138
4-Personenhaushalte	0,108
Hauhalte mit 5 oder mehr Personen	0,041

a) Stelle die Anteile in einem Kreisdiagramm dar.

b) Wie viele Personen lebten durchschnittlich in einem Haushalt?

c) Im März 2004 gab es 4,23 Mio. Vierpersonenhaushalte.
Stelle die Anzahl der verschiedenen Haushaltstypen in einem Säulendiagramm dar.

MEDIAN – STREUUNG

Median und Modus

Zum Wiederholen

1. Ein Hotel hat seine Gäste befragt, wie sie den angebotenen Service bewerten. Rechts siehst du das Ergebnis dieser Umfrage. Der Geschäftsführer möchte nun das Ergebnis durch eine Art Mittelwert kennzeichnen.

Park Hotel

Wie beurteilen Sie unseren Service ?

☐ ausgezeichnet	(a)	43
☐ gut	(g)	32
☐ zufriedenstellend	(z)	24
☐ mittelmäßig	(m)	26
☐ schlecht	(s)	8

Lösung

Es ist nicht möglich, ein arithmetisches Mittel zu berechnen. Bei der vorliegenden Stichprobe können wir nur den Modus oder den Median angeben.

(1) Modus

Der Modus ist die Angabe, die am *häufigsten* vorkommt. Bei dieser Umfrage ist es die Angabe *ausgezeichnet* (43-mal).

(2) Median

Den Median kann man angeben, wenn man die Angaben nach ihrer Rangfolge ordnen kann. Das ist hier möglich:

Mitte, 67. Stelle

$\underbrace{a, \ldots, a,}_{43\text{-mal}} \quad \underbrace{g, \ldots, g,}_{32\text{-mal}} \quad \underbrace{z, \ldots, z,}_{24\text{-mal}} \quad \underbrace{m, \ldots, m,}_{26\text{-mal}} \quad \underbrace{s, \ldots, s}_{8\text{-mal}}$

Der Median ist nun die Angabe der Erhebung, der genau in der Mitte aller 133 Angaben steht. Das ist hier die Angabe an der 67. Stelle, also g für *gut*.

Das Ergebnis der Umfrage kann folgendermaßen zusammengefasst werden:

Die Befragung hat ergeben, dass die Gäste den Service „durchschnittlich" mit *gut* bewerten. Am häufigsten wurde sogar die Bewertung *ausgezeichnet* gegeben.

Wiederholung

Daten
Zahlen;
Angaben

(1) Der Median (auch Zentralwert genannt)

Bei Erhebungen mit qualitativen Daten kann man kein arithmetisches Mittel berechnen. Wenn man die Daten aber nach einer Rangfolge anordnen kann, so kann man den **Median** ermitteln. Ist die Anzahl der Daten ungerade, so ist der Median die in der Mitte stehende Angabe.

Beispiel: Eine Fachzeitschrift vergleicht die Preise für ein bestimmtes Handy.

Geordnete Werte: 129 € 135 € 139 € 145 € 153 € 169 € 199 €

Median (145 €)

Ist die Anzahl der Daten gerade, nimmt man als Median die beiden in der Mitte stehenden Angaben, bei Zahlen das arithmetische Mittel dieser beiden Angaben.

Beispiel: 6 Schülerinnen vergleichen ihr monatliches Taschengeld.

Geordnete Werte: 10 € 12 € 13 € 15 € 20 € 35 €

Median 14 €

Bei Preiserkundigungen wird nach Möglichkeit eine ungerade Anzahl genommen, damit der mittlere Preis (Median) auch tatsächlich vorkommt.

Es kann besonders dann sinnvoll sein, den Median zu benutzen, wenn

- ein Ausreißer in der Stichprobe vorhanden ist.
- der Umfang der Stichprobe klein ist.

(2) Der Modus (auch Modalwert genannt)

Wenn man die erhobenen Daten nicht anordnen kann, so kann man keinen Median ermitteln. Als kennzeichnende Angabe der Daten kann man dann die Angabe nehmen, die am häufigsten vorkommt. Diese Angabe heißt **Modus**.

Übungen

2. Hier siehst du das Ergebnis einer Umfrage nach der beliebtesten Ballsportart.

Basketball	Volleyball	Handball	Fußball	Tennis	Sonstige
𝍸 𝍸 𝍸 𝍸 /	𝍸 //	𝍸 𝍸 𝍸 ///	𝍸 𝍸 𝍸 𝍸 ////	𝍸 𝍸 //	𝍸 ///

Bestimme den Modus. Erkläre, warum du keinen Median angeben kannst.

3. Berechne das arithmetische Mittel und den Median.
Welcher Wert kennzeichnet die Stichprobe besser? Begründe.

a) Fahrzeiten zur Schule: 14 min; 17 min; 13 min; 35 min; 16 min

b) Weitsprungergebnisse: 3,85 m; 4,10 m; 3,90 m; 2,70 m; 4,05 m

4. In einer Klasse wurde nach dem Schwierigkeitsgrad einer Klassenarbeit gefragt. Rechts siehst du das Ergebnis. Werte es aus.

Schwierigkeitsgrad	Anzahl der Schüler
sehr leicht	1
leicht	4
normal	7
schwer	6
viel zu schwer	8

5. Die Redakteure einer Verbraucherzeitschrift haben den Preis für einen bestimmten MP3-Player in 7 verschiedenen Geschäften erfragt:

119,00 €; 111,10 €; 169,00 €; 135,40 €; 119,90 €; 129,00 €; 109,80 €

In der Zeitung steht später:

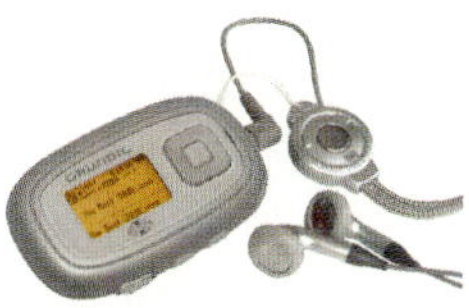

Der Preisvergleich für den MP3-Player ergab einen mittleren Preis von 119,90 €, wobei die Preisspanne insgesamt 59,20 € betrug.

a) Überprüfe die Angaben der Zeitung.
Was gibt der *mittlere Preis* an?

b) Vergleiche den mittleren Preis mit dem durchschnittlichen Preis.
Begründe Abweichungen.

6. Julias Mutter hat über 3 Wochen die Fahrzeit zur Arbeitsstelle genau notiert:

Zeit (in min)	18	23	25	20	25	23	17	64	19	22	24	20	23	21	20

a) Wie lange dauerte die Fahrt im Durchschnitt?
Vergleiche mit dem Median (mittlere Fahrzeit).

b) Die Zeit am 8. Tag fällt deutlich aus dem Rahmen.
Welche Gründe könnte es für diesen *Ausreißer* gegeben haben?
Berechne ohne den Ausreißer die durchschnittliche Fahrzeit und vergleiche sie wiederum mit dem Median (mittlere Fahrzeit).

7. Gib eine Stichprobe an, deren arithmetisches Mittel sich bei Abänderung eines einzigen Wertes stark verändert. Untersuche, wie sich der Median ändert.

Boxplots und Quartile

Einstieg

Information

Der Angabe des mittleren Wertes einer Reihe von Daten kann man nicht mehr entnehmen, wie stark die einzelnen Werte von diesem Zentralwert abweichen. Auch die Spannweite, die zwar angibt, wie groß die Differenz zwischen dem größten und dem kleinsten Wert der Datenreihe ist, sagt nichts über die Streuung der Werte zwischen diesen beiden Extremwerten aus.
Die Angabe aller einzelnen Werte, z. B. beim Vergleich der Leistungen der Schülerinnen und Schüler in verschiedenen Ländern, ist dagegen gerade viel zu aufwendig und unübersichtlich. Ein Beispiel hierfür ist die PISA-Studie.
Um die Streuung innerhalb einer Stichprobe grafisch darzustellen, zeichnet man daher oft **Boxplots**. Wie solch ein Boxplot aufgebaut ist, wollen wir uns an einem Beispiel klar machen.

Beispiel:

In einem Physiktest konnten maximal 20 Punkte erreicht werden. Hier siehst du das Ergebnis in Punkten von 14 Schülern: **14, 8, 16, 11, 20, 14, 17, 15, 6, 16, 9, 13, 19, 12.**
Zunächst ordnen wir die Werte der Stichprobe der Größe nach.
Der Zentralwert der gesamten Stichprobe teilt die Daten in zwei gleich große Hälften ein. Von diesen beiden Datenhälften wird jeweils wieder der Zentralwert bestimmt. Der Zentralwert der unteren Hälfte heißt **unteres Quartil**, der Zentralwert der oberen Hälfte **oberes Quartil**.

6 8 9 **11** 12 13 **14** **14** 15 16 **16** 17 19 **20**

Kleinster Wert: 6 — Zentralwert der unteren Hälfte: 11 — Zentralwert der ganzen Reihe: 14 — Zentralwert der oberen Hälfte: 16 — Größter Wert: 20

Diese fünf Werte teilen die gesamte Stichprobe in vier Bereiche ein, die je nach Umfang der Stichprobe in etwa gleich viele Werte enthalten. Durch den zugehörigen Boxplot werden diese Bereiche grafisch folgendermaßen veranschaulicht:

Box ⟨engl.⟩ Kasten
Plot ⟨engl.⟩ math.: (Kurve) aufzeichnen
Whisker ⟨engl.⟩ Schnurrbarthaar einer Katze
quart ⟨lat.⟩ Viertel

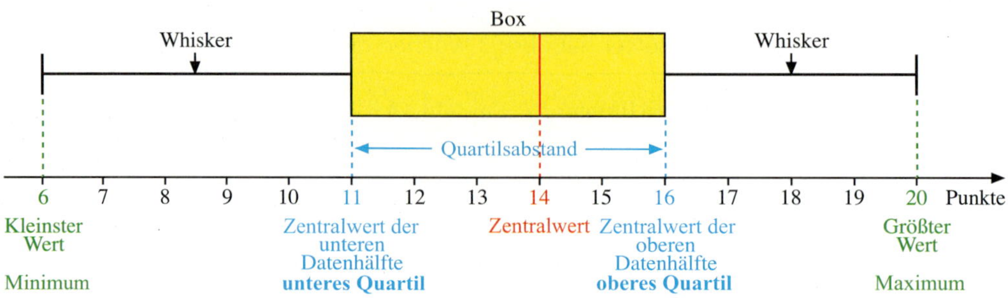

Der Bereich vom unteren bis zum oberen Quartil – das ist die Box – enthält ca. 50% der Werte der Stichprobe. Wir sehen, dass in diesem Bereich die erreichten Punktwerte weniger stark voneinander abweichen als nach oben und unten. Am dichtesten liegen die Werte im 3. Viertel. Im unteren Viertel weichen sie am stärksten ab. Dort ist die Streuung der Werte am größten.

Aufgabe

1. Das Fassungsvermögen der Lungen von Rauchern und Nichtrauchern wurde untersucht.
Vergleiche die beiden Boxplots.

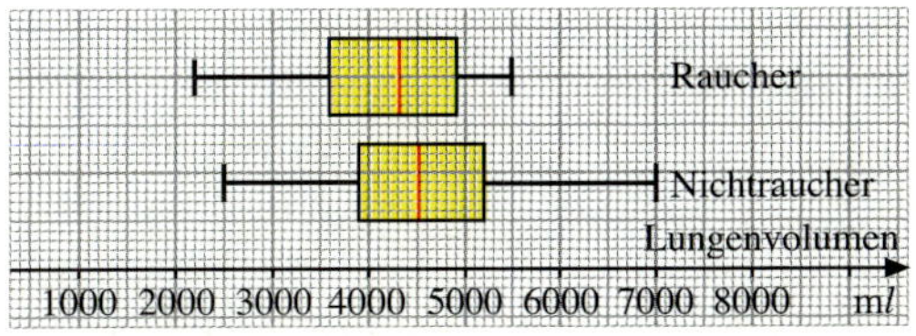

Lösung

Man sieht auf einen Blick, dass das Lungenvolumen der Raucher insgesamt geringer ist als das der Nichtraucher. Das größte gemessene Lungenvolumen beträgt bei den Rauchern 5500 ml und bei den Nichtrauchern 7000 ml.
Im unteren Bereich ist der Unterschied nicht so groß: Das geringste Volumen beträgt bei den Rauchern 2200 ml und bei den Nichtrauchern 2500 ml. Hieraus ergibt sich, dass die Spannweite mit 4500 ml in der Nichtrauchergruppe erkennbar größer ist als in der Rauchergruppe mit 3300 ml.
Das mittlere Lungenvolumen (Zentralwert) beträgt bei den Rauchern 4300 ml und bei den Nichtrauchern 4500 ml. Die Streuung um den Zentralwert innerhalb der Box, das ist der Bereich vom unteren bis zum oberen Quartil, in dem sich jeweils ca. 50% der Messwerte befinden, ist in beiden Gruppen ungefähr gleich groß. Bei den Rauchern ist diese Box allerdings etwas nach links verschoben; ihr mittleres Lungenvolumen ist also etwas geringer.
Auffällig ist der Unterschied im obersten Viertel. Bei den Rauchern liegen in diesem Bereich die Werte am dichtesten, bei den Nichtrauchern ist es genau umgekehrt; dort sind die Werte am meisten gestreut. Das Spitzenleistungsvermögen der Lungen wird offensichtlich durch das Rauchen erheblich vermindert.

Information

Bestimmen der Quartile

Um die Quartile zu bestimmen, teilt man die geordneten Werte der Datenreihe in zwei Hälften ein. Das **untere Quartil** ist der Zentralwert (Median) der unteren Datenhälfte, das **obere Quartil** der Zentralwert der oberen Datenhälfte.
Diese Einteilung ist problemlos möglich, wenn die Anzahl der Werte gerade ist (vgl. Beispiel in der Information auf Seite 220).
Wie teilt man aber die Datenreihe bei einer ungeraden Anzahl von Werten auf?
Zu welcher Hälfte gehört dann der mittlere Wert (Zentralwert) der ganzen Datenreihe?
Dazu dividiert man die Anzahl der Werte durch 4 und unterscheidet zwei Fälle:

- Ist der Rest 1, so zählt der Zentralwert bei beiden Datenhälften mit.
- Ist der Rest 3, so zählt der Zentralwert bei keiner Datenhälften mit.

Beispiele:

(1) 13 Werte sind gegeben. 13 : 4 ergibt den Rest 1.

untere Datenhälfte (20 … 37) — oberes Quartil: 42

20 25 28 **29** 30 34 **37** 39 42 **42** 49 51 57

unteres Quartil: 29 — **obere Datenhälfte** (37 … 57)

Der Zentralwert 37 zählt bei beiden Datenhälften mit.

(2) 15 Werte sind gegeben. 15 : 4 ergibt den Rest 3.

untere Datenhälfte (11 … 25) — oberes Quartil: 36

11 17 20 **21** 21 24 25 **27** 27 30 35 **36** 40 45 51

unteres Quartil: 21 — **obere Datenhälfte** (27 … 51)

Der Zentralwert 27 zählt bei keiner Datenhälften mit.

Zum Festigen und Weiterarbeiten

2. Eine Gruppe von Schülerinnen und Schülern wurde nach der Höhe ihres Taschengeldes befragt.
Entnimm dem Boxplot möglichst viele Informationen und schreibe sie auf.
Trage dein Ergebnis mündlich vor. Benutze dabei auch die Begriffe Minimum, Maximum, Spannweite, Zentralwert, unteres und oberes Quartil.

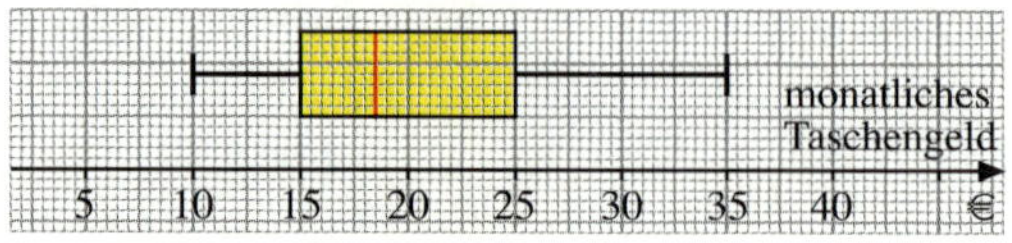

3. Bei den Bundesjugendspielen wurden in vier Riegen folgende Sprungweiten (in m) erzielt:

Riege 1:

3,50	3,65	4,00
3,25	3,80	3,50
3,70	4,10	3,80
3,35	3,65	3,90
3,70	3,20	3,75
3,80	3,60	

Riege 2:

3,40	2,80	4,15
3,60	3,00	3,80
3,30	3,10	3,60
4,20	3,50	2,70
3,80	4,00	2,85
3,10		

Riege 3:

4,25	3,00	3,65
3,90	3,40	2,90
3,55	3,70	3,00
2,95	3,25	4,20
3,50	3,15	2,90
3,10	4,50	3,30

Riege 4:

3,65	4,15	3,40
4,00	2,95	3,50
2,70	3,40	3,45
3,70	2,30	3,65
4,70	3,90	2,90
3,30	4,50	3,60
3,50		

a) Bestimmt für jede Riege
(1) Minimum und Maximum,
(2) Spannweite,
(3) Zentralwert,
(4) unteres und oberes Quartil,
(5) Quartilsabstand
und zeichnet jeweils einen Boxplot.
Überlegt euch vorher, wie ihr die Arbeit in der Gruppe aufteilen könnt.

b) Vergleicht die vier Boxplots miteinander. Was fällt euch auf?

c) Berichtet über eure Ergebnisse.

d) Ihr könnt auch einen Boxplot über die Sprungweiten in eurer Klasse zeichnen.
Fragt eure Mitschülerinnen und Mitschüler nach ihren Sprungweiten oder bittet die Sportlehrerin bzw. den Sportlehrer, in einer Sportstunde Weitsprung mit euch zu machen.

4. Die Schülerinnen und Schüler der Klasse 9b wurden danach befragt, wie viele Tage sie in den letzten Sommerferien im Urlaub waren.

a) Stelle das Ergebnis in einem Boxplot dar.

b) Welche Information kannst du der Darstellung entnehmen?

c) Führt die gleiche Umfrage in eurer Klasse durch und stellt die Ergebnisse in einem Boxplot dar.
Vergleicht die beiden Boxplots.

Urlaubstage	Anzahl der Schüler(innen)
0	6
4	2
7	5
10	1
12	2
14	8
15	3
21	2
25	1

Information

Die Quartile sind so festgelegt, dass die Bereiche
- vom Minimum bis zum unteren Quartil
- vom unteren Quartil bis zum Zentralwert
- vom Zentralwert bis zum oberen Quartil
- vom oberen Quartil bis zum Maximum

jeweils mindestens 25% der Werte der gesamten Stichprobe enthalten. Dabei werden ggf. die Werte an den Rändern dieser Bereiche mitgezählt.

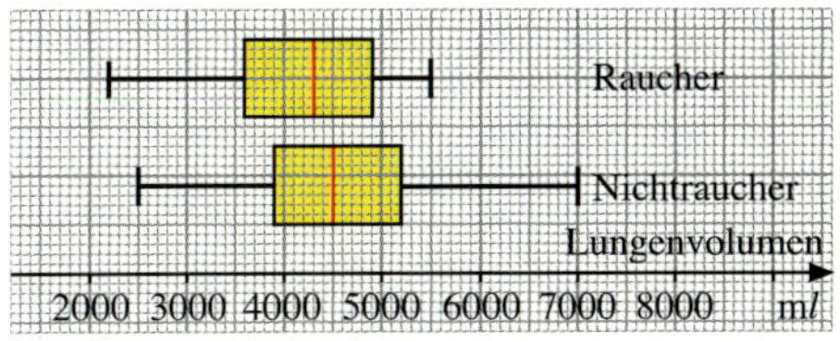

5. Überprüfe die Information oben mithilfe der Sprungweiten aus Aufgabe 3 auf Seite 222.

Übungen

6. Rechts siehst du das Ergebnis eines Vokabeltests.

Note	1	2	3	4	5	6
Schülerzahl	3	6	9	8	3	1

a) Stelle die Verteilung der Noten in einem Boxplot dar.

b) Zeichne auch für den Vokabeltest aus dem Einstieg auf Seite 220 einen Boxplot und vergleiche ihn mit dem Boxplot aus Teilaufgabe a). Beschreibe Unterschiede.

Ranglisten sind nach der Größe geordnete Daten

7. Kinder und Jugendliche wurden nach der Höhe ihrer durchschnittlichen Handykosten (in €) pro Monat befragt. Hier siehst du das Ergebnis in so genannten Ranglisten:

(1) 7- bis 9-jährige: **0; 0; 0; 3; 3; 4; 4; 4; 5; 6; 8; 8; 10; 10; 15**
(2) 10- bis 12-jährige: **0; 0; 4; 6; 8; 8; 8; 10; 10; 12; 15; 20**
(3) 13- bis 15-jährige: **0; 5; 5; 8; 10; 10; 12; 15; 15; 15; 18; 20; 20; 25**
(4) 16- bis 17-jährige: **5; 5; 10; 15; 15; 15; 18; 20; 20; 20; 22; 25; 25; 30; 40**

Bestimme jeweils unteres und oberes Quartil, Zentralwert (Median), Quartilsabstand und Spannweite.
Zeichne auch die Boxplots. Was fällt dir auf? Vergleiche und berichte.

8. Lehrer Lempel arbeitet gerne anschaulich und stellt mit seinen Schülerinnen und Schülern die Kennwerte in einem Boxplot dar.

Welche Daten werden hier dargestellt?
Hat Lehrer Lempel alles richtig gemacht?

9. Ergänze die Tabelle und zeichne jeweils einen Boxplot.

	Minimum	unteres Quartil	Median	oberes Quartil	Maximum	Spannweite	Quartilsabstand
(1)	12,5	17,2	22,0	31,6		44,5	
(2)		16,8	34,2		41,0	52,7	20,4

10. Eine Autozeitschrift hat den Benzinverbrauch eines neuen Automodells von 16 Personen testen lassen. Hier siehst du das Ergebnis (in *l* pro 100 km):

5,3; 7,4; 5,9; 6,0; 5,5; 5,1; 6,9; 4,7; 5,7; 4,8; 6,4; 5,3; 5,9; 5,5; 5,4; 6,2

a) Stelle das Ergebnis in einem Boxplot dar.

b) Welche Information kannst du der Darstellung entnehmen?

11. In der Klasse 10b wurde das Fassungsvermögen der Lungen von 14 Mädchen und 15 Jungen gemessen und das Ergebnis in Boxplots dargestellt.

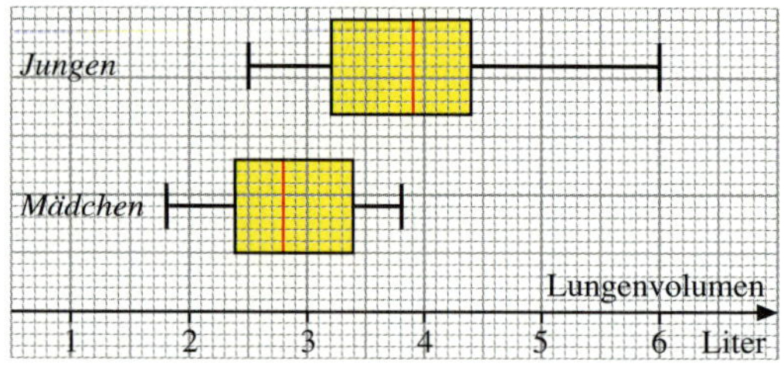

a) Wie groß war das höchste, wie groß das niedrigste Lungenvolumen in der gesamten Klasse?

b) Gib für beide Gruppen die Spannweite und den Zentralwert (Median) an.

c) Gib für die Jungengruppe das untere und das obere Quartil an und interpretiere sie. Vergleiche mit der Mädchengruppe.

d) Schreibt zu dem Ergebnis des Experiments einen Zeitungsartikel. Erfindet auch eine passende Schlagzeile.

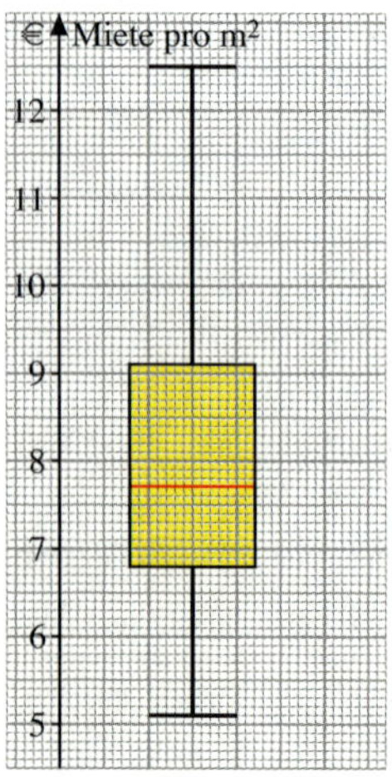

12. In einer Stadt wurde untersucht, wie teuer die Mietwohnungen sind, und die Verteilung der Kosten pro m^2 in einem Boxplot dargestellt (s. links).
Sind die folgenden Schlussfolgerungen richtig oder falsch? Begründe jeweils.

(1) Die durchschnittliche Miete beträgt 7,70 € pro m^2.
(2) Die Spannweite beträgt 7,90 €.
(3) Mindestens 25 % der Mieter zahlen 9,10 € pro m^2 und mehr.
(4) Am häufigsten werden 7,70 € pro m^2 bezahlt.
(5) Circa 50 % der Wohnungen kosten zwischen 6,80 € und 9,10 € pro m^2.
(6) Der mittlere Wert, der als Miete bezahlt wird, beträgt 7,70 €.
(7) Es bezahlen mehr Mieter über 9,10 € als unter 6,80 € pro m^2.
(8) Am dichtesten liegen die Mietpreise zwischen 6,80 € und 7,70 € pro m^2.
(9) Bei den hohen Mieten ist die Streuung größer als bei den niedrigen Mieten.

13. Am Ende des Schulhalbjahres notiert der Klassenlehrer die Fehlstunden der einzelnen Schülerinnen und Schüler der Klasse 10a:

5, 22, 0, 2, 0, 0, 9, 8, 0, 4, 0, 48, 5, 15, 0, 98, 62, 6, 0, 6, 0, 134, 4, 0, 7, 18, 0, 11

a) Überprüfe die Aussage des Lehrers.

b) Protestieren die Schülerinnen und Schüler zu Recht? Argumentiere mithilfe eines Boxplots.

VERMISCHTE UND KOMPLEXE ÜBUNGEN

1. **Rechnung** für den Zeitraum 16. 10. 2005 bis 31. 12. 2006

Kunden-Nr. 0.3912.9781

Sehr geehrter Herr Meyer,
für den oben genannten Abrechnungszeitraum berechnen wir Ihnen folgende Lieferungen:

Sparte	letzte Abrechnung Verbrauch	lfd. Abrechnung Verbrauch	Tage	Nettobetrag €	Umsatzsteuer %	Umsatzsteuer €	Bruttobetrag €
Strom	7 308 kWh	9 131 kWh	442	1 050,76	16	168,12	1 218,88
Gas	30 062 kWh	40 286 kWh	442	1 407,23	16	225,16	1 632,39
Rechnungsbetrag				2 457,99		393,28	2 851,27

a) Was kannst du der Rechnung entnehmen?

b) Wie groß war der durchschnittliche Strom- bzw. Gasverbrauch pro Tag?

c) Bis zur nächsten Abrechnung in ca. einem Jahr muss jeden Monat ein Abschlag gezahlt werden. Zur Berechnung des monatlichen Abschlags werden die Verbrauchsdaten der letzten Rechnung zuzüglich einer Steigerungsrate von 2% beim Stromverbrauch zugrunde gelegt. Zusätzlich kalkulieren die Stadtwerke mit einer Preissteigerung von 5% beim Gaspreis und 3% beim Strompreis.
Wie hoch ist der monatliche Abschlag?

2. **Statistisches Bundesamt Wiesbaden 2006**

Jahr	Lebendgeborene männlich	Lebendgeborene weiblich
1997	417 006	395 167
1998	402 865	382 169
1999	396 296	374 448
2000	393 323	373 676
2001	377 586	356 889
2002	369 277	349 973
2003	362 709	344 012
2004	362 017	343 605
2005	351 757	334 038

a) Beschreibe die Entwicklung der Geburten in Deutschland von 1997 bis 2005.

b) Um wie viel Prozent sind die Geburten von 1997 bis 2005 zurückgegangen?

c) Erstelle ein Diagramm, das den Rückgang der Geburten angemessen veranschaulicht. Diagramme können eine Entwicklung auch übertrieben oder untertrieben darstellen.
Erstelle zu den folgenden Überschriften jeweils ein geeignetes Diagramm:

- *Dramatischer Rückgang bei den Geburten*
- *Leichter Rückgang bei den Geburten*

d) Bestimme mit den Daten des statistischen Bundesamts die Wahrscheinlichkeit für eine Jungen- bzw. Mädchengeburt in Deutschland.

e) Wie groß ist die Wahrscheinlichkeit, dass eine zufällig ausgesuchte Familie mit 2 Kindern
(1) genau zwei Jungen hat,
(2) mindestens 1 Mädchen hat.

f) In einer Stadt gibt es 2 573 Familien mit drei Kindern. Gib eine begründete Prognose dafür ab, wie viele dieser Familien nur Mädchen [höchstens einen Jungen] haben.

3. Über dem abgebildeten Diagramm stand die Schlagzeile:

„Nach drei Jahren Flaute ist der weltweite grenzüberschreitende Reiseverkehr 2004 geradezu explodiert."

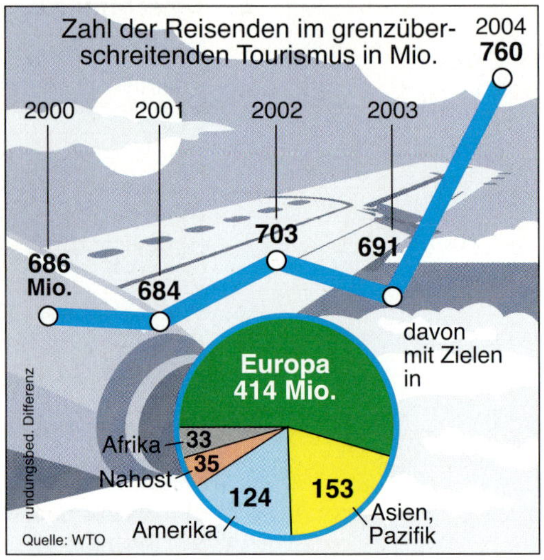

a) Welchen Eindruck vermittelt die Schlagzeile und das Diagramm über den Tourismus?
Wie wurde dieser Eindruck erreicht?
Um wie viel Prozent stieg der Tourismus von 2003 auf 2004 tatsächlich an?
Überschlage zunächst.
Zeichne ein Säulendiagramm, das die Entwicklung des Tourismus realistisch darstellt.

b) Wie hoch war die Anzahl der Touristen in den Jahren 2000 bis 2004 im Durchschnitt?

c) Wie viel Prozent der Touristen reisten 2004 nach Europa, wie viele nach Afrika?

4. In einer Firma werden auf zwei verschiedenen Drehbänken Achsen hergestellt, deren Durchmesser 125 mm betragen soll. Zur Kontrolle wurden von beiden Drehbänken Stichproben mit je 25 Achsen entnommen und nachgemessen.
Folgende Durchmesser (in mm) wurden bei den kontrollierten Achsen gemessen:

Drehbank A

124,8	124,5	125,3	124,9	124,5
125,1	124,7	124,6	125,0	125,4
125,2	124,1	125,0	125,8	124,7
124,6	124,9	125,2	125,3	124,8
125,0	124,9	124,7	125,1	125,6

Drehbank B

124,9	123,9	125,7	124,6	125,8
125,0	126,2	124,8	124,5	125,3
125,1	124,6	124,3	125,2	124,9
124,3	126,0	125,2	125,6	124,2
125,7	125,4	124,9	125,0	125,1

a) Berechne für beide Drehbänke getrennt den durchschnittlichen Durchmesser der Achsen.
Wieso kann auf diese Weise die Qualität der Drehbänke nicht ausreichend beurteilt werden?

b) Beurteile die Qualität der auf den Drehbänken A und B hergestellten Achsen, indem du für jede Drehbank einen Boxplot zeichnest und sie miteinander vergleichst.
Stelle deine Ergebnisse der Klasse vor.

c) Eine Achse ist minderwertig, wenn der Durchmesser um mehr als 1 mm vom Sollwert (125 mm) abweicht. Nimm an, die Stichproben sind repräsentativ.
Mit wie vielen minderwertigen Achsen muss der Hersteller bei einer Produktion von jeweils 1 000 Achsen an den einzelnen Drehbänken rechnen?

BIST DU FIT?

1. Umfrage: Wie lange dauerte Ihr Sommerurlaub im Ausland?

Dauer in Tagen	1–7	8–14	15–21	22–28	29–35
Relative Häufigkeit	34%	41%	17%	6%	2%

a) Stelle die Angaben in einem Kreisdiagramm dar.

b) An der Umfrage nahmen 518 *Sommerurlauber* teil. Bestimme die absoluten Häufigkeiten und stelle sie in einem Säulendiagramm dar.

2. In einer Mosterei wird mit einer Abfüllmaschine Apfelsaft in 0,7-*l*-Flaschen gefüllt. Eine Kontrolle ergab:

Inhalt (in ml)	692	694	697	698	699	700	701	702	703	705	708	710
Anzahl der Flaschen	I	II	I	III	𝍸	𝍸 III	𝍸 IIII	𝍸	𝍸 II	II	III	I

a) Wie viel ml sind durchschnittlich in einer Flasche?

b) Bestimme den Modus und den Median.

c) Wie groß ist die Spannweite?

d) Bestimme die Quartile und zeichne einen Boxplot.

3. Die Tabelle zeigt die Entwicklung der Hausmüllmenge pro Person in einer Großstadt.

Jahr	1994	1995	1996	1997	1998	1999	2000	2001	2002	2003	2004
Müllmenge (in kg)	217	205	208	195	182	177	179	168	152	158	151

Zeichne je ein Diagramm, das zu einem Zeitungsartikel mit der Schlagzeile „Drastischer Rückgang der Müllmengen" sowie „Müllmenge immer noch zu hoch" passt.

4. Berechne den Notendurchschnitt.

Note	1	2	3	4	5	6
Anteil	8 %	24 %	38 %		6 %	2 %

5. In einer Untersuchung wurde von 10 Schülern die Körpergröße und das Körpergewicht gemessen. Die Ergebnisse zeigt die Tabelle unten.

Körpergröße (in cm)	170	172	174	179	179	183	183	185	188	191
Körpergewicht (in kg)	67	67	70	75	72	74	78	73	81	85

a) Zeichne für die Datenpaare ein Streudiagramm und eine Ausgleichsgerade.

b) Welches Gewicht ist aufgrund der Ausgleichsgerade für einen 1,80 m großen Schüler zu erwarten?

c) Welche Körpergröße ist nach der Ausgleichsgerade für einen 80 kg schweren Schüler zu erwarten?

d) Wie realistisch sind die Vorhersagen in den Teilaufgaben b) und c)?

8 Sinus- und Kosinusfunktionen

In der Natur und im Alltag gibt es viele periodische (d. h. regelmäßig wiederkehrende) Vorgänge. Im Bild unten siehst du Skifahrer mit Parallelschwüngen einen Hang hinabfahren, deren Spur man im Schnee sieht.
Im Bild rechts wird der Ton eines Musikinstrumentes mit einem Mikrofon aufgenommen und die Schallschwingungen werden auf einem Oszillograf sichtbar gemacht.

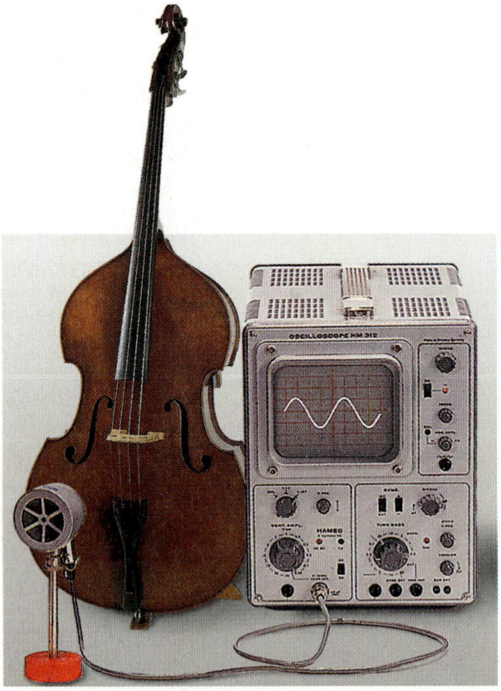

In Hammerfest, der nördlichsten Stadt Europas, scheint die Sonne vom 13. Mai bis zum 29. Juli Tag und Nacht. Selbst bei Mitternacht sehen die Menschen in der Polarregion die *Mitternachtssonne*. Der Stand der Sonne über dem Horizont wurde in stündlichen Abständen fotografiert.

In diesem Kapitel lernst du ...
... Vorgänge, die sich in regelmäßigen Zeitabschnitten wiederholen, mathematisch zu beschreiben.

SINUS UND KOSINUS EINES WINKELS AM EINHEITSKREIS

Einstieg

Ein sich gleichmäßig drehendes Fahrradpedal zeigt bei Betrachtung von hinten eine besondere Auf- und Abbewegung. Diese Bewegung soll durch ein mathematisches Modell untersucht werden.
Anstelle des Fahrradpedals betrachten wir einen Zeiger der Länge r. Er dreht sich um einen Mittelpunkt M mit gleich bleibender Geschwindigkeit. Beleuchtet man den Zeiger von der linken Seite (Ansicht des Pedals von hinten), so entsteht an der Wand ein Schatten des Zeigers. Die Länge v des Schattens ist dabei abhängig von der Größe α des Drehwinkels des Zeigers.

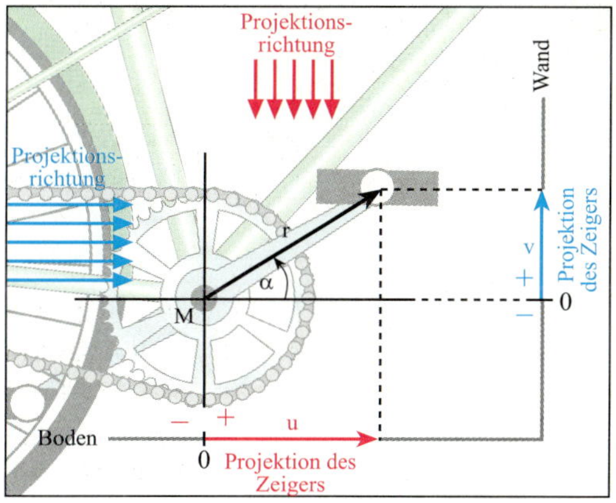

- Zeichne den Graphen der Funktion, die jeder Größe α des Drehwinkels die Länge v des Schattens an der Wand zuordnet. Zeigt die Pfeilspitze des Schattens nach oben, so wählen wir v positiv, sonst negativ.
- Beschreibe die Funktion im Bereich $0° \le \alpha \le 90°$ durch eine Gleichung.
- Verfahre entsprechend mit der Länge u des Schattens auf dem Boden.

Aufgabe

1. Wir betrachten die Drehbewegung eines Kreissägeblattes mit dem Radius r entgegen dem Uhrzeigersinn. Einer der Zähne des Sägeblattes ist rot markiert. Den Abstand des markierten Zahnes vom Sägetisch nennen wir h. Falls sich der Zahn unterhalb des Sägetisches befindet, wählen wir h negativ.

Wir untersuchen, wie der Abstand h des Sägeblattes vom Tisch bei einer vollen Umdrehung vom Drehwinkel α abhängt.

a) Zeichne den Graphen der Funktion, die jedem Drehwinkel α bei einer vollen Umdrehung den (positiven bzw. negativen) Abstand h zur Tischplatte zuordnet.
(Die Dicke des Sägetisches soll klein sein und daher außer Betracht bleiben.)

b) Beschreibe die Funktion aus Teilaufgabe a) im Bereich $0° \le \alpha \le 90°$ durch eine Funktionsgleichung.

Lösung

a)

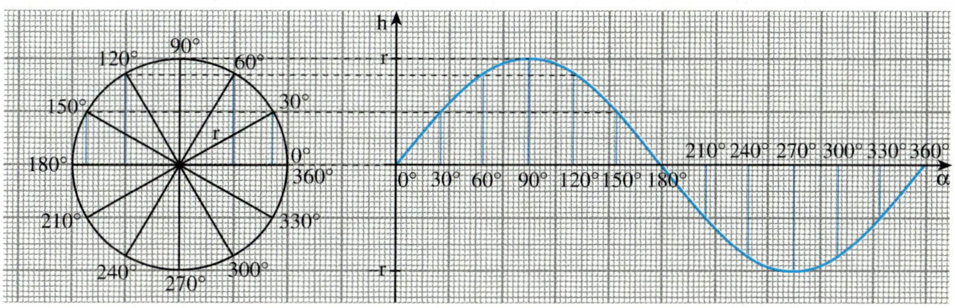

b) Wir unterscheiden verschiedene Fälle:

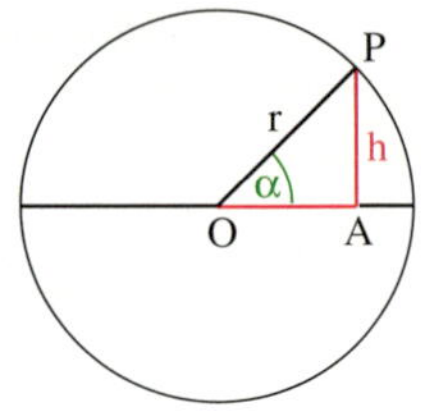

Fall 1: $0° < \alpha < 90°$

In dem Dreieck OAP gilt: $\frac{h}{r} = \sin\alpha$.

Daraus folgt:

$h = r \cdot \sin\alpha$

Fall 2: $\alpha = 0°$

In diesem Fall ist $h = 0$. Da $\sin 0° = 0$, gilt auch hier:

$h = r \cdot \sin\alpha$

Fall 3: $\alpha = 90°$

In diesem Fall ist $h = r$. Da $\sin 90° = 1$, gilt hier ebenso:

$h = r \cdot \sin\alpha$

Ergebnis: Im Bereich $0° \leq \alpha \leq 90°$ wird die Funktion, die jedem Drehwinkel α den Abstand h zuordnet, durch die Funktionsgleichung $h = r \cdot \sin\alpha$ beschrieben.

Information

(1) Erklärung von Sinus und Kosinus am Einheitskreis

Die nebenstehenden Figuren zeigen jeweils einen Kreis im Koordinatensystem. Der Kreismittelpunkt liegt im Koordinatenursprung O, der Radius ist 1 (Koordinateneinheit). Ein solcher Kreis heißt **Einheitskreis**. $P(u|v)$ ist ein Punkt auf dem Einheitskreis. Wir wissen aus Klasse 9:

Für $0° \leq \alpha \leq 90°$ gilt:

$\sin\alpha = v$ und $\cos\alpha = u$

Diese Beziehung übertragen wir nun auf den ganzen Einheitskreis; sie soll also für alle Winkel α mit $0° \leq \alpha \leq 360°$ gelten.

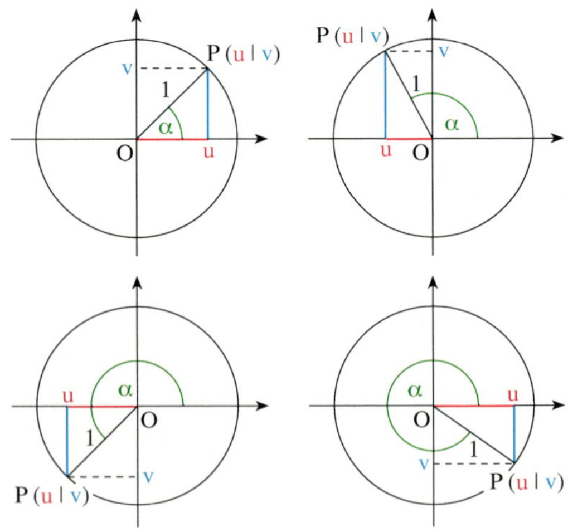

Sinus und Kosinus im Bereich $0° \leq \alpha \leq 360°$

Der Punkt $P_\alpha(u|v)$ liegt auf dem Einheitskreis. α ist die Größe des Winkels, den die u-Achse mit dem Schenkel $\overline{OP_\alpha}$ bildet.

Für alle Winkelgrößen α mit $0° \leq \alpha \leq 360°$ setzen wir fest:

$\sin\alpha = v$ (= 2. Koordinate des Punktes P_α)

$\cos\alpha = u$ (= 1. Koordinate des Punktes P_α)

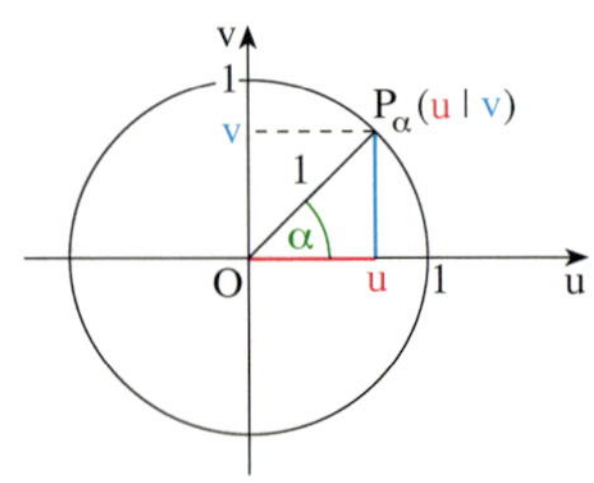

Aus dieser Erklärung folgt unmittelbar:

$\sin 0° = 0$	$\sin 90° = 1$	$\sin 180° = 0$	$\sin 270° = -1$	$\sin 360° = 0$
$\cos 0° = 1$	$\cos 90° = 0$	$\cos 180° = -1$	$\cos 270° = 0$	$\cos 360° = 1$

(2) Winkelgrößen über 360° und negative Winkelgrößen

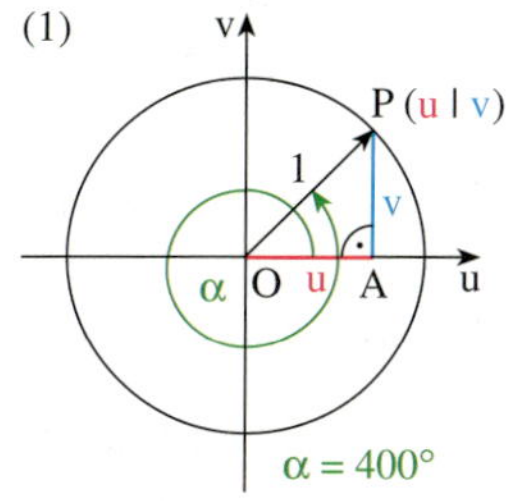

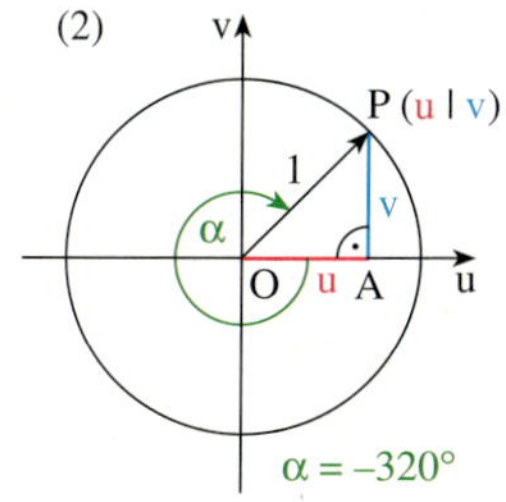

Den Schenkel $\overline{OP_\alpha}$ haben wir bisher entgegen dem Uhrzeigersinn (mathematisch positiv genannt) mit einem Drehwinkel von 0° bis 360° gedreht. So, wie ein Kreissägeblatt auch mehr als eine volle Drehung ausführt, können wir auch den Schenkel $\overline{OP_\alpha}$ über eine volle Drehung hinaus weiterdrehen.
Im Bild (1) bildet der Schenkel mit der u-Achse einen Winkel von 40°. Der Schenkel hat diese Lage durch eine Volldrehung und zusätzlich durch eine Drehung um 40°, also insgesamt durch eine Drehung von 400° erreicht: $360° + 40° = 400°$.
Ebenso kann man die Lage des Schenkels durch eine Drehung entgegen dem Uhrzeigersinn um $40° + 2 \cdot 360°$ (= 760°), um $40° + 3 \cdot 360°$ (= 1 120°) usw. erreichen,
Dreht man den Schenkel im Uhrzeigersinn (mathematisch negativ genannt), so gibt man den Drehwinkel durch eine negative Maßzahl an, z. B. – 320° im Bild (2).

(3) Sinus und Kosinus für beliebige Winkelgrößen

Auch für Winkelgrößen über 360° und für negative Winkelgrößen können wir die Koordinaten v und u des Punktes P_α auf dem Einheitskreis zeichnerisch ermitteln bzw. auf das Intervall $0° \leq \alpha \leq 360°$ zurückführen.
An den obigen Bildern (1) und (2) lesen wir ab:

$\sin 400° = \sin(40° + 360°) = \sin 40°$, also $\sin 400° \approx 0{,}64$
$\sin(-680°) = \sin(40° - 720°) = \sin 40°$, also $\sin(-680°) \approx 0{,}64$

$\cos 400° = \cos(40° + 360°) = \cos 40°$, also $\cos 400° \approx 0{,}77$
$\cos(-680°) = \cos(40° - 720°) = \cos 40°$, also $\cos(-680°) \approx 0{,}77$

Wir erweitern die Erklärung für Sinus und Kosinus auf beliebige Winkelgrößen, also für positive Winkelgrößen über 360° und für negative Winkelgrößen.

Für beliebige Winkelgrößen soll gelten:

$\sin\alpha = \sin(\alpha + 360°)$	$\cos\alpha = \cos(\alpha + 360°)$
$\sin\alpha = \sin(\alpha - 360°)$	$\cos\alpha = \cos(\alpha - 360°)$
$\sin\alpha = \sin(\alpha + 2 \cdot 360°)$	$\cos\alpha = \cos(\alpha + 2 \cdot 360°)$
$\sin\alpha = \sin(\alpha - 2 \cdot 360°)$	$\cos\alpha = \cos(\alpha - 2 \cdot 360°)$
$\sin\alpha = \sin(\alpha + 3 \cdot 360°)$	$\cos\alpha = \cos(\alpha + 3 \cdot 360°)$
$\sin\alpha = \sin(\alpha - 3 \cdot 360°)$ usw.	$\cos\alpha = \cos(\alpha - 3 \cdot 360°)$ usw.

(4) Bestimmen von Sinus- und Kosinuswerten für beliebige Winkelgrößen mit dem Taschenrechner

Der Taschenrechner liefert für beliebige Winkelgrößen α, also auch für $\alpha < 0°$ und $\alpha > 180°$ beim Drücken der Tasten sin und cos sofort die Werte für sin α bzw. cos α.
Achte darauf, dass der Taschenrechner den Modus *Deg* anzeigt.
Bestimme mit dem Taschenrechner sin 748° und sin (– 23°) sowie cos 748° und cos (– 23°).

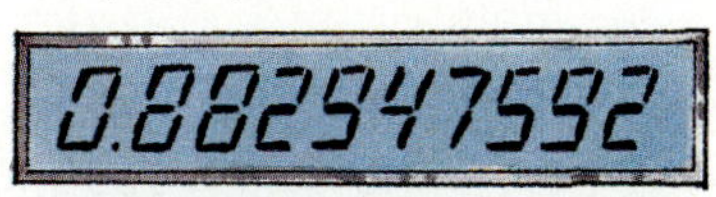

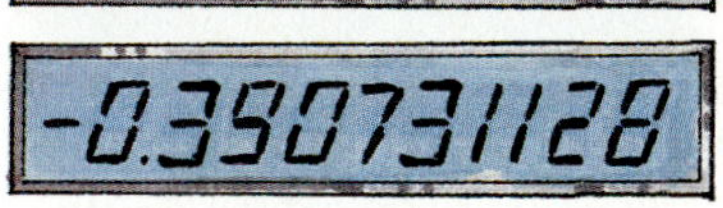

Zum Festigen und Weiterarbeiten

2. Der Taschenrechner liefert auch für Winkelgrößen α aus dem Intervall $0° \leq \alpha \leq 360°$ Werte für $\sin \alpha$ und $\cos \alpha$. Bestimme, gerundet auf vier Stellen nach dem Komma:
(1) $\sin 137{,}4°$ (2) $\cos 142{,}7°$ (3) $\sin 219{,}8°$ (4) $\cos 254{,}1°$ (5) $\sin 294{,}5°$ (6) $\cos 324{,}2°$

3. Für welche α mit $0° \leq \alpha \leq 360°$ gilt jeweils $\sin \alpha > 0$, $\sin \alpha < 0$, $\cos \alpha > 0$, $\cos \alpha < 0$?

△ **4.** **a)** Begründe am Einheitskreis:

$$\sin(180° - \alpha) = \sin\alpha;\quad \sin(180° + \alpha) = -\sin\alpha;\quad \sin(360° - \alpha) = -\sin\alpha$$
$$\cos(180° - \alpha) = -\cos\alpha;\quad \cos(180° + \alpha) = -\cos\alpha;\quad \cos(360° - \alpha) = -\cos\alpha$$

b) Mithilfe der Formeln in Teilaufgabe a) kann man alle Werte von Sinus im Bereich $90° < \alpha \leq 360°$ berechnen, indem man sie auf den Bereich $0° \leq \alpha \leq 90°$ zurückführt.
Tim berechnet $\sin 245°$ wie im Beispiel rechts. Julia verwendet dabei die Formel $\sin(180° + \alpha) = -\sin\alpha$. Verfahre ebenso.

$\sin 245° = -\sin(360° - 245°)$
$\sin 245° = -\sin 115°$
$\sin 245° = -\sin(180° - 115°)$
$\sin 245° = -\sin 65°$
$\sin 245° \approx -0{,}9063$

c) Es ist $\sin 58° = 0{,}8480$. Berechne: (1) $\sin 122°$; (2) $\sin 234°$; (3) $\sin 289°$.

d) Es ist $\cos 58° = 0{,}5299$. Berechne durch Zurückführen auf den Bereich $0° \leq \alpha \leq 90°$:
(1) $\cos 122°$; (2) $\cos 234°$; (3) $\cos 289°$

5. Zum Punkt P_α auf dem Einheitskreis gehöre der Drehwinkel α.
a) $\alpha = 72°$ **b)** $\alpha = 124°$ **c)** $\alpha = 207°$ **d)** $\alpha = 325°$
Gib fünf weitere Winkelgrößen an, die dieselbe Lage des Punktes P_α beschreiben.

6. Zu dem Punkt P_α gehöre der Drehwinkel α.
a) $\alpha = 539°$ **b)** $\alpha = 1\,206°$ **c)** $\alpha = 227°$ **d)** $\alpha = -418°$
Durch welche Winkelgrößen aus dem Bereich $0° \leq \alpha \leq 360°$ wird dieselbe Lage des Punktes P_α beschrieben?

7. Die Werte für Sinus und Kosinus für beliebige Winkelgrößen können wir stets auf die für Winkelgrößen aus dem Bereich $0° \leq \alpha \leq 360°$ zurückführen.
Bestimme wie im Beispiel rechts:

$\sin 940° = \sin(940° - 2 \cdot 360°)$
$\sin 940° = \sin 220°$
$\sin 940° \approx -0{,}6428$

a) $\sin 610°$, $\cos 610°$ **b)** $\sin 1\,110°$, $\cos 1\,110°$ **c)** $\sin(-350°)$, $\cos(-350°)$ **d)** $\sin(-560°)$, $\cos(-560°)$

Übungen

8. Bestimme die Sinus- und Kosinuswerte zeichnerisch am Einheitskreis (r = 1 dm) auf Hundertstel. Verwende Millimeterpapier.
a) $\sin 115°$, $\cos 115°$ **b)** $\sin 156°$, $\cos 156°$ **c)** $\sin 214°$, $\cos 214°$ **d)** $\sin 258°$, $\cos 258°$ **e)** $\sin 281°$, $\cos 281°$ **f)** $\sin 349°$, $\cos 349°$

9. Bestimme zeichnerisch am Einheitskreis (r = 1 dm) die Winkelgrößen aus dem Bereich $0° \leq \alpha \leq 360°$, für die gilt:
a) $\sin \alpha = 0{,}24$, $\cos \alpha = 0{,}24$ **b)** $\sin \alpha = -0{,}56$, $\cos \alpha = -0{,}56$ **c)** $\sin \alpha \geq 0{,}35$, $\cos \alpha \geq 0{,}35$ **d)** $\sin \alpha \leq -0{,}45$, $\cos \alpha \leq -0{,}45$

10. Bestimme mithilfe des Taschenrechners. Runde auf vier Stellen nach dem Komma.

a) $\sin 119{,}5°$ $\cos 119{,}5°$ **b)** $\sin 202{,}8°$ $\cos 202{,}8°$ **c)** $\sin 299{,}9°$ $\cos 299{,}9°$ **d)** $\sin 98{,}4°$ $\cos 98{,}4°$ **e)** $\sin 358{,}1°$ $\cos 358{,}1°$

11. Gib an ohne den Taschenrechner zu verwenden, ob der eingegebene Wert größer oder kleiner als 0 ist. Begründe.

a) $\sin 34°$; $\sin 329°$; $-\sin 104°$; $\sin 202°$ **b)** $-\cos 55°$; $\cos 224°$; $-\cos 308°$; $\cos 148$

12. In Formelsammlungen findet man die nebenstehende Tabelle für die Sinus- und Kosinuswerte der speziellen Winkelgrößen 0°, 30°, 45°, 60° und 90°.
Ergänze die Tabelle für:
120°; 135°; 150°; 180°; 210°; 225°; 240°; 270°; 300°; 315°; 330°; 360°.

α	0°	30°	45°	60°	90°
sin α	0	$\frac{1}{2}$	$\frac{1}{2}\sqrt{2}$	$\frac{1}{2}\sqrt{3}$	1
cos α	1	$\frac{1}{2}\sqrt{3}$	$\frac{1}{2}\sqrt{2}$	$\frac{1}{2}$	0

13. Für welche Winkelgrößen α im Bereich $0° \leq \alpha \leq 360°$ gilt:

a) $\cos \alpha = 0$ $\sin \alpha = 0$ **b)** $\cos \alpha = 1$ $\sin \alpha = 1$ **c)** $\cos \alpha = -1$? $\sin \alpha = -1$?

14. Bestimme mit dem Taschenrechner; runde auf vier Stellen nach dem Komma.
$\sin 578°$; $\cos 481°$; $\sin(-1\,000°)$; $\cos(-701°)$; $\sin(-125°)$; $\cos(-157°)$; $\sin 2\,050°$

15. **a)** Zum Punkt P_α auf dem Einheitskreis soll der Drehwinkel α gehören.
(1) $\alpha = 43°$ (2) $\alpha = 157°$ (3) $\alpha = 206°$ (4) $\alpha = 311°$
Gib alle Winkelgrößen aus dem Bereich $-720° \leq \alpha \leq 1\,080°$ an, die dieselbe Lage des Punktes P_α beschreiben.

b) Zu dem Punkt P_α soll der Drehwinkel α gehören.
(1) $\alpha = 466°$ (2) $\alpha = 1\,718°$ (3) $\alpha = -341°$ (4) $\alpha = -633°$
Durch welche Winkelgröße aus dem Bereich $0° \leq \alpha \leq 360°$ wird dieselbe Lage des Punktes beschrieben?

△ **16.** Gib den Sinus- oder Kosinuswert durch eine Winkelgröße mit $0° \leq \alpha \leq 360°$ an.

a) $\sin 768°$ **c)** $\sin 920°$ **e)** $\sin(-102°)$ **g)** $\sin(-416°)$ **i)** $\sin 1\,248°$
b) $\cos 432°$ **d)** $\cos 860°$ **f)** $\cos(-136°)$ **h)** $\cos(-502°)$ **j)** $\cos 1\,083°$

17. Gib folgende Werte an:

a) $\sin 530°$ $\cos 530°$ **b)** $\sin 950°$ $\cos 950°$ **c)** $\sin(-260°)$ $\cos(-260°)$ **d)** $\sin(-990°)$ $\cos(-990°)$

18. Der Taschenrechner liefert für beliebige Winkelgrößen α, also auch für $\alpha < 0°$ und $\alpha > 360°$ Werte für $\sin \alpha$ und $\cos \alpha$.
Bestimme mit dem Taschenrechner. Runde auf vier Stellen nach dem Komma.
$\sin 875°$; $\cos 1\,043°$; $\sin(-84°)$; $\cos(-26°)$; $\sin(-685°)$; $\cos(-500°)$; $\sin(-1\,246°)$

19. Bestimme mit dem Taschenrechner die Sinus- und Kosinuswerte für:

a) 563° **c)** −63° **e)** −9855° **g)** 888° **i)** 497° **k)** −319°
b) 1273° **d)** −615° **f)** −124° **h)** 409° **j)** 705° **l)** −500°

SINUS- UND KOSINUSFUNKTION – EIGENSCHAFTEN

Sinus- und Kosinusfunktion und ihre Darstellungen

Einstieg

Zu jeder Winkelgröße α gehört ein ganz bestimmter Kosinuswert. Diese Zuordnung ist also eine Funktion.

→ Zeichne den Graphen der Kosinusfunktion mit $y = \cos\alpha$ im Bereich $-360° \leq \alpha \leq 720°$.

→ In welchen Abständen wiederholen sich die Kosinuswerte? Erläutere am Einheitskreis.

Aufgabe

1. a) Zeichne den Graphen der Sinusfunktion mit $y = \sin\alpha$ für $-360° \leq \alpha \leq 720°$.

b) In welchen Abständen wiederholen sich die Sinuswerte? Erläutere am Einheitskreis.

Lösung

a)

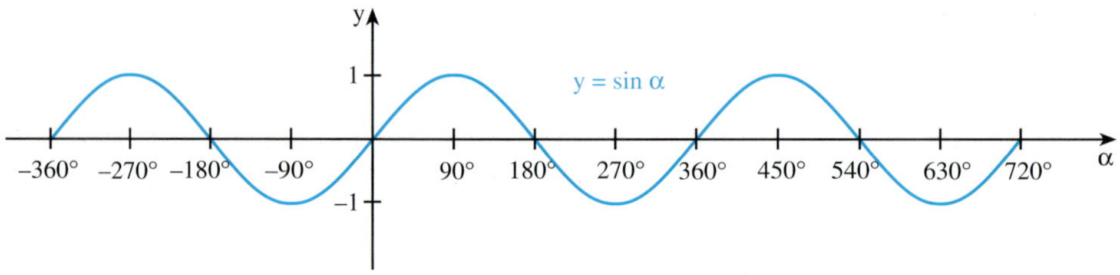

b) Die Sinuswerte sind am Einheitskreis als 2. Koordinate eines Punktes P_α in Abhängigkeit von der Winkelgröße α definiert. Vergrößert sich die Winkelgröße α, zu dem der Sinuswert bestimmt werden soll, um 360°, so verändert der Punkt P_α auf dem Einheitskreis seine Lage nicht. Es gilt also:

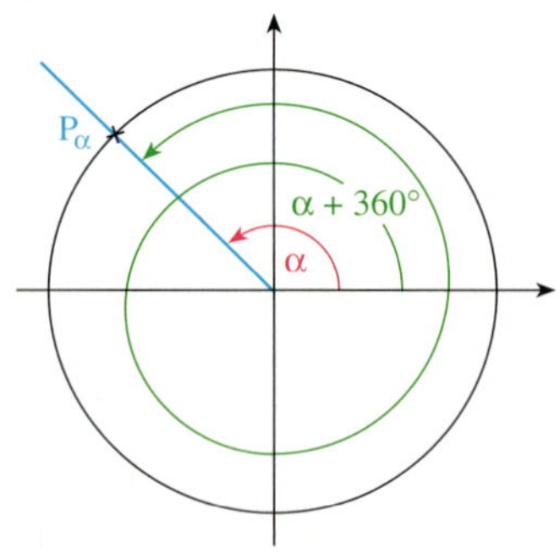

$\sin\alpha = \sin(\alpha + 360°)$

Bei weiterer Vergrößerung um ganzzalige Vielfache von 360° bleiben die Sinuswerte ebenfalls gleich.
Es gilt also z. B.

$\sin\alpha = \sin(\alpha - 2 \cdot 360°)$, $\sin\alpha = \sin(\alpha - 360°)$, $\sin\alpha = \sin(\alpha + 360°)$, $\sin(\alpha + 2 \cdot 360°)$,

allgemein: $\sin\alpha = \sin(\alpha + k \cdot 360°)$, wobei k eine ganze Zahl ist.

Ganze Zahlen sind: ...; –3; –2; –1; 0; 1; 2; 3; ...

Information

(1) Die Sinusfunktion als periodische Funktion

Die Funktion mit der Gleichung $y = \sin\alpha$ heißt **Sinusfunktion**. Ihren Graphen nennt man auch **Sinuskurve**.

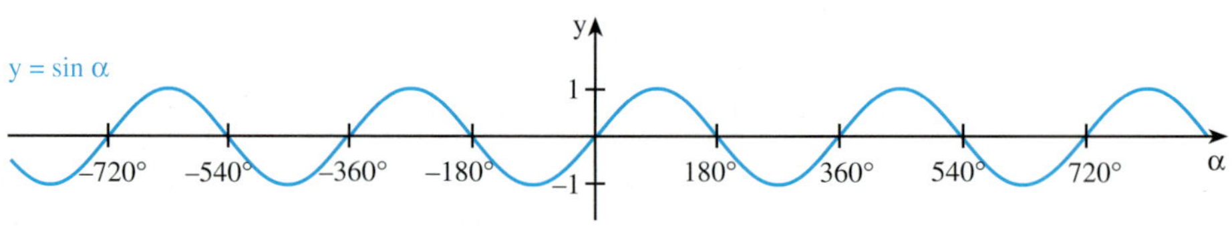

Die Funktionswerte der Sinusfunktion wiederholen sich in festen Abständen bzw. *Perioden*. Die kleinste Periode ist bei der Sinusfunktion 360°.

(2) Die Kosinusfunktion als periodische Funktion

Die Funktion mit der Gleichung $y = \cos\alpha$ heißt **Kosinusfunktion**. Ihren Graphen nennt man auch **Kosinuskurve**.

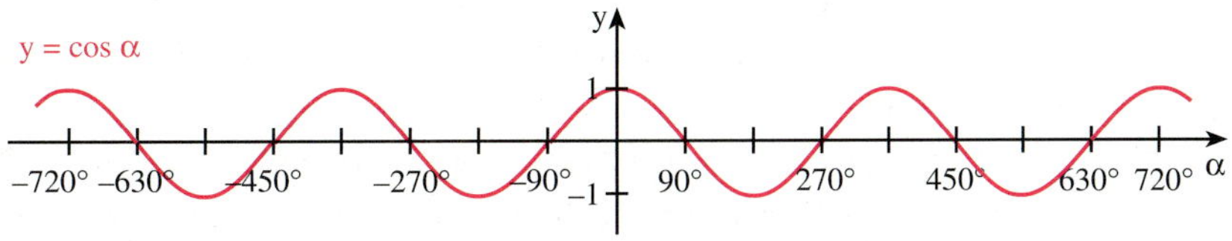

Die kleinste Periode der Kosinusfunktion beträgt 360°.

Sinus- und Kosinusfunktion sind Beispiele für periodische Funktionen.

(3) Darstellen der Sinusfunktion mithilfe eines Tabellenkalkulationsprogramms

Bei der Erstellung der Wertetabelle für die Sinusfunktion musst du beachten, dass ein Kalkulationsprogramm die Werte der Sinus- und Kosinusfunktion nicht direkt für Winkelgrößen im Gradmaß berechnet.
Die Winkelgrößen müssen in eine andere Maßeinheit umgerechnet werden. Für diese Umrechnung muss das Gradmaß mit π multipliziert und durch 180 dividiert werden.
Mithilfe der Formel **= sin (60 · pi( )/180)** berechnet das Kalkulationsprogramm den Sinuswert für den Winkel 60°.
Allgemein können mit einem Tabellenkalkulationsprogramm Sinus- und Kosinuswerte für Winkelgrößen α im Gradmaß mithilfe der Formeln **= sin (α · pi( )/180)** und **= cos (α · pi( )/180)** berechnet werden.

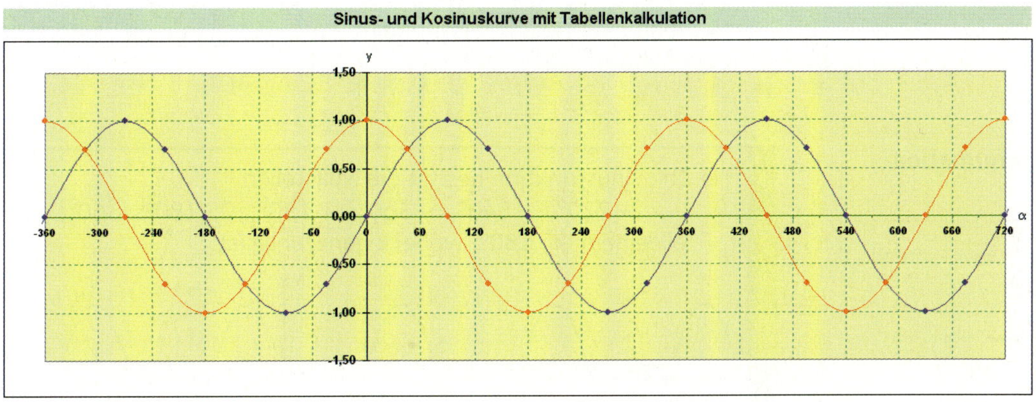

Übungen

2. a) Zeichne den Graphen der Sinus- und Kosinusfunktion im Bereich $0° \leq \alpha \leq 360°$. Nimm 1 cm für 20° auf der α-Achse und 5 cm für die Einheit auf der y-Achse.

b) Lies am Graphen ab:
(1) sin 14° (3) sin 152° (5) sin 324° (7) cos 82° (9) cos 198°
(2) sin 66° (4) sin 228° (6) cos 28° (8) cos 144° (10) cos 306°

c) Lies am Graphen die Winkelgrößen α im Bereich $0° \leq \alpha \leq 360°$ ab, für die gilt:
(1) $\sin\alpha = 0{,}25$ (3) $\sin\alpha = 0{,}75$ (5) $\cos\alpha = 0{,}25$ (7) $\cos\alpha = 0{,}75$
(2) $\sin\alpha = -0{,}25$ (4) $\sin\alpha = -0{,}75$ (6) $\cos\alpha = -0{,}25$ (8) $\cos\alpha = -0{,}75$
Gib nun entsprechende Winkelgrößen α im Bereich $-720° \leq \alpha \leq 1\,080°$ an.
Beachte die Periodenlänge. Beschreibe dein Vorgehen.

Eigenschaften der Sinus- und Kosinusfunktion

Einstieg

Betrachte die Kosinuskurve auf Seite 235 im Bereich $-360° \leq \alpha \leq 720°$.

→ Beschreibe den Verlauf der Kosinuskurve.

→ Gib besondere Punkte des Graphen an.

Aufgabe

Beachte die unterschiedliche Einteilung der Achsen.

1. *Nullstellen der Sinusfunktion*

Betrachte den Graphen der Sinusfunktion im Bereich $-720° \leq \alpha \leq 720°$.

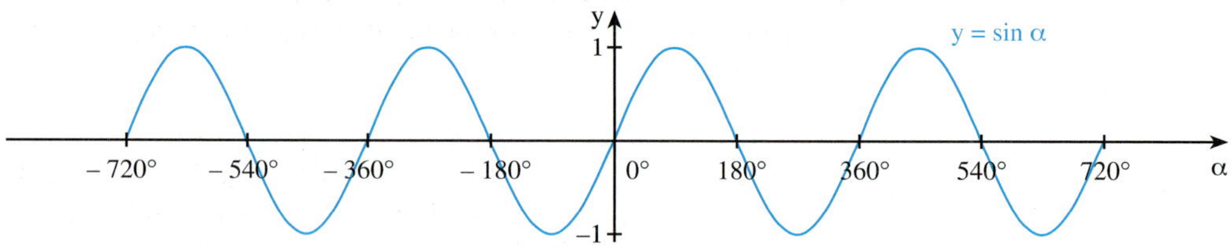

Gib die Nullstellen der Sinusfunktion an. Welche Besonderheit fällt dir auf?

Lösung

An den Nullstellen schneidet die Sinuskurve die α-Achse.
Nullstellen der Sinusfunktion im Bereich $-720° \leq \alpha \leq 720°$ sind:

$-720°$; $-540°$; $-360°$; $-180°$; 0; 180°; 360°; 540°; 720°.

Da sich jeder Sinuswert, also auch der Wert null, im Abstand von 360° wiederholt, sind z. B. auch $-1\,080°$; $-900°$; 900°; 1 080° Nullstellen der Sinusfunktion.
Hat man eine Nullstelle gefunden, so erhält man eine weitere, indem man 180° addiert oder subtrahiert.

Information

(1) Die Sinusfunktion besitzt die Nullstellen
…; $-720°$; $-540°$; $-360°$; $-180°$; 0; 180°; 360°; 540°; 720°; …,
allgemein $k \cdot 180°$, wobei k ganzzahlig ist.

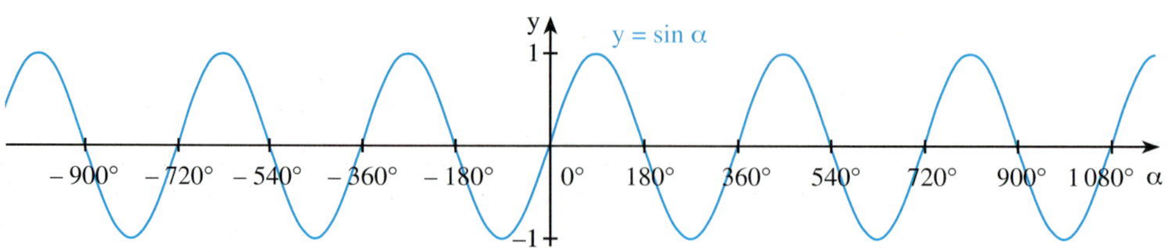

(2) Die Kosinusfunktion besitzt die Nullstellen
…; $-810°$; $-630°$; $-450°$; $-270°$; $-90°$; 90°; 270°; 450°; 630°; 810°; …,
allgemein $(2k + 1) \cdot 90°$, wobei k ganzzahlig ist.

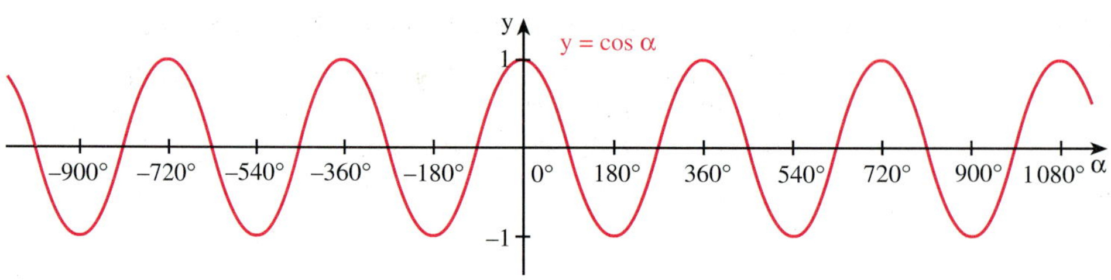

Zum Festigen und Weiterarbeiten

2. a) Der *größte* Sinuswert ist 1. Lies am Graphen der Sinusfunktion von Aufgabe 1 ab, für welche Winkelgrößen die Sinusfunktion diesen größten Wert im Bereich $-360° \leq \alpha \leq 720°$ annimmt.
Nenne 4 weitere solche Winkelgrößen außerhalb des angegebenen Bereichs.
Denke an die Periode.

b) Verfahre entsprechend mit dem kleinsten Sinuswert -1. Lies am Graphen der Sinusfunktion von Aufgabe 1 ab, für welche Winkelgrößen die Sinusfunktion diesen kleinsten Wert annimmt.
Nenne 4 weitere solche Winkelgrößen.

c) Der größte Kosinuswert ist 1, der kleinste -1.
Verfahre entsprechend wie in den Teilaufgaben a) und b).

Information

(1) Die Sinusfunktion nimmt ihren *größten Wert*, nämlich 1, für die Winkelgrößen
$\ldots;\ -990°;\ -630°;\ -270°;\ 90°;\ 450°;\ 810°;\ \ldots,$
allgemein $90° + k \cdot 360°$ (k ganzzahlig) an.

Der *kleinste Wert* der Sinusfunktion, nämlich -1, wird für die Winkelgrößen
$\ldots;\ -810°;\ -450°;\ -90°;\ 270°;\ 630°;\ 990°;\ \ldots,$
allgemein $270° + k \cdot 360°$ (k ganzzahlig) angenommen.

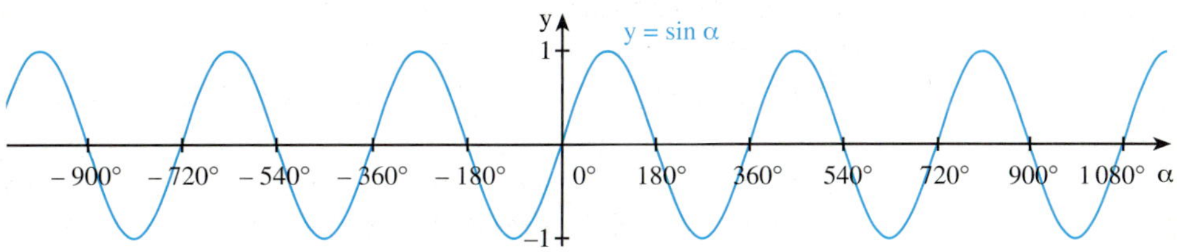

(2) Die Kosinusfunktion nimmt ihren *größten Wert*, nämlich 1, für die Winkelgrößen
$\ldots;\ -720°;\ -360°;\ 0;\ 360°;\ 720;\ 1080;\ \ldots,$
allgemein $k \cdot 360$ (k ganzahlig) an.

Der *kleinste Wert*, nämlich -1, wird für die Winkelgrößen
$\ldots;\ -900°;\ -540°;\ -180°;\ 180°;\ 540°;\ 900°;\ \ldots,$
allgemein $180° + k \cdot 360°$ (k ganzzahlig) angenommen.

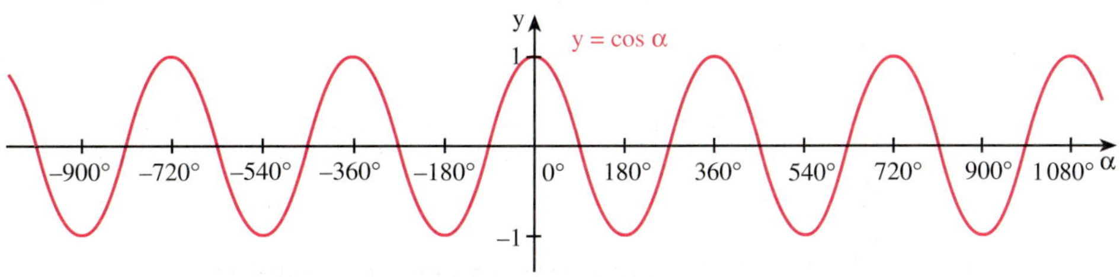

Aufgabe

3. *Symmetrieeigenschaften der Sinus- und Kosinuskurve*

Zeichne den Graphen der Sinusfunktion und den Graphen der Kosinusfunktion im Bereich $-1080° \leq \alpha \leq 1080°$.
Untersuche die Graphen auf Symmetrien.

Lösung

(1) *Symmetrie der Sinuskurve*

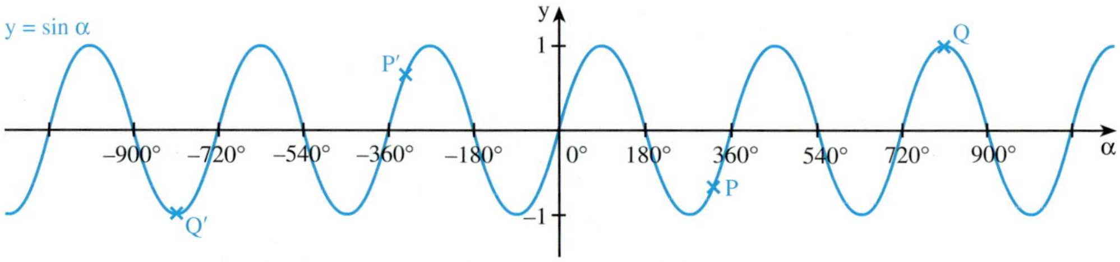

Die Sinuskurve ist punktsymmetrisch zum Koordinatenursprung.
Durch eine Halbdrehung um O (0 | 0) geht sie nämlich in sich über.

(2) *Symmetrie der Kosinuskurve*

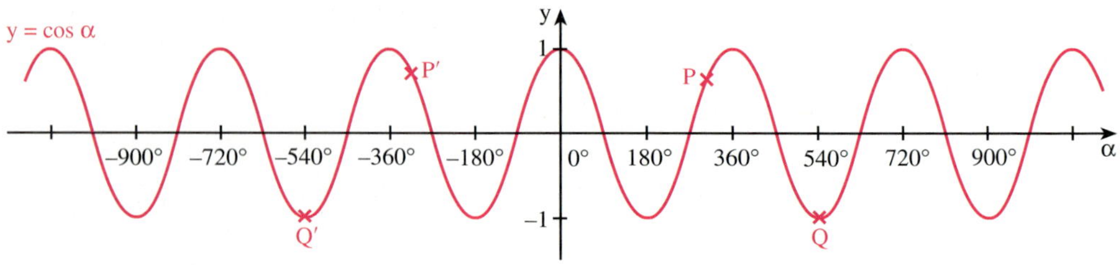

Die Kosinuskurve ist symmetrisch zur y-Achse.
Bei Spiegelung an der y-Achse geht sie nämlich in sich über.

Information

Symmetrien von Sinus- und Kosinuskurve

(1) Die Sinuskurve ist punktsymmetrisch zum Koordinatenursprung O (0 | 0).
Es gilt also (siehe Einheitskreis oder Sinuskurve):
$\sin \alpha = -\sin(-\alpha)$

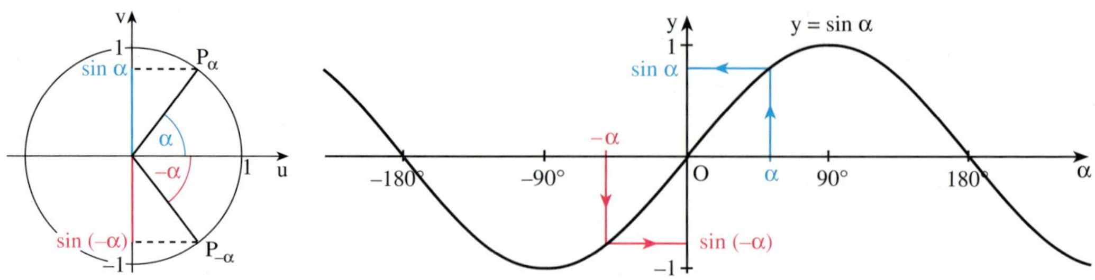

(2) Die Kosinuskurve ist achsensymmetrisch zur y-Achse.
Es gilt also (siehe Einheitskreis oder Kosinuskurve):
$\cos \alpha = \cos(-\alpha)$

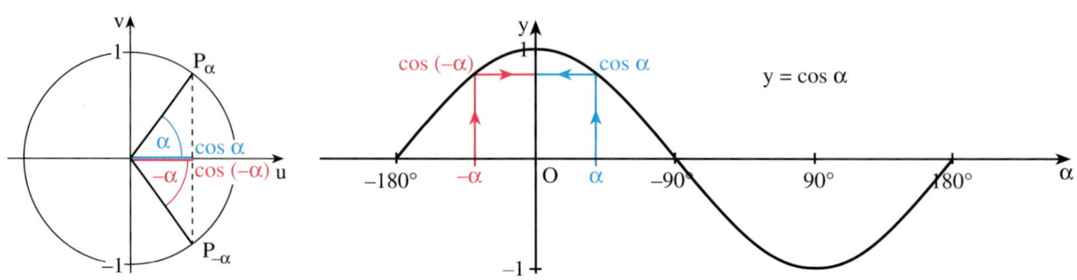

Symmetrien der Sinus- und Kosinuskurve

Die Graphen der Sinusfunktion und der Kosinusfunktion sind symmetrisch. Insbesondere gilt:

(a) Der Graph der Sinusfunktion ist punktsymmetrisch zum Koordinatenursprung O. Es gilt:
$\mathbf{\sin\alpha = -\sin(-\alpha)}$

(b) Der Graph der Kosinusfunktion ist achsensymmetrisch zur y-Achse. Es gilt:
$\mathbf{\cos\alpha = \cos(-\alpha)}$

Beispiele: $\sin(-45°) = -\sin 45° = -\frac{1}{2}\sqrt{2} \approx -0{,}707$ $\qquad$ $\cos(-60°) = \cos 60° = 0{,}5$

Mithilfe dieses Satzes kann man Sinus- und Kosinuswerte für alle negativen Winkelgrößen auf solche für positive Winkelgrößen zurückführen.

Übungen

4. **a)** Zeichne die Sinuskurve für (1) $-720° \leq \alpha \leq 360°$; (2) $0° \leq \alpha \leq 1080°$.
Gib 4 Nullstellen an, die außerhalb des angegebenen Bereichs liegen.

b) Zeichne die Kosinuskurve für
(1) $-720° \leq \alpha \leq 360°$; (2) $0° \leq \alpha \leq 1080°$.
Gib 4 Nullstellen an, die außerhalb des angegebenen Bereichs liegen.

5. Drücke den angebenen Sinuswert bzw. Kosinuswert mithilfe einer Winkelgröße aus dem Bereich $0° \leq \alpha \leq 360°$ aus.

a)	b)	c)	d)
$\sin(-82°)$	$\sin(-138°)$	$\sin(-218°)$	$\sin(-340°)$
$\cos(-64°)$	$\cos(-100°)$	$\cos(-249°)$	$\cos(-333°)$
$\sin(-17°)$	$\sin(-154°)$	$\sin(-195°)$	$\sin(-285°)$
$\cos(-23°)$	$\cos(-99°)$	$\cos(-264°)$	$\cos(-304°)$

6. Betrachte die (1) Sinusfunktion, (2) Kosinusfunktion im Bereich $-360° \leq \alpha \leq 360°$.
In welchen Teilbereichen steigt der Graph der (1) Sinusfunktion, (2) Kosinusfunktion, in welchen fällt er?

7. **a)** Betrachte den Graphen der (1) Sinusfunktion, (2) Kosinusfunktion im Bereich $-1080° \leq \alpha \leq 1080°$.
In welchen Teilbereichen steigt die (1) Sinuskurve, (2) Kosinuskurve, in welchen fällt sie?

b) Verallgemeinere das Ergebnis aus Teilaufgabe a).

8. **a)** Du weißt: Die Sinuskurve ist punktsymmetrisch zum Ursprung O(0|0).
Versuche, weitere Punkte anzugeben, zu denen die Sinuskurve punktsymmetrisch ist.

b) Untersuche, ob die Sinuskurve auch achsensymmetrisch ist.
Gib gegebenenfalls Symmetrieachsen an.

9. **a)** Du weißt: Die Kosinuskurve ist achsensymmetrisch zur y-Achse.
Untersuche, ob es weitere Symmetrieachsen der Kosinuskurve gibt.

b) Untersuche, ob die Kosinuskurve auch punktsymmetrisch ist.
Gib gegebenenfalls Symmetriepunkte an.

FUNKTIONEN MIT DER GLEICHUNG $y = a \cdot \sin(b(\alpha - \varphi))$

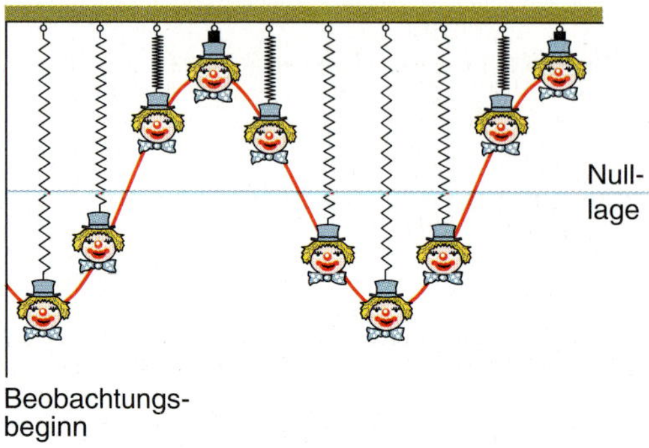

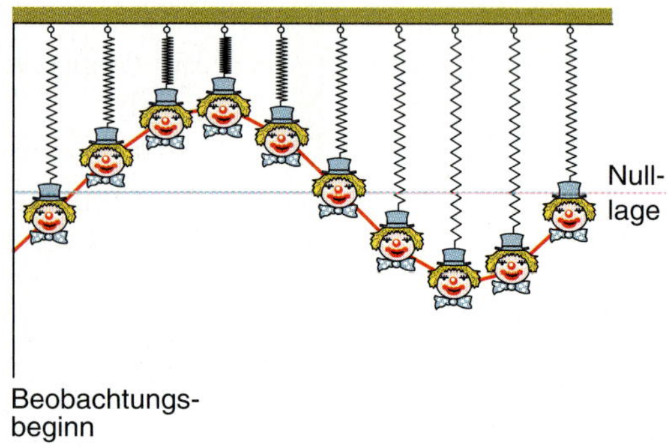

Die Bilder zeigen Bewegungen verschiedener auf- und abschwingender Federclowns. Es ergeben sich Graphen, die der Sinuskurve sehr ähnlich sind. Im Vergleich zur Sinuskurve sind sie in Richtung der x- und y-Achse gestreckt oder gestaucht. Stauchen ist ein Strecken mit einem Faktor zwischen 0 und 1.
Solche Funktionen werden auch als *allgemeine Sinusfunktionen* bezeichnet.

Funktionen mit der Gleichung $y = a \cdot \sin\alpha$

Einstieg

Untersuche mit deinem Kalkulationsprogramm den Graphen der Funktion mit der Gleichung $y = a \cdot \sin\alpha$. Gestalte die Tabelle so, dass du den Wert für a verändern kannst.

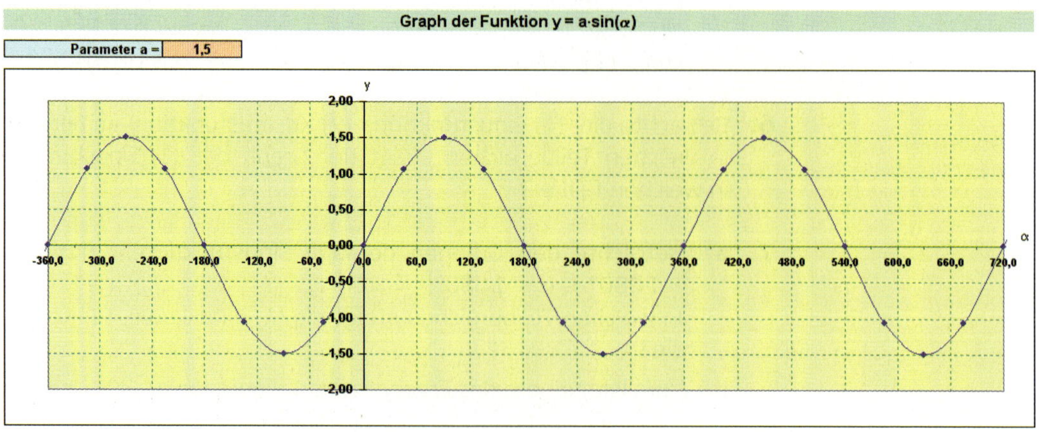

→ Wähle für a verschiedene positive Werte. Vergleiche mit dem Graphen der Funktion $y = \sin\alpha$.

→ Wähle $a = -1$. Wie erhältst du diesen Graphen aus der Sinuskurve?

Aufgabe

1. Zeichne die Sinuskurve im Bereich $-360° \le \alpha \le 360°$. Zeichne in dasselbe Koordinatensystem den Graphen der Funktion mit:

a) $y = 2 \cdot \sin\alpha$ **b)** $y = \frac{1}{2} \cdot \sin\alpha$

Vergleiche beide Graphen mit der Sinuskurve; vergleiche auch ihre Eigenschaften.

Lösung

a)

α	−360°	−315°	−270°	−225°	−180°	−135°	−90°	−45°	0°	45°	90°	135°	180°	225°	270°	315°	360°
sin α	0	0,58	1	0,70	0	−0,58	−1	−0,70	0	0,70	1	0,58	0	−0,70	−1	−0,58	0
2 · sin α	0	1,16	2	1,40	0	−1,16	−2	−1,40	0	1,40	2	1,16	0	−1,40	−2	−1,16	0

$\cdot 2$

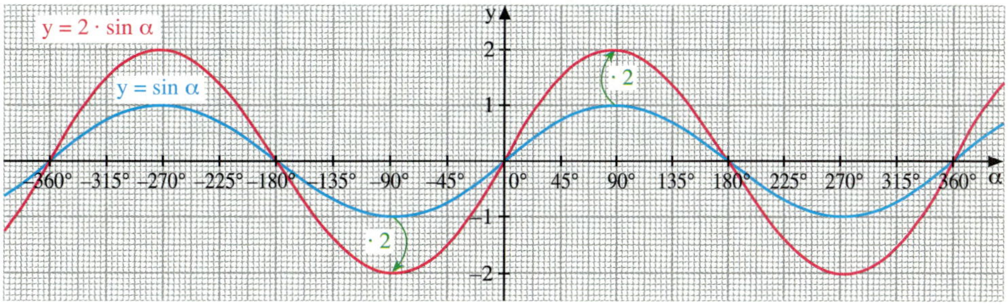

Der Graph der Funktion zu $y = 2 \cdot \sin\alpha$ entsteht aus der Sinuskurve durch Streckung von der α-Achse aus in Richtung der y-Achse mit dem Faktor 2. Deshalb gilt:

Beide Graphen besitzen

- dieselben Nullstellen …, −360°; −180°; 0°; 180°; 360°; …
- dieselben Bereiche, in denen sie steigen bzw. fallen.
- dieselbe (kleinste) Periode 360°.

Beide Funktionen unterscheiden sich allerdings bei dem größten und kleinsten Funktionswert:

Funktion zu	größter Funktionswert	kleinster Funktionswert
$y = \sin\alpha$	1	−1
$y = 2 \cdot \sin\alpha$	2	−2

b)

α	−360°	−315°	−270°	−225°	−180°	−135°	−90°	−45°	0°	45°	90°	135°	180°	225°	270°	315°	360°
sin α	0	0,58	1	0,70	0	−0,58	−1	−0,70	0	0,70	1	0,58	0	−0,70	−1	−0,58	0
$\frac{1}{2}$ **· sin α**	0	0,29	0,5	0,35	0	−0,29	$-\frac{1}{2}$	−0,35	0	0,35	$\frac{1}{2}$	0,29	0	−0,35	−0,5	−0,29	0

$\cdot \frac{1}{2}$

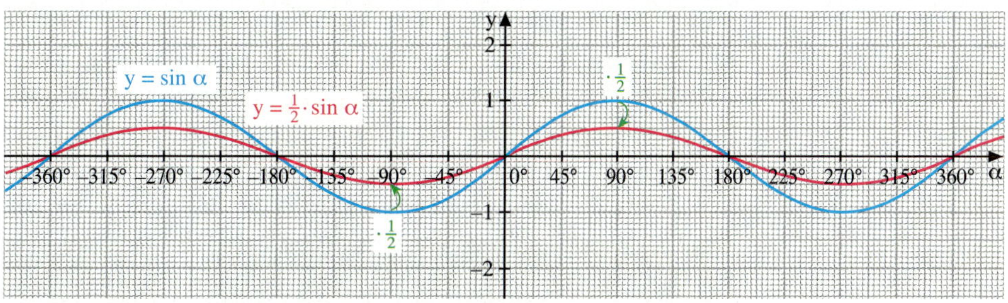

Der Graph der Funktion zu $y = \frac{1}{2} \cdot \sin\alpha$ entsteht aus der Sinuskurve durch Streckung von der α-Achse aus in Richtung der y-Achse mit dem Faktor $\frac{1}{2}$.

Beachte: Man spricht in der Mathematik auch von Streckung, wenn der positive Streckungsfaktor kleiner als 1 ist, also eine Stauchung vorliegt.

Beide Graphen besitzen

- dieselben Nullstellen …, −360°; −180°; 0; 180°; 360°; …
- dieselben Bereiche, in denen sie steigen bzw. fallen.
- dieselbe (kleinste) Periode 360°.

Beide Funktionen unterscheiden sich jedoch bei dem kleinsten und größten Funktionswert:

Funktion zu	größter Funktionswert	kleinster Funktionswert
$y = \sin\alpha$	1	-1
$y = \frac{1}{2} \cdot \sin\alpha$	$\frac{1}{2}$	$-\frac{1}{2}$

Zum Festigen und Weiterarbeiten

2. Zeichne den Graphen der Sinusfunktion im Bereich $-360° \leq \alpha \leq 360°$. Zeichne in dasselbe Koordinatensystem den Graphen der Funktion mit:

a) $y = 3 \cdot \sin\alpha$ **b)** $y = 0{,}8 \cdot \sin\alpha$

Vergleiche die Eigenschaften beider Funktionen.

Information

Durch Strecken bzw. Stauchen der Sinuskurve von der α-Achse aus in Richtung der y-Achse erhält man Graphen zur Beschreibung der Bewegung von Federclowns, deren maximale Auslenkung verschieden ist.

Amplitude ⟨lat.⟩
Physik: Schwingungsweite
Math.: größter absoluter Funktionswert einer periodischen Funktion

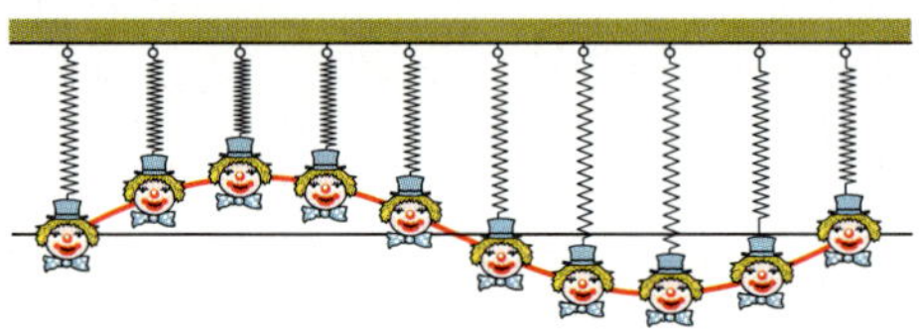

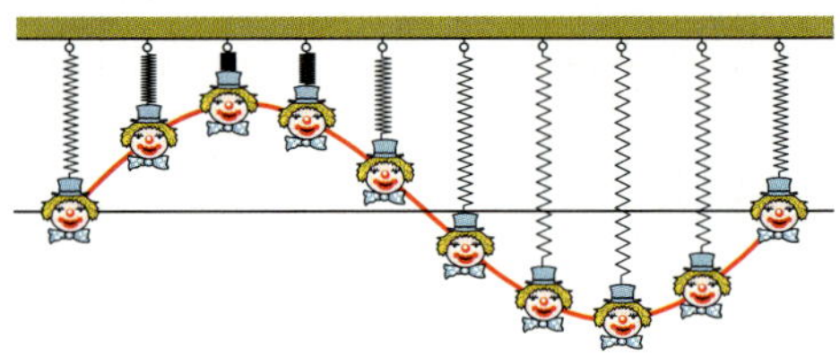

Die maximale Auslenkung bezeichnet man auch als *Amplitude.*

Eigenschaften der Funktionen mit $y = a \cdot \sin\alpha$ $(a > 0)$

(1) Nullstellen sind
…, $-720°$; $-540°$; $-360°$; $-180°$; 0; 180°; 360°; 540°; 720°; …,
allgemein $k \cdot 180°$, wobei k ganzzahlig ist.

(2) Die (kleinste) Periode ist 360°.

(3) Der größte Funktionswert ist a, der kleinste $-a$.

(4) Der Graph entsteht aus der Sinuskurve durch Strecken bzw. Stauchen von der α-Achse aus mit dem Faktor a in Richtung der y-Achse.

Beachte: Für $a = 1$ erhältst du die Eigenschaften der Sinusfunktion.

Da der Faktor a in der Funktionsgleichung $y = a \cdot \sin\alpha$ die Amplitude beeinflusst, ist diese Funktion gut geeignet, z. B. Wechselspannungen mit unterschiedlichen Maximalwerten zu beschreiben. Das zeigen die folgenden Bilder auf dem Schirm eines Oszilloskops.

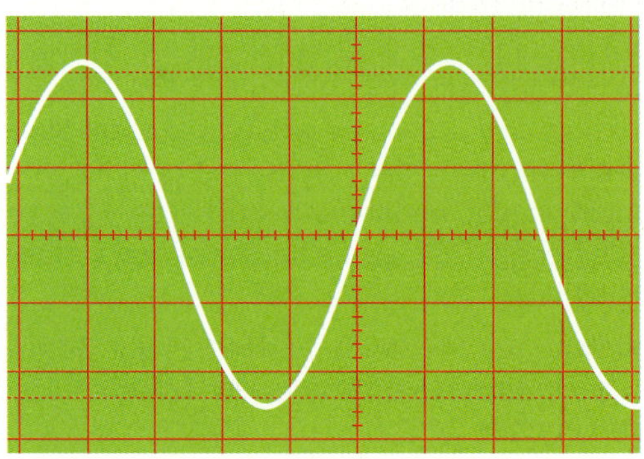

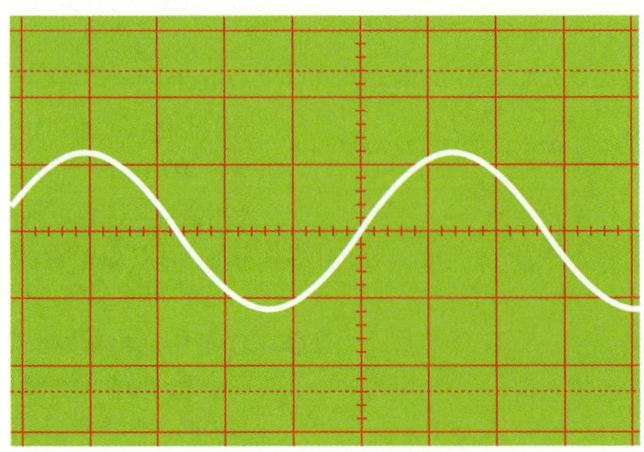

Übungen

3. Zeichne im Bereich $-360° \leq \alpha \leq 360°$ den Graphen der Funktion mit:

a) $y = 2{,}5 \cdot \sin \alpha$ **b)** $y = 0{,}4 \cdot \sin \alpha$ **c)** $y = 1{,}5 \cdot \sin \alpha$

Gib Eigenschaften der Funktion an.

4. Der Graph der Sinusfunktion mit $y = \sin \alpha$ wird in Richtung der y-Achse gestreckt

a) mit dem Faktor 2,6;
b) mit dem Faktor 0,3;
c) mit dem Faktor $3\frac{1}{2}$;
d) mit dem Faktor $\frac{3}{4}$.

Gib die Funktionsgleichung zu diesem Graphen an.
Zeichne ihn auch im Bereich $-360° \leq \alpha \leq 720°$.

5. Beschreibe, wie der Graph mit der angegebenen Gleichung aus der Sinuskurve entsteht.

a) $y = 1{,}8 \sin \alpha$ **b)** $y = 0{,}8 \sin \alpha$ **c)** $y = 2{,}1 \sin \alpha$ **d)** $y = 0{,}7 \sin \alpha$

6. Gib zu den Graphen die Funktionsgleichung an.

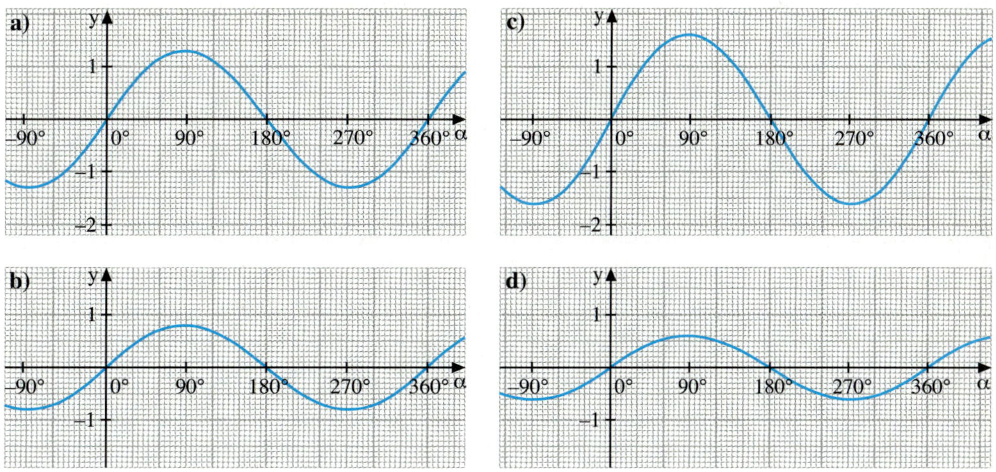

7. Gegeben ist die Funktion mit $y = 2{,}5 \cdot \sin \alpha$ im Bereich $-90° \leq \alpha \leq 90°$.

a) Der Punkt $P_1(45° \mid y_1)$ soll zum Graphen gehören. Bestimme die fehlende Koordinate.

b) Der Punkt $P_2(\alpha_2 \mid -1{,}25)$ soll zum Graphen gehören. Bestimme die fehlende Koordinate.

8. Durch die Gleichung $y = a \cdot \sin \alpha$ ist eine Funktion gegeben. Bestimme den Faktor a, falls gilt:

a) Der kleinste Funktionswert ist $-1{,}3$, der größte 1,3.

b) Der Graph geht durch den Punkt $P(30° \mid 3)$.

9. Durch die Gleichung $y = a \cdot \sin \alpha$ ist eine Funktion gegeben. Der Graph dieser Funktion geht durch den Punkt:

a) $P(30° \mid 1{,}4)$ **b)** $P(-60° \mid -1{,}9)$ **c)** $P(315° \mid -0{,}4)$ **d)** $P(-225° \mid 1{,}5)$

Wie lautet die Funktionsgleichung?
Wie entsteht der Graph aus der Sinuskurve?

10. Der Radius des Sägeblattes in Aufgabe 1 auf Seite 229 soll 20 cm sein.
Die Zuordnung *Drehwinkelgröße α → Abstand y zur Tischplatte* ist eine allgemeine Sinusfunktion.
Wie lautet die Funktionsgleichung?

Funktionen mit der Gleichung $y = \sin(b \cdot \alpha)$

Einstieg

Untersuche mit deinem Kalkulationsprogramm den Graphen der Funktion mit der Gleichung $y = \sin(b \cdot \alpha)$. Gestalte deine Tabelle so, dass du den Wert für b verändern kannst.

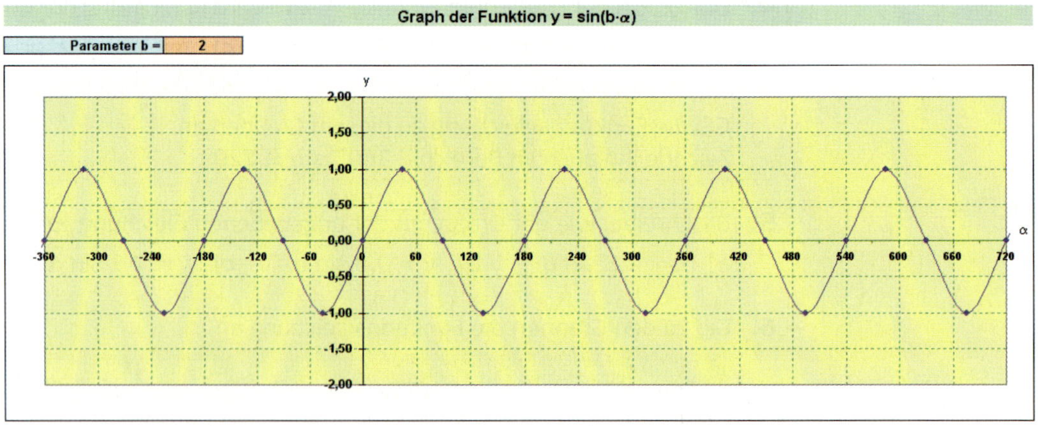

→ Untersuche, wie du den Graphen der Funktion für verschiedene positive Werte von b aus der Sinuskurve erhältst.

Information

(1) Strecken der Sinuskurve in Richtung der α-Achse mit dem Faktor 2

Gegeben ist die Sinusfunktion mit $y = \sin\alpha$ im Bereich $0° \le \alpha \le 360°$. Ihr Graph soll von der y-Achse aus in Richtung der α-Achse mit dem Faktor 2 gestreckt werden. Dabei wird die α-Koordinate jedes Punktes der Sinuskurve verdoppelt, während die y-Koordinate beibehalten wird. Es entsteht der Graph einer neuen Funktion.

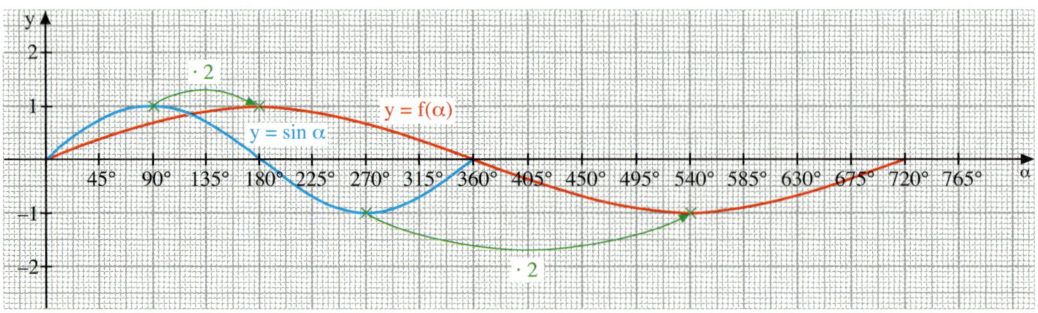

Am Graphen erkennen wir:
Die neue Funktion hat an der Stelle α denselben Wert wie die Sinusfunktion an der Stelle $\frac{\alpha}{2}$.
Es gilt also:

$y = \sin\frac{\alpha}{2}$ mit $0 \le \alpha \le 720°$

Eine Wertetabelle bestätigt diesen Zusammenhang:

α	0°	90°	180°	270°	360°	450°	540°	630°	720°
sin α	0	1	0	− 1	0				
$\sin\frac{\alpha}{2}$	0	0,707	1	0,707	0	− 0,707	− 1	− 0,707	0
$\frac{\alpha}{2}$	0°	45°	90°	135°	180°	225°	270°	315°	360°

(2) Strecken der Sinuskurve in Richtung der α-Achse mit dem Faktor $\frac{1}{2}$

Gegeben ist die Sinusfunktion mit $y = \sin\alpha$ im Bereich $0° \le \alpha \le 360°$. Ihr Graph soll von der y-Achse aus in Richtung der α-Achse mit dem Faktor $\frac{1}{2}$ gestreckt werden. Das bedeutet, dass die α-Koordinate jedes Punktes der Sinuskurve halbiert wird, die y-Koordinate bleibt erhalten. Es entsteht der Graph einer neuen Funktion.

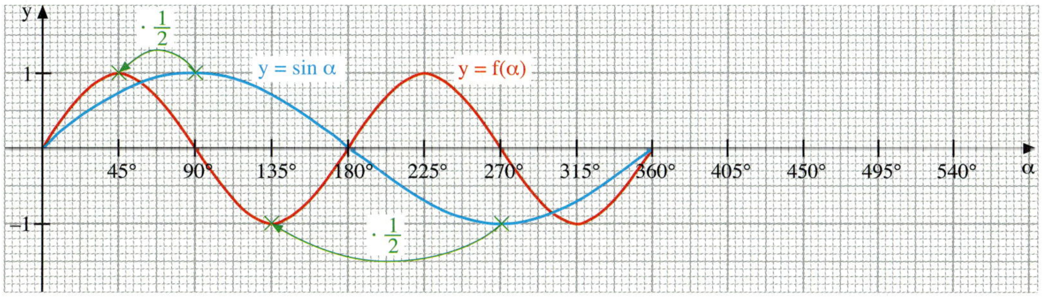

Am Graphen erkennt man wiederum:
Die neue Funktion hat an der Stelle α denselben Wert wie die Sinusfunktion an der Stelle 2 α.
Es gilt also:

$y = \sin(2 \cdot \alpha)$ mit $0° \le \alpha \le 360°$

Auch hier bestätigen wir das Ergebnis mit einer Wertetabelle:

α	0°	45°	90°	135°	180°	225°	270°	315°	360°
sin α	0	0,701	1	0,701	0	– 0,701	– 1	– 0,701	0
sin (2α)	0	1	0	– 1	0				
2α	0°	90°	180°	270°	360°				

Aufgabe

1. Gegeben ist die Funktion mit:

a) $y = \sin(2 \cdot \alpha)$ **b)** $y = \sin\left(\frac{1}{2} \cdot \alpha\right)$

Gib ihre Eigenschaften an; vergleiche sie mit der Sinusfunktion.

Lösung

a) Der Graph der Funktion zu $y = \sin(2 \cdot \alpha)$ geht aus der Sinuskurve durch Streckung von der y-Achse aus in Richtung der α-Achse mit dem Faktor $\frac{1}{2}$ hervor.
Deshalb gilt:

- Beide Funktionen besitzen 1 als größten Funktionswert und –1 als kleinsten Funktionswert.

Beide Funktionen unterscheiden sich

- in der (kleinsten) Periode und
- in der Lage der Nullstellen:

Funktion zu	(kleinste) Periode	Nullstellen
$y = \sin\alpha$	360°	…; –540°; –360°; –180°; 0°; 180; 360; 540°; …, allgemein $k \cdot 180°$
$y = \sin(2 \cdot \alpha)$	180°	…; –270°; –180°; –90°; 0°; 90; 180; 270°; …, allgemein $k \cdot 90°$

b) Der Graph der Funktion zu $y = \sin\left(\frac{1}{2} \cdot \alpha\right)$ geht aus der Sinuskurve durch Streckung von der y-Achse aus in Richtung der α-Achse mit dem Faktor 2 hervor.
Deshalb gilt:

- Beide Funktionen besitzen 1 als größten Funktionswert und -1 als kleinsten.

Beide Funktionen unterscheiden sich

- in der (kleinsten) Periode und
- in der Lage der Nullstellen:

Funktion zu	(kleinste) Periode	Nullstellen
$y = \sin\alpha$	360°	...; –360°; –180°; 0°; 180; 360; ..., allgemein $k \cdot 180°$
$y = \sin\left(\frac{1}{2}\alpha\right)$	720°	...; –720°; –360°; 0°; 360; 720; ..., allgemein $k \cdot 360°$

Zum Festigen und Weiterarbeiten

2. Zeichne den Graphen der Sinusfunktion im Bereich $-360° \le \alpha \le 360°$. Zeichne in dasselbe Koordinatensystem den Graphen der Funktion zu:

a) $y = \sin(1{,}5\,\alpha)$ **b)** $y = \sin\left(\frac{\alpha}{1{,}5}\right)$

Vergleiche die Eigenschaften beider Funktionen.

Information

Durch Strecken der Sinuskurve von der y-Achse aus in Richtung der α-Achse erhält man Graphen zur Beschreibung der Bewegung von Federclowns, deren Periode verschieden von 360° ist.

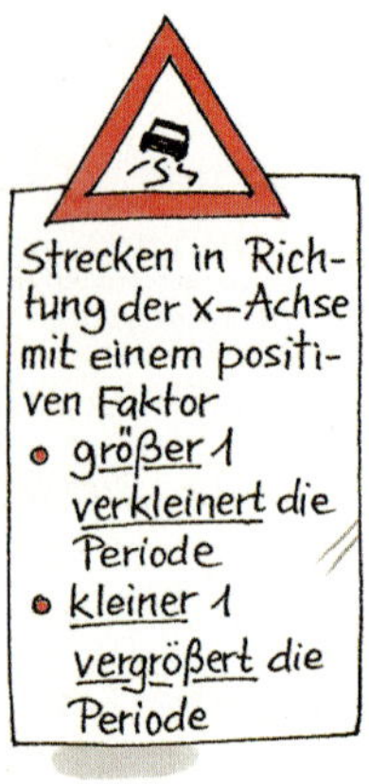

Eigenschaften der Funktionen mit $y = \sin(b \cdot \alpha)$ mit $b > 0$

(1) Die Nullstellen sind $k \cdot \frac{180°}{b}$, wobei k ganzzahlig ist.

(2) Die (kleinste) Periode ist $\frac{360°}{b}$.

(3) Der größte Funktionswert ist 1, der kleinste -1.

(4) Der Graph entsteht aus der Sinuskurve durch Strecken bzw. Stauchen von der y-Achse aus mit dem Faktor $\frac{1}{b}$ in Richtung der α-Achse.

Merke dir: Streckt man mit dem Faktor 2, 3, 4 ... in Richtung der α-Achse, so wird die Periodenlänge halbiert, gedrittelt, geviertelt.
Staucht man mit dem Faktor $\frac{1}{2}, \frac{1}{3}, \frac{1}{4}, \ldots$, so wird die Periodenlänge verdoppelt, verdreifacht, vervierfacht.
Streckungsfaktor und Periodenlänge sind antiproportional zueinander.
Für den Graphen bedeutet dies z. B.: Streckt man mit dem Faktor 2 [3], so passen in den Bereich $0° \le \alpha \le 360°$ zwei [drei] „Wellen“.
Staucht man mit dem Faktor $\frac{1}{2}$ $\left[\frac{1}{4}\right]$, so passen in den Bereich $0° \le \alpha \le 360°$ eine halbe [viertel] Welle.

Übungen

3. Zeichne im Bereich $-360° \leq \alpha \leq 360°$ den Graphen der Funktion mit:

a) $y = \sin\left(\frac{1}{3}\alpha\right)$ **b)** $y = \sin(3\alpha)$ **c)** $y = \sin(2{,}5\alpha)$

Beschreibe, wie der Graph aus der Sinuskurve entsteht. Gib die Eigenschaften an.

4. Der Graph der Sinusfunktion mit $y = \sin\alpha$ wird in Richtung der α-Achse gestreckt

a) mit dem Faktor 2,5;
b) mit dem Faktor 0,4;
c) mit dem Faktor $1\frac{1}{2}$;
d) mit dem Faktor $\frac{3}{4}$.

Gib die Funktionsgleichung zu diesem Graphen an. Zeichne ihn auch für $-360° \leq \alpha \leq 360°$.

5. Gib die Funktionsgleichung zum Graphen an.

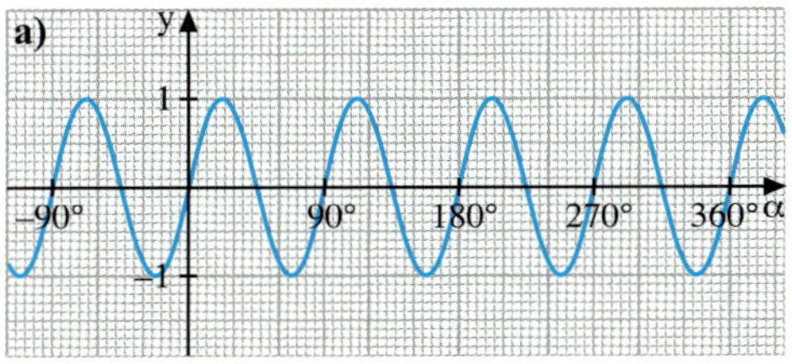

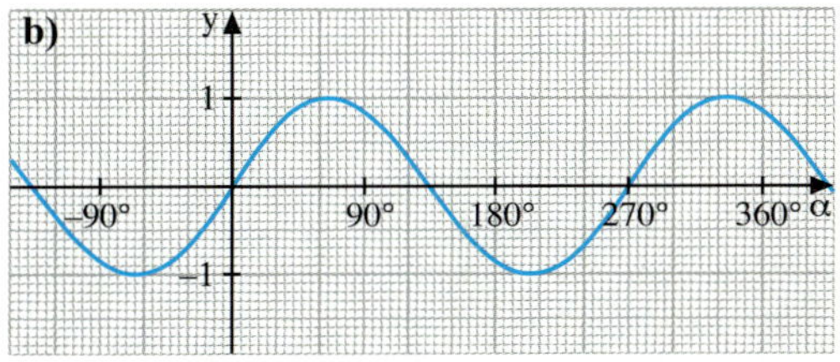

6. Gegeben ist die Funktion mit $y = \sin\left(\frac{1}{3}\alpha\right)$ im Bereich $-540° \leq \alpha \leq 540°$.

a) Der Punkt $P_1(90° \mid y_1)$ soll zum Graphen gehören. Bestimme die fehlende Koordinate.

b) Der Punkt $P_2\left(\alpha_2 \mid -\frac{1}{2}\right)$ soll zum Graphen gehören. Bestimme die fehlende Koordinate.

7. Durch die Gleichung $y = \sin(b \cdot \alpha)$ ist eine Funktion gegeben. Bestimme den Faktor b, falls gilt:

a) Die kleinste Periode ist 90°. ▲ **b)** Der Graph geht durch den Punkt $P\left(15° \mid \frac{1}{2}\sqrt{2}\right)$.

Funktionen mit der Gleichung $y = a \cdot \sin(b \cdot (\alpha - \varphi))$

Einstieg

TAB

Untersuche mit deinem Kalkulationsprogramm den Graphen der Funktion mit der Gleichung $y = a \cdot \sin(b \cdot \alpha)$.
Gestalte deine Tabelle so, dass du die Werte für a und b verändern kannst.

Graph der Funktion y = a·sin(b·α)

Parameter a =	1,75
Parameter b =	1,5

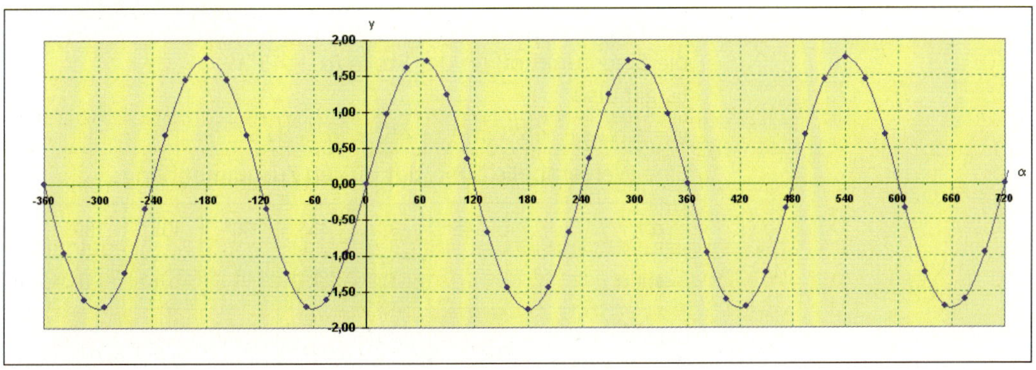

→ Wähle für a und b verschiedene positive Werte. Untersuche, wie du den Graphen der Funktion schrittweise aus der Sinuskurve erhältst.

Aufgabe

1. *Verschieben der Sinuskurve in Richtung der α-Achse*

Zeichne die Sinuskurve im Bereich $0° \le \alpha \le 360°$.

a) Verschiebe die Sinuskurve um 45° in Richtung der α-Achse nach rechts und gib die Funktionsgleichung des verschobenen Graphen an.

b) Verschiebe die Sinuskurve um 45° in Richtung der α-Achse nach links und gib die Funktionsgleichung des verschobenen Graphen an.

Lösung

a)

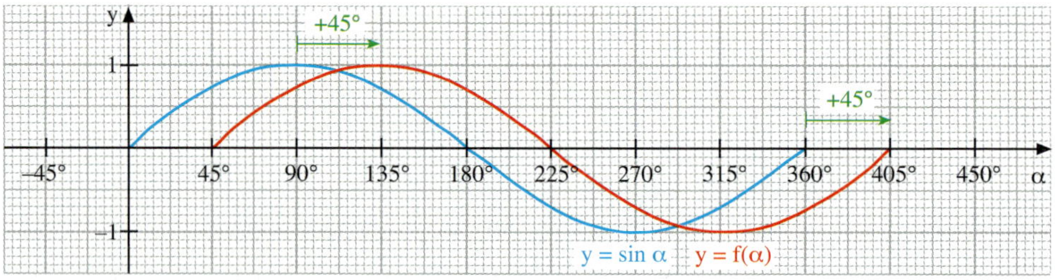

Am Graphen erkennen wir: Die neue Funktion hat an der Stelle α denselben Wert wie die Sinusfunktion an der Stelle $(\alpha - 45°)$

Es gilt also:

$y = \sin(\alpha - 45°)$ mit $45° \le \alpha \le 405°$

Eine Wertetabelle bestätigt diesen Zusammenhang:

α	0°	45°	90°	135°	180°	225°	270°	315°	360°	405°
sin α	0	0,707	1	0,707	0	– 0,707	– 1	– 0,707	0	
sin (α – 45°)		0	0,707	1	0,707	0	– 0,707	– 1	– 0,707	0
α – 45°		0°	45°	90°	135°	180°	225°	270°	315°	360°

b)

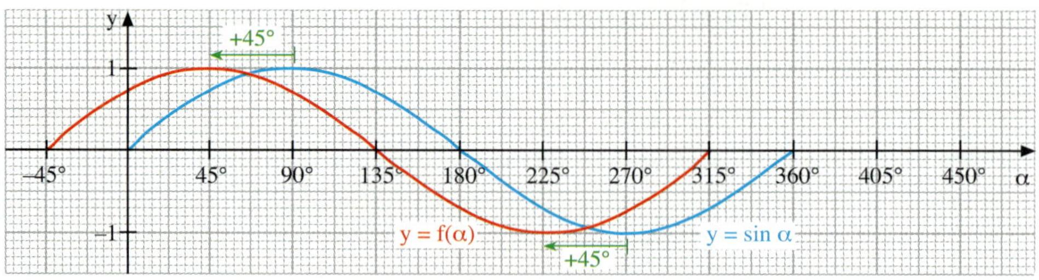

Am Graphen erkennen wir: Die neue Funktion hat an der Stelle α denselben Wert wie die Sinusfunktion an der Stelle $(\alpha + 45°)$

Es gilt also:

$y = \sin(\alpha + 45°)$ mit $-45° \le \alpha \le 315°$.

Eine Wertetabelle bestätigt diesen Zusammenhang:

α	– 45°	0°	45°	90°	135°	180°	225°	270°	315°	360°
sin α		0	0,707	1	0,707	0	– 0,707	– 1	– 0,707	0
sin (α + 45°)	0	0,707	1	0,707	0	– 0,707	– 1	– 0,707	0	
α + 45°	0°	45°	90°	135°	180°	225°	270°	315°	360°	

Information

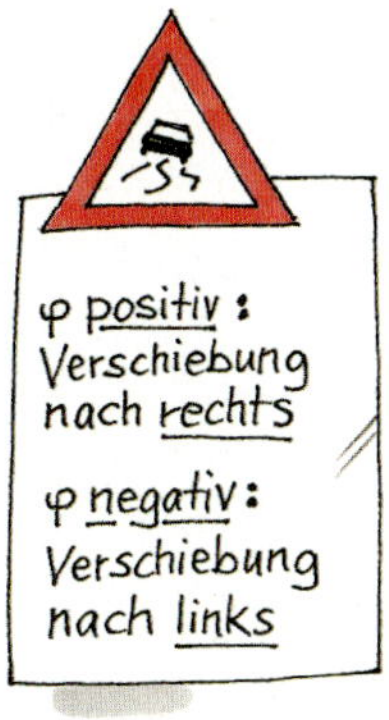

Verschieben in Richtung der α-Achse

Den Graphen einer Funktion mit $y = \sin(\alpha - \varphi)$ erhält man durch Verschieben der Sinuskurve mit $y = \sin\alpha$ in Richtung der α-Achse.
Wenn $\varphi > 0$, wird nach rechts verschoben; wenn $\varphi < 0$, wird nach links verschoben.

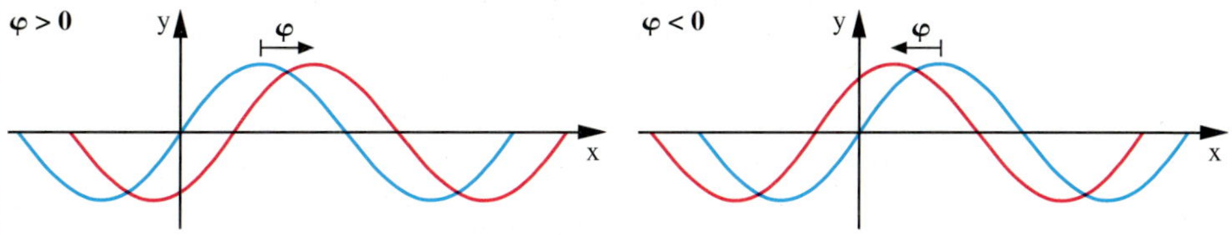

Beachte: In der Physik nennt man φ (gelesen: Phi) auch die *Phasenverschiebung*.

Aufgabe

2. *Strecken und Verschieben der Sinuskurve*

Gegeben ist die Funktion mit $y = \frac{3}{2}\sin(2(\alpha - 30°))$. Beschreibe, wie der Graph dieser Funktion aus der Sinuskurve entsteht. Gehe dabei schrittweise vor.

Lösung

Wir erhalten den Graphen der Funktion mit $y = \frac{3}{2}\sin(2(\alpha - 30°))$ aus der Sinuskurve mit $y = \sin\alpha$, indem wir nacheinander drei Abbildungen vornehmen.

(1) Wir strecken (stauchen) die Sinuskurve mit $y = \sin\alpha$ in Richtung der α-Achse mit dem Faktor $\frac{1}{2}$ und erhalten so den Graphen der Funktion mit $y = \sin(2\alpha)$.

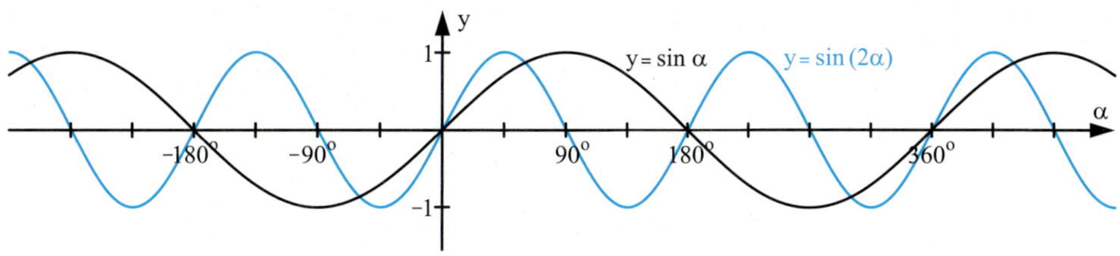

(2) Wir verschieben den Graphen der Funktion mit $y = \sin(2\alpha)$ in Richtung der α-Achse um 30° nach rechts und erhalten so den Graphen der Funktion mit $y = \sin(2(\alpha - 30°))$.

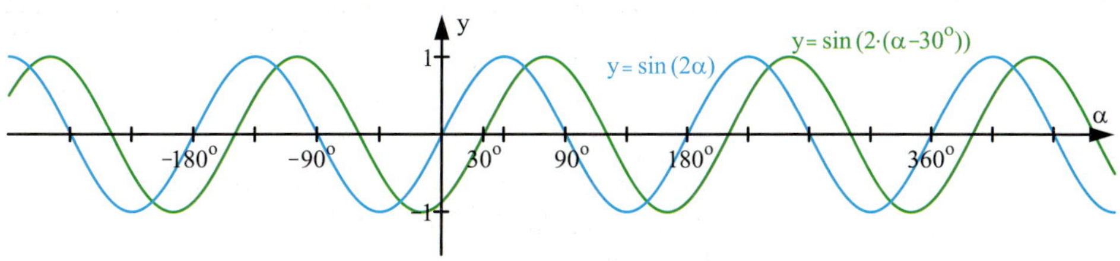

(3) Wir strecken den Graphen der Funktion mit $y = \sin(2(\alpha - 30°))$ in Richtung der y-Achse mit dem Faktor $\frac{3}{2}$ und erhalten so den Graphen der Funktion mit $y = \frac{3}{2}\sin(2(\alpha - 30°))$.

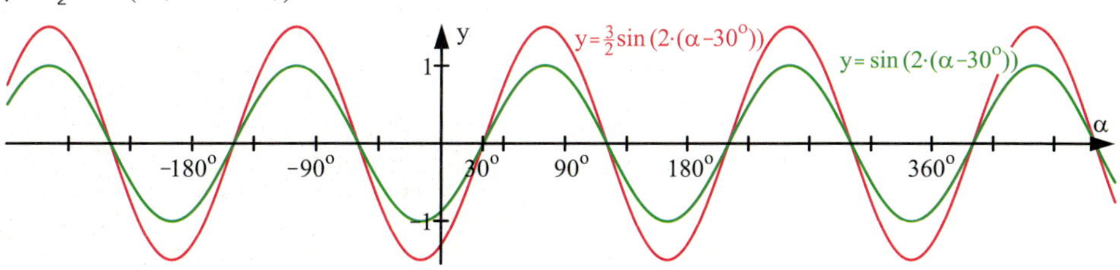

Information

Durch Verallgemeinerung des Ergebnisses von Aufgabe 2 erhalten wir:

Graph der allgemeinen Sinusfunktion mit $y = a \cdot \sin(b \cdot (\alpha - \varphi))$

Aus dem Graphen der Sinusfunktion mit $y = \sin\alpha$ erhält man den zur allgemeinen Sinusfunktion mit $y = a \cdot \sin(b(\alpha - \varphi))$ durch

(1) Strecken mit dem Faktor $\frac{1}{b}$ in Richtung der α-Achse;
(2) anschließendes Verschieben um φ in Richtung der α-Achse;
(3) anschließendes Strecken mit dem Faktor a in Richtung der y-Achse.

Zum Festigen und Weiterarbeiten

3. Untersuche mit deinem Kalkulationsprogramm den Graphen der Funktion mit der Gleichung $y = a \cdot \sin(b(\alpha - \varphi))$. Gestalte deine Tabelle so, dass du die Werte für a, b und φ verändern kannst.

a) Setze zunächst $a = 1$ und $b = 1$. Wähle für φ verschiedene Werte. Vergleiche den Graphen der Funktion mit der Sinuskurve.

b) Verändere nun die Werte für a, b und φ. Untersuche, wie du den Graphen der Funktion schrittweise aus dem Graphen der Sinusfunktion erhältst.

4. Zeichne den Graphen der Funktion im Bereich $-180° \leq \alpha \leq 720°$. Beschreibe, wie der Graph aus der Sinuskurve entsteht.

a) $y = 2\sin(3\alpha)$
b) $y = 2\sin\left(\frac{1}{3}\alpha\right)$
c) $y = \sin(\alpha - 60°)$
d) $y = \sin(\alpha + 60°)$

Welche Eigenschaften der Sinusfunktion haben sich geändert, welche nicht.

5. *Reihenfolge von Streckungen und Verschiebungen in Richtung der α-Achse*

a) Die Sinuskurve mit $y = \sin\alpha$ wird in Richtung der α-Achse zuerst mit dem Faktor 2 gestreckt, dann um 30° nach rechts verschoben.
Zeichne den Graphen der Funktion.
Vertausche die Reihenfolge von Streckung und Veschiebung, zeichne erneut.
Was stellst du fest?
Bestimme auch die Funktionsgleichungen.

b) Zeichne die Graphen der angegebenen Funktionen; vergleiche.
Beschreibe, wie die Graphen aus der Sinuskurve entstehen.
(1) $y = \sin(2(\alpha - 45°))$ (2) $y = \sin(2\alpha - 90°)$ (3) $y = \sin(2\alpha - 45°)$

6. *Zusammenhang zwischen Sinus und Kosinus*

a) Vergleiche die Sinus- und die Kosinusfunktion miteinander und gib an, wie man aus der Sinuskurve die Kosinuskurve erzeugen kann.

b) Begründe die Richtigkeit der folgenden Formeln:

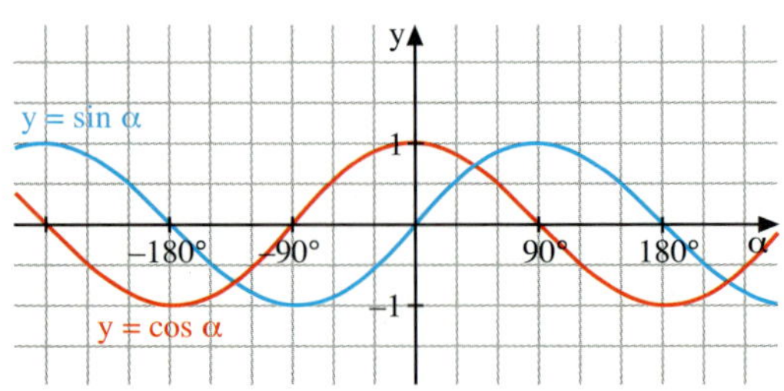

Für die Sinus- und Kosinusfunktion gilt:

$\sin\alpha = \cos(\alpha - 90°)$ **$\cos\alpha = \sin(\alpha + 90°)$**

Übungen

7. Beschreibe, wie der Graph aus der Sinuskurve entsteht. Welche Eigenschaften der Sinusfunktion ändern sich, welche nicht. Skizziere den Graphen.

a) $y = 3 \sin(0{,}5\,\alpha)$
b) $y = 3 \sin(2\,\alpha)$
c) $y = \sin(\alpha - 180°)$
d) $y = \sin(\alpha + 180°)$
e) $y = 1{,}5 \sin(\alpha + 60°)$
f) $y = 1{,}5 \sin(\alpha - 30°)$
g) $y = \sin(1{,}5\,(\alpha + 60°))$
h) $y = \sin(1{,}5\,(\alpha - 30°))$
i) $y = \sin(2\,(\alpha + 90°))$
j) $y = 3 \sin\left(\frac{1}{2}\,(\alpha - 360°)\right)$
k) $y = 3 \sin(0{,}5\,(\alpha + 360°))$
l) $y = 2{,}5 \sin(4\,(\alpha - 45°))$
m) $y = -2 \sin\left(\frac{1}{4}\,\alpha - 90°\right)$
n) $y = 1{,}5 \sin(2\,\alpha + 90°)$
o) $y = 2 \sin(3\,\alpha - 15°)$

8. Wie lautet die Gleichung der Funktion?

a) Die Sinuskurve wird in Richtung der α-Achse mit dem Faktor 1,5 und in Richtung der y-Achse mit dem Faktor $\frac{3}{4}$ gestreckt;

b) Die Sinuskurve wird in Richtung der α-Achse mit dem Faktor $\frac{3}{4}$ und in Richtung der y-Achse mit dem Faktor 4 gestreckt;

c) Die Sinuskurve wird um 135° in Richtung der α-Achse nach rechts verschoben und in Richtung der y-Achse mit dem Faktor 2,5 gestreckt.

d) Die Sinuskurve wird mit dem Faktor 0,8 in Richtung der y-Achse gestaucht und um 135° in Richtung der α-Achse nach links verschoben.

e) Die Sinuskurve wird in Richtung der α-Achse mit dem Faktor 3 $\left[\frac{1}{3}\right]$ gestreckt und um 90° in Richtung der α-Achse nach rechts verschoben.

f) Die Sinuskurve wird in Richtung der α-Achse mit dem Faktor 2,5 gestreckt in Richtung der α-Achse um 90° nach links verschoben und schließlich mit dem Faktor 0,7 in Richtung der y-Achse gestaucht.

9. Gib zu den dargestellten Graphen die jeweiligen Funktionsgleichungen mithilfe einer Sinusfunktion an.

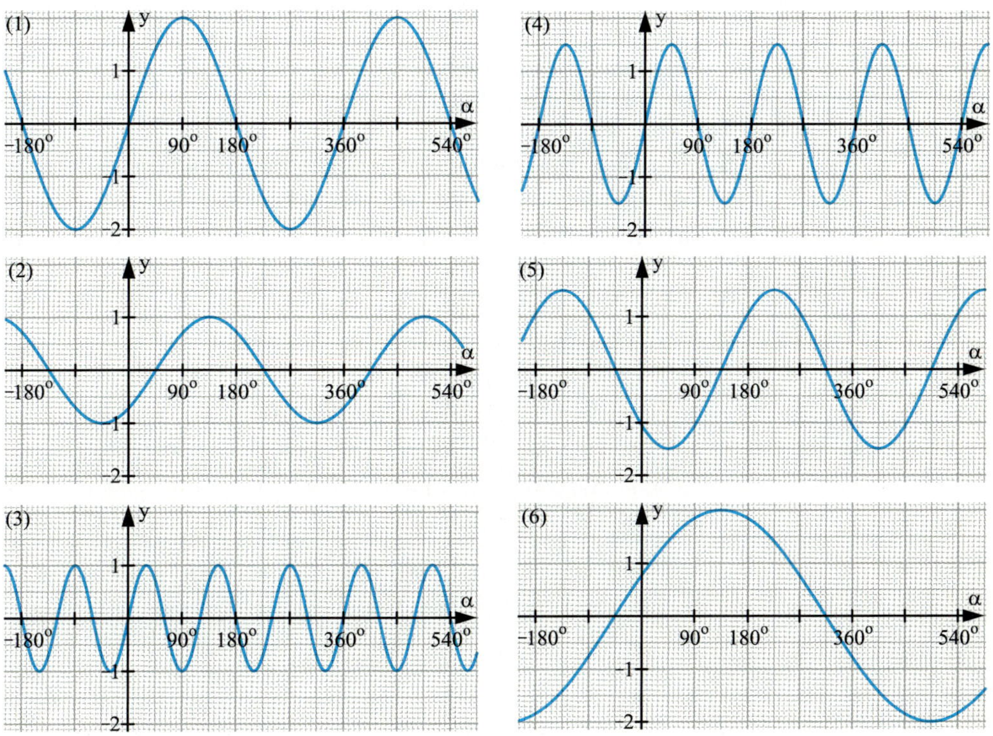

BIST DU FIT?

1. Bestimme die Funktionswerte.

a) sin 90° **c)** cos (− 270°) **e)** sin 270° **g)** cos 420°
b) sin 210° **d)** 4 sin (− 33°) **f)** sin (− 420°) **h)** 5 sin 120°

2. Gegeben ist die Funktion mit $y = 2 \sin \alpha$.

a) Skizziere den Graphen der Funktion im Bereich $-180° \leq \alpha \leq 540°$.

b) Gib die Nullstellen im genannten Bereich an.

c) In welchen Bereichen steigt der Graph, in welchen fällt er?

d) Der Punkt $P(30° \mid y)$ soll zum Graphen der Funktion gehören. Berechne die fehlende Koordinate.

3. Die Abbildung zeigt den Graphen einer Funktion mit der Gleichung $y = a \cdot \sin \alpha$ im Bereich $0° \leq \alpha \leq 720°$.

a) Gib für die Funktion die Funktionsgleichung an.

b) Gib die Nullstellen aus dem Bereich $0° \leq \alpha \leq 720°$ an.

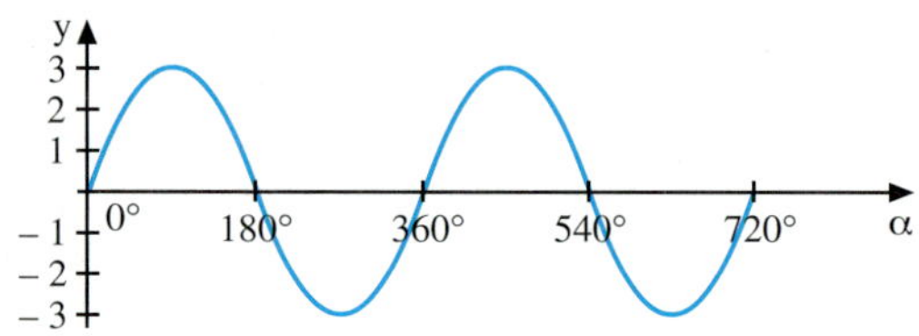

4. Die Abbildung zeigt den Graphen einer Funktion mit der Gleichung $y = a \cdot \sin(b \cdot \alpha)$ im Bereich $-180° \leq \alpha \leq 540°$.

a) Gib für die Funktion die Funktionsgleichung an.

b) Gib die Nullstellen aus dem Bereich $-180° \leq \alpha \leq 540°$ an.

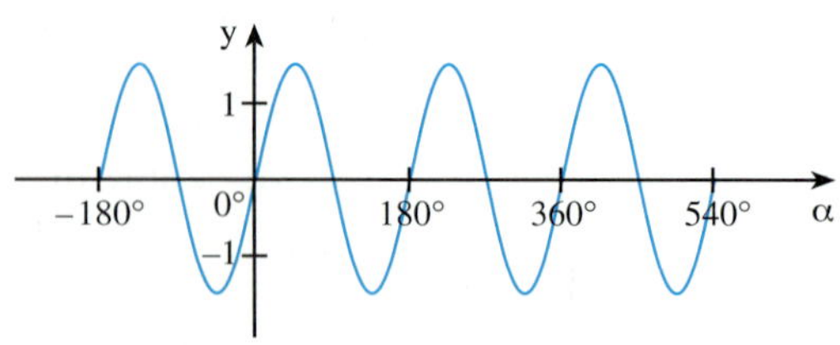

5. Skizziere den Graphen der angegebenen Funktion im Bereich $-180° \leq \alpha \leq 720°$. Wie entsteht er aus der Sinuskurve?

a) $y = \sin(\alpha - 30°)$ **b)** $y = 3 \sin(1{,}5\,(\alpha + 30°))$ **c)** $y = 0{,}5 \sin(3\,(\alpha - 30°))$

6. Gib eine Funktionsgleichung der abgebildeten Funktion an.

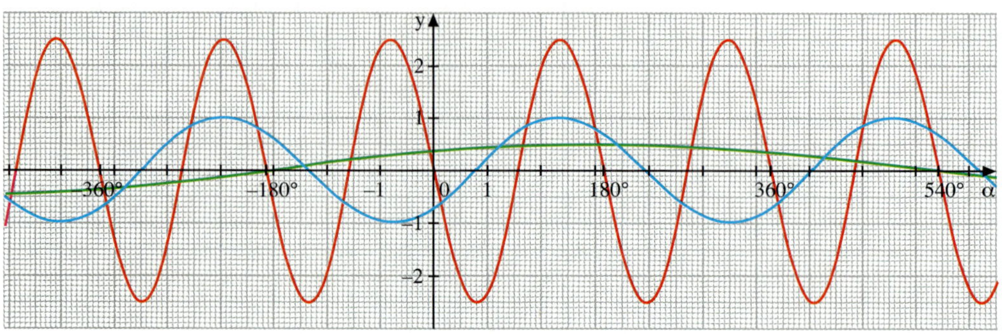

IM BLICKPUNKT: FUNKTIONEN MIT DER GLEICHUNG $y = a \cdot \cos(b \cdot (\alpha - \varphi))$

Untersuche mit deinem Tabellenkalkulationsprogramm die Graphen der Funktion mit der Gleichung $y = a \cdot \cos(b \cdot (\alpha - \varphi))$.
Gestalte die Tabelle so, dass du die Werte für die Parameter a, b und φ verändern kannst.

1. Untersuche, welche Auswirkungen die Parameter a und b auf den Verlauf des Graphen der Funktion haben. Setze dazu $\varphi = 0$ und wähle verschiedene positive Werte für a und b. Beschreibe, welche Auswirkung die Veränderung der Werte für a und b auf den Verlauf des Graphen der Funktion haben.
Vergleiche jeweils mit der Kosinuskurve.

2. Setze zunächst $a = 1$ und $b = 1$. Beschreibe, welche Auswirkung eine Veränderung des Parameter φ auf den Verlauf des Graphen der Funktion haben.
Vergleiche mit der Kosinuskurve.

3. Verändere nun die Werte für a, b und φ. Wähle dabei für a und b nur positive Werte. Beschreibe, wie du den Graphen der Funktion schrittweise aus dem Graphen der Kosinusfunktion erhältst.

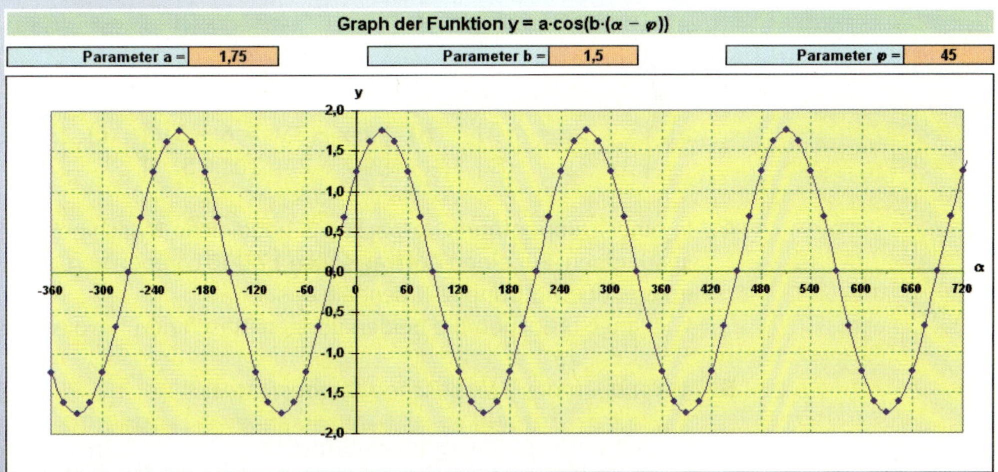

4. Untersuche die Veränderung des Graphen der Funktion, wenn für die Parameter a und b negative Werte gewählt werden. Setze dazu $\varphi = 0$.
Überlege, wie du systematisch verschiedene Fälle untersuchen kannst.
Beschreibe deine Überlegungen und notiere die Ergebnisse deiner Untersuchung.

5. Gesucht ist die Funktionsgleichung einer Kosinusfunktion mit den folgenden Eigenschaften: Die Amplitude ist 3, für $\alpha = 0$ ist der Funktionswert 1,5, die kleinste Periode der Funktion ist 180°.
Überprüfe mit deinem Tabellenkalkulationsprogramm.

6. Es gibt verschiedene Möglichkeiten, die Parameter a, b und φ so zu wählen, dass sich die Sinuskurve ergibt.
Beschreibe jeweils, wie du in diesen Fällen die Sinuskurve schrittweise aus der Kosinuskurve erhältst.

Bist du topfit?

Arithmetik / Algebra

1. Vereinfache.

a) $7a - 6(5 + 2a) + 12a : 3$

b) $1{,}5b \cdot 3c + (24c - 10bc^2) : 4c$

c) $(x + 3)^2 - (2x + 1)(x - 7)$

d) $(2u - 5)(2u + 5) + (2u - 5)^2$

e) $7 \cdot 10^5 + 0{,}4 \cdot 10^6$

f) $8{,}1 \cdot 10^{-12} : 10^5$

2. Löse die Gleichung.

a) $12x + 13 = 53 - 8x$

b) $3x - 7(2x + 3) = 7 - 15x$

c) $x^2 - 7x + 15 = 3$

d) $x^2 + 3x - 4 = x - x^2$

e) $(2x + 3)^2 = (x - 4)(4x + 1) - 14$

f) $(2x - 11)^2 - 16(4x - 10) = 38 - 5x^2$

g) $10^x = 0{,}0001$

h) $4 \cdot 9^x = 972$

3. Löse das Gleichungssystem.

a) $\left| \begin{array}{l} x + 3y = 4 \\ 3x - y = -8 \end{array} \right|$ **b)** $\left| \begin{array}{l} 2(x - 3y) = 6 + 3y \\ 9y - 2 = 2(x + 5) \end{array} \right|$ **c)** $\left| \begin{array}{l} 3y + 7 = 2(y + x + 3) \\ (y + 3)^2 - (8 + 2x) = y(5 + y) \end{array} \right|$

4. In einer Lampenfabrik verpacken 3 baugleiche Maschinen in 8 Stunden 20 400 Energiesparlampen. Für einen Auftrag sollen 17 000 Lampen verpackt werden. Eine Maschine wird gerade überholt und fällt deshalb aus.
Wie lange brauchen die beiden übrigen Maschinen für diesen Auftrag?

5. *Meldungen des Statistischen Bundesamtes:*

Scheidungen erneut rückläufig

Berlin 6. 11. 2007: Seit 2004 geht die Anzahl der Scheidungen zurück. 2006 wurden 190 900 Ehen geschieden. Das sind 10 500 Scheidungen weniger als noch im Vorjahr. Dabei fällt auf, dass mehr Frauen als Männer die Scheidung einreichten. In nur 8 Prozent der Fälle beantragten beide Ehepartner gemeinsam die Auflösung ihrer Ehe.

Immer weniger Insolvenzen

Wiesbaden 7. 11. 2007: Dank des lang erwarteten Aufschwungs ging in Deutschland im August 2007 erneut die Anzahl der Insolvenzen gegenüber der Anzahl im Vergleichsmonat des Vorjahres deutlich zurück. Die Amtsgerichte meldeten 2 447 Unternehmensinsolvenzen. Dies bedeutet ein Rückgang von 12,8 Prozent.

a) Um wie viel Prozent gingen 2006 die Scheidungen im Vergleich zum Vorjahr zurück?

b) Wie viele Ehepartner reichten 2006 gemeinsam die Scheidung ein?

c) Wie viele Unternehmensinsolvenzen gab es im August 2006 in Deutschland?

6. Auf einer Seite eines quadratischen Grundstücks wird für den Bau eines Radweges ein 3 m breiter Streifen abgetrennt. Das verbleibende Grundstück ist noch 754 m^2 groß.
Wie groß war das Grundstück vorher?

Geometrie

1. Berechne die Länge x (Maße in cm) in den Figuren.

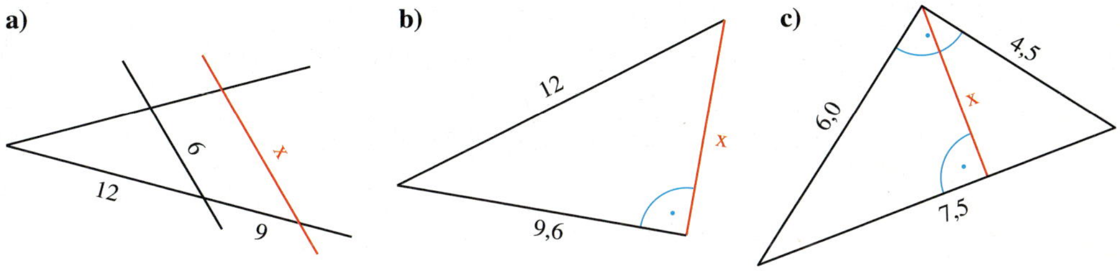

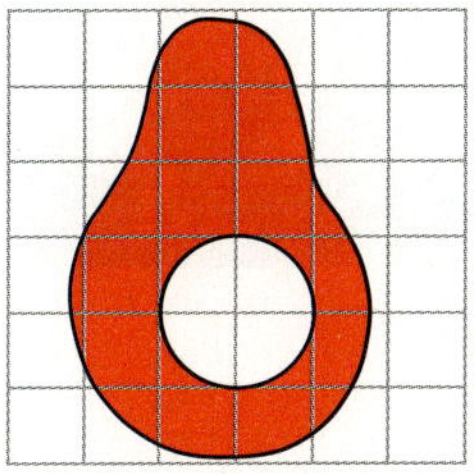

2. Schätze den Flächeninhalt der abgebildeten, roten Fläche. Beschreibe dein Vorgehen.

3. In der Gemeinde Ense wurde der abgebildete Bebauungsplan mit fünf Grundstücken erstellt (Längenangaben in m).

a) Welche geometrischen Formen haben die Grundstücke (1) bis (5)?

b) Wie lang ist die Grundstücksseite x des Grundstücks (3)? Begründe.

c) Berechne die Größe der Grundstücke (1) bis (5).

d) Wie groß ist der Winkel α?

e) Erstelle eine maßstabsgetreue Zeichnung der Grundstücke (1) bis (5).

f) Wie groß ist der Umfang des gesamten Bebauungsgebietes?

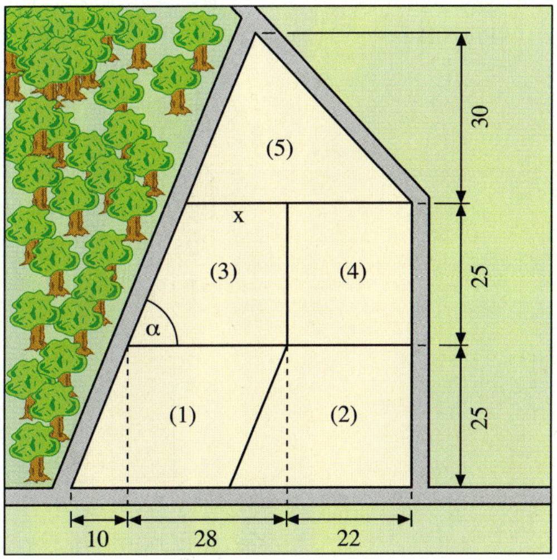

4. Ein zylinderförmiger Wasserbehälter ist 2,5 m hoch und hat einen Umfang von 5,65 m. Er ist bis zum Rand mit Wasser gefüllt und soll mit einer Pumpe geleert werden. Diese Pumpe kann 1,5 Liter pro Sekunde abpumpen. Wie lange dauert es, bis der Behälter leer ist?

5. Berechne Volumen und Oberflächeninhalt des abgebildeten Körpers (Maße in mm).

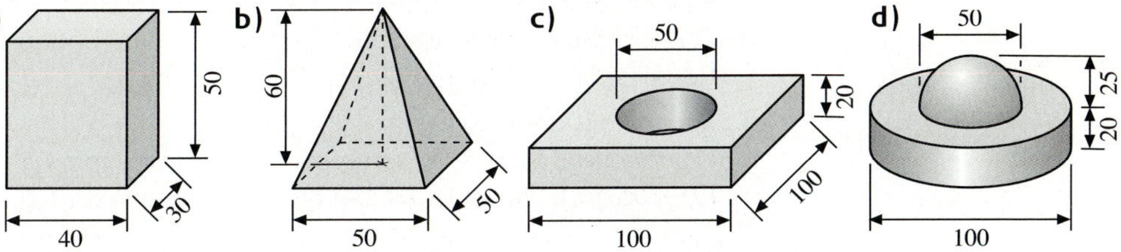

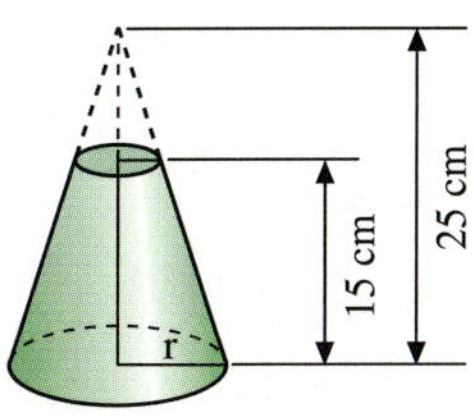

6. Ein Kegel mit dem Radius 8 cm ist 25 cm hoch.

a) Berechne Volumen und Oberflächeninhalt des Kegels.

b) Die Spitze des Kegels wird 15 cm über der Grundfläche abgeschnitten.

(1) Wie groß ist der Radius der abgeschnittenen Kegelspitze?

(2) Berechne Volumen und Oberflächeninhalt der abgeschnittenen Kegelspitze.

(3) Wie groß ist die Oberfläche des übrig gebliebenen Kegelstumpfes?

Funktionen

1. Familie Nölle macht Urlaub in Pisa. Das Auto verbrauchte für die 1 375 km lange Fahrt nach Pisa 88 Liter Benzin.

a) Wie hoch ist der Benzinverbrauch auf 100 km?

b) Bestimme für die Funktion *Länge der Fahrstrecke (in km) → Benzinverbrauch (in l)* die Funktionsgleichung.

Firma Müll
Grundgebühr: 25 €
Preis je m^3: 8 €

Firma Schutt
Grundgebühr: 45 €
Preis je m^3: 4 €

2. Herr Schriewer möchte von einer Firma 10 m^3 Bauschutt abtransportieren lassen. Er kann zwischen den beiden Angeboten links wählen.

a) Für welches Angebot sollte er sich entscheiden? Begründe.

b) Stelle für beide Angebote eine Funktionsgleichung auf und zeichne die Graphen. Erkläre, welche Bedeutung der Schnittpunkt der beiden Graphen hat.

3. Die Tabellen beschreiben verschiedene Wachstumsprozesse.
Zeichne zu jeder Tabelle einen Graphen. Gib an, um welche Wachstumsart (z. B. lineares bzw. quadratisches Wachstum) es sich jeweils handelt.
Bestimme die zugehörige Funktionsgleichung.

a)

x	y
1	1,5
2	3
4	6
7	10,5

b)

x	y
1	0,6
2	2,4
3	5,4
5	15

c)

x	y
0	3
1	3,8
2	4,6
5	7

d)

x	y
0	2
1	3
2	4,5
4	10,125

e)

x	y
0	1
1	1,5
2	3
4	9

4. Im Chemieunterricht wurde für eine eingeschlossene Luftmenge der Zusammenhang zwischen Druck p und Volumen V untersucht.
Maria und Tobias haben im Chemieunterricht folgende Werte gemessen:

Druck p (in bar)	0,5	0,7	1,0	1,3	1,5	1,8	2,0	2,2	2,5	3
Volumen V (in cm^3)	20	14,5	10	7,7	6,7	5,5	5,0	4,5	4	3,3

a) Zeichne den Graphen der Funktion *Druck p (in bar) → Volumen V (in cm^3).*

b) Zeige mithilfe der Produktgleichheit, dass die Funktion näherungsweise antiproportional ist und bestimme die Funktionsgleichung.

c) Rechne mit der Gleichung:
(1) Wie groß ist das Volumen bei einem Druck von 7,5 bar [0,2 bar]?
(2) Wie groß ist der Druck bei einem Volumen von 1,6 cm^3 [35 cm^3]?

5. Die Halbwertszeit eines radioaktiven Stoffs beträgt 7 Jahre. Zurzeit ($t = 0$) sind noch 100 g vorhanden.

a) Wie viel Prozent des radioaktiven Stoffs zerfallen jährlich?

b) Beschreibe den Zerfall durch eine Funktionsgleichung.

c) Wie viel des radioaktiven Stoffs sind in 10 Jahren [15 Jahren] noch vorhanden?

d) Wie groß war die Masse des radioaktiven Stoffs vor 5 Jahren [12 Jahren]?

e) Wann sind 90% [99%] des derzeitigen radioaktiven Stoffs zerfallen?

Stochastik

1. a) Beschreibe die Entwicklung bei den Pkw-Neuzulassungen in Deutschland.

b) Wie viele Pkw wurden in den Jahren 1997 bis 2006 im Durchschnitt jährlich zugelassen?

c) Das Diagramm vermittelt den Eindruck, als hätte sich die Anzahl der Neuzulassungen im Jahr 2000 im Vergleich zum Vorjahr mehr als halbiert. Wodurch entsteht dieser Eindruck?
Zeichne einen Graphen, der die Entwicklung realistisch darstellt.

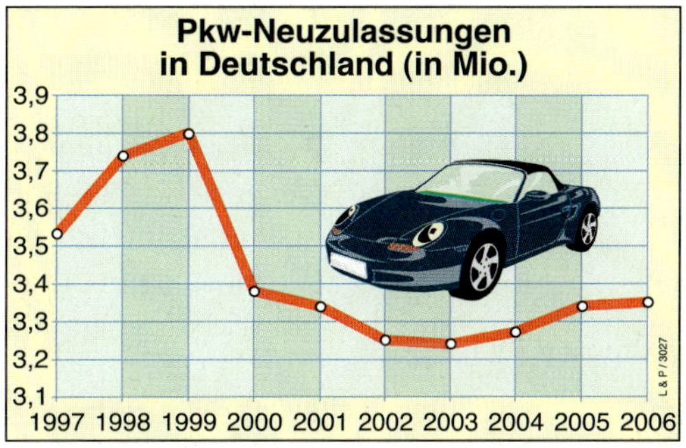

Monatliches Taschengeld, Klasse 10b

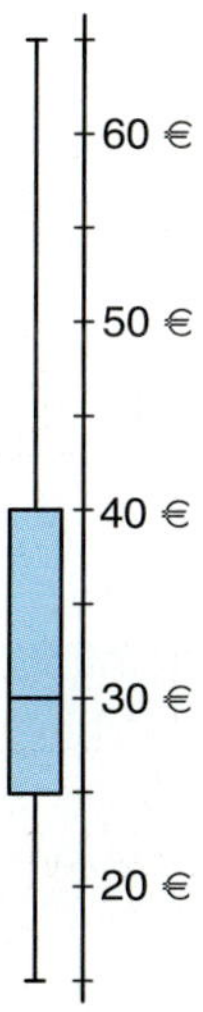

2. a) Was wird in dem Boxplot links dargestellt?
Formuliere Aussagen, die du am Boxplot ablesen kannst. Benutze dabei auch die Begriffe Spannweite, Median, unteres Quartil, oberes Quartil und Streuung.

b) In der Parallelklasse 10a ergab die Umfrage folgendes Ergebnis:
40 €, 25 €, 30 €, 40 €, 65 €, 35 €, 50 €, 50 €, 45 €,
30 €, 65 €, 25 €, 30 €, 80 €, 40 €, 55 €, 50 €,
60 €, 50 €, 75 €, 50 €, 40 €, 45 €, 30 €, 60 €, 55 €

(1) Zeichne einen Boxplot.

(2) Berechne das arithmetische Mittel und vergleiche es mit dem Median. Begründe Abweichungen.

3. An einer Schule sind 60% aller Schülerinnen und Schüler Mädchen. Von ihnen spielen 28% ein Musikinstrument. Insgesamt spielen 25% aller Schülerinnen und Schüler ein Musikinstrument.
Stelle die Angaben in einem Baumdiagramm dar und berechne, wie viel Prozent der Jungen ein Musikinstrument spielen.

4. Auf den Flächen des abgebildeten Zylinders stehen die Zahlen 1, 2 und 3. Mit dem Zylinder kannst du wie mit einem normalen Würfel würfeln. In einer Versuchsreihe von 300 Würfen wurde 120-mal die *Drei* geworfen.

a) Gib sinnvolle Schätzwerte für die Wahrscheinlichkeiten aller Ergebnisse an.

b) Mit dem Zylinder wird zweimal gewürfelt.
Wie groß ist die Wahrscheinlichkeit für einen Pasch?

c) Zeichne ein Glücksrad, das die gleichen Wahrscheinlichkeiten wie der Zylinder besitzt.

5. Aus dem Behälter links werden nacheinander zwei Kugeln mit Zurücklegen gezogen.

a) Mit welcher Wahrscheinlichkeit werden zwei rote Kugeln gezogen?

b) Mit welcher Wahrscheinlichkeit haben beide Kugeln die gleiche Farbe?

c) Mit welcher Wahrscheinlichkeit ist mindestens eine Kugel grün?

d) Bearbeite die Teilaufgaben a) bis c) für den Fall, dass die zuerst gezogene Kugel nicht zurückgelegt wird.

Vermischte Übungen

1. Bei welcher Größe bekommt man am meisten Pizza fürs Geld? Begründe.

2. Der Preis eines Laptops wurde um 20% gesenkt. Bei Barzahlung erhält ein Käufer zusätzlich einen Rabatt von 3%. Er muss dann nur noch 690,64 € bezahlen. Wie teuer war der Laptop vorher?

3. Die deutsche Staatsverschuldung hat, wie die Tabelle zeigt, seit den siebziger Jahren dramatisch zugenommen (Angaben in Mrd. Euro, jeweils am Jahresende):

Jahr	1965	1970	1975	1980	1985	1990	1995	2000	2005
Schulden	43	63	129	237	387	536	1 010	1 200	1 440

a) Stelle die Entwicklung in einem Liniendiagramm dar.

b) In welchem Fünfjahreszeitraum war die Erhöhung der Schulden am größten
(1) relativ; (2) absolut?
Um wie viel Euro nahmen die Schulden in diesen Zeiträumen jeweils durchschnittlich pro Tag zu?

c) Wie viel Zinsen mussten bei einem Zinssatz von 5% Ende 2005 an einem Tag für die angehäuften Schulden bezahlt werden?

4. Die beiden Skalen rechts in dem Bild befinden sich an der Staumauer des Möhnesees.

a) Was geben die Skalen an?
Lies die Werte ab.

b) Lies an den Skalen ab, um wie viel Meter der Wasserspiegel steigt, wenn der Stauinhalt vom derzeitigen Stand aus um 10 Mio. m^3 zunimmt.

c) Schätze mithilfe des Ergebnisses aus Teilaufgabe b) ab, wie groß die Fläche des Sees ist.
Beschreibe dein Vorgehen.

d) Sind die Größen *Stauhöhe* und *Stauinhalt* zueinander proportional?
Begründe.

5. Die *Schäferbuche* von Dobbin in Mecklenburg ist eine der dicksten Buchen in Europa.
Schätze ab, welchen Umfang der Stamm der Buche hat.
Beschreibe deine Überlegungen.

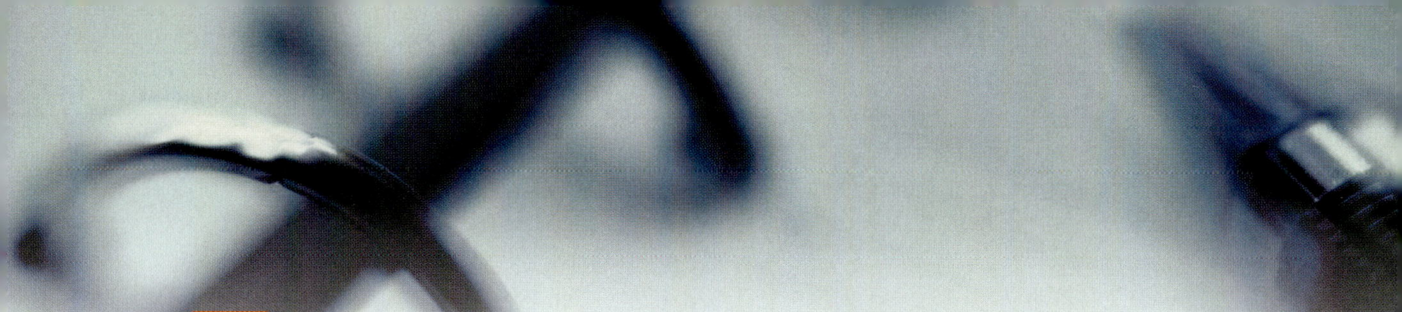

Anhang

LÖSUNGEN ZU BIST DU FIT?

Seite 27

1. a) $L = \{-11;\ -1\}$ **b)** $L = \left\{\frac{1}{4};\ \frac{1}{2}\right\}$ **c)** $L = \{-1-\sqrt{2};\ -1+\sqrt{2}\}$

2. a) $L = \{-4;\ 6\}$ **b)** $L = \{1;\ 10\}$ **c)** $L = \{\ \}$ **d)** $L = \left\{-2\frac{2}{3};\ 3\right\}$ **e)** $L = \{-2;\ 2\}$ **f)** $L = \left\{-1\frac{2}{3};\ 4\frac{1}{3}\right\}$

3. a) $L = \{-2;\ 3\}$ **b)** $L = \{0{,}2;\ 0{,}64\}$ **c)** $L = \{2{,}5;\ 14\}$ **d)** $L = \left\{-\frac{2}{3};\ \frac{7}{18}\right\}$

4. Höhe: 8 cm; Grundseite 12 cm

5. a) 15 cm; 20 cm **b)** 24 cm; 36 cm

6. Seitenlänge klein: 0,9 cm; groß: 4,1 cm

7. a) $x^2 + 5x = 14;\ L = \{-7;\ 2\}$ $[x^2 - 5x = 14;\ L = \{-2;\ 7\}]$
b) $x(x+6) = 7;\ L = \{-7;\ 1\}$ $[x(x+6) = -9;\ L = \{-3\};\ x(x+6) = -10;\ L = \{\ \}]$
c) $x^2 - 40 = 6x;\ L = \{-4;\ 10\}$ $[x^2 - 40 = 18x;\ L = \{-2;\ 20\}]$

8. $1\,225\ m^2$

9. $a = 8$ cm; $b = 6$ cm

10. $(x-2)\left(\frac{990}{x} - 2\right) = 860$; Länge: 45 m; Breite: 22 m

Seite 70

1. a) (1) um 4 nach oben; keine
(2) um 1 nach links; -1
(3) um 1 nach links und 4 nach unten; -3; 1
(4) um 1 nach links und 4 nach oben; keine

b) (1) um 2 nach unten; $\sqrt{2}$; $-\sqrt{2}$
(2) um 2 nach rechts; 2
(3) um 2 nach rechts und 3 nach oben; keine
(4) um 2 nach rechts und 6 nach unten; $2-\sqrt{6}$; $2+\sqrt{6}$

2.

	(1)	(2)	(3)	(4)
a)	$x_0 = -4;\ x_0 = 2$	$S(-1\mid-9)$	$P_1(0\mid-8);\ P_2(-2\mid-8)$	fällt für: $x \le -1$; steigt für: $x \ge -1$
b)	$x_0 = -7;\ x_0 = -3$	$S(-5\mid-4)$	$P_1(0\mid21);\ P_2(-10\mid21)$	fällt für: $x \le -5$; steigt für: $x \ge -5$
c)	$x_0 = 2{,}5$	$S(2{,}5\mid0)$	$P_1(0\mid6{,}25);\ P_2(5\mid6{,}25)$	fällt für: $x \le 2{,}5$; steigt für: $x \ge 2{,}5$
d)	$x_0 = 2;\ x_0 = 8$	$S(5\mid-9)$	$P_1(0\mid16);\ P_2(10\mid16)$	fällt für: $x \le 5$; steigt für: $x \ge 5$
e)	$x_0 = -2;\ x_0 = 6$	$S(2\mid-16)$	$P_1(0\mid-12);\ P_2(4\mid-12)$	fällt für: $x \le 2$; steigt für: $x \ge 2$
f)	$x_0 = -9;\ x_0 = 3$	$S(-3\mid-36)$	$P_1(0\mid-27);\ P_2(-6\mid-27)$	fällt für: $x \le -3$; steigt für: $x \ge -3$

3. P_1 zu (4); P_2 zu (5); P_3 zu (1); P_4 zu (2); P_5 zu (3)

4. a) $y = x^2 + 1{,}5$ **b)** $y = (x-1{,}5)^2$ **c)** $y = (x+2)^2$ **d)** $y = -2x^2 + 1{,}5$

5. $a = 40$ cm; $b = 60$ cm

6. a) $y = (x+2)^2 + 1{,}8;\ S(-2\mid1{,}8)$ **b)** $y = -3x^2 - 2$ **c)** $y = 0{,}4(x+2{,}5)^2 + 1{,}5$

7. ABCD ist ein Rechteck, denn ein Vergleich der Steigerungen $m_{AB} = \frac{1}{2}$, $m_{BC} = -2$, $m_{CD} = \frac{1}{2}$, $m_{AD} = -2$ ergibt: $AB \perp BC$, $BC \perp CD$, $CD \perp AD$, $AD \perp AB$

Seite 107

1. a) $c \approx 5{,}0$ cm; $\alpha \approx 66{,}0°$; $\beta \approx 47{,}0°$
b) $\alpha \approx 32{,}4°$; $\beta \approx 94{,}1°$; $b \approx 11{,}2$ cm
c) $\alpha = 78{,}9°$; $b \approx 3{,}9$ cm; $c \approx 3{,}2$ cm
d) $\gamma = 74{,}4°$; $a \approx 3{,}850$ km; $b \approx 4{,}822$ km
e) $a \approx 4{,}959$ km; $\beta \approx 104{,}2°$; $\gamma \approx 39{,}4°$
f) $\alpha \approx 42{,}6°$; $\beta \approx 8{,}4°$; $b \approx 1{,}2$ cm
g) $\beta \approx 42{,}3°$; $\alpha \approx 109{,}5°$; $a \approx 11{,}8$ cm
h) $\gamma \approx 57{,}8°$; $\alpha \approx 72{,}1°$; $\beta \approx 50{,}1°$

2. a) 118,6 m **b)** 110 m

3. a) 76,5 m **b)** 1 : 1 000

4. ≈ 21 309 €

5. ≈ 96,71 m

6. $\overline{AB} = 32{,}032$ m; $\overline{AD} = 30{,}855$ m; $\overline{DC} = 45{,}451$ m; $\overline{BC} = 51{,}801$ m

Seite 133

1. **a)** 243 **b)** 0,004115226 **c)** 256 **d)** 0,00390625 **e)** $\frac{8}{27}$ **f)** $-\frac{8}{27}$ **g)** 0,16 **h)** 1 **i)** 32 **j)** 100

2. **a)** 7^2 **b)** $9^2 = 3^4$ **c)** $9^{-2} = 3^{-4}$ **d)** 2^5 **e)** 2^{-5} **f)** 5^3 **g)** $2^{-2} = 4^{-1}$ **h)** $1{,}2^2$ **i)** $25^2 = 5^4$ **j)** 110^2 **k)** $\left(\frac{4}{13}\right)^2$ **l)** $\left(\frac{4}{3}\right)^3$

3. **a)** 70 **b)** 30 **c)** 30 **d)** 20 **e)** 0,5 **f)** 0,3 **g)** 0,3 **h)** 0,3 **i)** $\frac{11}{13}$ **j)** $\frac{2}{5}$

4. **a)** $8{,}71 \cdot 10^4$ **b)** $1{,}5 \cdot 10^{-5}$ **c)** 10^7 **d)** $1{,}24 \cdot 10^{-7}$

5. **a)** 24 500 000 **b)** 0,00019 **c)** 0,000001 **d)** 0,022

6. **a)** 5 **b)** 16 **c)** 16 **d)** 3 **e)** 3 **f)** 256

7. Längenunterschied 0,0864 m = 8,64 cm

8. (1) Es braucht etwa 1,28 Sekunden. (2) Es braucht etwa 500 Sekunden, also 8 Min 20 sec.

Seite 168

1. **a)** $V = 816\ cm^3$; $O \approx 576{,}67\ cm^2$ **b)** $V \approx 6387{,}7\ cm^3$; $O \approx 2274{,}11\ cm^2$

2. **a)** $V \approx 8246{,}7\ cm^3$, $O \approx 2501{,}3\ cm^2$ **b)** $V \approx 2279962{,}7\ cm^3$, $O \approx 473033{,}8\ cm^2$ **c)** $V \approx 929{,}0\ dm^3$, $O \approx 1915{,}7\ dm^2$ **d)** $V \approx 43828{,}251\ m^3$, $O \approx 7739{,}286\ m^2$ **e)** $V \approx 16613{,}4\ cm^3$, $O \approx 3969{,}3\ cm^2$

3. **a)** $A = 399\ m^2$; $V = 675\ m^3$ **b)** $A = 114\ m^2$; $V = 108\ m^3$ **c)** $A \approx 1910{,}088\ m^2$; $V \approx 9734{,}028\ m^3$ **d)** $A \approx 100{,}531\ m^2$; $V \approx 134{,}041\ m^3$

4. **a)** $r \approx 13{,}8$ cm **b)** $r \approx 12{,}7$ cm **c)** $r = 6{,}5$ cm **d)** $r \approx 20$ cm **e)** $r = 17$ cm **f)** $r \approx 10$ cm

5.
a) $h_s = 12{,}84$ cm; $M = 190{,}10\ cm^2$; $O = 244{,}86\ cm^2$; $V = 224{,}52\ cm^3$
b) $h = 9{,}24$ cm; $M = 114{,}46\ cm^2$; $O = 149{,}27\ cm^2$; $V = 107{,}21\ cm^3$
c) $a = 20{,}44$ cm; $M = 752{,}19\ cm^2$; $O = 1169{,}99\ cm^2$; $V = 2131{,}19\ cm^3$
d) $a = 8{,}18$ cm; $h = 6{,}41$ cm; $O = 191{,}17\ cm^2$; $V = 142{,}81\ cm^3$
e) $a = 3{,}35$ cm; $h_s = 6{,}91$ cm; $M = 46{,}31\ cm^2$; $O = 57{,}55\ cm^2$
f) $h = 10{,}23$ cm; $h_s = 11{,}26$ cm; $M = 211{,}64\ cm^2$; $V = 301{,}29\ cm^3$

6. ca. 14 %

7. (1) $V_{k_a} : V_W : V_{k_i} = \frac{\pi}{3}\sqrt{2} : 1 : \frac{\pi}{6}$; (2) $O_{k_a} : O_W : O_{k_i} = 2\pi : 6 : \pi$

8. 1 *l*: 26,5 cm; $\frac{1}{2}$ *l*: 21,1 cm; $\frac{1}{4}$ *l*: 16,7 cm; $\frac{1}{8}$ *l*: 13,3 cm; $\frac{3}{4}$ *l*: 24,1 cm

Seite 169

9. **a)** Masse ca. 78 kg **b)** $V \approx 58{,}90\ cm^3$; $O \approx 76{,}32\ cm^2$

10. **a)** $V = 134750\pi\ cm^2 \approx 423329{,}61\ cm^3$ **b)** $O = 70\pi\left(\sqrt{2125} + 90\right)\ cm^2$; also $\approx 29929{,}45\ cm^2$
c) Masse 3,598 t

11. **a)** $V = 576\pi\ dm^3 \approx 1809{,}56\ dm^3 \approx 1809{,}56\ l$ **b)** ca. $7{,}54\ m^2$

12. $V = 41\frac{2}{3}\pi e^3 \approx 131\ e^3$; $O = \left(46 - \sqrt{2}\right)\pi e^2 \approx 140\ e^2$

13. $a_2 \approx 18$ cm

14. **a)** x = 22 cm **b)** x = 18 cm **c)** x = 15 cm

Seite 195

1. **a)**

Jahre	Kapital (in €)
1	26 375,00
2	27 825,63
3	29 356,03
4	30 970,62
5	32 674,00
6	34 471,07
n	$25\,000 \cdot 1{,}055^n$

b) –

c) Sie bekommt 55 811,91 € ausgezahlt.

Seite 195

2. a) gerundete Werte: (1) 24,33 m^2 (2) 64,73 m^2 (3) 113,21 m^2

b) gerundete Werte: (1) 13,91 m^2 (2) 7,95 m^2 (3) 6,01 m^2

c) Die Fläche nimmt täglich um 15 % zu.

d) Die Fläche verdoppelt sich jeweils nach etwa 5 Tagen.

3. a) Der Umfang wird doppelt, dreimal, viermal ..., n-mal so groß: $u = n \cdot s \cdot 3$.
Der Flächeninhalt wird vier-, neun-, 16-mal, ..., n^2 mal so groß: $A = \frac{n^2 s^2}{4} \cdot \sqrt{3}$

b) Der Umfang nimmt auch um 30 % zu, der Flächeninhalt um 69 %.

4. (1) verläuft im I. und II. Quadranten; wachsend;
Schnittpunkt mit y-Achse S(0|1); keine Nullstellen

(2) verläuft im I. und II. Quadranten; fallend;
Schnittpunkt mit y-Achse S(0|1); keine Nullstellen

(3) verläuft im I. und II. Quadranten; wachsend;
verläuft unterhalb von (1); Schnittpunkt mit y-Achse S(0|0,5); keine Nullstellen

(4) verläuft im I. und II. Quadranten; fallend;
verläuft oberhalb von (2); Schnittpunkt mit y-Achse S(0|1,5); keine Nullstellen

5. a) $y = 5 \cdot 2{,}5^t$, t in Tagen **b)** (1) 31,25 g; (2) ≈ 3 051,76 g

6. $y = 8 \cdot 0{,}85^t$, t in Tagen **7. a)** ja; nein; nein; nein **b)** nein; ja; nein; nein **c)** ja; nein; nein; ja

8. a) 4; 0,5 oder −0,5; 4; ≈0,365 oder −0,365 **b)** 6; 2,5; 0,8; 0,5

Seite 227

1. a)/b)

Dauer in Tagen	1 – 7	8 – 14	15 – 21	22 – 28	29 – 35
Winkelgröße α	122,4°	147,6°	61,2°	21,6°	7,2°
Absolute Häufigkeit	176	213	88	31	10

c) Mittelwert: 11 Tage. Dieser Wert kann sich beispielsweise durch eine andere Einteilung der Spannweiten bzgl. der Anzahl der Tage ändern.

2. a) Es sind durchschnittlich etwa 701,1 ml in einer Flasche. **c)** Die Spannweite beträgt 18 ml.

b) Modus: 701 ml Median: 701 ml **d)** unteres Quartil: 699; oberes Quartil: 703

3. *Drastischer Rückgang ...:* z.B.: y-Achse bei 150 kg beginnen; Einheit 10 kg ≙ 1 cm
Müllmenge immer noch ...: z.B.: Bei 0 kg beginnen; 100 kg ≙ 1 cm

4. Notendurchschnitt: 3

5. a) Durchschnittsmensch: 180,4 cm und 74,2 kg Ausgleichsgerade: $y = \frac{3}{41}x + 61$

b) 74 kg **c)** 187 cm **d)** Es mag solche Personen geben.

Seite 252

1. a) 1 **b)** −0,5 **c)** 0 **d)** −2,179 **e)** −1 **f)** −0,8660 **g)** 0,5 **h)** 4,33

2. a)

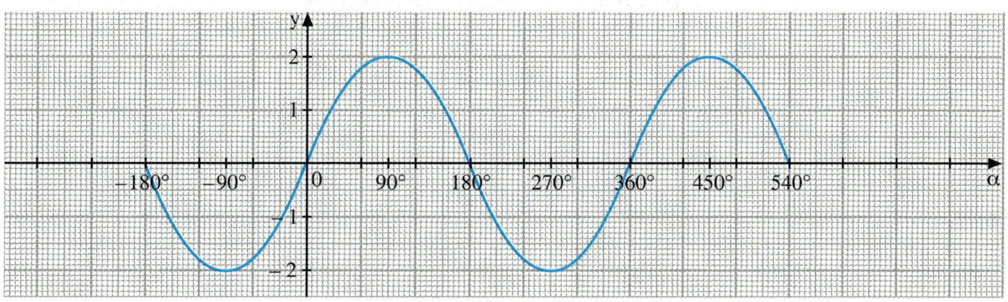

b) Wertebereich: $-2 \le y \le 2$, $y \in \mathbb{R}$; Nullstellen: −180°; 0; 180°; 360°; 540°

c) steigt: $-90° \le \alpha \le -90°$; $270° \le \alpha \le 450°$ **d)** $y = 1$
fällt: $-180° \le \alpha \le -90°$; $90° \le \alpha \le 270°$; $450° \le \alpha \le 540°$

3. a) $y = 3 \sin \alpha$ **b)** Nullstellen: 0; 180°; 360°; 540°; 720°

4. a) $y = 1{,}5 \sin(2\alpha)$ **b)** −180°; −90°; 0; 90°; 180°; 270°; 360°; 450°; 540°

LÖSUNGEN ZU BIST DU TOPFIT?

Seite 254

1. a) $-30 - a$ **b)** $2bc + 6$ **c)** $-x^2 + 19x + 16$ **d)** $8u^2 - 20u$ **e)** $11 \cdot 10^5$ **f)** $8{,}1 \cdot 10^{-17}$

2. a) $L = \{2\}$ **b)** $L = \{7\}$ **c)** $L = \{3;\ 4\}$ **d)** $L = \{-2;\ 1\}$ **e)** $L = \{-1\}$ **f)** $L = \{3;\ 9\}$ **g)** $L = \{8\}$ **h)** $L = \{-4\}$ **i)** $L = \{2{,}5\}$

3. a) $L = \{(-2\,|\,2)\}$ **b)** $L = \{\ \}$ **c)** $L = \{y = 2x - 1\}$

4. Sie brauchen 10 Stunden.

5. a) Es wurden etwa 5,2 % der Ehen weniger geschieden.
b) In 15 272 Fällen wurde die Scheidung gemeinsam eingereicht.
c) Es gab etwa 2 806 Insolvenzen.

6. Das Grundstück war 841 m^2 groß.

Seite 255

1. a) $x = 10{,}5$ cm **b)** $x = 7{,}2$ cm **c)** $x = 3{,}6$ cm

2. ca. 10 Karo, d. h. 2,5 cm^2

3. a) (1) Parallelogramm (2) Trapez (3) Trapez (4) Rechteck (5) Dreieck
b) $x = 28\text{ m} - 10\text{ m} = 18\text{ m}$
c) (1) 700 m^2 (2) 675 m^2 (3) 575 m^2 (4) 550 m^2 (5) 600 m^2
d) $\alpha \approx 68{,}2°$
e) –
f) $u \approx 237{,}20$ m

4. Es dauert etwa 1 h 10 min 34 sec.

5. a) $O = 94\text{ cm}^2;\ V = 60\text{ cm}^3$
b) $O = 90\text{ cm}^2;\ V = 50\text{ cm}^3$
c) $O \approx 260{,}37\text{ cm}^2;\ V \approx 160{,}730\text{ cm}^3$
d) $O \approx 239{,}55\text{ cm}^2;\ V \approx 166{,}897\text{ cm}^3$

6. a) $V \approx 1\,675{,}516\text{ cm}^3;\ O \approx 860{,}77\text{ cm}^2$
b) (1) $r = 3{,}2$ cm (2) $V \approx 107{,}233\text{ cm}^3;\ O \approx 137{,}72\text{ cm}^2$ (3) $O \approx 755{,}22\text{ cm}^2$

Seite 256

1. a) Das Auto verbraucht 6,4 *l* auf 100 km **b)** $y = 0{,}064 \cdot x$

2. a) Bei dem Angebot der Firma Müll muss er 105 € bezahlen, bei dem Angebot der Firma Schutt nur 85 €. Er sollte daher das Angebot der Firma Schutt wählen.
b) Müll: $y = 8\,€ \cdot x + 25\,€$ Schutt: $y = 4\,€ \cdot x + 45\,€$
Der Schnittpunkt gibt an, bei wie viel m^3 (x-Koordinate) beide Angebote gleich teuer sind und wie viel Euro (y-Koordinate) man für diese Menge bezahlen muss.

3. a) $y = 1{,}5x$ **b)** $y = 0{,}6x^2$ **c)** $y = 0{,}8x + 3$ **d)** $y = 2 \cdot 1{,}5^x$ **e)** $y = 0{,}5x^2 + 1$

4. a) –
b) Das Produkt ist jeweils etwa $10 \cdot y = \frac{10}{x};\ y = \frac{1}{x}$
c) (1) Das Volumen beträgt etwa 1,3 cm^3 [50 cm^3] (2) Der Druck beträgt 6,25 bar [≈ 0,29 bar]

5. a) 9,4 %
b) $y = 0{,}5^{\frac{x}{7}}$
c) Es sind noch etwa 37,15 g [22,64 g] vorhanden.
d) Die Masse war ca. 165,07 g schwer [441,64 g]
e) nach etwa $23\frac{1}{4}$ Jahren [$46\frac{1}{2}$ Jahren]

Seite 257

1. a) Die Anzahl der Neuzulassungen ist von 1997 bis 1999 von etwa 3,5 Mio auf 3,8 Mio gestiegen. Sie ist dann von 1999 bis 2003 auf 3,25 Mio gesunken. Danach ist die Anzahl langsam wieder angestiegen bis auf 3,5 Mio (2006).

b) Es wurden im Durchschnitt jährlich etwa 3,4 Mio zugelassen.

c) Die y-Achse beginnt nicht bei 0. Realistisch wäre die Darstellung mit einer bei 0 beginnenden y-Achse.

2. a) Der Boxplot stellt die dar, wie die monatliche Taschengeldverteilung in der Klasse 10b aussieht. Die Beträge erstrecken sich von 15 € bis 65 €.
(1) Die Spannweite beträgt 50 €.
(2) 50 % der Jugendlichen erhalten ein Taschengeld von 20 € bis 40 €
(25 € – unteres Quartil; 40 € oberes Quartil)
(3) Der mittlere Taschengeld-Wert beträgt 30 € (Median: 30 €)
(4) Bei den hohen Taschengeldbeträgen ist die Streuung größer als bei den niedrigen.

b) Minimum: 25 €; Maximum: 85 €; Spannweite: 55 €; arithmetisches Mittel: 47 €; Median: 47,50 €

3. Es spielen 20,5 % der Jungen ein Musikinstrument.

4. a) $P(1) = P(2) = 0{,}3$; $P(3) = 0{,}4$

b) $P(\text{Pasch}) = 0{,}34$

c) Das Glücksrad hat 3 Sektoren, von denen zwei einen Winkel von 108° einschließen und ein Sektor einen Winkel von 144°.

5. a) $\frac{16}{81}$ **b)** $\frac{29}{81}$ **c)** $\frac{5}{9}$ **d)** (a) $\frac{1}{6}$ (b) $\frac{5}{18}$ (c) $\frac{7}{12}$

Seite 258

1. Die Preise sind proportional zum Durchmesser. Die Menge Pizza ist aber eine Kreisfläche:

A (in cm²)	314	707	1 257	
Preis (in €)	2	4	8	

$\cdot 2$ $\quad$ $\cdot 1{,}8 < 2$

Am meisten Pizza bekomme ich für 4 €.

2. Er hat vorher 890 € gekostet.

3. a) –

b) (1) 1970 bis 1975. Die Schulden nahmen täglich um ca. 0,036 Mrd. € zu.
(2) 1990 bis 1995. Die Schulden nahmen täglich um ca. 0,26 Mrd. € zu.

c) Es mussten 0,197 Mrd. € täglich für die Zinsen gezahlt werden.

4. a) Inhalt: 121 Mio. m^3; Höhe: 31,5 m

b) um 1 m

c) $\approx 1\ km^2$

d) es gilt $V = G \cdot h$; wenn G als konstant angesehen wird, gilt V ist proportional h.

5. Sei x die Breite der Person. Dann ist der Baum ca. $4{,}5 \cdot x$ breit. Betrachtet man diese Größe als Durchmesser des Baumes, so ergibt sich als Umfang $u = 4{,}5 \cdot x \cdot \pi$.

STICHWORTVERZEICHNIS

BILDQUELLENVERZEICHNIS

Seite 7, E. Anke; Seite 10, 40, 45, 53, 60 Faber-Castell, Stein; Seite 15, 75 (Pisa), 108 (desoxy), 134 (Epcot Center Orlando), 143 mauritius images GmbH, Mittenwald; Seite 19 Beck/mauritius images GmbH, Mittenwald; Seite 28 (Leipziger Rathaus) dpa/Klefeldt/picture-alliance GmbH, Frankfurt/M.; Seite 28 (David) Bildarchiv, Preußischer Kulturbesitz, Berlin; Seite 29 akg images GmbH, Berlin; Seite 30 (Viadukt) A. Bartel/Mauritius images GmbH, Mittenwald; Seite 30 (Springbrunnen, Monte Carlo) Weber/MAURIMIT/Mauritius images GmbH, Mittenwald; Seite 30 (Brunnen Schloss Linderhof) Flecks/MAURIMIT/Mauritius images GmbH, Mittenwald; Seite 30 (Gateway Arch, St. Louis), 132 (Heißluftballon) Vidler/Mauritius images GmbH, Mittenwald; Seite 30 (Vulkanausbruch), Seite 76 (Eisberg) 182 age fotostock/Mauritius images GmbH, Mittenwald; Seite 31 (Gaszähler) mit Genehmigung der Metegra, Laatzen; Seite 34 (Stromzähler, Taxameter), 35, 110 (TR-Taste), 135 (Pyramidenmodelle), 147, 155, 163, 164 (Kirchturm), 166 (Eistüten) 179, 231 Torsten Warmuth, Berlin; Seite 34 (Teich mit Brücke) Torino/Mauritius images GmbH, Mittenwald; Seite 38 VW AG, Wolfsburg; Seite 64 (Tankwagen) dpa/Scheidemann/picture alliance GmbH, Frankfurt/M.; Seite 64 (Fondue) Reichhart Creativ, Plattling; Seite 68 Stadt Solingen; Seite 69 A. Dallendörfer, Oberasbach; Seite 70 Jörg Axel Fischer/Fotoagentur Visum, Hamburg; Seite 71 Hubatka/Mauritius images GmbH, Mittenwald; Seite 74, 75 (Parabolantenne) M. Ludwig, Würzburg; Seite 76 (abbrechende Eisberge) www.noaa.gov; Seite 76 (Luftaufnahme) image broker/Mauritius images GmbH, Mittenwald, Seite 102 H. Bütow, Waren; Seite 105 F. Schulz, Jena; Seite 108 (Lotuseffekt) William Thielicke, Hamburg; Seite 108 (Katze) Zack Burris Inc./Okapia KG, Frankfurt; Seite 108 (Biene) Tierbildarchiv Angermeyer, Holzkirchen; Seite 108 (Haar) Medicalpicture GmbH, Köln; Seite 108 (Blutkörperchen), 124 Meckes/Eye of Science, Reutlingen; Seite 108 (Ameise mit Zahnrad) Okapia KG, Frankfurt; Seite 109, 116, 119 (Bakterien) CDC/PR Science Source, Okapia, Frankfurt/Main; Seite 110 (TR-Tasten), 152 (Gasometer), 154, 165 (Globus) Michael Fabian, Hannover; Seite 111, 117 Ca. Biological/phototake/Okapia, Frankfurt/Main; Seite 113 A1PIX, Taufkirchen/München; Seite 122 (TR-Display) Hannah Kittel, Schwäbisch Gmünd; Seite 122 (Laptop), 131 Sony Deutschland GmbH, Köln; Seite 123, 152 (Erde) Astrofoto GmbH/ESA, Sörth; Seite 128, 132 (Atommodell) Deutsches Museum, München; Seite 129 Haag & Kropp GbR /Artpartner-images.com, Heidelberg; Seite 132 (Milchstraßensystem) Sigemi Numezawa/Astrofoto GmbH, Sörth; Seite 133 (Sonnenuntergang) Helga Lade Fotoagentur GmbH, Frankfurt/M.; Seite 133 (Dehnungsfuge) van Eupen, Hambühren; Seite 134 (Tannen), 148 Garden Picture Library/Mauritius images GmbH, Mittenwald; Seite 134 (Stadtbibliothek Ulm) Martin Duckek Architekur-Photografie, Ulm; Seite 134 (Kunst- und Ausstellungshalle Bonn) Peter Oszvald, Bonn; Seite 135 (Louvre, Paris) H.-P. Merten/Mauritius images GmbH, Mittenwald; Seite 135 (Kirche) Winter/dpa Picture-Alliance GmbH, Frankfurt/Main; Seite 135 (Dachziegel) Arge Ziegeldach, Bonn; Seite 138 Rosenbach/Mauritius images GmbH, Mittenwald; Seite 139 pepperprint/Mauritius images GmbH, Mittenwald; Seite 140 Hackenberg/Mauritius images GmbH, Mittenwald; Seite 144, 157 (Teekanne), 164 H. Cassens, Wittmund; Seite 146 (Pyramide) Kugler/Mauritius images GmbH, Mittenwald; Seite 146 (Louvre) Hackenberg/corbis, Düsseldorf; Seite 149 Silke Reents Fotoagentur Visum, Hamburg; Seite 150 (Kegel in Berlin) der kegel, Berlin; Seite 150 (Skulptur) Humpert, Werl; Seite 152 (Fußball) adidas, Herzogenaurach; Seite 153 Hubertus Blume/Mauritius images GmbH, Mittenwald; Seite 157 (Fernsehturm) Hermann Bredehorst, Berlin; Seite 165 Erik Bark/Superbild Bildarchiv, Taufkirchen; Seite 166 (Kugel) Universität Regensburg, Seite 168 Bruno Morandi/Mauritius images GmbH, Mittenwald; Seite 170 (Bakterien) Ed Reschke/Peter Arnold; Seite 170 (Menschenmassen) Vario Images GmbH & Co.KG, Bonn; Seite 171 (Menschenmassen) Jens Schicke, Berlin; Seite 171 (Kieslaster) Höffinger/F1 Online, Frankfurt; Seite 174 dpa Picture-Alliance GmbH, Frankfurt/Main; Seite 175 Still Pictures/Okapia KG, Frankfurt/M.; Seite 180 Furgusson/Mauritius images GmbH, Mittenwald; Seite 183 Bildagentur-online, Burgkunstadt; Seite 185 Bildmaschine.de/mediaskill OHG, Berlin; Seite 186 (Hefekultur) NAS M. Abbey/Okapia KG, Frankfurt/M.; Seite 188 (Hefekultur) Phototake/Mauritius images GmbH, Mittenwald, Seite 191 Hans Tegen, Hambühren; Seite 193 (Brocken/Harz) W. Spitta, Loham; Seite 193 (Mont Blanc) Diaphor/F1 Online, Frankfurt; Seite 193 (Mount Everest) Mallaun/F1 Online, Frankfurt; Seite 194 picture-alliance GmbH/ZB, Frankfurt/M.; Seite 197 Deutsche Stiftung Weltbevölkerung, Hannover; Seite 198 Rosenfeld/Mauritius images GmbH, Mittenwald; Seite 203 Enters/images.de, Berlin; Seite 206 Volkswagen Media Services, Wolfsburg; Seite 209 Bildagentur Huber, Garmisch-Partenkirchen; Seite 215 dpa Picture-Alliance GmbH, Frankfurt/Main, Seite 219 Grundig Intermedia GmbH, Nürnberg; Seite 222 (Weitsprung) Dieter Rixe, Braunschweig; Seite 222 (Strand), 227 O'Brien/Mauritius images GmbH, Mittenwald; Seite 228 (Sinuskurve) Wolfgang Filser, Arzbach; Seite 228 (Kontrabass) Bildverlag-Bildwerbung Dr. W. Bahnmüller, Geretsried; Seite 228 (Skiläufer) Topic Media Service, Ottobrunn; Seite 254 Tony Stone; Seite 256, 258 Humpert, Werl; Seite 259 Photodisc.

Trotz entsprechender Bemühungen ist es nicht in allen Fällen gelungen, den Rechtsinhaber ausfindig zu machen. Gegen Nachweis der Rechte zahlt der Verlag für die Abdruckerlaubnis die gesetzlich geschuldete Vergütung.